수질환경기사
필기 과년도 출제문제

고경미 편저

일진사

머리말

    수질환경기사는 1과목당 20문제씩 총 5과목으로 구성된 절대 평가 시험으로 전체 60점 이상, 과목별로 40점 이상 획득하면 합격입니다. 남들보다 더 높은 점수를 받아야 하는 상대 평가 시험이 아니기 때문에 서로 경쟁하지 않아도 되고 만점을 목표로 공부할 필요도 없습니다.

    수질환경기사는 범위가 매우 방대하기 때문에 단순 암기만으로 쉽게 합격할 수 있는 자격증이 아닙니다. 하지만 60점 이상만 맞히면 되기 때문에 확실한 학습 전략만 있다면 모든 부분을 다 공부하지 않고도 단기간에 합격할 수 있습니다. 따라서, 자격증 취득을 위한 최선의 전략은 시험에 나올 확률이 높은 문제를 정확하게 풀어서 합격하는 것입니다.

    이 책은 수질환경기사 필기시험을 준비하는 수험생들의 실력 배양 및 합격을 위하여 다음과 같은 부분에 중점을 두어 구성하였습니다.

- **첫째**, 계산형 대비 핵심공식 55개와 내용형 대비 핵심정리 110개를 수록하여 문제 풀이에 꼭 필요한 이론 내용을 빠르게 정리할 수 있도록 하였습니다.
- **둘째**, 기출문제의 정답만 외우면 문제가 조금만 변형되어도 풀이가 어렵습니다. 대비책으로 상세한 해설을 통해 문제의 정답과 오답이 되는 명확한 이유를 분석하였고, '더 알아보기'에서는 해당 문제와 관련된 핵심정리를 표시하여 더 자세하게 핵심이론을 학습할 수 있도록 하였습니다.
- **셋째**, 최신 기출 경향을 반영하고, 실제 기출문제 난이도에 맞춰서 출제한 CBT 실전문제를 3회분 수록하여 실전에 충분히 대비할 수 있도록 하였습니다.

    이 책은 여러분과 같이 만들어가는 책입니다. 여러 번의 탈고를 거쳐도 오탈자나 오류가 있을 수 있습니다. 이메일(keimikho@naver.com)로 알려주시면 다음 개정판에 수정하도록 하겠습니다. 또한 네이버 카페 "공부하기 싫어(https://cafe.naver.com/nostudyhard)"로 오시면 시험과 수험서에 관해 언제든지 궁금한 사항을 묻고 답변을 얻으실 수 있습니다.

    끝으로 이 책이 수험생 여러분에게 합격을 위한 좋은 동반자이자 길잡이가 되어 모든 수험생 여러분들이 합격하시기를 기원합니다. 또한 이 책이 출간될 수 있도록 여러모로 도와주신 모든 분들과 도서출판 **일진사** 임직원 여러분께 깊은 감사를 드립니다.

고경미 드림

수질환경기사 출제기준(필기)

직무분야	환경·에너지	자격종목	수질환경기사	적용기간	2020.1.1~2024.12.31

○ 직무내용 : 수질분야에 측정망을 설치하고 그 지역의 수질오염상태를 측정하여 다각적인 실험분석을 통해 수질오염에 대한 대책을 강구하며 수질오염물질을 제거하기 위한 오염방지시설을 설계, 시공, 운영하는 업무 등의 직무 수행

필기검정방법	객관식	문제 수	100	시험시간	2시간 30분

필기과목명	문제 수	주요항목	세부항목	세세항목
수질오염개론	20	1. 물의 특성 및 오염원	1. 물의 특성	1. 물의 물리적 특성 2. 물의 화학적 특성 3. 수중 물질이동확산
			2. 수질오염 및 오염물질 배출원	1. 수질오염원의 종류 2. 수질오염물질 배출원과 그 영향
		2. 수자원의 특성	1. 물의 부존량과 순환	1. 물의 부존량 2. 물의 순환
			2. 수자원의 용도 및 특성	1. 수자원의 용도 2. 지표수의 특성 3. 지하수의 특성 4. 바닷물의 특성
			3. 중수도의 용도 및 특성	1. 중수도의 용도 2. 중수도의 특성
		3. 수질화학	1. 화학양론	1. 화학적 단위 2. 물질수지
			2. 화학평형	1. 화학평형의 개념 2. 이온적, 용해도적 등의 산출
			3. 화학반응	1. 산-염기반응 2. 중화반응 3. 산화-환원반응
			4. 계면화학현상	1. 계면화학 반응 2. 물질이동
			5. 반응속도	1. 반응속도 개념 2. 반응차수 3. 반응조의 종류와 특성
			6. 수질오염의 지표	1. 화학적 지표 2. 물리학적 지표 3. 생물학적 지표

필기과목명	문제 수	주요항목	세부항목	세세항목
			4. 수중 생물학	
			1. 수중 미생물의 종류 및 기능	1. 수중미생물의 분류 2. 수중미생물의 기능과 특성
			2. 수중의 물질순환 및 광합성	1. 수중의 물질순환 2. 수중생물의 광합성
			3. 유기물의 생물학적 변화	1. 호기성분해와 그 영향인자 2. 혐기성분해와 그 영향인자 3. 세포증식과 기질제거
			4. 독성시험과 생물농축	1. 생태독성시험 2. 생물농축 및 농축계수
		5. 수자원 관리	1. 하천의 수질관리	1. 하천의 정화단계 2. 하천의 BOD, DO 변화 3. 하상계수 및 자정계수 4. 하천수질오염대책
			2. 호·저수지의 수질관리	1. 성층 및 전도현상 2. 부영양화 3. 호소수 수질오염 대책
			3. 연안의 수질관리	1. 연안의 오염특성 2. 적조현상과 그 대책 3. 유류오염과 그 대책
			4. 지하수관리	1. 지하수 오염의 특징 2. 지하수 오염 대책
			5. 수질모델링	1. 모델링의 절차와 주요내용 2. 모델의 종류와 특징
			6. 환경영향평가	1. 환경영향평가 방법
		6. 분뇨 및 축산 폐수에 관한 사항	1. 분뇨 및 축산폐수의 특징	1. 분뇨의 특징 2. 축산폐수의 특징
			2. 분뇨, 축산폐수 수집 및 운반처리	1. 분뇨, 축산폐수의 수집 2. 분뇨, 축산폐수의 운반처리
상하수도계획	20	1. 상·하수도 기본계획	1. 기본계획의 수립	1. 상수도 기본계획 2. 하수도 기본계획
		2. 집수와 취수설비	1. 수원 및 집수, 저수시설	1. 수원 2. 저수 및 집수시설 3. 지표수 취수 4. 지하수 취수

필기과목명	문제 수	주요항목	세부항목	세세항목
		3. 상수도 시설	1. 도수 및 송수 시설	1. 도수 및 송수시설의 설계요소 2. 도수 및 송수시설의 유지관리
			2. 배수 및 급수 시설	1. 배수 및 급수시설의 설계요소 2. 배수 및 급수시설의 유지관리
			3. 정수시설	1. 정수시설의 설계요소 2. 정수시설의 유지관리
			4. 기타 상수관리 시설 및 설비	1. 기타 상수관리시설 및 설비의 설계 요소 2. 기타 상수관리시설 및 설비의 유지 관리
		4. 하수도 시설	1. 관거시설	1. 관거의 종류 및 특성 2. 관거 시설의 설계 요소 3. 관거 시설의 유지관리
			2. 하수처리시설	1. 하수처리시설의 설계요소 2. 하수처리시설의 유지관리
			3. 기타 하수관리 시설 및 설비	1. 기타 하수관리시설 및 설비의 설계 요소 2. 기타 하수관리시설 및 설비의 유지 관리
		5. 펌프 및 펌프장	1. 펌프	1. 펌프의 종류와 특성 2. 펌프 동력 및 계획수량 산정 3. 손실수두, 흡인수두 등 개념
			2. 펌프장	1. 펌프장시설의 설계요소 2. 펌프장시설의 유지관리
수질오염방지 기술	20	1. 하수 및 폐수의 성상	1. 하수의 발생원 및 특성	1. 하수의 발생원별 특성 2. 하수의 발생부하량 3. 하수 성상별 처리공법 선정
			2. 폐수의 발생원 및 특성	1. 폐수의 발생원 2. 폐수의 특성 3. 폐수 성상별 처리공법 선정
			3. 비점오염원의 발생 및 특성	1. 비점오염원의 발생 2. 비점오염원의 특성 및 처리방법
		2. 하폐수 및 정수처리	1. 물리학적 처리	1. 물리학적 처리의 종류 및 이론 2. 물리학적 처리공법의 종류 및 특징
			2. 화학적 처리	1. 화학적 처리의 종류 및 이론 2. 화학적 처리공법의 종류 및 특징

필기과목명	문제 수	주요항목	세부항목	세세항목
			3. 생물학적 처리	1. 생물학적 처리의 종류 및 이론 2. 생물학적 처리공법의 종류 및 특성
			4. 고도처리	1. 고도처리의 종류 및 이론 2. 고도처리공법의 종류 및 특성
			5. 슬러지처리 및 기타 처리	1. 슬러지처리방법의 종류 및 이론 2. 기타 처리방법
		3. 하폐수·정수처리시설의 설계	1. 하폐수·정수처리의 설계 및 관리	1. 설계인자 2. 물리학적 처리시설 설계 및 관리 3. 화학적 처리시설 설계 및 관리 4. 생물학적 처리시설 설계 및 관리 5. 고도처리시설 설계 및 관리 6. 슬러지처리 및 기타 처리시설 설계 및 관리
			2. 시공 및 설계내역서 작성	1. 시공 2. 공사수량 및 설계내역서 작성 3. 설계도 및 시방서
		4. 분뇨 및 축산폐수방지시설의 설계	1. 분뇨처리시설의 설계 및 시공	1. 분뇨처리시설의 종류 및 설계 2. 분뇨처리시설의 시공 3. 분뇨처리시설 유지관리
			2. 축산폐수처리시설의 설계 및 시공	1. 축산폐수처리시설의 종류 및 설계 2. 축산폐수처리시설의 시공 3. 축산폐수처리시설의 유지관리
수질오염공정시험기준	20	1. 총칙	1. 일반사항	1. 적용범위 2. 단위 및 기호 3. 용어의 정의 등 4. 정도보증/정도관리 등
		2. 일반시험방법	1. 유량 측정	1. 공장폐수 및 하수유량측정 2. 하천유량측정방법
			2. 시료채취 및 보전	1. 시료채취 2. 시료보존
			3. 시료의 전처리	1. 전처리방법의 선정 2. 전처리방법의 종류
		3. 기기분석방법	1. 자외선/가시선분광법	1. 원리 및 적용범위 2. 장치의 구성 및 특성 3. 조작 및 결과분석방법

필기과목명	문제 수	주요항목	세부항목	세세항목
			2. 원자흡수분광광도법	1. 원리 및 적용범위 2. 장치의 구성 및 특성 3. 조작 및 결과분석방법
			3. 유도결합플라스마 원자발광 분광법	1. 원리 및 적용범위 2. 장치의 구성 및 특성 3. 조작 및 결과분석방법
			4. 기체크로마토그래피법	1. 원리 및 적용범위 2. 장치의 구성 및 특성 3. 조작 및 결과분석방법
			5. 이온크로마토그래피법	1. 원리 및 적용범위 2. 장치의 구성 및 특성 3. 조작 및 결과분석방법
			6. 이온전극법 등	1. 원리 및 적용범위 2. 장치의 구성 및 특성 3. 조작 및 결과분석방법
		4. 항목별 시험방법	1. 일반항목	1. 측정원리 2. 기구 및 기기 3. 시험방법
			2. 금속류	1. 측정원리 2. 기구 및 기기 3. 시험방법
			3. 유기물류	1. 측정원리 2. 기구 및 기기 3. 시험방법
			4. 기타	1. 측정원리 2. 기구 및 기기 3. 시험방법
		5. 하폐수 및 정수처리 공정에 관한 시험	1. 침강성, SVI, JAR TEST 시험 등	1. 측정원리 2. 기구 및 기기 3. 시험방법
		6. 분석관련 용액제조	1. 시약 및 용액 2. 완충액 3. 배지 4. 표준액 5. 규정액	

필기과목명	문제 수	주요항목	세부항목	세세항목
수질환경관계법규	20	1. 물환경보전법	1. 총칙	
			2. 공공수역의 물환경 보전	1. 총칙 2. 국가 및 수계영향권별 물환경 보전 3. 호소의 물환경 보전
			3. 점오염원의 관리	1. 산업폐수의 배출규제 2. 공공폐수처리시설 3. 생활하수 및 가축분뇨의 관리
			4. 비점오염원의 관리	
			5. 기타 수질오염원의 관리	
			6. 폐수처리업	
			7. 보칙 및 벌칙	
		2. 물환경보전법 시행령	1. 시행령 (별표 포함)	
		3. 물환경보전법 시행규칙	1. 시행규칙 (별표 포함)	
		4. 물환경보전법 관련법	1. 환경정책기본법, 하수도법, 가축분뇨의 관리 및 이용에 관한 법률 등 수질환경과 관련된 기타 법규 내용	

차 례

Part 1 핵심정리

1. 계산형 대비 핵심공식 ··· 14
2. 내용형 대비 핵심정리 ··· 43

Part 2 과년도 출제문제

- **2017년도 시행문제** ·· 106
  - 2017년 3월 5일(제1회) ··· 106
  - 2017년 5월 7일(제2회) ··· 127
  - 2017년 8월 26일(제3회) ··· 148

- **2018년도 시행문제** ·· 171
  - 2018년 3월 4일(제1회) ··· 171
  - 2018년 4월 28일(제2회) ··· 193
  - 2018년 8월 19일(제3회) ··· 214

- **2019년도 시행문제** ·· 235
  - 2019년 3월 3일(제1회) ··· 235
  - 2019년 4월 27일(제2회) ··· 256
  - 2019년 8월 4일(제3회) ··· 276

- **2020년도 시행문제** ·· 296
  - 2020년 6월 6일(통합 제1, 2회) ··· 296
  - 2020년 8월 22일(제3회) ··· 319
  - 2020년 9월 26일(제4회) ··· 339

- 2021년도 시행문제 ··· 360
  - 2021년 3월 7일(제1회) ··· 360
  - 2021년 5월 15일(제2회) ··· 382
  - 2021년 8월 14일(제3회) ··· 404
- 2022년도 시행문제 ··· 426
  - 2022년 3월 5일(제1회) ··· 426
  - 2022년 4월 24일(제2회) ··· 446

Part 3 CBT 실전문제

- 제1회 CBT 실전문제 ··· 468
- 제2회 CBT 실전문제 ··· 490
- 제3회 CBT 실전문제 ··· 511

수 질 환 경 기 사
Part 1

핵심정리

1. 계산형 대비 핵심공식
2. 내용형 대비 핵심정리

1 계산형 대비 핵심공식

1-1 온도

① 절대온도와 섭씨온도 환산

$$K = ℃ + 273$$

② 화씨온도와 섭씨온도 환산

$$°F = 1.8℃ + 32$$

③ 랭킨온도와 화씨온도 및 섭씨온도 환산

$$°R = °F + 460 = 1.8℃ + 492$$

1-2 밀도

물질의 질량을 부피로 나눈 값

$$밀도 = \frac{질량}{부피} \qquad \rho = \frac{M}{V}$$

1-3 동점성계수(kinematic viscosity)

$$\nu = \frac{\mu}{\rho}$$

ν : 동점성계수
μ : 점성계수
ρ : 밀도

1-4 용액의 농도

$$\text{농도} = \frac{\text{용질}}{\text{용액}}$$

(1) 퍼센트 농도(%)

① 질량/질량 퍼센트(% W/W)

$$\% \ W/W = \frac{\text{용질 g}}{\text{용액 100 g}} \times 100\,\%$$

② 질량/부피 퍼센트(% W/V)

$$\% \ W/V = \frac{\text{용질 g}}{\text{용액 100 mL}} \times 100\,\%$$

③ 부피/부피 퍼센트(% V/V)

$$\% \ V/V = \frac{\text{용질 mL}}{\text{용액 100 mL}} \times 100\,\%$$

(2) 몰농도(M)

용액 1 L 중 용질의 mol수(mol/L)

$$M = \frac{\text{용질 mol}}{\text{용액 부피(L)}}$$

(3) 노말농도(N)

용액 1 L 중 용질의 당량(eq/L)

$$N = \frac{\text{용질 eq}}{\text{용액 부피(L)}}$$

(4) 몰랄농도(m)
용매 1 kg에 들어있는 용질의 mol수

$$m = \frac{용질 \ mol}{용매 \ kg}$$

(5) ppm(part per million)
100 만분의 1 크기

$$1 \text{ ppm} = \frac{1}{10^6} = \frac{10^{-6}}{1}$$

$$\text{ppm} = \text{mg/L}$$
$$1\% = 10,000 \text{ ppm} = 10,000 \text{ mg/L}$$

수질에서는 물의 비중의 1이므로 1 ppm = 1 mg/L으로 구별없이 사용하지만 액체의 비중이 1이 아닌 경우에는 주의해야 함

(6) ppb(part per billion)
십억분의 1 크기

$$1 \text{ ppb} = \frac{1}{10^9} = \frac{10^{-9}}{1}$$

$$1 \text{ ppm} = 1,000 \text{ ppb}$$

(7) 단위 비교

$$1 = 100\% = 10^6 \text{ ppm} = 10^9 \text{ ppb}$$
$$1\% = 10^4 \text{ ppm} = 10^7 \text{ ppb}$$
$$1 \text{ ppm} = 1,000 \text{ ppb}$$

1-5 혼합 농도식

$$C = \frac{C_1 Q_1 + C_2 Q_2}{Q_1 + Q_2}$$

C : 혼합 용액의 농도
C_1 : 1번 용액의 농도
Q_1 : 1번 용액의 유량
C_2 : 2번 용액의 농도
Q_2 : 2번 용액의 유량

농도 대신 COD, BOD, 온도도 구할 수 있음

1-6 제거율(처리효율, η)

① 제거율(η)

$$\eta = \frac{C_0 Q - CQ}{C_0 Q} \times 100\%$$
$$= \frac{C_0 - C}{C_0} \times 100\%$$

C_0 : 유입(농도)
C : 유출(농도)
Q : 유량

② 나중농도(C)

$$C = C_0(1 - \eta)$$

③ 직렬 연결 시 제거율(η)

$$\eta_T = 1 - (1 - \eta_1)(1 - \eta_2)(1 - \eta_3)$$

η_1 : 1차 처리 제거율
η_2 : 2차 처리 제거율
η_3 : 3차 처리 제거율
η_T : 총 제거율

④ 직렬 연결 시 나중농도(C)

$$C = C_0(1 - \eta_1)(1 - \eta_2)(1 - \eta_3)$$

1-7 반응조의 물질수지(mass balance)

① CSTR 물질수지

$$V\frac{dC}{dt} = QC_0 - QC - kVC^n$$

유형	조건	공식
유입농도가 없고, 반응이 없는 경우	$C_0 = 0$ $kVC^n = 0$	$\ln\frac{C}{C_0} = -\frac{Q}{V} \times t$
1차 반응, 정상상태인 경우	$\frac{dC}{dt} = 0$ $n = 0$	$kVC = (C_0 - C)Q$
유입농도가 있고, 반응이 없는 경우	$kVC^n = 0$	$\ln\frac{C_0 - C_2}{C_0 - C_1} = -\frac{Q}{V} \times t$
유입 농도가 없고, 1차 반응인 경우	$C_0 = 0$ $n = 0$	$\ln\frac{C}{C_0} = -\left(\frac{Q}{V} + k\right) \times t$

② PFR 물질수지

$$\ln\frac{C}{C_0} = -k\frac{V}{Q}$$

1-8 수소이온지수(pH)

$$pH = -\log[H^+] \qquad [H^+] = 10^{-pH} \qquad pH + pOH = 14$$
$$pOH = -\log[OH^-] \qquad [OH^-] = 10^{-pOH} \qquad [H^+][OH^-] = 10^{-14}$$

강산	$[H^+] = C$
강염기	$[OH^-] = C$
약산	$[H^+] = C\alpha = \sqrt{K_a C}$
약염기	$[OH^-] = C\alpha = \sqrt{K_b C}$

1-9 반응속도식

구분	0차 반응	1차 반응	2차 반응
반응차수(n)	0	1	2
반응속도식	$\dfrac{dC}{dt} = -k$	$\dfrac{dC}{dt} = -kC$	$\dfrac{dC}{dt} = -kC^2$
적분속도식	$C = C_0 - kt$	$\ln C = \ln C_0 - kt$ $\ln\left(\dfrac{C}{C_0}\right) = -kt$ $C = C_0 \cdot 10^{-kt}$	$\dfrac{1}{C} = \dfrac{1}{C_0} + kt$
반응속도상수(k) 단위	mg/L · d	1/d	L/mg · d
반감기	$t = \dfrac{C_0}{2k}$	$t = \dfrac{\ln 2}{k} = \dfrac{0.693}{k}$	$t = \dfrac{1}{kC_0}$

1-10 반응속도상수 – 온도보정식

온도가 달라지면, 반응속도상수 값이 달라지므로, 온도가 20℃가 아닐 경우, 아래 식으로 반응속도상수 – 온도 보정을 해 주어야 함

$$k_T = k_{20} \cdot \theta^{T-20}$$

k_T : T℃에서의 반응속도상수
k_{20} : 20℃에서의 반응속도상수
T : 온도(℃)
θ : 상수

1-11 COD 관련 공식

(1) COD 관계식

$$COD = ICOD + SCOD$$
$$COD = BDCOD + NBDCOD$$

$$COD = SCOD + ICOD$$
$$\parallel \quad\quad \parallel \quad\quad \parallel$$
$$BDCOD = BDSCOD + BDICOD$$
$$+ \quad\quad + \quad\quad +$$
$$NBDCOD = NBDSCOD + NBDICOD$$

(2) BOD와 COD 관계식

$$BDCOD = BDICOD + BDSCOD$$
$$\parallel \quad\quad \parallel \quad\quad \parallel$$
$$BOD_u = IBOD_u + SBOD_u$$

$$BDCOD = BOD_u = K \times BOD_5$$

$$BOD_u = IBOD_u + SBOD_u$$
$$\parallel \quad\quad \parallel \quad\quad \parallel$$
$$K \times BOD = K \times IBOD + K \times SBOD$$

1-12 고형물의 상호관계

$$TS = TDS + TSS \quad\quad VS = VDS + VSS$$
$$\parallel \quad \parallel \quad \parallel \quad\quad\quad \parallel \quad \parallel \quad \parallel$$
$$VS = VDS + VSS \quad\quad BDVS = BDVDS + BDVSS$$
$$+ \quad + \quad + \quad\quad\quad\quad + \quad\quad + \quad\quad +$$
$$FS = FDS + FSS \quad\quad NBDVS = NBDVDS + NBDVSS$$

① 보통 VS(휘발되는 성분)를 유기물로 간주함
② 보통 FS(재로 남는 성분)를 무기물로 간주함
③ 무기물은 모두 생물 분해가 안 됨
④ 유기물은 생분해성 유기물과 난분해성 유기물로 나눠짐

1-13 알칼리도 계산

(1) 알칼리 유발물질이 주어진 경우

$$\text{총알칼리도(mg/L)} = \text{유발물질(mg/L)} \times \frac{50}{\text{유발물질의 당량}}$$

$$= \text{유발물질의 당량(me/L)} \times 50$$

(2) 산의 주입 부피가 주어진 경우

$$\text{총알칼리도(mg/L)} = A \times N \times f \times \frac{1,000}{V} \times 50$$

여기서, A : 주입한 산의 부피(mL)
N : 주입한 산의 노말농도(N, eq/L)
f : 인자(factor) 값
V : 시료의 양(mL)

1-14 이온강도

$$I = \frac{1}{2} \sum_{1}^{i} C_i Z_i^2$$

I : 이온강도
C : 이온의 몰농도
Z : 이온의 전하

1-15 SAR

$$SAR = \frac{Na^+}{\sqrt{\dfrac{Ca^{2+} + Mg^{2+}}{2}}} \quad (\text{단, } Na^+,\ Ca^{2+},\ Mg^{2+} : me/L)$$

1-16 모나드식

$$\mu = \mu_{max} \times \frac{S}{K_S + S}$$

여기서, μ : 세포의 비증식 속도(g/g·hr)
μ_{max} : 세포의 최대 비증식 속도(g/g·hr)
S : 기질의 농도(mg/L)
K_S : 반포화상수, $\frac{1}{2}\mu_{max}$ 일 때의 기질 농도(mg/L)

1-17 생물농축계수

$$C_f = \frac{C_b}{C_a}$$

C_f : 농축계수
C_b : 생물 체내의 오염물질 농도
C_a : 환경의 오염물질 농도

1-18 자정상수

$$자정상수(f) = \frac{재폭기계수(k_2)}{탈산소계수(k_1)}$$

구분	k_1	k_2	f
수온 증가	많이 증가	조금 증가	감소
유속, 구배(경사), 난류 증가	-	증가	증가
수심 증가	-	감소	감소

1-19 하천의 용존산소 공식

(1) 용존산소 부족량(D_t)

$$D_t = \frac{k_1 L_0}{k_2 - k_1}(10^{-k_1 \cdot t} - 10^{-k_2 \cdot t}) + D_0 10^{-k_2 \cdot t}$$

여기서, D_t : t일 후 DO 부족농도(mg/L)
D_0 : 초기 DO 부족농도(mg/L)
L_0 : 최종BOD(BOD_u)(mg/L)
k_1 : 탈산소계수(1/d)
k_2 : 재폭기계수(1/d)
t : 오염물질이 유입된 후 경과시간(day)

(2) 용존산소 임계시간(t_c)

오염물질이 유입된 후, 용존산소부족량이 최대가 될 때까지 걸린 시간

$$t_c = \frac{1}{k_1(f-1)} \log\left[f\left\{1-(f-1)\frac{D_0}{L_0}\right\}\right] \quad f : 자정상수$$

(3) 임계산소부족농도(D_c)

임계시간일 때의 용존산소부족농도

$$D_c = \frac{L_0}{f} 10^{-k_1 \cdot t_c}$$

D_c : 임계산소부족량
t_c : 임계시간
f : 자정상수
k_1 : 탈산소계수

(4) 용존산소농도(DO)

$$DO = DO_s - D_t$$

DO : t시간에서의 DO(mg/L)
DO_s : 포화용존산소농도(mg/L)
D_t : t시간에서의 DO부족농도(mg/L)

1-20 잔류 BOD 공식

① 자연대수식 : $BOD_t = BOD_u \times e^{-k_1 t}$

② 상용대수식 : $BOD_t = BOD_u \times 10^{-k_1 t}$

1-21 소비 BOD 공식

① 자연대수식 : $BOD_t = BOD_u - BOD_u \times e^{-k_1 t} = BOD_u(1 - e^{-k_1 t})$

② 상용대수식 : $BOD_t = BOD_u - BOD_u \times 10^{-k_1 t} = BOD_u(1 - 10^{-k_1 t})$

1-22 스크린 관련 공식

(1) 통과유속

$$V_2 = \left(\frac{b+t}{b}\right) V_1$$

V_2 : 스크린 통과유속(m/s)
V_1 : 스크린 접근유속(m/s)
b : 봉 사이 간격(mm)
t : 봉 두께(mm)

(2) 접근유속과 통과유속의 속도수두 차에 의한 손실수두 공식

$$h_L = \frac{1}{0.7} \cdot \frac{V_2^2 - V_1^2}{2g}$$

V_2 : 스크린 통과유속(m/s)
V_1 : 스크린 접근유속(m/s)
g : 중력가속도(9.8 m/s^2)

(3) Kirschmer의 손실수두 공식

$$h_L = \beta \sin\alpha \cdot \left(\frac{t}{b}\right)^{\frac{4}{3}} \cdot \frac{V_2^2}{2g}$$

β : 봉 형상계수
b : 봉 사이 간격(mm)
V_2 : 통과유속(m/s)
α : 스크린 설치각도(°)
t : 봉 두께(mm)
g : 중력가속도(9.8 m/s²)

(4) 마찰손실수두(Darcy-Weisbach 공식)

$$h = f\frac{L}{D} \cdot \frac{V^2}{2g}$$

f : 마찰손실계수
L : 관의 길이(m)
g : 중력가속도(9.8 m/s²)
D : 관의 직경(m)
V : 유속(m/s)

(5) 미소손실수두

$$h = f \cdot \frac{V^2}{2g}$$

f : 미소손실계수
g : 중력가속도(9.8 m/s²)
V : 유속(m/s)

1-23 유량

$$Q = vA = v(BH) = v_g(BL)$$

Q : 유량(m³/d)
v : 수평 유속(m/s)
v_g : 침강속도(m/s)
B : 침사지 폭(m)
H : 수심(m)
L : 침사지 길이(m)

1-24 부피(체적, 용적)

$$V = AH = LBH = Qt$$

V : 침전지 부피(m^3)
A : 침전지 수면적(m^2)
L : 침전지 길이(m)
B : 침전지 폭(m)
H : 수심(m)
Q : 유량(m^3/d)
t : 체류시간

1-25 체류시간(t)

$$t = \frac{V}{Q} = \frac{L}{v} = \frac{H}{v_g}$$

V : 부피(체적, 용적, m^3)
Q : 유량(m^3/d)
L : 침사지 길이(m)
H : 수심(m)
v : 수평 유속(m/s)
v_g : 침강속도(m/s)

1-26 표면 부하율(수면 부하율, 수면적 부하, 수리학적 부하, Q/A)

표면부하가 작을수록 침전효율이 증가

$$Q/A = \frac{Q}{A} = \frac{H}{t}$$

Q/A : 표면부하율($m^3/m^2 \cdot d$)
Q : 유량(m^3)
A : 침사지 수면적(m^2)
H : 수심(m)
t : 체류시간(d)

1-27 입자의 침강속도(Stokes 법칙)

$$v_g = \frac{d^2 g (\rho_s - \rho_w)}{18\mu}$$

v_g : 입자의 침강속도(cm/s)
ρ_s : 입자의 밀도(g/cm³)
ρ_w : 물의 밀도(1 g/cm³)
μ : 물의 점성계수(g/cm · s)
d : 입자의 직경(cm)
g : 중력 가속도(980 cm/s²)

1-28 침전지 경사판의 수면적 계산

$$A_t = A_0 + n \times A_i \times \cos(\theta)$$

A_t : 경사판을 고려한 수면적(m²)
A_0 : 수면적(m²)
n : 경사판 개수
A_i : 경사판 1개의 면적(m²)
θ : 경사각(일반적으로 60°)

1-29 부상속도(Stokes 법칙)

$$v_f = \frac{d^2 g (\rho_w - \rho_s)}{18\mu}$$

v_f : 입자의 부상속도(cm/s)
ρ_s : 입자의 밀도(g/cm³)
ρ_w : 물의 밀도(1 g/cm³)
μ : 물의 점성계수(g/cm · s)
d : 입자의 직경(cm)
g : 중력 가속도(980 cm/s²)

1-30 Air/Solid 비(A/S)

$$A/S = \frac{1.3S_a(fP-1)}{S} \cdot r$$

S : MLSS 농도(mg/L)
r : 반송비(Q_r/Q)
1.3 : 공기 밀도(mg/mL)
S_a : 공기 용해도(mL/L)
f : P 압력에서 용존되는 비율(0.5)
P : 압력(atm)

1-31 여과속도

$$V = \frac{Q}{A}$$

V : 여과속도(m/d)
Q : 유량(m^3/d)
A : 여과면적(m^2)

1-32 균등계수

$$U = \frac{I_{60}}{I_{10}}$$

여기서, I_{10} : 여재 10 % 통과 체눈의 입경크기(유효경)
I_{60} : 여재 60 % 통과 체눈의 입경크기

1-33 등온흡착식

(1) 랭뮤어(Langmuir) 등온흡착식

$$\frac{X}{M} = \frac{abC}{1+bC} \qquad \frac{1}{X/M} = \frac{1}{ab} \cdot \frac{1}{C} + \frac{1}{a}$$

여기서, X : 흡착된 피흡착물의 농도(흡착으로 제거된 오염물질 농도)
M : 주입된 흡착제의 농도
C : 피흡착물질의 평형농도(흡착 후 남은 오염물질 농도)
a : 흡착제의 최대 피흡착제 수용능력(피흡착제 질량/흡착제 질량)
b : 흡착제의 피흡착제 친화도

(2) 프런들리히(Freundlich) 등온흡착식

$$\frac{X}{M} = KC^{1/n} \qquad \log\left(\frac{X}{M}\right) = \frac{1}{n}\log C + \log K$$

여기서, X : 흡착된 피흡착물의 농도(흡착으로 제거된 오염물질 농도)
M : 주입된 흡착제의 농도
C : 피흡착물질의 평형농도(흡착 후 남은 오염물질 농도)
K, n : 경험상수

1-34 염소주입량

염소주입량(mg/L) = 염소요구량(mg/L) + 잔류염소량(mg/L)

1-35 중화 적정식

(1) 산 – 염기 중화식

$$NV = N'V'$$

N : 산의 N 농도(eq/L)
N′ : 염기의 N 농도(eq/L)
V : 산의 부피(L)
V′ : 염기의 부피(L)

(2) 산 – 산(염기–염기) 혼합

$$N = \frac{N_1 V_1 + N_2 V_2}{V_1 + V_2}$$

N_1 : 산(염기)1의 N 농도(eq/L)
N_2 : 산(염기)2의 N 농도(eq/L)
V_1 : 산(염기)1의 부피(L)
V_2 : 산(염기)2의 부피(L)
N : 혼합 용액의 N 농도(eq/L)

혼합용액의 농도(N)는, 산이면 $[H^+]$, 염기면 $[OH^-]$임

(3) 산 – 염기 혼합

$$N = \frac{N_1 V_1 - N_2 V_2}{V_1 + V_2}$$

N_1 : 산의 N 농도(eq/L)
N_2 : 염기의 N 농도(eq/L)
V_1 : 산의 부피(L)
V_2 : 염기의 부피(L)
N : 혼합 용액의 N 농도(eq/L)

혼합용액의 농도(N) > 0이면, $N = [H^+]$
혼합용액의 농도(N) < 0이면, $N = [OH^-]$

1-36 활성슬러지 설계인자공식

(1) 수리학적 체류시간(HRT)

$$HRT = \frac{V}{Q}$$

HRT : 수리학적 체류시간(d)
V : 반응조 용량(m^3)
Q : 반응조로의 유입수량(m^3/d)

(2) 고형물 체류시간(SRT)

$$SRT = \frac{V \cdot X}{X_r \cdot Q_w + X_e \cdot (Q - Q_w)} \fallingdotseq \frac{V \cdot X}{X_r \cdot Q_w}$$

여기서, V : 반응조 용량(m^3) Q : 반응조 유입수량(m^3/d)
X : 반응조 MLSS 농도(mg/L) X_r : 반송슬러지 농도(mg/L)
X_e : 처리수 MLSS 농도(mg/L) Q_w : 잉여슬러지(폐슬러지) 유량(m^3/d)

(3) F/M 비(BOD-MLSS 부하)

$$F/M = \frac{BOD \cdot Q}{V \cdot X} = \frac{BOD \cdot Q}{Q \cdot t \cdot X} = \frac{BOD}{t \cdot X}$$

여기서, BOD : 유입수 BOD(mg/L)
　　　　V : 반응조 용량(m^3)
　　　　Q : 반응조 유입수량(m^3/d)
　　　　X : 반응조 MLSS 농도(mg/L)
　　　　t : 수리학적 체류시간(d)

(4) BOD 용적부하

$$\frac{BOD \cdot Q}{V} = \frac{BOD \cdot Q}{Q \cdot t} = \frac{BOD}{t}$$

(5) 반송비(r)

$$r = \frac{Q_r}{Q} = \frac{X - SS}{X_r - X} \fallingdotseq \frac{X}{X_r - X} = \frac{SV(\%)}{100 - SV(\%)}$$

여기서, r : 반송비
　　　　Q_r : 반송유량(m^3/d)
　　　　Q : 유입유량(m^3/d)
　　　　X : MLSS 농도(mg/L)
　　　　SS : 유입 SS 농도(mg/L)
　　　　X_r : 반송슬러지 농도(mg/L)

(6) 잉여슬러지양(폐슬러지양, $X_r \cdot Q_w$)

$$\frac{X_r \cdot Q_w}{V \cdot X} = \frac{Y \cdot BOD \cdot Q \cdot \eta}{V \cdot X} - \frac{K_d \cdot V \cdot X}{V \cdot X}$$

$$\frac{1}{SRT} = \frac{Y \cdot BOD \cdot Q \cdot \eta}{V \cdot X} - K_d$$

여기서, $X_r \cdot Q_w$: 잉여슬러지양(kg/d)　　　BOD : 유입 BOD(mg/L)
　　　　Q : 유입 유량(m^3/d)　　　　　　　η : BOD 제거율
　　　　Y : 세포생산계수　　　　　　　　　K_d : 내호흡계수(1/d)
　　　　V : 폭기조 부피(m^3)　　　　　　　X : MLSS 농도(mg/L)

(7) 슬러지 용적 지수(Sludge Volume Index, SVI)

$$SVI = \frac{SV(mL)}{MLSS(g)} = \frac{SV_{30} \times 10^3}{MLSS(mg/L)} = \frac{SV(\%) \times 10^4}{MLSS(mg/L)} = \frac{10^6}{X_r}$$

(8) 슬러지 밀도 지수(Sludge Density Index, SDI)

$$SDI = \frac{100}{SVI}$$

1-37 폐수의 산소전달속도

$$\frac{dO}{dt} = \alpha K_{La}(\beta DO_s - DO) \times 1.047^{T-20}$$

여기서, $\frac{dO}{dt}$: 산소전달속도(mg/L·hr)

K_{La} : 총괄기체이전계수(1/hr)

DO_s : 포화DO농도(mg/L)

DO : DO농도(mg/L)

1.047 : 온도보정계수

T : 폐수의 온도

$\alpha = \dfrac{\text{폐수}K_{La}}{\text{순수}K_{La}}$

$\beta = \dfrac{\text{폐수}DO_s}{\text{순수}DO_s}$

1-38 총산소이동용량계수(K_{La})

$$K_{La} = \frac{dO/dt}{(DO_s - DO)}$$

1-39 슬러지 관련 공식

(1) 슬러지(SL)

슬러지양(습량) = 슬러지 수분 + 슬러지 고형물
(슬러지 건조량)

SL = W + TS

(2) 함수율(W)

$$함수율(W, \%) = \frac{수분\ 질량}{슬러지\ 질량} \times 100\%$$

(3) 고형물(TS)

$$TS = FS + VS$$

TS : 슬러지 고형물양
FS : 고형물 중 무기물양
VS : 고형물 중 유기물양

(4) 슬러지 밀도(비중)

$$\frac{M_{SL}}{\rho_{SL}} = \frac{M_{TS}}{\rho_{TS}} + \frac{M_W}{\rho_W}$$

M_{SL} : 슬러지 무게(비율)
M_{TS} : TS 무게(비율)
M_W : 물의 무게(비율)
ρ_{SL} : 슬러지 비중
ρ_{TS} : 고형물 비중
ρ_W : 물의 비중(= 1)

$$\frac{M_{TS}}{\rho_{TS}} = \frac{M_{FS}}{\rho_{FS}} + \frac{M_{VS}}{\rho_{VS}}$$

M_{TS} : TS무게(비율)
M_{FS} : TS 중 무기물 무게(비율)
M_{VS} : TS 중 유기물 무게(비율)
ρ_{TS} : TS 비중
ρ_{FS} : TS 중 무기물 비중
ρ_{VS} : TS 중 유기물 비중

1-40 슬러지 농축, 탈수 공식

(1) 농축 후 슬러지양 계산

농축 전후로 수분의 양은 감소하지만 고형물의 양은 변화가 없음을 이용하여 계산(양은 동일하나 비율은 변함)

$$TS_1 = TS_2$$
$$SL_1(1-W_1) = SL_2(1-W_2)$$

여기서, TS_1 : 농축 전 슬러지의 고형물양 TS_2 : 농축 후 슬러지의 고형물양
 SL_1 : 농축 전 슬러지양 SL_2 : 농축 후 슬러지양
 W_1 : 농축 전 슬러지의 함수율 W_2 : 농축 후 슬러지의 함수율

(2) 농축으로 감소한 수분(상등액)의 양

$$감소한\ 수분\ 양 = SL_1 - SL_2$$

1-41 소화율(유기물 제거율) 공식

$$FS_1 = FS_2$$

$$소화율 = \frac{VS_1 - VS_2}{VS_1} \times 100\%$$

$$= \left(1 - \frac{FS_1(\%)/FS_2(\%)}{VS_1(\%)/VS_2(\%)}\right) \times 100\%$$

여기서, VS_1 : 소화 전 유기물양
 VS_2 : 소화 후 유기물양
 $FS_1(\%)$: 소화 전 고형물 중 무기물 비율(%)
 $VS_1(\%)$: 소화 전 고형물 중 유기물 비율(%)
 $FS_2(\%)$: 소화 후 고형물 중 유기물 비율(%)
 $VS_2(\%)$: 소화 후 고형물 중 무기물 비율(%)

1-42 인구 추정법

(1) 등차급수법

$$P_n = P_o + na$$

P_n : n년 뒤 인구
P_o : 현재 인구
n : 년도수
a : 1년당 인구증가수

(2) 등비급수법

$$P_n = P_o(1+r)^n$$

r : 인구증가율

1-43 계획 우수량(합리식)

(1) 계획 우수량(우수 유출량) 산정 공식 – 합리식

$$Q = \frac{1}{3.6}CIA$$

Q : 우수유출량(m^3/sec)
C : 유출계수
I : 강우강도(mm/hr)
A : 배수면적(km^2)

(2) 강우지속시간(유달시간)

유달시간 = 유입시간 + 유하시간

$$T = t + \frac{L}{V}$$

T : 유달시간(min)
t : 유입시간(min)
L : 관거의 길이(m)
V : 관거 내 평균 유속(m/min)

(3) 총괄유출계수

$$총괄유출계수 = \frac{\Sigma(토지이용별\ 면적 \times 기초유출계수)}{\Sigma 토지이용별\ 면적}$$

1-44 유속 공식

(1) Manning 공식

$$v = \left(\frac{1}{n}\right) \times R^{\frac{2}{3}} \times I^{\frac{1}{2}}$$

v : 유속(m/s)
n : 관의 조도계수
R : 경심(윤심, 동수반경, m)
I : 동수경사(수면구배, 동수구배)

(2) Chezy 공식

$$v = C\sqrt{RI}$$

v : 유속(m/s)
C : Chezy 상수
R : 경심(윤심, 동수반경, m)
I : 동수경사(수면구배, 동수구배)

1-45 경심(R) 공식

(1) 경심

$$R = \frac{D_e}{4} = \frac{A}{P}$$

R : 경심(m)
D_e : 상당직경(m)
A : 관의 단면적(m^2)
P : 윤변(m)

윤변 : 관 단면에서 물이 관 벽에 닿는 부분의 길이

(2) 장방형관(사각형관) – 관수로의 경심

$$R = \frac{ab}{2(a+b)}$$

a : 수심(m)
b : 관의 폭(m)

(3) 장방형관(사각형관) - 개수로의 경심

$$R = \frac{ab}{2a+b}$$

a : 수심(m)
b : 관의 폭(m)

(4) 원형관의 경심

$$R = \frac{D}{4}$$

D : 관경(관의 지름, m)

1-46 상당직경(D_e)

직사각형관을 원형관이라고 가정할 때의 직경

(1) 관수로의 상당직경

$$D_e = 4R = 4\frac{A}{P} = \frac{4ab}{2(a+b)} = \frac{2ab}{a+b}$$

a : 폭(m)
b : 수심(m)

(2) 개수로의 상당직경

$$D_e = 4R = 4\frac{A}{P} = \frac{4ab}{2a+b}$$

a : 폭(m)
b : 수심(m)

1-47 비교회전도(N_S)

$$N_S = N\frac{Q^{1/2}}{H^{3/4}}$$

N : 펌프의 회전수(rpm)
H : 양정(m)
Q : 양수량(m^3/min)

1-48 펌프 관련 공식

(1) 흡입구경

$$Q = AV = \left(\frac{\pi D^2}{4}\right)V$$

$$\therefore D = \sqrt{\frac{4Q}{\pi V}}$$

D : 펌프의 흡입구경(m)
Q : 펌프의 토출량(m^3/min)
V : 흡입구의 유속(m/s)

(2) 펌프의 축동력

$$P_s(kW) = \frac{9.8QH(1+\alpha)}{\eta}$$

P_s : 펌프의 축동력(kW)
Q : 펌프의 토출량(m^3/s)
H : 펌프의 전양정(m)
η : 펌프의 효율
α : 펌프의 여유율

$$P_s(HP) = \frac{13.33QH(1+\alpha)}{\eta}$$

P_s : 펌프의 축동력(HP)
Q : 펌프의 토출량(m^3/s)
H : 펌프의 전양정(m)
η : 펌프의 효율
α : 펌프의 여유율

(3) 전동기의 출력

$$P = \frac{P_s(1+\alpha)}{\eta_b}$$

P : 전동기 출력(kW)
P_s : 펌프의 축동력(kW)
α : 여유율
η_b : 전단효율

- $1\,W = 1\,kg \cdot m^2/s^3$
- $1\,HP = 746\,W$

1-49 벤투리미터, 유량측정 노즐, 오리피스 측정공식

$$Q = \frac{C \cdot A}{\sqrt{1 - \left[\dfrac{d_2}{d_1}\right]^4}} \sqrt{2gH}$$

여기서, Q : 유량(cm^3/s)

C : 유량계수

A : 목(throat) 부분의 단면적(cm^2) $\left[= \dfrac{\pi d_2^2}{4} \right]$

H : $H_1 - H_2$(수두차 : cm)

H_1 : 유입부 관 중심부에서의 수두(cm)

H_2 : 목(throat)부의 수두(cm)

g : 중력가속도(980 cm/s^2)

d_1 : 유입부의 직경(cm)

d_2 : 목(throat)부 직경(cm)

1-50 피토우(pitot)관 측정공식

$Q = C \cdot A \cdot V$

여기서, Q : 유량(cm^3/s)

C : 유량계수

A : 관의 유수단면적(cm^2) $\left[= \dfrac{\pi d_2^2}{4} \right]$

V : $\sqrt{2gH}$ (cm/s)

g : 중력가속도(980 cm/s^2)

H : 수두차(= 정체압력 수두 − 정수압 수두)(cm)

1-51 직각 3각 웨어 유량 공식

$$Q = K \cdot h^{5/2}$$

Q : 유량(m^3/분)
K : 유량계수
B : 수로의 폭(m)
D : 수로의 밑면으로부터 절단 하부 점까지의 높이(m)
h : 웨어의 수두(m)

$$K = 81.2 + \frac{0.24}{h} + \left[\left(8.4 + \frac{12}{\sqrt{D}}\right) \times \left(\frac{h}{B} - 0.09\right)^2\right]$$

1-52 4각 웨어 유량 공식

$$Q = K \cdot b \cdot h^{3/2}$$

Q : 유량(m^3/분)
K : 유량계수
B : 수로의 폭(m)
b : 절단의 폭(m)
h : 웨어의 수두(m)

$$K = 107.1 + \frac{0.177}{h} + 14.2\frac{h}{D} - 25.7\sqrt{\frac{(B-b)h}{D \cdot B}} + 2.04\sqrt{\frac{B}{D}}$$

1-53 BOD 공정시험기준 공식

(1) 식종하지 않은 시료

$$BOD(mg/L) = (D_1 - D_2) \times P$$

여기서, D_1 : 15분간 방치된 후의 희석(조제)한 시료의 DO(mg/L)
D_2 : 5일간 배양한 다음의 희석(조제)한 시료의 DO(mg/L)
P : 희석시료 중 시료의 희석배수(희석시료량/시료량)

(2) 식종희석수를 사용한 시료

$$BOD(mg/L) = [(D_1 - D_2) - (B_1 - B_2) \times f] \times P$$

여기서, D_1 : 15분간 방치된 후의 희석(조제)한 시료의 DO(mg/L)
  D_2 : 5일간 배양한 다음의 희석(조제)한 시료의 DO(mg/L)
  B_1 : 식종액의 BOD를 측정할 때 희석된 식종액의 배양전 DO(mg/L)
  B_2 : 식종액의 BOD를 측정할 때 희석된 식종액의 배양후 DO(mg/L)
  f : 희석시료 중의 식종액 함유율(x %)과 희석한 식종액 중의 식종액 함유율(y %)의 비(x/y)
  P : 희석시료 중 시료의 희석배수(희석시료량/시료량)

1-54 용존산소(DO) 공정시험기준 공식

(1) 용존산소 농도 산정방법

$$DO(mg/L) = a \times f \times \frac{V_1}{V_2} \times \frac{1,000}{V_1 - R} \times 0.2$$

여기서, a : 적정에 소비된 티오황산나트륨용액(0.025 M)의 양(mL)
  f : 티오황산나트륨(0.025 M)의 인자(factor)
  V_1 : 전체 시료의 양(mL)
  V_2 : 적정에 사용한 시료의 양(mL)
  R : 황산망간용액과 알칼리성 요오드화칼륨 – 아자이드화나트륨용액 첨가량(mL)

(2) 용존산소 포화율 산정방법

$$\text{용존산소 포화율}(\%) = \frac{DO}{DO_t \times B/760} \times 100$$

여기서, DO : 시료의 용존산소량(mg/L)
  DO_t : 수중의 용존산소 포화량(mg/L)
  B : 시료채취 시의 대기압(mmHg)

1-55 COD 농도 계산

(1) 화학적 산소요구량(COD) – 적정법 – 산성 과망간산칼륨법

$$COD(mg/L) = (b-a) \times f \times \frac{1,000}{V} \times 0.2$$

여기서, a : 바탕시험 적정에 소비된 과망간산칼륨용액(0.005 M)의 양(mL)
  b : 시료의 적정에 소비된 과망간산칼륨용액(0.005 M)의 양(mL)
  f : 과망간산칼륨용액(0.005 M) 농도계수(factor)
  V : 시료의 양(mL)

(2) 화학적 산소요구량(COD) – 적정법 – 알칼리성 과망간산칼륨법

$$COD(mg/L) = (a-b) \times f \times \frac{1,000}{V} \times 0.2$$

여기서, a : 바탕시험 적정에 소비된 티오황산나트륨용액(0.025 M)의 양(mL)
  b : 시료의 적정에 소비된 티오황산나트륨용액(0.025 M)의 양(mL)
  f : 티오황산나트륨용액(0.025 M)의 농도계수(factor)
  V : 시료의 양(mL)

(3) 화학적 산소요구량(COD) – 적정법 – 다이크롬산칼륨법

$$COD = (b-a) \times f \times \frac{1,000}{V} \times 0.2$$

여기서, a : 적정에 소비된 황산제일철암모늄용액(0.025 N)의 양(mL)
  b : 바탕시료에 소비된 황산제일철암모늄용액(0.025 N)의 양(mL)
  f : 황산제일철암모늄용액(0.025 N)의 농도계수(factor)
  V : 시료의 양(mL)

2 내용형 대비 핵심정리

제1과목 수질오염개론

2-1 물의 특성

① 밀도 : $1\,\text{ton/m}^3 = 1\,\text{kg/L} = 1\,\text{g/cm}^3(4℃)$
② 온도가 높아지면 표면장력, 점성계수는 작아지고 증기압은 커짐
③ 우수한 극성 용매
④ 광합성의 수소공여체

2-2 수자원

① 수자원의 분포 : 해수 97 %, 담수 3 %
② 가장 물 사용량이 많은 용수 : 농업용수

수자원	특징
우수	• 해수 성분과 비슷함 • 연수(무기염류 함량 낮음) • 광물질 용해되어 있지 않음 • 수자원 이용률 낮음 • 자연 강우 pH 5.6
지하수	• 수온변동, 수질변화가 적음 • 탁도 낮음 • 유속이 느리고 자정속도도 느림 • 국지적인 환경조건의 영향을 크게 받음 • 오염 정도의 측정과 예측 및 감시가 어려움

수자원	특징

해수	• pH 8.2(8.0~8.3), 중탄산염(HCO_3^-) 포화용액
	• 해수의 Mg/Ca 비 : 3~4
	• 밀도 : 수온이 낮을수록, 수심이 깊을수록, 염분이 높을수록 증가
	• 질소 성분 : 35%(유기질소, NH_3-N), 65%($NO_2^- -N$, $NO_3^- -N$)
	• 염분
	  - 1 L당 평균 35 g = 3.5% = 35‰ = 35,000 ppm
	  - 무역풍대 > 적도 > 극지방
	  - 염분의 성분 : $Cl^- > Na^+ > SO_4^{2-} > Mg^{2+} > Ca^{2+} > K^+ > HCO_3^-$

2-3 반응조의 혼합 정도

혼합 정도의 표시	IPF	ICM
분산	0	1
분산수	0	∞
모릴지수	1	클수록
지체시간	이론적 체류시간과 동일	0

2-4 경도(hardness)

① 2가 이상 양이온(Ca^{2+}, Mg^{2+}, Sr^{2+})을 같은 당량의 mg/L $CaCO_3$으로 환산한 것
② 총경도(TH) = 탄산경도(CH)+비탄산경도(NCH)
③ 탄산경도(CH) = 알칼리도(Alk)

2-5 콜로이드(colloid)

비교	소수성 colloid	친수성 colloid
존재 형태	현탁상태(suspension)	유탁상태(emulsion)
물과 친화성	물과 반발	물과 쉽게 반응
염에 민감성	염에 아주 민감	염에 덜 민감
응집제 투여	소량의 염을 첨가하여도 응결 침전됨	다량의 염 첨가 시 응결 침전
표면장력	용매와 비슷	용매보다 약함
틴들효과	틴들 효과가 큼	약하거나 거의 없음

2-6 환경미생물의 분류

분류 기준	환경미생물
산소	• 호기성 미생물 : 유리 산소(DO)를 이용 • 혐기성 미생물 : 결합 산소를 이용 • 임의성(통성혐기성) 미생물 : 산소의 유무에 관계없이 생육 가능한 세균
온도	• 초고온성 미생물(hyper thermoplics) : 80℃ 이상에서 성장하는 미생물 • 고온성(친열성) 미생물 : 50℃ 이상에서 성장하는 미생물 • 중온성(친온성) 미생물 : 10~40℃ 범위에서 성장하는 미생물 • 저온성(친냉성) 미생물 : 10℃ 이하에서 성장하는 미생물
영양관계	<table><tr><th>탄소원</th><th>무기탄소</th><th>유기탄소</th></tr><tr><td>미생물</td><td>독립영양 미생물</td><td>종속영양 미생물</td></tr></table><table><tr><th>에너지</th><th>빛에너지</th><th>산화환원 반응의 화학에너지</th></tr><tr><td>미생물</td><td>광합성 미생물</td><td>화학합성 미생물</td></tr></table>• 독립영양 화학합성 미생물 : 무기탄소 이용, 무기물의 산화, 환원반응 에너지 • 종속영양 화학합성 미생물 : 유기탄소 이용, 유기물의 산화, 환원반응 에너지

2-7 주요 환경 미생물의 경험 분자식

미생물	경험 분자식
호기성 박테리아	$C_5H_7O_2N$
혐기성 박테리아	$C_5H_9O_3N$
조류	$C_5H_8O_2N$
균류(fungi)	$C_{10}H_{17}O_6N$
원생동물	$C_7H_{14}O_3N$

2-8 미생물의 증식단계

① 적응기 : 미생물이 증식을 위해 환경에 적응하는 단계
② 증식기 : 서서히 미생물의 수가 증가
③ 대수성장단계 : 미생물의 수가 대수적으로 급격히 증가함, 증식속도 최대
④ 감소성장단계 : 생물수 최대
⑤ 내생성장단계 : 원형질의 전체중량 감소

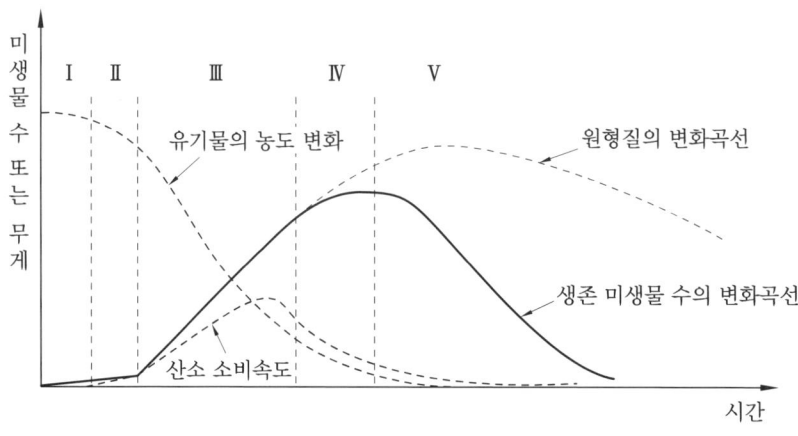

미생물의 증식단계

2-9 질산화와 탈질 비교

구분	질산화	탈질
과정	$NH_3-N \rightarrow NO_2^--N \rightarrow NO_3^--N$	$NO_3^--N \rightarrow NO_2^--N \rightarrow N_2, N_2O$
미생물	질산화 미생물 (호기성 독립영양 미생물)	탈질 미생물 (통성 혐기성 종속영양 미생물)
DO	1 mg/L 이상	0
탄소원	무기탄소	유기탄소
pH 변화	감소	증가
Alk 변화	소비	증가
반응	산화, 호기	환원, 혐기
pH	7.5~8.6	7~8

2-10 호기성 분해와 혐기성 분해

구분	호기성 분해	혐기성 분해
발생 환경	유리 산소(DO) 많을 때 호기성일 때 산화성 환경일 때	유리 산소(DO) 없을 때 혐기성일 때 환원성 환경일 때
미생물	호기성 미생물	혐기성 미생물
이용 산소	유리산소(DO)	결합산소(SO_4^{2-}, NO_3^- 등)
미생물 성장속도 (분해 속도)	빠름	느림
분해 시간	짧음	긺
최종 생성물	산화형태 무기물 (CO_2, H_2O, NO_3^-, SO_4^{2-}, PO_4^{3-})	환원형태 무기물 (CO_2, H_2O, NH_3, H_2S)
메탄 생성	생성 안 됨	생성됨
악취	발생 안 됨	발생됨(NH_3, H_2S)
독성	덜 민감	더 민감
pH범위	6~8	6.8~7.4

2-11 혐기성 분해과정

구분	1단계	2단계	3단계
과정	가수분해 단계	유기산 생성 단계 수소 생성 단계 산성 소화 단계 액화 단계	메탄 생성 단계 알칼리 소화 단계 가스화 단계
미생물	발효균	아세트산 및 수소생성균	메탄생성균
생성물	• 단당류, 이당류 • 아미노산 • 지방산, 글리세롤 • 휘발성 유기산	• 유기산(아세트산, 프로피온산, 부티르산) • CO_2, H_2, 알코올, 알데하이드, 케톤 등	• CH_4(약 70 %) • CO_2(30 %) • H_2S • NH_3
특징	가장 느린 반응	유기물의 총 COD 일정(유기물의 종류만 달라짐)	• 유기물이 무기물(혐기성 가스)로 분해되어 제거됨 • CH_4 가장 많이 생성 • $CH_4 : CO_2 = 70\% : 30\%$ • 최적 pH 6.8~7.4 • 메탄은 연료로 이용 가능

2-12 Whipple의 정화단계

구분	분해지대	활발한 분해지대	회복지대	정수지대
특징	DO 감소 호기성 박테리아→균류	DO 최소 호기성→혐기성 전환 혐기성 기체 악취, 부패	DO 증가 혐기성→호기성 전환 질산화	DO 거의 포화 청수성 어종 고등생물 출현
출현 생물	실지렁이, 균류(fungi), 박테리아(bacteria)	혐기성 미생물, 세균 자유 유영성 섬모충류	균류(fungi), 조류, 윤충류, 갑각류	윤충류(rotifer), 무척추동물, 청수성 어류 (송어 등)
감소 생물	고등생물	균류	세균	

2-13 호소수의 수질관리

(1) 성층현상(stratification)
① 순환층(표층, epilimnion) : 최상부층, 호기성 상태
② 수온약층(변온층, thermocline) : 수온이 수심 1m당 거의 1℃ 변화
③ 정체층(심수층, hypolimnion) : 최하부층, 혐기성 상태
④ 여름, 겨울 발생
⑤ 여름 성층과 겨울 성층

여름 성층(정성층)	겨울 성층(역성층)
• DO경사와 온도경사가 같음 • 겨울성층보다, **성층현상이 더 뚜렷함**	• DO경사와 온도경사가 반대임 • 결빙으로 바람의 교란이 차단되면, 물의 수직·수평방향 이동이 감소함

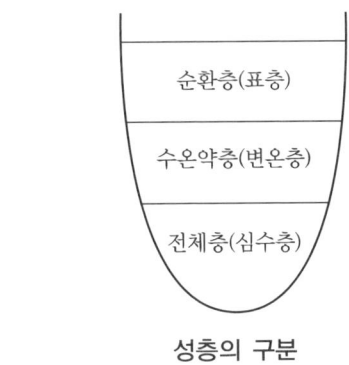

성층의 구분

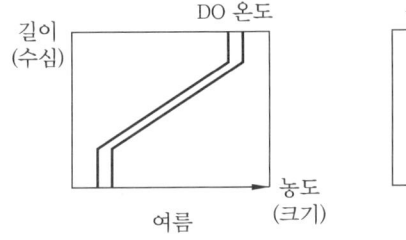 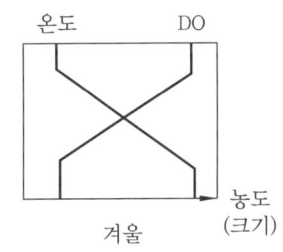

여름 성층과 겨울 성층의 수심별 농도 변화

(2) 전도현상(turnover)
① 연직방향의 수온차에 따른 순환밀도류가 발생하거나 강한 수면풍의 작용으로 수괴의 연직안정도가 불안정하게 되면서 호수 전체가 혼합되는 현상

② 봄, 가을 발생
③ 수중 수직혼합이 발생하여 호소 내 수질이 악화됨

(3) 부영양화(eutrophication)
① 질소와 인 등 영양염류의 과다 유입으로 조류가 과대 번식하는 현상
② 칼슨지수 : 클로로필-a, 총인, 투명도
③ 부영양화 방지 대책

분류	방지 대책
질소 및 인 유입방지 및 저감 대책	• 세제 사용량 감소 • 방류수 고도처리함 • 비료사용 억제 • 침전된 퇴적층을 제거(준설) • 수생식물 이용
조류제거 대책	• 황산동($CuSO_4$) 주입 • 염소 주입 • 활성탄 흡착

④ 부영양화가 인간에게 미치는 영향
- 수중의 현탁물질 증가, 착색, 냄새발생 등으로 미관상 불쾌감 및 심미적 불쾌감 초래
- 물놀이, 낚시, 산책 등 여가활동의 제약 및 물과 접촉하는 활동에서 불쾌감 유발
- 조류의 독소, 수질악화 등으로 피부병, 눈병, 수인성질병 등 건강상의 장해
- 수질악화로 수돗물 생산과정에 장애발생, 추가경비 소요 등 경제적 손실

⑤ 부영양화가 생태계에 미치는 영향
- 조류의 호흡, 분해에 의한 용존산소의 고갈과 황화수소, 이산화탄소 등 가스 증가로 어패류 질식사
- 적조생물이 발생시키는 독소물질로 인한 어류의 폐사
- 점액물질이 많은 플랑크톤이 아가미에 부착, 호흡장애에 의한 어류의 질식사
- 산소부족에 내성이 강한 생물 증가 등 수생태계의 변화
- 농업용수로 이용 시 고농도의 질소에 의해 경작 장애
- 부영양화 심화 시 생물이 살 수 없는 늪으로 변화

2-14 적조(red tide)

원인	영향	대책
• 영양염류 과다 유입 • 정체된 수역일수록 • 수중 연직 안정도가 높을수록 • 염분이 낮을수록 • 일사량이 클수록 • 특히, 풍수기, 홍수 이후 → 적조 잘 발생함	• 수중 DO 감소 • 조류 대량 번식 • 어류 아가미 폐색 • 조류 자체의 독성 발생 • 어류 폐사	• 영양염류 유입 방지 • 황토 살포 : 조류 강제 침전 • 약품 살포 • 펌프에 의한 회수

2-15 조류

(1) 광합성

① 반응식 : $CO_2 + H_2O \rightarrow CH_2O(세포) + O_2$
② 수소공여체 : 물
③ 전자수용체 : 전자를 얻어 환원되는 물질, CO_2
④ 전자공여체 : 전자를 내놓고 산화되는 물질, H_2O

(2) 조류의 광합성과 호흡

$$광합성 : CO_2 + H_2O \rightarrow CH_2O(세포) + O_2$$
$$호흡 : CH_2O(세포) + O_2 \rightarrow CO_2 + H_2O$$

구분	활동	산소(DO)	pH	알칼리도
주간	광합성, 호흡	증가	증가	일정 또는 증가
야간	호흡	감소	감소	감소(소비)

(3) 조류의 광합성 색소와 저장 탄수화물

조류	주요 광합성 색소	저장 탄수화물
남조류	엽록소 a, 피코빌린 색소(피코시아닌)	녹말
녹조류	엽록소 a, b, 카르티노이드(카로틴+크산토필)	녹말
홍조류	엽록소 a, d, 피코빌린 색소(피코에리트린)	녹말
황갈조류(규조류), 황조류, 갈조류	엽록소 a, c, 카르티노이드(카로틴+크산토필)	크리소라미나린, 라미나린
쌍편모조류(와편모조류, 황적조류)	엽록소 a, c, 크산토필	녹말

2-16 분뇨

① 부피비 → 분 : 뇨 = 1 : 8~10
② 고형물비 → 분 : 뇨 = 7~8 : 1
③ 염분, 유기물 농도 높음
④ 고액분리 어려움, 점도 높음
⑤ 토사 및 협착물 많음
⑥ 질소 농도 높음 : NH_4HCO_3, $(NH_4)_2CO_3$
⑦ 분의 질소산화물은 VS의 12~20 %
⑧ 뇨의 질소산화물은 VS의 80~90 %

2-17 유해물질의 만성중독증

① 수은 : 미나마타병, 헌터루셀병
② 카드뮴 : 이따이이따이
③ 구리 : 윌슨씨병
④ 비소 : 흑피증
⑤ 망간 : 파킨슨씨 유사병
⑥ PCB : 카네미유증
⑦ 불소 : 반상치, 법랑반점

2-18 수질모델링

(1) 하천의 수질모델링

명칭	특징
Streeter-Phelps model	• 최초의 하천수질모델 • 유기물 분해에 의한 산소소비, 수면에서의 산소공급만을 이용하여 산소농도 변화를 예측한 모델
DO sag -Ⅰ, Ⅱ, Ⅲ	• Streeter-Phelps식으로 도출 • 1차원 정상모델 • 점오염원 및 비점오염원이 하천의 용존산소에 미치는 영향을 나타냄 • SOD, 광합성에 의한 DO 변화 무시
WQRRS	• 하천 및 호수의 부영양화를 고려한 생태계 모델 • 정적 및 동적인 하천의 수질, 수문학적 특성을 광범위하게 고려 • 호수에는 수심별 1차원 모델을 적용함
QUAL-Ⅰ, Ⅱ	• 유속, 수심, 조도계수에 의한 확산계수 결정 • 하천과 대기 사이의 열복사, 열교환 고려 • 음해법으로 미분방정식의 해를 구함 • QUAL-Ⅱ : QUAL-Ⅰ을 변형보강한 것으로 계산이 빠르고 입력자료 취급이 용이함 • 질소, 인, 클로로필a 고려함
QUALZE	• QUAL-Ⅱ를 보완하여 PC용으로 개발 • 희석방류량과 하천 수중보에 대한 영향 고려
AUT-QUAL	• 길이방향에 비해 상대적으로 폭이 좁은 하천 등에 적용 가능한 모델 • 비점오염원 고려
SNSIM 모델	• 저질의 영향과 광합성 작용에 의한 용존산소 반응을 나타냄
WASP	• 하천의 수리학적 모델, 수질 모델, 독성물질의 거동 고려 • 1, 2, 3차원 고려 • 저니의 영향 고려
HSPF	• 다양한 수체에 적용 가능 • 강우, 강설 고려 • 적용하고자 하는 수체에 따라 필요로 하는 모듈 선택 가능

(2) Streeter-Phelps model 가정조건
① 오염원 : 점오염원
② 반응 : 1차 반응
③ 1차원 PFR 모델
④ 흐름 : 정류(steady flow)
⑤ 유기물 분해와 재폭기, 탈산소만 고려함
⑥ 조류, 질산화, 저니산소요구량 등 다른 조건은 무시함

2-19 기체 관련 법칙

샤를의 법칙	일정한 압력에서 기체의 부피는 절대온도에 비례한다.
보일의 법칙	일정한 온도에서 기체의 부피는 압력에 반비례한다.
부분압력의 법칙 (Dalton의 법칙)	한 기체 내의 각 기체의 부분압력은 혼합물 속의 기체의 양에 비례한다.
라울(Raoult)의 법칙	증기압 법칙(여러 물질이 혼합된 용액에서 어느 물질의 증기압(분압)은 혼합액에서 그 물질의 몰분율에 순수한 상태에서 그 물질의 증기압을 곱한 것과 같다.)
게이뤼삭(Gay-Lussac)의 법칙	기체가 관련된 화학반응에서 반응하는 기체와 생성된 기체의 부피 사이에는 정수 관계가 성립한다.
헨리(Henry)의 법칙	기체의 용해도는 그 기체의 압력에 비례한다.
그레이엄(Graham)의 법칙	기체의 확산속도(조그마한 구멍을 통한 기체의 탈출)는 기체 분자량의 제곱근에 반비례한다.

제2과목 상하수도계획

2-20 상수도 계통도

취수 → 도수 → 정수 → 송수 → 배수 → 급수

① 취수 : 원수를 취수시설까지 끌어들이는 것
② 도수 : 취수시설에서 정수장까지 원수를 이동시키는 것
③ 정수 : 정수처리장에서 원수를 정수처리하여 정수로 만드는 것
④ 송수 : 정수장에서 배수시설까지 정수를 이동시키는 것
⑤ 배수 : 배수시설에서 배수관망까지 정수를 이동시키는 것
⑥ 급수 : 배수관망에서 소비지까지 정수를 이동시키는 것

2-21 상수도 기본사항

① **계획(목표)년도** : 15~20년
② 계획급수구역 : 계획년도까지 배수관이 부설되어 급수되는 구역
③ 계획급수인구 = 계획급수구역 내의 인구 × 계획급수보급률
④ 계획급수량 : 원칙적으로 용도별 사용수량을 기초로 하여 결정
⑤ 계획취수량 = 계획 1일 최대급수량 + 여유율 10%

2-22 수원의 구비요건

① 수량이 풍부할 것
② 수질이 좋은 것
③ 가능한 한 높은 곳에 위치할 것
④ 수돗물 소비지에 가까운 곳에 위치할 것

2-23 취수보 설계기준

① 취수보의 취수구 높이는 배사문의 바닥 높이보다 0.5~1 m 이상 높게 한다.
② 유입속도는 0.4~0.8 m/s를 표준으로 한다.
③ 제수문의 전면에는 스크린을 설치한다.
④ 계획취수위는 취수구로부터 도수기점까지의 손실수두를 계산하여 결정한다.

2-24 침사지 설계기준

① 표면부하율 : 200~500 mm/min
② 지내평균유속 : 2~7 cm/s
③ 지의 길이 : 폭의 3~8배
④ 지의 고수위 : 계획취수량이 유입될 수 있도록 취수구의 계획최저수위 이하
⑤ 지의 상단높이 : 고수위보다 0.6~1 m의 여유고를 둠
⑥ 지의 유효수심 : 3~4 m
⑦ 퇴사심도 : 0.5~1 m
⑧ 경사 : 길이방향으로 1/100

2-25 집수매거 설계기준

① 매설깊이 : 가능한 한 직접 지표수의 영향을 받지 않도록 하기 위하여 5 m 이상으로 하는 것이 바람직하다.
② 설치방향 : 복류수 흐름과 직각 방향으로 설치
③ 경사 : 수평 또는 흐름방향의 완경사(1/500)
④ 형상 : 원형 또는 장방형
⑤ 평균유속 : 1 m/s
⑥ 접합정 : 철근콘크리트의 수밀구조, 종단, 분기점, 기타 필요한 곳에 설치
⑦ 집수공의 유입속도 : 3 cm/s 이하
⑧ 집수구멍 직경 : 10~20 mm
⑨ 집수구멍 수 : 관거표면적 1 m^2당 20~30개
⑩ 집수매거의 길이는 시험우물 등에 의한 양수시험 결과에 따라 정함
⑪ 세굴의 우려가 있는 제외지에 설치할 경우에는 철근콘크리트 등으로 방호함

2-26 정수시설

(1) 계획정수량과 시설능력
   ① 계획정수량 : 계획1일최대급수량을 기준으로 하고, 여기에 작업용수와 기타용수를 고려하여 결정함
   ② 예비용량을 감안하여 정수시설의 **가동률은 75 %**로 설정

(2) 플록형성지 설계기준
   ① 직사각형이 표준
   ② 플록형성지는 혼화지와 침전지 사이에 위치하고 침전지에 붙여서 설치
   ③ 플록형성시간은 계획정수량에 대하여 20~40분간을 표준으로 함
   ④ 기계식교반에서 플록큐레이터의 주변속도는 15~80 cm/s로 하고, 우류식교반에서는 평균유속을 15~30 cm/s를 표준으로 함
   ⑤ 플록형성지는 단락류나 정체부가 생기지 않으면서 충분하게 교반될 수 있는 구조로 함
   ⑥ 플록형성지 내의 교반강도는 하류로 갈수록 점차 감소시키는 것이 바람직함
   ⑦ 저류벽이나 정류벽을 설치하면 단락류가 생기는 것을 방지함
   ⑧ 플록형성은 응집된 미소플록을 크게 성장시키기 위해 적당한 기계식교반이나 우류식교반이 필요함
   ⑨ 야간근무자도 플록형성상태를 감시할 수 있도록 조명을 설치

(3) 약품침전지 설계기준
   ① 지의 형상은 직사각형으로 하고 길이는 폭의 3~8배 이상으로 함
   ② 각 지마다 독립하여 사용 가능한 구조로 하여야 함
   ③ 유효수심 : 3~5.5 m
   ④ 슬러지의 퇴적심도 : 30 cm 이상
   ⑤ 고수위에서 침전지 벽체 상단까지의 여유고 : 30 cm
   ⑥ 침전지 바닥에는 슬러지 배제에 편리하도록 배수구를 향하여 경사지게 함

(4) 완속여과지 설계기준
   ① 여과지 깊이는 하부집수장치의 높이에 자갈층과 모래층 두께, 모래면 위의 수심과 여유고를 더하여 2.5~3.5 m를 표준으로 함
   ② 여과지의 형상 : 직사각형

③ 여과속도 : 4~5 m/d
④ 여과지의 모래면 위의 수심 : 90~120 cm
⑤ 여유고 : 30 cm
⑥ 배치는 몇 개 여과지를 접속시켜 1열이나 2열로 하고, 그 주위는 유지관리상 필요한 공간을 둠
⑦ 주위벽 상단은 지반보다 15 cm 이상(여과지 내로 오염수나 토사 유입방지)
⑧ 동결 우려 시, 물이 오염될 우려가 있는 경우에는 여과지를 복개함

(5) 급속여과지 설계기준
① 여과 및 여과층의 세척이 충분하게 이루어질 수 있어야 함
② 종류 : 중력식, 압력식(중력식을 표준으로 함)
③ 여과면적 = 계획정수량 ÷ 여과속도
④ 여과지 수 : 예비지를 포함하여 2지 이상
⑤ 여과지 1지의 여과면적 : 150 m^2 이하
⑥ 형상 : 직사각형을 표준으로 함
⑦ 여과속도 : 120~150 m/day

2-27 배수지 설계기준

① **유효용량** : "시간변동조정용량"과 "비상대처용량"을 합하여 **급수구역의 계획1일최대급수량의 12시간분 이상**
② 배수지는 가능한 한 급수지역의 중앙 가까이 설치
③ 자연유하식 배수지의 표고는 최소동수압이 확보되는 높이여야 함
④ **배수지 유효수심 : 3~6 m**

2-28 하수도 기본사항

(1) 하수도 목적
① 오수배제
② 우수배제

③ 물순환의 회복

(2) 하수도 계획년도 : 20년

2-29 계획오수량

① 하수도의 계획오수량 : 생활오수량(가정오수량 및 영업오수량), 공장폐수량 및 가축폐수량
② **지하수량 : 1인1일최대오수량의 20 % 이하**
③ 계획1일최대오수량 : 1인1일최대오수량에 계획인구를 곱한 후 여기에 공장폐수량, 지하수량 및 기타 배수량을 더한 것
④ 계획1일평균오수량 : 계획1일최대오수량의 70~80 %
⑤ 계획시간최대오수량 : **계획1일최대오수량의 1시간당 수량의 1.3~1.8배**
⑥ 우천 시 계획오수량 : **합류식 계획시간최대오수량의 3배 이상**

2-30 계획오염부하량 및 계획유입수질

항목	산정방법
계획오염부하량	생활오수, 영업오수, 공장폐수 및 관광오수 등의 오염부하량 합산
계획유입수질	계획오염부하량 / 계획1일평균오수량
대상 수질 항목	처리목표수질의 항목으로 선정
생활오수에 의한 오염부하량	1인1일당 오염부하량을 원단위로 선정
영업오수에 의한 오염부하량	업무의 종류 및 오수의 특징을 고려하여 선정
공장폐수에 의한 오염부하량	• 폐수배출부하량이 큰 공장 : 부하량을 실측하는 것이 바람직함 • 실측치를 얻기 어려운 경우 : 업종별의 출하액당 오염부하량 원단위에 기초를 두고 추정함
관광오수에 의한 오염부하량	당일관광과 숙박으로 나누고, 각각의 원단위에서 추정함

2-31 하수배제방식

검토사항		분류식	합류식
건설	관로계획	• 우수와 오수를 별도 관거로 배제 • 오수배제 계획이 합리적임	• 우수와 오수를 동일 관거로 배제 • 우수 신속배제와 지형조건에 적합한 관거망
	건설비	• 우수/오수관거 2계통 건설 시 비쌈 • 오수관만을 건설하는 경우는 가장 저렴함	• 2계통 건설 시보다 저렴함(단, 분류식의 오수관만을 건설하는 것보다는 비쌈)
유지 관리	관거오접	• 철저한 감시 필요	• 무관
	퇴적물	• 퇴적물 적음 • 수세효과는 기대할 수 없음	• 유속이 낮은 시기에 침전물 퇴적 • 우천 시 수세효과 있음(청소빈도 적을 수 있음)
	처리장으로의 토사 유입	• 소량의 토사유입	• 우천 시 다량의 토사 유입
	관거 내의 보수	• 오수관거 폐쇄 가능 많음(소구경 관거) • 청소 용이 • 다소 많은 관리 시간(측구 있는 경우)	• 폐쇄 가능 적음(대구경 관거) • 청소 난이 • 다소 적은 관리 시간
수질 보전	월류/ 노면수	• 우천 시 월류 없음 • 강우 초기 노면세정수가 직접 하천으로 유입됨	• 우천 시 월류 있음 • 시설의 개선/개량으로 초기 강수 처리 가능
환경성	쓰레기 등의 투기	• 불법 투기 가능(측구 및 개거 있는 경우)	• 없음
	토지 이용	• 뚜껑 보수 필요(기존 측구를 존속할 경우)	• 도로폭의 유효한 이용(기존 측구를 폐지할 경우)

2-32 오수이송 계획

구분	자연유하식	압력식(다중압송)	진공식
장점	• 기기류가 적어 유지관리 용이 • 신규개발지역 오수 유입 용이 • 유량변동에 따른 대응 가능 • 기술 수준의 제한이 없음	• 지형변화에 대응 용이 • 공사점용면적 최소화 가능 • 공사기간 및 민원의 최소화 • 최소유속 확보	• 지형변화에 대응 용이 • 다수의 중계펌프장을 1개의 진공펌프장으로 축소 가능 • 최소유속 확보
단점	• 평탄지는 매설심도가 깊어짐 • 지장물에 대한 대응 곤란 • 최소유속 확보의 어려움	• 저지대가 많은 경우 시설 복잡 • 지속적인 유지관리 필요 • 정전 등 비상대책 필요	• 실양정이 4 m 이상일 경우 추가적인 장치가 필요함 • 국내적용실적이 다른 시스템에 비해 적음 • 일반관리자의 초기교육이 필요함

2-33 기존 하수처리시설의 고도처리시설 설치 시 사전검토사항

① 기본설계과정에서 처리장의 운영실태 정밀분석을 실시한 후 이를 근거로 사업추진방향 및 범위 등을 결정하여야 함
② 시설개량은 운전개선방식을 우선 검토하되 방류수수질기준 준수가 곤란한 경우에 한해 시설개량방식을 추진하여야 함
③ 기존 하수처리장의 부지여건을 충분히 고려하여야 함
④ 기존시설물 및 처리공정을 최대한 활용하여야 함
⑤ 표준활성슬러지법이 설치된 기존처리장의 고도처리개량은 개선대상 오염물질별 처리특성을 감안하여 효율적인 설계가 되어야 함

2-34 계획하수량

하수배제방식	펌프장의 종류	계획하수량
분류식	중계펌프장, 소규모펌프장, 유입·방류펌프장	계획시간최대오수량
	빗물펌프장	계획우수량
합류식	중계펌프장, 소규모펌프장, 유입·방류펌프장	우천 시 계획오수량
	빗물펌프장	계획하수량 – 우천 시 계획오수량

2-35 처리시설의 계획하수량

구분		계획하수량	
		분류식 하수도	합류식 하수도
1차처리 (일차침전지까지)	처리시설 (소독시설 포함)	계획1일최대오수량	계획1일최대오수량
	처리장 내 연결관거	계획시간최대오수량	우천 시 계획오수량
2차처리	처리시설	계획1일최대오수량	계획1일최대오수량
	처리장 내 연결관거	계획시간최대오수량	계획시간최대오수량
고도처리 및 3차처리	처리시설	계획1일최대오수량	계획1일최대오수량
	처리장 내 연결관거	계획시간최대오수량	계획시간최대오수량

2-36 하수관로시설의 계획하수량

① 오수관거 : 계획시간최대오수량
② 우수관거 : 계획우수량
③ 합류식 관거 : 계획시간최대오수량 + 계획우수량
④ 차집관거 : 우천 시 계획오수량을 기준

2-37 오수관거 계획

① 오수관거는 계획시간최대오수량을 기준으로 계획
② 관거는 원칙적으로 암거로 하며 수밀한 구조로 하여야 함
③ 오수관거와 우수관거가 교차하여 역사이펀을 피할 수 없는 경우, 오수관거를 역사이펀으로 함
④ 분류식과 합류식이 공존하는 경우에는 원칙적으로 양 지역의 관거는 분리하여 계획함(부득이 합류 시, 분류식 오수관거는 합류식 우수토실보다 하류의 차집관거에 접속)
⑤ 관거배치 시 지형, 지질, 도로폭 및 지하매설물 등을 고려함
⑥ 적정한 유속 확보 가능한 단면형상 및 경사 선정(퇴적 방지)
⑦ 기존관거는 오수관거로서의 제기능을 회복할 수 있도록 개량계획을 시행함

2-38 관거시설

(1) 최소관경
   ① 오수관거 : 200 mm
   ② 우수관거 및 합류관거 : 250 mm

(2) 관거의 유속
   ① 상수관(도수관) : 0.3~3.0 m/s
   ② 오수관 : 0.6~3.0 m/s
   ③ 우수관 : 0.8~3.0 m/s
   ④ 슬러지수송관 : 1.5~3.0 m/s

2-39 랑게리아 지수(Langelier's index, saturation index)

정의	수돗물에 포함되어 있는 탄산칼슘의 포화 상태를 나타내는 지수
의의	관의 부식 지표
공식	$LI = pH_a - pH_s$ • pH_a : 실제 수돗물에서 측정된 pH • pH_s : 기준 pH(탄산칼슘 포화 시 수돗물의 pH, 수온, pH_a, 알칼리도, 전기전도도 등으로 결정함)
특징	• LI < 0 : 탄산칼슘 불포화 상태, 부식성 있음 • LI = 0 : 탄산칼슘 포화 상태 • LI > 0 : 탄산칼슘 과포화 상태, 스케일 생성

2-40 펌프의 기본사항

(1) 양정

   펌프가 액체를 밀어올릴 수 있는 높이

(2) 유량

   단위시간에 송출할 수 있는 액체의 부피(m^3/min)

(3) 비교회전도(N_s)

   ① 회전날개(impeller)가 1 m^3/min의 유량을 1 m 높이만큼 양수하는 데 필요한 회전수
   ② 비교회전도가 같으면 펌프의 대소에 관계없이 펌프의 특성곡선은 대체로 같게 됨
   ③ 비교회전도가 클수록 저양정, 고유량 펌프
   ④ 비교회전도가 클수록 소형 펌프, 가격 저렴
   ⑤ 비교회전도가 클수록 흡입성능이 나쁘고 공동현상이 발생하기 쉬움

(4) 펌프특성곡선(pump characteristic curve)

   펌프의 토출량을 가로축으로 하고, 회전수를 일정하게 할 때의 전양정, 축동력 및 펌프효율의 변화를 세로축으로 표시한 특성곡선

2-41 펌프대수 결정기준

① 펌프는 가능한 한 최대효율점 부근에서 운전할 수 있도록 펌프용량과 대수를 결정한다.
② 유지관리에 편리하도록 펌프대수는 줄이고 동일 용량의 것을 사용한다.
③ 펌프 효율은 대용량일수록 좋기 때문에 가능한 한 대용량을 사용한다.
④ 청천 시 등 수량이 적은 경우 또는 수량 변화가 클 경우에는 유지관리상 경제적으로 운전하기 위하여 용량이 다른 펌프를 설치하거나, 동일 용량인 펌프의 회전수를 제어한다.
⑤ 건설비를 절약하기 위하여 펌프의 예비대수는 가능한 한 적게 하고 소용량으로 한다.

2-42 펌프의 흡입관 고려사항(설치요령)

① **흡입관은 펌프 1대당 하나로 한다(흡입관은 각 펌프마다 설치해야 한다).**
② 흡입관을 수평으로 부설하는 것은 피한다. 부득이한 경우에는 가능한 한 짧게 하고 펌프를 향해서 1/50 이상의 경사로 한다.
③ **흡입관은 연결부나 기타 부분으로부터 절대로 공기가 흡입하지 않도록 한다.**
④ 흡입관 속에는 공기가 모여서 고이는 곳이 없도록 하고, 또한 굴곡부도 적게 한다.
⑤ 흡입관 끝은 벨마우스의 나팔모양으로 하며, 관의 끝으로부터 최저수면 및 펌프흡입부 바닥까지의 깊이를 충분하게 잡고, 흡입관 상호간과 펌프흡입부의 벽면과의 거리도 충분히 확보한다.
⑥ **흡입관이 길 때에는 중간에 진동방지대를 설치할 수도 있다.**
⑦ **횡축펌프의 토출관 끝은 마중물(priming water)을 고려하여 수중에 잠기는 구조로 한다.**
⑧ 펌프의 흡입부는 간벽(수문 포함)을 설치하여 조내부 점검정비 및 청소 등 유지관리가 가능하도록 한다.
⑨ 펌프흡입부와 흡입관의 구조, 형상, 크기 및 위치는 흡입부내 난류로 인한 공기흡입으로 펌프운전에 지장을 초래하지 않게 각 펌프의 흡입조건이 대등하도록 해야 하며, 필요시 난류방지를 위한 정류벽 또는 간벽 설치를 검토한다.

⑩ 펌프흡입부의 유효용적은 계획하수량, 펌프용량, 대수 등을 감안하여 결정하되 가능한 한 충분한 용량으로 계획하여 빈번한 가동중지에 따른 기기손상 및 전력 낭비를 방지토록 한다.
⑪ 저수위로부터 흡입구까지의 수심은 흡입관 직경의 1.5배 이상으로 한다.
⑫ 흡입관과 취수정 벽의 유격은 직경의 1.5배 이상으로 한다.

2-43 펌프 비정상 현상

(1) 수격작용(water hammer)
1) 원인
   관내 유속이 급격히 변화하여 압력변화가 발생하면 수격작용이 일어남
2) 현상
   관이 파손을 유발하거나 소음을 일으킴
3) 대책
   ① 펌프에 플라이휠 부착
   ② 토출측 관로에 한방향 압력조절수조(one way surge tank)를 설치
   ③ 토출구 부근에 공기탱크를 두거나, 부압 발생지점에 흡기밸브 설치
   ④ 토출측에 급폐체크밸브 설치
   ⑤ 토출관측에 압력릴리프밸브 설치

(2) 공동현상(cavitation)
1) 정의
   펌프의 내부에서 유속의 급속한 변화나 와류발생, 유로장애 등으로 인하여 유체의 압력이 포화증기압 이하로 떨어지게 되면 물속에 용해되어 있던 기체가 기화되어 공동이 발생되는 현상
2) 영향
   ① 충격압 발생
   ② 소음 진동 유발
   ③ 임펠러 및 케이싱 손상
   ④ 펌프 양수 기능 저하

3) 발생 원인
① 펌프의 필요유효흡입수두(필요 NPSH)가 클 경우
② 시설의 가용 NPSH가 작을 경우
③ 펌프의 회전속도가 클 경우
④ 토출량이 과대할 경우
⑤ 펌프의 흡입관경이 작을 경우

4) 유효흡입수두(NPSH)

정의	• 펌프가 액체를 흡입할 수 있는 흡입측의 양정
종류	• 가용 NPSH : 펌프 설치 환경조건에 따라 결정됨 • 필요 NPSH : 펌프 성능, 조건에 따라 결정됨
특징	• 대기압이 낮을수록 수온이 높을수록 감소함 • 가용 NPSH > 필요 NPSH 이어야 공동현상이 발생하지 않음 • 펌프 설치위치 낮을수록, 손실 작을수록 → 가용 NPSH ↑ • 펌프 회전수 작을수록 → 필요 NPSH ↓

5) 방지 대책

가용 NPSH 증가	• 펌프의 설치위치를 낮춤 • 흡입관 손실 감소
필요 NPSH 감소	• 펌프의 회전속도, 양정, 유량을 낮춤
기타 대책	• 양흡입 사용 • 내구성 강한 임펠러 사용 • 흡입측 밸브를 완전히 개방하고 펌프를 운전함

(3) 맥동현상(surging)

밸브의 급작스런 개폐 또는 공동현상 등에 의해 관로 내의 유체흐름이 일정하지 못하고 토출압력과 토출유량이 주기적으로 변동하는 현상

제3과목 수질오염방지기술

2-44 입자의 침강형태

침강형태	특징	발생장소
Ⅰ형 침전 (독립침전, 자유침전)	• 입자에 작용하는 힘 = 0, 입자속도 일정함 • 저농도, 무거운 입자에 적용 • Stokes 법칙이 적용	보통침전지, 침사지
Ⅱ형 침전 (플록침전)	• 플록을 형성하여 침전 플록이 커지면서 입자속도 증가함 • 응집·응결 침전 또는 응집성 침전	약품침전지
Ⅲ형 침전 (간섭침전)	• 입자들이 서로 방해를 받아 침전속도가 감소하는 침전 • 방해·장애·집단·계면·지역 침전	상향류식 부유식침전지, 생물학적 2차 침전지
Ⅳ형 침전 (압축침전)	• 침전된 입자군이 바닥에 쌓일 때 입자군의 무게에 의해 물이 빠져나가면서 농축·압밀됨	침전슬러지, 농축조의 슬러지 영역

2-45 급속여과와 완속여과

구분	급속여과	완속여과
여과속도	120~150 m/d	4~5 m/d
약품처리	필수	선택
건설비	저렴	비쌈
유지관리비	비쌈	저렴

2-46 응집제

구분	장점	단점
알루미늄염 (Alum)	• 경제적 • 독성이 없으므로 대량 주입 가능 • 결정은 부식성 없음, 취급 용이 • 철염과 같이 시설을 더럽히지 않음	• 생성된 플록의 비중이 가벼움 • 적정 pH 폭이 좁음(pH 5~8) • 저수온 시 응집효과가 떨어짐 • 알칼리도를 높일 응집보조제 첨가 필요
철염	• 플록이 무겁고 침강이 빠름 • 응집 적정범위가 넓음(pH 4~12) • 망간, 황화수소의 제거 가능	• 철이온 잔류함(색도유발) • 부식성 강함
PAC	• 액체 • 응집효율 높음 • 알칼리도 저하가 적음(Alum의 1/3) • 응집보조제 필요 없음	• 비쌈 • 6개월 이상 저장 시 품질의 안전성이 떨어짐 • Alum보다 부식성이 강함 • Alum과 혼합하여 사용할 경우 침전물이 발생하여 송액관 막힐 우려가 있음 • 보온 장치 필요

2-47 약품교반실험(jar test)

적당한 응집제 및 응집보조제를 선정하고, 최적주입량을 결정하는 실험

2-48 응집 메커니즘

① 전기적 중화
② 이중층 압축
③ floc 형성
④ 가교작용

2-49 염소 처리의 분류

① 전염소처리 : 침전지 이전 주입
② 중간염소처리 : 침전지와 여과지 사이 주입
③ 후염소처리(소독) : 여과지 이후

2-50 염소 소독

① 살균력 : HOCl > OCl⁻ > 클로라민(결합잔류염소)
② 잔류성 : 클로라민만 가짐

장점	단점
• 잘 정립된 기술 • 소독이 효과적 • 잔류성 있음	• THM 생성 • 바이러스, 병원균 소독에는 효과적이지 못함 • 처리수의 총용존고형물 증가 • 하수의 염화물함유량 증가

2-51 자외선 소독

장점	단점
• 소독이 효과적 • 잔류독성 없음 • 요구되는 공간이 적음 • virus, cysts, spores 등을 비활성화시키는 데 염소보다 효과적 • 소독비용이 저렴	• 소독이 성공적으로 되었는지 즉시 측정할 수 없음 • 잔류효과가 없어 염소처리와 병행되어야 함 • 대장균살균을 위한 낮은 농도에서는 virus, cysts, spores 등을 비활성화시키는 데 효과적이지 못함 • 탁도가 높으면 소독효과 떨어짐

2-52 오존 소독

장점	단점
• 오존 산화력 강함, 살균력 강함 • 난분해성 물질을 생물분해물질로 변환 • 철 망간, 맛, 냄새 제거 가능 • THM 생성 안 함 • 바이러스, 원생동물 제거 가능	• 배오존 설비, 오존 발생장치 필요함 • 설치면적 큼 • 설치비, 유지관리비 비쌈 • 잔류성 없어 염소처리와 병행함 • 설비재료의 내식성이 필요함

2-53 물리적 흡착과 화학적 흡착

구분	물리적 흡착	화학적 흡착
원리	흡착제-용질 간의 분자인력이, 용질-용매 간의 인력보다 클 때 흡착됨	흡착제-용질 사이의 화학반응에 의해 흡착
구동력	분자 간의 인력(반데르발스 힘)	화학 반응
속도	큼	작음
반응	가역 반응	비가역 반응
탈착(재생)	가능	불가능
분자층	다분자층 흡착	단분자층 흡착
흡착열	작음(40 kJ/mol 이하)	큼(80 kJ/mol 이상)
온도 의존성	온도가 높을수록 흡착량 감소	온도 상승에 따라 흡착량이 증가하다가 감소
압력과의 관계	압력이 높을수록 흡착량 증가	압력이 높을수록 흡착량 감소
표면 흡착량	피흡착물질의 함수	피흡착물, 흡착제 모두의 함수
활성화 에너지	흡착과정에서 포함되지 않음	흡착과정에서 포함될 수 있음

2-54 막분리 공법 분류

공정	메커니즘	막형태	추진력
정밀여과 (MF)	체거름	대칭형 다공성막	정수압차 (0.1~1 bar)
한외여과 (UF)	체거름	비대칭형 다공성막	정수압차 (1~10 atm)
역삼투 (RO)	역삼투	비대칭성 skin막	정수압차 (20~100 atm)
투석	확산	비대칭형 다공성막	농도차
전기투석 (ED)	이온전하의 크기 차이	이온 교환막	전위차

2-55 펜톤(FENTON) 산화

(1) 순서
펜톤시약 주입 → pH 조절(pH 3~4.5) → 중화(pH 7~8) → 수산화물 침전

(2) 펜톤시약
① 펜톤시약 : 과산화수소 + 철염
② 산화제 : 과산화수소(H_2O_2)
③ 촉매제 : 철염($FeSO_4$)

(3) 특징
① COD는 감소되지만 BOD는 감소되지 않고 증가하는 경우도 있음
② 난분해성유기물이 과산화수소에 의해 부분 산화되어 생분해성 물질로 변형
③ 펜톤산화의 최적반응 pH는 3~4.5
④ 초기 pH가 맞지 않으면 제거효율이 현저히 떨어짐

2-56 질소 및 인 처리방법의 분류

구분	처리분류	공법
질소 제거	물리화학적 방법	• 암모니아 탈기법 • 파과점 염소주입법 • 이온교환법
	생물학적 방법	• MLE(무산소-호기법) • 4단계 바덴포
인 제거	물리화학적 방법	• 금속염 첨가법 • 석회 첨가법(정석탈인법) • 포스트립(Phostrip) 공법
	생물학적 방법	• A/O, 포스트립(Phostrip) 공법
질소·인 동시 제거		• A_2/O, UCT, MUCT, VIP, SBR, 수정 포스트립, 5단계 바덴포

2-57 생물학적 질소·인 제거 원리

혐기조	무산소조	호기조
BOD 제거 인 방출	BOD 제거, 탈질(질소제거)	BOD 제거 질산화 인 과잉흡수(인 제거)

2-58 슬러지 처리과정

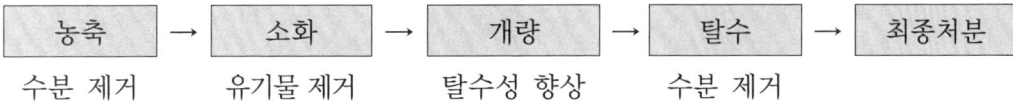

농축 → 소화 → 개량 → 탈수 → 최종처분
수분 제거   유기물 제거   탈수성 향상   수분 제거

2-59 슬러지 처리 목표

① 감량화 : 부피를 감소시킴
② 안정화(소화) : 유기물(VS) 제거
③ 안전화 : 살균
④ 처분의 확실성

2-60 혐기성 소화와 호기성 소화

항목	혐기성 소화	호기성 소화
소화기간	긺	짧음
규모	큼	작음
설치면적	작음	큼
탈수성	좋음	나쁨
슬러지 생산량	적음	많음
비료가치	낮음	높음(퇴비화)
가온장치	필요	필요없음
설치비	큼	작음
운영비(동력비)	작음	큼
상등수 수질	나쁨	좋음
운전	어려움	쉬움
악취	많이 발생	적게 발생
메탄생성	가능	-

2-61 해수담수화

상변화식	증발법	다단플래쉬법, 다중효용법, 증발압축법, 투과기화법
	냉동법	직접냉동법, 간접냉동법, 가스수화물법
상불변식	막여과법	역삼투, 전기투석
	기타	이온교환, 용매추출법

제4과목 수질공정시험기준

2-62 농도 표시

① 백분율(%)

W/V %	용액 100 mL 중의 성분무게(g), 또는 기체 100 mL 중의 성분무게(g)를 표시
V/V %	용액 100 mL 중의 성분용량(mL) 기체 100 mL 중의 성분용량(mL)
V/W %	용액 100 g 중 성분용량(mL)
W/W %	용액 100 g중 성분무게(g)

용액의 농도를 "%"로만 표시할 때는 W/V %를 말한다.

② 천분율(ppt) : g/L, g/kg
③ 백만분율(ppm) : mg/L, mg/kg
④ 십억분율(ppb) : μg/L, μg/kg
⑤ 기체 표준상태 : 0℃, 1기압

2-63 용액

① % 용액 : 용액 100 mL에 녹아있는 용질의 g수
② (1→10) : 고체 성분 1 g이나 액체 성분 1 mL를 용매에 녹여 전체 양을 10 mL로 함
③ 염산(1 + 2) : 염산 1 mL + 물 2 mL

2-64 온도

① 상온 : 15~25℃
② 실온 : 1~35℃
③ 찬 곳 : 0~15℃
④ 냉수 : 15℃ 이하
⑤ 온수 : 60~70℃
⑥ 열수 : 100℃

2-65 용기

"용기"라 함은 시험용액 또는 시험에 관계된 물질을 보존, 운반 또는 조작하기 위하여 넣어두는 것으로, 시험에 지장을 주지 않도록 깨끗한 것

밀폐용기	취급 또는 저장하는 동안에 **이물질**이 들어가거나 또는 **내용물**이 손실되지 아니하도록 보호하는 용기
기밀용기	취급 또는 저장하는 동안에 밖으로부터의 **공기** 또는 다른 **가스**가 침입하지 아니하도록 내용물을 보호하는 용기
밀봉용기	취급 또는 저장하는 동안에 **기체** 또는 **미생물**이 침입하지 아니하도록 내용물을 보호하는 용기
차광용기	**광선**이 투과하지 않는 용기 또는 투과하지 않게 포장을 한 용기이며 취급 또는 저장하는 동안에 내용물이 광화학적 변화를 일으키지 아니하도록 방지할 수 있는 용기

2-66 관련 용어의 정의

① "즉시"란 30초 이내에 표시된 조작을 하는 것
② "감압 또는 진공" : 규정이 없는 한 15 mmHg 이하
③ "바탕시험을 하여 보정한다" : 시료에 대한 처리 및 측정을 할 때, 시료를 사용하지 않고 같은 방법으로 조작한 측정치를 **빼는 것**
④ 방울수 : 20℃에서 정제수 20방울을 적하할 때, 그 부피가 약 1 mL 되는 것
⑤ "항량으로 될 때까지 건조한다" : 같은 조건에서 1시간 더 건조할 때 전후 무게의 차가 **g당 0.3 mg 이하**일 때를 말한다.
⑥ 용액의 산성, 중성, 또는 알칼리성을 검사할 때는 따로 규정이 없는 한 유리전극법에 의한 pH미터로 측정하고 구체적으로 표시할 때는 pH 값을 쓴다.
⑦ "정밀히 단다" : 시료를 취하여 **화학저울 또는 미량저울로 칭량**함
⑧ 무게를 "**정확히 단다**" : 규정된 수치의 무게를 **0.1 mg까지** 다는 것
⑨ "**정확히 취하여**" : 규정한 양의 액체를 **부피피펫**으로 눈금까지 취하는 것
⑩ "약" : **±10 % 이상**의 차가 있어서는 안 됨
⑪ "냄새가 없다" : 냄새가 없거나, 또는 거의 없는 것
⑫ 시험에 쓰는 물은 따로 규정이 없는 한 **증류수 또는 정제수**로 한다.

2-67 복수 시료 채취 방법

① 수동 : 30분 이상 간격으로 2회 이상 / 단일시료
② 자동 : 6시간 이내 30분 이상 간격으로 2회 이상 / 단일시료
③ pH, 수온 등 즉시 측정 항목 : 30분 이상 간격으로 2회 이상 측정

2-68 시료채취 시 유의사항

① 시료 채취 용기는 시료를 채우기 전에 **시료로 3회 이상** 씻은 다음 사용하며, 시료를 채울 때에는 어떠한 경우에도 시료의 교란이 일어나서는 안 되며 가능한 한 공기와 접촉하는 시간을 짧게 하여 채취한다.
② 시료채취량은 시험항목 및 시험횟수에 따라 차이가 있으나 보통 3 L~5 L 정도이어야 한다.
③ **용존가스, 환원성 물질, 휘발성유기화합물, 냄새, 유류 및 수소이온** 등을 측정하기 위한 시료를 채취할 때에는 운반 중 공기와의 접촉이 없도록 시료 용기에 가득 채운 후 빠르게 뚜껑을 닫는다.
④ 지하수 시료는 취수정 내에 고여 있는 물과 원래 지하수의 성상이 달라질 수 있으므로 고여 있는 물을 충분히 퍼낸 다음 새로 나온 물을 채취한다. 이 경우 퍼내는 양은 고여 있는 **물의 4배~5배 정도**이나 pH 및 전기전도도를 연속적으로 측정하여 이 값이 평형을 이룰 때까지로 한다.
⑤ 지하수 시료채취 시 **심부층의 경우 저속양수펌프** 등을 이용하여 반드시 저속시료채취하여 시료 교란을 최소화하여야 하며, **천부층의 경우 저속양수펌프 또는 정량이송펌프** 등을 사용한다.
⑥ **퍼클로레이트**를 측정하기 위한 시료채취 시 시료 용기를 질산 및 정제수로 씻은 후 사용하며, 시료채취 시 시료병의 2/3를 채운다.
⑦ **휘발성유기화합물** 분석용 시료를 채취할 때에는 **뚜껑에 격막을 만지지 않도록 주의**한다.
⑧ 1, 4-다이옥신, 염화비닐, 아크릴로니트릴 : 시료용기 갈색유리병
⑨ DEHP(다이에틸헥실프탈레이트) : 시료용기를 스테인레스강 재질의 채취기 사용

2-69 시료 채취 지점

(1) 하천수
① 하천본류와 하전지류가 합류하는 경우, 합류이전의 각 지점과 합류이후 충분히 혼합된 지점에서 각각 채수한다.
② 하천의 단면에서 수심이 가장 깊은 수면의 지점과 그 지점을 중심으로 하여 좌우로 수면폭을 2등분한 각각의 지점의 수면으로 부터 수심 2 m

미만일 때에는 수심의 1/3에서, 수심이 2 m 이상일 때에는 수심의 1/3 및 2/3에서 각각 채수한다

2-70 시료의 보존방법

(1) 시료 용기별 정리

용기	항목
P	불소
G	냄새, 노말헥산추출물질, PCB, VOC, 페놀류, 유기인
G(갈색)	잔류염소, 다이에틸헥실프탈레이트(DEHP), 1, 4-다이옥산, 석유계총탄화수소(TPH), 염화비닐, 아크릴로니트릴, 브로모폼
BOD 병	용존산소 적정법, 용존산소 전극법
PP	과불화화합물
P, G	나머지

※ P : 폴리에틸렌(polyethylene)
   G : 유리(glass)
   PP : 폴리프로필렌(polypropylene)

(2) 온도별 정리

온도	항목
6℃	퍼클로레이트, 황산이온
저온 (10℃ 이하)	총대장균군, 분원성 대장균군, 대장균군
-20℃	클로로필a
4℃	대부분의 나머지

(3) 시료최대보존기간 기간별 정리

기간	시험방법
즉시	DO 전극법, pH, 수온, 잔류염소
6 hr	냄새, 총대장균균(배출허용기준 및 방류수기준 적용시료)
8 hr	DO 적정법
24 hr	전기전도도, 6가크롬, 총대장균군(환경기준 적용시료), 분원성 대장균군, 대장균
48 hr	질산성질소, 아질산성질소, BOD, 탁도, 음이온계면활성제(ABS), 인산염인, 색도
72 hr	물벼룩급성독성
7일	부유물질, 다이에틸헥실프탈레이트(DEHP), 석유계총탄화수소(TPH), 유기인, PCB, 휘발성유기화합물, 클로로필a
14일	시안, 1,4다이옥산, 염화비닐, 아크릴로니트릴, 브로모폼
28일	노말헥산추출물질, COD, 암모니아성 질소, 총인, 총질소, 총유기탄소, 페놀, 황산이온, 수은, 불소, 브롬, 염소, 퍼클로레이트
1개월	알킬수은
6개월	금속류, 비소, 셀레늄, 식물성플랑크톤

(4) 잘 나오는 시료 보존방법

시료 보존방법	항목
1 L당 HNO_3 1.5 mL로 pH 2 이하	셀레늄, 비소
4℃ 보관, H_2SO_4로 pH 2 이하	노말헥산추출물질, COD, 암모니아성 질소, 총 인, 총 질소
4℃ 보관, H_2SO_4 또는 HCl로 pH 2 이하	석유계총탄화수소(TPH)
4℃ 보관, NaOH로 pH 12 이상	시안
4℃ 보관, HCl로 pH 5~9	PCB, 유기인
4℃ 보관	BOD, 색도, 물벼룩, 음이온계면활성제, 아질산성 질소, 6가 크롬, 질산성 질소, 다이에틸헥실프탈레이트, 전기전도도, 부유물질
보존방법이 없는 항목	pH, 온도, DO전극법, 염소이온, 불소, 브롬이온, 투명도

2-71 시료의 전처리 방법

시료의 전처리 방법	특징
산분해법	• 시료에 산을 첨가하고 가열하여 시료 중의 유기물 및 방해물질을 제거하는 방법
마이크로파 산분해법	• 전반적인 처리 절차 및 원리는 산분해법과 같으나 마이크로파를 이용해서 시료를 가열하는 것이 다름 • 마이크로파를 이용하여 시료를 가열할 경우 고온 고압 하에서 조작할 수 있어 전처리 효율이 좋아짐
회화에 의한 분해	• 목적성분이 400℃ 이상에서 휘산되지 않고 쉽게 회화될 수 있는 시료에 적용됨
용매추출법	• 시료에 적당한 착화제를 첨가하여 시료 중의 금속류와 착화합물을 형성시킨 다음 형성된 착화합물을 유기용매로 추출하여 분석하는 방법 • 시료 중의 분석대상물의 농도가 낮거나 복잡한 매질 중에서 분석대상물만을 선택적으로 추출하여 분석하고자 할 때 사용함

2-72 시료의 전처리 방법 – 산분해법

분류	특징
질산법	• 유기함량이 비교적 높지 않은 시료의 전처리에 사용
질산 – 염산법	• 유기물 함량이 비교적 높지 않고 금속의 수산화물, 산화물, 인산염 및 황화물을 함유하고 있는 시료에 적용 • 휘발성 또는 난용성 염화물을 생성하는 금속 물질의 분석에는 주의
질산 – 황산법	• 유기물 등을 많이 함유하고 있는 대부분의 시료에 적용 • 칼슘, 바륨, 납 등을 다량 함유한 시료는 난용성의 황산염을 생성하여 다른 금속성분을 흡착하므로 주의
질산 – 과염소산법	• 유기물을 다량 함유하고 있으면서 산분해가 어려운 시료에 적용
질산 – 과염소산 – 불화수소산	• 다량의 점토질 또는 규산염을 함유한 시료에 적용

2-73 공장폐수 및 하수유량 – 관(pipe)내의 유량측정방법

(1) 폐수처리 공정에서 유량측정장치의 적용

장치	공장폐수 원수	1차 처리수	2차 처리수	1차 슬러지	반송 슬러지	농축 슬러지	포기액	공정수
벤투리미터 (venturi meter)	○	○	○	○	○	○	○	
유량측정용 노즐(nozzle)	○	○	○	○	○	○	○	○
오리피스 (orifice)								○
피토우 (pitot)관								○
자기식 유량측정기 (magnetic flow meter)	○	○	○	○	○	○		○

(2) 유량계에 따른 정밀/정확도 및 최대유속과 최소유속의 비율

유량계	범위(최대유량 : 최소유량)	정확도(실제유량에 대한, %)	정밀도(최대유량에 대한, %)
벤투리미터 (venturi meter)	4 : 1	±1	±0.5
유량측정용 노즐 (nozzle)	4 : 1	±0.3	±0.5
오리피스(orifice)	4 : 1	±1	±1
피토우(pitot)관	3 : 1	±3	±1
자기식 유량측정기 (magnetic flow meter)	10 : 1	±1~2	±0.5

2-74 공장폐수 및 하수유량 – 측정용 수로 및 기타 유량측정방법

(1) 폐수처리 공정에서 유량측정장치의 적용

장치	공장폐수 원수	1차 처리수	2차 처리수	1차 슬러지	반송 슬러지	농축 슬러지	포기액	공정수
웨어 (weir)		○	○					○
플룸 (flume)	○	○	○					○

(2) 유량계에 따른 정밀/정확도 및 최대유속과 최소유속의 비율

유량계	범위 (최대유량 : 최소유량)	정확도 (실제유량에 대한, %)	정밀도 (최대유량에 대한, %)
웨어 (weir)	500 : 1	±5	±0.5
파샬수로 (flume)	10 : 1~75 : 1	±5	±0.5

2-75 용기에 의한 측정

(1) 최대 유량이 1 m³/분 미만인 경우
① 유수를 용기에 받아서 측정
② 용기 용량 100 L~200 L인 것을 사용하여 유수를 채우는 데에 요하는 시간을 스톱워치(stop watch)로 잰다. 용기에 물을 받아 넣는 시간을 20초 이상이 되도록 용량을 결정한다.

(2) 최대 유량이 1 m³/분 이상인 경우
① 수조가 작은 경우는 한번 수조를 비우고서 유수가 수조를 채우는 데 걸리는 시간으로부터 최대 유량이 1 m³/분 미만인 경우와 동일한 방법으로 유량을 구한다.

② 수조가 큰 경우는 유입시간에 있어서 유수의 부피는 상승한 수위와 상승 수면의 평균표면적의 계측에 의하여 유량을 산출한다. 이 경우 측정시간은 5분 정도, 수위의 상승속도는 적어도 매분 1 cm 이상이어야 한다.

2-76 BOD 희석

예상 BOD값에 대한 사전경험이 없을 때에는 아래와 같이 희석하여 시료를 조제한다.
① 오염 정도가 심한 공장폐수 : 0.1 %~1.0 %
② 처리하지 않은 공장폐수와 침전된 하수 : 1 %~5 %
③ 처리하여 방류된 공장폐수 : 5 %~25 %
④ 오염된 하천수 : 25 %~100 %

2-77 총 유기탄소

① 총 유기탄소(TOC) : 수중에서 유기적으로 결합된 탄소의 합
② 총 탄소(TC) : 수중에서 존재하는 유기적 또는 무기적으로 결합된 탄소의 합
③ 무기성 탄소(IC) : 수중에 탄산염, 중탄산염, 용존 이산화탄소 등 무기적으로 결합된 탄소의 합
④ 용존성 유기탄소(DOC) : 총 유기탄소 중 공극 $0.45\,\mu$m의 여과지를 통과하는 유기탄소
⑤ 비정화성 유기탄소(NPOC) : 총 탄소 중 pH 2 이하에서 포기에 의해 정화되지 않는 탄소

2-78 투명도

(1) 투명도판

투명도판(백색원판)은 지름이 30 cm로 무게가 약 3 kg이 되는 원판에 지름 5 cm의 구멍 8개가 뚫려 있다.

(2) 분석절차 및 측정

① 투명도판은 측정에 앞서 상판에 이물질이 없도록 깨끗하게 닦아 주고, 측정시간은 오전 10시에서 오후 4시 사이에 측정한다.

② 날씨가 맑고 수면이 잔잔할 때 측정하고, 직사광선을 피하여 배의 그늘 등에서 투명도판을 조용히 보이지 않는 깊이로 넣은 다음 천천히 끌어올리면서 보이기 시작한 깊이를 반복해서 측정한다.

[주 1] 투명도판의 색도차는 투명도에 미치는 영향이 적지만, 원판의 광 반사능도 투명도에 영향을 미치므로 표면이 더러울 때에는 다시 색칠하여야 한다.

[주 2] 투명도는 일기, 시각, 개인차 등에 의하여 약간의 차이가 있을 수 있으므로 측정조건을 기록해 두어야 한다.

[주 3] 흐름이 있어 줄이 기울어질 경우에는 2 kg 정도의 추를 달아서 줄을 세워야 하고 줄은 10 cm 간격으로 눈금표시가 되어 있어야 하며, 충분히 강도가 있는 것을 사용한다.

[주 4] 강우 시나 수면에 파도가 격렬하게 일 때는 정확한 투명도를 얻을 수 없으므로 측정하지 않는 것이 좋다.

③ 측정결과는 0.1 m 단위로 표기한다.

2-79 이온류 시험방법별 적용 물질 정리

시험방법	적용 물질
연속흐름법	• 시안 • 음이온계면활성제 • 페놀류 • 총인 • 총질소
이온전극법	• 불소　　　　• 염소이온 • 시안　　　　• 암모니아성 질소
이온크로마토그래피	• 불소　　　　• 염소이온 • 브롬이온　　• 인산염인 • 질산성 질소　• 아질산성 질소 • 퍼클로레이트

2-80 음이온류 시험방법 암기법

구분	적용 이온류	적용 안 되는 이온류
자외선/가시선 분광법	나머지	브롬, 퍼클로레이트
이온전극법	F^-, CN^-, NH_4^+-N, Cl^-	-
이온크로마토그래피	나머지	NH_4^+-N, CN^-, T-N, T-P, 페놀
연속흐름법	ABS, CN^-, T-N, T-P, 페놀	-
적정법	NH_4^+-N, Cl^-	-

2-81 이온류 - 원소별 자외선 / 가시선 분광법

이온류	목적	흡광도 (nm)
질산성 질소 (활성탄 흡착법)	물속에 존재하는 질산성질소를 측정하기 위하여 pH 12 **이상의 알칼리성**에서 유기물질을 **활성탄으로 흡착**한 다음 혼합 산성액으로 **산성**으로 하여 아질산염을 은폐시키고 질산성질소의 흡광도를 215 nm 에서 측정하는 방법	215
총질소 (산화법)	물속에 존재하는 총질소를 측정하기 위하여 시료 중 모든 질소화합물을 알칼리성 **과황산칼륨**을 사용하여 120℃ 부근에서 유기물과 함께 분해하여 질산이온으로 산화시킨 후 산성상태로 하여 흡광도를 220 nm에서 측정하여 총질소를 정량하는 방법	220
질산성 질소 (부루신법)	물속에 존재하는 질산성질소를 측정하기 위하여 **황산산성**(13 N H_2SO_4 용액, 100℃)에서 질산이온이 **부루신**과 반응하여 생성된 **황색화합물**의 흡광도를 410 nm에서 측정하여 질산성질소를 정량하는 방법	410
페놀류	물속에 존재하는 페놀류를 측정하기 위하여 증류한 시료에 **염화암모늄 - 암모니아 완충용액**을 넣어 pH 10으로 조절한 다음 4-아미노안티피린과 헥사시안화철(Ⅱ)산칼륨을 넣어 생성된 **붉은색의 안티피린계 색소**의 흡광도를 측정하는 방법으로 **수용액에서는 510 nm, 클로로폼 용액에서는 460 nm**에서 측정	510 460

이온류	목적	흡광도 (nm)
아질산성 질소	시료 중 아질산성 질소를 설퍼닐아마이드와 반응시켜 디아조화하고 α-**나프틸에틸렌디아민이염산염**과 반응시켜 생성된 디아조화합물의 **붉은색**의 흡광도를 540 nm에서 측정하는 방법	540
불소	물속에 존재하는 불소를 측정하기 위하여 시료에 넣은 **란탄알리자린 콤프렉손의 착화합물**이 불소이온과 반응하여 생성하는 **청색**의 복합 착화합물의 흡광도를 620 nm에서 측정하는 방법	620
시안	물속에 존재하는 시안을 측정하기 위하여 시료를 pH 2 이하의 산성에서 가열 증류하여 시안화물 및 시안착화합물의 대부분을 시안화수소로 유출시켜 포집한 다음 포집된 시안이온을 중화하고 **클로라민-T**를 넣어 생성된 염화시안이 **피리딘-피라졸론** 등의 발색시약과 반응하여 나타나는 **청색**을 620 nm에서 측정하는 방법	620
암모니아성 질소	물속에 존재하는 암모니아성 질소를 측정하기 위하여 암모늄이온이 하이포염소산의 존재 하에서, 페놀과 반응하여 생성하는 **인도페놀의 청색을** 630 nm에서 측정하는 방법	630
음이온 계면활성제	물속에 존재하는 음이온 계면활성제를 측정하기 위하여 **메틸렌블루**와 반응시켜 생성된 **청색의 착화합물**을 **클로로폼**으로 추출하여 흡광도를 650 nm에서 측정하는 방법	650
인산염인 (이염화주석환원법)	물속에 존재하는 인산염인을 측정하기 위하여 시료 중의 인산염인이 몰리브덴산암모늄과 반응하여 생성된 **몰리브덴산인암모늄**을 **이염화주석으로 환원**하여 생성된 **몰리브덴 청의 흡광도를** 690 nm에서 측정하는 방법	690
인산염인 (아스코빈산환원법)	물속에 존재하는 인산염인을 측정하기 위하여 몰리브덴산암모늄과 반응하여 생성된 **몰리브덴산인암모늄을 아스코빈산으로 환원**하여 생성된 **몰리브덴산 청**의 흡광도를 880 nm에서 측정하여 인산염인을 정량하는 방법	880
총인	물속에 존재하는 총인을 측정하기 위하여 유기물화합물 형태의 인을 산화 분해하여 모든 인 화합물을 인산염(PO_4^{3-}) 형태로 변화시킨 다음 몰리브덴산암모늄과 반응하여 생성된 **몰리브덴산인암모늄**을 **아스코빈산**으로 환원하여 생성된 몰리브덴산의 흡광도를 880 nm에서 측정하여 총인의 양을 정량하는 방법	880

2-82 금속류 시험방법 암기법

구분	적용 금속	적용 안 되는 금속
불꽃 원자흡수분광광도법	나머지	안티몬(Sb)
자외선 / 가시선분광법	나머지	바륨(Ba), 셀레늄(Se), 안티몬(Sb), 주석(Sn)
유도결합플라스마 원자발광분광법	나머지	셀레늄(Se), 수은(Hg)
유도결합플라스마 질량분석법	나머지	철(Fe), 수은(Hg), 크롬(Cr^{6+})
양극벗김 전압전류법	납(Pb), 비소(As), 수은(Hg), 아연(Zn)	–
원자형광법	수은(Hg)	–
수소화물생성 – 원자흡수분광광도법	비소(As), 셀레늄(Se)	–
냉증기 – 원자흡수분광광도법	수은(Hg)	–

2-83 금속류 – 원소별 자외선 / 가시선 분광법

구분	목적	흡광도 (nm)
구리	물속에 존재하는 구리이온이 알칼리성에서 **다이에틸다이티오카르바민산나트륨**과 반응하여 생성하는 **황갈색**의 킬레이트 화합물을 **아세트산부틸**로 추출하여 흡광도를 440 nm에서 측정하는 방법	440
니켈	물속에 존재하는 니켈이온을 암모니아의 약 알칼리성에서 **다이메틸글리옥심**과 반응시켜 생성한 니켈착염을 **클로로폼으로 추출**하고 이것을 **묽은 염산으로 역추출**한다. 추출물에 브롬과 암모니아수를 넣어 니켈을 산화시키고 다시 암모니아 알칼리성에서 다이메틸글리옥심과 반응시켜 생성한 **적갈색** 니켈착염의 흡광도를 450 nm에서 측정하는 방법	450

구분	목적	흡광도 (nm)
수은	수은을 황산산성에서 **디티존·사염화탄소**로 일차추출하고 **브롬화칼륨** 존재하에 **황산산성**에서 역추출하여 방해성분과 분리한 다음 인산-탄산염 완충용액 존재하에서 디티존·사염화탄소로 수은을 추출하여 490 nm에서 흡광도를 측정하는 방법	490
철	물속에 존재하는 철 이온을 수산화제이철로 침전분리하고 염산하이드록실아민으로 제일철로 환원한 다음, o-페난트로린을 넣어 약산성에서 나타나는 **등적색** 철착염의 흡광도를 510 nm에서 측정하는 방법	510
납	물속에 존재하는 납 이온이 시안화칼륨 공존 하에 알칼리성에서 **디티존**과 반응하여 생성하는 납 디티존착염을 **사염화탄소**로 추출하고 과잉의 **디티존**을 **시안화칼륨** 용액으로 씻은 다음 납착염의 흡광도를 520 nm에서 측정하는 방법	520
망간	물속에 존재하는 망간이온을 **황산산성**에서 **과요오드산칼륨**으로 산화하여 생성된 과망간산 이온의 흡광도를 525 nm에서 측정하는 방법	525
비소	물속에 존재하는 비소를 측정하는 방법으로, 3가 비소로 **환원**시킨 다음 아연을 넣어 발생되는 수소화비소를 **다이에틸다이티오카바민산은(Ag-DDTC)**의 피리딘 용액에 흡수시켜 생성된 **적자색** 착화합물을 530 nm에서 흡광도를 측정하는 방법	530
카드뮴	물속에 존재하는 카드뮴이온을 **시안화칼륨**이 존재하는 알칼리성에서 **디티존**과 반응시켜 생성하는 카드뮴착염을 **사염화탄소**로 추출하고, 추출한 카드뮴착염을 **타타르산용액**으로 역추출한 다음 다시 **수산화나트륨과 시안화칼륨**을 넣어 디티존과 반응하여 생성하는 적색의 **카드뮴착염을 사염화탄소로 추출하고 그 흡광도를** 530 nm에서 측정하는 방법	530
크롬	물속에 존재하는 크롬을 자외선/가시선 분광법으로 측정하는 것으로, **3가 크롬**은 **과망간산칼륨**을 첨가하여 **6가 크롬**으로 산화시킨 후, **산성** 용액에서 **다이페닐카바자이드**와 반응하여 생성하는 **적자색** 착화합물의 흡광도를 540 nm에서 측정	540
6가 크롬	물속에 존재하는 6가 크롬을 자외선/가시선 분광법으로 측정하는 것으로, **산성** 용액에서 **다이페닐카바자이드**와 반응하여 생성하는 **적자색** 착화합물의 흡광도를 540 nm에서 측정	540
아연	아연이온이 pH 약 9에서 **진콘**(2-카르복시-2-하이드록시(hydroxy)-5 술포포마질-벤젠·나트륨염)과 반응하여 생성하는 **청색** 킬레이트 화합물의 흡광도를 620 nm에서 측정하는 방법	620

2-84 총대장균군

(1) 총대장균군
그람음성·무아포성의 간균으로서 락토스를 분해하여 가스 또는 산을 발생하는 모든 호기성 또는 통성 혐기성균

(2) 시험방법
① 막여과법 : 적색, 35±0.5℃
② 시험관법 : 추정시험(다람시험관), 확정시험(백금이)
③ 평판집락법
④ 효소이용정량법

2-85 분원성대장균군

(1) 분원성대장균군
온혈동물의 배설물에서 발견되는 그람음성·무아포성의 간균으로서 44.5℃에서 락토스를 분해하여 가스 또는 산을 발생하는 모든 호기성 또는 통성 혐기성균

(2) 시험방법
① 막여과법 : 청색, 44.5±0.2℃
② 시험관법 : 추정시험(다람시험관), 확정시험(백금이)
③ 효소이용정량법

2-86 물벼룩을 이용한 급성 독성 시험법 – 용어 정의

치사	일정 비율로 준비된 시료에 물벼룩을 투입하고 24시간 경과 후 시험 용기를 살짝 두드려 주고, 15초 후 관찰했을 때 독성물질에 의해 영향을 받아 **움직임이 명백하게 없는 상태**
유영저해	일정 비율로 준비된 시료에 물벼룩을 투입하고 24시간 경과 후 시험 용기를 살짝 두드려 주고, 15초 후 관찰했을 때 독성물질에 의해 영향을 받아 **움직임이 없는 경우**를 "유영저해"로 판정, 이때 안테나나 다리 등 부속지를 움직인다 하더라도 유영을 하지 못한다면 "유영저해"로 판정
반수영향농도 (EC_{50})	투입 시험생물의 50 %가 치사 혹은 유영저해를 나타낸 농도
생태독성값 (TU, toxic unit)	통계적 방법을 이용하여 반수영향농도 EC_{50}을 구한 후 100에서 EC_{50}을 나눠준 값(%)
지수식 시험방법	시험기간 중 시험용액을 교환하지 않는 시험
표준독성물질	독성시험이 정상적인 조건에서 수행되는지를 주기적으로 확인하기 위하여 사용하며 다이크롬산포타슘($K_2Cr_2O_7$)을 이용함

2-87 수소이온농도 – 표준용액

① 수산염 표준용액(0.05 M, pH 1.68)
② 프탈산염 표준용액(0.05 M, pH 4.00)
③ 인산염 표준용액(0.025 M, pH 6.88)
④ 붕산염 표준용액(0.01 M, pH 9.22)
⑤ 탄산염 표준용액(0.025 M, pH 10.07)
⑥ 수산화칼슘 표준용액(0.02 M, 25℃ 포화용액, pH 12.63)

제5과목 수질환경관계법규

2-88 환경기준

(1) 생활환경기준

등급		pH	BOD (mg/L)	COD (mg/L)	TOC (mg/L)	SS (mg/L)	DO (mg/L)	T-P (mg/L)	대장균군 (군수/100mL)	
									총 대장균군	분원성 대장균군
매우 좋음	Ia	6.5~8.5	1 이하	2 이하	2 이하	25 이하	7.5 이상	0.02 이하	50 이하	10 이하
좋음	Ib	6.5~8.5	2 이하	4 이하	3 이하	25 이하	5.0 이상	0.04 이하	500 이하	100 이하
약간 좋음	II	6.5~8.5	3 이하	5 이하	4 이하	25 이하	5.0 이상	0.1 이하	1,000 이하	200 이하
보통	III	6.5~8.5	5 이하	7 이하	5 이하	25 이하	5.0 이상	0.2 이하	5,000 이하	1,000 이하
약간 나쁨	IV	6.0~8.5	8 이하	9 이하	6 이하	100 이하	2.0 이상	0.3 이하		
나쁨	V	6.0~8.5	10 이하	11 이하	8 이하	쓰레기 등이 떠 있지 않을 것	2.0 이상	0.5 이하		
매우 나쁨	VI		10 초과	11 초과	8 초과		2.0 미만	0.5 초과		

※ 화학적 산소요구량(COD) 기준은 2015년 12월 31일까지 적용

등급별 수질 및 수생태계 상태
가. 매우 좋음 : 용존산소가 풍부하고 오염물질이 없는 청정상태의 생태계로 여과·살균 등 간단한 정수처리 후 생활용수로 사용할 수 있음
나. 좋음 : 용존산소가 많은 편이고 오염물질이 거의 없는 청정상태에 근접한 생

태계로 여과·침전·살균 등 일반적인 정수처리 후 생활용수로 사용할 수 있음
다. 약간 좋음 : 약간의 오염물질은 있으나 용존산소가 많은 상태의 다소 좋은 생태계로 여과·침전·살균 등 일반적인 정수처리 후 생활용수 또는 수영용수로 사용할 수 있음
라. 보통 : 보통의 오염물질로 인하여 용존산소가 소모되는 일반 생태계로 여과, 침전, 활성탄 투입, 살균 등 고도의 정수처리 후 생활용수로 이용하거나 일반적 정수처리 후 공업용수로 사용할 수 있음
마. 약간 나쁨 : 상당량의 오염물질로 인하여 용존산소가 소모되는 생태계로 농업용수로 사용하거나 여과, 침전, 활성탄 투입, 살균 등 고도의 정수처리 후 공업용수로 사용할 수 있음
바. 나쁨 : 다량의 오염물질로 인하여 용존산소가 소모되는 생태계로 산책 등 국민의 일상생활에 불쾌감을 주지 않으며, 활성탄 투입, 역삼투압 공법 등 특수한 정수처리 후 공업용수로 사용할 수 있음
사. 매우 나쁨 : 용존산소가 거의 없는 오염된 물로 물고기가 살기 어려움
아. 용수는 해당 등급보다 낮은 등급의 용도로 사용할 수 있음
자. 수소이온농도(pH) 등 각 기준항목에 대한 오염도 현황, 용수처리방법 등을 종합적으로 검토하여 그에 맞는 처리방법에 따라 용수를 처리하는 경우에는 해당 등급보다 높은 등급의 용도로도 사용할 수 있음

(2) 하천 – 사람의 건강보호 기준

기준값(mg/L)	항목			
검출되어서는 안 됨 (검출한계)	CN (0.01)	Hg (0.001)	유기인 (0.0005)	PCB (0.0005)
0.5 이하	ABS, 포름알데히드			
0.05 이하	Pb, As, Cr^{6+}, 1, 4-다이옥세인			
0.005 이하	Cd			
0.01 이하	벤젠			
0.02 이하	디클로로메탄, 안티몬			
0.03 이하	1, 2-디클로로에탄			
0.04 이하	테트라클로로에틸렌(PCE)			
0.004 이하	사염화탄소			
0.00004 이하	헥사클로로벤젠			
0.08 이하	클로로포름			
0.008 이하	디에틸헥실프탈레이트(DEHP)			

(3) 해역 – 생활환경기준

항목	수소이온농도 (pH)	총대장균군 (총대장균군수/100 mL)	용매 추출유분 (mg/L)
기준	6.5~8.5	1,000 이하	0.01 이하

2-89 물환경보전법 정의

① "점오염원"이란 폐수배출시설, 하수발생시설, 축사 등으로서 관거·수로 등을 통하여 일정한 지점으로 수질오염물질을 배출하는 배출원을 말한다.

② "비점오염원"이란 도시, 도로, 농지, 산지, 공사장 등으로서 불특정 장소에서 불특정하게 수질오염물질을 배출하는 배출원을 말한다.

③ "기타수질오염원"이란 점오염원 및 비점오염원으로 관리되지 아니하는 수질오염물질을 배출하는 시설 또는 장소로서 **환경부령**으로 정하는 것을 말한다.

④ "폐수"란 물에 액체성 또는 고체성의 수질오염물질이 섞여 있어 그대로는 사용할 수 없는 물을 말한다.

⑤ "강우유출수"란 비점오염원의 수질오염물질이 섞여 유출되는 빗물 또는 눈 녹은 물 등을 말한다.

⑥ "불투수층"이란 빗물 또는 눈 녹은 물 등이 지하로 스며들 수 없게 하는 아스팔트·콘크리트 등으로 포장된 도로, 주차장, 보도 등을 말한다.

⑦ "수질오염물질"이란 수질오염의 요인이 되는 물질로서 **환경부령**으로 정하는 것을 말한다.

⑧ "특정수질유해물질"이란 사람의 건강, 재산이나 동식물의 생육에 직접 또는 간접으로 위해를 줄 우려가 있는 수질오염물질로서 **환경부령**으로 정하는 것을 말한다.

⑨ "공공수역"이란 하천, 호소, 항만, 연안해역, 그 밖에 공공용으로 사용되는 수역과 이에 접속하여 공공용으로 사용되는 환경부령으로 정하는 수로를 말한다.

⑩ "폐수배출시설"이란 수질오염물질을 배출하는 시설물, 기계, 기구, 그 밖의 물체로서 환경부령으로 정하는 것을 말한다. 다만, 「해양환경관리

법」에 따른 선박 및 해양시설은 제외한다.
⑪ "폐수무방류배출시설"이란 폐수배출시설에서 발생하는 폐수를 해당 사업장에서 수질오염방지시설을 이용하여 처리하거나 동일 폐수배출시설에 재이용하는 등 공공수역으로 배출하지 아니하는 폐수배출시설을 말한다.
⑫ "수질오염방지시설"이란 점오염원, 비점오염원 및 기타수질오염원으로부터 배출되는 수질오염물질을 제거하거나 감소하게 하는 시설로서 환경부령으로 정하는 것을 말한다.
⑬ "비점오염저감시설"이란 수질오염방지시설 중 비점오염원으로부터 배출되는 수질오염물질을 제거하거나 감소하게 하는 시설로서 환경부령으로 정하는 것을 말한다.
⑭ "호소"란 아래 어느 하나에 해당하는 지역으로서 만수위(댐의 경우에는 계획홍수위) 구역 안의 물과 토지를 말한다.
  • 댐·보 또는 둑(「사방사업법」에 따른 사방시설은 제외) 등을 쌓아 하천 또는 계곡에 흐르는 물을 가두어 놓은 곳
  • 하천에 흐르는 물이 자연적으로 가두어진 곳
  • 화산활동 등으로 인하여 함몰된 지역에 물이 가두어진 곳
⑮ "수면관리자"란 다른 법령에 따라 호소를 관리하는 자를 말한다. 이 경우 동일한 호소를 관리하는 자가 둘 이상인 경우에는 「하천법」에 따른 하천관리청 외의 자가 수면관리자가 된다.
⑯ "상수원호소"란 「수도법」에 따라 지정된 상수원보호구역 및 「환경정책기본법」에 따라 지정된 수질보전을 위한 특별대책지역 밖에 있는 호소 중 호소의 내부 또는 외부에 「수도법」에 따른 취수시설을 설치하여 그 호소의 물을 먹는 물로 사용하는 호소로서 환경부장관이 정하여 고시한 것을 말한다.
⑰ "공공폐수처리시설"이란 공공폐수처리구역의 폐수를 처리하여 공공수역에 배출하기 위한 처리시설과 이를 보완하는 시설을 말한다.
⑱ "공공폐수처리구역"이란 폐수를 공공폐수처리시설에 유입하여 처리할 수 있는 지역으로서 환경부장관이 지정한 구역을 말한다.
⑲ "물놀이형 수경(水景)시설"이란 수돗물, 지하수 등을 인위적으로 저장 및 순환하여 이용하는 분수, 연못, 폭포, 실개천 등의 인공시설물 중 일반인에게 개방되어 이용자의 신체와 직접 접촉하여 물놀이를 하도록 설치하는 시설을 말한다. 다만, 다음 각 목의 시설은 제외한다.
  가. 「관광진흥법」에 따라 유원시설업의 허가를 받거나 신고를 한 자가

설치한 물놀이형 유기시설 또는 유기기구
나. 「체육시설의 설치·이용에 관한 법률」에 따른 체육시설 중 수영장
다. 환경부령으로 정하는 바에 따라 물놀이 시설이 아니라는 것을 알리는 표지판과 울타리를 설치하거나 물놀이를 할 수 없도록 관리인을 두는 경우

2-90 조류경보

	경보단계	발령·해제 기준(2회 연속 채취 시 남조류 세포수)
상수원 구간	관심	1,000세포/mL 이상 10,000세포/mL 미만인 경우
	경계	10,000세포/mL 이상 1,000,000세포/mL 미만인 경우
	조류 대발생	1,000,000세포/mL 이상인 경우
	해제	1,000세포/mL 미만인 경우

	경보단계	발령·해제 기준(2회 연속 채취 시 남조류 세포수)
친수활동 구간	관심	20,000세포/mL 이상 100,000세포/mL 미만인 경우
	경계	100,000세포/mL 이상인 경우
	해제	20,000세포/mL 미만인 경우

2-91 물놀이 등의 행위제한 권고기준

대상 행위	항목	기준
수영 등 물놀이	대장균	500(개체수/100 mL) 이상
어패류 등 섭취	어패류 체내 총 수은(Hg)	0.3(mg/kg) 이상

2-92 사업장의 규모별 구분

종류	배출규모
제1종 사업장	1일 폐수배출량이 2,000 m³ 이상인 사업장
제2종 사업장	1일 폐수배출량이 700 m³ 이상, 2,000 m³ 미만인 사업장
제3종 사업장	1일 폐수배출량이 200 m³ 이상, 700 m³ 미만인 사업장
제4종 사업장	1일 폐수배출량이 50 m³ 이상, 200 m³ 미만인 사업장
제5종 사업장	위 제1종부터 제4종까지의 사업장에 해당하지 아니하는 배출시설

2-93 사업장별 환경기술인의 자격기준 〈개정 2017. 1. 17.〉

구분	환경기술인
제1종 사업장	수질환경기사 1명 이상
제2종 사업장	수질환경산업기사 1명 이상
제3종 사업장	수질환경산업기사, 환경기능사 또는 3년 이상 수질분야 환경관련 업무에 직접 종사한 자 1명 이상
제4종 사업장 제5종 사업장	배출시설 설치허가를 받거나 배출시설 설치신고가 수리된 사업자 또는 배출시설 설치허가를 받거나 배출시설 설치신고가 수리된 사업자가 그 사업장의 배출시설 및 방지시설업무에 종사하는 피고용인 중에서 임명하는 자 1명 이상

[비고]
1. 사업장의 규모별 구분은 「사업장의 규모별 구분」에 따른다.
2. 특정수질유해물질이 포함된 수질오염물질을 배출하는 제4종 또는 제5종 사업장은 제3종 사업장에 해당하는 환경기술인을 두어야 한다. 다만, 특정수질유해물질이 포함된 1일 10 m³ 이하의 폐수를 배출하는 사업장의 경우에는 그러하지 아니하다.
3. 삭제
4. 공동방지시설의 경우에는 폐수배출량이 제4종 또는 제5종 사업장의 규모에 해당하면 제3종 사업장에 해당하는 환경기술인을 두어야 한다.
5. 공공폐수처리시설에 폐수를 유입시켜 처리하는 제1종 또는 제2종 사업장

은 제3종 사업장에 해당하는 환경기술인을 제3종 사업장은 제4종 사업장・제5종 사업장에 해당하는 환경기술인을 둘 수 있다.
6. 방지시설 설치면제 대상인 사업장과 배출시설에서 배출되는 수질오염물질 등을 공동방지시설에서 처리하게 하는 사업장은 제4종 사업장・제5종 사업장에 해당하는 환경기술인을 둘 수 있다.
7. 연간 90일 미만 조업하는 제1종부터 제3종까지의 사업장은 제4종 사업장・제5종 사업장에 해당하는 환경기술인을 선임할 수 있다.
8. 「대기환경보전법」에 따라 대기환경기술인으로 임명된 자가 수질환경기술인의 자격을 함께 갖춘 경우에는 수질환경기술인을 겸임할 수 있다.
9. 환경산업기사 이상의 자격이 있는 자를 임명하여야 하는 사업장에서 환경기술인을 바꾸어 임명하는 경우로서 자격이 있는 구직자를 찾기 어려운 경우 등 부득이한 사유가 있는 경우에는 잠정적으로 30일 이내의 범위에서는 제4종 사업장・제5종 사업장의 환경기술인 자격에 준하는 자를 그 자격을 갖춘 자로 보아 신고를 할 수 있다.

2-94 초과부과금의 산정기준 〈개정 2019.10.15.〉

(1) 수질오염물질 1킬로그램당 부과금액(원)

75,000	30,000	500	450	250
크롬	망간 아연	T-P T-N	유기물질(TOC)	유기물질(BOD 또는 COD) 부유물질

(2) 특정유해물질 1킬로그램당 부과금액(만원)

125	50	30	15	10	5
수은 PCB	카드뮴	6가 크롬(Cr^{6+}) PCE TCE	페놀 시안 유기인 납	비소	구리

- PCE : 테트라클로로에틸렌
- TCE : 트리클로로에틸렌

2-95 수질오염방지시설

1. 물리적 처리시설
   - 스크린
   - 유수분리시설
   - 응집시설
   - 여과시설
   - 증류시설
   - 분쇄기
   - 유량조정시설(집수조)
   - 침전시설
   - 탈수시설
   - 농축시설
   - 침사시설
   - 혼합시설
   - 부상시설
   - 건조시설

2. 화학적 처리시설
   - 화학적 침강시설
   - 살균시설
   - 산화시설
   - 중화시설
   - 이온교환시설
   - 환원시설
   - 흡착시설
   - 소각시설
   - 침전물 개량시설

3. 생물화학적 처리시설
   - 살수여과상
   - 폭기시설
   - 산화시설(산화조, 산화지)
   - 혐기성·호기성 소화시설
   - 접촉조(폐수를 염소 등의 약품과 접촉시키기 위한 탱크)
   - 안정조
   - 돈사톱밥발효시설

2-96 비점오염저감시설

자연형 시설	장치형 시설
• 저류시설 • 인공습지 • 침투시설 • 식생형 시설	• 여과형 시설 • 소용돌이형(와류형) 시설 • 스크린형 시설 • 응집·침전 처리형 시설 • 생물학적 처리형 시설

2-97 공공폐수처리시설의 방류수 수질기준(2020년 1월 1일 이후 기준)

구분	수질기준			
	I지역	II지역	III지역	IV지역
BOD(mg/L)	10(10) 이하	10(10) 이하	10(10) 이하	10(10) 이하
TOC(mg/L)	15(25) 이하	15(25) 이하	25(25) 이하	25(25) 이하
SS(mg/L)	10(10) 이하	10(10) 이하	10(10) 이하	10(10) 이하
T-N(mg/L)	20(20) 이하	20(20) 이하	20(20) 이하	20(20) 이하
T-P(mg/L)	0.2(0.2) 이하	0.3(0.3) 이하	0.5(0.5) 이하	2(2) 이하
총대장균군수(개/mL)	3,000(3,000)	3,000(3,000)	3,000(3,000)	3,000(3,000)
생태독성(TU)	1(1) 이하	1(1) 이하	1(1) 이하	1(1) 이하

※ 적용기간에 따른 수질기준란의 ( )는 농공단지 공공폐수처리시설의 방류수 수질기준

2-98 수질오염물질의 배출허용기준(2020년 1월 1일부터 적용되는 기준)

지역구분 \ 항목 \ 대상규모	1일 폐수배출량 2,000 m³ 이상			1일 폐수배출량 2,000 m³ 미만		
	BOD(mg/L)	TOC(mg/L)	SS(mg/L)	BOD(mg/L)	TOC(mg/L)	SS(mg/L)
청정지역	30 이하	25 이하	30 이하	40 이하	30 이하	40 이하
가지역	60 이하	40 이하	60 이하	80 이하	50 이하	80 이하
나지역	80 이하	50 이하	80 이하	120 이하	75 이하	120 이하
특례지역	30 이하	25 이하	30 이하	30 이하	25 이하	30 이하

※ 2019년까지만 COD가 적용되고, 현재는 COD 대신 TOC가 적용됨

2-99 위임업무 보고사항

보고 횟수	업무 내용
수시	• 폐수무방류배출시설의 설치허가(변경허가) 현황 • 배출업소 등에 따른 수질오염사고 발생 및 조치사항
연 4회	• 폐수배출시설의 설치허가, 수질오염물질의 배출상황검사, 폐수배출시설에 대한 업무처리 현황 • 배출업소의 지도·점검 및 행정처분 실적 • 배출부과금 부과 실적 • 비점오염원의 설치신고 및 방지시설 설치 현황 및 행정처분 현황
연 2회	• 기타 수질오염원 현황 • 폐수처리업에 대한 허가·지도단속실적 및 처리실적 현황 • 배출부과금 징수 실적 및 체납처분 현황 • 과징금 부과 실적 • 과징금 징수 실적 및 체납처분 현황 • 골프장 맹·고독성 농약 사용 여부 확인 결과 • 측정기기 부착시설 설치 현황 • 측정기기 부착사업장 관리 현황 • 측정기기 부착사업자에 대한 행정처분 현황 • 수생태계 복원계획(변경계획) 수립·승인 및 시행계획(변경계획) 협의 현황 • 수생태계 복원 시행계획(변경계획) 협의 현황
연 1회	• 폐수위탁·사업장 내 처리현황 및 처리실적 • 환경기술인의 자격별·업종별 현황 • 측정기기 관리대행업에 대한 등록·변경등록, 관리대행능력 평가·공시 및 행정처분 현황

2-100 오염총량관리기본계획의 수립 시 포함사항

① 해당 지역 개발계획의 내용
② 지방자치단체별·수계구간별 오염부하량의 할당
③ 관할 지역에서 배출되는 오염부하량의 총량 및 저감계획
④ 해당 지역 개발계획으로 인하여 추가로 배출되는 오염부하량 및 그 저감계획

2-101 오염총량관리기본계획안 첨부서류

① 유역환경의 조사·분석 자료
② 오염원의 자연증감에 관한 분석 자료
③ 지역개발에 관한 과거와 장래의 계획에 관한 자료
④ 오염부하량의 산정에 사용한 자료
⑤ 오염부하량의 저감계획을 수립하는 데에 사용한 자료

2-102 오염총량관리기본방침 포함사항

① 오염총량관리의 목표
② 오염총량관리의 대상 수질오염물질 종류
③ 오염원의 조사 및 오염부하량 산정방법
④ 오염총량관리기본계획의 주체, 내용, 방법 및 시한
⑤ 오염총량관리시행계획의 내용 및 방법

2-103 비점오염원 관리지역에 대한 관리대책 수립 시 포함사항

① 관리목표
② 관리대상 수질오염물질의 종류 및 발생량
③ 관리대상 수질오염물질의 발생 예방 및 저감 방안
④ 그 밖에 관리지역을 적정하게 관리하기 위하여 환경부령으로 정하는 사항

2-104 대권역 물환경관리계획(대권역계획) 수립 시 포함사항

① 물환경의 변화 추이 및 물환경목표기준
② 상수원 및 물 이용현황
③ 점오염원, 비점오염원 및 기타수질오염원의 분포현황

④ 점오염원, 비점오염원 및 기타수질오염원에서 배출되는 수질오염물질의 양
⑤ 수질오염 예방 및 저감 대책
⑥ 물환경 보전조치의 추진방향
⑦ 「기후위기 대응을 위한 탄소중립·녹색성장 기본법」에 따른 기후변화에 대한 적응대책
⑧ 그 밖에 환경부령으로 정하는 사항

2-105 국립환경과학원장이 설치·운영하는 측정망의 종류

① 비점오염원에서 배출되는 비점오염물질 측정망
② 수질오염물질의 총량관리를 위한 측정망
③ 대규모 오염원의 하류지점 측정망
④ 수질오염경보를 위한 측정망
⑤ 대권역·중권역을 관리하기 위한 측정망
⑥ 공공수역 유해물질 측정망
⑦ 퇴적물 측정망
⑧ 생물 측정망
⑨ 그 밖에 환경부장관이 필요하다고 인정하여 설치·운영하는 측정망

2-106 시·도지사 등이 설치·운영하는 측정망의 종류

① 소권역을 관리하기 위한 측정망
② 도심하천 측정망
③ 그 밖에 유역환경청장이나 지방환경청장과 협의하여 설치·운영하는 측정망

2-107 호소수 이용 상황 등의 조사·측정 대상

① 1일 30만 톤 이상의 원수를 취수하는 호소
② 동식물의 서식지·도래지이거나 생물다양성이 풍부하여 특별히 보전할 필요가 있다고 인정되는 호소
③ 수질오염이 심하여 특별한 관리가 필요하다고 인정되는 호소

2-108 방류수 수질검사

① 방류수 수질검사 : 월 2회 이상 실시(단, 2000 m^3/day 이상인 시설 : 주 1회 이상)
② 생태독성(TU) 검사 : 월 1회 이상 실시

2-109 시운전 기간

① 생물화학적 처리방법 : 가동시작일부터 50일(가동시작일이 11월 1일~1월 31일까지에 해당하는 경우 70일)
② 물리적 또는 화학적 처리방법 : 가동시작일부터 30일

2-110 환경기술인 교육기관

① 측정기기 관리대행업에 등록된 기술인력 : 국립환경인재개발원, 한국상하수도협회
② 폐수처리업에 종사하는 기술요원 : 국립환경인재개발원
③ 환경기술인 : 환경보전협회

수 질 환 경 기 사
Part 2

과년도 출제문제

- 2017년도 시행문제
- 2018년도 시행문제
- 2019년도 시행문제
- 2020년도 시행문제
- 2021년도 시행문제
- 2022년도 시행문제

2017년도 시행문제

수질환경기사   2017년 3월 5일 (제1회)

제1과목 수질오염개론

1. 우리나라 개인하수처리시설에서 발생되는 정화조 오니에 대한 설명으로 틀린 것은?

① BOD농도 8,000 mg/L 내외
② SS농도 22,000 mg/L 내외
③ 분뇨보다 생물학적 분해 불가능 성분을 적게 포함한다.
④ 성상은 처리시설형식에 따라 현격한 차이를 보인다.

[해설] ③ 정화조 오니는 분뇨보다 협잡물이 많아, 생물 분해 불가능한 성분이 많다.

2. 하천수의 난류 확산 방정식과 상관성이 적은 인자는?

① 유량
② 침강속도
③ 난류확산계수
④ 유속

[해설] 난류 확산 방정식 영향인자
유속, 침강속도, 난류확산계수, 자기감쇠계수

3. 지구상에 분포하는 수량 중 빙하(만년설 포함) 다음으로 가장 많은 비율을 차지하고 있는 것은? (단, 담수기준)

① 하천수
② 지하수
③ 대기습도
④ 토양수

[해설] 담수의 비율 : 빙하 > 지하수 > 지표수(호수, 하천) > 대기 중 수분(수증기, 구름, 안개 등) > 생물체 내 수분

4. 하천이나 호수의 심층에서 미생물의 작용에 관한 설명으로 가장 거리가 먼 것은?

① 수중의 유기물은 분해되어 일부가 세포합성이나 유지대사를 위한 에너지원이 된다.
② 호수심층에 산소가 없을 때 질산이온을 전자수용체로 이용하는 종속영양세균인 탈질화 세균이 많아진다.
③ 유기물이 다량 유입되면 혐기성 상태가 되어 H_2S와 같은 기체를 유발하지만, 호기성 상태가 되면 암모니아성 질소가 증가한다.
④ 어느 정도 유기물이 분해된 하천의 경우 조류발생이 증가할 수 있다.

[해설] ③ 호기성 상태에서는 아질산성 질소와 질산성 질소가 증가한다.

5. 생채 내에 필수적인 금속으로 결핍 시에는 인슐린의 저하를 일으킬 수 있는 유해물질은?

① Cd
② Mn
③ CN
④ Cr

[해설] 크롬 결핍 시, 인슐린이 저하되면, 탄수화물 대사장애 발생

정답   1. ③   2. ①   3. ②   4. ③   5. ④

6. 25°C, 2기압의 메탄가스 40 kg을 저장하는 데 필요한 탱크의 부피(m³)는? (단, 이상기체의 법칙 R = 0.082 L · atm/mol · K 적용)

① 20.6   ② 25.3
③ 30.6   ④ 35.3

해설 $PV = nRT = \dfrac{W}{M}RT$

$V = \dfrac{WRT}{MP}$

$= \dfrac{40{,}000\,g}{} \cdot \dfrac{0.082\,L \cdot atm}{mol \cdot K} \cdot \dfrac{(273+25)K}{2\,atm}$

$\cdot \dfrac{1\,mol}{16\,g} \cdot \dfrac{1\,m^3}{1{,}000\,L}$

$= 30.54\,m^3$

7. 하천의 수질관리를 위하여 1920년대 초에 개발된 수질예측모델로 BOD와 DO반응, 즉 유기물 분해로 인한 DO소비와 대기로부터 수면을 통해 산소가 재공급되는 재폭기만 고려한 것은?

① DO SAG I 모델
② QUAL-I 모델
③ WQRRS 모델
④ Streeter-Phelps 모델

해설 Streeter-Phelps model
- 최초의 하천수질모델
- 유기물 분해에 의한 산소소비, 수면에서의 산소공급만을 이용하여 산소농도 변화를 예측한 모델

더 알아보기 핵심정리 2-18

8. 알칼리도(Alkalinity)에 관한 설명으로 가장 거리가 먼 것은?

① P-알칼리도와 M-알칼리도를 합친 것을 총알칼리도라 한다.
② 알칼리도 계산은 다음 식으로 나타낸다.
$Alk(CaCO_3\,mg/L) = \dfrac{a \cdot N \cdot 50}{V} \times 1{,}000$
a : 소비된 산의 부피(mL), N : 산의 농도(eq/L), V : 시료의 양(mL)
③ 실용목적에서는 자연수에 있어서 수산화물, 탄산염, 중탄산염, 이외 기타물질에 기인되는 알칼리도는 중요하지 않다.
④ 부식제어에 관련되는 중요한 변수인 Langelier 포화지수 계산에 적용된다.

해설 ① 총알칼리도 = 메틸오렌지 알칼리도

9. 하천수질모델 중 WQRRS에 관한 설명으로 가장 거리가 먼 것은?

① 하천 및 호수의 부영양화를 고려한 생태계 모델이다.
② 유속, 수심, 조도계수에 의해 확산계수를 결정한다.
③ 호수에는 수심별 1차원 모델이 적용된다.
④ 정적 및 동적인 하천의 수질, 수문학적 특성이 광범위하게 고려된다.

해설 ② QUAL-I, II 설명임

10. 세포의 형태에 따른 세균의 종류를 올바르게 짝지은 것은?

① 구형 - Vibrio cholera
② 구형 - Spirilum volutans
③ 막대형 - Bacillus subtilis
④ 나선형 - Streptococcus

해설 세균의 종류
① 막대형 - Vibrio cholera(콜레라균)
② 나선형 - Spirilum volutans(사상균의 일종)
③ 막대형 - Bacillus subtilis(고초균)
④ 구형 - Streptococcus(연쇄상구균)

정답 6. ③ 7. ④ 8. ① 9. ② 10. ③

11. 물에 관한 설명으로 틀린 것은?

① 수소결합을 하고 있다.
② 수온이 증가할수록 표면장력은 커진다.
③ 온도가 상승하거나 하강하면 체적은 증대한다.
④ 융융열과 증발열이 높다.

해설 ② 물(액체)은 온도가 증가할수록, 점성계수와 표면장력이 작아진다.

12. 오염된 물속에 있는 유기성 질소가 호기성 조건하에서 50일 정도 시간이 지난 후에 가장 많이 존재하는 질소의 형태는?

① 암모니아성 질소
② 아질산성 질소
③ 질산성 질소
④ 유기성 질소

해설 수질 질소의 변환
- 질소화합물이 수질에 유입되면, 다음과 같이 질산화가 발생한다.
- 유기질소(아미노산, 단백질) → 암모니아성 질소 → 아질산성 질소 → 질산성 질소
- 따라서, 오염 초기 수질에는 유기질소와 암모니아성 질소가 많고, 오염 후기 수질에는 아질산성 질소와 질산성 질소가 많다.
- 질산화과정은 약 60일로, 50일 정도에는 오염 후기이므로, 질산성 질소가 가장 많다.

13. 글리신($CH_2(NH_2)COOH$)의 이론적 COD/TOC의 비는? (단, 글리신의 최종 분해산물은 CO_2, HNO_3, H_2O이다.)

① 2.83
② 3.76
③ 4.67
④ 5.38

해설 $C_2H_5O_2N + \dfrac{7}{2}O_2 \rightarrow 2CO_2 + 2H_2O + HNO_3$

$\dfrac{COD}{TOC} = \dfrac{\dfrac{7}{2}O_2}{2C} = \dfrac{3.5 \times 32}{2 \times 12} = 4.67$

14. 자정상수(f)의 영향 인자에 관한 설명으로 옳은 것은?

① 수심이 깊을수록 자정상수는 커진다.
② 수온이 높을수록 자정상수는 작아진다.
③ 유속이 완만할수록 자정상수는 커진다.
④ 바닥구배가 클수록 자정상수는 작아진다.

해설 자정상수
① 수심이 깊을수록 자정상수는 작아진다.
③ 유속이 작을수록 자정상수는 작아진다.
④ 바닥구배가 클수록 자정상수는 커진다.

더알아보기 핵심정리 1-18

15. 하천의 BOD_5가 220 mg/L이고, BOD_u가 470 mg/L일 때 탈산소계수(k_1, day^{-1}) 값은? (단, 상용대수 기준)

① 0.045
② 0.055
③ 0.065
④ 0.075

해설 $BOD_t = BOD_u(1 - 10^{-kt})$

$\therefore (1 - 10^{-k \times 5}) = \dfrac{BOD_5}{BOD_u} = \dfrac{220}{470}$

$k = 0.054/day$

16. 물질대사 중 동화작용을 가장 알맞게 나타낸 것은?

① 잔여영양분 + ATP → 세포물질 + ADP + 무기인 + 배설물
② 잔여영양분 + ADP + 무기인 → 세포물질 + ATP + 배설물
③ 세포내 영양분의 일부 + ATP → ADP + 무기인 + 배설물
④ 세포내 영양분의 일부 + ADP + 무기인 → ATP + 배설물

해설
- 동화(합성)
  잔여영양분 + ATP → 세포물질 + ADP + 무기인 + 배설물
- 이화(분해)
  복잡한 물질 + ADP → 간단한 물질 + ATP

정답 11. ② 12. ③ 13. ③ 14. ② 15. ② 16. ①

17. 해수에서 영양염류가 수온이 낮은 곳에 많고 수온이 높은 지역에서 적은 이유로 틀린 것은?

① 수온이 낮은 바다의 표층수는 본래 영양염류가 풍부한 극지방의 심층수로부터 기원하기 때문이다.
② 수온이 높은 바다의 표층수는 적도부근의 표층수로부터 기원하므로 영양염류가 결핍되어 있다.
③ 수온이 낮은 바다는 겨울에도 표층수 냉각에 따른 밀도 변화가 적어 심층수로의 침강작용이 일어나지 않기 때문이다.
④ 수온이 높은 바다는 수계의 안정으로 수직혼합이 일어나지 않아 표층수의 영양염류가 플랑크톤에 의해 소비되기 때문이다.

해설 해수에서 영양염류가 수온이 높은 지역보다 수온이 낮은 지역에 많은 이유
- 수온이 낮은 바다의 표층수는 본래 영양염류가 풍부한 극지방의 심층수로부터 기원하기 때문
- 수온이 높은 바다의 표층수는 적도부근의 표층수로부터 기원하므로 영양염류가 결핍되어 있기 때문
- 수온이 높은 바다는 수계의 안정으로 수직혼합이 일어나지 않아 표층수의 영양염류가 플랑크톤에 의해 소비되기 때문

18. 다음 화합물($C_5H_7O_2N$)에 대한 이론적인 BOD_{10}/COD는? (단, 탈산소계수 0.1/day, base는 상용대수, 화합물은 100% 산화됨(최종산물은 CO_2, NH_3, H_2O), COD = BOD_u)

① 0.80
② 0.85
③ 0.90
④ 0.95

해설 $BOD_{10}/COD = BOD_{10}/BOD_u$
$= (1-10^{-10 \times 0.1}) = 0.9$

19. 해수의 특성으로 가장 거리가 먼 것은?

① 해수의 밀도는 수온, 염분, 수압에 영향을 받는다.
② 해수는 강전해질로서 1L당 평균 35 g의 염분을 함유
③ 해수내 전체 질소 중 35% 정도는 질산성 질소 등 무기성 질소 형태이다.
④ 해수의 Mg/Ca비는 3~4 정도이다.

해설 해수의 질소 성분
- 35% : 유기질소, NH_3-N
- 65% : NO_2^--N, NO_3^--N

20. 하수량에서 첨두율(peaking factor)이라는 것은?

① 하수량의 평균유량에 대한 비
② 하수량의 최소유량에 대한 비
③ 하수량의 최대유량에 대한 비
④ 최대유량의 최소유량에 대한 비

해설 첨두율 : 평균유량에 대한 최대유량의 비

제2과목 　　상하수도계획

21. 정수시설인 배수지에 관한 내용으로 (　)에 맞는 내용은?

> '유효용량은 시간변동조정용량과 비상대처용량을 합하여 급수구역의 계획1일최대급수량의 (　)을 표준으로 하여야 하며 지역특성과 상수도시설의 안정성 등을 고려하여 결정한다.'

① 4시간분 이상　　② 6시간분 이상
③ 8시간분 이상　　④ 12시간분 이상

해설 유효용량은 시간변동조정용량과 비상대처용량을 합하여 급수구역의 계획1일최대급수량의 12시간분 이상을 표준으로 하여야 하며 지역특성과 상수도시설의 안정성 등을 고려하여 결정한다.

더 알아보기 핵심정리 2-27

정답 17. ③　18. ③　19. ③　20. ①　21. ④

22. 하수도 관거 계획 시 고려할 사항으로 틀린 것은?

① 오수관거는 계획시간최대오수량을 기준으로 계획한다.
② 오수관거와 우수관거가 교차하여 역사이편을 피할 수 없는 경우, 우수관거를 역사이편으로 하는 것이 좋다.
③ 분류식과 합류식이 공존하는 경우에는 원칙적으로 양 지역의 관거는 분리하여 계획한다.
④ 관거는 원칙적으로 암거로 하며 수밀한 구조로 하여야 한다.

해설 ② 오수관거와 우수관거가 교차하여 역사이편을 피할 수 없는 경우, 오수관거를 역사이편으로 한다.

더 알아보기 핵심정리 2-37

23. 하수도시설인 유량조정조에 관한 내용으로 틀린 것은?

① 조의 용량은 체류시간 3시간을 표준으로 한다.
② 유효수심은 3~5 m를 표준으로 한다.
③ 유량조정조의 유출수는 침사지에 반송하거나 펌프로 일차침전지 혹은 생물반응조에 송수한다.
④ 조내에 침전물의 발생 및 부패를 방지하기 위해 교반장치 및 산기장치를 설치한다.

해설 ① 조의 용량은 유입하수량(부하량)의 시간변동을 고려하여 설정수량을 초과하는 수량을 일시 저류하도록 한다.
유량조정조 설계기준
• 조의 용량은 유입하수량(부하량)의 시간변동을 고려하여 설정수량을 초과하는 수량을 일시 저류하도록 함
• 형상 : 직사각형 또는 정사각형을 표준으로 함
• 수밀한 철근콘크리트구조로 하고 부력에 대해서 안전한 구조로 함
• 유효수심 : 3~5 m
• 조 내부의 콘크리트 방식처리를 고려함

24. 막여과 정수시설의 막을 약품 세척할 때 사용되는 약품과 제거 가능 물질이 틀린 것은?

① 수산화나트륨 : 유기물
② 황산 : 무기물
③ 옥살산 : 유기물
④ 산 세제 : 무기물

해설 막여과 정수시설의 약품 세척

세척에 사용되는 약품		세척 가능한 물질	
		유기물질	무기물질
	수산화나트륨(NaOH)	○	
무기산	염산(HCl)		○
	황산(H₂SO₄)		○
산화제	차아염소산나트륨(NaOCl)	○	
유기산	구연산		○
	옥살산		○
세제	알칼리 세제	○	
	산 세제		○

25. 정수시설인 플록형성지에 관한 설명으로 틀린 것은?

① 혼화지와 침전지 사이에 위치하고 침전지에 붙여서 설치한다.
② 플록형성시간은 계획정수량에 대하여 20~40분간을 표준으로 한다.
③ 플록형성지 내의 교반강도는 하류로 갈수록 점차 감소시키는 것이 바람직하다.
④ 야간근무자도 플록형성상태를 감시할 수 있는 투명도 게이지를 설치하여야 한다.

해설 플록형성지 설계기준
④ 야간근무자도 플록형성상태를 감시할 수 있도록 조명을 설치하여야 한다.

더 알아보기 핵심정리 2-26 (2)

정답 22. ② 23. ① 24. ③ 25. ④

26. 하천 표류수를 수원으로 할 때 하천기준 수량은?

① 평수량
② 갈수량
③ 홍수량
④ 최대홍수량

해설 최악의 경우를 고려하여 설계해야 하므로, 물이 가장 부족한 갈수량을 기준으로 한다.

27. 역사이펀 관로의 길이 500 m, 관경은 500 mm이고, 경사는 0.3%라고 하면 상기 관로에서 일어나는 손실수두(m)와 유량(m^3/s)은? (단, Manning 조도계수 n값 = 0.013, 역사이펀 관로의 미소손실 = 총 5 cm 수두, 역사이펀 손실수두(H) = i×L +(1.5×V^2/2g)+α, 만관이라고 가정)

① 1.63, 0.207
② 2.61, 0.207
③ 1.63, 0.827
④ 2.61, 0.827

해설 (1) 유속
$$V = \frac{1}{n}R^{2/3}I^{1/2}$$
$$= \frac{1}{0.013}\left(\frac{0.5}{4}\right)^{2/3}\left(\frac{0.3}{100}\right)^{1/2}$$
$$= 1.0533 \text{ m/s}$$

(2) 손실수두
$$H = iL + 1.5\frac{V^2}{2g} + \alpha$$
$$= \frac{0.3}{100}\bigg|500 + \frac{1.5}{} \bigg|\frac{(1.0533)^2}{2\times 9.8} + 0.05$$
$$= 1.634 \text{ m}$$

(3) 유량
$$Q = AV = (\pi D^2/4) \cdot V$$
$$= \frac{\pi(0.5\text{ m})^2}{4}\bigg|1.0533\text{ m/s}$$
$$= 0.2068 \text{ m}^3/\text{s}$$

28. 상수도 시설인 도수시설의 도수노선에 관한 설명으로 틀린 것은?

① 원칙적으로 공공도로 또는 수도용지로 한다.
② 수평이나 수직방향의 급격한 굴곡을 피한다.
③ 관로상 어떤 지점도 동수경사선보다 낮게 위치하지 않도록 한다.
④ 몇 개의 노선에 대하여 건설비 등의 경제성, 유지관리의 난이도 등을 비교, 검토하고 종합적으로 판단하여 결정한다.

해설 도수노선의 선정
- 건설비 등의 경제성, 유지관리의 난이도 등을 비교·검토하여 종합적으로 판단
- 원칙적으로 공공도로 또는 수도용지로 함
- 수평이나 수직방향의 급격한 굴곡을 피하고, 어떤 경우라도 최소동수경사선 이하가 되도록 노선 선정

29. 하천표류수 취수시설 중 취수문에 관한 설명으로 틀린 것은?

① 취수보에 비해서는 대량취수에도 쓰이나 보통 소량취수에 주로 이용된다.
② 유심이 안정된 하천에 적합하다.
③ 토사, 부유물의 유입방지가 용이하다.
④ 갈수 시 일정수심확보가 안되면 취수가 불가능하다.

해설 ③ 토사, 부유물의 유입방지가 곤란하다.

30. 하수 고도처리(잔류 SS 및 잔류 용존 유기물 제거)방법인 막 분리법에 적용되는 분리막 모듈형식으로 가장 거리가 먼 것은?

① 중공사형
② 투사형
③ 판형
④ 나선형

해설 분리막 형식에 따른 분류 : 평판형(판형), 관형, 나권형(나선형), 중공사형

정답 26. ② 27. ① 28. ③ 29. ③ 30. ②

31. 관거별 계획하수량을 정할 때 고려할 사항으로 틀린 것은?

① 오수관거에서는 계획1일최대오수량으로 한다.
② 우수관거에서는 계획우수량으로 한다.
③ 합류식 관거에서는 계획시간최대오수량에 계획우수량을 합한 것으로 한다.
④ 차집관거는 우천 시 계획오수량으로 한다.

해설 ① 오수관거에서는 계획시간최대오수량으로 한다.

더 알아보기 핵심정리 2-36

32. 수돗물의 부식성 관련 지표인 랑게리아지수(포화지수, LI)의 계산식으로 옳은 것은? (단, pH = 물의 실제 pH, pH_s = 수중의 탄산칼슘이 용해되거나 석출되지 않는 평형상태의 pH)

① LI = pH + pH_s
② LI = pH − pH_s
③ LI = pH × pH_s
④ LI = pH / pH_s

해설 LI = pH_a − pH_s
- pH_a : 실제 수돗물에서 측정된 pH
- pH_s : 기준 pH(탄산칼슘 포화 시 수돗물의 pH, 수온, pH_a, 알칼리도, 전기전도도 등으로 결정함)

더 알아보기 핵심정리 2-39

33. 유역면적이 100 ha이고 유입시간(time of inlet)이 8분, 유출계수(C)가 0.38일 때 최대계획우수유출량(m³/sec)은? (단, 하수관거의 길이(L) = 400 m, 관유속 = 1.2 m/sec로 되도록 설계, $I = \dfrac{655}{\sqrt{t}+0.09}$ mm/hr, 합리식 적용)

① 약 18
② 약 24
③ 약 36
④ 약 42

해설 (1) 유달시간 = 유입시간 + 유하시간
$$= 8 + \dfrac{\text{sec}}{1.2\,\text{m}} \times \dfrac{400\,\text{m}}{} \times \dfrac{1\,\text{min}}{60\,\text{sec}}$$
$= 13.55$ 분

(2) 강우강도(I)
$$I = \dfrac{655}{\sqrt{13.55}+0.09} = 173.65\,\text{mm/h}$$

(3) 유량(Q)
$$Q = \dfrac{1}{360}CIA$$
$$= \dfrac{1}{360} \times 0.38 \times 173.65 \times 100$$
$= 18.33\,\text{m}^3/\text{s}$

34. 정수장에서 염소 소독 시 pH가 낮아질수록 소독효과가 커지는 이유는?

① OCl^-의 증가
② HOCl의 증가
③ H^+의 증가
④ O(발생기 산소)의 증가

해설 pH가 낮아질수록, 살균력이 큰 HOCl 비율이 증가하기 때문이다.

정리 살균력 순서
HOCl > OCl^- > 결합잔류염소(클로라민)

35. 정수처리를 위한 막여과설비에서 적절한 막여과의 유속 설정 시 고려사항으로 틀린 것은?

① 막의 종류
② 막공급의 수질과 최고 수온
③ 전처리설비의 유무와 방법
④ 입지조건과 설치공간

해설 막여과의 유속 설정 시 고려사항
- 막의 종류
- 전처리설비의 유무와 방법
- 입지조건과 설치공간

정답 31. ① 32. ② 33. ① 34. ② 35. ②

36. 상수의 배수시설인 배수지에 관한 설명으로 틀린 것은?

① 가능한 한 급수지역의 중앙 가까이 설치한다.
② 유효수심은 1~2 m 정도를 표준으로 한다.
③ 유효용량은 "시간변동조정용량"과 "비상대처용량"을 합하여 급수구역의 계획 1일 최대급수량의 12시간분 이상을 표준으로 한다.
④ 자연유하식 배수지의 표고는 최소동수압이 확보되는 높이여야 한다.

해설 ② 유효수심은 3~6 m 정도를 표준으로 한다.

더 알아보기 핵심정리 2-27

37. 합류식에서 우천 시 계획오수량은 원칙적으로 계획시간최대오수량의 몇 배 이상으로 고려하여야 하는가?

① 1.5배 ② 2.0배
③ 2.5배 ④ 3.0배

해설 합류식에서 우천 시 계획오수량은 원칙적으로 계획시간최대오수량의 3배 이상으로 한다.

더 알아보기 핵심정리 2-29

38. 공동현상(cavitation)이 발생하는 것을 방지하기 위한 대책으로 틀린 것은?

① 흡입측 밸브를 완전히 개방하고 펌프를 운전한다.
② 흡입관의 손실을 가능한 크게 한다.
③ 펌프의 위치를 가능한 한 낮춘다.
④ 펌프의 회전속도를 낮게 선정한다.

해설 공동현상 방지대책
② 흡입관의 손실을 가능한 작게 한다.

더 알아보기 핵심정리 2-43 (2)

39. 하수 관거시설에 대한 설명으로 틀린 것은?

① 오수관거의 유속은 계획시간최대오수량에 대하여 최소 0.6 m/s, 최대 3.0 m/s로 한다.
② 우수관거 및 합류관거에서의 유속은 계획우수량에 대하여 최소 0.8 m/s, 최대 3.0 m/s로 한다.
③ 오수관거의 최소관경은 200 mm를 표준으로 한다.
④ 우수관거 및 합류관거의 최소관경은 350 mm를 표준으로 한다.

해설 관거별 최소관경
• 오수관거 : 200 mm
• 우수관거 및 합류관거 : 250 mm

40. 로지스틱(logistic) 인구 추정공식에 관한 설명으로 틀린 것은? ($y = K/1+e^{a-bx}$)

① y : 추정치
② K : 년 평균 인구 증가율
③ x : 경과연수
④ a, b : 상수

해설 ② K : 포화인구

제3과목 수질오염방지기술

41. 역삼투장치로 하루에 20,000 L의 3차 처리된 유출수를 탈염시키고자 한다. 25℃에서의 물질 전달계수는 0.2068 L/(day·m²)(kPa), 유입수와 유출수의 압력차는 2,400 kPa, 유입수와 유출수의 삼투압차는 310 kPa, 최저운전온도는 10℃이다. 요구되는 막면적(m²)은? (단, $A_{10℃} = 1.2A_{25℃}$)

① 약 39 ② 약 56
③ 약 78 ④ 약 94

정답 36. ② 37. ④ 38. ② 39. ④ 40. ② 41. ②

해설 (1) $A_{25℃}$
$$= \frac{d \cdot m^2 \cdot kPa}{0.2068 L} \Big| \frac{}{(2,400-310) kPa} \Big| \frac{20,000 L}{d}$$
$= 46.2735 \ m^2$

(2) $A_{10} = 1.2 \times 46.2735 = 55.52 \ m^2$

42. 어떤 물질이 1차 반응으로 분해되며, 속도상수는 0.05/day이다. 유량이 395 m³/day일 때, 이 물질의 90 %를 제거하는 데 필요한 PFR 부피(m³)는?

① 17,250   ② 18,190
③ 19,530   ④ 20,350

해설 PFR 물질수지식 $\ln \frac{C}{C_0} = -k \frac{V}{Q}$

$\therefore V = -\frac{Q}{k} \ln \frac{C}{C_0} = -\frac{395}{0.05} \ln \frac{10}{100}$
$= 18,190 \ m^3$

43. 수처리 과정에서 부유되어 있는 입자의 응집을 초래하는 원인으로 가장 거리가 먼 것은?

① 제타 퍼텐셜의 감소
② 플록에 의한 체거름 효과
③ 정전기 전하 작용
④ 가교현상

해설 응집 메커니즘
- 전기적 중화 : 제타 퍼텐셜 감소
- 이중층 압축
- floc 형성
- 가교작용(고분자 응집제)

44. 혼합에 사용되는 교반강도의 식에 대한 설명으로 틀린 것은? (단, 교반강도 식 : $G = (P/\mu V)^{1/2}$)

① G = 속도경사(1/sec)
② P = 동력(N/sec)
③ μ = 점성계수(N·sec/m²)
④ V = 부피(m³)

해설 ② P = 동력(N·m/sec)

45. 생물학적 질소제거공정에서 질산화로 생성된 $NO_3^- - N$ 40 mg/L가 탈질되어 질소로 환원될 때 필요한 이론적인 메탄올(CH_3OH)의 양(mg/L)은?

① 17.2   ② 36.6
③ 58.4   ④ 76.2

해설 질산성 질소와 메탄올의 반응비는
$6NO_3^- - N$: $5CH_3OH$ 이므로,
6×14 : 5×32
40 mg/L : x

$x = \frac{40 | 5 \times 32}{6 \times 14} = 76.2 \ mg/L$

46. 다음 물질 중 증기압(mmHg)이 가장 큰 것은?

① 물   ② 에틸 알코올
③ n-헥산   ④ 벤젠

해설 끓는점이 낮고, 휘발성이 클수록, 증기압이 크다.
증기압 순서 : 물 < 에틸 알코올 < 벤젠 < n-헥산

47. 플록을 형성하여 침강하는 입자들이 서로 방해를 받으므로 침전속도는 점차 감소하게 되며 침전하는 부유물과 상등수 간에 뚜렷한 경계면이 생기는 침전형태는?

① 지역침전   ② 압축침전
③ 압밀침전   ④ 응집침전

해설 지역침전(Ⅲ형 침전)
- 입자들이 서로 방해를 받아 침전속도가 감소하는 침전
- 방해·장애·집단·계면·간섭침전
- 상향류식 부유식 침전지, 생물학적 2차 침전지

더 알아보기 핵심정리 2-44

정답 42. ② 43. ③ 44. ② 45. ④ 46. ③ 47. ①

48. 1차 처리된 분뇨의 2차 처리를 위해 폭기조, 2차 침전지로 구성된 표준활성슬러지를 운영하고 있다. 운영조건이 다음과 같을 때 고형물 체류시간(SRT, day)은? (단, 유입유량 = 1,000 m³/day, 폭기조 수리학적 체류시간 = 6시간, MLSS 농도 = 3,000 mg/L, 잉여슬러지 배출량 = 30 m³/day, 잉여슬러지 SS농도 = 10,000 mg/L, 2차 침전지 유출수 SS농도 = 5 mg/L)

① 약 2
② 약 2.5
③ 약 3
④ 약 3.5

해설 SRT

$$= \frac{VX}{X_r Q_w + (Q - Q_w) X_e}$$

$$= \frac{1,000 \mid 6\,hr \mid day \mid \quad\quad 3,000}{\mid 24\,hr \mid 10,000 \times 30 + (1,000-30) \times 5}$$

$$= 2.46\,d$$

49. 하수관거 내에서 황화수소(H_2S)가 발생되는 조건으로 가장 거리가 먼 것은?

① 용존산소의 결핍
② 황산염의 환원
③ 혐기성 세균의 증식
④ 염기성 pH

해설 ① 혐기성 상태(용존산소의 결핍)에서,
③ 황산염환원균이 증식하면,
② 황산염(SO_4^{2-})이 환원하여 황화수소(H_2S)가 발생한다.

50. 미처리 폐수에서 냄새를 유발하는 화합물과 냄새의 특징으로 가장 거리가 먼 것은?

① 황화수소 – 썩은 달걀 냄새
② 유기 황화물 – 썩은 채소 냄새
③ 스카톨 – 배설물 냄새
④ 디아민류 – 생선 냄새

해설 악취물질별 악취

악취물질	악취
황화수소(H_2S)	썩은 달걀 냄새
유기 황화물	썩은 채소 냄새
스카톨	배설물 냄새
머캅탄(Mercaptans, $CH_3(CH_2)_3SH$)	스컹크 냄새
트리메틸아민 (Trimethyl amines)	생선 비린내
디아민(Diamines)류	부패된 고기 냄새

51. NO_3^-가 박테리아에 의하여 N_2로 환원되는 경우 폐수의 pH는?

① 증가한다.
② 감소한다.
③ 변화 없다.
④ 감소하다 증가한다.

해설
• 질산화 과정 : pH 감소, 알칼리도 소모
• 탈질 과정 : pH 증가, 알칼리도 증가

52. 염소의 살균력에 대한 설명으로 옳지 않은 것은?

① 살균강도는 HOCl > OCl⁻이다.
② 염소의 살균력은 반응시간이 길고 온도가 높을 때 강하다.
③ 염소의 살균력은 주입농도가 높고 pH가 낮을 때 강하다.
④ Chloramines은 살균력은 강하나 살균작용은 오래 지속되지 않는다.

해설 ④ 클로라민은 살균력은 유리잔류염소보다 약하나, 잔류성을 가진다.
• 살균력 : HOCl > OCl⁻ > 클로라민 (Chloramines, 결합잔류염소)
• 잔류성 : 클로라민

53. 활성슬러지 공정에서 폭기조나 침전지 표면에 갈색 거품을 유발시키는 방선균의 일종인 Nocardia의 과도한 성장을 유발시킬 수 있는 요인 또는 제어방법에 관한 내용으로 틀린 것은?
① 낮은 F/M비가 유발 요인이 된다.
② 불충분한 슬러지 인출로 인한 MLSS농도의 증가가 유발 요인이 된다.
③ 미생물 체류시간을 증가시킨다.
④ 화학약품을 투여하여 폭기조의 pH를 낮춘다.

해설 ③ SRT가 너무 길 때 주로 갈색 거품이 발생하므로, SRT(미생물 체류시간)를 줄여야 한다.

54. 슬러지를 진공 탈수시켜 부피가 50 % 감소되었다. 유입슬러지 함수율이 98 %이었다면 탈수 후 슬러지의 함수율(%)은? (단, 슬러지 비중은 1.0 기준)
① 90
② 92
③ 94
④ 96

해설 $100(1-0.98) = 50\left(1-\dfrac{w}{100}\right)$
∴ $w = 96\%$

55. 여과에서 단일 메디아 여과상보다 이중 메디아 혹은 혼합 메디아를 사용하는 장점으로 가장 거리가 먼 것은?
① 높은 여과속도
② 높은 탁도를 가진 물을 여과하는 능력
③ 긴 운전시간
④ 메디아 수명 연장에 따른 높은 경제성

해설 ④ 단일 메디아(media)보다 이중 또는 혼합 메디아가 더 비싸다.

56. 급속 모래여과를 운전할 때 나타나는 문제점이라 할 수 없는 것은?
① 진흙 덩어리(mud ball)의 축적
② 여재의 층상구조 형성
③ 여과상의 수축
④ 공기 결합(air binding)

해설 ② 정상적인 급속 다층 모래여과는 여재가 층상구조이다.
여과의 유지관리상 문제점
• 머드볼(mud ball)
• 공기장애(air binding)
• 탁질누출현상(break through)
• 여재유실
• 자갈층 교란

57. 다음 그림은 하수 내 질소, 인을 효과적으로 제거하기 위한 어떤 공법을 나타낸 것인가?

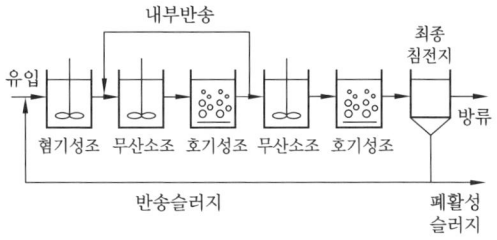

① VIP process
② A^2/O process
③ 수정 – Bardenpho process
④ phostrip process

해설 5단계 Bardenpho process(수정 Bardenpho process) 반응조 순서 : 혐기성조 – 무산소조 – 호기성조 – 무산소조 – 호기성조

58. 2,000 m³/day의 하수를 처리하는 하수처리장의 1차 침전지에서 침전고형물이 0.4 ton/day, 2차 침전지에서 0.3 ton/day이 제거되며 이때 각 고형물의 함수율은 98 %, 99.5 %이다. 체류시간을 3일로 하여 고형물을 농축시키려면 농축조의 크기(m³)는? (단, 고형물의 비중은 1.0으로 가정)

① 80
② 240
③ 620
④ 1,860

해설 (1) 1차 침전지 슬러지 발생량

$$\frac{0.4 \text{ ton TS}}{\text{day}} \times \frac{1 \text{ m}^3}{1 \text{ ton}} \times \frac{100 \text{ SL}}{(100-98) \text{ TS}}$$
$= 20 \text{ m}^3/\text{d}$

(2) 2차 침전지 슬러지 발생량

$$\frac{0.3 \text{ ton TS}}{\text{day}} \times \frac{1 \text{ m}^3}{1 \text{ ton}} \times \frac{100 \text{ SL}}{(100-99.5) \text{ TS}}$$
$= 60 \text{ m}^3/\text{d}$

(3) 농축조 크기
$(20+60) \text{ m}^3/\text{d} \times 3 \text{ d} = 240 \text{ m}^3$

59. 폐수 중 크롬이 함유되었을 경우의 설명으로 가장 거리가 먼 것은?

① 크롬은 자연수에서 3가 크롬 형태로 존재한다.
② 3가 크롬은 인체 건강에 그다지 해를 끼치지 않는다.
③ 3가 크롬은 자연수에서 완전 가수분해된다.
④ 6가 크롬은 합금, 도금, 페인트 생산 공정에 이용된다.

해설 ① 크롬은 자연수에서 주로 6가 크롬 형태로 존재한다.

60. 평균유량이 20,000 m³/d이고 최고 유량이 30,000 m³/d인 하수처리장에 1차 침전지를 설계하고자 한다. 표면월류는 평균유량 조건하에서 25 m/d, 최대유량 조건하에서 60 m/d를 유지하고자 할 때 실제 설계하여야 하는 1차 침전지의 수면적(m²)은? (단, 침전지는 원형 침전지라 가정)

① 500
② 650
③ 800
④ 1,300

해설 (1) 평균유량 기준 수면적
$Q/A = 25 \text{ m/d}$
$\therefore A = \dfrac{20,000 \text{ m}^3/\text{d}}{25 \text{ m/d}} = 800 \text{ m}^2$

(2) 최대유량 기준 수면적
$Q/A = 60 \text{ m/d}$
$\therefore A = \dfrac{30,000 \text{ m}^3/\text{d}}{60 \text{ m/d}} = 500 \text{ m}^2$

(1), (2) 둘 중 큰 값을 사용하므로 설계면적은 800 m²

제4과목 수질오염공정시험기준

61. 0.005M-KMnO₄ 400 mL를 조제하려면 KMnO₄ 약 몇 g을 취해야 하는가? (단, 원자량 K = 39, Mn = 55)

① 약 0.32
② 약 0.63
③ 약 0.84
④ 약 0.98

해설 KMnO₄ 158 g/mol

$$\frac{0.005 \text{ mol KMnO}_4}{\text{L}} \times 400 \text{ mL} \times \frac{1 \text{ L}}{1,000 \text{ mL}} \times \frac{158 \text{ g}}{1 \text{ mol}}$$
$= 0.316 \text{ g}$

정답 58. ② 59. ① 60. ③ 61. ①

62. 원자흡수분광광도법의 일반적인 분석 오차원인으로 가장 거리가 먼 것은?

① 계산의 잘못
② 파장선택부의 불꽃 역화 또는 과열
③ 검량선 작성의 잘못
④ 표준시료와 분석시료의 조성이나 물리적 화학적 성질의 차이

[해설] 원자흡수분광광도법의 오차원인
- 표준시료와 분석시료의 조성이나 물리적 화학적 성질의 차이
- 표준시료의 선택 및 조제의 잘못
- 분석시료의 처리방법 및 희석의 잘못
- 검량선 작성의 잘못
- 계산의 잘못
- 광원부 및 파장선택부의 광학계의 조절 불량
- 측광부의 불안정 또는 조절 불량
- 불꽃을 투과하는 광속의 위치 조정 불량
- 공존물질에 의한 간섭
- 가연성 가스 및 조연성 가스의 유량 또는 압력 변동
- 광원램프의 드리프트 열화
- 분무기 또는 버너의 오염

63. 백분율(W/V, %)의 설명으로 옳은 것은?

① 용액 100 g 중의 성분무게(g)를 표시
② 용액 100 mL 중의 성분용량(mL)을 표시
③ 용액 100 mL 중의 성분무게(g)를 표시
④ 용액 100 g 중의 성분용량(mL)을 표시

[해설] 백분율
① W/W%
② V/V%
④ V/W%

(더 알아보기) 핵심정리 2-62

64. 유기물을 다량 함유하고 있으면서 산분해가 어려운 시료에 적용되는 전처리법은?

① 질산-염산법   ② 질산-황산법
③ 질산-초산법   ④ 질산-과염소산법

[해설] ① 질산-염산법: 유기 함량이 비교적 높지 않고 금속의 수산화물, 산화물, 인산염 및 황화물을 함유하고 있는 시료
② 질산-황산법: 유기물 등을 많이 함유하고 있는 대부분의 시료
④ 질산-과염소산법: 유기물을 다량 함유하고 있으면서 산분해가 어려운 시료

(더 알아보기) 핵심정리 2-72

65. 크롬-자외선/가시선 분광법에 관한 내용으로 틀린 것은?

① $KMnO_4$로 3가 크롬을 6가 크롬으로 산화시킨다.
② 적자색 착화합물의 흡광도를 430 nm에서 측정한다.
③ 정량한계는 0.04 mg/L이다.
④ 6가 크롬을 산성에서 다이페닐카바자이드와 반응시킨다.

[해설] ② 적자색 착화합물의 흡광도를 540 nm에서 측정한다.
- 크롬-자외선/가시선 분광법: 3가 크롬은 과망간산칼륨을 첨가하여 6가 크롬으로 산화시킨 후, 산성 용액에서 다이페닐카바자이드와 반응하여 생성하는 적자색 착화합물의 흡광도를 540 nm에서 측정
- 6가 크롬-자외선/가시선 분광법: 산성 용액에서 다이페닐카바자이드와 반응하여 생성하는 적자색 착화합물의 흡광도를 540 nm에서 측정

66. 수질오염공정시험기준에서 암모니아성 질소의 분석방법으로 가장 거리가 먼 것은?

① 자외선/가시선 분광법
② 연속흐름법
③ 이온전극법
④ 적정법

[해설] 암모니아성 질소
- 자외선/가시선 분광법
- 이온전극법
- 적정법

정답 62. ② 63. ③ 64. ④ 65. ② 66. ②

67. 램버트-비어(Lambert-Beer)의 법칙에서 흡광도의 의미는? (단, I_0 = 입사광의 강도, I_t = 투사광의 강도, t = 투과도)

① I_t/I_0
② $t \times 100$
③ $\log(1/t)$
④ $I_t \times 10^{-1}$

해설 흡광도(A)

$$A = \log\left(\frac{I_0}{I}\right) = \log\left(\frac{1}{t}\right)$$

여기서, I_0 : 입사광 강도
  I : 투과광(투사광) 강도
  t : 투과도 $\left(= \dfrac{I}{I_0}\right)$

68. 분원성 대장균군 – 막여과법의 측정방법으로 ( )에 옳은 내용은?

'물속에 존재하는 분원성대장균군을 측정하기 위하여 페트리접시에 배지를 올려놓은 다음 배양 후 여러 가지 색조를 띠는 ( )의 집락을 계수하는 방법이다.'

① 황색
② 녹색
③ 적색
④ 청색

해설
• 총대장균군 : 적색
• 분원성 대장균군 : 청색

69. 배수로에 흐르는 폐수의 유량을 부유체를 사용하여 측정했다. 수로의 평균단면적 $0.5\ m^2$, 표면 최대속도 6 m/s일 때 이 폐수의 유량(m^3/min)은? (단, 수로의 구성, 재질, 수로단면의 형상, 기울기 등이 일정하지 않은 개수로)

① 115
② 135
③ 185
④ 245

해설 (1) 평균유속(V)
 $V = 0.75V_e = 0.75 \times 6 = 4.5\ m/s$
 여기서, V : 총평균유속(m/s)
  V_e : 표면 최대유속(m/s)

(2) 유량(Q)

$$Q = VA = \frac{4.5\ m}{s} \mid \frac{0.5\ m^2}{} \mid \frac{60\ sec}{1\ min}$$

$= 135\ m^3/min$

70. 기체크로마토그래피법에 의한 PCB 정량법에서 실리카겔 칼럼의 역할은?

① 기체크로마토그래피의 정량물질을 고열로부터 보호하기 위한 칼럼이다.
② 기체크로마토그래피에 분석용 시료를 주입하기 전에 PCB 이외 극성화합물을 제거하는 칼럼이다.
③ 분석용 시료 중의 수분을 흡수시키는 칼럼이다.
④ 시료 중 가용성 염류를 분리시키는 이온교환 칼럼이다.

해설 ② 실리카겔 칼럼은 산, 염화페놀, 폴리클로로페녹시페놀 등의 극성화합물을 제거한다.
[개정] '폴리클로리네이티드비페닐(PCBs)-기체크로마토그래피법'은 '폴리클로리네이티드비페닐(PCBs)-용매추출/기체크로마토그래피'로 개정됨

71. 수질오염공정시험기준상 냄새 측정에 관한 내용으로 틀린 것은?

① 물속의 냄새를 측정하기 위하여 측정자의 후각을 이용하는 방법이다.
② 잔류염소의 냄새는 측정에서 제외한다.
③ 냄새 역치는 냄새를 감지할 수 있는 최대 희석배수를 말한다.
④ 각 판정요원의 냄새의 역치를 산술평균하여 결과로 보고한다.

해설 냄새 측정 : 물속의 냄새를 측정하기 위하여 측정자의 후각을 이용하는 방법으로 시료를 정제수로 희석하면서 냄새가 느껴지지 않을 때까지 반복하여 희석배수를 수치화 함

정답 67. ③ 68. ④ 69. ② 70. ② 71. ④

72. 수질연속자동측정기기의 설치방법 중 시료채취 지점에 관한 내용으로 (   )에 옳은 것은?

> '취수구의 위치는 수면하 10 cm 이상, 바닥으로부터 (   )을 유지하여 동절기의 결빙을 방지하고 바닥 최적물이 유입되지 않도록 하되, 불가피한 경우는 수면하 5 cm에서 채취할 수 있다.'

① 5 cm 이상
② 15 cm 이상
③ 25 cm 이상
④ 35 cm 이상

해설 수질연속자동측정기의 설치방법-시료채취 지점 : 취수구의 위치는 수면하 10 cm 이상, 바닥으로부터 15 cm 이상을 유지하여 동절기의 결빙을 방지하고 바닥 퇴적물이 유입되지 않도록 하되, 불가피한 경우는 수면하 5 cm에서 채취할 수 있다.

73. 취급 또는 저장하는 동안에 이물질이 들어가거나 내용물이 손실되지 아니하도록 보호하는 용기는?

① 밀폐용기
② 기밀용기
③ 밀봉용기
④ 차광용기

해설 ② 기밀용기 : 밖으로부터의 공기 또는 다른 가스가 침입하지 아니하도록 내용물을 보호하는 용기
③ 밀봉용기 : 기체 또는 미생물이 침입하지 아니하도록 내용물을 보호하는 용기
④ 차광용기 : 광선이 투과하지 않는 용기 또는 투과하지 않게 포장을 한 용기

더 알아보기 핵심정리 2-65

74. 흡광광도계용 흡수셀의 재질과 그에 따른 파장범위를 잘못 짝지은 것은? (단, 재질 – 파장범위)

① 유리제 – 가시부
② 유리제 – 근적외부
③ 석영제 – 자외부
④ 플라스틱제 – 근자외부

해설 자외선/가시선 분광법 – 흡수셀의 재질과 파장범위
• 유리제 : 가시 및 근적외부
• 석영제 : 자외부
• 플라스틱제 : 근적외부

75. 황산산성에서 과요오드산칼륨으로 산화하여 생성된 이온을 흡광도 525 nm에서 측정하여 정량하는 금속은?

① Mn^{++}
② Ni^{++}
③ Co^{++}
④ Pb^{++}

해설 망간 – 자외선/가시선 분광법 : 물속에 존재하는 망간이온을 황산산성에서 과요오드산칼륨으로 산화하여 생성된 과망간산 이온의 흡광도를 525 nm에서 측정하는 방법

76. 70 % 질산을 물로 희석하여 5 % 질산으로 제조하려고 한다. 70 % 질산과 물의 비율은?

① 1 : 9
② 1 : 11
③ 1 : 13
④ 1 : 15

해설 희석배수 = $\dfrac{희석 \ 전 \ 농도}{희석 \ 후 \ 농도} = \dfrac{70}{5} = 14$

따라서, 시료 : 희석수 = 1 : 13

정답 72. ②　73. ①　74. ④　75. ①　76. ③

77. 유도결합플라스마 발광광도법에 대한 설명으로 틀린 것은?

① 플라스마는 그 자체가 광원으로 이용되기 때문에 매우 넓은 농도범위에서 시료를 측정한다.
② ICP의 토치는 제일 안쪽으로는 시료가 운반가스와 함께 흐르며, 가운데 관으로는 보조가스, 제일 바깥쪽 관에는 냉각가스가 도입된다.
③ 아르곤 플라스마는 토치 위에 불꽃형태로 생성되지만 온도, 전자 밀도가 가장 높은 영역은 중심축보다 안쪽에 위치한다.
④ ICP 발광도 분석장치는 시료주입부, 고주파 전원부, 광원부, 분광부, 연산처리부 및 기록부로 구성되어 있다.

해설 ③ 아르곤 플라스마는 토치 위에 불꽃형태로 생성되지만 온도, 전자 밀도가 가장 높은 영역은 중심축보다 약간 바깥쪽에 위치한다.

78. 용해성 망간을 측정하기 위해 시료를 채취 후 속히 여과해야 하는 이유는?

① 망간을 공침시킬 우려가 있는 현탁물질을 제거하기 위해
② 망간이온을 접촉적으로 산화, 침전시킬 우려가 있는 이산화망간을 제거하기 위해
③ 용존상태에서 존재하는 망간과 침전상태에서 존재하는 망간을 분리하기 위해
④ 단시간 내에 석출, 침전할 우려가 있는 콜로이드 상태의 망간을 제거하기 위해

해설 ③ 시료 채취 후 시간이 지나면 용해성 망간은 산화되어 침전되므로, 채취 후 바로 여과해야 한다.

79. 카드뮴을 자외선/가시선 분광법을 이용하여 측정할 때에 관한 설명으로 ( )에 내용으로 옳은 것은?

'물속에 존재하는 카드뮴이온을 시안화칼륨이 존재하는 알칼리성에서 디티존과 반응하여 생성하는 카드뮴착염을 사염화탄소로 추출하고, 추출한 카드뮴착염을 (㉠)으로 역추출한 다음 다시 (㉡)과(와) 시안화칼륨을 넣어 디티존과 반응하여 생성하는 (㉢)의 카드뮴착염을 사염화탄소로 추출하고 그 흡광도를 측정하는 방법이다.'

① ㉠ 타타르산 용액, ㉡ 수산화나트륨, ㉢ 적색
② ㉠ 아스코르빈산 용액, ㉡ 염산(1+15), ㉢ 적색
③ ㉠ 타타르산 용액, ㉡ 수산화나트륨, ㉢ 청색
④ ㉠ 아스코르빈산 용액, ㉡ 염산(1+15), ㉢ 청색

해설 카드뮴 – 자외선/가시선 분광법 : 물속에 존재하는 카드뮴이온을 시안화칼륨이 존재하는 알칼리성에서 디티존과 반응시켜 생성하는 카드뮴착염을 사염화탄소로 추출하고, 추출한 카드뮴착염을 타타르산 용액으로 역추출한 다음 다시 수산화나트륨과 시안화칼륨을 넣어 디티존과 반응하여 생성하는 적색의 카드뮴착염을 사염화탄소로 추출하고 그 흡광도를 530 nm에서 측정하는 방법

80. 기체크로마토그래피법의 어떤 정량법에 대한 설명인가?

'크로마토그램으로부터 얻은 시료 각 성분의 봉우리 면적을 측정하고 그것들의 합을 100으로 하여 이에 대한 각각의 봉우리 넓이비를 각 성분의 함유율로 한다.'

① 내부표준 백분율법
② 보정성분 백분율법
③ 성분 백분율법
④ 넓이 백분율법

정답 77. ③ 78. ③ 79. ① 80. ④

해설 기체크로마토그래피 정량법
- 절대검정곡선법
- 넓이 백분율법
- 보정성분 백분율법
- 상대검정곡선법
- 표준물첨가법

제5과목 수질환경관계법규

81. 대권역 물환경관리계획에 포함되어야할 사항으로 틀린 것은?

① 상수원 및 물 이용현황
② 점오염원, 비점오염원 및 기타수질오염원의 분포현황
③ 점오염원, 비점오염원 및 기타수질오염원의 수질오염 저감시설 현황
④ 점오염원, 비점오염원 및 기타수질오염원에서 배출되는 수질오염물질의 양

해설 대권역 물환경관리계획(대권역계획) 수립 시 포함사항
1. 물환경의 변화 추이 및 물환경목표기준
2. 상수원 및 물 이용현황
3. 점오염원, 비점오염원 및 기타수질오염원의 분포현황
4. 점오염원, 비점오염원 및 기타수질오염원에서 배출되는 수질오염물질의 양
5. 수질오염 예방 및 저감 대책
6. 물환경 보전조치의 추진방향
7. 「기후위기 대응을 위한 탄소중립·녹색성장 기본법」에 따른 기후변화에 대한 적응대책
8. 그 밖에 환경부령으로 정하는 사항

82. 비점오염저감계획서에 포함되어야 하는 사항으로 틀린 것은?

① 비점오염원 저감방안
② 비점오염원 관리 및 모니터링 방안
③ 비점오염저감시설 설치계획
④ 비점오염원 관련 현황

해설 비점오염저감계획서에 포함되어야 하는 사항
1. 비점오염원 관련 현황
2. 저영향개발기법 등을 포함한 비점오염원 저감방안
3. 저영향개발기법 등을 적용한 비점오염저감시설 설치계획
4. 비점오염저감시설 유지관리 및 모니터링 방안

83. 사업장별 환경기술인의 자격기준에 관한 설명으로 틀린 것은?

① 연간 90일 미만 조업하는 제1종부터 제3종까지의 사업장은 제4종 사업장·제5종 사업장에 해당하는 환경기술인을 선임할 수 있다.
② 공동방지시설의 경우에 폐수배출량이 제1종 또는 제2종 사업장은 제3종 사업장에 해당하는 환경기술인을 둘 수 있다.
③ 제1종 또는 제2종 사업장 중 1개월간 실제 작업한 날만을 계산하여 1일 평균 17시간이상 작업하는 경우 그 사업장은 환경기술인을 각각 2명 이상 두어야한다.
④ 방지시설 설치면제 대상인 사업장과 배출시설에서 배출되는 수질오염물질 등을 공동방지시설에서 처리하게 하는 사업장은 제4종 사업장·제5종 사업장에 해당하는 환경기술인을 둘 수 있다.

해설 ② 공동방지시설의 경우에는 폐수배출량이 제4종 또는 제5종 사업장의 규모에 해당하면 제3종 사업장에 해당하는 환경기술인을 두어야 한다.

더 알아보기 핵심정리 2-93

정답 81. ③ 82. ② 83. ②

84. 호소수 이용 상황 등의 조사·측정에 관한 내용으로 ( )에 옳은 것은?

> '시·도지사는 환경부장관이 지정·고시하는 호소 외의 호소로서 만수위일 때의 면적이 ( ) 이상인 호소의 물환경 등을 정기적으로 조사·측정하여야 한다.'

① 10만 제곱미터 ② 20만 제곱미터
③ 30만 제곱미터 ④ 50만 제곱미터

해설 호소수 이용 상황 등의 조사·측정 등 : 시·도지사는 환경부장관이 지정·고시하는 호소 외의 호소로서 만수위일 때의 면적이 50만 제곱미터 이상인 호소의 물환경 등을 정기적으로 조사·측정 및 분석하여야 한다.

(더 알아보기) 핵심정리 2-107

85. 폐수처리업자의 준수사항에 관한 설명으로 ( )에 옳은 것은?

> '수탁한 폐수는 정당한 사유 없이 (㉠) 보관할 수 없으며, 보관폐수의 전체량이 저장시설 저장능력의 (㉡) 이상 되게 보관하여서는 아니 된다.'

① ㉠ 10일 이상, ㉡ 80 %
② ㉠ 10일 이상, ㉡ 90 %
③ ㉠ 30일 이상, ㉡ 80 %
④ ㉠ 30일 이상, ㉡ 90 %

해설 폐수처리업자의 준수사항 : 수탁한 폐수는 정당한 사유 없이 10일 이상 보관할 수 없으며, 보관폐수의 전체량이 저장시설 저장능력의 90퍼센트 이상 되게 보관하여서는 아니 된다.

86. 수질 및 수생태계 하천 환경기준 중 생활환경 기준에 적용되는 등급에 따른 수질 및 수생태계 상태를 나타낸 것이다. 다음 설명에 해당하는 등급의 수질 및 수생태계 상태는?

> '상당량의 오염물질로 인하여 용존산소가 소모되는 생태계로 농업용수로 사용하거나 여과, 침전, 활성탄투입, 살균 등 고도의 정수처리 후 공업용수로 사용할 수 있음'

① 약간 나쁨 ② 나쁨
③ 상당히 나쁨 ④ 매우 나쁨

해설 등급별 수질 및 수생태계 상태
- 매우 좋음 : 용존산소가 풍부하고 오염물질이 없는 청정상태의 생태계
- 좋음 : 용존산소가 많은 편이고 오염물질이 거의 없는 청정상태에 근접한 생태계
- 약간 좋음 : 약간의 오염물질은 있으나 용존산소가 많은 상태의 다소 좋은 생태계
- 보통 : 보통의 오염물질로 인하여 용존산소가 소모되는 일반 생태계
- 약간 나쁨 : 상당량의 오염물질로 인하여 용존산소가 소모되는 생태계
- 나쁨 : 다량의 오염물질로 인하여 용존산소가 소모되는 생태계
- 매우 나쁨 : 용존산소가 거의 없는 오염된 물로 물고기가 살기 어려움

(더 알아보기) 핵심정리 2-88 (1)

87. 공공폐수처리시설의 유지·관리기준에 관한 사항으로 ( )에 옳은 내용은?

> '처리시설의 관리, 운영자는 처리시설의 적정운영여부를 확인하기 위하여 방류수 수질검사를 (㉠) 실시하되, 1일당 2천 세제곱미터이상인 시설은 주 1회 이상 실시하여야한다. 다만, 생태독성(TU) 검사는 (㉡) 실시하여야한다.'

① ㉠ 월 2회 이상, ㉡ 월 1회 이상
② ㉠ 월 1회 이상, ㉡ 월 2회 이상
③ ㉠ 월 2회 이상, ㉡ 월 2회 이상
④ ㉠ 월 1회 이상, ㉡ 월 1회 이상

정답 84. ④ 85. ② 86. ① 87. ①

해설 방류수 수질검사
- 방류수 수질검사 : 월 2회 이상 실시(단, 2000 m³/day 이상인 시설 : 주 1회 이상)
- 생태독성(TU) 검사 : 월 1회 이상 실시

88. 오염총량관리기본방침에 포함되어야 하는 사항으로 틀린 것은?

① 오염총량관리의 목표
② 오염총량관리의 대상 수질오염물질 종류
③ 오염원의 조사 및 오염부하량 산정방법
④ 오염총량관리 현황

해설 오염총량관리기본방침 포함사항
1. 오염총량관리의 목표
2. 오염총량관리의 대상 수질오염물질 종류
3. 오염원의 조사 및 오염부하량 산정방법
4. 오염총량관리기본계획의 주체, 내용, 방법 및 시한
5. 오염총량관리시행계획의 내용 및 방법

89. 하천, 호수에서 자동차를 세차하는 행위를 한 자에 대한 과태료 처분기준으로 적절한 것은?

① 100만원 이하의 과태료
② 50만원 이하의 과태료
③ 30만원 이하의 과태료
④ 10만원 이하의 과태료

해설 100만원 이하의 과태료
1. 하천·호소에서 자동차를 세차하는 행위를 위반한 자
2. 제한사항을 위반하여 낚시제한구역에서 낚시행위를 한 사람
3. 배출시설의 규정에 의한 변경신고를 하지 아니한 자
4. 기타 수질오염원 설치 규정에 따른 변경신고를 하지 아니한 자
4의2. 폐수위탁사업자와 폐수처리업자가 해당 폐수의 인계·인수에 관한 내용 등 대통령령으로 정하는 사항을 환경부령으로 정하는 바에 따라 전자인계·인수관리시스템에 입력을 하지 아니하거나 거짓으로 입력한 자
5. 환경기술인 등의 교육을 받게 하지 아니한 자

90. 환경부장관이 설치·운영하는 측정망의 종류로 틀린 것은?

① 퇴적물 측정망
② 점오염원 배출 오염물질 측정망
③ 공공수역 유해물질 측정망
④ 생물 측정망

해설 국립환경과학원장이 설치·운영하는 측정망의 종류
1. 비점오염원에서 배출되는 비점오염물질 측정망
2. 수질오염물질의 총량관리를 위한 측정망
3. 대규모 오염원의 하류지점 측정망
4. 수질오염경보를 위한 측정망
5. 대권역·중권역을 관리하기 위한 측정망
6. 공공수역 유해물질 측정망
7. 퇴적물 측정망
8. 생물 측정망
9. 그 밖에 환경부장관이 필요하다고 인정하여 설치·운영하는 측정망

[개정] 환경부장관이 설치·운영하는 측정망의 종류→국립환경과학원장이 설치·운영하는 측정망의 종류

91. 수질오염물질 총량관리를 위하여 시·도지사가 오염총량관리기본계획을 수립하여 환경부장관에게 승인을 얻어야 한다. 계획 수립 시 포함되는 사항으로 거리가 먼 것은?

① 해당 지역 개발계획의 내용
② 시·도지사가 설치·운영하는 측정망 관리계획
③ 관할 지역에서 배출되는 오염부하량의 총량 및 저감계획
④ 해당 지역 개발계획으로 인하여 추가로 배출되는 오염부하량 및 그 저감계획

정답 88. ④ 89. ① 90. ② 91. ②

[해설] 오염총량관리기본계획안 첨부서류
1. 유역환경의 조사·분석 자료
2. 오염원의 자연증감에 관한 분석 자료
3. 지역개발에 관한 과거와 장래의 계획에 관한 자료
4. 오염부하량의 산정에 사용한 자료
5. 오염부하량의 저감계획을 수립하는 데에 사용한 자료

92. 수질자동측정기기 및 부대시설을 모두 부착하지 아니할 수 있는 시설의 기준으로 옳은 것은?

① 연간 조업일수가 60일 미만인 사업장
② 연간 조업일수가 90일 미만인 사업장
③ 연간 조업일수가 120일 미만인 사업장
④ 연간 조업일수가 150일 미만인 사업장

[해설] 수질자동측정기기 및 부대시설 설치의 면제기준에 해당하는 사업장 : 연간 조업일수가 90일 미만인 사업장

93. 공공폐수처리시설의 관리·운영자가 처리시설의 적정운영 여부 확인을 위한 방류수 수질검사 실시기준으로 옳은 것은? (단, 시설규모는 1,000 m³/day이며, 수질은 현저히 악화되지 않았음)

① 방류수 수질검사 월 2회 이상
② 방류수 수질검사 월 1회 이상
③ 방류수 수질검사 매 분기 1회 이상
④ 방류수 수질검사 매 반기 1회 이상

[해설] 문제 87번 해설 참조

94. 배출부과금을 부과할 때 고려하여야 하는 사항으로 틀린 것은?

① 배출허용기준 초과여부
② 자가측정 여부
③ 수질오염물질 처리비용
④ 배출되는 수질오염물질의 종류

[해설] 배출부과금 부과 시 고려사항
1. 배출허용기준 초과 여부
2. 배출되는 수질오염물질의 종류
3. 수질오염물질의 배출기간
4. 수질오염물질의 배출량
5. 자가측정 여부
6. 그 밖에 수질환경의 오염 또는 개선과 관련되는 사항으로서 환경부령으로 정하는 사항

95. 초과부과금 산정 시 1킬로그램당 부과금액이 가장 큰 수질오염물질은?

① 크롬 및 그 화합물
② 비소 및 그 화합물
③ 테트라클로로에틸렌
④ 납 및 그 화합물

[해설] 초과부과금의 산정기준 순서 : 수은, PCB > 카드뮴 > Cr^{6+}, PCE, TCE > 페놀, 시안, 유기인, 납 > 비소 > 크롬 > 구리 > 망간, 아연 > T-P, T-N > 유기물질(TOC) > 유기물질(BOD 또는 COD), 부유물질

[더 알아보기] 핵심정리 2-94

96. 기본배출부과금 산정 시 적용되는 지역별 부과계수로 맞는 것은?

① 가 지역 : 1.2
② 청정지역 : 0.5
③ 나 지역 : 1
④ 특례지역 : 2

[해설] 지역별 부과계수

청정지역 및 가 지역	나 지역 및 특례지역
1.5	1

정답 92. ② 93. ① 94. ③ 95. ③ 96. ③

97. 호소수 이용 상황 등의 조사·측정 등에 관한 설명으로 (   )에 알맞은 내용은?

> '환경부장관이나 시·도지사는 지정, 고시된 호소의 생성·조성 연도, 유역면적, 저수량 등 호소를 관리하는 데에 필요한 기초자료에 대하여 (   )마다 조사, 측정함을 원칙으로 한다.'

① 2년
② 3년
③ 5년
④ 10년

해설 호소수 이용 상황 등의 조사·측정 등
1. '호소의 생성·조성 연도, 유역면적, 저수량 등 호소를 관리하는 데에 필요한 기초자료' 및 '호소수의 이용 목적, 취수장의 위치, 취수량 등 호소수의 이용 상황' : 3년마다 1회
2. '수질오염도, 오염원의 분포 현황, 수질오염물질의 발생·처리 및 유입 현황' : 5년마다 1회
3. '호소의 생물다양성 및 생태계 등 수생태계 현황'
   가. 환경부장관이 조사·측정 및 분석하는 경우 : 3년마다 1회
   나. 시·도지사가 조사·측정 및 분석하는 경우 : 5년마다 1회

98. 물환경 보전에 관한 법률상의 용어정의가 틀린 것은?

① 폐수 : 물에 액체성 또는 고체성의 수질오염물질이 섞여 있어 그대로는 사용할 수 없는 물
② 수질오염물질 : 사람의 건강, 재산이나 동, 식물생육에 위해를 줄 수 있는 물질로 환경부령으로 정하는 것
③ 강우유출수 : 비점오염원의 수질오염물질이 섞여 유출되는 빗물 또는 눈 녹은 물 등
④ 기타수질오염원 : 점오염원 및 비점오염원으로 관리되지 아니하는 수질오염물질을 배출하는 시설 또는 장소로서 환경부령으로 정하는 것

해설 ② 수질오염물질 : 수질오염의 요인이 되는 물질로서 환경부령으로 정하는 것

99. 휴경 등 권고대상 농경지의 해발고도 및 경사도는?

① 해발고도 : 해발 200미터, 경사도 : 10 %
② 해발고도 : 해발 400미터, 경사도 : 15 %
③ 해발고도 : 해발 600미터, 경사도 : 20 %
④ 해발고도 : 해발 800미터, 경사도 : 25 %

해설 휴경 등 권고대상 농경지의 해발고도 및 경사도
• 해발고도 : 해발 400 m
• 경사도 : 15 %

100. 수질 및 수생태계 중 하천의 생활환경기준으로 틀린 것은? (단, 등급 : 약간 좋음, 단위 : mg/L)

① COD : 2 이하
② BOD : 3 이하
③ SS : 25 이하
④ DO : 5.0 이상

해설 ① COD는 15년까지만 적용됨
더 알아보기 핵심정리 2–88 (1)

정답 97. ② 98. ② 99. ② 100. ①

제1과목　수질오염개론

1. 산소포화농도가 9 mg/L인 하천에서 처음의 용존산소농도가 7 mg/L라면 3일간 흐른 후 하천 하류지점에서의 용존산소 농도(mg/L)는? (단, BOD_u = 10 mg/L, 탈산소계수 = 0.1 day^{-1}, 재폭기계수 = 0.2 day^{-1}, 상용대수기준)

① 4.5
② 5.0
③ 5.5
④ 6.0

해설 $D_t = \dfrac{k_1 L_0}{k_2 - k_1}(10^{-k_1 t} - 10^{-k_2 t}) + D_0 \cdot 10^{-k_2 t}$

(1) $D_3 = \dfrac{0.1 \times 10}{0.2 - 0.1}(10^{-0.1 \times 3} - 10^{-0.2 \times 3})$
$+ (9-7) \times 10^{-0.2 \times 3} = 3.0023$ mg/L

(2) 현재 DO = DO포화농도 - DO부족량(D_t)
= 9 - 3.0023 = 5.997 mg/L

더 알아보기 핵심정리 1-19

2. 담수와 해수에 대한 일반적인 설명으로 틀린 것은?

① 해수의 용존산소 포화도는 담수보다 작은데 주로 해수 중의 염류 때문이다.
② upwelling은 담수가 해수의 표면으로 상승하는 현상이다.
③ 해수의 주성분으로는 Cl^-, Na^+, SO_4^{2-} 등이 가장 많다.
④ 해구에서는 담수와 해수가 쐐기 형상으로 교차한다.

해설 ② upwelling은 심수층의 해수가 표면으로 상승하는 현상이다.

3. 생물체 내에서 일어나는 에너지 대사에 적용되는 열역학법칙 내용과 거리가 먼 것은?

① 에너지의 총량은 일정하다.
② 자연적인 반응은 질서도가 커지는 방향으로 진행한다.
③ 엔트로피는 끊임없이 증가하고 있다.
④ 절대온도 0℃(-273.16℃)에서는 분자운동이 없으며 엔트로피는 0이다.

해설 ② 자연적인 반응은 무질서도가 커지는 방향으로 진행한다(열역학 제2법칙).
열역학 법칙
(1) 열역학 제1법칙(에너지 보존의 법칙) : 계가 방출한 에너지는 주위가 흡수한 에너지와 같으므로 우주의 에너지 변화는 없고 일정함
(2) 열역학 제2법칙(엔트로피 증가의 법칙) : 우주(고립계)에서 총 엔트로피(무질서도)의 변화는 항상 증가하거나 일정하며, 절대로 감소하지 않음
(3) 열역학 제3법칙(네른스트의 법칙, 0의 법칙) : 절대온도 0℃(-273.16℃)에서는 분자운동이 없으며 엔트로피는 0이다.

4. 분변성 오염을 나타낼 때 사용되는 지표 미생물이 갖추어야 할 조건 중 옳지 않은 것은?

① 사람의 대변에만 많은 수로 존재해야 한다.
② 자연환경에는 없거나 적은 수로 존재해야 한다.
③ 비병원성으로 간단한 방법에 의해 쉽고 빠르게 검출될 수 있어야 한다.
④ 병원균보다 적은 수로 존재하고 자연환경에서 병원균보다 생존력이 약해야 한다.

정답 1. ④　2. ②　3. ②　4. ④

해설 분변성 오염 지표미생물의 구비 조건
- 비슷한 환경을 가져야 함
- 병원성 미생물보다 생존력이 강해야 함
- 독성이 없어야 함

5. 운동기관이 없으며, 먹이를 흡수에 의해 섭식하는 원생동물 종류는?

① 포자충류
② 편모충류
③ 섬모충류
④ 육질충류

해설 운동기관에 따른 원생동물의 분류

분류	운동기관
편모충류	편모
섬모충류	섬모
육질충류(위족류)	위족
포자충류	운동기관 없음

6. 0.01 M-KBr과 0.02 M-ZnSO₄ 용액의 이온강도는? (단, 완전 해리 기준)

① 0.08
② 0.09
③ 0.12
④ 0.14

해설

이온	C_i	Z_i^2	$C_iZ_i^2$
K^+	0.01 M	1^2	0.01
Br^-	0.01 M	$(-1)^2$	0.01
Zn^{2+}	0.02 M	2^2	0.08
SO_4^{2-}	0.02 M	$(-2)^2$	0.08

$$I = \frac{1}{2}\sum C_i Z_i^2 = \frac{1}{2} \times 0.18 = 0.09$$

7. 지하수 오염의 특징으로 틀린 것은?

① 지하수의 오염경로는 단순하여 오염원에 의한 오염범위를 명확하게 구분하기가 용이하다.
② 지하수는 흐름을 눈으로 관찰할 수 없기 때문에 대부분의 경우 오염원의 흐름방향을 명확하게 확인하기 어렵다.
③ 오염된 지하수층을 제거, 원상 복구하는 것은 매우 어려우며 많은 비용과 시간이 소요된다.
④ 지하수는 대부분 지역에서 느린 속도로 이동하여 관측정이 오염원으로부터 원거리에 위치한 경우 오염원의 발견에 많은 시간이 소요될 수 있다.

해설 지하수 오염의 특징
- 지표수에 비하여 환경변화에 대한 반응이 느림
- 일단 훼손되거나 오염이 진행되면 그 회복이 느림
- 오염 정도의 측정과 예측 및 감시가 어려움
- 천층수는 지상오염원과 밀접한 상관관계가 있어 특히 오염되기 쉬움
- 천층수는 $NO_2^- - N$이 기준을 초과하는 경우가 많으며 TCE 등도 검출 가능
- DO가 낮아 미생물에 의한 생화학적 자정작용이나 화학적 자정능력이 약함

8. 광합성에 대한 설명으로 틀린 것은?

① 호기성광합성(녹색식물의 광합성)은 진조류와 청녹조류를 위시하여 고등식물에서 발견된다.
② 녹색식물의 광합성은 탄산가스와 물로부터 산소와 포도당(또는 포도당 유도산물)을 생성하는 것이 특징이다.
③ 세균활동에 의한 광합성은 탄산가스의 산화를 위하여 물 이외의 화합물질이 수소원자를 공여, 유리산소를 형성한다.
④ 녹색식물의 광합성 시 광은 에너지를 그리고 물은 환원반응에 수소를 공급해 준다.

해설 ③ 광합성에서 수소원자 공여체는 물이다.
더알아보기 핵심정리 2-15 (1)

정답 5. ① 6. ② 7. ① 8. ③

9. 생 하수 내에 주로 존재하는 질소의 형태는?

① 암모니아와 N_2
② 유기성 질소와 암모니아성 질소
③ N_2와 NO
④ NO_2^-와 NO_3^-

해설 생 하수는 질산화(질소 분해)이므로, 유기 질소와 암모니아성 질소가 대부분임
오염 후 질소의 변화 과정(질산화 과정)
유기 질소 → 암모니아성 질소 → 아질산성 질소 → 질산성 질소

10. 우리나라 근해의 적조(red tide)현상의 발생 조건에 대한 설명으로 가장 적절한 것은?

① 햇빛이 약하고 수온이 낮을 때 이상 균류의 이상 증식으로 발생한다.
② 수괴의 연직 안정도가 적어질 때 발생된다.
③ 정체수역에서 많이 발생된다.
④ 질소, 인 등의 영양분이 부족하여 적색이나 갈색의 적조 미생물이 이상적으로 증식한다.

해설 ① 햇빛이 강하고, 수온이 높을 때 발생한다.
② 수괴의 연직 안정도가 클 때 발생된다.
④ 질소, 인 등의 영양분이 과대하여 적색이나 갈색의 적조 미생물이 이상적으로 증식한다.

더 알아보기 핵심정리 2-14

11. 호수 내의 성층현상에 관한 설명으로 가장 거리가 먼 것은?

① 여름성층의 연직 온도경사는 분자확산에 의한 DO구배와 같은 모양이다.
② 성층의 구분 중 약층(thermocline)은 수심에 따른 수온변화가 적다.
③ 겨울성층은 표층수 냉각에 의한 성층이어서 역성층이라고도 한다.
④ 전도현상은 가을과 봄에 일어나며 수괴(水塊)의 연직혼합이 왕성하다.

해설 ② 수온약층(thermocline)은 수심에 따라 수온변화가 크다.

12. 하천수에서 난류확산에 의한 오염물질의 농도분포를 나타내는 난류 확산 방정식을 이용하기 위하여 일차적으로 고려해야 할 인자와 가장 관련이 적은 것은?

① 대상 오염물질의 침강속도(m/s)
② 대상 오염물질의 자기감쇠계수
③ 유속(m/s)
④ 하천수의 난류지수(Re.No)

해설 난류 확산 방정식 영향인자
유속, 침강속도, 난류확산계수, 자기감쇠계수

13. 수질예측모형의 공간성에 따른 분류에 관한 설명으로 틀린 것은?

① 0차원 모형 : 식물성 플랑크톤의 계절적 변동사항에 주로 이용된다.
② 1차원 모형 : 하천이나 호수를 종방향 또는 횡방향의 연속교반 반응조로 가정한다.
③ 2차원 모형 : 수질의 변동이 일방향성이 아닌 이방향성으로 분포하는 것으로 가정한다.
④ 3차원 모형 : 대호수의 순환 패턴분석에 이용된다.

해설 0차원 모형 : 완전혼합반응조, Vollenweider model

14. 호소수의 전도현상(turnover)이 호소수 수질환경에 미치는 영향을 설명한 내용 중 바르지 않은 것은?

① 수괴의 수직운동 촉진으로 호소 내 환경용량이 제한되어 물의 자정능력이 감소된다.
② 심층부까지 조류의 혼합이 촉진되어 상수원의 취수 심도에 영향을 끼치게 되므로 수도의 수질이 악화된다.
③ 심층부의 영양염이 상승하게 됨에 따라 표층부에 규조류가 번성하게 되어 부영양화가 촉진된다.
④ 조류의 다량 번식으로 물의 탁도가 증가되고 여과지가 폐색되는 등의 문제가 발생한다.

해설 ① 환경용량은 변하지 않는다.

정답 9. ② 10. ③ 11. ② 12. ④ 13. ① 14. ①

15. 시료의 수질분석을 실시하여 다음 표와 같은 결과 값을 얻었을 때 시료의 비탄산경도(mg/L as $CaCO_3$)는? (단, K = 39, Na = 23, Ca = 40, Mg = 24, C = 12, O = 16, H = 1, Cl = 35.5, S = 32)

성분	농도(mg/L)	성분	농도(mg/L)
K^+	13	OH^-	32
Na^+	23	Cl^-	71
Ca^{2+}	20	SO_4^{2-}	96
Mg^{2+}	12	HCO_3^-	61

① 50 ② 100 ③ 150 ④ 200

해설 (1) 총경도(TH)

$$[Ca^{2+}] = \frac{20\,mg}{L} \Big| \frac{1\,me}{20\,mg} \Big| \frac{50\,mg\,CaCO_3}{1\,me}$$
$= 50\,mg/L$ as $CaCO_3$

$$[Mg^{2+}] = \frac{12\,mg}{L} \Big| \frac{1\,me}{12\,mg} \Big| \frac{50\,mg\,CaCO_3}{1\,me}$$
$= 50\,mg/L$ as $CaCO_3$

∴ 총경도 = 50+50 = 100 mg/L as $CaCO_3$

(2) 알칼리도(Alk)

$$[OH^-] = \frac{32\,mg}{L} \Big| \frac{1\,me}{17\,mg} \Big| \frac{50\,mg\,CaCO_3}{1\,me}$$
$= 94.1176\,mg/L$ as $CaCO_3$

$$[HCO_3^-] = \frac{61\,mg}{L} \Big| \frac{1\,me}{61\,mg} \Big| \frac{50\,mg\,CaCO_3}{1\,me}$$
$= 50\,mg/L$ as $CaCO_3$

∴ 알칼리도 = 94.1176+50
= 144.12 mg/L as $CaCO_3$

(3) 비탄산경도(NCH)
총경도 = 100, Alk = 144.12이므로, 탄산경도는 100이다. 따라서 비탄산 경도는 0이다.
※ 문제 오류로 답이 없다.

더 알아보기 핵심정리 2-4

16. 하구(estuary)의 혼합 형식 중 하상구배와 조차(潮差)가 적어서 염수와 담수의 2층의 밀도류가 발생되는 것은?

① 강 혼합형 ② 약 혼합형
③ 중 혼합형 ④ 완 혼합형

해설 하구밀도류의 유동형태는 담수와 염수의 혼합 강약에 따라 약·완·강 혼합형의 세 가지로 분류된다. 이 중 약 혼합형에서는 해수가 하도내로 쐐기형태로 침입하게 되는데 이러한 밀도류를 염수쐐기라 한다.

17. Glucose($C_6H_{12}O_6$) 500 mg/L 용액을 호기성 처리 시 필요한 이론적인 인(P) 농도(mg/L)는? (단, BOD_5 : N : P = 100 : 5 : 1, K_1 = 0.1 day^{-1}, 상용대수 기준, 완전분해 기준, BOD_u = COD)

① 약 3.7 ② 약 5.6
③ 약 8.5 ④ 약 12.8

해설
$C_6H_{12}O_6$ + $6O_2 \rightarrow 6CO_2 + 6H_2O$
500 mg/L : BOD_u
180 g : 6×32 g

(1) $BOD_u = \dfrac{6 \times 32}{180} \Big| \dfrac{500}{}$
$= 533.333\,mg/L$

(2) $BOD_5 = BOD_u(1-10^{-kt})$
$= 533.333(1-10^{-0.1 \times 5})$
$= 364.678\,mg/L$

(3) BOD_5 : P = 100 : 1 = 364.678 : P
∴ P = 3.64 mg/L

18. 기상수(우수, 눈, 우박 등)에 관한 설명으로 틀린 것은?

① 기상수는 대기 중에서 지상으로 낙하할 때는 상당한 불순물을 함유한 상태이다.
② 우수의 주성분은 육수의 주성분과 거의 동일하다.
③ 해안 가까운 곳의 우수는 염분함량의 변화가 크다.
④ 천수는 사실상 증류수로서 증류단계에서는 순수에 가까워 다른 자연수보다 깨끗하다.

해설 우수의 주성분은 해수의 주성분과 거의 동일하다.

정답 15. 정답 없음 16. ② 17. ① 18. ②

19. 20℃의 하천수에 있어서 바람 등에 의한 DO 공급량이 0.02 mg O₂/L·day이고, 이 강이 항상 DO 농도가 7 mg/L 이상 유지되어야 한다면 이 강의 산소전달계수 (hr⁻¹)는? (단, α와 β는 무시, 20℃ 포화 DO = 9.17 mg/L)

① 1.3×10^{-3}
② 3.8×10^{-3}
③ 1.3×10^{-4}
④ 3.8×10^{-4}

해설 $K_{La} = \dfrac{dO/dt}{C_s - C_t}$

$= \dfrac{0.02 \text{ mg O}_2}{L \cdot day} \Big| \dfrac{L}{(9.17-7)\text{mg}} \Big| \dfrac{1 \text{ day}}{24 \text{ hr}}$

$= 3.84 \times 10^{-4}/\text{hr}$

더 알아보기 핵심정리 1-38

20. 호수의 수질관리를 위하여 일반적으로 사용할 수 있는 예측모형으로 틀린 것은?

① WASP 모델
② WQRRS 모델
③ POM 모델
④ Vollenweider 모델

해설 호소 수질 모델
- WASP 모델
- WQRRS 모델
- Vollenweider 모델

더 알아보기 핵심정리 2-18

제2과목 상하수도계획

21. 정수시설의 시설능력에 관한 내용으로 ( )에 옳은 내용은?

> 소비자에게 고품질의 수도 서비스를 중단 없이 제공하기 위하여 정수시설은 유지보수, 사고대비, 시설 개량 및 확장 등에 대비하여 적절한 예비용량을 갖춤으로써 수도시스템으로서의 안정성을 높여야 한다. 이를 위하여 예비용량을 감안한 정수시설의 가동률은 ( ) 내외가 적당하다.

① 55 %
② 65 %
③ 75 %
④ 85 %

해설 정수시설의 시설능력 : 정수시설의 적정 가동률은 75 % 내외가 적당하다.

22. 상수도관 부식의 종류 중 매크로셀 부식으로 분류되지 않는 것은? (단, 자연 부식 기준)

① 콘크리트 · 토양
② 이종금속
③ 산소농담(통기차)
④ 박테리아

해설 자연부식
- 매크로셀 부식 : 콘크리트 부식, 산소농담차, 이종금속
- 미크로셀 부식 : 일반토양 부식, 특수토양 부식, 박테리아 부식
- 전식 : 전철의 미주전류, 간섭

23. 경사가 2‰인 하수관거의 길이가 6,000 m일 때 상류관과 하류관의 고저차(m)는? (단, 기타 조건은 고려하지 않음)

① 3
② 6
③ 9
④ 12

해설 $H = \dfrac{2}{1,000} \Big| \dfrac{6,000 \text{ m}}{} = 12 \text{ m}$

정답 19. ④ 20. ③ 21. ③ 22. ④ 23. ④

24. 지하수 취수 시 적용되는 양수량 중에서 적정 양수량의 정의로 옳은 것은?

① 최대 양수량의 80 % 이하의 양수량
② 한계 양수량의 80 % 이하의 양수량
③ 최대 양수량의 70 % 이하의 양수량
④ 한계 양수량의 70 % 이하의 양수량

해설 지하수 취수의 적정 양수량 : 한계 양수량의 70 % 이하의 양수량

25. 펌프효율 η = 80 %, 전양정 H = 16 m인 조건하에서 양수량 Q = 12 L/sec로 펌프를 회전시킨다면 이때 필요한 축동력(kW)은? (단, 전동기는 직결, 물의 밀도 r = 1,000 kg/m³)

① 1.28
② 1.73
③ 2.35
④ 2.88

해설 $P_s(kW) = \dfrac{9.8QH(1+\alpha)}{\eta}$

$= \dfrac{1,000 \text{ kg}}{\text{m}^3} \bigg| \dfrac{9.8 \text{ m}}{\text{s}^2} \bigg| \dfrac{12 \text{ L}}{\text{s}} \bigg| \dfrac{16 \text{ m}}{}$

$\bigg| \dfrac{1 \text{ m}^3}{1,000 \text{ L}} \bigg| \dfrac{1 \text{ kW}}{1,000 \text{ kg} \cdot \text{m}^2/\text{sec}^3} \bigg| \dfrac{}{0.8}$

$= 2.352 \text{ kW}$

더 알아보기 핵심정리 1-48 (2)

26. 양수량(Q) 14 m³/min, 전양정(H) 10 m, 회전수(N) 1,100 rpm인 펌프의 비교회전도(N_s)는?

① 412
② 732
③ 1,302
④ 1,416

해설 $N_s = N \dfrac{Q^{1/2}}{H^{3/4}}$

$= 1,100 \times \dfrac{14^{1/2}}{10^{3/4}} = 731.90$

더 알아보기 핵심정리 1-47

27. 취수시설에서 침사지에 관한 설명으로 틀린 것은?

① 지의 위치는 가능한 한 취수구에 근접하여 제내지에 설치한다.
② 지의 상단높이는 고수위보다 0.3~0.6 m의 여유고를 둔다.
③ 지의 고수위는 계획취수량이 유입될 수 있도록 취수구의 계획최저수위 이하로 정한다.
④ 지의 길이는 폭의 3~8배, 지내 평균 유속은 2~7 cm/sec를 표준으로 한다.

해설 ② 지의 상단높이는 고수위보다 0.6~1 m의 여유고를 둔다.

더 알아보기 핵심정리 2-24

28. cavitation 발생을 방지하기 위한 대책으로 틀린 것은?

① 펌프의 설치위치를 가능한 한 낮추어 가용 유효흡입수두를 크게 한다.
② 펌프의 회전속도를 낮게 선정하여 필요 유효흡입수두를 크게 한다.
③ 흡입측 밸브를 완전히 개방하고 펌프를 운전한다.
④ 흡입관에 손실을 가능한 한 작게 하여 가용 유효흡입수두를 크게 한다.

해설 ② 회전속도를 낮추면 필요 유효흡입수두가 작아진다.

29. 정수시설인 급속여과지 시설기준에 관한 설명으로 옳지 않은 것은?

① 여과면적은 계획정수량을 여과속도로 나누어 구한다.
② 1지의 여과면적은 200 m² 이상으로 한다.
③ 여과모래의 유효경이 0.45~0.7 mm의 범위인 경우에는 모래층의 두께는 60~70 cm를 표준으로 한다.
④ 여과속도는 120~150 m/d를 표준으로 한다.

정답 24. ④ 25. ③ 26. ② 27. ② 28. ② 29. ②

해설 급속여과지 설계기준
② 1지의 여과면적은 150 m² 이상으로 한다.

더 알아보기 핵심정리 2-26 (5)

30. 정수시설인 막여과시설에서 막모듈의 파울링에 해당되는 내용은?

① 막모듈의 공급유로 또는 여과수 유로가 고형물로 폐색되어 흐르지 않는 상태
② 미생물과 막 재질의 자화 또는 분비물의 작용에 의한 변화
③ 건조되거나 수축으로 인한 막 구조의 비가역적인 변화
④ 원수 중의 고형물이나 진동에 의한 막 면의 상처나 마모, 파단

해설 ① 폐색은 파울링에 관한 설명임
막의 오염
• 열화 : 막 자체의 변질로 생긴 비가역적인 막 성능의 저하
• 파울링 : 막 자체의 변질이 아닌 외적 인자(막힘, 폐색)로 생긴 막 성능의 저하

31. 급수시설의 설계유량에 대한 설명으로 틀린 것은?

① 수원지, 저수지, 유역면적 결정에는 1일 평균급수량이 기준
② 배수지, 송수관구경 결정에는 1일최대급수량을 기준
③ 배수본관의 구경결정에는 시간최대급수량을 기준
④ 정수장의 설계유량은 1일평균급수량을 기준

해설 정수장 설계유량 : 1일최대급수량 기준

32. 도시의 상수도 보급을 위하여 최근 7년간의 인구를 이용하여 급수인구를 추정하려고 한다. 최근 7년간 도시의 인구가 다음과 같은 경향을 나타낼 때 2018년도의 인구를 등차급수법으로 추정한 것은?

년도	인구
2008	157,000
2009	176,200
2010	185,400
2011	198,400
2012	201,100
2013	213,520
2014	225,270

① 약 265,324명
② 약 270,786명
③ 약 277,750명
④ 약 294,416명

해설 (1) 평균증가율(r)
= (225,270 − 157,000)/6
= 11,378.333명/년
(2) $P = P_0 + rn$
= 225,270 + (11,378.33 × 4)
= 270,783.32명

더 알아보기 핵심정리 1-42 (1)

33. 상수도시설의 계획 기준으로 옳지 않은 것은?

① 계획취수량은 계획1일최대급수량을 기준으로 한다.
② 계획배수량은 원칙적으로 해당 배수구역의 계획1일최대급수량으로 한다.
③ 도수시설의 계획도수량은 계획취수량을 기준으로 한다.
④ 계획정수량은 계획1일최대급수량을 기준으로 한다.

해설 계획배수량 : 계획1일최대급수량의 12시간분

정답 30. ① 31. ④ 32. ② 33. ②

34. 최근 정수장에서 응집제로서 많이 사용되고 있는 폴리염화알루미늄(PAC)에 대한 설명으로 옳은 것은?

① 일반적으로 황산알루미늄보다 적정주입 pH의 범위가 넓으며 알칼리도의 감소가 적다.
② 일반적으로 황산알루미늄보다 적정주입 pH의 범위가 좁으며 알칼리도의 감소가 적다.
③ 일반적으로 황산알루미늄보다 적정주입 pH의 범위가 좁으며 알칼리도의 감소가 크다.
④ 일반적으로 황산알루미늄보다 적정주입 pH의 범위가 넓으며 알칼리도의 감소가 크다.

해설 PAC는 황산알루미늄(알루미늄염)보다 적정주입 pH의 범위가 넓고 알칼리도의 감소가 적다.

35. 하수관거 설계 시 오수관거의 최소관경에 관한 기준은?

① 150 mm를 표준으로 한다.
② 200 mm를 표준으로 한다.
③ 250 mm를 표준으로 한다.
④ 300 mm를 표준으로 한다.

해설 관거별 최소관경
- 오수관거 : 200 mm
- 우수관거 및 합류관거 : 250 mm

36. 도수거에 대한 설명으로 맞는 것은?

① 도수거의 개수로 경사는 일반적으로 1/100~1/300의 범위에서 선정된다.
② 개거나 암거인 경우에는 대개 30~50 m 간격으로 시공조인트를 겸한 신축조인트를 설치한다.
③ 도수거에서 평균유속의 최대한도는 2.0 m/s로 한다.
④ 도수거에서 최소유속은 0.5 m/s로 한다.

해설 ① 도수거의 개수로 경사는 일반적으로 1/3,000~1/1,000의 범위에서 선정된다.
③ 도수거의 평균유속의 최대한도는 3.0 m/s로 한다.
④ 도수거에서 최소유속은 0.3 m/s로 한다.

37. 하수슬러지 소각을 위한 소각로 중에서 건설비가 가장 큰 것은?

① 다단소각로
② 유동층소각로
③ 기류건조소각로
④ 회전소각로

해설 ③ 기류건조소각로 : 건조로에서 폐기물에 포함된 습기를 고온·고속의 기류 속에서 부유하게 하여 빠르게 제거한 다음 남은 고체 물질을 태워 버리는 소각 방식으로, 건조로의 설치비용이 높아 건설비가 크다.

38. 상수관로의 길이 800 m, 내경 200 mm에서 유속 2 m/sec로 흐를 때, 관마찰 손실수두(m)는? (단, Darcy-Weisbach 공식을 이용, 마찰손실계수 = 0.02)

① 약 16.3
② 약 18.4
③ 약 20.7
④ 약 22.6

해설 $h = f \dfrac{L}{D} \cdot \dfrac{V^2}{2g}$

$= \dfrac{0.02}{} \cdot \dfrac{800 \text{ m}}{0.2 \text{ m}} \cdot \dfrac{(2 \text{ m/s})^2}{2 \times 9.8 \text{ m/s}^2} = 16.32 \text{ m}$

더 알아보기 핵심정리 1-22 (4)

39. 상수도 기본계획수립 시 기본사항에 대한 결정 중 계획(목표)년도에 관한 내용으로 옳은 것은?

① 기본계획의 대상이 되는 기간으로 계획수립 시부터 10~15년간을 표준으로 한다.
② 기본계획의 대상이 되는 기간으로 계획수립 시부터 15~20년간을 표준으로 한다.
③ 기본계획의 대상이 되는 기간으로 계획수립 시부터 20~25년간을 표준으로 한다.
④ 기본계획의 대상이 되는 기간으로 계획수립 시부터 25~30년간을 표준으로 한다.

해설 상수도 계획 목표연도 : 15~20년

정답 34. ① 35. ② 36. ② 37. ③ 38. ① 39. ②

40. 계획취수량이 10 m³/sec, 유입수심이 5 m, 유입속도가 0.4 m/sec인 지역에 취수구를 설치하고자 할 때 취수구의 폭(m)은?

① 0.5   ② 1.25
③ 2.5   ④ 5.0

해설 (1) $A = \dfrac{Q}{V} = \dfrac{10 \text{ m}^3}{\text{sec}} \bigg| \dfrac{\text{s}}{0.4 \text{ m}} = 25 \text{ m}^2$

(2) 취수구 폭 = 면적/수심
= 25 m² / 5 m = 5 m

제3과목   수질오염방지기술

41. 직경이 1.0×10^{-2} cm인 원형 입자의 침강속도(m/hr)는? (단, Stokes 공식 사용, 물의 밀도 = 1.0 g/cm³, 입자의 밀도 = 2.1 g/cm³, 물의 점성계수 = 1.0087×10^{-2} g/cm·sec)

① 21.4   ② 24.4
③ 28.4   ④ 32.4

해설 $V_g = \dfrac{d^2 g(\rho_s - \rho_w)}{18\mu}$

$= \dfrac{(10^{-2}\text{cm})^2}{} \bigg| \dfrac{(2.1-1.0)\text{g}}{\text{cm}^3} \bigg| \dfrac{980 \text{ cm}}{\text{sec}^2}$

$\bigg| \dfrac{\text{cm}\cdot\text{sec}}{18 \times 1.0087 \times 10^{-2}\text{g}} \bigg| \dfrac{1 \text{ m}}{100 \text{ cm}} \bigg| \dfrac{3,600 \text{ sec}}{1 \text{ hr}}$

= 21.37 m/hr

더알아보기 핵심정리 1-27

42. Michaelis-Menten 공식에서 반응속도(r)가 R_{max}의 80 % 일 때의 기질농도와 R_{max}의 20 % 일 때의 기질농도의 비($[S]_{80}/[S]_{20}$)는?

① 8   ② 16
③ 24   ④ 41

해설 $\dfrac{\mu}{\mu_{max}} = \dfrac{S}{K_S + S}$ 이므로

(1) 20 % 일 때
$0.2 = \dfrac{S_{20}}{K_S + S_{20}}$

$\therefore S_{20} = \dfrac{1}{4} K_S \cdots$ 식 ①

(2) 80 % 일 때
$0.8 = \dfrac{S_{80}}{K_S + S_{80}}$

$\therefore S_{80} = 4K_S \cdots$ 식 ②

식 ①, ②에서 $\dfrac{S_{80}}{S_{20}} = \dfrac{4K_S}{\frac{1}{4}K_S} = 16$

43. 분뇨의 생물학적 처리공법으로서 호기성 미생물이 아닌 혐기성 미생물을 이용한 혐기성처리공법을 주로 사용하는 근본적인 이유는?

① 분뇨에는 혐기성미생물이 살고 있기 때문에
② 분뇨에 포함된 오염물질은 혐기성미생물만이 분해할 수 있기 때문에
③ 분뇨의 유기물 농도가 너무 높아 포기에 너무 많은 비용이 들기 때문에
④ 혐기성처리공법으로 발생되는 메탄가스가 공법에 필수적이기 때문에

해설 분뇨는 유기물 농도가 너무 높아서 호기성 처리를 할 때 호기성 상태로 만들기 위한 포기 비용이 너무 커지기 때문에 주로 혐기성 처리를 한다.

44. 상수처리를 위한 사각 침전조에 유입되는 유량은 30,000 m³/d이고 표면부하율은 24 m³/m²·d 이며, 체류시간은 6시간이다. 침전조의 길이와 폭의 비는 2 : 1이라면 조의 크기는?

① 폭 : 20 m, 길이 : 40 m, 깊이 : 6 m
② 폭 : 20 m, 길이 : 40 m, 깊이 : 4 m
③ 폭 : 25 m, 길이 : 50 m, 깊이 : 6 m
④ 폭 : 25 m, 길이 : 50 m, 깊이 : 4 m

정답 40. ④   41. ①   42. ②   43. ③   44. ③

해설 (1) 조의 면적

$$A = LB = \frac{Q}{Q/A}$$

$$= \frac{30,000 \text{ m}^3/d}{24 \text{ m}^3/\text{m}^2 d}$$

$$= 1,250 \text{ m}^2$$

(2) 폭(B), 길이(L)

L : B = 2 : 1이므로

A = (2B)B = 1,250

∴ B = 25m, L = 50 m

(3) 깊이(H)

$$H = \frac{Qt}{A}$$

$$= \frac{30,000 \text{ m}^3}{d} \left| \frac{6 \text{ hr}}{24 \text{ hr}} \right| \frac{\text{day}}{1,250 \text{ m}^2}$$

$$= 6 \text{ m}$$

45. 수량 36,000 m³/day의 하수를 폭 15 m, 길이 30 m, 깊이 2.5 m의 침전지에서 표면적 부하 40 m³/m²·day의 조건으로 처리하기 위한 침전지 수는? (단, 병렬 기준)

① 2 ② 3
③ 4 ④ 5

해설 표면적부하(Q/A)

$$= \frac{\text{유량}(Q)}{\text{침전지 개수}(n) \times \text{침전지 1지의 면적}(A_1)}$$

$$\therefore n = \frac{Q}{(Q/A)A_1}$$

$$= \frac{36,000 \text{ m}^3}{\text{day}} \left| \frac{1}{15 \text{ m}} \right| \frac{1}{30 \text{ m}} \left| \frac{\text{m}^2 \cdot \text{day}}{40 \text{ m}^3} \right|$$

$$= 2$$

46. 생물학적 원리를 이용하여 하수 내 질소를 제거(3차 처리)하기 위한 공정으로 가장 거리가 먼 것은?

① SBR 공정 ② UCT 공정
③ A/O 공정 ④ Bardenpho 공정

해설 A/O 공정 : 인 제거 공법

더 알아보기 핵심정리 2-56

47. NaOH를 1 % 함유하고 있는 60 m³의 폐수를 HCl 36 % 수용액으로 중화하려 할 때 소요되는 HCl 수용액의 양(kg)은?

① 1,102.46 ② 1,303.57
③ 1,520.83 ④ 1,601.57

해설 NV = N′V′

$$\frac{1}{100} \left| \frac{1 \text{ ton}}{1 \text{ m}^3} \right| \frac{1,000 \text{ kg}}{1 \text{ t}} \left| \frac{1 \text{ keq}}{40 \text{ kg}} \right| \frac{60 \text{ m}^3}{}$$

$$= \frac{36}{100} \left| \frac{X \text{ kg}}{} \right| \frac{1 \text{ keq}}{36.5 \text{ kg}}$$

∴ HCl의 양(X kg) = 1,520.83

48. A_2/O 공법에 대한 설명으로 틀린 것은?

① 혐기조-무산소조-호기조-침전조 순으로 구성된다.
② A_2/O 공정은 내부재순환이 있다.
③ 미생물에 의한 인의 섭취는 주로 혐기조에서 일어난다.
④ 무산소조에서는 질산성질소가 질소가스로 전환된다.

해설 • 혐기조 : 인 방출
• 무산소조 : 탈질
• 호기조 : 인 과잉 섭취, 질산화

49. 질산화 반응에 관한 설명으로 옳은 것은?

① 질산균의 에너지원은 유기물이다.
② 질산균의 증식속도는 활성슬러지 내 미생물보다 빠르다.
③ 질산균의 질산화 반응 시 알칼리도가 생성된다.
④ 질산균의 질산화 반응 시 용존산소는 2 mg/L 이상이어야 한다.

해설 ① 질산균은 독립영양이므로 에너지원은 무기물이다.
② 질산균의 증식속도(질산화 속도)는 활성슬러지 내 미생물보다 느리다.
③ 질산균의 질산화 반응 시 알칼리도가 소모된다.

정답 45. ① 46. ③ 47. ③ 48. ③ 49. ④

50. 역삼투장치로 하루에 1,710 m³의 3차 처리된 유출수를 탈염시킬 때 요구되는 막면적(m²)은? (단, 유입수와 유출수 사이의 압력차 = 2,400 kPa, 25℃에서 물질전달계수 = 0.2068 L/(day-m²)(kPa), 최저 운전온도 = 10℃, $A_{10℃}$ = 1.58 $A_{25℃}$, 유입수와 유출수의 삼투압 차 = 310 kPa)

① 약 5,351　② 약 6,251
③ 약 7,351　④ 약 8,121

해설 (1) $A_{25℃}$
$$= \frac{d \cdot m^2 \cdot kPa}{0.2068\,L} \cdot \frac{1}{(2,400-310)kPa} \cdot \frac{1,710\,m^3}{d} \cdot \frac{1,000\,L}{1\,m^3}$$
$$= 3,956.391\,m^2$$
(2) $A_{10℃}$ = 1.58 × 3,956.391
= 6,251.09 m²

51. 슬러지 건조상 면적을 결정하기 위한 건조 고형성분 중량치(건조 alum 슬러지)는 73 kg/m², 평균 alum 주입량 10 mg/L, 원수의 평균 탁도가 12 NTU이라면 30일간의 슬러지를 저류하기 위한 정사각형 슬러지 건조상의 한 변의 길이(m)는? (단, 일일 평균 처리수 유량 75,700 m³)

> 1일당 건조 alum 슬러지 발생량(단위 : 처리수 1,000 m³당 kg)은 [alum 주입량(mg/L)×0.26]+[원수 탁도(NTU)×1.3]의 공식으로 산정

① 약 12　② 약 16
③ 약 20　④ 약 24

해설 (1) 1일당 건조 alum 슬러지 발생량(단위 : 처리수 1,000 m³당 kg)
[10×0.26]+[12×1.3] = 18.2
(2) 30일 alum 슬러지 발생량
$$\frac{18.2\,kg}{1,000\,m^3} \cdot \frac{75,700\,m^3}{일} \cdot \frac{30일}{} = 41,332.2\,kg$$
(3) 슬러지 건조상 면적
$$\frac{41,332.2\,kg}{} \cdot \frac{m^2}{73\,kg} = 566.19\,m^2$$
(4) 정사각형 조의 길이
$= \sqrt{566.19} = 23.79\,m ≒ 24$

52. 폭기조 내 MLSS 농도가 4,000 mg/L이고 슬러지 반송률이 55 %인 경우 이 활성슬러지의 SVI는? (단, 유입수 SS 고려하지 않음)

① 약 69
② 약 79
③ 약 89
④ 약 99

해설 (1) X_r
$$r = \frac{X}{X_r - X}$$
$$0.55 = \frac{4,000}{X_r - 4,000}$$
∴ $X_r = 11,272.72$
(2) SVI = $\frac{10^6}{X_r} = \frac{10^6}{11,272.72} = 88.70$

53. 연속회분식(SBR)의 운전단계에 관한 설명으로 틀린 것은?

① 주입 : 주입단계 운전의 목적은 기질(원폐수 또는 1차 유출수)을 반응조에 주입하는 것이다.
② 주입 : 주입단계는 총 cycle 시간의 약 25 % 정도이다.
③ 반응 : 반응단계는 총 cycle 시간의 약 65 % 정도이다.
④ 침전 : 연속흐름식 공정에 비하여 일반적으로 더 효율적이다.

해설 SBR 운전단계별 시간비율 : 주입(25 %) → 반응(35 %) → 침전(20 %) → 처리수 배출(15 %) → 슬러지 배출(5 %)

정답 50. ②　51. ④　52. ③　53. ③

54. 하수고도처리를 위한 A/O공정의 특징으로 옳은 것은? (단, 일반적인 활성슬러지공법과 비교 기준)

① 혐기조에서 인의 과잉흡수가 일어난다.
② 폭기조 내에서 탈질이 잘 이루어진다.
③ 잉여슬러지 내의 인의 농도가 높다.
④ 표준 활성슬러지공법의 반응조 전반 10 % 미만을 혐기반응조로 하는 것이 표준이다.

해설 ① 혐기조에서 인 방출이 일어남
② 탈질은 무산소조에서 일어남
④ 반응조 전반 20 %를 혐기조로 함

55. 생물학적 방법과 화학적 방법을 함께 이용한 고도처리 방법은?

① 수정 Bardenpho 공정
② Phostrip 공정
③ SBR 공정
④ UCT 공정

해설 Phostrip 공정 : A/O 공법(생물학적 방법)에 탈인조와 응집조를 설치하여 응집제로 인을 응집 침전 제거(화학적 방법)하는 공법

56. 고농도의 유기물질(BOD)이 오염이 적은 수계에 배출될 때 나타나는 현상으로 가장 거리가 먼 것은?

① pH의 감소 ② DO의 감소
③ 박테리아의 증가 ④ 조류의 증가

해설 ④ 조류 증가는 BOD와 상관없이, 영양염류가 많아지면 조류가 많아진다.

57. 혐기성 소화법과 비교한 호기성 소화법의 장·단점으로 옳지 않은 것은?

① 운전이 용이하다.
② 소화슬러지 탈수가 용이하다.
③ 가치 있는 부산물이 생성되지 않는다.
④ 저온 시의 효율이 저하된다.

해설 ② 혐기성 소화가 탈수가 용이하다.
더 알아보기 핵심정리 2-60

58. 고도 수처리에 이용되는 정밀여과 분리막 방법에 관한 설명으로 가장 거리가 먼 것은?

① 분리형태 : 용해, 확산
② 구동력 : 정수압차(0.1~1 bar)
③ 막형태 : 대칭형 다공성막(pore size 0.1~10 μm)
④ 적용분야 : 전자공업의 초순수 제조, 무균수 제조

해설 ① 분리형태 : 체거름
더 알아보기 핵심정리 2-54

59. 회전원판법의 특징에 해당되지 않은 것은?

① 운전관리상 조작이 간단하고 소비전력량은 소규모 처리시설에서는 표준 활성슬러지법에 비하여 적다.
② 질산화가 일어나기 쉬우며 이로 인하여 처리수의 BOD가 낮아진다.
③ 활성슬러지법에 비해 이차침전지에서 미세한 SS가 유출되기 쉽고 처리수의 투명도가 나쁘다.
④ 살수여상과 같이 파리는 발생하지 않으나 하루살이가 발생하는 수가 있다.

해설 ② 질산화가 일어나면 질소가스로 슬러지 부상이 발생하여 처리수 수질이 악화되어 BOD가 증가한다.

60. 4 L의 물은 0.3 atm의 분압에서 CO_2를 포함하는 가스혼합물과 평형상태에 있다. H_2CO_3의 용해도에 대한 Henry 상수는 2.0 g/L·atm이다. 물에서 용존된 CO_2는 몇 g이며 물의 pH는? (단, H_2CO_3의 일차 용해도적 $K_1 = 4.3 \times 10^{-7}$, 이차해리는 무시)

① 1.20 g, pH = 2.56
② 1.45 g, pH = 4.12
③ 2.23 g, pH = 2.56
④ 2.41 g, pH = 4.12

정답 54. ③ 55. ② 56. ④ 57. ② 58. ① 59. ② 60. ④

해설 (1) 용존된 $CO_2(C)$

$C(g) = HP$

$= \dfrac{2.0 \text{ g}}{L \cdot atm} \bigg| \dfrac{0.3 \text{ atm}}{} \bigg| \dfrac{4 \text{ L}}{} = 2.4 \text{ g}$

(2) pH

$CO_2 + H_2O \leftrightarrow H_2CO_3$

$H_2CO_3 \leftrightarrow H^+ + HCO_3^-$, $K_1 = 4.3 \times 10^{-7}$

- $C(M) = \dfrac{2.4 \text{ g}}{} \bigg| \dfrac{1 \text{ mol}}{44 \text{ g } CO_2} \bigg| \dfrac{}{4 \text{ L}}$

   $= 0.01363636 \text{ M}$

- $[H^+] = \sqrt{K_1 \cdot C}$

   $= \sqrt{(4.3 \times 10^{-7})(0.01363636)}$

   $= 7.5657 \times 10^{-5} \text{ M}$

∴ $pH = -\log[H^+] = -\log(7.657 \times 10^{-5})$

   $= 4.12$

제4과목　수질오염공정시험기준

61. 자외선/가시선 분광법(o-페난트로린법)을 이용한 철분석의 측정원리에 관한 내용으로 틀린 것은?

① 철 이온을 암모니아 알칼리성으로 하여 수산화제이철로 침전 분리한다.
② 침전을 염산에 녹인 후 염산하이드록실아민으로 제일철로 환원한다.
③ o-페난트로린을 넣어 약알칼리성에서 나타나는 청색의 철착염의 흡광도를 측정한다.
④ 지표수, 지하수, 폐수 등에 적용할 수 있으며 정량한계는 0.08 mg/L이다.

해설 철-자외선/가시선 분광법 : 물속에 존재하는 철 이온을 수산화제이철로 침전분리하고 염산하이드록실아민으로 제일철로 환원한 다음, o-페난트로린을 넣어 약산성에서 나타나는 등적색 철착염의 흡광도를 510 nm에서 측정하는 방법

62. 수산화나트륨 1 g을 증류수에 용해시켜 400 mL로 하였을 때 이 용액의 pH는?

① 13.8　② 12.8
③ 11.8　④ 10.8

해설 (1) $[OH^-] = \dfrac{1 \text{ g NaOH}}{} \bigg| \dfrac{1 \text{ mol}}{40 \text{ g}} \bigg| \dfrac{}{0.4 \text{ L}}$

   $= 0.0625 \text{ M}$

(2) $pOH = -\log[OH^-] = -\log(0.0625)$

   $= 1.2041$

(3) $pH = 14 - pOH = 14 - 1.2041 = 12.79$

63. 다음 중 노말헥산추출물질의 정량한계(mg/L)는?

① 0.1　② 0.5
③ 1.0　④ 5.0

해설 노말헥산추출물질의 정량한계 : 0.5 mg/L

64. 산소전달률을 측정하기 위하여 실험 시작 초기에 물속에 존재하는 DO를 제거하기 위하여 첨가하는 시약은?

① $AgNO_3$　② Na_2SO_3
③ $CaCO_3$　④ $NaNO_3$

해설 환원제 티오황산나트륨(Na_2SO_3)으로 용존산소(DO)를 제거한다.

65. 공장폐수 및 하수의 관내 유량측정을 위한 측정장치 중 관내의 흐름이 완전히 발달하여 와류에 영향을 받지 않고 실질적으로 직선적인 흐름을 유지하기 위해 난류 발생의 원인이 되는 관로상의 점으로부터 충분히 하류지점에 설치하여야 하는 것은?

① 오리피스
② 벤투리미터
③ 피토우관
④ 자기식 유량측정기

정답 61. ③　62. ②　63. ②　64. ②　65. ②

해설 유량계
(1) 노즐
 • 약간의 고형 부유물질이 포함된 폐·하수에도 이용할 수 있음
 • 노즐 출구의 분류는 속도분포가 고르기 때문에 관의 끝에 설치하여 유량계로서가 아닌 목적에도 쓰이고 있음
(2) 피토우관 : 부유물질이 많이 흐르는 폐·하수에서는 사용이 곤란하나 부유물질이 적은 대형 관에서는 효율적임
(3) 벤투리미터
 • 관내의 흐름이 완전히 발달하여 와류에 영향을 받지 않고 실질적으로 직선적인 흐름을 유지해야 함
 • 난류 발생의 원인이 되는 관로상의 점으로부터 충분히 하류지점에 설치함
 • 통상 관 직경의 약 30배~50배 하류에 설치해야 효과적
(4) 자기식 유량측정기
 • 유량이 유체의 탁도, 점성, 온도의 영향은 받지 않고, 유속에 의해 결정되며 손실수두가 적은 유량계
 • 고형물질이 많아 관을 메울 우려가 있는 폐·하수에 이용

66. 전기전도도 측정계에 관한 내용으로 옳지 않은 것은?
① 전기전도도 셀은 항상 수중에 잠긴 상태에서 보존하여야 하며 정기적으로 점검한 후 사용한다.
② 전도도 셀은 그 형태, 위치, 전극의 크기에 따라 각각 자체의 셀 상수를 가지고 있다.
③ 검출부는 한 쌍의 고정된 전극(보통 백금 전극 표면에 백금흑도금을 한 것)으로 된 전도도 셀 등을 사용한다.
④ 지시부는 직류 휘트스톤브리지 회로나 자체 보상회로로 구성된 것을 사용한다.
해설 ④ 지시부는 교류 휘트스톤브리지 회로나 연산 증폭기회로로 구성된 것을 사용한다.

67. 수질오염물질을 측정함에 있어 측정의 정확성과 통일성을 유지하기 위한 제반사항에 관한 설명으로 틀린 것은?
① 시험에 사용하는 시약은 따로 규정이 없는 한 1급 이상 또는 이와 동등한 규격의 시약을 사용한다.
② "항량으로 될 때까지 건조한다."라는 의미는 같은 조건에서 1시간 더 건조할 때 전후 무게의 차가 g당 0.3 mg 이하일 때를 말한다.
③ 기체 중의 농도는 표준상태(0℃, 1기압)로 환산 표시 한다.
④ "정확히 취하여"라 하는 것은 규정한 양의 시료를 부피피펫으로 0.1 mL까지 취하는 것을 말한다.
해설 ④ "정확히 취하여"라 하는 것은 규정한 양의 시료를 부피피펫으로 눈금까지 취하는 것을 말한다.
더 알아보기 핵심정리 2-66

68. 수질오염공정시험기준에서 시료의 최대 보존기간이 다른 측정항목은?
① 페놀류
② 인산염인
③ 화학적산소요구량
④ 황산이온
해설 시료최대보존기간
 ② 인산염인 : 48시간
 ①, ③, ④ : 28일
더 알아보기 핵심정리 2-70 (3)

정답 66. ④ 67. ④ 68. ②

69. 유도결합플라스마 발광광도 분석장치를 바르게 배열한 것은?

① 시료주입부-고주파전원부-광원부-분광부-연산처리부 및 기록부
② 시료주입부-고주파전원부-분광부-광원부-연산처리부 및 기록부
③ 시료주입부-광원부-분광부-고주파전원부-연산처리부 및 기록부
④ 시료주입부-광원부-고주파전원부-분광부-연산처리부 및 기록부

해설 분석장치별 구성 순서
- 자외선/가시선 분광법 : 광원부-파장선택부-시료부-측광부
- 유도결합플라스마 분광법 : 시료주입부-고주파전원부-광원부-분광부-연산처리부 및 기록부
- 이온크로마토그래피 : 용리액조, 시료주입부, 펌프, 분리컬럼, 검출기 및 기록계

70. 수질오염공정시험기준에서 금속류인 바륨의 시험방법과 가장 거리가 먼 것은?

① 원자흡수분광광도법
② 자외선/가시선 분광법
③ 유도결합플라스마 원자발광분광법
④ 유도결합플라스마 질량분석법

해설 자외선/가시선 분광법이 적용되지 않는 금속 : Ba, Se, Sn, Sb

(더 알아보기) 핵심정리 2-82

71. 배출허용기준 적합여부 판정을 위한 시료채취 시 복수 시료채취방법 적용을 제외할 수 있는 경우가 아닌 것은?

① 환경오염사고, 취약시간대의 환경오염감시 등 신속한 대응이 필요한 경우
② 부득이 복수 시료채취방법으로 할 수 없을 경우
③ 유량이 일정하며 연속적으로 발생되는 폐수가 방류되는 경우
④ 사업장 내에서 발생하는 폐수를 회분식 등 간헐적으로 처리하여 방류하는 경우

해설 복수 시료채취방법 적용을 제외할 수 있는 경우
- 환경오염사고 또는 취약시간대(일요일, 공휴일 및 평일 18:00~09:00 등)의 환경오염감시 등 신속한 대응이 필요한 경우
- 물환경보전법에 의한 비정상적인 행위를 할 경우
- 사업장 내에서 발생하는 폐수를 회분식(batch식) 등 간헐적으로 처리하여 방류하는 경우
- 기타 부득이 복수 시료채취방법으로 시료를 채취할 수 없을 경우

72. 수질오염공정시험기준에서 시료보존방법이 지정되어 있지 않은 측정항목은?

① 용존산소(윙클러법)
② 불소
③ 색도
④ 부유물질

해설 시료보존방법이 없는 측정항목 : pH, 온도, DO전극법, 염소이온, 불소, 브롬이온, 투명도

(더 알아보기) 핵심정리 2-70 (4)

73. 다음 중 시료의 보존방법이 다른 측정항목은?

① 화학적 산소요구량
② 질산성 질소
③ 암모니아성 질소
④ 총 질소

해설 ② 질산성 질소 : 4°C 보관
①, ③, ④ : 4°C 보관, H_2SO_4로 pH 2 이하

(더 알아보기) 핵심정리 2-70 (4)

정답 69. ① 70. ② 71. ③ 72. ② 73. ②

74. 원자흡수분광광도법에서 사용하고 있는 용어에 관한 설명으로 틀린 것은?

① 공명선은 원자가 외부로부터 빛을 흡수했다가 다시 먼저 상태로 돌아갈 때 방사하는 스펙트럼선이다.
② 역화는 불꽃의 연소속도가 작고 혼합기체의 분출속도가 클 때 연소현상이 내부로 옮겨지는 것이다.
③ 소연료불꽃은 가연성가스와 조연성 가스의 비를 적게 한 불꽃, 즉 가연성가스/조연성가스의 값을 적게 한 불꽃이다.
④ 멀티패스는 불꽃 중에서 광로를 길게 하고 흡수를 증대시키기 위하여 반사를 이용하여 불꽃 중에 빛을 여러 번 투과시키는 것이다.

해설 ② 역화는 연소속도가 분출속도보다 커서 불꽃이 연료통으로 들어가는 현상이다.

75. 생물화학적 산소요구량(BOD)을 측정할 때 가장 신뢰성이 높은 결과를 갖기 위해서는 용존산소 감소율이 5일 후 어느 정도이어야 하는가?

① 10~20
② 20~40
③ 40~70
④ 70~90

해설 5일 저장기간 동안 산소 소비량이 40~70 %인 시료를 사용한다.

76. NaOH 0.01M은 몇 mg/L인가?

① 40
② 400
③ 4,000
④ 40,000

해설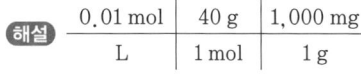
= 400 mg/L

77. 기체크로마토그래피법에 관한 설명으로 틀린 것은?

① 가스시료도입부는 가스계량관(통상 0.5~5 mL)과 유로변환기구로 구성된다.
② 검출기 오븐은 검출기 한 개를 수용하며, 분리관 오븐 온도보다 높게 유지되어서는 안 된다.
③ 열전도도형 검출기에서는 순도 99.9 % 이상의 수소나 헬륨을 사용한다.
④ 수소염이온화검출기에서는 순도 99.9 % 이상의 질소 또는 헬륨을 사용한다.

해설 ② 검출기 오븐은 검출기를 한 개 또는 여러 개 수용할 수 있고 분리관 오븐과 동일하거나 그 이상의 온도를 유지할 수 있는 가열기구, 온도조절기구 및 온도측정기구를 갖추어야 한다.

기체크로마토그래피–검출기별 운반가스
- 열전도도형 검출기(TCD) : 순도 99.9 % 이상의 수소나 헬륨
- 불꽃이온화 검출기(수소염이온화 검출기, FID) : 순도 99.9 % 이상의 질소 또는 헬륨

78. COD 값을 증가시키는 원인이 되지 않는 이온은?

① 염소 이온
② 제1철 이온
③ 아질산 이온
④ 크롬산 이온

해설 COD 간섭물질 : 유기물, 염소 이온, 아질산염, 제일철 이온, 아황산염

79. 흡광광도 분석장치의 구성 순서로 옳은 것은?

① 광원부–파장선택부–시료부–측광부
② 시료부–광원부–파장선택부–측광부
③ 시료부–파장선택부–광원부–측광부
④ 광원부–시료부–파장선택부–측광부

해설 문제 69번 해설 참조

정답 74. ② 75. ③ 76. ② 77. ② 78. ④ 79. ①

80. 수질오염공정시험기준의 원자흡수분광광도법에 의한 수은 측정 시 수은 표준원액 제조를 위한 표준시약은?

① 염화수은 ② 이산화수은
③ 황화수은 ④ 황화제이수은

해설 불꽃류 원자흡수분광광도법-수은 표준원액 시약 : 염화수은

제5과목 수질환경관계법규

81. 위엄업무 보고사항 중 보고 횟수가 연 1회에 해당되는 것은?

① 기타 수질오염원 현황
② 폐수위탁·사업장내 처리현황 및 처리실적
③ 과징금 징수 실적 및 체납처분 현황
④ 폐수처리업에 대한 등록·지도단속실적 및 처리실적 현황

해설 ① 연 2회
③ 연 2회
④ 연 2회
[개정] 폐수처리업에 대한 등록·지도단속실적 및 처리실적 현황 → 폐수처리업에 대한 허가·지도단속실적 및 처리실적 현황

82. 비점오염저감시설의 설치기준에서 자연형 시설 중 인공습지의 설치기준으로 틀린 것은?

① 습지에는 물이 연중 항상 있을 수 있도록 유량공급대책을 마련하여야 한다.
② 인공습지의 유입구에서 유출구까지의 유로는 최대한 길게 하고, 길이 대 폭의 비율은 2 : 1 이상으로 한다.
③ 유입부에서 유출부까지의 경사는 1.0~5.0 % 를 초과하지 아니하도록 한다.
④ 생물의 서식 공간을 창출하기 위하여 5종부터 7종까지의 다양한 식물을 심어 생물다양성을 증가시킨다.

해설 ③ 유입부에서 유출부까지의 경사는 0.5~1.0 % 이하의 범위를 초과하지 아니하도록 한다.

83. 환경기준 중 수질 및 수생태계에서 호소의 생활환경기준 항목에 해당되지 않는 것은?

① DO ② COD
③ T-N ④ BOD

해설 환경정책기본법-환경기준
• 하천의 생활환경기준 항목 : pH, BOD, TOC, SS, DO, T-P, 총대장균군, 분원성 대장균군
• 호소의 생활환경기준 항목 : pH, TOC, SS, DO, T-P, T-N, 클로로필-a, 대장균군, 분원성 대장균군
• 해역의 생활환경기준 항목 : pH, 총대장균군, 용매 추출유분

84. 간이공공하수처리시설에서 배출하는 하수찌꺼기 성분 검사주기는?

① 월 1회 이상 ② 분기 1회 이상
③ 반기 1회 이상 ④ 연 1회 이상

해설 하수·분뇨 찌꺼기 성분 검사주기 : 연 1회 이상

85. 공공폐수처리시설의 방류수 수질기준 중 잘못된 것은? (단, I 지역, 2013.1.1. 이후)

① BOD 10 mg/L 이내
② COD 20 mg/L 이내
③ SS 20 mg/L 이내
④ T-N 20 mg/L 이내

해설 공공폐수처리시설의 방류수 수질기준
③ SS 10 mg/L 이내

더 알아보기 핵심정리 2-97

정답 80. ① 81. ② 82. ③ 83. ②,④ 84. ④ 85. ③

86. 환경부장관이 물환경을 보전할 필요가 있다고 지정, 고시하고 물환경을 정기적으로 조사, 측정하여야 하는 호소의 기준으로 틀린 것은?

① 1일 30만 톤 이상의 원수를 취수하는 호소
② 만수위일 때 면적이 10만 제곱미터 이상인 호소
③ 수질오염이 심하여 특별한 관리가 필요하다고 인정되는 호소
④ 동식물의 서식지·도래지이거나 생물다양성이 풍부하여 특별히 보전할 필요가 있다고 인정되는 호소

해설 호소수 이용 상황 등의 조사·측정 등 환경부장관은 다음 각 호의 어느 하나에 해당하는 호소로서 물환경을 보전할 필요가 있는 호소를 지정·고시하고, 그 호소의 물환경을 정기적으로 조사·측정하여야 한다.
1. 1일 30만 톤 이상의 원수를 취수하는 호소
2. 동식물의 서식지·도래지이거나 생물다양성이 풍부하여 특별히 보전할 필요가 있다고 인정되는 호소
3. 수질오염이 심하여 특별한 관리가 필요하다고 인정되는 호소

87. 7년 이하의 징역 또는 7천만원 이하의 벌금에 처하는 자에 해당되지 않는 것은?

① 허가 또는 변경허가를 받지 아니하거나 거짓으로 허가 또는 변경허가를 받아 배출시설을 설치 또는 변경하거나 그 배출시설을 이용하여 조업한 자
② 방지시설에 유입되는 수질오염물질을 최종방류구를 거치지 아니하고 배출하거나 최종방류구를 거치지 아니하고 배출할 수 있는 시설을 설치하는 행위를 한 자
③ 폐수무방류배출시설에서 배출되는 폐수를 사업장 밖으로 반출하거나 공공수역으로 배출하거나 배출할 수 있는 시설을 설치하는 행위를 한 자
④ 배출시설의 설치를 제한하는 지역에서 제한되는 배출시설을 설치하거나 그 시설을 이용하여 조업한 자

해설 ② 5년 이하의 징역 또는 5천만원 이하의 벌금

88. 배출시설 변경신고에 따른 가동시작 신고의 대상으로 틀린 것은?

① 폐수배출량이 신고 당시보다 100분의 50 이상 증가하는 경우
② 배출시설에 설치된 방지시설의 폐수처리방법을 변경하는 경우
③ 배출시설에서 배출허용기준보다 적게 발생한 오염물질로 인해 개선이 필요한 경우
④ 방지시설 설치면제기준에 따라 방지시설을 설치하지 아니한 배출시설에 방지시설을 새로 설치하는 경우

해설 변경신고에 따른 가동시작 신고의 대상
1. 폐수배출량이 신고 당시보다 100분의 50 이상 증가하는 경우
2. 배출시설에서 배출허용기준을 초과하는 새로운 수질오염물질이 발생되어 배출시설 또는 방지시설의 개선이 필요한 경우
3. 배출시설에 설치된 방지시설의 폐수처리방법을 변경하는 경우
4. 방지시설을 설치하지 아니한 배출시설에 방지시설을 새로 설치하는 경우

89. 낚시제한구역에서의 제한사항이 아닌 것은?

① 1명당 3대의 낚시대를 사용하는 행위
② 1개의 낚시대에 5개 이상의 낚시바늘을 떡밥과 뭉쳐서 미끼로 던지는 행위
③ 낚시바늘에 끼워서 사용하지 아니하고 물고기를 유인하기 위하여 떡밥·어분 등을 던지는 행위
④ 어선을 이용한 낚시행위 등 「낚시 관리 및 육성법」에 따른 낚시어선업을 영위하는 행위(「내수면어업법 시행령」에 따른 외줄낚시는 제외한다.)

정답 86. ② 87. ② 88. ③ 89. ①

해설 ① 1명당 4대의 낚시대를 사용하는 행위
낚시제한구역에서의 제한사항
1. 낚시방법에 관한 다음 각 목의 행위
   가. 낚시바늘에 끼워서 사용하지 아니하고 물고기를 유인하기 위하여 떡밥·어분 등을 던지는 행위
   나. 어선을 이용한 낚시행위 등 「낚시 관리 및 육성법」에 따른 낚시어선업을 영위하는 행위(외줄낚시는 제외)
   다. **1명당 4대 이상의 낚시대를 사용하는 행위**
   라. 1개의 낚시대에 5개 이상의 낚시바늘을 떡밥과 뭉쳐서 미끼로 던지는 행위
   마. 쓰레기를 버리거나 취사행위를 하거나 화장실이 아닌 곳에서 대·소변을 보는 등 수질오염을 일으킬 우려가 있는 행위
   바. 고기를 잡기 위하여 폭발물·배터리·어망 등을 이용하는 행위
2. 내수면 수산자원의 포획금지행위
3. 낚시로 인한 수질오염을 예방하기 위하여 그 밖에 시·군·자치구의 조례로 정하는 행위

90. 물환경 보전에 관한 법령상 호소 및 해당 지역에 관한 설명으로 틀린 것은?

① 제방(사방사업법의 사방시설 포함)을 쌓아 하천에 흐르는 물을 가두어 놓은 곳
② 하천에 흐르는 물이 자연적으로 가두어진 곳
③ 화산활동 등으로 인하여 함몰된 지역에 물이 가두어진 곳
④ 댐·보를 쌓아 하천에 흐르는 물을 가두어 놓은 곳

해설 호소 : 아래 어느 하나에 해당하는 지역으로서 만수위(댐의 경우에는 계획홍수위) 구역 안의 물과 토지
• 댐·보 또는 둑(「사방사업법」에 따른 사방시설은 제외한다.) 등을 쌓아 하천 또는 계곡에 흐르는 물을 가두어 놓은 곳
• 하천에 흐르는 물이 자연적으로 가두어진 곳
• 화산활동 등으로 인하여 함몰된 지역에 물이 가두어진 곳

91. 수질오염방지시설 중 물리적 처리시설에 해당되는 것은?

① 폭기시설
② 산화시설(산화조 또는 산화지)
③ 이온교환시설
④ 부상시설

해설 수질오염방지시설
①, ② : 생물화학적 처리시설
③ : 화학적 처리시설

더 알아보기 핵심정리 2-95

92. 환경부장관이 수립하는 대권역 물환경관리계획에 포함되어야 하는 사항으로 틀린 것은?

① 수질오염관리 기본 및 시행계획
② 점오염원, 비점오염원 및 기타 수질오염원에 의한 수질오염물질의 양
③ 점오염원, 비점오염원 및 기타 수질오염원의 분포현황
④ 물환경의 변화 추이 및 목표기준

해설 대권역 물환경관리계획(대권역계획) 수립 시 포함사항
1. 물환경의 변화 추이 및 물환경목표기준
2. 상수원 및 물 이용현황
3. 점오염원, 비점오염원 및 기타수질오염원의 분포현황
4. 점오염원, 비점오염원 및 기타수질오염원에서 배출되는 수질오염물질의 양
5. 수질오염 예방 및 저감 대책
6. 물환경 보전조치의 추진방향
7. 「기후위기 대응을 위한 탄소중립·녹색성장 기본법」에 따른 기후변화에 대한 적응 대책
8. 그 밖에 환경부령으로 정하는 사항

정답 90. ① 91. ④ 92. ①

93. 수변생태구역의 매수·조성 등에 관한 내용으로 ( )에 옳은 것은?

> 환경부장관은 하천·호소 등의 물환경 보전을 위하여 필요하다고 인정하는 때에는 (㉠)으로 정하는 기준에 해당하는 수변습지 및 수변토지를 매수하거나 (㉡)으로 정하는 바에 따라 생태계적으로 조성·관리할 수 있다.

① ㉠ 환경부령, ㉡ 대통령령
② ㉠ 대통령령, ㉡ 환경부령
③ ㉠ 환경부령, ㉡ 국무총리령
④ ㉠ 국무총리령, ㉡ 환경부령

해설 수변생태구역의 매수·조성 : 환경부장관은 하천·호소 등의 물환경 보전을 위하여 필요하다고 인정할 때에는 대통령령으로 정하는 기준에 해당하는 수변습지 및 수변토지를 매수하거나 환경부령으로 정하는 바에 따라 생태적으로 조성·관리할 수 있다.

94. 환경기술인에 대한 교육기관으로 옳은 것은?

① 국립환경인재개발원
② 국립환경과학원
③ 한국환경공단
④ 환경보전협회

해설 환경기술인 교육기관
1. 측정기기 관리대행업에 등록된 기술인력 : 국립환경인재개발원, 한국상하수도협회
2. 폐수처리업에 종사하는 기술요원 : 국립환경인재개발원
3. 환경기술인 : 환경보전협회

95. 다음 중 특정수질유해물질이 아닌 것은?

① 1, 1-디클로로에틸렌
② 브로모포름
③ 아크릴로니트릴
④ 2, 4-다이옥산

해설 특정수질유해물질
1. 구리와 그 화합물
2. 납과 그 화합물
3. 비소와 그 화합물
4. 수은과 그 화합물
5. 시안화합물
6. 유기인 화합물
7. 6가크롬 화합물
8. 카드뮴과 그 화합물
9. 테트라클로로에틸렌
10. 트리클로로에틸렌
11. 삭제 〈2016. 5. 20.〉
12. 폴리클로리네이티드바이페닐(PCB)
13. 셀레늄과 그 화합물
14. 벤젠
15. 사염화탄소
16. 디클로로메탄
17. 1, 1-디클로로에틸렌
18. 1, 2-디클로로에탄
19. 클로로포름
20. 1,4-다이옥산
21. 디에틸헥실프탈레이트(DEHP)
22. 염화비닐
23. 아크릴로니트릴
24. 브로모포름
25. 아크릴아미드
26. 나프탈렌
27. 폼알데하이드
28. 에피클로로하이드린
29. 페놀
30. 펜타클로로페놀
31. 스티렌
32. 비스(2-에틸헥실)아디페이트
33. 안티몬

96. 수질오염경보의 종류별·경보단계별 조치사항 중 상수원 구간에서 조류경보의 [관심] 단계일 때 유역, 지방 환경청장의 조치사항인 것은?

① 관심경보 발령
② 대중매체를 통한 홍보
③ 조류 제거 조치 실시
④ 주변 오염원 단속 강화

해설 수질오염경보의 종류별·경보단계별 조치
사항 – 상수원 구간 – 유역, 지방 환경청장 조
치사항

관심	• 관심경보 발령 • 주변오염원에 대한 지도·단속
경계	• 경계경보 발령 및 대중매체를 통한 홍보 • 주변오염원에 대한 단속 강화 • 낚시·수상스키·수영 등 친수활동, 어패류 어획·식용, 가축방목 등의 자제 권고 및 이에 대한 공지(현수막 설치 등)
조류 대발생	• 조류대발생경보 발령 및 대중매체를 통한 홍보 • 주변오염원에 대한 지속적인 단속 강화 • 낚시·수상스키·수영 등 친수활동, 어패류 어획·식용, 가축방목 등의 금지 및 이에 대한 공지(현수막 설치 등)

97. 일 8,000톤의 폐수를 배출하고 있는 사업장으로 처음 위반한 경우 위반횟수별 부과계수는?

① 1.5
② 1.6
③ 1.7
④ 1.8

해설 사업장별 부과계수
(1) 제1종 사업장(단위 : m³/일)
  • 10,000 이상 부과계수 : 1.8
  • 8,000 이상 10,000 미만 부과계수 : 1.7
  • 6,000 이상 8,000 미만 부과계수 : 1.6
  • 4,000 이상 6,000 미만 부과계수 : 1.5
  • 2,000 이상 4,000 미만 부과계수 : 1.4
(2) 제2종 사업장 부과계수 : 1.3
(3) 제3종 사업장 부과계수 : 1.2
(4) 제4종 사업장 부과계수 : 1.1

98. 수질오염물질의 배출허용기준의 지역구분에 해당되지 않는 것은?

① 나지역
② 다지역
③ 청정지역
④ 특례지역

해설 배출허용기준 지역구분 : 청정지역, 가지역, 나지역, 특례지역

99. 수질 및 수생태계 환경기준 중 해역의 생활환경기준 항목이 아닌 것은?

① 음이온계면활성제
② 용매 추출유분
③ 총대장균군
④ 수소이온농도

해설 해역-생활환경기준

항목	수소이온 농도(pH)	총대장균군 (총대장균군수 /100 mL)	용매 추출유분 (mg/L)
기준	6.5~8.5	1,000 이하	0.01 이하

100. 배출시설에 대한 일일기준초과배출량 산정에 적용되는 일일유량은 (측정유량 × 일일조업시간)이다. 일일유량을 구하기 위한 일일조업시간에 대한 설명으로 ( )에 맞는 것은?

측정하기 전 최근 조업한 30일간의 배출시설 조업시간의 (㉠)로서 (㉡)으로 표시한다.

① ㉠ 평균치, ㉡ 분(min)
② ㉠ 평균치, ㉡ 시간(hr)
③ ㉠ 최대치, ㉡ 분(min)
④ ㉠ 최대치, ㉡ 시간(hr)

해설 측정하기 전 최근 조업한 30일간의 배출시설 조업시간의 평균치로서 분(min)으로 표시한다.

수질환경기사

2017년 8월 26일 (제3회)

제1과목: 수질오염개론

1. 40℃에서 순수한 물 1 L의 몰 농도(mole/L)는? (단, 40℃의 물의 밀도 = 0.9455 kg/L)

① 25.4 ② 37.6
③ 48.8 ④ 52.5

해설
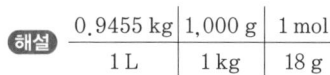
$= 52.527$ mol/L

2. 원생동물(protozoa)의 종류에 관한 내용으로 옳은 것은?

① Paramecia는 자유롭게 수영하면서 고형물질을 섭취한다.
② Vorticella는 불량한 활성슬러지에서 주로 발견된다.
③ Sarcodina는 나팔의 입에서 물 흐름을 일으켜 고형물질만 걸러서 먹는다.
④ Suctoria는 몸통을 움직이면서 위족으로 고형물질을 몸으로 싸서 먹는다.

해설 원생동물의 종류
- Paramecia(짚신벌레), Vorticella(종벌레) : 섬모가 있어 자유롭게 수영하면서 고형물질을 섭취함
- Sarcodina(육질충류) : 위족운동을 하는 원생동물, 위족으로 그물을 쳐 먹이를 섭취함
- Suctoria(흡판충류) : 촉수로 먹이를 섭취함

3. 10가지 오염물질, 즉 DO, pH, 대장균군, 비전도도, 알칼리도, 염소이온농도, CCE, 용해성물질 보정계수 등을 대상으로 각기 가중치를 주어 계산하는 수질오염평가지수는?

① Dinins, Social Accounting System
② Prati's Implicit Index of pollution
③ NSF water Quality Index
④ Horton's Quality Index

해설 Horton's Quality Index
- 1965년에 제정된 최초의 현대적인 수질지표
- DO, pH, 대장균군, 비전도도, 알칼리도, Cl^-, CCE, 하수처리율, 온도, 기타의 10개 항목을 대상으로 각기 가중치를 주어 계산하는 수질오염평가지수

4. 해수에서 영양염류가 수온이 낮은 곳에 많고 수온이 높은 지역에서 적은 이유로 가장 거리가 먼 것은?

① 수온이 낮은 바다의 표층수는 원래 영양염류가 풍부한 극지방의 심층수로부터 기원하기 때문이다.
② 수온이 높은 바다의 표층수는 적도부근의 표층수로부터 기원하므로 영양염류가 결핍되어 있다.
③ 수온이 낮은 바다는 겨울에 표층수가 냉각되어 밀도가 커지므로 침강작용이 일어나지 않기 때문이다.
④ 수온이 높은 바다는 수계의 안정으로 수직혼합이 일어나지 않아 표층수의 영양염류가 플랑크톤에 의해 소비되기 때문이다.

해설 해수에서 영양염류가 수온이 높은 지역보다 수온이 낮은 지역에 많은 이유
- 수온이 낮은 바다의 표층수는 본래 영양염류가 풍부한 극지방의 심층수로부터 기원하기 때문
- 수온이 높은 바다의 표층수는 적도부근의 표층수로부터 기원하므로 영양염류가 결핍되어 있기 때문
- 수온이 높은 바다는 수계의 안정으로 수직혼합이 일어나지 않아 표층수의 영양염류가 플랑크톤에 의해 소비되기 때문

정답 1. ④ 2. ① 3. ④ 4. ③

5. 미생물 중 세균(bacteria)에 관한 특징으로 가장 거리가 먼 것은?

① 원시적 엽록소를 이용하여 부분적인 탄소동화작용을 한다.
② 용해된 유기물을 섭취하며 주로 세포분열로 번식한다.
③ 수분 80 %, 고형물 20 % 정도로 세포가 구성되며 고형물 중 유기물이 90 %를 차지한다.
④ 환경인자(pH, 온도)에 대하여 민감하며 열보다 낮은 온도에서 저항성이 높다.

해설 ① 세균은 종속영양이므로, 광합성(탄소동화작용)을 하지 않는다.

6. 직경이 0.1 mm인 모관에서 10℃일 때 상승하는 물의 높이(cm)는? (단, 공기밀도 1.25×10⁻³ g·cm⁻³(10℃일 때), 접촉각은 0°, h(상승높이) = 4σ/[gD(Y−Yₐ)], 표면장력 74.2 dyne·cm⁻¹)

① 30.3   ② 42.5
③ 51.7   ④ 63.9

해설 모세관현상 – 물기둥 상승높이

$$h = \frac{4\sigma}{gD(Y-Y_a)}$$

$$= \frac{4 \times 74.2 \text{ dyne}}{\text{cm}} \Big| \frac{1 \text{ g·cm/s}^2}{1 \text{ dyne}} \Big| \frac{s^2}{980 \text{ cm}}$$

$$\Big| \frac{10 \text{ mm}}{0.1 \text{ mm}} \Big| \frac{\text{cm}^3}{1 \text{ cm}} \Big| \frac{\text{cm}^3}{(1.0-1.25 \times 10^{-3})\text{g}}$$

$$= 30.32 \text{ cm}$$

정리 1 dyne = 1 g·cm/s²

7. 글루코스($C_6H_{12}O_6$) 300 g을 35℃ 혐기성 소화조에서 완전 분해시킬 때 발생 가능한 메탄가스의 양(L)은? (단, 메탄가스는 1기압, 35℃로 발생 가정)

① 약 112   ② 약 126
③ 약 154   ④ 약 174

해설 (1) 35℃ 1 mol의 부피

$$V_{35℃} = 22.4L \times \frac{273+35}{273} = 25.2717L$$

(2) 메탄의 양

$C_6H_{12}O_6 \rightarrow 3CO_2 + 3CH_4$
180 g : 3×25.2717 L
300 g : X

$$\therefore X = \frac{300}{180} \Big| \frac{3 \times 25.2717 \text{ L}}{} = 126.35 \text{ L}$$

8. 물의 전도도(도전율)에 대한 설명으로 틀린 것은?

① 함유 이온이나 염의 농도를 종합적으로 표시하는 지표이다.
② 0℃에서 단면 1 cm², 길이 1 cm 용액의 대면간의 비저항치로 표시된다.
③ 하구와 같이 담수와 해수가 혼합되어 있으면 그 분포를 해석함에 있어 전도도 조사가 간편하다.
④ 증류수나 탈이온화수의 광물 함량도의 평가에 이용된다.

해설 ② 물의 전도도 단위는 $\frac{1}{\Omega \cdot m}$ 으로, 비저항(Ω)·m의 역수이다.
물의 전기전도도
• 정의 : 용액이 전류를 운반할 수 있는 정도
• 단위 : $S/m = \frac{1}{\Omega \cdot m} = \frac{\sec \cdot C^2}{kg \cdot m^3}$
• 수중 이온이 많을수록 전기전도도가 커진다.

9. 우리나라의 수자원 이용현황 중 가장 많은 용도로 사용하는 용수는?

① 생활용수
② 공업용수
③ 농업용수
④ 유지용수

해설 우리나라에서는 수자원을 농업용수로 가장 많이 사용하고 있다.

정답 5. ① 6. ① 7. ② 8. ② 9. ③

10. 150 kL/day의 분뇨를 산기관을 이용하여 포기하였더니 BOD의 20 %가 제거되었다. BOD 1 kg을 제거하는 데 필요한 공기공급량이 40 m³이라 했을 때 하루당 공기공급량(m³)은? (단, 연속포기, 분뇨의 BOD = 20,000 mg/L)

① 2,400
② 12,000
③ 24,000
④ 36,000

해설 $\dfrac{20{,}000\,\text{mg}}{\text{L}} \times \dfrac{0.2 \times 150\,\text{kL}}{\text{day}} \times \dfrac{1{,}000\,\text{L}}{1\,\text{kL}} \times \dfrac{1\,\text{kg}}{10^6\,\text{mg}} \times \dfrac{40\,\text{m}^3\,\text{공기}}{1\,\text{kg BOD}}$
$= 24{,}000\,\text{m}^3$

11. 물의 일반적인 성질에 관한 설명으로 가장 거리가 먼 것은?

① 물의 밀도는 수온, 압력에 따라 달라진다.
② 물의 점성은 수온증가에 따라 증가한다.
③ 물의 표면장력은 수온 증가에 따라 감소한다.
④ 물의 온도가 증가하면 포화증기압도 증가한다.

해설 점성과 표면장력은 온도가 증가하면, 감소한다.

12. 하천의 자정단계와 오염의 정도를 파악하는 Whipple의 자정단계(지대별 구분)에 대한 설명으로 틀린 것은?

① 분해지대 : 유기성 부유물의 침전과 환원 및 분해에 의한 탄산가스의 방출이 일어난다.
② 분해지대 : 용존산소의 감소가 현저하다.
③ 활발한 분해지대 : 수중환경은 혐기성 상태가 되어 침전 저니는 흑갈색 또는 황색을 띤다.
④ 활발한 분해지대 : 오염에 강한 실지렁이가 나타나고 혐기성 곰팡이가 증식한다.

해설 ④ 실지렁이는 분해지대에서 나타난다. 활발한 분해지대에서는 혐기성세균이 증식한다.

더 알아보기 핵심정리 2-12

13. 식물과 조류세포의 엽록체에서 광합성의 명반응과 암반응을 담당하는 곳은?

① 틸라코이드와 스트로마
② 스트로마와 그라나
③ 그라나와 내막
④ 내막과 외막

해설
• 틸라코이드 : 빛에너지를 흡수하여 화학에너지로 전환하는 명반응이 일어난다.
• 스트로마 : 이산화탄소를 흡수하여 포도당을 합성하는 암반응이 일어난다.

14. 분뇨의 특성에 관한 설명으로 틀린 것은?

① 분의 경우 질소화합물을 전체 VS의 12~20 % 정도 함유하고 있다.
② 뇨의 경우 질소화합물을 전체 VS의 40~50 % 정도 함유하고 있다.
③ 질소화합물은 주로 $(NH_4)_2CO_3$, NH_4HCO_3 형태로 존재한다.
④ 질소화합물은 알칼리도를 높게 유지시켜주므로 pH의 강하를 막아주는 완충작용을 한다.

해설 ② 뇨의 경우 질소화합물을 전체 VS의 80~90 % 정도 함유하고 있다

더 알아보기 핵심정리 2-16

정답 10. ③ 11. ② 12. ④ 13. ① 14. ②

15. 호수나 저수지 등에 오염된 물이 유입될 경우, 수온에 따른 밀도차에 의하여 형성되는 성층현상에 대한 설명으로 틀린 것은?

① 표수층(epilimnion)과 수온약층(thermocline)의 깊이는 대개 7 m 정도이며 그 이하는 저수층(hypolimnion)이다.
② 여름에는 가벼운 물이 밀도가 큰 물 위에 놓이게 되며 온도차가 커져서 수직운동은 점차 상부층에만 국한된다.
③ 저수지 물이 급수원으로 이용될 경우 봄, 가을 즉 성층현상이 뚜렷하지 않을 경우가 유리하다.
④ 봄과 가을의 저수지물의 수직운동은 대기 중의 바람에 의해서 더욱 가속된다.

해설 ③ 봄, 가을에는 전도현상이 일어나 수질이 악화되므로 취수에 주의해야 한다.

16. 지하수의 수질을 분석한 결과가 다음과 같을 때 지하수의 이온강도(I)는? (단, Ca^{2+} : 3×10^{-4} mole/L, Na^+ : 5×10^{-4} mole/L, Mg^{2+} : 5×10^{-5} mole/L, CO_3^{2-} : 2×10^{-5} mole/L)

① 0.0099
② 0.00099
③ 0.0085
④ 0.00085

해설 $I = \frac{1}{2}\sum_{1}^{i} C_i\, Z_i^2$
$= \frac{1}{2}[(3\times10^{-4}\times 2^2)+(5\times10^{-4}\times 1^2)$
$+(5\times10^{-5}\times 2^2)+(2\times10^{-5}\times 2^2)]$
$= 9.9\times10^{-4} = 0.00099$

17. 무더운 늦여름에 급증식하는 조류로서 수화현상(water bloom)과 가장 관련이 있는 것은?

① 청 – 녹조류
② 갈조류
③ 규조류
④ 적조류

해설 수화현상은 담수(민물)에서, 담수 조류인 청 – 녹조류가 과대번식하는 것이다.

18. 미생물과 그 특성에 관한 설명으로 가장 거리가 먼 것은?

① algae : 녹조류와 규조류 등은 조류 중 진핵조류에 해당한다.
② fungi : 곰팡이와 효모를 총칭하며, 경험적 조성식이 $C_7H_{14}O_3N$이다.
③ bacteria : 아주 작은 단세포생물로서 호기성 박테리아의 경험적 조성식은 $C_5H_7O_2N$이다.
④ protozoa : 대개 호기성이며 크기가 100 μm 이내가 많다.

해설 ② fungi : 곰팡이와 효모를 총칭하며, 경험적 조성식이 $C_{10}H_{17}O_6N$이다.

더알아보기 핵심정리 2-7

19. 호수의 성층 중에서 부영양화(eutrophication)가 주로 발생하는 곳은?

① epilimnion
② thermocline
③ hypolimnion
④ mesolimnion

해설 ① epilimnion : 표층
② thermocline : 수온약층
③ hypolimnion : 심수층

20. 다음 물질 중 산화제가 아닌 것은?

① 오존
② 염소
③ 아황산나트륨
④ 브롬

해설 아황산나트륨은 환원제이다.

정답 15. ③ 16. ② 17. ① 18. ② 19. ① 20. ③

제2과목 상하수도계획

21. 정수시설 중 약품침전지에 대한 설명으로 틀린 것은?

① 각 지마다 독립하여 사용 가능한 구조로 하여야 한다.
② 고수위에서 침전지 벽체 상단까지의 여유고는 30 cm 이상으로 한다.
③ 지의 형상은 직사각형으로 하고 길이는 폭의 3~8배 이상으로 한다.
④ 유효수심은 2~2.5 m로 하고 슬러지 퇴적심도는 50 cm 이하를 고려하되 구조상 합리적으로 조정할 수 있다.

해설 약품침전지 설계기준
④ 유효수심은 3~5.5 m로 하고 슬러지 퇴적심도는 30 cm 이상을 고려하되 구조상 합리적으로 조정할 수 있다.

더 알아보기 핵심정리 2-26 (3)

22. 정수시설의 플록형성지에 관한 설명으로 틀린 것은?

① 플록형성지는 혼화지와 침전지 사이에 위치하게 하고 침전지에 붙여서 설치한다.
② 플록형성지는 응집된 미소플록을 크게 성장시키기 위하여 기계식교반이나 우류식교반이 필요하다.
③ 기계식교반에서 플록큐레이터의 주변속도는 15~80 cm/s로 하고, 우류식교반에서는 평균유속을 15~30 cm/s를 표준으로 한다.
④ 플록형성지 내의 교반강도는 하류로 갈수록 점차 증가시켜 플록 간 접촉횟수를 높인다.

해설 플록형성지 설계기준
④ 플록형성지 교반강도는 상류에서 하류로 갈수록 감소시켜 플록이 해체되지 않도록 한다.

더 알아보기 핵심정리 2-26 (2)

23. 하수관의 최소관경 기준이 바르게 연결된 것은?

① 오수관거 : 150 mm, 우수관거 및 합류관거 : 200 mm
② 오수관거 : 200 mm, 우수관거 및 합류관거 : 250 mm
③ 오수관거 : 250 mm, 우수관거 및 합류관거 : 300 mm
④ 오수관거 : 300 mm, 우수관거 및 합류관거 : 350 mm

해설 관거별 최소관경
• 오수관거 : 200 mm
• 우수관거 및 합류관거 : 250 mm

24. 정수처리시설 중에서, 이상적인 침전지에서의 효율을 검증하고자 한다. 실험결과, 입자의 침전속도가 0.15 cm/s이고 유량이 30,000 m³/day로 나타났을 때 침전효율(제거율, %)은? (단, 침전지의 유효표면적은 100 m²이고 수심은 4 m이며 이상적 흐름상태 가정)

① 73.2   ② 63.2
③ 53.2   ④ 43.2

해설 침전 제거율 $= \dfrac{V_S}{Q/A}$

$= \dfrac{0.15 \text{ cm}}{\text{sec}} \cdot \dfrac{\text{day}}{30,000 \text{ m}^3} \cdot \dfrac{100 \text{ m}^2}{1} \cdot \dfrac{1 \text{ m}}{100 \text{ cm}} \cdot \dfrac{86,400 \text{ sec}}{1 \text{ day}}$

$= 0.432 = 43.2 \%$

25. 길이가 500 m이고 안지름 50 cm인 관을 안지름 30 cm인 등치관으로 바꾸면 길이(m)는? (단, Williams – Hazen식 적용)

① 35.45   ② 41.55
③ 43.55   ④ 45.45

정답 21. ④ 22. ④ 23. ② 24. ④ 25. ②

해설 등치관 길이
$$L_2 = L_1 \left(\frac{D_2}{D_1}\right)^{4.87} = 500\text{m} \times \left(\frac{30}{50}\right)^{4.87}$$
$$= 41.549\text{m}$$

26. 정수시설인 착수정의 용량기준으로 적절한 것은?

① 체류시간 : 0.5분 이상, 수심 : 2~4 m 정도
② 체류시간 : 1.0분 이상, 수심 : 2~4 m 정도
③ 체류시간 : 1.5분 이상, 수심 : 3~5 m 정도
④ 체류시간 : 1.0분 이상, 수심 : 3~5 m 정도

해설 착수정의 설계기준
• 체류시간 : 1.5분 이상
• 수심 : 3~5 m
• 여유고 : 60 cm 이상

27. 펌프의 흡입관 설치요령으로 틀린 것은?

① 흡입관은 각 펌프마다 설치해야 한다.
② 저수위로부터 흡입구까지의 수심은 흡입관 직경의 1.5배 이상으로 한다.
③ 흡입관과 취수정 벽의 유격은 직경의 1.5배 이상으로 한다.
④ 흡입관과 취수정 바닥까지의 깊이는 직경의 1.5배 이상으로 유격을 둔다.

해설 ④ 흡입관과 취수정 벽의 유격은 직경의 1.5배 이상으로 한다.

더알아보기 핵심정리 2-42

28. 하수관거시설인 우수토실에 관한 설명으로 틀린 것은?

① 우수월류량은 계획하수량에서 우천 시 계획오수량을 뺀 양으로 한다.
② 우수토실의 오수유출관거에는 소정의 유량 이상이 흐르도록 하여야 한다.
③ 우수토실은 위어형 이외에 수직오리피스, 기계식 수동 수문 및 자동식 수문, 볼텍스 밸브류 등을 사용할 수 있다.
④ 우수토실을 설치하는 위치는 차집관거의 배치, 방류수면 및 방류지역의 주변 환경 등을 고려하여 선정한다.

해설 ② 우수토실의 오수유출관거에는 소정의 유량 이상이 흐르지 않도록 하여야 한다.

29. 오수배제계획의 수립 중 우수유출량의 억제에 대한 계획으로 옳지 않은 것은?

① 우수유출량의 억제방법은 크게 우수저류형, 우수침투형 및 토지이용의 계획적 관리로 나눌 수 있다.
② 우수저류형 시설 중 on-site시설은 단지 내 저류 및 우수조정지, 우수체수지 등이 있다.
③ 우수침투형은 우수유출총량을 감소시키는 효과로서 침투 지하매설관, 침투성 포장 등이 있다.
④ 우수저류형은 우수유출총량은 변하지 않으나 첨두유출량을 감소시키는 효과가 있다.

해설 ② 저류 및 우수조정지, 우수체수지 등은 off-site 시설이다.

30. 하수관거를 매설하기 위해 굴토한 도랑의 폭이 1.8 m이다. 매설지점의 표토는 젖은 진흙으로서 흙의 밀도가 2.0 t/m³이고, 흙의 종류와 관의 깊이에 따라 결정되는 계수 C_1 = 1.5이었다. 이때 매설관이 받는 하중(t/m)은? (단, Marston 공식에 의해 계산)

① 2.5   ② 5.8
③ 7.4   ④ 9.7

해설 토압 = $C_1 \gamma \beta^2$
$$= \frac{1.5 | 2.0\text{ t} | (1.8\text{ m})^2}{\text{m}^3} = 9.72\text{ t/m}$$

31. 상수시설에서 급수관을 배관하고자 할 경우의 고려사항으로 옳지 않은 것은?

① 급수관을 공공도로에 부설할 경우에는 다른 매설물과 간격을 30 cm 이상 확보한다.
② 수요가의 대지 내에서 가능한 한 직선배관이 되도록 한다.
③ 가급적 건물이나 콘크리트의 기초 아래를 횡단하여 배관하도록 한다.
④ 급수관이 개거를 횡단하는 경우에는 가능한 한 개거의 아래로 부설한다.

해설 ③ 가급적 건물이나 콘크리트의 기초 아래는 피하여 배관한다.

32. 수원 선정 시 고려하여야 할 사항으로 옳지 않은 것은?

① 수량이 풍부하여야 한다.
② 수질이 좋아야 한다.
③ 가능한 한 높은 곳에 위치해야 한다.
④ 수돗물 소비지에서 먼 곳에 위치해야 한다.

해설 ④ 수돗물 소비지에서 가까운 곳에 위치해야 한다.

더 알아보기 핵심정리 2-22

33. 취수탑 설치 위치는 갈수기에도 최소 수심이 얼마 이상이어야 하는가?

① 1 m
② 2 m
③ 3 m
④ 3.5 m

해설 취수탑의 설치 위치에서 갈수 수심이 최소 2 m 이상이어야 함

34. 상수도 시설 중 침사지에 관한 설명으로 틀린 것은?

① 지의 길이는 폭의 3~8배를 표준으로 한다.
② 지의 상단높이는 고수위보다 0.6~1 m의 여유고를 둔다.
③ 지의 유효수심은 5~7 m를 표준으로 한다.
④ 표면부하율은 200~500 mm/min을 표준으로 한다.

해설 ③ 지의 유효수심은 3~4 m를 표준으로 한다.

더 알아보기 핵심정리 2-24

35. 기존의 하수처리시설에 고도처리시설을 설치하고자 할 때 검토사항으로 틀린 것은?

① 표준활성슬러지법이 설치된 기존처리장의 고도처리 개량은 개선대상 오염물질별 처리특성을 감안하여 효율적인 설계가 되어야 한다.
② 시설개량은 시설개량방식을 우선 검토하되 방류수 수질기준 준수가 곤란한 경우에 한해 운전개선방식을 함께 추진하여야 한다.
③ 기본설계과정에서 처리장의 운영실태 정밀분석을 실시한 후 이를 근거로 사업추진방향 및 범위 등을 결정하여야 한다.
④ 기존시설물 및 처리공정을 최대한 활용하여야 한다.

해설 ② 시설개량은 운전개선방식을 우선 검토하되 방류수수질기준 준수가 곤란한 경우에 한해 시설개량방식을 추진하여야 한다.

더 알아보기 핵심정리 2-33

36. 캐비테이션 방지대책으로 틀린 것은?

① 펌프의 설치위치를 가능한 한 낮춘다.
② 펌프의 회전속도를 낮게 한다.
③ 흡입측 밸브를 조금만 개방하고 펌프를 운전한다.
④ 흡입관의 손실을 가능한 한 적게 한다.

해설 ③ 흡입측 밸브를 완전히 개방하고 펌프를 운전함

정답 31. ③ 32. ④ 33. ② 34. ③ 35. ② 36. ③

37. 막 여과 정수처리설비에 대한 내용으로 옳은 것은?

① 막 여과유속은 경제성 및 보수성을 종합적으로 고려하여 최저치를 설정한다.
② 회수율은 취수조건 등과 상관없이 일정하게 운영하는 것이 효율적이고 경제적이다.
③ 구동압방식과 운전제어방식은 구동압이나 막의 종류, 배수(配水) 조건 등을 고려하여 최적방식을 선정한다.
④ 막 여과방식은 막 공급수질을 제외한 막 여과수량과 막의 종별 등의 조건을 고려하여 최적방식을 선정한다.

[해설] ① 막 여과유속은 경제성 및 보수성을 종합적으로 고려하여 적절한 값을 설정한다.
② 회수율은 취수조건이나 막공급수질, 역세척, 세척배출수처리 등의 여러 가지 조건을 고려하여 효율성과 경제성 등을 종합적으로 검토하여 설정한다.
④ 막 여과방식은 막 공급수질이나 막의 종별 등의 조건을 고려하여 최적의 방식을 선정한다.

38. 강우 배수구역이 다음 표와 같은 경우 평균 유출계수는?

구분	유출계수	면적
주거지역	0.4	2 ha
상업지역	0.6	3 ha
녹지지역	0.2	7 ha

① 0.22 ② 0.33
③ 0.44 ④ 0.55

[해설] 평균유출계수
$= \dfrac{\sum(\text{면적} \times \text{그 지역 유출계수})}{\sum \text{면적}}$
$= \dfrac{0.4 \times 2 + 0.6 \times 3 + 0.2 \times 7}{2 + 3 + 7}$
$= 0.333$

39. 정수처리 방법 중 트리할로메탄(trihalomethane)을 감소 또는 제거시킬 수 있는 방법으로 가장 거리가 먼 것은?

① 중간염소처리 ② 전염소처리
③ 활성탄처리 ④ 결합염소처리

[해설] THM 처리 방법
• 오존처리
• 활성탄처리
• 응집침전
• 중간염소처리
• 클로라민처리(결합염소처리)

40. 상수시설인 배수시설 중 배수지의 유효수심(표준)으로 적절한 것은?

① 6~8 m ② 3~6 m
③ 2~3 m ④ 1~2 m

[해설] 배수지 유효수심 : 3~6 m
[더 알아보기] 핵심정리 2-27

제3과목 수질오염방지기술

41. 농축슬러지를 혐기성소화로 안정화시키고자 할 때 메탄 생성량(kg/day)은? (단, 농축슬러지에 포함된 유기성분은 모두 글루코오스($C_6H_{12}O_6$)이며 미생물에 의해 100 % 분해, 소화조에서 모두 메탄과 이산화탄소로 전환된다고 가정, 농축슬러지 BOD = 480 mg/L, 유입유량 = 200 m³/day)

① 18 ② 24
③ 32 ④ 41

[해설] (1) BOD[kg/d]
$= \dfrac{480 \text{ mg}}{L} \Big| \dfrac{200 \text{ m}^3}{day} \Big| \dfrac{1{,}000 \text{ L}}{1 \text{ m}^3} \Big| \dfrac{1 \text{ kg}}{10^6 \text{ mg}} = 96$

(2) CH_4 생성량 $= \dfrac{0.25 \text{ kg CH}_4}{\text{kg BOD}} \Big| \dfrac{96 \text{ kg BOD}}{\text{day}}$
$= 24 \text{ kg/d}$

[정리] 메탄생성수율 : 0.35 m³ CH_4/kgBOD, 0.25 kg CH_4/kg BOD

정답 37. ③ 38. ② 39. ② 40. ② 41. ②

42. 원형 1차 침전지를 설계하고자 할 때 가장 적당한 침전지의 직경(m)은? (단, 평균유량 = 9,000 m³/day, 평균표면부하율 = 45 m³/m²·day, 최대유량 = 2.5×평균유량, 최대표면부하율 = 100 m³/m²·day)

① 12
② 15
③ 17
④ 20

해설 (1) $A_1 = \dfrac{Q_{평균}}{(Q/A)_{평균}}$

$= \dfrac{9{,}000 \, m^3/d}{45 \, m^3/m^2 \cdot d} = 200 \, m^2$

(2) $A_2 = \dfrac{Q_{최대}}{(Q/A)_{최대}}$

$= \dfrac{2.5 \times 9{,}000 \, m^3/d}{100 \, m^3/m^2 \cdot d} = 225 \, m^2$

설계면적은 (1), (2) 중 큰 값을 사용한다.

∴ 설계면적 = $\dfrac{\pi}{4} D^2 = 225 \, m^2$

∴ D = 16.92 m

43. 생물학적 처리법 가운데 살수여상법에 대한 설명으로 가장 거리가 먼 것은?

① 슬러지일령은 부유성장 시스템보다 높아 100일 이상의 슬러지일령에 쉽게 도달된다.
② 총괄 관측수율은 전형적인 활성슬러지 공정의 60~80 % 정도이다.
③ 덮개 없는 여상의 재순환율을 증대시키면 실제로 여상 내의 평균온도가 높아진다.
④ 정기적으로 여상에 살충제를 살포하거나 여상을 침수하도록 하여 파리문제를 해결할 수 있다.

해설 ③ 재순환율을 증대시키면 재순환수가 더 많이 공급되므로, 여상 내 온도는 내려간다.

44. 다음 중 탈질소 공정에서 폐수에 첨가하는 약품은?

① 응집제
② 질산
③ 소석회
④ 메탄올

해설 탈질소 공정에서 유기탄소원으로 메탄올을 넣는다.

45. 다음에서 설명하는 분리방법으로 가장 적합한 것은?

- 막형태 : 대칭형 다공성막
- 구동력 : 정수압차
- 분리형태 : pore size 및 흡착현상에 기인한 체거름
- 적용분야 : 전자공업의 초순수 제조, 무균수 제조식품의 무균여과

① 역삼투
② 한외여과
③ 정밀여과
④ 투석

해설 정밀여과
- 메커니즘 : 체거름
- 막형태 : 대칭형 다공성막
- 추진력(구동력) : 정수압차(0.1~1 bar)

더 알아보기 핵심정리 2-54

정답 42. ③ 43. ③ 44. ④ 45. ③

46. 활성슬러지 공정의 2차 침전지에서 나타나는 일반적인 고형물 농도와 침전속도의 관계를 바르게 나타낸 그래프는?

①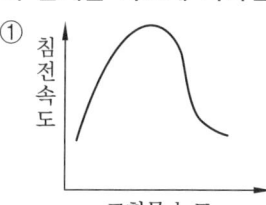

②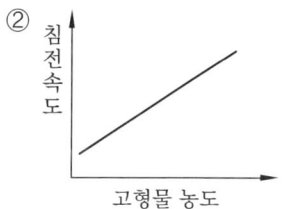

③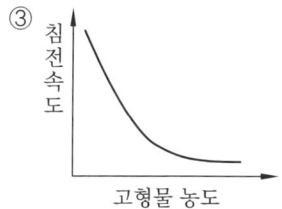

④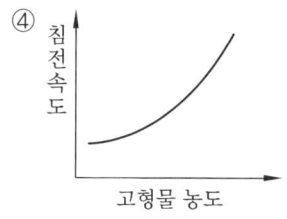

해설 2차 침전지에서는 보통 3형 침전(방해 침전)이 발생한다. 3형 침전에서는 고형물 농도가 클수록 서로 침전에 방해가 되어 침전속도가 감소하게 된다.
- 1형 독립 침전 : 침전속도 일정
- 2형 floc 침전 : floc 형성, 침전속도 증가
- 3형 방해 침전 : 입자 방해로 침전속도 감소

47. 유기물의 감소반응이 2차반응($V_c = -KC^2$)이라 할 때 반응 후 초기농도($C_o = 1$)에 대하여 유출농도($C_e = 0.2$)가 80 % 감소되도록 하는 데 필요한 CFSTR(완전혼합반응기)와 PFR(플록흐름반응기)의 부피비는?

(단, CFSTR의 물질수지식 : $0 = QC_o - QC_e - VKC_e^2$(정상상태), PFR은 정상상태에서 $V = \dfrac{Q}{K}\left(\dfrac{1}{C_e} - \dfrac{1}{C_o}\right)$의 식으로 표현)

① CFSTR : PFR = 5 : 1
② CFSTR : PFR = 7 : 1
③ CFSTR : PFR = 10 : 1
④ CFSTR : PFR = 15 : 1

해설 (1) CFSTR의 부피
$$0 = QC_o - QC_e - VKC_e^2$$
$$Q(C_o - C_e) = VKC_e^2$$
$$V = \frac{(C_o - C_e)Q}{KC_e^2} = \frac{(1-0.2)Q}{K(0.2)^2}$$
$$= 20Q/K$$
(2) PFR의 부피
$$V = \frac{Q}{K}\left(\frac{1}{C_e} - \frac{1}{C_o}\right) = \frac{Q}{K}\left(\frac{1}{0.2} - \frac{1}{1}\right)$$
$$= 4Q/K$$
∴ CFSTR : PFR = 5 : 1

48. 폐수처리 후 나머지 BOD 25 kg과 인 1.5 kg을 호수로 방류하였다. 1 mg의 인은 0.1 g의 algae를 합성하고 1 g의 algae가 부패하면 140 mg의 DO를 소비한다. 이 처리로 인한 호수의 DO 소비량(kg)은? (단, BOD 1 kg = O_2 1 kg이다.)

① 21
② 25
③ 46
④ 55

해설 (1) 인으로 인한 DO 소비량

$$\frac{1.5 \text{ kg} \cdot \text{인}}{} \; \Big| \; \frac{0.1 \text{ g Algae}}{1 \text{ mg P}} \; \Big| \; \frac{140 \text{ mg } O_2}{1 \text{ g Algae}}$$

$= 21 \text{ kg } O_2$

(2) BOD에 의한 DO 소비량
$$25 \text{ kg BOD} \times \frac{1 \text{ kg } O_2}{1 \text{ kg BOD}} = 25 \text{ kg } O_2$$

(3) 호수의 DO 소비량 $25 + 21 = 46 \text{ kg}$

49. 폐수 시료에 대해 BOD 시험을 수행하여 얻은 결과가 다음과 같을 때 시료의 BOD (mg/L)는?

시료번호	희석률(%)	용존산소 감소(mg/L)
1	1	2.7
2	2	4.9
3	3	7.2

① 약 115 ② 약 190
③ 약 250 ④ 약 300

해설 (1) 각 시료의 BOD

$$희석배수 = \frac{(희석수 + 검수)부피}{검수부피} = \frac{100}{희석률(\%)}$$

시료번호	BOD
1	$2.7 \times \frac{100}{1} = 270$
2	$4.9 \times \frac{100}{2} = 245$
3	$7.2 \times \frac{100}{3} = 240$

(2) BOD 산술평균
$$= \frac{(270 + 245 + 240)}{3} = 251.66 \, mg/L$$

50. 소독을 위한 자외선방사에 관한 설명으로 틀린 것은?

① 5~400 nm 스펙트럼 범위의 단파장에서 발생하는 전자기 방사를 말한다.
② 미생물이 사멸되며 수중에 잔류방사량(잔류살균력이 있음)이 존재한다.
③ 자외선소독은 화학물질 소비가 없고 해로운 부산물도 생성되지 않는다.
④ 물과 수중의 성분은 자외선의 전달 및 흡수에 영향을 주며 Beer-Lambert법칙이 적용된다.

해설 ② 자외선 소독은 잔류성이 없다.
더 알아보기 핵심정리 2-51

51. 활성슬러지의 2차 침전조에 대한 설명으로 틀린 것은?

① 고형물 부하로만 설계한다.
② 미생물(biomass)의 보관 창고 역할을 한다.
③ 슬러지 농축의 역할을 한다.
④ 고액 분리의 역할을 한다.

해설 2차 침전지의 설계부하는 수면적 부하이다.

52. 연속 회분식 활성슬러지법인 SBR (Sequencing Batch Reactor)에 대한 설명으로 '최대의 수량을 포기조 내에 유지한 상태에서 운전 목적에 따라 포기와 교반을 하는 단계'는?

① 유입기 ② 반응기
③ 침전기 ④ 유출기

해설 SBR의 단계 : 유입기 – 반응기 – 침전기 – 유출기 – 휴지기

53. 하수내 질소 및 인을 생물학적으로 처리하는 UCT 공법의 경우 다른 공법과는 달리 침전지에서 반송되는 슬러지를 혐기조로 반송하지 않고 무산소조로 반송하는데, 그 이유로 가장 적합한 것은?

① 혐기조에 질산염의 부하를 감소시킴으로써 인의 방출을 증대시키기 위해
② 호기조에서 질산화된 질소의 일부를 잔류 유기물을 이용하여 탈질시키기 위해
③ 무산소조에 유입되는 유기물 부하를 감소시켜 탈질을 증대시키기 위해
④ 후속되는 호기조의 질산화를 증대시키기 위해

해설 혐기조에 질산염의 부하를 감소시킴으로써 인의 방출을 증대시키면, 호기조에서 인 과잉흡수가 증대되어, 인 제거율이 높아진다.

정답 49. ③ 50. ② 51. ① 52. ② 53. ①

54. 다음 공정에서 처리될 수 있는 폐수의 종류는?

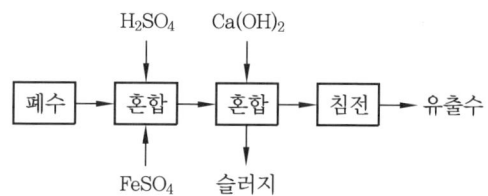

① 크롬폐수 ② 시안폐수
③ 비소폐수 ④ 방사능폐수

해설 크롬처리방법–환원침전법 : 황산과 황산철을 넣어 pH를 2~3으로 낮추어 크롬을 환원시킨 후, 수산화칼슘을 넣어 pH 8~9로 중화시켜 크롬을 수산화물로 침전·제거한다.

55. 음용수 중 철과 망간의 기준 농도에 맞추기 위한 그 제거 공정으로 알맞지 않은 것은?

① 포기에 의한 침전
② 생물학적 여과
③ 제올라이트 수착
④ 인산염에 의한 산화

해설 음용수 중 철과 망간 제거 방법
- 포기에 의한 침전
- 생물학적 여과
- 제올라이트 수착

56. 평균 유량이 20,000 m³/day인 도시하수처리장의 1차 침전지를 설계하고자 한다. 최대 유량/평균 유량 = 2.75이라면 침전조의 직경(m)은? (단, 1차 침전지에 대한 권장 설계기준 : 최대 표면부하율 = 50 m³/m²·day, 평균 표면부하율 = 20 m³/m²·day)

① 32.7 ② 37.4
③ 42.5 ④ 48.7

해설 (1) 평균치로 구한 면적

$$A_{평균} = \frac{Q_{평균}}{(Q/A)_{평균}}$$

$$= \frac{20{,}000\,m^3/d}{20\,m/d} = 1{,}000\,m^2$$

(2) 최대치로 구한 면적

$$A_{최대} = \frac{Q_{최대}}{(Q/A)_{최대}}$$

$$= \frac{2.75 \times 20{,}000\,m^3/d}{50\,m/d} = 1{,}100\,m^2$$

설계면적은 $A_{평균}$, $A_{최대}$ 중 큰 값을 사용한다.

∴ 설계면적 = $1{,}100\,m^2 = \frac{\pi}{4}D^2$

∴ D = 37.42 m

57. 물 5 m³의 DO는 9.0 mg/L이다. 이 산소를 제거하는 데 필요한 아황산나트륨의 양(g)은?

① 256.5 ② 354.7
③ 452.6 ④ 488.8

해설 (1) 산소량

$$\frac{5\,m^3}{} \cdot \frac{9.0\,mg}{L} \cdot \frac{1{,}000\,L}{1\,m^3} \cdot \frac{1\,g}{10^3\,mg} = 45\,g$$

(2) Na₂SO₃ 양

$$Na_2SO_3 + \frac{1}{2}O_2 \rightarrow Na_2SO_4$$

126 g : 16 g
X[g] : 45 g

∴ X = 354.37 g

58. 생물학적 인제거공정에서 설계 SRT가 상대적으로 짧으며, 높은 유기부하율을 설계에 사용할 수 있는 장점이 있고, 타공법에 비해 운전이 비교적 간단하고 폐슬러지의 인함량이 높아(3~5 %) 비료의 가치를 가지는 것은?

① A/O 공정
② 개량 Bardenpho공정
③ 연속회분식반응조(SBR)공정
④ UTC공법

해설 생물학적 인제거공정 중 SRT가 가장 짧고, 운전이 간단한 공법은 A/O 공법이다.

정답 54. ① 55. ④ 56. ② 57. ② 58. ①

59. CSTR 반응조를 일차반응조건으로 설계하고, A의 제거 또는 전환율이 90 %가 되게 하고자 한다. 반응상수 k가 0.35/hr일 때 CSTR 반응조의 체류시간(hr)은?

① 12.5　　② 25.7
③ 32.5　　④ 43.7

해설 완전혼합반응조 물질수지식

$$V\frac{dC}{dt} = QC_o - QC - kVC$$

전환율이 90 %이므로, 나중농도 $C = 0.1 C_o$

정상상태이므로 $\frac{dC}{dt} = 0$이다.

따라서, $Q(C_o - C) = kVC$

$$\therefore t = \frac{V}{Q} = \frac{(C_o - C)}{kC}$$

$$= \frac{C_o - 0.1C_o}{0.1C_o} \Big| \frac{hr}{0.35} = 25.71\,hr$$

60. 산기식포기장치가 수심 4.5 m의 곳에 설치되어 있고, 유입하수의 수온은 20℃, 포기조 산소흡수율이 10 %인 포기장치에 대한 산소포화농도값(C_s, mg/L)은? (단, 20℃일 때 증류수의 포화용존산소농도 = 9.02 mg/L, $\beta = 0.95$)

① 8.9　　② 9.9
③ 10.09　　④ 12.3

해설 (1) $DO_S = DO_{SA}\left(1 + \frac{H/2}{10.24}\right)$

$$= 9.02\left(1 + \frac{4.5/2}{10.24}\right) = 11.00\,mg/L$$

여기서, DO_S : 산기심도 H의 증류수의 포화 DO(mg/L)
　　　　DO_{SA} : 대기압하에서의 증류수의 포화 DO(mg/L)

(2) $DO_{SW} = \beta \cdot DO_S = 0.95 \times 11.00$
　　　　$= 10.45\,mg/L$

여기서, DO_{SW} : 하수의 포화 DO(mg/L)
　　　　DO_S : 하수와 동일온도인 증류수의 포화 DO(mg/L)

제4과목　수질오염공정시험기준

61. 유기물 함량이 비교적 높지 않고 금속의 수산화물, 산화물, 인산염 및 황화물을 함유하는 시료의 전처리(산분해법) 방법으로 가장 적합한 것은?

① 질산법
② 황산법
③ 질산-황산법
④ 질산-염산법

해설 질산 - 염산법
- 유기물 함량이 비교적 높지 않고 금속의 수산화물, 산화물, 인산염 및 황화물을 함유하고 있는 시료에 적용
- 휘발성 또는 난용성 염화물을 생성하는 금속 물질의 분석에는 주의

(더 알아보기) 핵심정리 2-72

62. 시험과 관련된 총칙에 관한 설명으로 옳지 않은 것은?

① "방울수"라 함은 0℃에서 정제수 20방울을 적하할 때 그 부피가 약 10 mL 되는 것을 뜻한다.
② "찬 곳"은 따로 규정이 없는 한 0~15℃의 곳을 뜻한다.
③ "감압 또는 진공"이라 함은 따로 규정이 없는 한 15 mmHg 이하를 말한다.
④ "약"이라 함은 기재된 양에 대하여 10 % 이상의 차가 있어서는 안 된다.

해설 ① "방울수"라 함은 0℃에서 정제수 20방울을 적하할 때 그 부피가 약 1 mL 되는 것을 뜻한다.

정답 59. ②　60. ③　61. ④　62. ①

63. 용매추출/기체크로마토그래피를 이용한 휘발성 유기화합물 측정에 관한 내용으로 틀린 것은?

① 채수한 시료를 헥산으로 추출하여 기체크로마토그래프를 이용하여 분석하는 방법이다.
② 검출기는 전자포획검출기를 선택하여 측정한다.
③ 운반기체는 질소로 유량은 20~40 mL/min이다.
④ 컬럼온도는 35~250℃이다.

해설 휘발성유기화합물(VOC) – 용매추출/기체크로마토그래피
- 운반기체 : 순도 99.999% 이상의 질소
- 유량 : 0.5~2 mL/min
- 시료도입부 온도 : 150℃~250℃
- 컬럼 온도 : 35℃~250℃
- 검출기 온도 : 250℃~280℃

64. 물벼룩을 이용한 급성 독성 시험법에 관한 내용으로 틀린 것은?

① 물벼룩은 배양 상태가 좋을 때 7~10일 사이에 첫 부화된 건강한 새끼를 시험에 사용한다.
② 시험하기 2시간 전에 먹이를 충분히 공급하여 시험 중 먹이가 주는 영향을 최소화한다.
③ 시험생물은 물벼룩인 Daphnia magna straus를 사용하며, 출처가 명확하고 건강한 개체를 사용한다.
④ 보조먹이로 YCT(yeast, chlorophyll, trout chow)를 첨가하여 사용할 수 있다.

해설 ① 물벼룩은 배양 상태가 좋을 때 7~10일 사이에 첫 새끼를 부화하게 되는데 이때 부화된 새끼는 시험에 사용하지 않고 같은 어미가 약 네 번째 부화한 새끼부터 시험에 사용하여야 한다.

65. 수질오염공정시험기준상 시료의 보존방법이 다른 항목은?

① 클로로필 a
② 색도
③ 부유물질
④ 음이온계면활성제

해설 시료보존방법
 ① 클로로필 a : −20℃ 보관
 ②, ③, ④ : 4℃ 보관

더 알아보기 핵심정리 2-70 (2)

66. 유량산출의 기초가 되는 수두측정치는 영점 수위측정치에서 무엇을 뺀 값인가?

① 흐름의 수위측정치
② 웨어의 수두
③ 유속측정치
④ 수로의 폭

해설 측정수두(수두측정치)
= 영점 수위측정치-흐름의 수위 측정치

67. 자외선/가시선 분광법으로 하는 크롬 측정에 관한 내용으로 틀린 것은?

① 3가 크롬은 과망간산칼륨을 첨가하여 6가 크롬으로 산화시킨다.
② 정량한계는 0.04 mg/L이다.
③ 적자색 착화물의 흡광도를 620 mm에서 측정한다.
④ 몰리브덴, 수은, 바나듐, 철, 구리 이온이 과량 함유되어 있는 경우, 방해 영향이 나타날 수 있다.

해설 크롬 – 자외선/가시선 분광법 : 물속에 존재하는 크롬을 자외선/가시선 분광법으로 측정하는 것으로, 3가 크롬은 과망간산칼륨을 첨가하여 6가 크롬으로 산화시킨 후, 산성 용액에서 다이페닐카바자이드와 반응하여 생성하는 적자색 착화합물의 흡광도를 540 nm에서 측정

정답 63. ③   64. ①   65. ①   66. ①   67. ③

68. 원자흡수분광광도법의 용어에 관한 설명으로 틀린 것은?
① 공명선 : 원자가 외부로부터 빛을 흡수했다가 다시 처음 상태로 돌아갈 때 방사하는 스펙트럼선
② 역화 : 불꽃의 연소속도가 크고 혼합기체의 분출속도가 작을 때 연소현상이 내부로 옮겨지는 것
③ 다음극 중공음극램프 : 두 개 이상의 중공음극을 갖는 중공음극램프
④ 선프로파일 : 파장에 대한 스펙트럼선의 근접도를 나타내는 곡선

해설 ④ 선프로파일 : 파장에 대한 스펙트럼선의 강도를 나타내는 곡선

69. 불소화합물 측정에 적용 가능한 시험방법과 가장 거리가 먼 것은? (단, 수질오염공정시험기준 기준)
① 자외선/가시선 분광법
② 원자흡수분광광도법
③ 이온전극법
④ 이온크로마토그래피

해설 ② 불꽃 원자흡수분광광도법은 금속류에만 적용됨
불소화합물 분석방법
• 자외선/가시선 분광법
• 이온전극법
• 이온크로마토그래피

70. 수질오염공정시험기준상 질산성 질소의 측정법으로 가장 적절한 것은?
① 자외선/가시선분광법(디아조화법)
② 이온크로마토그래피법
③ 이온전극법
④ 카드뮴 환원법

해설 음이온은 CN^-을 제외하고 이온크로마토그래피가 가능하다.
질산성질소 측정방법
• 이온크로마토그래피
• 자외선/가시선 분광법 – 부루신법
• 자외선/가시선 분광법 – 활성탄흡착법
• 데발다합금 환원증류법

71. 시험관법으로 분원성대장균군을 측정하는 방법으로 ( )에 옳은 내용은?

'물속에 존재하는 분원성대장균군을 측정하기 위하여 ( )을 이용하는 추정시험과 백금이를 이용하는 확정시험으로 나뉘며 추정시험이 양성일 경우 확정시험을 시행하는 방법이다.'

① 배양시험관
② 다람시험관
③ 페트리시험관
④ 멸균시험관

해설 • 추정시험 : 다람시험관
• 확정시험 : 백금이

72. 기체크로마토그래피로 측정되지 않는 것은?
① 염소이온
② 알킬수은
③ PCB
④ 휘발성저급염소화탄화수소류

해설 기체크로마토그래피는 주로 유기물 측정에 사용되므로 염소이온은 기체크로마토그래피에 사용할 수 없다.

정답 68. ④ 69. ② 70. ② 71. ② 72. ①

73. 배출허용기준 적합여부 판정을 위해 자동시료채취기로 시료를 채취하는 방법의 기준은?

① 6시간 이내에 30분 이상 간격으로 2회 이상 채취하여 일정량의 단일 시료로 한다.
② 6시간 이내에 1시간 이상 간격으로 2회 이상 채취하여 일정량의 단일 시료로 한다.
③ 8시간 이내에 1시간 이상 간격으로 2회 이상 채취하여 일정량의 단일 시료로 한다.
④ 8시간 이내에 2시간 이상 간격으로 2회 이상 채취하여 일정량의 단일 시료로 한다.

해설
- 수동으로 시료 채취 : 30분 이상 간격으로 2회 이상 채취하여 일정량의 단일 시료로 한다.
- 자동시료채취기로 시료 채취 : 6시간 이내에 30분 이상 간격으로 2회 이상 채취하여 일정량의 단일 시료로 한다.

74. 자외선/가시선 분광법으로 시안을 정량할 때 시료에 포함되어 분석에 영향을 미치는 물질과 이를 제거하기 위해 사용되는 시약을 틀리게 연결한 것은?

① 유지류 : 클로로폼
② 황화합물 : 아세트산아연용액
③ 잔류염소 : 아비산나트륨용액
④ 질산염 : L-아스코르빈산

해설 ④ 질산염은 간섭물질이 아니다.

75. 용존산소를 적정법으로 측정하고자 할 때 Fe(Ⅲ)(100~200 mg/L)이 함유되어 있는 시료의 전처리방법으로 적절한 것은?

① 황산의 첨가 후 플루오린화칼륨용액(100 g/L) 1 mL를 가한다.
② 황산의 첨가 후 플루오린화칼륨용액(300 g/L) 1 mL를 가한다.
③ 황산의 첨가 전 플루오린화칼륨용액(100 g/L) 1 mL를 가한다.
④ 황산의 첨가 전 플루오린화칼륨용액(300 g/L) 1 mL를 가한다.

해설 용존산소 전처리

간섭물질	전처리 시약
시료가 착색 현탁된 경우	• 칼륨명반용액 • 암모니아수
미생물 플록(floc)이 형성된 경우	황산구리-설파민산
산화성 물질을 함유한 경우 (잔류염소)	• 별도의 바탕시험 시행 • 알칼리성 요오드화칼륨-아자이드화나트륨용액 1 mL • 황산 1 mL • 황산망간용액
산화성 물질을 함유한 경우(Fe(Ⅲ))	황산을 첨가하기 전에 플루오린화칼륨용액 1 mL 가함

76. 크롬을 원자흡수분광광도법으로 분석할 때 0.02 M-KMnO₄(MW = 158.03) 용액을 조제하는 방법은?

① KMnO₄ 8.1 g을 정제수에 녹여 전량을 100 mL로 한다.
② KMnO₄ 3.4 g을 정제수에 녹여 전량을 100 mL로 한다.
③ KMnO₄ 1.8 g을 정제수에 녹여 전량을 100 mL로 한다.
④ KMnO₄ 0.32 g을 정제수에 녹여 전량을 100 mL로 한다.

해설 $\dfrac{0.02 \text{ mol}}{\text{L}} \Big| 0.1 \text{ L} \Big| \dfrac{158.03 \text{ g}}{1 \text{ mol}} = 0.316 \text{ g}$

정답 73. ① 74. ④ 75. ④ 76. ④

77. 기준전극과 비교전극으로 구성된 pH 측정기를 사용하여 수소이온농도를 측정할 때 간섭물질에 관한 내용으로 옳지 않은 것은?

① pH는 온도변화에 따라 영향을 받는다.
② pH 10 이상에서 나트륨에 의한 오차가 발생할 수 있는데 이는 낮은 나트륨 오차 전극을 사용하여 줄일 수 있다.
③ 일반적으로 유리전극은 산화 및 환원성 물질, 염도에 의해 간섭을 받는다.
④ 기름층이나 작은 입자상이 전극을 피복하여 pH 측정을 방해할 수 있다.

해설 ③ 일반적으로 유리전극은 용액의 색도, 탁도, 콜로이드성 물질들, 산화 및 환원성 물질들 그리고 염도에 의해 간섭을 받지 않는다.

78. 알킬수은 화합물의 분석 방법으로 옳은 것은? (단, 수질오염공정시험기준 기준)

① 기체크로마토그래피법
② 자외선/가시선 분광법
③ 이온크로마토그래피법
④ 유도결합플라스마 – 원자발광분광법

해설 알킬수은 측정방법 : 기체크로마토그래피, 원자흡수분광광도법

79. 유속 면적법을 이용하여 하천유량을 측정할 때 적용 적합 지점에 관한 내용으로 틀린 것은?

① 가능하면 하상이 안정되어 있고 식생의 성장이 없는 지점
② 합류나 분류가 없는 지점
③ 교량 등 구조물 근처에서 측정할 경우 교량의 상류 지점
④ 대규모 하천을 제외하고 가능한 부자(浮子)로 측정할 수 있는 지점

해설 유속 면적법의 적용범위
- 균일한 유속분포를 확보하기 위한 충분한 길이(약 100 m 이상)의 직선 하도(河道)의 확보가 가능하고 횡단면상의 수심이 균일한 지점
- 모든 유량 규모에서 하나의 하도로 형성되는 지점
- 가능하면 하상이 안정되어 있고, 식생의 성장이 없는 지점
- 유속계나 부자가 어디에서나 유효하게 잠길 수 있을 정도의 충분한 수심이 확보되는 지점
- 합류나 분류가 없는 지점
- 교량 등 구조물 근처에서 측정할 경우 교량의 상류 지점
- 대규모 하천을 제외하고 가능하면 도섭으로 측정할 수 있는 지점
- 선정된 유량측정 지점에서 말뚝을 박아 동일 단면에서 유량측정을 수행할 수 있는 지점

80. 수질분석용 시료 채취 시 유의사항과 가장 거리가 먼 것은?

① 시료 채취 용기는 시료를 채우기 전에 깨끗한 물로 3회 이상 씻은 다음 사용한다.
② 유류 또는 부유물질 등이 함유된 시료는 시료의 균일성이 유지될 수 있도록 채취하여야 하며 침전물 등이 부상하여 혼입되어서는 안 된다.
③ 용존가스, 환원성 물질, 휘발성유기화합물, 냄새, 유류 및 수소이온 등을 측정하는 시료는 시료용기에 가득 채워야 한다.
④ 시료 채취량은 보통 3~5 L 정도이어야 한다.

해설 ① 시료 채취 용기는 시료를 채우기 전에 시료로 3회 이상 씻은 다음 사용한다.

정답 77. ③ 78. ① 79. ④ 80. ①

제5과목 수질환경관계법규

81. 오염총량관리기본방침에 포함되어야 하는 사항으로 틀린 것은?

① 오염총량관리 대상지역
② 오염원의 조사 및 오염부하량 산정방법
③ 오염총량관리의 대상 수질오염물질 종류
④ 오염총량관리의 목표

[해설] 오염총량관리기본방침 포함사항
- 오염총량관리의 목표
- 오염총량관리의 대상 수질오염물질 종류
- 오염원의 조사 및 오염부하량 산정방법
- 오염총량관리기본계획의 주체, 내용, 방법 및 시한
- 오염총량관리시행계획의 내용 및 방법

82. 환경부장관이 지정할 수 있는 비점오염원 관리지역의 지정기준에 관한 내용으로 ( )에 옳은 것은?

'인구 ( ) 이상인 도시로서 비점오염원관리가 필요한 지역'

① 10만 명
② 30만 명
③ 50만 명
④ 100만 명

[해설] ※ 비점오염원 관리지역의 지정기준은 아래와 같이 개정되어, 현재 기준으로는 정답이 없다.
비점오염원 관리지역의 지정기준 〈2021. 11. 23.〉
1. 하천 및 호소의 물환경에 관한 환경기준 또는 수계영향권별, 호소별 물환경 목표기준에 미달하는 유역으로 유달부하량 중 비점오염 기여율이 50퍼센트 이상인 지역
2. 다음 어느 하나에 해당하는 지역으로서 비점오염물질에 의하여 중대한 위해가 발생되거나 발생될 것으로 예상되는 지역
  가. 중점관리저수지를 포함하는 지역
  나. 「해양환경관리법」에 따른 특별관리해역을 포함하는 지역
  다. 「지하수법」에 따라 지정된 지하수보전구역을 포함하는 지역
  라. 비점오염물질에 의하여 어류폐사 및 녹조발생이 빈번한 지역으로서 관리가 필요하다고 인정되는 지역
  마. 지질이나 지층 구조가 특이하여 특별한 관리가 필요하다고 인정되는 지역
3. 불투수면적률이 25퍼센트 이상인 지역으로서 비점오염원 관리가 필요한 지역
4. 「산업입지 및 개발에 관한 법률」에 따른 국가산업단지, 일반산업단지로 지정된 지역으로 비점오염원 관리가 필요한 지역
5. 삭제 〈2021. 11. 23.〉
6. 그 밖에 환경부령으로 정하는 지역

83. 수질오염방지시설 중 생물화학적 처리시설이 아닌 것은?

① 살균시설
② 접촉조
③ 안정조
④ 폭기시설

[해설] 수질오염방지시설
① 살균시설 : 화학적 처리시설
(더 알아보기) 핵심정리 2-95

84. 배출부과금 부과 시 고려사항이 아닌 것은?

① 배출허용기준 초과 여부
② 배출되는 수질오염물질의 종류
③ 수질오염물질의 배출기간
④ 수질오염물질의 위해성

정답 81. ① 82. 정답 없음 83. ① 84. ④

해설 배출부과금 부과 시 고려사항
1. 배출허용기준 초과 여부
2. 배출되는 수질오염물질의 종류
3. 수질오염물질의 배출기간
4. 수질오염물질의 배출량
5. 자가측정 여부
6. 그 밖에 수질환경의 오염 또는 개선과 관련되는 사항으로서 환경부령으로 정하는 사항

85. 5년 이하의 징역 또는 5천만원 이하의 벌금형에 처하는 경우가 아닌 것은?

① 공공수역에 특정수질 유해물질 등을 누출·유출시키거나 버린 자
② 배출시설에서 배출되는 수질오염물질을 방지시설에 유입하지 않고 배출한 자
③ 배출시설의 조업정지 또는 폐쇄명령을 위반한 자
④ 신고를 하지 아니하거나 거짓으로 신고를 하고 배출시설을 설치하거나 그 배출시설을 이용하여 조업한 자

해설 • 정당한 사유없이 공공수역에 특정수질유해물질 등을 누출·유출하거나 버린 자 : 3년 이하의 징역 또는 3천만원 이하의 벌금
• 업무상 과실 또는 중대한 과실로 인하여 특정수질유해물질 등을 누출·유출한 자 : 1년 이하의 징역 또는 1천만원 이하의 벌금

86. 다음에 해당되는 수질오염 감시경보 단계는?

'생물감시 측정값이 생물감시 경보기준 농도를 30분 이상 지속적으로 초과하고, 전기전도도, 휘발성유기화합물, 페놀, 중금속(구리, 납, 아연, 카드뮴 등) 항목 중 1개 이상의 항목이 측정항목별 경보기준을 3배 이상 초과하는 경우'

① 주의 단계   ② 경계 단계
③ 심각 단계   ④ 발생 단계

해설 수질오염감시경보

경보단계	발령·해제기준
관심	• 수소이온농도, 용존산소, 총 질소, 총 인, 전기전도도, 총 유기탄소, 휘발성유기화합물, 페놀, 중금속(구리, 납, 아연, 카드뮴 등) 항목 중 2개 이상 항목이 측정항목별 경보기준을 초과하는 경우 • 생물감시 측정값이 생물감시 경보기준 농도를 30분 이상 지속적으로 초과하는 경우
주의	• 수소이온농도, 용존산소, 총 질소, 총 인, 전기전도도, 총 유기탄소, 휘발성유기화합물, 페놀, 중금속(구리, 납, 아연, 카드뮴 등) 항목 중 2개 이상 항목이 측정항목별 경보기준을 2배 이상(수소이온농도 항목의 경우에는 5 이하 또는 11 이상을 말한다.) 초과하는 경우 • 생물감시 측정값이 생물감시 경보기준 농도를 30분 이상 지속적으로 초과하고, 수소이온농도, 총 유기탄소, 휘발성유기화합물, 페놀, 중금속(구리, 납, 아연, 카드뮴 등) 항목 중 1개 이상의 항목이 측정항목별 경보기준을 초과하는 경우와 전기전도도, 총 질소, 총 인, 클로로필-a 항목 중 1개 이상의 항목이 측정항목별 경보기준을 2배 이상 초과하는 경우
경계	생물감시 측정값이 생물감시 경보기준 농도를 30분 이상 지속적으로 초과하고, 전기전도도, 휘발성유기화합물, 페놀, 중금속(구리, 납, 아연, 카드뮴 등) 항목 중 1개 이상의 항목이 측정항목별 경보기준을 3배 이상 초과하는 경우
심각	경계경보 발령 후 수질 오염사고 전개 속도가 매우 빠르고 심각한 수준으로서 위기발생이 확실한 경우
해제	측정항목별 측정값이 관심단계 이하로 낮아진 경우

정답 85. ① 86. ②

비고
1. 측정소별 측정항목과 측정항목별 경보기준 등 수질오염감시경보에 관하여 필요한 사항은 환경부장관이 고시한다.
2. 용존산소, 전기전도도, 총 유기탄소 항목이 경보기준을 초과하는 것은 그 기준초과 상태가 30분 이상 지속되는 경우를 말한다.
3. 수소이온농도 항목이 경보기준을 초과하는 것은 5 이하 또는 11 이상이 30분 이상 지속되는 경우를 말한다.
4. 생물감시장비 중 물벼룩감시장비가 경보기준을 초과하는 것은 양쪽 모든 시험조에서 30분 이상 지속되는 경우를 말한다.

87. 특별시장·광역시장·특별자치시장·특별자치도지사가 오염총량관리시행계획을 수립할 때 포함하여야 하는 사항으로 틀린 것은?

① 해당 지역 개발계획의 내용
② 수질예측 산정자료 및 이행 모니터링 계획
③ 연차별 오염부하량 삭감 목표 및 구체적 삭감 방안
④ 오염원 현황 및 예측

해설 오염총량관리시행계획을 수립할 때 포함해야 하는 사항
1. 오염총량관리시행계획 대상 유역의 현황
2. 오염원 현황 및 예측
3. 연차별 지역 개발계획으로 인하여 추가로 배출되는 오염부하량 및 해당 개발계획의 세부 내용
4. 연차별 오염부하량 삭감 목표 및 구체적 삭감 방안
5. 오염부하량 할당 시설별 삭감량 및 그 이행시기
6. 수질예측 산정자료 및 이행 모니터링 계획

88. 공공수역의 전국적인 수질 현황을 파악하기 위해 환경부장관이 설치할 수 있는 측정망의 종류로 틀린 것은?

① 생물 측정망
② 토질 측정망
③ 공공수역 유해물질 측정망
④ 비점오염원에서 배출되는 비점오염물질 측정망

해설 국립환경과학원장이 설치·운영하는 측정망의 종류
1. 비점오염원에서 배출되는 비점오염물질 측정망
2. 수질오염물질의 총량관리를 위한 측정망
3. 대규모 오염원의 하류지점 측정망
4. 수질오염경보를 위한 측정망
5. 대권역·중권역을 관리하기 위한 측정망
6. 공공수역 유해물질 측정망
7. 퇴적물 측정망
8. 생물 측정망
9. 그 밖에 국립환경과학원장이 필요하다고 인정하여 설치·운영하는 측정망

[개정] 환경부장관이 설치·운영하는 측정망의 종류 → 국립환경과학원장이 설치·운영하는 측정망의 종류

89. 사업장별 환경기술인의 자격기준에 관한 설명으로 ( )에 맞는 것은?

'환경산업기사 이상의 자격이 있는 자를 임명하여야 하는 사업장에서 환경기술인을 바꾸어 임명하는 경우로서 자격이 있는 구직자를 찾기 어려운 경우 등 부득이한 사유가 있는 경우에는 잠정적으로 ( ) 이내의 범위에서는 제4종 사업장·제5종 사업장의 환경기술인 자격에 준하는 자를 그 자격을 갖춘 자로 보아 신고를 할 수 있다.'

① 6월
② 90일
③ 60일
④ 30일

정답 87. ① 88. ② 89. ④

해설 환경기술인의 자격기준 : 환경산업기사 이상의 자격이 있는 자를 임명하여야 하는 사업장에서 환경기술인을 바꾸어 임명하는 경우로서 자격이 있는 구직자를 찾기 어려운 경우 등 부득이한 사유가 있는 경우에는 잠정적으로 30일 이내의 범위에서는 제4종 사업장·제5종 사업장의 환경기술인 자격에 준하는 자를 그 자격을 갖춘 자로 보아 제59조 제1항 제2호에 따른 신고를 할 수 있다.

더알아보기 핵심정리 2-93

90. 산업폐수의 배출규제에 관한 설명으로 옳은 것은?

① 폐수배출시설에서 배출되는 수질오염물질의 배출허용기준은 대통령이 정한다.
② 시·도 또는 인구 50만 이상의 시는 지역환경기준을 유지하기가 곤란하다고 인정할 때에는 시·도지사가 특별배출허용기준을 정할 수 있다.
③ 특별대책지역의 수질오염방지를 위해 필요하다고 인정할 때는 엄격한 배출허용기준을 정할 수 있다.
④ 시·도안에 설치되어 있는 폐수무방류 배출시설은 조례에 의해 배출허용기준을 적용한다.

해설 ① 폐수배출시설(이하 "배출시설"이라 한다.)에서 배출되는 수질오염물질의 배출허용기준은 환경부령으로 정한다.
② 시·도(해당 관할구역 중 인구 50만 이상의 시는 제외) 또는 인구 50만 이상의 시(대도시)는 지역환경기준을 유지하기가 곤란하다고 인정할 때에는 배출허용기준보다 엄격한 배출허용기준을 정할 수 있다.
④ 폐수무방류 배출시설은 배출허용기준을 적용받지 않는다.

91. 비점오염저감시설 중 장치형 시설이 아닌 것은?

① 생물학적 처리형 시설
② 응집·침전 처리형 시설
③ 와류형 시설
④ 침투형 시설

해설 비점오염저감시설

자연형 시설	장치형 시설
1. 저류시설 2. 인공습지 3. 침투시설 4. 식생형 시설	1. 여과형 시설 2. 소용돌이형 시설 3. 스크린형 시설 4. 응집·침전 처리형 시설 5. 생물학적 처리형 시설

[용어 개정] 와류형 시설 → 소용돌이형 시설

92. 발생폐수를 공공폐수처리시설로 유입하고자 하는 배출시설 설치자는 배수관거 등 배수설비를 기준에 맞게 설치하여야 한다. 배수설비의 설치방법 및 구조기준으로 틀린 것은?

① 배수관의 관경은 내경 150 mm 이상으로 하여야 한다.
② 배수관은 우수관과 분리하여 빗물이 혼합되지 아니하도록 설치하여야 한다.
③ 배수관 입구에는 유효간격 10 mm 이하의 스크린을 설치하여야 한다.
④ 배수관의 기점·종점·합류점·굴곡점과 관경·관종이 달라지는 지점에는 유출구를 설치하여야 하며, 직선인 부분에는 내경의 200배 이하의 간격으로 맨홀을 설치하여야 한다.

해설 배수설비의 설치방법·구조기준
④ 배수관의 기점·종점·합류점·굴곡점과 관경·관 종류가 달라지는 지점에는 맨홀을 설치하여야 하며, 직선인 부분에는 안지름의 120배 이하의 간격으로 맨홀을 설치하여야 한다.

정답 90. ③ 91. ④ 92. ④

93. 방지시설을 설치하지 아니한 자에 대한 1차 행정처분기준 중 개선명령에 해당되는 것은? (단, 항상 배출허용기준 이하로 배출된다는 사유 및 위탁처리 한다는 사유로 방지시설을 설치하지 아니한 경우)
① 폐수를 위탁하지 아니하고 그냥 배출한 경우
② 폐수 성상별 저장시설을 설치하지 아니한 경우
③ 개선계획서를 제출하지 아니하고 배출허용기준을 초과하여 수질오염물질을 배출한 경우
④ 폐수위탁처리 시 실적을 기간 내에 보고하지 아니한 경우

해설 ① 조업정지 10일
②, ④ 경고

94. 초과배출부과금의 부과 대상이 되는 수질오염물질이 아닌 것은?
① 유기인화합물
② 시안화합물
③ 대장균
④ 유기물질

해설 초과배출부과금 부과 대상 : 수은, 폴리염화비페닐(PCB), 카드뮴, 6가 크롬(Cr^{6+}), 테트라클로로에틸렌(PCE), 트리클로로에틸렌(TCE), 페놀, 시안, 유기인, 납, 비소, 크롬, 구리, 망간, 아연, 총 인(T-P), 총 질소(T-N), 유기물질, 부유물질

95. 배출시설에 대한 일일기준초과배출량 산정 시 적용되는 일일유량의 산정 방법으로 ( )에 맞는 것은?

'일일조업시간은 측정하기 전 최근 조업한 (㉠)간의 배출시설의 조업시간의 평균치로서 (㉡)으로 표시한다.'

① ㉠ 3월, ㉡ 분
② ㉠ 3월, ㉡ 시간
③ ㉠ 30일, ㉡ 분
④ ㉠ 30일, ㉡ 시간

해설 일일유량의 산정 방법 : 일일조업시간은 측정하기 전 최근 조업한 30일간의 배출시설의 조업시간의 평균치로서 분으로 표시한다.

96. 환경정책기본법에서 지하·지표 및 지상의 모든 생물과 이들을 둘러싸고 있는 비생물적인 것을 포함한 자연의 상태를 의미하는 것은?
① 생활환경
② 대자연
③ 자연환경
④ 환경보전

해설 환경정책기본법의 용어(정의)
• "환경"이란 자연환경과 생활환경을 말한다.
• "자연환경"이란 지하·지표(해양을 포함한다.) 및 지상의 모든 생물과 이들을 둘러싸고 있는 비생물적인 것을 포함한 자연의 상태(생태계 및 자연경관을 포함한다.)를 말한다.
• "생활환경"이란 대기, 물, 토양, 폐기물, 소음·진동, 악취, 일조, 인공조명 등 사람의 일상생활과 관계되는 환경을 말한다.
• "환경보전"이란 환경오염 및 환경훼손으로부터 환경을 보호하고 오염되거나 훼손된 환경을 개선함과 동시에 쾌적한 환경 상태를 유지·조성하기 위한 행위를 말한다.

97. 대권역 물환경관리계획의 수립 시 포함되어야 하는 사항으로 틀린 것은?
① 물환경의 변화 추이 및 물환경목표기준
② 수질오염원 발생원 대책
③ 수질오염 예방 및 저감대책
④ 상수원 및 물 이용현황

정답 93. ③ 94. ③ 95. ③ 96. ③ 97. ②

해설 대권역별 물환경관리계획(대권역계획) 수립 시 포함사항
- 물환경의 변화 추이 및 물환경목표기준
- 상수원 및 물 이용현황
- 점오염원, 비점오염원 및 기타수질오염원의 분포현황
- 점오염원, 비점오염원 및 기타수질오염원에서 배출되는 수질오염물질의 양
- 수질오염 예방 및 저감 대책
- 물환경 보전조치의 추진방향
- 「기후위기 대응을 위한 탄소중립·녹색성장 기본법」에 따른 기후변화에 대한 적응대책
- 그 밖에 환경부령으로 정하는 사항

98. 공공폐수처리시설의 유지·관리기준에 따라 처리시설의 관리·운영자가 실시하여야 하는 방류수 수질검사의 주기는? (단, 시설의 규모는 1일당 2,000 m³이며 방류수 수질이 현저하게 악화되지 않은 상황임)

① 월 2회 이상
② 주 2회 이상
③ 월 1회 이상
④ 주 1회 이상

해설 방류수 수질검사
- 방류수 수질검사: 월 2회 이상 실시(단, 2000 m³/day 이상인 시설: 주 1회 이상)
- 생태독성(TU) 검사: 월 1회 이상 실시

99. 시·도지사 등이 환경부장관에게 보고할 사항 중 보고 횟수가 연 1회에 해당되는 것은? (단, 위임업무 보고사항)

① 기타 수질오염원 현황
② 폐수위탁·사업장 내 처리현황 및 처리실적
③ 골프장 맹·고독성 농약 사용 여부 확인 결과
④ 비점오염원의 설치신고 및 현황

해설 위임업무 보고사항
① 연 2회
③ 연 2회
④ 연 4회

더 알아보기 핵심정리 2-99

100. 폐수처리업의 업종 구분을 가장 알맞게 짝지은 것은?

① 폐수 위탁처리업 - 폐수 재활용업
② 폐수 수탁처리업 - 측정대행업
③ 폐수 위탁처리업 - 방지시설업
④ 폐수 수탁처리업 - 폐수 재이용업

해설 폐수처리업의 업종 구분
1. 폐수 수탁처리업: 폐수처리시설을 갖추고 수탁받은 폐수를 재생·이용 외의 방법으로 처리하는 영업
2. 폐수 재이용업: 수탁받은 폐수를 제품의 원료·재료 등으로 재생·이용하는 영업

정답 98. ④ 99. ② 100. ④

2018년도 시행문제

수질환경기사

2018년 3월 4일 (제1회)

제1과목　　수질오염개론

1. 0.2 N CH_3COOH 100 mL를 NaOH로 적정하고자 하여 0.2 N NaOH 97.5 mL를 가했을 때 이 용액의 pH는 얼마인가? (단, CH_3COOH의 해리상수 $K_a = 1.8 \times 10^{-5}$)

① 3.67　　② 5.56
③ 6.34　　④ 6.87

해설 약산 – 강염기 중화반응
(1) CH_3COOH의 pK_a
   $= -\log(1.8 \times 10^{-5})$
   $= 4.7447$
(2) CH_3COOH의 mol 수
   $= \dfrac{0.2\ mol}{L} \bigg| \dfrac{0.1\ L}{} = 0.02\ mol$
(3) NaOH의 mol 수
   $= \dfrac{0.2\ mol}{L} \bigg| \dfrac{0.0975\ L}{} = 0.0195\ mol$
(4) 중화반응식
   $CH_3COOH(aq) + NaOH(aq) \rightarrow CH_3COONa(aq) + H_2O(l)$

	$CH_3COOH(aq)$: $NaOH(aq)$: $CH_3COONa(aq)$
처음	0.02　　　0.0195
반응	−0.0195　−0.0195
나중	(0.02−0.0195)　0　　0.0195

(5) 완충용액의 중화적정식
$$pH = pK_a + \log\dfrac{[CH_3COONa]}{[CH_3COOH]}$$
$$= 4.7447 + \log\dfrac{0.0195}{(0.02-0.0195)}$$
$$= 6.335$$

2. 다음 설명과 가장 관계있는 것은?

> 유리산소가 존재해야만 생장하며, 최적 온도는 20~30℃, 최적 pH는 4.5~6.0이다. 유기산과 암모니아를 생성해 pH를 상승 또는 하강시킬 때도 있다.

① 박테리아　② 균류
③ 조류　　　④ 원생동물

해설 균류는 호기성 미생물이고, 낮은 pH에서 잘 큰다.

3. 하천의 자정계수(f)에 관한 설명으로 맞는 것은? (단, 기타 조건은 같다고 가정함)

① 수온이 상승할수록 자정계수는 작아진다.
② 수온이 상승할수록 자정계수는 커진다.
③ 수온이 상승하여도 자정계수는 변화가 없이 일정하다.
④ 수온이 20℃인 경우, 자정계수는 가장 크며 그 이상의 수온에서는 점차로 낮아진다.

해설 자정계수(f) = $\dfrac{재폭기계수(k_2)}{탈산소계수(k_1)}$

구분	k_1	k_2	f
수온 증가	많이 증가	조금 증가	감소
유속, 구배, 난류 증가	−	증가	증가
수심 증가	−	감소	감소

정답 1. ③　2. ②　3. ①

4. 수질오염물질 중 중금속에 관한 설명으로 틀린 것은?

① 카드뮴 : 인체 내에서 투과성이 높고 이동성이 있는 독성 메틸 유도체로 전환된다.
② 비소 : 인산염 광물에 존재해서 인 화합물 형태로 환경 중에 유입된다.
③ 납 : 급성독성은 신장, 생식계통, 간 그리고 뇌와 중추신경계에 심각한 장애를 유발한다.
④ 수은 : 수은 중독은 BAL, Ca_2EDTA로 치료할 수 있다.

해설 ① 인체 내에서 투과성이 높고 이동성이 있는 독성 메틸 유도체로 전환되는 것은 메틸수은이다.

정리 카드뮴
- 인체에 필요한 아연과 성질이 비슷하기 때문에 체내에 잘 섭취됨
- 영향 : 신장 장애, 칼슘흡수 방해, 골연화증

5. formaldehyde(CH_2O)의 COD/TOC 비는?

① 1.37   ② 1.67
③ 2.37   ④ 2.67

해설 $CH_2O + O_2 \rightarrow CO_2 + H_2O$

$$\frac{COD}{TOC} = \frac{O_2}{C} = \frac{32}{12} = 2.67$$

6. 피부점막, 호흡기로 흡입되어 국소 및 전신마비, 피부염, 색소 침착을 일으키며 안료, 색소, 유리공업 등이 주요 발생원인 중금속은?

① 비소   ② 납
③ 크롬   ④ 구리

해설 비소의 영향
- 국소 및 전신마비(수족의 지각장애), 피부염, 각화증, 발암, 색소 침착, 간장 비대 등의 순환기장애
- 흑피증

7. 공장의 COD가 5,000 mg/L, BOD_5가 2,100 mg/L이었다면 이 공장의 NBDCOD (mg/L)는? (단, K = BOD_u/BOD_5 = 1.5)

① 1,850
② 1,550
③ 1,450
④ 1,250

해설 (1) BDCOD
$BDCOD = BOD_u = 1.5 \times 2,100$
$= 3,150$ mg/L
(2) NBDCOD
$COD = BDCOD + NBCOD$
$5,000 = 3,150 + NBDCOD$
∴ $NBDCOD = 1,850$ mg/L

더 알아보기 핵심정리 1-11

8. 분뇨를 퇴비화 처리할 때 초기의 최적 환경 조건으로 가장 거리가 먼 것은?

① 축분에 수분조정을 위해 부자재를 혼합할 때 퇴비재료의 적정 C/N 비는 25~30이 좋다.
② 부자재를 혼합하여 수분함량이 20~30 % 되도록 한다.
③ 퇴비화는 호기성미생물을 활용하는 기술이므로 산소공급을 충분히 한다.
④ 초기 재료의 pH는 6.0~8.0으로 조정한다.

해설 ② 부자재를 혼합하여 수분함량이 50~60 % 되도록 한다.

퇴비화 운전 및 완성 조건

영향 요인	최적 조건	완성 조건
C/N	30±5	10~20(10 이하에서 퇴비화 중단)
온도	60~70℃	40℃ 이하
함수율	50~60 %	40 % 이하
pH	6.0~8.0	6.5~7.5

정답 4. ① 5. ④ 6. ① 7. ① 8. ②

9. C_2H_6 15 g이 완전 산화하는 데 필요한 이론적 산소량(g)은?

① 약 46
② 약 56
③ 약 66
④ 약 76

해설 $C_2H_6 + \dfrac{7}{2}O_2 \rightarrow 2CO_2 + 3H_2O$

$30\,g : \dfrac{7}{2} \times 32\,g$

$15\,g : x$

$\therefore x = \dfrac{\dfrac{7}{2} \times 32 \times 15}{30} = 56\,g$

10. 연못의 수면에 용존산소 농도가 11.3 mg/L이고 수온이 20℃인 경우, 가장 적절한 판단이라 볼 수 있는 것은?

① 수면의 난류로 계속 폭기가 일어나 DO가 계속 높아질 가능성이 있다.
② 연못에 산화제가 유입되었을 가능성이 있다.
③ 조류가 번식하여 DO가 과포화되었을 가능성이 있다.
④ 물속에 수산화물과 (중)탄산염을 포함하여 완충능력이 클 가능성이 있다.

해설 20℃ DO 포화농도는 9.2 mg/L이므로, 조류의 광합성으로 DO가 증가해, 과포화 상태일 가능성이 크다.

11. 팔당호와 의암호와 같이 짧은 체류시간, 호수 수질의 수평적 균일성의 특징을 가지는 호수의 형태는?

① 하천형 호수
② 가지형 호수
③ 저수지형 호수
④ 하구형 호수

해설 호수의 형태

분류	특징	예
하천형 호수	• 하천을 댐으로 막아 만듦 • 호수의 폭보다 길이가 긴 형태 • 체류시간 짧음 • 호수의 수평적 농도 변화가 작음 • 호수 연안이 비교적 단순함	팔당호, 의암호, 청평호, 춘천호 등
수지형 호수	• 산간지역 하천을 댐으로 막아 만든 것이 많음 • 체류시간 긺 • 호수의 수평적 농도 변화가 큼	충주호
저수지형 호수	• 체류시간이 비교적 짧음 • 저수용량이 작음	
하구형 호수	• 호수의 수평적 농도 변화가 큼	삽교호

12. 일차 반응에서 반응물질의 반감기가 5일이라고 한다면 물질의 90 %가 소모되는 데 소요되는 시간(일)은?

① 약 14
② 약 17
③ 약 19
④ 약 22

해설 1차 반응식 $\ln \dfrac{C}{C_o} = -Kt$

(1) K

$\ln \dfrac{1}{2} = -K \times 5$일

$\therefore K = 0.1386/$일

(2) 90 % 소모 시 소요시간

$\ln \dfrac{C}{C_o} = -0.1386t$

$\ln \dfrac{10}{100} = -0.1386t$

$\therefore t = 16.61$일

정답 9. ② 10. ③ 11. ① 12. ②

13. $PbSO_4$가 25℃ 수용액 내에서 용해도가 0.075 g/L이라면 용해도적은? (단, Pb 원자량 = 207)

① 3.4×10^{-9} ② 4.7×10^{-9}
③ 5.8×10^{-8} ④ 6.1×10^{-8}

해설 용해도적
$$PbSO_4 \rightarrow Pb^{2+} + SO_4^{2-}$$
$$ S S$$

용해도(S) = $\dfrac{0.075\ g}{L} \Big| \dfrac{1\ mol}{303\ g\ PbSO_4}$

$= 2.475 \times 10^{-4}$ M

$K_{sp} = [Pb^{2+}][SO_4^{2-}] = S \times S = S^2$
$= (2.475 \times 10^{-4})^2 = 6.126 \times 10^{-8}$

14. 분체증식을 하는 미생물을 회분배양하는 경우 미생물은 시간에 따라 5단계를 거치게 된다. 5단계 중 생존한 미생물의 중량보다 미생물 원형질의 전체 중량이 더 크게 되며, 미생물 수가 최대가 되는 단계로 가장 적합한 것은?

① 증식단계 ② 대수성장단계
③ 감소성장단계 ④ 내생성장단계

해설 미생물의 성장단계별 특징
- 대수성장단계 : 증식속도 최대
- 감소성장단계 : 미생물 수 최대
- 내생성장단계 : 슬러지 자산화, 원형질 중량 감소

(더 알아보기) 핵심정리 2-8

15. 효소 및 기질이 효소 – 기질을 형성하는 가역 반응과 생성물 P를 이탈시키는 착화합물의 비가역 분해과정인 다음의 식에서 Michaelis 상수 k_m은? (단, $k_1 = 1.0 \times 10^7\ M^{-1}s^{-1}$, $k_{-1} = 1.0 \times 10^2 s^{-1}$, $k_2 = 3.0 \times 10^2 s^{-1}$)

$$E + S \underset{k_{-1}}{\overset{k_1}{\rightleftarrows}} ES \overset{k_2}{\longrightarrow} E + P$$

① 1.0×10^{-5} M ② 2.0×10^{-5} M
③ 3.0×10^{-5} M ④ 4.0×10^{-5} M

해설 Michaelis Menton식

$k_m = \dfrac{k_{-1} + k_2}{k_1} = \dfrac{(1.0 \times 10^2) + (3.0 \times 10^2)}{1.0 \times 10^7}$

$= 4 \times 10^{-5}$ M

16. 보통 농업용수의 수질 평가 시 SAR로 정의하는데 이에 대한 설명으로 틀린 것은?

① SAR값이 20 정도이면 Na^+가 토양에 미치는 영향이 적다.
② SAR의 값은 Na^+, Ca^{2+}, Mg^{2+} 농도와 관계가 있다.
③ 경수가 연수보다 토양에 더 좋은 영향을 미친다고 볼 수 있다.
④ SAR의 계산식에 사용되는 이온의 농도는 meq/L를 사용한다.

해설 ① SAR값이 20 정도이면 Na^+가 토양에 미치는 영향이 높다.

(더 알아보기) 핵심정리 1-15

17. 공장폐수의 BOD를 측정하였을 때 초기 DO는 8.4 mg/L이고, 20℃에서 5일간 보관한 후 측정한 DO는 3.6 mg/L이었다. BOD 제거율이 90 %가 되는 활성슬러지 처리시설에서 처리하였을 경우 방류수의 BOD(mg/L)는? (단, BOD 측정 시 희석배율 = 50배)

① 12 ② 16
③ 21 ④ 24

해설 (1) 희석 후 BOD = 초기 DO – 5일 후 DO
$= 8.4 - 3.6$
$= 4.8$ mg/L

(2) 희석 전 BOD
= 희석 후 BOD × 희석배수
$= 4.8 \times 50 = 240$ mg/L

(3) 방류수 BOD(C)
$C = C_o(1 - \eta) = 240(1 - 0.9)$
$= 24$ mg/L

정답 13. ④ 14. ③ 15. ④ 16. ① 17. ④

18. 하천수의 수온은 10°C이다. 20°C의 탈산소계수 K(상용대수)가 0.1day^{-1}일 때 최종 BOD에 대한 BOD$_6$의 비는? (단, $K_T = K_{20} \times 1.047^{(T-20)}$)

① 0.42
② 0.58
③ 0.63
④ 0.83

해설 $K_{10} = 0.1 \times 1.047^{10-20} = 0.06317$
$BOD_6 = BOD_u(1 - 10^{-K \times 6})$
$\dfrac{BOD_6}{BOD_u} = 1 - 10^{-0.06317 \times 6} = 0.58$

19. 부영양화 현상을 억제하는 방법으로 가장 거리가 먼 것은?

① 비료나 합성세제의 사용을 줄인다.
② 축산폐수의 유입을 막는다.
③ 과잉번식된 조류(algae)는 황산망간(MnSO$_4$)을 살포하여 제거 또는 억제할 수 있다.
④ 하수처리장에서 질소와 인을 제거하기 위해 고도처리공정을 도입하여 질소, 인의 호소유입을 막는다.

해설 부영양화
③ 과잉번식된 조류(algae)는 황산동(CuSO$_4$)을 살포하여 제거 또는 억제할 수 있다.

더 알아보기 핵심정리 2-13 (3)

20. 수자원의 순환에서 가장 큰 비중을 차지하는 것은?

① 해양으로의 강우
② 증발
③ 증산
④ 육지로의 강우

제2과목 상하수도계획

21. 24시간 이상 장시간의 강우강도에 대해 가까운 저류시설 등을 계획할 경우에 적용하는 강우강도식은?

① Cleveland형
② Japanese형
③ Talbot형
④ Sherman형

해설 강우강도식
• Talbot형 : 유달시간이 짧을 경우 적용
• Cleveland형 : 24시간 이상 장시간 강우강도에 적용

22. 다음 하수관로에서 평균유속이 2.5 m/sec일 때 흐르는 유량(m^3/sec)은?

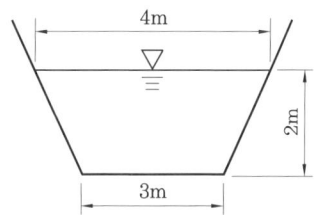

① 7.8
② 12.3
③ 17.5
④ 23.3

해설 유량계산
$Q = AV$
$= (4+3) \times 2 \times \dfrac{1}{2} \times 2.5$
$= 17.5 \text{ m}^3/\text{s}$

23. 펌프의 회전수 N = 2,400 rpm, 최고 효율점의 토출량 Q = 162 m^3/hr, 전양정 H = 90 m인 원심펌프의 비회전도는?

① 약 115
② 약 125
③ 약 135
④ 약 145

해설 비교회전도
$N_s = N\dfrac{Q^{1/2}}{H^{3/4}} = 2,400 \dfrac{\left(162\dfrac{\text{m}^3}{\text{hr}} \times \dfrac{1\text{hr}}{60\text{min}}\right)^{1/2}}{90^{3/4}}$
$= 134.96$

정답 18. ② 19. ③ 20. ② 21. ① 22. ③ 23. ③

24. 단면 ①(지름 0.5 m)에서 유속이 2 m/sec일 때, 단면 ②(지름 0.2 m)에서의 유속(m/sec)은? (단, 만관 기준이며 유량은 변화 없음)

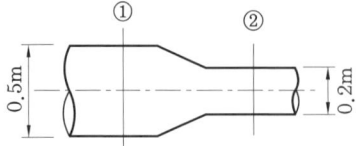

① 약 5.5 ② 약 8.5
③ 약 9.5 ④ 약 12.5

해설 연속방정식 $Q = A_1V_1 = A_2V_2$

$$\frac{\pi}{4}(0.5)^2 \times 2 = \frac{\pi}{4}(0.2)^2 \times V_2$$

∴ $V_2 = 12.5$ m/s

25. 취수시설 중 취수보의 위치 및 구조에 대한 고려사항으로 옳지 않은 것은?

① 유심이 취수구에 가까우며 안정되고 홍수에 의한 하상변화가 적은 지점으로 한다.
② 원칙적으로 철근콘크리트 구조로 한다.
③ 침수 및 홍수 시 수면상승으로 인하여 상류에 위치한 하천공작물 등에 미치는 영향이 적은 지점에 설치한다.
④ 원칙적으로 홍수의 유심방향과 평행인 직선형으로 가능한 한 하천의 곡선부에 설치한다.

해설 ④ 원칙적으로 홍수의 유심방향과 직각인 직선형으로 가능한 한 하천의 직선부에 설치한다.

더 알아보기 핵심정리 2-23

26. 관경 1,100 mm, 역사이펀 관거 내의 동수경사 2.4‰, 유속 2.15 m/sec, 역사이펀 관거의 길이 L = 76 m일 때, 역사이펀의 손실수두(m)는? (단, β = 1.5, α = 0.05 m이다.)

① 0.29 ② 0.39
③ 0.49 ④ 0.59

해설 $h = il + \beta \dfrac{V^2}{2g} + \alpha$

$= \dfrac{2.4}{1,000} \times 76 + 1.5 \times \dfrac{2.15^2}{2 \times 9.8} + 0.05$

$= 0.586$ m

27. 상수처리를 위한 약품침전지의 구성과 구조로 틀린 것은?

① 슬러지의 퇴적심도로서 30 cm 이상을 고려한다.
② 유효수심은 3~5.5 m로 한다.
③ 침전지 바닥에는 슬러지 배제에 편리하도록 배수구를 향하여 경사지게 한다.
④ 고수위에서 침전지 벽체 상단까지의 여유고는 10 cm 정도로 한다.

해설 약품침전지 설계기준
④ 고수위에서 침전지 벽체 상단까지의 여유고는 30 cm 정도로 한다.

더 알아보기 핵심정리 2-26 (3)

28. 하수관로 개·보수계획 수립 시 포함되어야 할 사항이 아닌 것은?

① 불명수량 조사
② 개·보수 우선순위의 결정
③ 개·보수공사 범위의 설정
④ 주변 인근 신설관거 현황 조사

해설 하수관로 개·보수 계획 수립 시 포함사항
• 기초자료 분석 및 조사 우선순위 결정
• 불명수량 조사
• 기존관로 현황 조사
• 개·보수 우선순위의 결정
• 개·보수공사 범위의 설정
• 개·보수공법의 선정

29. 하수배제방식이 합류식인 경우 중계펌프장의 계획 하수량으로 가장 옳은 것은?

① 우천 시 계획오수량
② 계획우수량
③ 계획시간최대오수량
④ 계획1일최대오수량

해설 계획하수량
- 분류식 중계펌프장, 소규모펌프장, 유입·방류펌프장 : 계획시간최대오수량
- 합류식 중계펌프장, 소규모펌프장, 유입·방류펌프장 : 우천 시 계획오수량

(더 알아보기) 핵심정리 2-34

30. 우물의 양수량 결정 시 적용되는 "적정양수량"의 정의로 옳은 것은?

① 최대양수량의 70 % 이하
② 최대양수량의 80 % 이하
③ 한계양수량의 70 % 이하
④ 한계양수량의 80 % 이하

해설 양수량의 결정 : 적정양수량은 한계양수량의 70 % 이하의 양수량을 말한다.

31. 펌프의 노출유량은 1,800 m³/hr, 흡입구의 유속은 4 m/sec일 때 펌프의 흡입구경(mm)은?

① 약 350
② 약 400
③ 약 450
④ 약 500

해설 연속방정식

$$Q = \frac{\pi D^2}{4} V$$

$$\frac{1,800 \text{ m}^3}{\text{hr}} \cdot \frac{1 \text{ hr}}{3,600 \text{ sec}} = \frac{\pi D^2}{4} \cdot \frac{4.0 \text{ m}}{\text{sec}}$$

$$\therefore D = 0.3989 \text{ m} = 398.9 \text{ mm}$$

32. 상수도 취수시설 중 취수틀에 관한 설명으로 옳지 않은 것은?

① 구조가 간단하고 시공도 비교적 용이하다.
② 수중에 설치되므로 호소표면수는 취수할 수 없다.
③ 단기간에 완성하고 안정된 취수가 가능하다.
④ 보통 대형취수에 사용되며 수위변화에 영향이 적다.

해설 ④ 취수틀은 소량취수에 사용됨

33. 펌프의 공동현상(cavitation)에 관한 설명 중 틀린 것은?

① 공동현상이 생기면 소음이 발생한다.
② 공동 속의 압력은 절대로 0이 되지는 않는다.
③ 장시간이 경과하면 재료의 침식을 생기게 한다.
④ 펌프의 흡입양정이 작아질수록 공동현상이 발생하기 쉽다.

해설 공동현상
④ 펌프의 흡입양정이 클수록 필요 유효흡입수두(필요 NPSH)가 증가해 공동현상이 발생함

(더 알아보기) 핵심정리 2-43 (2)

34. 정수처리시설인 응집지 내의 플록형성지에 관한 설명 중 틀린 것은?

① 플록형성지는 혼화지와 침전지 사이에 위치하고 침전지에 붙여서 설치한다.
② 플록형성은 응집된 미소플록을 크게 성장시키기 위해 적당한 기계식교반이나 우류식교반이 필요하다.
③ 플록형성지 내의 교반강도는 하류로 갈수록 점차 증가시키는 것이 바람직하다.
④ 플록형성지는 단락류나 정체부가 생기지 않으면서 충분하게 교반될 수 있는 구조로 한다.

해설 플록형성지 설계기준
③ 플록형성지 내의 교반강도는 하류로 갈수록 점차 감소시켜야 함

(더 알아보기) 핵심정리 2-26 (2)

정답 30. ③ 31. ② 32. ④ 33. ④ 34. ③

35. 도수관을 설계할 때 평균유속 기준으로 옳은 것은?

> 자연유하식인 경우에는 허용최대한도를 (㉠)로 하고, 도수관의 평균유속의 최소한도는 (㉡)로 한다.

① ㉠ 1.5 m/s, ㉡ 0.3 m/s
② ㉠ 1.5 m/s, ㉡ 0.6 m/s
③ ㉠ 3.0 m/s, ㉡ 0.3 m/s
④ ㉠ 3.0 m/s, ㉡ 0.6 m/s

해설 관거의 유속
- 상수관 : 0.3~3.0 m/s
- 오수관 : 0.6~3.0 m/s
- 우수관 : 0.8~3.0 m/s

36. 상수도 기본계획 수립 시 기본적 사항인 계획 1일 최대급수량에 관한 내용으로 적절한 것은?

① 계획1일평균사용수량 / 계획유효율
② 계획1일평균사용수량 / 계획부하율
③ 계획1일평균급수량 / 계획유효율
④ 계획1일평균급수량 / 계획부하율

해설
- 첨두율 = 계획1일최대급수량 / 계획1일평균급수량
- 부하율 = 계획1일평균급수량 / 계획1일최대급수량
- 계획1일평균급수량 = 계획1일평균사용수량 / 계획유효율

37. 길이 1.2 km의 하수관이 2 ‰의 경사로 매설되어 있을 경우, 이 하수관 양 끝단 간의 고저차(m)는? (단, 기타 사항은 고려하지 않음)

① 0.24   ② 2.4
③ 0.6   ④ 6.0

해설 경사$(i) = \dfrac{높이차(H)}{길이차(L)}$

∴ $H = \dfrac{2}{1,000} \times 1,200 \text{ m} = 2.4 \text{ m}$

38. 계획송수량과 계획도수량의 기준이 되는 수량은?

① 계획송수량 : 계획1일최대급수량
   계획도수량 : 계획시간최대급수량
② 계획송수량 : 계획시간최대급수량
   계획도수량 : 계획1일최대급수량
③ 계획송수량 : 계획취수량
   계획도수량 : 계획1일최대급수량
④ 계획송수량 : 계획1일최대급수량
   계획도수량 : 계획취수량

해설
- 취수, 도수 : 계획취수량
- 정수, 송수, 배수, 급수 : 계획1일최대급수량

39. 하수 관거시설인 빗물받이의 설치에 관한 설명으로 틀린 것은?

① 협잡물 및 토사의 유입을 저감할 수 있는 방안을 고려하여야 한다.
② 설치위치는 보·차도 구분이 없는 경우에는 도로와 사유지의 경계에 설치한다.
③ 도로 옆 물이 모이기 쉬운 장소나 L형 측구의 유하방향 하단부에 설치한다.
④ 우수침수방지를 위하여 횡단보도 및 가옥의 출입구 앞에 설치함을 원칙으로 한다.

해설 빗물받이 설치위치
- 도로 옆의 물이 모이기 쉬운 장소나 L형 측구의 유하방향 하단부에 반드시 설치
- 횡단보도, 버스정류장 및 가옥의 출입구 앞에는 가급적 설치하지 않는 것이 좋음
- 보·차도 구분이 있는 경우에는 그 경계로 하고, 보·차도 구분이 없는 경우에는 도로와 사유지의 경계에 설치

40. 우리나라 대규모 상수도의 수원으로 가장 많이 이용되며 오염물질에 노출을 주의해야 하는 수원은?

① 지표수   ② 지하수
③ 용천수   ④ 복류수

해설 우리나라에서는 지표수(하천, 호수)가 수원으로 가장 많이 이용된다.

정답 35. ③ 36. ④ 37. ② 38. ④ 39. ④ 40. ①

제3과목 수질오염방지기술

41. 처리유량이 200 m³/hr이고 염소요구량이 9.5 mg/L, 잔류염소 농도가 0.5 mg/L일 때 하루에 주입되는 염소의 양(kg/day)은?

① 2　　　　② 12
③ 22　　　④ 48

해설 (1) 염소주입량 = 염소요구량 + 잔류염소량
$$= 9.5 + 0.5 = 10 \text{ mg/L}$$
(2) 주입염소량(kg/day)
$$= \frac{10 \text{ mg}}{L} \cdot \frac{200 \text{ m}^3}{hr} \cdot \frac{1{,}000 \text{ L}}{1 \text{ m}^3} \cdot \frac{1 \text{ kg}}{10^6 \text{ mg}} \cdot \frac{24 \text{ hr}}{1 \text{ day}}$$
$$= 48 \text{ kg/day}$$

42. BOD 400 mg/L, 폐수량 1,500 m³/day의 공장폐수를 활성슬러지법으로 처리하고자 한다. BOD-MLSS 부하를 0.25 kg/kg·day, MLSS 2,500 mg/L로 운전한다면 포기조의 크기(m³)는?

① 2,000　　② 1,500
③ 1,250　　④ 960

해설 $F/M = \dfrac{BOD \cdot Q}{V \cdot X}$

$\therefore V = \dfrac{BOD \cdot Q}{(F/M)X}$
$$= \frac{400 \text{ mg}}{L} \cdot \frac{1{,}500 \text{ m}^3}{day} \cdot \frac{day}{0.25} \cdot \frac{L}{2{,}500 \text{ mg}}$$
$$= 960 \text{ m}^3$$

43. 분뇨 소화슬러지 발생량은 1일 분뇨투입량의 10%이다. 발생된 소화슬러지의 탈수 전 함수율이 96%라고 하면 탈수된 소화슬러지의 1일 발생량(m³)은? (단, 분뇨투입량 = 360 kL/day, 탈수된 소화슬러지의 함수율 = 72%, 분뇨 비중 = 1.0)

① 2.47　　② 3.78
③ 4.21　　④ 5.14

해설 (1) 소화슬러지 발생량
$$= 0.1 \times 360 \text{ kL/day} = 36 \text{ m}^3/day$$
(2) 탈수 후 슬러지 양(SL_2)
  탈수 전 TS = 탈수 후 TS
  $SL_1(1-W_1) = SL_2(1-W_2)$
  $36(1-0.96) = SL_2(1-0.72)$
  $\therefore SL_2 = 5.142 \text{ m}^3$

44. 일반적으로 염소계 산화제를 사용하여 무해한 물질로 산화 분해시키는 처리방법을 사용하는 폐수의 종류는?

① 납을 함유한 폐수
② 시안을 함유한 폐수
③ 유기인을 함유한 폐수
④ 수은을 함유한 폐수

해설 시안 처리방법 : 알칼리 염소법

45. SS가 55 mg/L, 유량이 13,500 m³/day인 흐름에 황산제이철($Fe_2(SO_4)_3$)을 응집제로 사용하여 50 mg/L가 되도록 투입한다. 응집제를 투입하는 흐름에 알칼리도가 없는 경우, 황산제이철과 반응시키기 위해 투입하여야 하는 이론적인 석회($Ca(OH)_2$)의 양(kg/day)은? (단, Fe = 55.8, S = 32, O = 16, Ca = 40, H = 1)

① 285　　② 375
③ 465　　④ 545

해설 (1) 황산제이철의 양
  $Fe_2(SO_4)_3$
$$= \frac{13{,}500 \text{ m}^3}{day} \cdot \frac{50 \text{ mg}}{L} \cdot \frac{1{,}000 \text{ L}}{1 \text{ m}^3} \cdot \frac{1 \text{ kg}}{10^6 \text{ mg}}$$
$$= 675 \text{ kg/day}$$
(2) 석회 양
  $Fe_2(SO_4)_3 + 3Ca(OH)_2 \rightarrow 2Fe(OH)_3 + 3CaSO_4$
  399.6 g : 3×74 g
  675 kg/day : x

$\therefore$ 석회 양(x) = $\dfrac{675 \text{ kg}}{day} \cdot \dfrac{3 \times 74}{399.6}$ = 375 kg/day

정답 41. ④　42. ④　43. ④　44. ②　45. ②

46. 생물학적 질소 및 인 동시제거공정으로서 혐기조, 무산소조, 호기조로 구성되며, 혐기조에서 인 방출, 무산소조에서 탈질화, 호기조에서 질산화 및 인 섭취가 일어나는 공정은?

① A₂/O 공정
② Phostrip 공정
③ Modified Bardenphor 공정
④ Modified UCT 공정

해설 제거물질 / 반응조 구성
① A₂/O : 질소, 인 동시제거 / 혐기조-무산소조-호기조
② 포스트립 공법 : 인만 제거 / 혐기조-호기조
③ 수정 바덴포 공법 : 질소, 인 동시제거 / 혐기조-무산소조-호기조-무산소조-호기조
④ 수정 UCT 공법 : 질소, 인 동시제거 / 혐기조-1무산소조-2무산소조-호기조

47. 정수장 응집 공정에 사용되는 화학 약품 중 나머지 셋과 그 용도가 다른 하나는?

① 오존
② 명반
③ 폴리비닐아민
④ 황산제일철

해설 ①은 산화제, ②, ③, ④는 응집제이다.

48. pH = 3.0인 산성폐수 1,000 m³/day를 도시하수 시스템으로 방출하는 공장이 있다. 도시하수의 유량은 10,000 m³/day이고 pH = 8.0이다. 하수와 폐수의 온도는 20℃이고 완충작용이 없다면 산성폐수 첨가 후 하수의 pH는?

① 3.2
② 3.5
③ 3.8
④ 4.0

해설 (1) 도시하수
- 도시하수의 $[OH^-] = 10^{-pOH} = 10^{-(14-8)}$
$= 10^{-6}$ M
- 도시하수의 $[OH^-]$양

$$= \frac{10^{-6} \text{ mol}}{\text{L}} \left| \frac{10,000 \text{ m}^3}{\text{day}} \right| \frac{1,000 \text{ L}}{1 \text{ m}^3}$$

$= 10$ mol/day

(2) 산성폐수
- 산성폐수의 $[H^+] = 10^{-pH} = 10^{-3}$ M
- 산성폐수의 $[H^+]$양

$$= \frac{10^{-3} \text{ mol}}{\text{L}} \left| \frac{1,000 \text{ m}^3}{\text{day}} \right| \frac{1,000 \text{ L}}{1 \text{ m}^3}$$

$= 1,000$ mol/day

(3) 첨가 후 하수의 pH
- 산염기 혼합 후 $[H^+] = \dfrac{[H^+]-[OH^-]}{Q_1+Q_2}$

$$= \frac{(1,000-10) \text{ mol}}{\text{day}} \left| \frac{\text{day}}{(10,000+1,000) \text{ m}^3} \right| \frac{1 \text{ m}^3}{1,000 \text{ L}}$$

$= 9 \times 10^{-5}$ M

∴ pH $= -\log(9 \times 10^{-5}) = 4.04$

49. 혐기성 처리와 호기성 처리의 비교 설명으로 가장 거리가 먼 것은?

① 호기성 처리가 혐기성 처리보다 유출수의 수질이 더 좋다.
② 혐기성 처리가 호기성 처리보다 슬러지 발생량이 더 적다.
③ 호기성 처리에서는 1차 침전지가 필요하지만 혐기성 처리에서는 1차 침전지가 필요 없다.
④ 주어진 기질량에 대한 영양물질의 필요성은 호기성 처리보다 혐기성 처리에서 더 크다.

해설 ④ 영양물질은 혐기성 처리보다 호기성 처리에서 더 중요하다.

정답 46. ① 47. ① 48. ④ 49. ④

50. 연속회분식 활성슬러지법(SBR, Sequencing Batch Reactor)에 대한 설명으로 잘못된 것은?

① 단일 반응조에서 1주기(cycle) 중에 호기-무산소-혐기 등의 조건을 설정하여 질산화와 탈질화를 도모할 수 있다.
② 충격부하 또는 첨두유량에 대한 대응성이 약하다.
③ 처리용량이 큰 처리장에는 적용하기 어렵다.
④ 질소(N)와 인(P)의 동시제거 시 운전의 유연성이 크다.

해설 ② 충격부하에 대응성이 강하다.

51. 오존을 이용한 소독에 관한 설명으로 틀린 것은?

① 오존은 화학적으로 불안정하여 현장에서 직접 제조하여 사용해야 한다.
② 오존은 산소의 동소체로서 HOCl보다 더 강력한 산화제이다.
③ 오존은 20℃ 증류수에서 반감기가 20~30분이고 용액 속에 산화제를 요구하는 물질이 존재하면 반감기는 더욱 짧아진다.
④ 잔류성이 강하여 2차 오염을 방지하며 냄새제거에 매우 효과적이다.

해설 ④ 오존은 잔류성이 없다.

52. 부피가 2,649 m³인 탱크에서 G값을 50/s로 유지하기 위해 필요한 이론적 소요동력(W)과 패들 면적(m²)은? (단, 유체 점성 계수 1.139×10^{-3} N·s/m², 밀도 1,000 kg/m³, 직사각형 패들의 항력계수 1.8, 패들 주변속도 0.6 m/s, 패들 상대속도 = 패들 주변속도×0.75로 가정, 패들 면적 A = [2P/(C·ρ·V³)] 식 적용)

① 8,543, 104   ② 8,543, 92
③ 7,543, 104   ④ 7,543, 92

해설 (1) 소요동력
$$P = G^2 \mu V$$
$$= \frac{(50/s)^2 \cdot 1.139 \times 10^{-3} \text{N·s} \cdot 2{,}649 \text{ m}^3}{\text{m}^2} \cdot \frac{1 \text{ W}}{1 \text{ N·m/s}}$$
$$= 7{,}543 \text{ W}$$

(2) 패들 면적(A)
- $V = 0.6 \times 0.75 = 0.45$ m/s
- $A = \dfrac{2P}{C\rho V^3}$

$$= \frac{2 \times 7{,}543 \text{ kg·m}^2}{\text{s}^3} \cdot \frac{\text{m}^3}{1.8 \cdot 1{,}000 \text{ kg} \cdot (0.45 \text{ m/s})^3}$$
$$= 91.97 \text{ m}^2$$

정리 1 W = 1 kg·m²/s³ = 1 N·m/s

53. 하·폐수를 통하여 배출되는 계면활성제에 대한 설명 중 잘못된 것은?

① 계면활성제는 메틸렌블루 활성물질이라고도 한다.
② 계면활성제는 주로 합성세제로부터 배출되는 것이다.
③ 물에 약간 녹으며 폐수처리 플랜트에서 거품을 만들게 된다.
④ ABS는 생물학적 분해가 매우 쉬우나 LAS는 생물학적 분해가 어려운 난분해성 물질이다.

해설
- ABS : 경성세제, 생물분해 안 됨
- LAS : 연성세제, 생물분해 됨

54. 고농도의 액상 PCB 처리방법으로 가장 거리가 먼 것은?

① 방사선 조사(코발트 60에 의한 γ선 조사)
② 연소법
③ 자외선 조사법
④ 고온고압 알칼리분해법

해설 PCB
- 고농도 액상 : 연소법, 자외선 조사법, 고온고압 알칼리분해법, 추출법
- 저농도 액상 : 응집침전법, 방사선 조사법

정답 50. ② 51. ④ 52. ④ 53. ④ 54. ①

55. 유기물을 함유한 유체가 완전혼합연속반응조를 통과할 때 유기물의 농도가 200 mg/L에서 20 mg/L로 감소한다. 반응조 내의 반응이 일차반응이고 반응조체적이 20 m³이며 반응속도상수가 0.2 day⁻¹이라면 유체의 유량(m³/day)은?

① 0.11
② 0.22
③ 0.33
④ 0.44

해설 완전혼합반응조 물질수지식

$$V\frac{dC}{dt} = QC_o - QC - kCV$$

완전혼합반응조이므로 정상상태 $dC/dt = 0$임
∴ $QC_o - QC - kCV = 0$

$$Q = \frac{kCV}{C_o - C}$$

$$= \frac{0.2}{day} \left| \frac{20\,mg/L}{(200-20)mg/L} \right| 20\,m^3$$

$$= 0.44\,m^3/day$$

56. 혐기성 공법 중 혐기성 유동상의 장점이라 볼 수 없는 것은?

① 짧은 수리학적 체류시간과 높은 부하율로 운전이 가능하다.
② 유출수의 재순환이 필요 없으므로 공정이 간단하다.
③ 매질의 첨가나 제거가 쉽다.
④ 독성물질에 대한 완충능력이 좋다.

해설 ② 재순환이 필요하다.
혐기성 유동상 반응조 : 폐수는 반응조 아래에 유입되고, 슬러지 블랭킷(미생물 덩어리)을 통과하면서 혐기성 처리가 발생한다. 그리고 반응조 윗부분의 여재를 통과하면서 여과된다. 여과된 여과수는 대부분 배출되고, 일부는 반응조로 다시 재순환된다.

57. MLSS의 농도가 1,500 mg/L인 슬러지를 부상법(Flotation)에 의해 농축시키고자 한다. 압축탱크의 유효전달 압력이 4기압이며 공기의 밀도를 1.3 g/L, 공기의 용해량이 18.7 mL/L일 때 Air/Solid(A/S) 비는? (단, 유량 = 300 m³/day, f = 0.5, 처리수의 반송은 없다.)

① 0.008
② 0.010
③ 0.016
④ 0.020

해설 $A/S = \dfrac{1.3S_a(fP-1)}{S}$

$$= \frac{1.3 \times 18.7 \times (0.5 \times 4 - 1)}{1,500}$$

$$= 0.016$$

58. 시공계획의 수립 시 준비단계에서 고려할 사항 중 가장 거리가 먼 것은?

① 계약조건, 설계도, 시방서 및 공사조건을 충분히 검토한 후 시공할 작업의 범위를 결정
② 이용 가능한 자원을 최대로 활용할 수 있도록 현장의 각종 제약조건을 분석
③ 계획, 실시, 검토, 통제의 단계를 거쳐 작성
④ 예정공기를 벗어나지 않는 범위 내에서 가장 경제적인 시공이 될 수 있는 공법과 공정계획 수립

해설 ③ 공정관리에 대한 내용이다.

59. 바퀴모양의 극미동물이며, 상당히 양호한 생물학적 처리에 대한 지표 미생물은?

① Psyshodidae
② Rotifer
③ Vorticella
④ Sphaerotillus

해설 ② Rotifer는 깨끗한 처리수의 지표 미생물이다.

60. 폐수를 처리하기 위해 시료 200 mL를 취하여 jar test하여 응집제와 응집보조제의 최적 주입농도를 구한 결과, $Al_2(SO_4)_3$ 200 mg/L, $Ca(OH)_2$ 500 mg/L였다. 폐수량 500 m³/day을 처리하는 데 필요한 $Al_2(SO_4)_3$의 양(kg/day)은?

① 50
② 100
③ 150
④ 200

해설 필요한 $Al_2(SO_4)_3$ 양

$$\frac{200 \text{ mg}}{L} \left| \frac{500 \text{ m}^3}{day} \right| \frac{1,000 \text{ L}}{1 \text{ m}^3} \left| \frac{1 \text{ kg}}{10^6 \text{ mg}} \right.$$

= 100 kg/day

제4과목 수질오염공정시험기준

61. 퇴적물의 완전연소가능량 측정에 관한 내용으로 ( )에 옳은 것은?

> 110℃에서 건조시킨 시료를 도가니에 담고 무게를 측정한 다음 (㉠)℃에서 (㉡)시간 가열한 후 다시 무게를 측정한다.

① ㉠ 400, ㉡ 1
② ㉠ 400, ㉡ 2
③ ㉠ 550, ㉡ 1
④ ㉠ 550, ㉡ 2

해설 퇴적물의 완전연소가능량 측정 : 110℃에서 건조시킨 시료를 도가니에 담고 무게를 측정한 다음 550℃에서 2시간 가열한 후 다시 무게를 측정한다.

62. 총 질소-연속흐름법에 관한 내용으로 ( )에 옳은 것은?

> 시료 중 모든 질소화합물을 산화분해하여 질산성질소 형태로 변화시킨 다음 ( )을 통과시켜 아질산성질소의 양을 550 nm 또는 기기에서 정해진 파장에서 측정하는 방법

① 수산화나트륨(0.025 N) 용액 칼럼
② 무수황산나트륨 환원 칼럼
③ 환원증류·킬달 칼럼
④ 카드뮴-구리환원 칼럼

해설 총 질소-연속흐름법 : 시료 중 모든 질소화합물을 산화분해하여 질산성질소(NO_3^-) 형태로 변화시킨 다음 카드뮴-구리환원 칼럼을 통과시켜 아질산성질소의 양을 550 nm 또는 기기에서 정해진 파장에서 측정하는 방법

정리 연속흐름법 적용 물질 : 시안, ABS, 총 질소, 총 인, 페놀류

63. "정확히 취하여"라고 하는 것은 규정한 양의 액체를 무엇으로 눈금까지 취하는 것을 말하는가?

① 메스실린더
② 뷰렛
③ 부피피펫
④ 눈금 비커

해설
- "정밀히 단다."라 함은 규정된 양의 시료를 취하여 화학저울 또는 미량저울로 칭량함을 말한다.
- 무게를 "정확히 단다."라 함은 규정된 수치의 무게를 0.1 mg까지 다는 것을 말한다.
- "정확히 취하여"라 하는 것은 규정한 양의 액체를 부피피펫으로 눈금까지 취하는 것을 말한다.

64. ppm을 설명한 것으로 틀린 것은?

① ppb 농도의 1,000배이다.
② 백만분율이라고 한다.
③ mg/kg이다.
④ % 농도의 1/1,000이다.

해설 ④ % 농도의 1/10,000이다.

65. 자외선/가시선 분광법으로 아연을 정량하는 방법으로 ( )에 옳은 내용은?

> 물속에 존재하는 아연을 측정하기 위하여 아연이온이 pH 약 ( )에서 진콘과 반응하여 생성하는 청색 킬레이트 화합물의 흡광도를 측정한다.

① 4 ② 9 ③ 10 ④ 12

해설 아연-자외선/가시선 분광법: 아연이온이 pH 약 9에서 진콘(2-카르복시-2-하이드록시-5 술포포마질-벤젠·나트륨염)과 반응하여 생성하는 청색 킬레이트 화합물의 흡광도를 620 nm에서 측정하는 방법

66. 전기전도도 측정에 관한 설명으로 틀린 것은?

① 용액이 전류를 운반할 수 있는 정도를 말한다.
② 온도차에 의한 영향이 적어 폭넓게 적용된다.
③ 용액에 담겨 있는 2개의 전극에 일정한 전압을 가해주면 가한 전압이 전류를 흐르게 하며, 이때 흐르는 전류의 크기는 용액의 전도도에 의존한다는 사실을 이용한다.
④ 용액 중의 이온세기를 신속하게 평가할 수 있는 항목으로 국제적으로 S(Siemens) 단위가 통용되고 있다.

해설 ② 전기전도도는 온도차에 의한 영향이 크다.

67. 수질오염공정시험기준상 탁도 측정에 관한 설명으로 틀린 것은?

① 파편과 입자가 큰 침전이 존재하는 시료를 빠르게 침전시킬 경우, 탁도값이 낮게 측정된다.
② 물에 색깔이 있는 시료는 잠재적으로 측정값이 높게 분석된다.
③ 시료 속의 거품은 빛을 산란시키고 높은 측정값을 나타낸다.
④ 탁도를 측정하기 위해서는 탁도계를 이용하여 물의 흐림 정도를 측정한다.

해설 ② 물에 색깔이 있는 시료는 색이 빛을 흡수하기 때문에 잠재적으로 측정값이 낮게 분석된다.
탁도의 간섭물질
- 파편과 입자가 큰 침전이 존재하는 시료를 빠르게 침전시킬 경우, 탁도값이 낮게 측정된다.
- 시료 속의 거품은 빛을 산란시키고, 높은 측정값을 나타낸다. 따라서 시료 분취 시 거품 생성을 방지하고 시료를 셀의 벽을 따라 부어야 한다.
- 물에 색깔이 있는 시료는 색이 빛을 흡수하기 때문에 잠재적으로 측정값이 낮게 분석된다.

68. 수질오염공정시험기준에서 기체크로마토그래피로 측정하지 않는 항목은?

① 유기인
② 음이온계면활성제
③ 폴리클로리네이티드비페닐
④ 알킬수은

해설
- 기체크로마토그래피 측정물질: 알킬수은, 다이에틸헥실프탈레이트, 석유계총탄화수소, 유기인, 폴리클로리네이티드비페닐, 1,4-다이옥산, 염화비닐, 아크릴로니트릴, 브로모포름, VOC, 폼알데하이드, 헥사클로로벤젠, 나프탈렌, 아크릴아미드, 스타이렌
- 음이온계면활성제 측정방법: 자외선/가시선 분광법, 연속흐름법

69. 하수 및 폐수 종말처리장 등의 원수, 공정수, 배출수 등의 개수로의 유량을 측정하는 데 사용하는 웨어의 정확도 기준은? (단, 실제유량에 대한 %)

① ±5 %   ② ±10 %
③ ±15 % ④ ±25 %

해설 정확도(실제유량에 대한, %)
- 웨어: ±5%
- 파샬수로: ±5%

(더 알아보기) 핵심정리 2-74 (2)

정답 65. ② 66. ② 67. ② 68. ② 69. ①

70. pH 미터의 유지관리에 대한 설명으로 틀린 것은?

① 전극이 더러워졌을 때는 유리전극을 묽은 염산에 잠시 담갔다가 증류수로 씻는다.
② 유리전극을 사용하지 않을 때는 증류수에 담가둔다.
③ 유지, 그리스 등이 전극표면에 부착되면 유기용매로 적신 부드러운 종이로 전극을 닦고 증류수로 씻는다.
④ 전극에 발생하는 조류나 미생물은 전극을 보호하는 작용이므로 떨어지지 않게 주의한다.

해설 ④ 전극에 이물질이 달라붙어 있는 경우에는 수소이온농도 전극의 반응이 느리거나 오차를 발생시킬 수 있다.

71. 카드뮴을 자외선/가시선 분광법으로 측정할 때 사용되는 시약으로 가장 거리가 먼 것은?

① 수산화나트륨용액
② 요오드화칼륨용액
③ 시안화칼륨용액
④ 타타르산용액

해설 카드뮴-자외선/가시선 분광법 : 물속에 존재하는 카드뮴이온을 **시안화칼륨**이 존재하는 알칼리성에서 **디티존**과 반응시켜 생성하는 카드뮴착염을 **사염화탄소**로 추출하고, 추출한 카드뮴 착염을 **타타르산용액**으로 역추출한 다음 다시 **수산화나트륨**과 **시안화칼륨**을 넣어 **디티존**과 반응하여 생성하는 적색의 카드뮴착염을 **사염화탄소**로 추출하고 그 흡광도를 530 nm에서 측정하는 방법

72. 폐수 20 mL를 취하여 산성과망간산칼륨법으로 분석하였더니 0.005 M-KMnO₄ 용액의 적정량이 4 mL이었다. 이 폐수의 COD (mg/L)는? (단, 공시험값 = 0 mL, 0.005 M -KMnO₄ 용액의 f = 1.00)

① 16
② 40
③ 60
④ 80

해설 COD(mg/L)
$= (b-a) \times f \times \dfrac{1{,}000}{V} \times 0.2$
$= (4-0) \times 1 \times \dfrac{1{,}000}{20} \times 0.2 = 40$

더 알아보기 핵심정리 1-55 (1)

73. 총 유기탄소 분석기기 내 산화부에서 유기탄소를 이산화탄소로 산화하는 방법으로 옳게 짝지은 것은?

① 고온연소 산화법, 저온연소 산화법
② 고온연소 산화법, 전기전도도 산화법
③ 고온연소 산화법, 과황산 열산화법
④ 고온연소 산화법, 비분산 적외선 산화법

해설 총 유기탄소 측정방법 : 고온연소 산화법, 과황산 UV 및 과황산 열산화법

74. 35 % HCl(비중 1.19)을 10 % HCl으로 만들려면 35 % HCl과 물의 용량비는?

① 1 : 1.5
② 3 : 1
③ 1 : 3
④ 1.5 : 1

해설 35 % HCl 용액(비중 1.19) 용량을 1 mL, 10 % HCl 용액(비중 1) 용량을 (1+x)mL로 가정하면,
$M_1 V_1 + M_2 V_2 = M(V_1 + V_2)$

$\dfrac{35\,g}{100\,g \times \dfrac{1\,mL}{1.19\,g}} \times 1\,mL + 0 \times x\,[mL]$

$= \dfrac{10\,g}{100\,g \times \dfrac{1\,mL}{1\,g}} \times (1+x)\,mL$

∴ HCl에 가한 물의 양(x) = 3.165 mL
따라서, 용량비 HCl : 물 = 1 : 3.165

더 알아보기 핵심정리 1-4 (1) ①

75. 일반적으로 기체크로마토그래피의 열전도도 검출기에서 사용하는 운반기체의 종류는?

① 헬륨
② 질소
③ 산소
④ 이산화탄소

해설 기체크로마토그래피 운반기체
- 열전도도 검출기(TCD) : He, H_2
- 불꽃 이온화 검출기(FID) : He, N_2, Ar
- 전자 포획형 검출기(ECD) : He, N_2

76. 시료의 전처리 방법 중 유기물을 다량 함유하고 있으면서 산분해가 어려운 시료에 적용하는 방법은?

① 질산 – 염산 산분해법
② 질산 산분해법
③ 마이크로파 산분해법
④ 질산 – 황산 산분해법

해설 전처리 방법 – 유기물을 다량 함유하고 있으면서 산분해가 어려운 시료
- 질산 – 과염소산법
- 마이크로파 산분해법

77. 채취된 시료를 즉시 실험할 수 없을 때 4℃에서 NaOH로 pH 12 이상으로 보존해야 하는 항목은?

① 시안
② 클로로필a
③ 페놀류
④ 노말헥산추출물질

해설 시료보존방법
② 클로로필a : -20℃ 보관
③ 페놀류 : 4℃ 보관
④ 노말헥산추출물질 : 4℃ 보관, H_2SO_4로 pH 2 이하

더 알아보기 핵심정리 2-70 (4)

78. 분원성 대장균군 – 막여과법에서 배양 온도 유지 기준은?

① 25±0.2℃
② 30±0.5℃
③ 35±0.5℃
④ 44.5±0.2℃

해설
- 총대장균군 : 35±0.5℃, 적색
- 분원성 대장균군 : 44.5±0.2℃, 청색

79. BOD 측정 시 산성 또는 알칼리성 시료에 대하여 전처리를 할 때 중화를 위해 넣어주는 산 또는 알칼리의 양은 시료량의 몇 %가 넘지 않도록 하여야 하는가?

① 0.5
② 1.0
③ 2.0
④ 3.0

해설 BOD 전처리 : pH가 6.5~8.5의 범위를 벗어나는 산성 또는 알칼리성 시료는 염산용액(1 M) 또는 수산화나트륨용액(1 M)으로 시료를 중화하여 pH 7~7.2로 맞춘다. 다만 이때 넣어주는 염산 또는 수산화나트륨의 양이 시료량의 0.5 %가 넘지 않도록 하여야 한다.

80. 알칼리성 $KMnO_4$법으로 COD를 측정하기 위하여 사용하는 표준적정액은?

① NaOH
② $KMnO_4$
③ $Na_2S_2O_3$
④ $Na_2C_2O_4$

해설 표준적정액
- COD – 산성 과망간산칼륨법 : 과망간산칼륨용액
- COD – 알칼리성 과망간산칼륨법 : 티오황산나트륨용액

정답 75. ① 76. ③ 77. ① 78. ④ 79. ① 80. ③

제5과목 수질환경관계법규

81. 조치명령 또는 개선명령을 받지 아니한 사업자가 배출허용 기준을 초과하여 오염물질을 배출하게 될 때 환경부장관에게 제출하는 개선계획서에 기재할 사항이 아닌 것은?

① 개선사유
② 개선내용
③ 개선기간 중의 수질오염물질 예상배출량 및 배출농도
④ 개선 후 배출시설의 오염물질 저감량 및 저감효과

해설 개선계획서 포함사항
- 개선사유
- 개선내용
- 개선기간 중의 수질오염물질 예상배출량 및 배출농도

82. 수질오염방지시설 중 화학적 처리시설이 아닌 것은?

① 농축시설   ② 살균시설
③ 흡착시설   ④ 소각시설

해설 수질오염방지시설
① 농축시설 : 물리적 처리시설

(더 알아보기) 핵심정리 2-95

83. 공공수역에 분뇨·가축분뇨 등을 버린 자에 대한 벌칙기준은?

① 5년 이하의 징역 또는 5천만원 이하의 벌금
② 3년 이하의 징역 또는 3천만원 이하의 벌금
③ 2년 이하의 징역 또는 2천만원 이하의 벌금
④ 1년 이하의 징역 또는 1천만원 이하의 벌금

해설 공공수역에 분뇨·가축분뇨 등을 버린 자는 1년 이하의 징역 또는 1천만원 이하의 벌금에 처한다.

84. 위임업무 보고사항 중 업무내용에 따른 보고횟수가 연 1회에 해당되는 것은?

① 기타 수질오염원 현황
② 환경기술인의 자격별·업종별 현황
③ 폐수무방류배출시설의 설치허가 현황
④ 폐수처리업에 대한 등록·지도단속실적 및 처리실적 현황

해설 위임업무 보고사항
① 연 2회
③ 수시
④ 연 2회

(더 알아보기) 핵심정리 2-99

85. 수질오염물질의 배출허용기준에서 나 지역의 화학적 산소요구량(COD)의 기준(mg/L 이하)은? (단, 1일 폐수 배출량이 2,000 m³ 미만인 경우)

① 150   ② 130
③ 120   ④ 90

해설 배출허용기준 : 2019년까지만 COD가 적용되고, 현재는 COD 대신 TOC가 적용되므로 현재 기준으로는 정답 없음

86. 물환경보전법에서 사용하는 용어의 정의로 틀린 것은?

① 비점오염원 : 도시, 도로, 농지, 산지, 공사장 등으로서 불특정 장소에서 불특정하게 수질오염물질을 배출하는 배출원을 말한다.
② 기타수질오염원 : 점오염원 및 비점오염원으로 관리되지 아니하는 수질오염물질 배출원으로서 대통령령으로 정하는 것을 말한다.
③ 폐수 : 물에 액체성 또는 고체성의 수질오염물질이 혼입되어 그대로 사용할 수 없는 물을 말한다.
④ 강우유출수 : 비점오염원의 수질오염물질이 섞여 유출되는 빗물 또는 눈 녹은 물 등을 말한다.

정답 81. ④   82. ①   83. ④   84. ②   85. 정답 없음   86. ②

해설 기타수질오염원 : 점오염원 및 비점오염원으로 관리되지 아니하는 수질오염물질을 배출하는 시설 또는 장소로서 환경부령으로 정하는 것

87. 대권역 물환경관리계획의 수립 시 포함되어야 할 사항으로 틀린 것은?
① 상수원 및 물 이용현황
② 물환경의 변화 추이 및 물환경목표기준
③ 물환경 보전조치의 추진방향
④ 물환경 관리 우선순위 및 대책

해설 대권역별 물환경관리계획(대권역계획) 수립 시 포함사항
• 물환경의 변화 추이 및 물환경목표기준
• 상수원 및 물 이용현황
• 점오염원, 비점오염원 및 기타수질오염원의 분포현황
• 점오염원, 비점오염원 및 기타수질오염원에서 배출되는 수질오염물질의 양
• 수질오염 예방 및 저감 대책
• 물환경 보전조치의 추진방향
• 「기후위기 대응을 위한 탄소중립·녹색성장 기본법」에 따른 기후변화에 대한 적응대책
• 그 밖에 환경부령으로 정하는 사항

88. 중점관리저수지의 관리자와 그 저수지의 소재지를 관할하는 시·도지사가 수립하는 중점관리저수지의 수질오염방지 및 수질개선에 관한 대책에 포함되어야 하는 사항으로 ( )에 옳은 것은?

> 중점관리저수지의 경계로부터 반경 ( )의 거주 인구 등 일반현황

① 500 m 이내
② 1 km 이내
③ 2 km 이내
④ 5 km 이내

해설 중점관리저수지 대책 포함사항
1. 중점관리저수지의 설치목적, 이용현황 및 오염현황
2. 중점관리저수지의 경계로부터 반경 2킬로미터 이내의 거주인구 등 일반현황
3. 중점관리저수지의 수질 관리목표
4. 중점관리저수지의 수질오염 예방 및 수질개선방안

89. 특별자치시장·특별자치도지사·시장·군수·구청장이 하천·호소의 이용목적 및 수질상황 등을 고려하여 대통령령이 정하는 바에 따라 낚시금지구역 또는 낚시제한구역을 지정할 경우 누구와 협의하여야 하는가?
① 수면관리자
② 지방의회
③ 해양수산부장관
④ 지방환경청장

해설 낚시행위의 제한 : 특별자치시장·특별자치도지사·시장·군수·구청장은 하천·호소의 이용목적 및 수질상황 등을 고려하여 대통령령으로 정하는 바에 따라 낚시금지구역 또는 낚시제한구역을 지정할 수 있다. 이 경우 수면관리자와 협의하여야 한다.

90. 총량관리 단위유역의 수질 측정방법 중 측정수질에 관한 내용으로 ( )에 맞는 것은?

> 산정 시점으로부터 과거 ( ) 측정한 것으로 하며, 그 단위는 리터당 밀리그램(mg/L)으로 표시한다.

① 1년간
② 2년간
③ 3년간
④ 5년간

해설 총량관리 단위유역의 수질 측정방법 : 측정수질은 산정 시점으로부터 과거 3년간 측정한 것으로 하며, 그 단위는 리터당 밀리그램(mg/L)으로 표시한다.

정답 87. ④ 88. ③ 89. ① 90. ③

91. 폐수무방류배출시설의 세부 설치기준으로 틀린 것은?

① 특별대책지역에 설치되는 경우 폐수배출량이 200 m³/day 이상이면 실시간 확인 가능한 원격유량감시장치를 설치하여야 한다.
② 폐수는 고정된 관로를 통하여 수집·이송·처리·저장되어야 한다.
③ 특별대책지역에 설치되는 시설이 1일 24시간 연속하여 가동되는 것이면 배출폐수를 전량 처리할 수 있는 예비방지시설을 설치하여야 한다.
④ 폐수를 고체 상태의 폐기물로 처리하기 위하여 증발·농축·건조·탈수 또는 소각시설을 설치하여야 하며, 탈수 등 방지시설에서 발생하는 폐수가 방지시설에 재유입되지 않도록 하여야 한다.

해설 ④ 폐수를 고체 상태의 폐기물로 처리하기 위하여 증발·농축·건조·탈수 또는 소각시설을 설치하여야 하며, 탈수 등 방지시설에서 발생하는 폐수가 방지시설에 재유입하도록 하여야 한다.

92. 시·도지사가 측정망을 이용하여 수질오염도를 상시 측정하거나 수생태계 현황을 조사한 경우, 결과를 몇 일 이내에 환경부장관에게 보고하여야 하는지 (   )에 맞는 것은?

- 수질오염도 : 측정일이 속하는 달의 다음 달 (㉠) 이내
- 수생태계 현황 : 조사 종료일부터 (㉡) 이내

① ㉠ 5일, ㉡ 1개월
② ㉠ 5일, ㉡ 3개월
③ ㉠ 10일, ㉡ 1개월
④ ㉠ 10일, ㉡ 3개월

해설 시·도지사가 수질오염도를 상시측정하거나 수생태계 현황을 조사한 경우에는 다음 각 호의 구분에 따른 기간 내에 그 결과를 환경부장관에게 보고하여야 한다.
1. 수질오염도 : 측정일이 속하는 달의 다음 달 10일 이내
2. 수생태계 현황 : 조사 종료일부터 3개월 이내

93. 오염총량초과과징금 산정 방법 및 기준에서 적용되는 측정유량(일일유량 산정 시 적용) 단위로 옳은 것은?

① m³/min ② L/min
③ m³/sec ④ L/sec

해설 오염총량초과과징금 측정유량 단위 : L/min

94. 수계영향권별 물환경 보전에 관한 설명으로 옳은 것은?

① 환경부장관은 공공수역의 관리·보전을 위하여 국가 물환경관리기본계획을 10년마다 수립하여야 한다.
② 시·도지사는 수계영향권별로 오염원의 종류, 수질오염물질 발생량 등을 정기적으로 조사하여야 한다.
③ 환경부장관은 국가 물환경기본계획에 따라 중권역의 물환경관리계획을 수립하여야 한다.
④ 수생태계 복원계획의 내용 및 수립 절차 등에 필요한 사항은 환경부령으로 정한다.

해설 ② 환경부장관 및 시·도지사는 환경부령으로 정하는 바에 따라 수계영향권별로 오염원의 종류, 수질오염물질 발생량 등을 정기적으로 조사하여야 한다.
③ 환경부장관은 국가 물환경기본계획을 수립하고, 중권역은 지방환경관서의 장이 대권역계획에 따라 물환경관리계획을 수립하여야 한다.
④ 수생태계 복원계획의 내용 및 수립 절차 등에 필요한 사항은 대통령령으로 정한다.

정답 91. ④ 92. ④ 93. ② 94. ①

물환경관리기본계획 수립주체 정리
- 국가 물환경관리기본계획 : 환경부장관, 10년마다 수립
- 대권역 물환경관리계획 : 유역환경청장, 10년마다 수립
- 중권역 물환경관리계획 : 지방환경관서의 장
- 소권역 물환경관리계획 : 특별자치시장·특별자치도지사·시장·군수·구청장

95. 공공폐수처리시설 배수설비의 설치방법 및 구조기준에 관한 내용으로 ( )에 맞는 것은?

> 시간당 최대폐수량이 일평균폐수량의 (㉠) 이상인 사업자와 순간수질과 일평균수질과의 격차가 (㉡)mg/L 이상인 시설의 사업자는 자체적으로 유량조정조를 설치하여 폐수종말 처리시설 가동에 지장이 없도록 폐수배출량 및 수질을 조정한 후 배수하여야 한다.

① ㉠ 2배, ㉡ 100
② ㉠ 2배, ㉡ 200
③ ㉠ 3배, ㉡ 100
④ ㉠ 3배, ㉡ 200

해설 공공폐수처리시설 배수설비의 설치방법 및 구조기준 : 시간당 최대폐수량이 일평균폐수량의 2배 이상인 사업자와 순간수질과 일평균수질과의 격차가 100 mg/L 이상인 시설의 사업자는 자체적으로 유량조정조를 설치하여 폐수종말 처리시설가동에 지장이 없도록 폐수배출량 및 수질을 조정한 후 배수하여야 한다.

96. 특정수질유해물질로만 구성된 것은?
① 시안화합물, 셀레늄과 그 화합물, 벤젠
② 시안화합물, 바륨화합물, 페놀류
③ 벤젠, 바륨화합물, 구리와 그 화합물
④ 6가 크롬 화합물, 페놀류, 니켈과 그 화합물

해설 특정수질유해물질
1. 구리와 그 화합물
2. 납과 그 화합물
3. 비소와 그 화합물
4. 수은과 그 화합물
5. 시안화합물
6. 유기인 화합물
7. 6가 크롬 화합물
8. 카드뮴과 그 화합물
9. 테트라클로로에틸렌
10. 트리클로로에틸렌
11. 삭제 〈2016. 5. 20.〉
12. 폴리클로리네이티드바이페닐
13. 셀레늄과 그 화합물
14. 벤젠
15. 사염화탄소
16. 디클로로메탄
17. 1, 1-디클로로에틸렌
18. 1, 2-디클로로에탄
19. 클로로포름
20. 1, 4-다이옥산
21. 디에틸헥실프탈레이트(DEHP)
22. 염화비닐
23. 아크릴로니트릴
24. 브로모포름
25. 아크릴아미드
26. 나프탈렌
27. 폼알데하이드
28. 에피클로로하이드린
29. 페놀
30. 펜타클로로페놀

97. 수질오염경보의 종류별·경보단계별 조치사항 중 상수원 구간에서 조류경보 '경계' 단계 발령 시 조치사항이 아닌 것은?
① 정수의 독소분석 실시
② 황토 등 흡착제 살포 등을 이용한 조류 제거조치 실시
③ 주변오염원에 대한 단속 강화
④ 어패류 어획·식용, 가축 방목 등의 자제 권고

정답 95. ① 96. ① 97. ②

해설 ② 조류대발생 단계 조치사항임
조류경보 - 상수원 구간 - 경계단계 조치사항
- 4대강 물환경연구소장(시·도 보건환경연구원장 또는 수면관리자)
  1. 주 2회 이상 시료 채취 및 분석(남조류 세포수, 클로로필-a, 냄새물질, 독소)
  2. 시험분석 결과를 발령기관으로 신속하게 통보
- 수면관리자 : 취수구와 조류가 심한 지역에 대한 차단막 설치 등 조류제거 조치 실시
- 취수장·정수장 관리자
  1. 조류증식 수심 이하로 취수구 이동
  2. 정수처리 강화(활성탄처리, 오존처리)
  3. 정수의 독소분석 실시
- 유역·지방환경청장(시·도지사)
  1. 경계경보 발령 및 대중매체를 통한 홍보
  2. 주변오염원에 대한 단속 강화
  3. 낚시·수상스키·수영 등 친수 활동, 어패류 어획·식용, 가축 방목 등의 자제 권고 및 이에 대한 공지(현수막 설치 등)
- 홍수통제소장, 한국수자원공사사장 : 기상상황, 하천수문 등을 고려한 방류량 산정
- 한국환경공단이사장
  1. 환경기초시설 및 폐수배출사업장 관계기관 합동점검 시 지원
  2. 하천구간 조류제거에 관한 사항 지원
  3. 환경기초시설 수질자동측정자료 모니터링 강화

98. 시·도지사는 오염총량관리기본계획을 수립하거나 오염총량관리기본계획 중 대통령령이 정하는 중요한 사항을 변경하는 경우 환경부장관의 승인을 얻어야 한다. 중요한 사항에 해당되지 않는 것은?

① 해당 지역 개발계획의 내용
② 지방자치단체별·수계구간별 오염부하량의 할당
③ 관할 지역에서 배출되는 오염부하량의 총량 및 저감계획
④ 최종방류구별·단위기간별 오염부하량 할당 및 배출량 지정

해설 오염총량관리기본계획 수립 시 포함사항
1. 해당 지역 개발계획의 내용
2. 지방자치단체별·수계구간별 오염부하량의 할당
3. 관할 지역에서 배출되는 오염부하량의 총량 및 저감계획
4. 해당 지역 개발계획으로 인하여 추가로 배출되는 오염부하량 및 그 저감계획

99. 환경정책기본법령에 의한 수질 및 수생태계 상태를 등급으로 나타내는 경우 '좋음' 등급에 대해 설명한 것은? (단, 수질 및 수생태계 하천의 생활환경기준)

① 용존산소가 풍부하고 오염물질이 거의 없는 청정 상태에 근접한 생태계로 침전 등 간단한 정수처리 후 생활용수로 사용할 수 있음
② 용존산소가 풍부하고 오염물질이 거의 없는 청정 상태에 근접한 생태계로 여과·침전 등 간단한 정수처리 후 생활용수로 사용할 수 있음
③ 용존산소가 많은 편이고 오염물질이 거의 없는 청정 상태에 근접한 생태계로 여과·침전·살균 등 일반적인 정수처리 후 생활용수로 사용할 수 있음
④ 용존산소가 많은 편이고 오염물질이 거의 없는 청정 상태에 근접한 생태계로 활성탄 투입 등 일반적인 정수처리 후 생활용수로 사용할 수 있음

해설 등급별 수질 및 수생태계 상태
- 매우 좋음 : 용존산소가 풍부하고 오염물질이 없는 청정상태의 생태계로 여과·살균 등 간단한 정수처리 후 생활용수로 사용할 수 있음
- 좋음 : 용존산소가 많은 편이고 오염물질이 거의 없는 청정상태에 근접한 생태계로 여과·침전·살균 등 일반적인 정수처리 후 생활용수로 사용할 수 있음

정답 98. ④ 99. ③

- 약간 좋음 : 약간의 오염물질은 있으나 용존산소가 많은 상태의 다소 좋은 생태계로 여과·침전·살균 등 일반적인 정수처리 후 생활용수 또는 수영용수로 사용할 수 있음
- 보통 : 보통의 오염물질로 인하여 용존산소가 소모되는 일반 생태계로 여과, 침전, 활성탄 투입, 살균 등 고도의 정수처리 후 생활용수로 이용하거나 일반적 정수처리 후 공업용수로 사용할 수 있음
- 약간 나쁨 : 상당량의 오염물질로 인하여 용존산소가 소모되는 생태계로 농업용수로 사용하거나 여과, 침전, 활성탄 투입, 살균 등 고도의 정수처리 후 공업용수로 사용할 수 있음
- 나쁨 : 다량의 오염물질로 인하여 용존산소가 소모되는 생태계로 산책 등 국민의 일상생활에 불쾌감을 주지 않으며, 활성탄 투입, 역삼투압 공법 등 특수한 정수처리 후 공업용수로 사용할 수 있음
- 매우 나쁨 : 용존산소가 거의 없는 오염된 물로 물고기가 살기 어려움

(더 알아보기) 핵심정리 2-88 (1)

100. 사업장의 규모별 구분에 관한 내용으로 ( )에 맞는 내용은?

> 최초 배출시설 설치허가 시의 폐수배출량은 사업계획에 따른 ( )을 기준으로 산정한다.

① 예상용수사용량
② 예상폐수배출량
③ 예상하수배출량
④ 예상희석수사용량

해설 사업장의 규모별 구분
- 사업장의 규모별 구분은 1년 중 가장 많이 배출한 날을 기준으로 정한다.
- 최초 배출시설 설치허가 시의 폐수배출량은 사업계획에 따른 예상용수사용량을 기준으로 산정한다.

정답 100. ①

수질환경기사
2018년 4월 28일 (제2회)

제1과목 수질오염개론

1. 유기화합물에 대한 설명으로 옳지 않은 것은?

① 유기화합물들은 일반적으로 녹는점과 끓는점이 낮다.
② 유기화합물들은 하나의 분자식에 대하여 여러 종류의 화합물이 존재할 수 있다.
③ 유기화합물들은 대체로 이온반응보다는 분자반응을 하므로 반응속도가 빠르다.
④ 대부분의 유기화합물은 박테리아의 먹이가 될 수 있다.

해설

구분	유기화합물	무기화합물
가연성	가연성	비가연성
반응	분자반응	이온반응
녹는점, 끓는점	낮음	높음
반응속도	느림	빠름

2. 도시에서 DO 0 mg/L, BOD_u 200 mg/L, 유량 1.0 m³/sec, 온도 20℃의 하수를 유량 6 m³/sec인 하천에 방류하고자 한다. 방류지점에서 몇 km 하류에서 DO 농도가 가장 낮아지겠는가? (단, 하천의 온도 20℃, BOD_u 1 mg/L, DO 9.2 mg/L, 방류 후 혼합된 유량의 유속은 3.6 km/hr이며, 혼합수의 k_1 = 0.1/day, k_2 = 0.2/day, 20℃에서 산소포화농도는 9.2 mg/L이다. 상용대수 기준)

① 약 243   ② 약 258
③ 약 273   ④ 약 292

해설

구분	BOD_u (mg/L)	DO (mg/L)	유량 (m³/sec)
하천	1	9.2	6
하수	200	0	1.0

(1) 합류 후 BOD_u
$$= \frac{1 \times 6 + 200 \times 1}{6+1} = 29.4285 \text{ mg/L}$$

(2) 합류 후 DO
$$= \frac{9.2 \times 6 + 0 \times 1}{6+1} = 7.8857$$

(3) $f = \dfrac{k_2}{k_1} = \dfrac{0.2}{0.1} = 2$

(4) $t_c = \dfrac{1}{k_1(f-1)} \log\left[f\left(1-(f-1)\cdot\dfrac{D_o}{L_o}\right)\right]$

$= \dfrac{1}{0.1 \times (2-1)} \log\left[2\left(1-(2-1)\cdot\dfrac{9.2-7.8857}{29.4285}\right)\right]$

$= 2.811 \text{ day}$

(5) 길이(거리) = 유속 × 시간

$= \dfrac{3.6 \text{ km}}{\text{hr}} \bigg| \dfrac{2.811 \text{ day}}{} \bigg| \dfrac{24 \text{ hr}}{1 \text{ day}}$

$= 242.94 \text{ km}$

3. 직경 3 mm인 모세관의 표면장력이 0.0037 kgf/m이라면 물기둥의 상승 높이(cm)는?

(단, $h = \dfrac{4\gamma\cos\beta}{wd}$, 접촉각 $\beta = 5°$)

① 0.26
② 0.38
③ 0.49
④ 0.57

해설 $h = \dfrac{4}{\text{m}} \bigg| \dfrac{0.0037 \text{ kgf}}{} \bigg| \dfrac{\cos 5°}{}$

$\bigg| \dfrac{1 \text{ m}^3}{1,000 \text{ kgf}} \bigg| \dfrac{}{3 \text{ mm}} \bigg| \dfrac{1,000 \text{ mm}}{1 \text{ m}} \bigg| \dfrac{100 \text{ cm}}{1 \text{ m}}$

$= 0.491 \text{ cm}$

정답 1. ③ 2. ① 3. ③

4. 산화 – 환원에 대한 설명으로 알맞지 않은 것은?

① 산화는 전자를 받아들이는 현상을 말하며, 환원은 전자를 잃는 현상을 말한다.
② 이온 원자가나 공유 원자가에 (+)나 (−) 부호를 붙인 것을 산화수라 한다.
③ 산화는 산화수의 증가를 말하며, 환원은 산화수의 감소를 말한다.
④ 산화는 수소화합물에서 수소를 잃는 현상이며 환원은 수소와 화합하는 현상을 말한다.

해설

반응의 종류	전자	산소	수소	산화수
산화	잃음	얻음	잃음	증가
환원	얻음	잃음	얻음	감소

5. 해수의 특성으로 틀린 것은?

① 해수는 HCO_3^-를 포화시킨 상태로 되어 있다.
② 해수의 밀도는 염분비 일정법칙에 따라 항상 균일하게 유지된다.
③ 해수 내 전체 질소 중 약 35 % 정도는 암모니아성 질소와 유기 질소의 형태이다.
④ 해수의 Mg/Ca 비는 3∼4 정도로 담수에 비하여 크다.

해설 어느 부분이든 해수의 염분비는 일정하지만, 해수의 밀도는 지역에 따라 다르다. 일정하지 않다.

6. 배양기의 제한기질농도(S)가 100 mg/L, 세포 최대비증식계수(μ_{max})가 0.35 hr^{-1}일 때 Monod식에 의한 세포의 비증식계수(μ, hr^{-1})는? (단, 제한기질 반포화 농도(Ks) = 30 mg/L)

① 약 0.27   ② 약 0.34
③ 약 0.42   ④ 약 0.54

해설 $\mu = \mu_{max} \times \dfrac{S}{K_s + S}$

$= 0.35 \times \dfrac{100}{30 + 100} = 0.269$

7. 유리산소가 존재하는 상태에서 발육하기 어려운 미생물로 가장 알맞은 것은?

① 호기성 미생물
② 통성혐기성 미생물
③ 편성혐기성 미생물
④ 미호기성 미생물

해설
- 편성혐기성 미생물(obligate anaerobe, strict anaerobe) : 유리산소를 포함하는 산소가 전혀 없는 곳에서 살아가는 미생물
- 미호기성균(microaerophilic) : 공기 중에서는 산소의 분압이 낮은 상태에서, 수중에서는 용존산소의 농도가 낮은 환경에서 잘 성장하는 세균
- 통성혐기성균(facultative anaerobic bacteria) : 미생물 중 산소가 존재하는 호기성이나 산소가 없는 혐기성 조건 모두에서 살아갈 수 있는 미생물
- 호기성균(aerobe, aerobic bacteria) : 산소가 있는 곳에서 생육, 번식하는 균으로 산소성 세균이라고도 함

8. 자체의 염분농도가 평균 20 mg/L인 폐수에 시간당 4 kg의 소금을 첨가시킨 후 하류에서 측정한 염분의 농도가 55 mg/L이었을 때 유량(m³/sec)은?

① 0.0317   ② 0.317
③ 0.0634   ④ 0.634

해설 (1) 첨가한 염분농도 = 55 − 20 = 35 mg/L

(2) 유량 = 부하/농도

$= \dfrac{4 \text{ kg}}{\text{hr}} \times \dfrac{\text{L}}{35 \text{ mg}} \times \dfrac{10^6 \text{ mg}}{1 \text{ kg}} \times \dfrac{1 \text{ m}^3}{1{,}000 \text{ L}} \times \dfrac{1 \text{ hr}}{3{,}600 \text{ sec}}$

$= 0.0317 \text{ m}^3/\text{sec}$

정답 4. ①   5. ②   6. ①   7. ③   8. ①

9. 방사성 물질인 스트론튬(Sr^{90})의 반감기가 29년이라면 주어진 양의 스트론튬(Sr^{90})이 99 % 감소하는 데 걸리는 시간(년)은?

① 143
② 193
③ 233
④ 273

해설 $\ln \dfrac{C}{C_0} = -kt$에서,

(1) $\ln \dfrac{50}{100} = -k \times 29$
∴ $k = 0.239/yr$

(2) $\ln \dfrac{1}{100} = -0.0239 \times t$
∴ $t = 192.67 \, yr$

10. 우리나라 호수들의 형태에 따른 분류와 그 특성을 나타낸 것으로 가장 거리가 먼 것은?

① 하천형 : 긴 체류시간
② 가지형 : 복잡한 연안 구조
③ 가지형 : 호수 내 만의 발달
④ 하구형 : 높은 오염부하량

해설 ① 하천형 : 체류시간 짧음

11. 일반적으로 처리조 설계에 있어서 수리모형으로 plug flow형과 완전혼합형이 있다. 다음의 혼합 정도를 나타내는 표시항 중 이상적인 plug flow형일 때 얻어지는 값은?

① 분산수 : 0
② 통계학적 분산 : 1
③ Morrill 지수 : 1보다 크다.
④ 지체시간 : 0

해설 ② 통계학적 분산 : 0
③ Morrill 지수 : 1
④ 지체시간 : 이론적 체류시간

더 알아보기 핵심정리 2-3

12. 수산화칼슘($Ca(OH)_2$)은 중탄산칼슘($Ca(HCO_3)_2$)과 반응하여 탄산칼슘($CaCO_3$)의 침전을 형성한다고 할 때 10 g의 $Ca(OH)_2$ 대하여 몇 g의 $CaCO_3$가 생성되는가? (단, 원자량 Ca : 40)

① 37
② 27
③ 17
④ 7

해설 $Ca(OH)_2 + Ca(HCO_3)_2 \rightarrow 2CaCO_3 + 2H_2O$
74 g : 2×100 g
10 g : x

∴ $x = \dfrac{10 \, g \mid 2 \times 100 \, g}{74 \, g} = 27.02 \, g$

13. 수온이 20℃인 저수지의 용존산소 농도가 12.4 mg/L이었을 때 저수지의 상태를 가장 적절하게 평가한 것은?

① 물이 깨끗하다.
② 대기로부터의 산소 재폭기가 활발히 일어나고 있다.
③ 조류가 많이 번성하고 있다.
④ 수생동물이 많다.

해설 20℃에서 포화 DO는 9.2 mg/L이다. 저수지의 DO가 포화 DO보다 크므로, 과포화상태이다. 조류가 많이 번식하면, 조류의 광합성으로 DO가 과포화될 수 있다.

14. 호수의 부영양화를 방지하기 위해서 호소로 유입되는 영양염류의 저감과 성장조류를 제거하는 수면관리 대책을 동시에 수립하여야 하는데, 유입저감 대책으로 바르지 않은 것은?

① 배출허용기준의 강화
② 약품에 의한 영양염류의 침전 및 황산동 살포
③ 하·폐수의 고도처리
④ 수변구역의 설정 및 유입배수의 우회

정답 9. ② 10. ① 11. ① 12. ② 13. ③ 14. ②

해설 부영양화
② 약품에 의한 영양염류의 침전 및 황산동 살포는 조류침전제거대책이다.
더 알아보기 핵심정리 2-13 (3)

15. 생물학적 질화 중 아질산화에 관한 설명으로 옳지 않은 것은?
① 반응속도가 매우 빠르다.
② 관련 미생물은 독립영양성 세균이다.
③ 에너지원은 화학에너지이다.
④ 산소가 필요하다.

해설 질산화

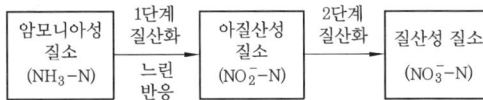

질산화 미생물 : 독립영양미생물, 호기성미생물

16. 일반적으로 적용되는 부영양화 모델의 방정식 $\frac{\partial x}{\partial t} = f(x, u, a, p)$의 설명으로 틀린 것은?
① a : 호수생태계의 특색을 나타내는 상수 vector
② f : 유입, 유출, 호수 내에서의 이류, 확산 등 상태 변수의 변화속도
③ p : 수량부하, 일사량 등에 관련되는 입력함수
④ x : 호수 및 저니 속의 어떤 지점에서의 물리적, 화학적, 생물학적인 상태량

해설 p : 확률적인 요인

17. 미생물에 의한 산화·환원 반응에 있어 전자 수용체에 속하지 않는 것은?
① O_2 ② CO_2
③ NH_3 ④ 유기물

해설 질산화 미생물의 질산화 과정에서 NH_3는 전자 공여체로 작용한다.

18. 바다에서 발생되는 적조현상에 관한 설명과 가장 거리가 먼 것은?
① 적조 조류의 독소에 의한 어패류의 피해가 발생한다.
② 해수 중 용존산소의 결핍에 의한 어패류의 피해가 발생한다.
③ 갈수기 해수 내 염소량이 높아질 때 발생된다.
④ 플랑크톤의 번식에 충분한 광량과 영양염류가 공급될 때 발생된다.

해설 ③ 갈수기 해수 내 염소량(염분)이 낮아질 때 발생된다.
더 알아보기 핵심정리 2-14

19. 물의 특성을 설명한 것으로 적절치 못한 것은?
① 상온에서 알칼리금속, 알칼리토금속, 철과 반응하여 수소를 발생시킨다.
② 표면장력은 불순물 농도가 낮을수록 감소한다.
③ 표면장력은 수온이 증가하면 감소한다.
④ 점도는 수온과 불순물의 농도에 따라 달라지는데 수온이 증가할수록 점도는 낮아진다.

해설 ② 표면장력은 불순물 농도가 높을수록 감소한다.

20. 시료의 BOD_5가 200 mg/L이고 탈산소계수 값이 0.15 day^{-1}일 때 최종 BOD(mg/L)는?
① 약 213
② 약 223
③ 약 233
④ 약 243

해설 $BOD_t = BOD_u(1 - 10^{-kt})$
$200 = BOD_u(1 - 10^{-0.15 \times 5})$
∴ $BOD_u = 243.25$

정답 15. ① 16. ③ 17. ③ 18. ③ 19. ② 20. ④

제2과목 상하수도계획

21. 배수지의 고수위와 저수위와의 수위차, 즉 배수지의 유효수심의 표준으로 적절한 것은?

① 1~2 m　② 2~4 m
③ 3~6 m　④ 5~8 m

[해설] 배수지의 유효수심은 3~6 m 정도를 표준으로 한다.

22. 오수관로의 유속 범위로 알맞은 것은? (단, 계획시간최대오수량 기준)

① 최소 0.2 m/sec, 최대 2.0 m/sec
② 최소 0.3 m/sec, 최대 2.0 m/sec
③ 최소 0.6 m/sec, 최대 3.0 m/sec
④ 최소 0.8 m/sec, 최대 3.0 m/sec

[해설] 관거의 유속
- 상수관 : 0.3~3.0 m/s
- 오수관 : 0.6~3.0 m/s
- 우수관 : 0.8~3.0 m/s

23. 정수시설 중 응집을 위한 시설인 플록형성지의 플록형성시간은 계획정수량에 대하여 몇 분을 표준으로 하는가?

① 0.5~1분　② 1~3분
③ 5~10분　④ 20~40분

[해설] 플록형성시간은 계획정수량에 대하여 20~40분간을 표준으로 한다.

(더 알아보기) 핵심정리 2-26 (2)

24. 응집시설 중 완속교반시설에 관한 설명으로 틀린 것은?

① 완속교반기는 패들형과 터빈형이 사용된다.
② 완속교반 시 속도경사는 40~100초$^{-1}$ 정도로 낮게 유지한다.
③ 조의 형태는 폭 : 길이 : 깊이 = 1 : 1 : 1~1.2가 적당하다.
④ 체류시간은 5~10분이 적당하고 3~4개의 실로 분리하는 것이 좋다.

[해설] ④ 응집시설 중 완속교반시설에서 체류시간은 통상 20~40분이 적당하며, 조는 3~4개의 실로 분리하는 것이 좋다.

25. 비교회전도가 700~1,200인 경우에 사용되는 하수도용 펌프 형식으로 옳은 것은?

① 터빈펌프　② 벌류트펌프
③ 축류펌프　④ 사류펌프

[해설] 펌프 형식

형식	전양정 (m)	펌프구경 (mm)	비교회전도
축류펌프	5 이하	400 이상	1,100~2,000
사류펌프	3~12	400 이상	700~1,200
원심사류펌프	5~20	300 이상	-
원심펌프	4 이상	80 이상	100~750

26. 하수관로의 유속과 경사는 하류로 갈수록 어떻게 되도록 설계하여야 하는가?

① 유속 : 증가, 경사 : 감소
② 유속 : 증가, 경사 : 증가
③ 유속 : 감소, 경사 : 증가
④ 유속 : 감소, 경사 : 감소

[해설] 관거의 유속과 경사 : 하류로 갈수록 유속은 크게, 경사는 작게 함

27. 원형 원심력 철근콘크리트관에 만수된 상태로 송수된다고 할 때 Manning 공식에 의한 유속(m/sec)은? (단, 조도계수 = 0.013, 동수경사 = 0.002, 관지름 d = 250 mm)

① 0.24　② 0.54
③ 0.72　④ 1.03

정답 21. ③　22. ③　23. ④　24. ④　25. ④　26. ①　27. ②

해설 $v = \dfrac{1}{n} R^{2/3} I^{1/2}$

$= \dfrac{1}{0.013} \left(\dfrac{0.25}{4}\right)^{2/3} \cdot 0.002^{1/2}$

$= 0.54 \text{ m/s}$

28. 취수탑의 위치에 관한 내용으로 ( )에 옳은 것은?

> 연간을 통하여 최소 수심이 ( ) 이상으로 하천에 설치하는 경우에는 유심이 제방에 되도록 근접한 지점으로 한다.

① 1 m ② 2 m ③ 3 m ④ 4 m

해설 취수탑의 위치 : 연간을 통하여 최소 수심이 2 m 이상으로 하천에 설치하는 경우에는 유심이 제방에 되도록 근접한 지점으로 한다.

29. 상향류식 경사판 침전지의 표준 설계요소에 관한 설명으로 잘못된 것은?

① 표면부하율은 4~9 mm/min로 한다.
② 침강장치는 1단으로 한다.
③ 경사각은 55~60°로 한다.
④ 침전지 내의 평균 상승 유속은 250 mm/min 이하로 한다.

해설 ① 표면부하율은 12~28 mm/min로 한다.

30. 지하수(복류수포함)의 취수 시설 중 집수매거에 관한 설명으로 옳지 않은 것은?

① 복류수의 유황이 좋으면 안정된 취수가 가능하다.
② 하천의 대소에 영향을 받으며 주로 소하천에 이용된다.
③ 침투된 물을 취수하므로 토사유입은 거의 없고 대개는 수질이 좋다.
④ 하천바닥의 변동이나 강바닥의 저하가 큰 지점은 노출될 우려가 크므로 적당하지 않다.

해설 ② 집수매거의 취수량 : 일반적으로 중량 취수에 이용된다. 집수매거는 하천의 유황에 영향을 적게 받는다.

31. 저수댐의 위치에 관한 설명으로 틀린 것은?

① 댐 지점 및 저수지의 지질이 양호하여야 한다.
② 가장 작은 댐의 크기로서 필요한 양의 물을 저수할 수 있어야 한다.
③ 유역면적이 작고 수원보호상 유리한 지형이어야 한다.
④ 저수지 용지 내에 보상해야 할 대상물이 적어야 한다.

해설 ③ 유역면적이 커야 함

32. 계획우수량을 정할 때 고려하여야 할 사항 중 틀린 것은?

① 하수관거의 확률년수는 원칙적으로 10~30년으로 한다.
② 유입시간은 최소단위배수구의 지표면특성을 고려하여 구한다.
③ 유출계수는 지형도를 기초로 답사를 통하여 충분히 조사하고 장래 개발계획을 고려하여 구한다.
④ 유하시간은 최상류관거의 끝으로부터 하류관거의 어떤 지점까지의 거리를 계획유량에 대응한 유속으로 나누어 구하는 것을 원칙으로 한다.

해설 ③ 유출계수는 토지이용도별 기초유출계수로부터 총괄 유출계수를 선정한다.

33. $I = \dfrac{3,660}{t+15}$ [mm/hr], 면적 2.0 km², 유입시간 6분, 유출계수 C = 0.65, 관내유속이 1 m/sec인 경우, 관길이 600 m인 하수관에서 흘러나오는 우수량(m³/sec)은? (단, 합리식 적용)

① 약 31 ② 약 38
③ 약 43 ④ 약 52

정답 28. ② 29. ① 30. ② 31. ③ 32. ③ 33. ③

해설 (1) 유하시간
$$= \frac{\sec}{1.0 \text{ m}} \left| \frac{600 \text{ m}}{} \right| \frac{1 \min}{60 \sec} = 10\text{분}$$

(2) 유달시간 = 유입시간 + 유하시간
= 6 + 10 = 16분

(3) $I = \frac{3,360}{t+15} = \frac{3,660}{16+15} = 118.06 \text{ mm/hr}$

(4) $Q = \frac{1}{3.6} CIA$

$$= \frac{1}{3.6} \left| \frac{0.65}{} \right| \frac{118.06}{} \left| \frac{2}{} \right.$$

$= 42.63 \text{ m}^3/\text{s}$

34. 하수의 배제방식에 대한 설명으로 잘못된 것은?

① 하수의 배제방식에는 분류식과 합류식이 있다.
② 하수의 배제방식의 결정은 지역의 특성이나 방류수역의 여건을 고려해야 한다.
③ 제반 여건상 분류식이 어려운 경우 합류식으로 설치할 수 있다.
④ 분류식 중 오수관로는 소구경관로로 폐쇄 염려가 있고, 청소가 어렵고, 시간이 많이 소요된다.

해설 ④ 분류식 중 오수관로는 소구경관로로 폐쇄 가능성이 크며, 청소가 용이하다.

더 알아보기 핵심정리 2-31

35. 1분당 300 m³의 물을 150 m 양정(전양정)할 때 최고효율점에 달하는 펌프가 있다. 이때의 회전수가 1,500 rpm이라면, 이 펌프의 비속도(비교회전도)는?

① 약 512
② 약 554
③ 약 606
④ 약 658

해설 $N_s = N \frac{Q^{1/2}}{H^{3/4}} = 1,500 \times \frac{(300)^{1/2}}{(150)^{3/4}}$
$= 606.15$

더 알아보기 핵심정리 1-47

36. 다음 중 계획오수량에 관한 내용으로 틀린 것은?

① 지하수 유입량은 토질, 지하수위, 공법에 따라 다르지만 1인1일평균오수량의 10~20 % 정도로 본다.
② 계획1일최대오수량은 1인1일최대오수량에 계획인구를 곱한 후 여기에 공장폐수량, 지하수량 및 기타배수량을 가산한 것으로 한다.
③ 계획1일평균오수량은 계획1일최대오수량의 70~80 %를 표준으로 한다.
④ 계획시간최대오수량은 계획1일최대오수량의 1시간당의 수량의 1.3~1.8배를 표준으로 한다.

해설 ① 지하수량은 1인1일최대오수량의 20 % 이하로 한다.

더 알아보기 핵심정리 2-29

37. 상수도시설의 등급별 내진설계 목표에 대한 내용으로 ( )에 옳은 내용은?

> 상수도시설물의 내진성능 목표에 따른 설계지진강도는 붕괴방지수준에서 시설물의 내진등급이 Ⅰ등급인 경우에는 재현주기 (㉠), Ⅱ등급인 경우에는 (㉡)에 해당되는 지진지반운동으로 한다.

① ㉠ 100년, ㉡ 50년
② ㉠ 200년, ㉡ 100년
③ ㉠ 500년, ㉡ 200년
④ ㉠ 1,000년, ㉡ 500년

해설 지반운동 수준

성능 목표	Ⅰ등급	Ⅱ등급
기능 수행	평균재현주기 100년	평균재현주기 50년
붕괴 방지	평균재현주기 1,000년	평균재현주기 500년

정답 34. ④ 35. ③ 36. ① 37. ④

38. 하수처리시설의 계획유입수질 산정방식으로 옳은 것은?

① 계획오염부하량을 계획1일평균오수량으로 나누어 산정한다.
② 계획오염부하량을 계획시간평균오수량으로 나누어 산정한다.
③ 계획오염부하량을 계획1일최대오수량으로 나누어 산정한다.
④ 계획오염부하량을 계획시간최대오수량으로 나누어 산정한다.

해설 계획유입수질 = $\dfrac{\text{계획오염부하량}}{\text{계획1일평균오수량}}$

39. 정수시설인 급속여과지의 표준 여과속도(m/day)는?

① 120~150
② 150~180
③ 180~250
④ 250~300

해설 • 급속여과 : 120~150 m/day
• 완속여과 : 4~5 m/day

40. 지하수의 취수지점 선정에 관련한 설명 중 틀린 것은?

① 연해부의 경우에는 해수의 영향을 받지 않아야 한다.
② 얕은 우물인 경우에는 오염원으로부터 5 m 이상 떨어져서 장래에도 오염의 영향을 받지 않는 지점이어야 한다.
③ 기존 우물 또는 집수매거의 취수에 영향을 주지 않아야 한다.
④ 복류수인 경우에 장래에 일어날 수 있는 유로변화 또는 하상저하 등을 고려하고 하천개수계획에 지장이 없는 지점을 선정한다.

해설 ② 얕은 우물인 경우에는 오염원으로부터 15 m 이상 떨어져서 장래에도 오염의 영향을 받지 않는 지점이어야 한다.

제3과목 수질오염방지기술

41. 하수처리방식 중 회전원판법에 관한 설명으로 가장 거리가 먼 것은?

① 활성슬러지법에 비해 2차 침전지에서 미세한 SS가 유출되기 쉽고, 처리수의 투명도가 나쁘다.
② 운전관리상 조작이 간단한 편이다.
③ 질산화가 거의 발생하지 않으며, pH 저하도 거의 없다.
④ 소비 전력량이 소규모 처리시설에서는 표준 활성슬러지법에 비하여 적은 편이다.

해설 ③ 질산화가 발생하며, pH 저하가 발생할 수 있다.

42. 무기물이 0.30 g/g VSS로 구성된 생물성 VSS를 나타내는 폐수의 경우, 혼합액 중의 TSS와 VSS 농도가 각각 2,000 mg/L, 1,480 mg/L라 하면 유입수로부터 기인된 불활성 고형물에 대한 혼합액 중의 농도(mg/L)는? (단, 유입된 불활성 부유 고형물질의 용해는 전혀 없다고 가정)

① 76
② 86
③ 96
④ 116

해설 (1) 혼합액 FSS
= 혼합액 TSS − 혼합액 VSS
= 2,000 − 1,480 = 520 mg/L
(2) 생물성 FSS
= $\dfrac{0.3 \text{ g}}{\text{g VSS}} \times 1,480 \text{ mg/L VSS}$
= 444 mg/L
(3) 유입수 기인 FSS
= 혼합액 FSS − 생물성 FSS
= 520 − 444 = 76 mg/L

정답 38. ① 39. ① 40. ② 41. ③ 42. ①

43. 반지름이 8 cm인 원형 관로에서 유체의 유속이 20 m/sec일 때 반지름이 40 cm인 곳에서의 유속(m/sec)은? (단, 유량 동일, 기타 조건은 고려하지 않음)

① 0.8　　② 1.6
③ 2.2　　④ 3.4

해설 $A_1V_1 = A_2V_2$ 이므로,

$$V_2 = \frac{A_1V_1}{A_2} = \frac{\frac{\pi}{4}(0.08)^2 \mid 20 \text{ m/s}}{\frac{\pi}{4}(0.40)^2 \mid}$$

$= 0.8 \text{ m/s}$

44. 포기조 부피가 1,000 m³이고 MLSS 농도가 3,500 mg/L일 때, MLSS 농도를 2,500 mg/L로 운전하기 위해 추가로 폐기시켜야 할 잉여슬러지양(m³)은? (단, 반송 슬러지 농도 = 8,000 mg/L)

① 65　　② 85
③ 105　　④ 125

해설 포기조 MLSS 변화량 = 추가 폐기할 잉여 슬러지양

$$\frac{(3,500-2,500)\text{mg} \mid 1,000 \text{ m}^3}{1.0 \text{ mL}}$$

$$= \frac{8,000 \text{ mg} \mid Q_w[\text{m}^3]}{L \mid}$$

∴ $Q_w = 125 \text{ m}^3$

45. 활성슬러지 공정에서 폭기조 유입 BOD가 180 mg/L, SS가 180 mg/L, BOD-슬러지 부하가 0.6 kg BOD/kg MLSS·day 일 때, MLSS 농도(mg/L)는? (단, 폭기조 수리학적 체류시간 = 6시간)

① 1,100　　② 1,200
③ 1,300　　④ 1,400

해설 $F/M = \frac{BOD \cdot Q}{V \cdot X} = \frac{BOD \cdot Q}{Q \cdot t \cdot X} = \frac{BOD}{t \cdot X}$

∴ $X = \frac{BOD}{t \cdot F/M}$

$= \frac{180 \text{ mg} \mid \text{kg day} \mid 24 \text{ hr}}{L \mid 0.6 \text{ kg} \mid 6 \text{ hr} \mid 1 \text{ day}}$

$= 1,200 \text{ mg/L}$

46. 폐수로부터 암모니아를 제거하는 방법의 하나로 천연 제올라이트를 사용하기로 한다. 천연 제올라이트로 암모니아를 제거할 경우 재생방법을 가장 적절하게 나타낸 것은?

① 깨끗한 증류수로 세척한다.
② 황산이나 질산 등 산성 용액으로 재생한다.
③ NaOH나 석회수 등 알칼리성 용액으로 재생한다.
④ LAS 등 세제로 세척한 후 가열하여 재생한다.

해설 알칼리 용액으로 pH를 높이면 제올라이트에서 암모니아를 탈착(재생)할 수 있다.

47. 폐수의 고도처리에 관한 다음의 기술 중 옳지 않은 것은?

① Cl^-, SO_4^{2-} 등의 무기염류의 제거에는 전기투석법이 이용된다.
② 활성탄 흡착법에서 폐수 중의 인산은 제거되지 않는다.
③ 모래여과법은 고도처리 중에서 흡착법이나 전기투석법의 전처리로써 이용된다.
④ 폐수 중의 무기성 질소 화합물은 철염에 의한 응집침전으로 완전히 제거된다.

해설 ④ 질소제거방법 : 생물학적 처리, 탈기법, 이온교환법 등

48. 총 잔류염소 농도를 3.05 mg/L에서 1.00 mg/L로 탈염시키기 위해 유량 4,350 m³/day인 물에 가해주는 아황산염(SO_3^{2-})의 양(kg/day)은? (단, 원자량 : Cl = 35.5, S = 32.1)

① 약 6　② 약 8　③ 약 10　④ 약 12

정답 43. ①　44. ④　45. ②　46. ③　47. ④　48. ③

해설 (1) 제거해야 할 잔류염소량

$$\frac{(3.05-1.00)\text{ mg}}{\text{L}} \bigg| \frac{4{,}350 \text{ m}^3}{\text{day}} \bigg| \frac{1{,}000 \text{ L}}{1 \text{ m}^3} \bigg| \frac{1 \text{ kg}}{10^6 \text{ mg}}$$

$= 8.9175 \text{ kg/day}$

(2) 아황산염 양(x)

$Cl_2 + SO_3^{2-} + H_2O \rightarrow SO_4^{2-} + 2Cl^- + 2H^+$

Cl_2 : SO_3^{2-}
71 : 80.1
8.9175 kg/day : x

$$x = \frac{80.1}{71} \bigg| \frac{8.9175 \text{ kg/day}}{}$$

$= 10.06 \text{ kg/day}$

49. 슬러지의 열처리에 대해 기술한 것으로 옳지 않은 것은?
① 슬러지의 열처리는 탈수의 전처리로서 한다.
② 슬러지의 열처리에 의해, 슬러지의 탈수성과 침강성이 좋아진다.
③ 슬러지의 열처리에 의해, 슬러지 중의 유기물이 가수분해되어 가용화된다.
④ 슬러지의 열처리에 의한 분리액은 BOD가 낮으므로 그대로 방류할 수 있다.

해설 ④ 슬러지 열처리는 슬러지 개량방법 중 하나이다. 열처리를 하면 유기물이 가수분해되어 분리액에 유기물이 녹아들어가서, 분리액의 BOD가 높다. 따라서 그대로 방류하면 곤란하다.

50. 길이 : 폭의 비가 3 : 1인 장방형 침전조에 유량 850 m³/day의 흐름이 도입된다. 깊이는 4.0 m이고 체류시간은 1.92 hr이라면 표면부하율(m³/m²·day)은? (단, 흐름은 침전조 단면적에 균일하게 분배)
① 20 ② 30 ③ 40 ④ 50

해설 $Q/A = \dfrac{H}{t} = \dfrac{4 \text{ m}}{1.92 \text{ hr}} \bigg| \dfrac{24 \text{ hr}}{1 \text{ day}}$

$= 50 \text{ m/day}$

51. 수질 성분이 부식에 미치는 영향으로 틀린 것은?
① 높은 알칼리도는 구리와 납의 부식을 증가시킨다.
② 암모니아는 착화물 형성을 통해 구리, 납 등의 금속용해도를 증가시킬 수 있다.
③ 잔류염소는 Ca와 반응하여 금속의 부식을 감소시킨다.
④ 구리는 갈바닉 전지를 이룬 배관상에 흠집(구멍)을 야기한다.

해설 ③ 잔류염소는 Ca와 반응하여 금속을 급격하게 부식시킨다.

52. 잔류염소 농도 0.6 mg/L에서 3분간에 90 %의 세균이 사멸되었다면 같은 농도에서 95 % 살균을 위해서 필요한 시간(분)은? (단, 염소소독에 의한 세균의 사멸이 1차반응 속도식을 따른다고 가정)
① 2.6 ② 3.2
③ 3.9 ④ 4.5

해설 $\ln \dfrac{C}{C_0} = -kt$에서,

(1) $\ln \dfrac{10}{100} = -k \times 3$

∴ $k = 0.767/\text{min}$

(2) $\ln \dfrac{5}{100} = -0.767 \times t$

∴ $t = 3.9 \text{ min}$

53. 1차 처리 결과 슬러지의 함수율이 80 %, 고형물 중 무기성고형물질이 30 %, 유기성고형물질이 70 %, 유기성고형물질의 비중 1.1, 무기성고형물질의 비중이 2.2일 때 슬러지의 비중은?
① 1.017 ② 1.023
③ 1.032 ④ 1.047

정답 49. ④ 50. ④ 51. ③ 52. ③ 53. ④

해설 (1) 고형물 밀도(ρ_{TS})

$$\frac{TS}{\rho_{TS}} = \frac{VS}{\rho_{VS}} + \frac{FS}{\rho_{FS}}$$

$$\frac{100}{\rho_{TS}} = \frac{70}{1.1} + \frac{30}{2.2}$$

$$\therefore \rho_{TS} = 1.294$$

(2) 슬러지 밀도(ρ_{SL})

$$\frac{SL}{\rho_{SL}} = \frac{TS}{\rho_{TS}} + \frac{W}{\rho_W}$$

$$\frac{100}{\rho_{SL}} = \frac{20}{1.294} + \frac{80}{1}$$

$$\therefore \rho_{SL} = 1.047$$

54. 생물학적 3차 처리를 위한 A/O 공정을 나타낸 것으로 각 반응조 역할을 가장 적절하게 설명한 것은?

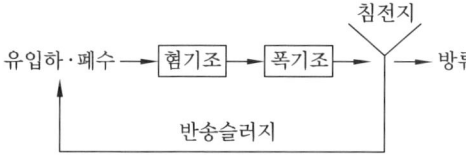

① 혐기조에서는 유기물 제거와 인의 방출이 일어나고, 폭기조에서는 인의 과잉섭취가 일어난다.
② 폭기조에서는 유기물 제거가 일어나고, 혐기조에서는 질산화 및 탈질이 동시에 일어난다.
③ 제거율을 높이기 위해서는 외부탄소원인 메탄올 등을 폭기조에 주입한다.
④ 혐기조에서는 인의 과잉섭취가 일어나며, 폭기조에서는 질산화가 일어난다.

해설 • 혐기조 : 유기물 제거, 인 방출
• 호기조(폭기조) : 유기물 제거, 인 과잉흡수

55. 여섯 개의 납작한 날개를 가진 터빈임펠러로 탱크의 내용물을 교반하려 한다. 교반은 난류 영역에서 일어나며 임펠러의 직경은 3 m이고 깊이 20 m, 바닥에서 4 m 위에 설치되어 있다. 30 rpm으로 임펠러가 회전할 때 소요되는 동력(kg·m/s)은? (단, P = $k\rho n^3 D^5/g_c$ 식 적용, 소요 동력을 나타내는 계수 k = 3.3)

① 9,356　② 10,228
③ 12,350　④ 15,421

해설 (1) $n = \dfrac{30회}{min} \Big| \dfrac{1\ min}{60\ sec} = 0.5회/s$

(2) $P = \dfrac{\rho k n^3 D^5}{g}$

$= \dfrac{1,000\ kg}{m^3} \Big| \dfrac{3.3}{} \Big| \dfrac{0.5^3}{s^3} \Big| \dfrac{(3\ m)^5}{9.8\ m/s^2}$

$= 10,228.31\ kg \cdot m/s$

여기서, P : 소요동력(kg·m/s)
ρ : 물의 밀도(1,000 kg/m³)
k : 계수
n : 임펠러 회전속도(회/s)
D : 임펠러 직경(m)

56. 하수로부터 인 제거를 위한 화학제의 선택에 영향을 미치는 인자가 아닌 것은?
① 유입수의 인 농도
② 슬러지 처리시설
③ 알칼리도
④ 다른 처리공정과의 차별성

해설 인 제거 약품 선택 시 고려사항
• 유입수의 인 농도
• 슬러지 처리시설
• 수중의 알칼리도, pH

57. 무기수은계 화합물을 함유한 폐수의 처리방법이 아닌 것은?
① 황화물 침전법　② 활성탄 흡착법
③ 산화분해법　④ 이온교환법

해설 수은 처리공법
• 유기수은계 : 흡착법, 산화분해법
• 무기수은계 : 황화물 응집침전법, 활성탄 흡착법, 이온교환법

정답 54. ①　55. ②　56. ④　57. ③

58. 하수처리과정에서 소독 방법 중 염소와 자외선 소독의 장·단점을 비교할 때 염소 소독의 장·단점으로 틀린 것은?
① 암모니아의 첨가에 의해 결합잔류염소가 형성된다.
② 염소접촉조로부터 휘발성유기물이 생성된다.
③ 처리수의 총용존고형물이 감소한다.
④ 처리수의 잔류독성이 탈염소과정에 의해 제거되어야 한다.

해설 ③ 처리수의 총용존고형물이 증가한다.
더 알아보기 핵심정리 2-50

59. 질소 제거를 위한 파괴점 염소 주입법에 관한 설명과 가장 거리가 먼 것은?
① 적절한 운전으로 모든 암모니아성 질소의 산화가 가능하다.
② 시설비가 낮고 기존 시설에 적용이 용이하다.
③ 수생생물에 독성을 끼치는 잔류염소농도가 높아진다.
④ 독성물질과 온도에 민감하다.

해설 ④ 파과점 염소 주입법은 화학적 처리이므로 독성물질과는 상관없다.

60. CFSTR에서 물질을 분해하여 효율 95%로 처리하고자 한다. 이 물질은 0.5차 반응으로 분해되며, 속도상수는 $0.05(mg/L)^{1/2}/h$이다. 유량은 500 L/h이고 유입농도는 250 mg/L로 일정하다면 CFSTR의 필요 부피(m^3)는? (단, 정상상태 가정)
① 약 520
② 약 570
③ 약 620
④ 약 670

해설 완전혼합반응조의 물질수지식
$V\dfrac{dC}{dt} = QC_o - QC - KVC^n$ 에서,
정상상태이므로 $\dfrac{dC}{dt} = 0$ 이고,
반응차수 $n = 0.5$ 이다.
그러므로 물질수지식은 다음과 같다.
$Q(C_o - C) = KVC^{0.5}$
$\therefore V = \dfrac{Q(C_o - C)}{KC^{0.5}}$
$= \dfrac{500\,L/h}{0.05} \cdot \dfrac{250\,mg/L \times 0.95}{(250 \times 0.05)^{0.5}} \cdot \dfrac{1\,m^3}{1,000\,L}$
$= 671.75\,m^3$

제4과목 수질오염공정시험기준

61. 수질분석용 시료의 보존 방법에 관한 설명 중 틀린 것은?
① 6가 크롬 분석용 시료는 $c-HNO_3$ 1 mL/L를 넣어 보관한다.
② 페놀분석용 시료는 인산을 넣어 pH 4 이하로 조정한 후, 황산구리(1 g/L)를 첨가하여 4°C에서 보관한다.
③ 시안 분석용 시료는 수산화나트륨으로 pH 12 이상으로 하여 4°C에서 보관한다.
④ 화학적산소요구량 분석용 시료는 황산으로 pH 2 이하로 하여 4°C에서 보관한다.

해설 ① 6가 크롬 분석용 시료는 4°C에서 보관한다.
더 알아보기 핵심정리 2-70 (4)

62. BOD 측정 시 표준 글루코오스 및 글루타민산 용액의 적정 BOD값(mg/L)이 아닌 것은? (단, 글루코오스 및 글루타민산을 각 150 mg씩 물에 녹여 1,000 mL로 함)
① 200
② 215
③ 230
④ 260

해설 (1) Glucose 150 mg의 이론적 산소요구량 ($ThOD_1$)

$$C_6H_{12}O_6 + 6O_2 \rightarrow 6CO_2 + 6H_2O$$

180 g : 6×32 g
150 mg/L : $ThOD_1$

$$\therefore ThOD_1 = \frac{6 \times 32\,g}{180\,g} \bigg| \frac{150\,mg/L}{}$$

$$= 160\,mg/L$$

(2) 글루타민산 150 mg의 이론적 산소요구량 ($ThOD_2$)

$$C_5H_9NO_4 + \frac{9}{2}O_2 \rightarrow 5CO_2 + 3H_2O + NH_3$$

147 g : $\frac{9}{2} \times 32\,g$
150 mg/L : $ThOD_2$

$$\therefore ThOD_2 = \frac{\frac{9}{2} \times 32\,g}{147\,g} \bigg| \frac{150\,mg/L}{}$$

$$= 147\,mg/L$$

(3) BOD
이론적 산소요구량 = $ThOD_1 + ThOD_2$
= 160+147 = 307 mg/L

BOD는 이론적 산소요구량의 60~80 % 정도이므로,
$BOD_{최소} = 0.6 \times 307 = 184.2\,mg/L$
$BOD_{최대} = 0.8 \times 307 = 245.6\,mg/L$
∴ BOD는 184.2~245.6 mg/L 값을 가지게 된다.

63. 0.1 mgN/mL 농도의 NH_3-N 표준원액을 1 L 조제하고자 할 때 요구되는 NH_4Cl의 양(mg/L)은? (단, NH_4Cl의 MW = 53.5)

① 227   ② 382
③ 476   ④ 591

해설 NH_4Cl [mg/L]

$$\frac{0.1\,mgN\;NH_3-N}{mL} \bigg| \frac{1,000\,mL}{1\,L} \bigg| \frac{53.5\,mg\;NH_4Cl}{14\,mg\;NH_3-N}$$

= 382 mg/L

64. 불소 측정시험 시 수증기 증류법으로 전처리하지 않아도 되는 것은?

① 색도가 30도인 시료
② PO_4^{3-}의 농도가 4 mg/L인 시료
③ Al^{3+}의 농도가 2 mg/L인 시료
④ Fe^{2+}의 농도가 7 mg/L인 시료

해설 ④ Fe^{2+}는 불소와 상호작용을 하지 않기 때문에 수증기 증류법으로 전처리하지 않아도 된다.

65. 전기전도도의 정밀도 기준으로 ( )에 옳은 것은?

> 측정값의 % 상대표준편차(RSD)로 계산하며 측정값이 ( ) 이내이어야 한다.

① 15 %   ② 20 %
③ 25 %   ④ 30 %

해설 정밀도는 측정값의 % 상대표준편차(RSD)로 계산하며 측정값이 20 % 이내이어야 한다.

66. pH 표준액의 온도보정은 온도별 표준액의 pH값을 표에서 구하고 또한 표에 없는 온도의 pH값은 내삽법으로 구한다. 다음 중 20℃에서 가장 낮은 pH값을 나타내는 표준액은?

① 붕산염 표준액
② 프탈산염 표준액
③ 탄산염 표준액
④ 인산염 표준액

해설 표준용액
- 수산염 표준용액(0.05 M, pH 1.68)
- 프탈산염 표준용액(0.05 M, pH 4.00)
- 인산염 표준용액(0.025 M, pH 6.88)
- 붕산염 표준용액(0.01 M, pH 9.22)
- 탄산염 표준용액(0.025 M, pH 10.07)
- 수산화칼슘 표준용액(0.02 M, 25℃ 포화용액, pH 12.63)

67. 20℃ 이하에서 BOD 측정 시료의 용존산소가 과포화되어 있을 때 처리하는 방법은?

① 시료의 산소가 과포화되어 있어도 배양 전 용존 산소 값으로 측정되므로 상관이 없다.
② 시료의 수온을 23~25℃로 하여 15분간 통기하고 방랭한 후 수온을 20℃로 한다.
③ 아황산나트륨을 적정량 넣어 산소를 소모시킨다.
④ 5℃ 이하로 냉각시켜 냉암소에서 15분간 잘 저어준다.

해설 수온이 20℃ 이하일 때의 용존산소가 과포화되어 있을 경우에는 수온을 23~25℃로 상승시킨 이후에 15분간 통기하고 방치하고 냉각하여 수온을 다시 20℃로 한다.

68. 자외선/가시선 분광법을 적용하여 페놀류를 측정할 때 사용되는 시약은?

① 4-아미노안티피린
② 인도 페놀
③ O-페난트로린
④ 디티존

해설 페놀류-자외선/가시선 분광법 : 물속에 존재하는 페놀류를 측정하기 위하여 증류한 시료에 염화암모늄-암모니아 완충용액을 넣어 pH 10으로 조절한 다음 4-아미노안티피린과 헥사시안화철(Ⅱ)산칼륨을 넣어 생성된 붉은색의 안티피린계 색소의 흡광도를 측정하는 방법으로 수용액에서는 510 nm, 클로로폼 용액에서는 460 nm에서 측정

69. 시료 중 구리, 아연, 납, 카드뮴, 니켈, 철, 망간, 5가 크롬, 코발트 및 은 등의 측정에 적용되고 이들을 암모니아수로 색을 변화 후 다시 산으로 처리하는 전처리 방법은?

① DDTC - MIBK 법
② 디티존 - MIBK 법
③ 디티존 - 사염화탄소법
④ APDC - MIBK 법

해설 시료의 전처리-용매추출법

분류	적용되는 측정 물질
다이에틸다이티오카바민산 추출법(DDTC-MIBK 법)	구리, 아연, 납, 카드뮴 및 니켈
디티존-메틸아이소부틸케톤 추출법(디티존-MIBK 법)	구리, 아연, 납, 카드뮴, 니켈 및 코발트 등
디티존-사염화탄소법	아연, 납, 카드뮴 등
피로리딘다이티오카르바민산 암모늄 추출법(APDC-MIBK 법)	구리, 아연, 납, 카드뮴, 니켈, 철, 망간, 6가 크롬, 코발트 및 은 등

70. 수질오염공정시험기준상 기체크로마토그래피법으로 정량하는 물질은?

① 불소
② 유기인
③ 수은
④ 비소

해설 기체크로마토그래피법은 주로 유기화합물 정량에 사용된다.

71. '항량으로 될 때까지 강열한다.'는 의미에 해당하는 것은?

① 강열할 때 전후 무게 차가 g당 0.1 mg 이하일 때
② 강열할 때 전후 무게 차가 g당 0.3 mg 이하일 때
③ 강열할 때 전후 무게 차가 g당 0.5 mg 이하일 때
④ 강열할 때 전후 무게 차가 없을 때

해설 "항량이 될 때까지 건조한다 또는 강열한다"라 함은 규정된 건조온도에서 1시간 더 건조 또는 강열할 때 전후 무게의 차가 매 g당 0.3 mg 이하일 때를 뜻한다.

정답 67. ② 68. ① 69. ④ 70. ② 71. ②

72. 온도에 관한 내용으로 옳지 않은 것은?

① 찬 곳은 따로 규정이 없는 한 0~15℃의 곳을 뜻한다.
② 냉수는 15℃ 이하를 말한다.
③ 온수는 70~90℃를 말한다.
④ 상온은 15~25℃를 말한다.

해설
- 냉수 : 15℃ 이하
- 온수 : 60~70℃
- 열수 : 약 100℃

73. 흡광 광도 측정에서 입사광의 60 %가 흡수되었을 때의 흡광도는?

① 약 0.6
② 약 0.5
③ 약 0.4
④ 약 0.3

해설 흡광도
$$A = \log\left(\frac{I_0}{I}\right) = \log\left(\frac{100}{40}\right) = 0.39$$
여기서, I_0 : 입사광 강도
I : 투과광(투사광) 강도

74. 자외선/가시선 분광법을 이용한 철의 정량에 관한 내용으로 틀린 것은?

① 등적색 철착염의 흡광도를 측정하여 정량한다.
② 측정파장은 510 nm이다.
③ 염산히드록실아민에 의해 산화제이철로 산화된다.
④ 철이온을 암모니아 알칼리성으로 하여 수산화제이철로 침전분리한다.

해설 철-자외선/가시선 분광법 : 물속에 존재하는 철 이온을 수산화제이철로 침전분리하고 염산하이드록실아민으로 제일철로 환원한 다음, o-페난트로린을 넣어 약산성에서 나타나는 등적색 철착염의 흡광도를 510 nm에서 측정하는 방법

75. 시료를 채취해 얻은 결과가 다음과 같고, 시료량이 50 mL이었을 때 부유고형물의 농도(mg/L)와 휘발성 부유고형물의 농도(mg/L)는?

- Whatman GF/C 여과지무게 = 1.5433 g
- 105℃ 건조 후 Whatman GF/C 여과지의 잔여무게 = 1.5553 g
- 550℃ 소각 후 Whatman GF/C 여과지의 잔여무게 = 1.5531 g

① 44, 240
② 240, 44
③ 24, 4.4
④ 4.4, 24

해설 (1) 부유고형물(SS)의 농도
- SS(g) = (105℃ 건조 후 GF/C 여과지의 잔여무게) − (GF/C 여과지무게)
    = 1.5553 − 1.5433
    = 0.012 g
- SS = $\dfrac{0.012\ g}{50\ mL} \times \dfrac{1{,}000\ mL}{1\ L} \times \dfrac{1{,}000\ mg}{1\ g}$
    = 240 mg/L

(2) 휘발성 부유고형물(VSS)의 농도
- VSS(g) = (105℃ 건조 후 GF/C 여과지의 잔여무게) − (550℃ 소각 후 GF/C 여과지 무게)
    = 1.5553 − 1.5531
    = 0.0022 g
- VSS = $\dfrac{0.0022\ g}{50\ mL} \times \dfrac{1{,}000\ mL}{1\ L} \times \dfrac{1{,}000\ mg}{1\ g}$
    = 44 mg/L

76. 다음 중 용량분석법으로 측정하지 않는 항목은?

① 용존산소
② 부유물질
③ 화학적산소요구량
④ 염소이온

해설 ② 부유물질 : 무게분석법

정답 72. ③ 73. ③ 74. ③ 75. ② 76. ②

77. 시료 채취 시 유의사항으로 틀린 것은?
① 채취 용기는 시료를 채우기 전에 시료로 3회 이상 씻은 다음 사용한다.
② 시료 채취 용기에 시료를 채울 때에는 어떠한 경우에도 시료의 교란이 일어나서는 안 된다.
③ 지하수 시료는 취수정 내에 고여 있는 물과 원래 지하수의 성상이 달라질 수 있으므로 고여 있는 물을 충분히 퍼낸 다음 새로 나온 물을 채취한다.
④ 시료채취량은 시험항목 및 시험횟수의 필요량의 3~5배 채취를 원칙으로 한다.

해설 ④ 시료채취량은 시험항목 및 시험횟수에 따라 차이가 있으나 보통 3~5 L 정도이다.

78. COD 측정에서 최초의 첨가한 $KMnO_4$량의 1/2 이상이 남도록 첨가하는 이유는?
① $KMnO_4$ 잔류량이 1/2 이하로 되면 유기물의 분해온도가 저하한다.
② $KMnO_4$ 잔류량이 1/2 이상이면 모든 유기물의 산화가 완료한다.
③ $KMnO_4$ 잔류량이 많을 경우 유기물의 산화속도가 저하한다.
④ $KMnO_4$ 농도가 저하되면 유기물의 산화율이 저하한다.

해설 ④ $KMnO_4$ 농도가 너무 낮으면 유기물의 산화율이 저하되어 정확한 결과값을 얻을 수 없다.

79. 원자흡수분광광도법을 적용하여 비소를 분석할 때 수소화비소를 직접적으로 발생시키기 위해 사용하는 시약은?
① 염화제일주석   ② 아연
③ 요오드화칼륨   ④ 과망간산칼륨

해설 비소-수소화물생성법-원자흡수분광광도법: 물속에 존재하는 비소를 측정하는 방법으로 아연 또는 나트륨붕소수화물($NaBH_4$)을 넣어 수소화비소로 포집하여 아르곤(또는 질소)-수소 불꽃에서 원자화시켜 193.7 nm에서 흡광도를 측정하고 비소를 정량하는 방법

80. 0.1 N $Na_2S_2O_3$ 용액 100 mL에 증류수를 가해 500 mL로 한 다음, 여기서 250 mL를 취하여 다시 증류수로 전량 500 mL로 하면 용액의 규정농도(N)는?
① 0.01   ② 0.02
③ 0.04   ④ 0.05

해설 (1) 0.1 N $Na_2S_2O_3$ 용액 100 mL에 증류수를 가해 500 mL로 한 용액의 농도
- 희석배수 = $\frac{시료+증류수}{시료}$
  = $\frac{500}{100}$ = 5배
- 희석 후 농도 = $\frac{희석\ 전\ 농도}{희석배수}$
  = $\frac{0.1\ N}{5}$ = 0.02 N

(2) 250 mL를 취하여 다시 증류수로 전량 500 mL로 한 용액의 농도
(1)에서 250 mL를 분취하여도 용액의 농도는 변하지 않는다. 증류수로 전량 500 mL로 하게 되면, 다음과 같다.
- 희석배수 = $\frac{시료+증류수}{시료}$
  = $\frac{500}{250}$ = 2배
- 희석 후 농도 = $\frac{희석\ 전\ 농도}{희석배수}$ = $\frac{0.02\ N}{2}$
  = 0.01 N

제5과목 수질환경관계법규

81. 사업자가 환경기술인을 바꾸어 임명하는 경우는 그 사유가 발생한 날부터 며칠 이내에 신고하여야 하는가?
① 3일   ② 5일
③ 7일   ④ 10일

정답 77. ④ 78. ④ 79. ② 80. ① 81. ②

해설 환경기술인의 임명 및 자격기준 : 사업자가 환경기술인을 임명하려는 경우에는 다음 각 호의 구분에 따라 임명하여야 한다.
1. 최초로 배출시설을 설치한 경우 : 가동시작 신고와 동시
2. 환경기술인을 바꾸어 임명하는 경우 : 그 사유가 발생한 날부터 5일 이내

82. 공공수역에 정당한 사유 없이 특정수질 유해물질 등을 누출·유출시키거나 버린 자에 대한 처벌기준은?

① 1년 이하의 징역 또는 1천만원 이하의 벌금
② 2년 이하의 징역 또는 2천만원 이하의 벌금
③ 3년 이하의 징역 또는 3천만원 이하의 벌금
④ 5년 이하의 징역 또는 5천만원 이하의 벌금

해설
• 공공수역에 정당한 사유 없이 특정수질 유해물질 등을 누출·유출시키거나 버린 자 : 3년 이하의 징역 또는 3천만원 이하의 벌금
• 업무상 과실 또는 중대한 과실로 인하여 특정수질유해물질 등을 누출·유출한 자 : 1년 이하의 징역 또는 1천만원 이하의 벌금

83. 공공폐수처리시설의 유지·관리기준에 관한 내용으로 ( )에 맞는 것은?

처리시설의 관리·운영자는 처리시설의 적정 운영 여부를 확인하기 위한 방류수질 검사를 (㉠) 실시하되 2,000 m³/일 이상 규모의 시설은 (㉡) 실시하여야 한다.

① ㉠ 분기 1회 이상, ㉡ 월 1회 이상
② ㉠ 월 1회 이상, ㉡ 월 2회 이상
③ ㉠ 월 2회 이상, ㉡ 주 1회 이상
④ ㉠ 주 1회 이상, ㉡ 수시

해설 공공폐수처리시설의 유지·관리기준 : 처리시설의 적정 운영 여부를 확인하기 위하여 방류수질검사를 월 2회 이상 실시하되, 1일당 2000 m³ 이상인 시설은 주 1회 이상 실시하여야 한다. 다만, 생태독성(TU) 검사는 월 1회 이상 실시하여야 한다.

84. 물환경보전법상 용어의 정의 중 틀린 것은?

① 폐수라 함은 물에 액체성 또는 고체성의 수질오염물질이 혼입되어 그대로 사용할 수 없는 물을 말한다.
② 수질오염물질이라 함은 수질오염의 요인이 되는 물질로서 환경부령으로 정하는 것을 말한다.
③ 폐수배출시설이라 함은 수질오염물질을 공공수역에 배출하는 시설물·기계·기구·장소 기타 물체로서 환경부령으로 정하는 것을 말한다.
④ 수질오염방지시설이라 함은 폐수배출시설로부터 배출되는 수질오염물질을 제거하거나 감소시키는 시설로서 환경부령으로 정하는 것을 말한다.

해설 ③ "폐수배출시설"이란 수질오염물질을 배출하는 시설물·기계·기구 그 밖의 물체로서 환경부령으로 정하는 것을 말한다. 다만, 「해양환경관리법」 제2조 제16호 및 제17호에 따른 선박 및 해양시설은 제외한다.

85. 기본배출부과금 산정에 필요한 지역별 부과계수로 옳은 것은?

① 청정지역 및 가 지역 : 1.5
② 청정지역 및 가 지역 : 1.2
③ 나 지역 및 특례지역 : 1.5
④ 나 지역 및 특례지역 : 1.2

해설 지역별 부과계수

청정지역 및 가 지역	나 지역 및 특례지역
1.5	1

정답 82. ③ 83. ③ 84. ③ 85. ①

86. 오염총량관리기본방침에 포함되어야 할 사항으로 틀린 것은?

① 오염원의 조사 및 오염부하량 산정방법
② 오염총량관리시행 대상 유역 현황
③ 오염총량관리의 대상 수질오염물질 종류
④ 오염총량관리의 목표

해설 오염총량관리기본방침 포함사항
1. 오염총량관리의 목표
2. 오염총량관리의 대상 수질오염물질 종류
3. 오염원의 조사 및 오염부하량 산정방법
4. 오염총량관리기본계획의 주체, 내용, 방법 및 시한
5. 오염총량관리시행계획의 내용 및 방법

87. 다음은 배출시설의 설치허가를 받은 자가 배출시설의 변경허가를 받아야 하는 경우에 대한 기준이다. ( )에 들어갈 내용으로 옳은 것은?

> 폐수배출량이 허가 당시보다 100분의 50(특정수질유해물질이 배출되는 시설의 경우에는 100분의 30) 이상 또는 ( ) 이상 증가하는 경우

① 1일 500세제곱미터
② 1일 600세제곱미터
③ 1일 700세제곱미터
④ 1일 800세제곱미터

해설 배출시설의 설치허가를 받은 자가 배출시설의 변경허가를 받아야 하는 경우
1. 폐수배출량이 허가 당시보다 100분의 50 (특정수질유해물질이 기준 이상으로 배출되는 배출시설의 경우에는 100분의 30) 이상 또는 1일 700세제곱미터 이상 증가하는 경우
2. 배출허용기준을 초과하는 새로운 수질오염물질이 발생되어 배출시설 또는 수질오염방지시설의 개선이 필요한 경우
3. 허가를 받은 폐수무방류배출시설로서 고체상태의 폐기물로 처리하는 방법에 대한 변경이 필요한 경우

88. 폐수수탁처리업에서 사용하는 폐수운반차량에 관한 설명으로 틀린 것은?

① 청색으로 도색한다.
② 차량 양쪽 옆면과 뒷면에 폐수운반차량, 회사명, 등록번호, 전화번호 및 용량을 표시하여야 한다.
③ 차량에 표시는 흰색 바탕에 황색 글씨로 한다.
④ 운송 시 안전을 위한 보호구, 중화제 및 소화기를 갖추어 두어야 한다.

해설 ③ 차량에 표시는 노란색 바탕에 검은색 글씨로 한다.

89. 위임업무 보고사항 중 "골프장 맹·고독성 농약 사용 여부 확인 결과"의 보고횟수 기준은?

① 수시
② 연 4회
③ 연 2회
④ 연 1회

해설 보고횟수가 연 2회인 업무내용
- 기타 수질오염원 현황
- 폐수처리업에 대한 허가·지도단속실적 및 처리실적 현황
- 배출부과금 징수 실적 및 체납처분 현황
- 과징금 부과 실적
- 과징금 징수 실적 및 체납처분 현황
- 골프장 맹·고독성 농약 사용 여부 확인 결과
- 측정기기 부착시설 설치 현황
- 측정기기 부착사업장 관리 현황
- 측정기기 부착사업자에 대한 행정처분 현황
- 수생태계 복원계획(변경계획) 수립·승인 및 시행계획(변경계획) 협의 현황
- 수생태계 복원 시행계획(변경계획) 협의 현황

더 알아보기 핵심정리 2-99

정답 86. ② 87. ③ 88. ③ 89. ③

90. 대권역 물환경관리계획에 포함되지 않는 것은?

① 상수원 및 물 이용 현황
② 수질오염 예방 및 저감 대책
③ 기후변화에 대한 적응 대책
④ 폐수배출시설의 설치 제한 계획

해설 대권역별 물환경관리계획(대권역계획) 수립 시 포함사항
- 물환경의 변화 추이 및 물환경목표기준
- 상수원 및 물 이용현황
- 점오염원, 비점오염원 및 기타수질오염원의 분포현황
- 점오염원, 비점오염원 및 기타수질오염원에서 배출되는 수질오염물질의 양
- 수질오염 예방 및 저감 대책
- 물환경 보전조치의 추진방향
- 「기후위기 대응을 위한 탄소중립·녹색성장 기본법」에 따른 기후변화에 대한 적응 대책
- 그 밖에 환경부령으로 정하는 사항

91. 수질오염방지시설 중 화학적 처리시설에 해당되는 것은?

① 침전물 개량시설
② 혼합시설
③ 응집시설
④ 증류시설

해설 수질오염방지시설
②, ③, ④ 물리적 처리시설

더 알아보기 핵심정리 2-95

92. 시·도지사는 공공수역의 수질보전을 위하여 환경부령이 정하는 해발고도 이상에 위치한 농경지 중 환경부령이 정하는 경사도 이상의 농경지를 경작하는 자에 대하여 경작방식의 변경, 농약·비료의 사용량 저감, 휴경 등을 권고할 수 있다. 위에서 언급한 환경부령이 정하는 해발고도와 경사도 기준은?

① 400미터, 15퍼센트
② 400미터, 25퍼센트
③ 600미터, 15퍼센트
④ 600미터, 25퍼센트

해설 휴경 등 권고대상 농경지의 해발고도 및 경사도
- 해발고도 : 해발 400 m
- 경사도 : 15 %

93. 현장에서 배출허용기준 또는 방류수수질기준의 초과 여부를 판정할 수 있는 수질오염물질 항목으로 나열한 것은?

① 수소이온농도, 화학적산소요구량, 총질소, 부유물질량
② 수소이온농도, 화학적산소요구량, 용존산소, 총인
③ 총유기탄소, 화학적산소요구량, 용존산소, 총인
④ 총유기탄소, 생물학적산소요구량, 총질소, 부유물질량

해설 현장에서 배출허용기준 등의 초과 여부를 판정할 수 있는 수질오염물질 항목
pH, COD, SS, T-N, T-P

94. 초과부과금 산정 시 적용되는 위반횟수별 부과계수에 관한 내용으로 ( )에 맞는 것은? (단, 폐수무방류배출시설의 경우)

처음 위반의 경우 (㉠), 다음 위반부터는 그 위반 직전의 부과계수에 (㉡)를 곱한 것으로 한다.

① ㉠ 1.5, ㉡ 1.3   ② ㉠ 1.5, ㉡ 1.5
③ ㉠ 1.8, ㉡ 1.3   ④ ㉠ 1.8, ㉡ 1.5

해설 폐수무방류배출시설에 대한 위반횟수별 부과계수 : 처음 위반의 경우 1.8, 다음 위반부터는 그 위반 직전의 부과계수에 1.5를 곱한 것으로 한다.

정답 90. ④ 91. ① 92. ① 93. ① 94. ④

95. 1일 200톤 이상으로 특정수질유해물질을 배출하는 산업단지에서 설치하여야 할 시설은?

① 무방류배출시설
② 완충저류시설
③ 폐수고도처리시설
④ 비점오염저감시설

해설 완충저류시설 설치대상
가. 면적 150만 m^2 이상인 공업지역 또는 산업단지
나. 특정수질유해물질이 포함된 폐수의 배출량이 1일 200톤 이상인 공업지역 또는 산업단지
다. 폐수배출량 1일 5천톤 이상인 경우 아래 지역에 위치한 공업지역 또는 산업단지
  1. 배출시설 설치제한 지역
  2. 한강, 낙동강, 금강, 영산강·섬진강·탐진강 본류의 경계로부터 1 km 이내인 지역
  3. 한강, 낙동강, 금강, 영산강·섬진강·탐진강 본류에 직접 유입되는 지류로부터 0.5 km 이내인 지역
라. 유해화학물질의 연간 제조·보관·저장·사용량이 1천톤 이상이거나 면적 1 m^2당 2 km 이상인 공업지역 또는 산업단지

96. 환경정책기본법령에 따른 수질 및 수생태계 환경기준 중 하천의 생활환경기준으로 옳지 않은 것은? (단, 등급은 매우 좋음 기준)

① 수소이온 농도(pH) : 6.5~8.5
② 용존산소량 DO(mg/L) : 7.5 이상
③ 부유물질량(mg/L) : 25 이하
④ 총인(mg/L) : 0.1 이하

해설 환경정책기본법 – 환경기준 – 하천의 생활환경기준
④ 총인(mg/L) : 0.02 이하

더 알아보기 핵심정리 2-88 (1)

97. 오염총량관리기본계획 수립 시 포함되지 않는 내용은?

① 해당 지역 개발계획의 내용
② 지방자치단체별·수계구간별 오염부하량의 할당
③ 관할 지역에서 배출되는 오염부하량의 총량 및 저감계획
④ 오염총량초과부과금의 산정방법과 산정기준

해설 오염총량관리기본계획 수립 시 포함사항
1. 해당 지역 개발계획의 내용
2. 지방자치단체별·수계구간별 오염부하량의 할당
3. 관할 지역에서 배출되는 오염부하량의 총량 및 저감계획
4. 해당 지역 개발계획으로 인하여 추가로 배출되는 오염부하량 및 그 저감계획

98. 비점오염저감시설의 설치와 관련된 사항으로 틀린 것은?

① 도시의 개발, 산업단지의 조성 등 사업을 하는 자는 환경부령이 정하는 기간 내에 비점오염저감시설을 설치하여야 한다.
② 강우유출수의 오염도가 항상 배출허용기준 이내로 배출되는 사업장은 비점오염저감시설을 설치하지 아니할 수 있다.
③ 한강대권역의 완충저류시설에 유입하여 강우유출수를 처리할 경우 비점오염저감시설을 설치하지 아니할 수 있다.
④ 대통령령으로 정하는 규모 이상의 사업장에 제철시설, 섬유염색시설, 그 밖에 대통령령으로 정하는 폐수배출시설을 설치하는 자는 비점오염저감시설을 설치하여야 한다.

해설 ③ 한강대권역이 아니라, 법 제21조의 4에 따른 완충저류시설에 유입하여 강우유출수를 처리할 경우 비점오염저감시설을 설치하지 아니할 수 있다.

정답 95. ② 96. ④ 97. ④ 98. ③

99. 폐수처리방법이 생물화학적 처리방법인 경우 시운전기간 기준은? (단, 가동시작일은 2월 3일이다.)

① 가동시작일부터 50일로 한다.
② 가동시작일부터 60일로 한다.
③ 가동시작일부터 70일로 한다.
④ 가동시작일부터 90일로 한다.

해설 시운전기간
- 생물화학적 처리방법: 가동시작일부터 50일 (단, 가동시작일이 11.1~1.31인 경우 70일)
- 물리적 또는 화학적 처리방법: 가동시작일부터 30일

100. 환경부장관이 수질 등의 측정자료를 관리·분석하기 위하여 측정기기 부착사업자 등이 부착한 측정기기와 연결, 그 측정결과를 전산처리할 수 있는 전산망 운영을 위한 수질원격감시체계 관제센터를 설치·운영할 수 있는 곳은?

① 국립환경과학원
② 유역환경청
③ 한국환경공단
④ 시·도 보건환경연구원

해설
- 수질원격감시체계 관제센터를 설치, 운영할 수 있는 기관: 한국환경공단
- 오염총량관리 조사·연구반: 국립환경과학원

정답 99. ①　100. ③

수질환경기사 — 2018년 8월 19일 (제3회)

제1과목 수질오염개론

1. pH 2.5인 용액을 pH 6.0의 용액으로 희석할 때 용량비를 1 : 9로 혼합하면 혼합액의 pH는?

① 3.1 ② 3.3
③ 3.5 ④ 3.7

해설 (1) pH 2.5에서 $[H^+] = 10^{-2.5}$ M
(2) pH 6.0에서 $[H^+] = 10^{-6.0}$ M
(3) 혼합액의 $[H^+] = \dfrac{1 \times 10^{-2.5} + 9 \times 10^{-6.0}}{1+9}$
$= 3.171 \times 10^{-4}$ M
(4) 혼합액의 pH $= -\log[H^+]$
$= -\log(3.171 \times 10^{-4})$
$= 3.49$

2. 수은(Hg)에 관한 설명으로 틀린 것은?

① 아연정련업, 도금공장, 도자기제조업에서 주로 발생한다.
② 대표적 만성질환으로는 미나마타병, 헌터-루셀 증후군이 있다.
③ 유기수은은 금속상태의 수은보다 생물 체내에 흡수력이 강하다.
④ 상온에서 액체상태로 존재하며, 인체에 노출 시 중추신경계에 피해를 준다.

해설 • 카드뮴 : 아연정련업, 도금공장
• 납 : 도자기 제조업

3. 알칼리도에 관한 반응 중 가장 부적절한 것은?

① $CO_2 + H_2O \to H_2CO_3 \to HCO_3^- + H^+$
② $HCO_3^- \to CO_3^{2-} + H^+$
③ $CO_3^{2-} + H_2O \to HCO_3^- + OH^-$
④ $HCO_3^- + H_2O \to H_2CO_3 + OH^-$

해설 탄산염 시스템(수중의 탄산염의 반응)
$CO_2(g) + H_2O(L) \leftrightarrow H_2CO_3(aq)$
$H_2CO_3(aq) \leftrightarrow H^+(aq) + HCO_3^-(aq)$
$HCO_3^-(aq) \leftrightarrow H^+(aq) + CO_3^{2-}(aq)$
④ 반응은 일어나지 않는다.

4. 미생물 세포의 비증식 속도를 나타내는 식에 대한 설명이 잘못된 것은?

$$\mu = \mu_{max} \times \dfrac{[S]}{[S] + K_S}$$

① μ_{max}는 최대 비증식속도로 시간$^{-1}$ 단위이다.
② K_S는 반속도상수로서 최대성장률이 1/2일 때의 기질의 농도이다.
③ $\mu = \mu_{max}$인 경우, 반응속도가 기질농도에 비례하는 1차 반응을 의미한다.
④ [S]는 제한기질 농도이고 단위는 mg/L이다.

해설 ③ 반응속도가 일정하므로 0차 반응이다.
더 알아보기 핵심정리 1-16

5. 다음 중 소수성 콜로이드의 특성으로 틀린 것은?

① 물속에서 에멀션으로 존재함
② 염에 아주 민감함
③ 물에 반발하는 성질이 있음
④ 소량의 염을 첨가하여도 응결 침전됨

해설 ① 소수성 콜로이드는 물속에서 현탁상태(서스펜션)로 존재함
더 알아보기 핵심정리 2-5

정답 1. ③ 2. ① 3. ④ 4. ③ 5. ①

6. BOD 1 kg의 제거에 보통 1kg의 산소가 필요하다면 1.45 ton의 BOD가 유입된 하천에서 BOD를 완전히 제거하고자 할 때 요구되는 공기량(m^3)은? (단, 물의 공기 흡수율은 7%(부피 기준)이며, 공기 1 m^3은 0.236 kg의 O_2를 함유한다고 하고 하천의 BOD는 고려하지 않음)

① 약 84,773
② 약 85,773
③ 약 86,773
④ 약 87,773

해설

$$\frac{1.45 \text{ ton BOD}}{} \times \frac{1{,}000 \text{ kg}}{1 \text{ ton}} \times \frac{1 \text{ kg } O_2}{1 \text{ kg BOD}}$$

$$\times \frac{1 \text{ m}^3 \text{ 공기}}{0.236 \text{ kg } O_2} \times \frac{100}{7} = 87{,}772.39 \text{ m}^3$$

7. 2,000 mg/L Ca(OH)$_2$ 용액의 pH는? (단, Ca(OH)$_2$는 완전 해리, Ca 원자량 = 40)

① 12.13
② 12.43
③ 12.73
④ 12.93

해설 (1) Ca(OH)$_2$의 몰농도

$$\frac{2{,}000 \text{ mg}}{L} \times \frac{1 \text{ mol}}{74 \text{ g}} \times \frac{1 \text{ g}}{10^3 \text{ mg}} = 0.027 \text{ M}$$

(Ca(OH)$_2$ 분자량 : 74 g)

(2) pH
Ca(OH)$_2$는 완전 해리되므로 아래 반응식과 같이 이온화된다.
Ca(OH)$_2$ → Ca^{2+} + 2OH$^-$
0.027 M   2×0.027 M

pOH = $-\log[OH^-]$ = $-\log(2 \times 0.027)$
    = 1.276
∴ pH = 14 − pOH = 14 − 1.276 = 12.73

8. 성층현상에 관한 설명으로 틀린 것은?
① 수심에 따른 온도변화로 발생되는 물의 밀도차에 의해 발생된다.
② 봄, 가을에는 저수지의 수직혼합이 활발하여 분명한 층의 구별이 없어진다.
③ 여름에는 수심에 따른 연직온도경사와 산소구배가 반대 모양을 나타내는 것이 특징이다.
④ 겨울과 여름에는 수직운동이 없어 정체현상이 생기며 수심에 따라 온도와 용존산소 농도의 차이가 크다.

해설 ③ 여름에는 수심에 따른 연직온도경사와 산소구배가 같은 모양이다.

더 알아보기 핵심정리 2-13

9. 다음 반응식 중 환원상태가 되면 가장 나중에 일어나는 반응은? (단, ORP 값 기준)
① SO_4^{2-} → S^{2-}
② NO_2^- → NH_3
③ Fe^{3+} → Fe^{2+}
④ NO_3^- → NO_2^-

해설 ORP 순서 : 철 환원 > 질산 환원(탈질) > 황산 환원(황화수소 생성) > 탄산 환원(메탄 생성)
ORP 값이 작을수록, 반응이 환원상태에서 더 나중에 일어난다.
산화환원전위(Oxidation Reduction Potential : ORP)
• 환원이 잘 될수록(산화력이 클수록) 커짐
• 수소보다 환원이 잘 되면 +값을 가짐
• 수소보다 산화가 잘 되면 −값을 가짐

10. 수원의 종류 중 지하수에 관한 설명으로 틀린 것은?
① 수온 변동이 적고 탁도가 높다.
② 미생물이 거의 없고 오염물이 적다.
③ 유속이 빠르고, 광역적인 환경조건의 영향을 받아 정화되는 데 오랜 기간이 소요된다.
④ 무기염류 농도와 경도가 높다.

해설 ③ 유속 느림, 국지적 환경조건의 영향 받음

정답 6. ④ 7. ③ 8. ③ 9. ① 10. ③

11. fungi(균류, 곰팡이류)에 관한 설명으로 틀린 것은?

① 원시적 탄소동화작용을 통하여 유기물질을 섭취하는 독립영양계 생물이다.
② 폐수 내의 질소와 용존산소가 부족한 경우에도 잘 성장하며 pH가 낮은 경우에도 잘 성장한다.
③ 구성물질의 75~80 %가 물이며 $C_{10}H_{17}O_6N$을 화학구조식으로 사용한다.
④ 폭이 약 5~10 μm로서 현미경으로 쉽게 식별되며 슬러지팽화의 원인이 된다.

해설 ① 균류는 화학유기영양계 미생물임

12. 다음 중 부영양호의 수면관리 대책으로 틀린 것은?

① 수생식물의 이용
② 준설
③ 약품에 의한 영양염류의 침전 및 황산동 살포
④ N, P 유입량의 증대

해설 부영양화
④ N, P 유입량을 줄여야 함

(더 알아보기) 핵심정리 2-13 (3)

13. 내경 5 mm인 유리관을 정수 중에 연직으로 세울 때 유리관 내의 모세관높이(cm)는? (단, 물의 수온 = 15°C, 이때의 표면장력 = 0.076 g/cm, 물과 유리의 접촉각 = 8°)

① 0.5
② 0.6
③ 0.7
④ 0.8

해설 $h = \dfrac{4 \; | \; 0.076 \text{ g} \; | \; \cos 8° \; | \; 1 \text{ cm}^3}{\; | \; \text{cm} \; | \; \; | \; 1 \text{ g}}$

$\dfrac{\; | \; 10 \text{ mm}}{5 \text{ mm} \; | \; 1 \text{ cm}} = 0.602 \text{ cm}$

14. 알칼리도가 수질환경에 미치는 영향에 관한 설명으로 가장 거리가 먼 것은?

① 높은 알칼리도를 갖는 물은 쓴맛을 낸다.
② 알칼리도가 높은 물은 다른 이온과 반응성이 좋아 관내에 scale을 형성할 수 있다.
③ 알칼리도는 물속에서 수중생물의 성장에 중요한 역할을 함으로써 물의 생산력을 추정하는 변수로 활용한다.
④ 자연수 중 알칼리도의 형태는 대부분 수산화물의 형태이다.

해설 ④ 자연수 중 알칼리도의 형태는 대부분 탄산염 형태이다.

15. 세균(bacteria)의 경험적 분자식으로 옳은 것은?

① $C_5H_7O_2N$
② $C_5H_8O_2N$
③ $C_7H_8O_5N$
④ $C_8H_9O_5N$

해설 ① $C_5H_7O_2N$: 세균
② $C_5H_8O_2N$: 조류

(더 알아보기) 핵심정리 2-7

16. 25°C, 4 atm의 압력에 있는 메탄가스 15 kg을 저장하는 데 필요한 탱크의 부피(m^3)는? (단, 이상기체의 법칙 적용, 표준상태 기준, R = 0.082 L·atm/mol·K)

① 4.42
② 5.73
③ 6.54
④ 7.45

해설 PV = nRT

∴ $V = \dfrac{nRT}{P}$

$= \dfrac{15,000 \text{ g} \; | \; 1 \text{ mol} \; | \; 0.082 \text{ atm} \cdot \text{L}}{\; | \; 16 \text{ g} \; | \; \text{mol} \cdot \text{K}}$

$\dfrac{\; | \; (273+25)\text{K} \; | \; 1 \text{ m}^3}{4 \text{ atm} \; | \; 1,000 \text{ L}}$

$= 5.72 \text{ m}^3$

정답 11. ① 12. ④ 13. ② 14. ④ 15. ① 16. ②

17. 다음 물질 중 이온화도가 가장 큰 것은?

① CH_3COOH
② H_2CO_3
③ HNO_3
④ NH_3

해설 강산, 강염기일수록 이온화도가 크다.

구분	종류	특징
강산	HCl(염산) HNO_3(질산) H_2SO_4(황산)	• 이온화도 큼 • 강전해질 • 대부분 이온으로 해리됨
강염기	KOH(수산화칼륨) NaOH(수산화나트륨) $Ba(OH)_2$(수산화바륨)	
약산	CH_3COOH(아세트산) H_2CO_3(탄산)	• 이온화도 작음 • 약전해질 • 이온으로 거의 해리되지 않음
약염기	NH_4OH(수산화암모늄) NH_3(암모니아)	

18. 수산화칼슘[$Ca(OH)_2$]이 중탄산칼슘[$Ca(HCO_3)_2$]과 반응하여 탄산칼슘($CaCO_3$)의 침전이 형성될 때 10 g의 $Ca(OH)_2$에 대하여 생성되는 $CaCO_3$의 양(g)은? (단, 칼슘 원자량 = 40)

① 17
② 27
③ 37
④ 47

해설 $Ca(OH)_2 + Ca(HCO_3)_2 \rightarrow 2CaCO_3 + 2H_2O$

74 g : 2×100 g
10 g : x

$\therefore x = \dfrac{10 \text{ g} \times 2 \times 100 \text{ g}}{74 \text{ g}} = 27.02 \text{ g}$

19. 하수나 기타 물질에 의해서 수원이 오염되었을 때에 물은 일련의 변화과정을 거친다. fungi와 같은 정도로 청록색 내지 녹색 조류가 번식하고, 하류로 내려갈수록 규조류가 성장하는 지대는?

① 분해지대
② 활발한 분해지대
③ 회복지대
④ 정수지대

해설 Whipple의 정화단계

구분	분해지대	활발한 분해지대	회복지대	정수지대
특징	DO 감소 호기성 박테리아 → 균류	DO 최소 호기성 → 혐기성 전환 혐기성 기체 악취, 부패	DO 증가 혐기성 → 호기성 전환 질산화	DO 거의 포화 청수성 어종 고등생물 출현
출현생물	실지렁이, 균류(fungi), 박테리아(bacteria)	혐기성 미생물, 세균 자유유영성 섬모충류	균류(fungi), 조류, 윤충류(rotifer), 갑각류	윤충류(rotifer), 무척추동물, 청수성 어류(송어 등)
감소생물	고등생물	균류	세균	

20. 카드뮴이 인체에 미치는 영향으로 가장 거리가 먼 것은?

① 칼슘 대사기능 장해
② Hunter-Russel 장해
③ 골연화증
④ Fanconi씨 증후군

해설 ② 수은 만성중독 증상임

정답 17. ③ 18. ② 19. ③ 20. ②

제2과목 상하수도계획

21. 표준맨홀의 형상별 용도에서 내경 1,500 mm 원형에 해당하는 것은?

① 1호맨홀 ② 2호맨홀
③ 3호맨홀 ④ 4호맨홀

해설

명칭	치수 및 형상
1호 맨홀	내경 900 mm 원형
2호 맨홀	내경 1,200 mm 원형
3호 맨홀	내경 1,500 mm 원형
4호 맨홀	내경 1,800 mm 원형
5호 맨홀	내경 2,100 mm 원형

22. 상수도 송수시설의 계획송수량 산정에 기준이 되는 수량은?

① 계획1일최대급수량
② 계획1일평균급수량
③ 계획1일시간최대급수량
④ 계획1일시간평균급수량

해설 송수시설의 계획송수량은 원칙적으로 계획1일최대급수량을 기준으로 한다.

23. 정수시설의 착수정 구조와 형상에 관한 설계기준으로 틀린 것은?

① 착수정은 분할을 원칙으로 하며 고수위 이상으로 유지되도록 월류관이나 월류웨어를 설치한다.
② 형상은 일반적으로 직사각형 또는 원형으로 하고 유입구에는 제수밸브 등을 설치한다.
③ 착수정의 고수위와 주변 벽체의 상단 간에는 60 cm 이상의 여유를 두어야 한다.
④ 부유물이나 조류 등을 제거할 필요가 있는 장소에는 스크린을 설치한다.

해설 ① 수위가 고수위 이상으로 올라가지 않도록 월류관이나 월류웨어를 설치함

24. 상수도시설인 완속여과지에 관한 설명으로 틀린 것은?

① 여과지 깊이는 하부집수장치의 높이에 자갈층 두께와 모래층 두께까지 2.5~3.5 m를 표준으로 한다.
② 완속여과지의 여과속도는 4~5 m/day를 표준으로 한다.
③ 모래층의 두께는 70~90 cm를 표준으로 한다.
④ 여과지의 모래면 위의 수심은 90~120 cm를 표준으로 한다.

해설 완속여과지 설계기준
① 여과지 깊이는 하부집수장치의 높이에 자갈층과 모래층 두께, 모래면 위의 수심과 여유고를 더하여 2.5~3.5 m를 표준으로 함

더 알아보기 핵심정리 2-26 (4)

25. 펌프를 선정할 때 고려사항으로 적당치 않은 것은?

① 펌프를 최대효율점 부근에서 운전하도록 용량 및 대수를 결정한다.
② 펌프의 설치대수는 유지관리상 가능한 적게 하고 동일용량의 것으로 한다.
③ 펌프는 저용량일수록 효율이 높으므로 가능한 저용량으로 한다.
④ 내부에서 막힘이 없고, 부식 및 마모가 적어야 한다.

해설 ③ 펌프 효율은 대용량일수록 좋기 때문에 가능한 한 대용량을 사용한다.

더 알아보기 핵심정리 2-41

26. 계획우수량 산정 시 고려하는 하수관로의 설계강우로 알맞은 것은?

① 30~50년 빈도
② 10~30년 빈도
③ 10~15년 빈도
④ 5~10년 빈도

정답 21. ③ 22. ① 23. ① 24. ① 25. ③ 26. ②

해설 확률년수
- 하수관거 : 10~30년
- 빗물펌프장 : 30~50년

27. 계획오수량에 관한 설명으로 틀린 것은?
① 지하수량은 1인1일최대오수량의 20 % 이하로 한다.
② 계획시간최대오수량은 계획1일최대오수량의 1시간당 수량의 1.3~1.8배를 표준으로 한다.
③ 합류식에서 우천 시 계획오수량은 원칙적으로 계획시간최대오수량의 3배 이상으로 한다.
④ 계획1일평균오수량은 계획1일최대오수량의 50~60 %를 표준으로 한다.

해설 ④ 계획1일평균오수량은 계획1일최대오수량의 70~80 %를 표준으로 한다.

더 알아보기 핵심정리 2-29

28. 비교회전도(N_s)에 대한 설명으로 틀린 것은?
① 펌프는 N_s 값에 따라 그 형식이 변한다.
② N_s 값이 같으면 펌프의 크기에 관계없이 같은 형식의 펌프로 하고 특성도 대체로 같아진다.
③ 수량과 전양정이 같다면 회전수가 많을수록 N_s 값이 커진다.
④ 일반적으로 N_s 값이 적으면 유량이 큰 저양정의 펌프가 된다.

해설 ④ 일반적으로 N_s 값이 클수록, 유량이 큰 저양정의 펌프가 된다.

더 알아보기 핵심정리 2-40

29. 정수처리를 위해 완속여과방식(불용해성 성분의 처리방식)만을 선택하였을 때 거의 처리할 수 없는 항목(물질)은?
① 탁도   ② 철분, 망간
③ ABS   ④ 농약

해설 완속여과로 농약은 제거가 어렵다.
완속여과 제거항목(물질) : 현탁물질(SS), 세균, 암모니아성 질소, 냄새, 철, 망간, 합성세제(ABS), 페놀, 탁도 등

30. 용해성 성분으로 무기물인 불소(처리대상물질)를 제거하기 위해 유효한 고도정수처리 방법으로 가장 거리가 먼 것은?
① 응집침전   ② 골탄
③ 이온교환   ④ 전기분해

해설 불소 제거 방법 : 응집침전, 활성알루미나, 골탄, 전기분해

31. 길이가 100 m, 직경이 40 cm인 하수관로의 하수유속을 1 m/sec로 유지하기 위한 하수관로의 동수경사는? (단, 만관기준, Manning 식의 조도계수 n = 0.012)
① 1.2×10^{-3} ② 2.3×10^{-3}
③ 3.1×10^{-3} ④ 4.6×10^{-3}

해설 $V = \dfrac{1}{n} R^{2/3} I^{1/2}$

$1 = \dfrac{1}{0.012} \left(\dfrac{0.4}{4}\right)^{2/3} \times I^{1/2}$

∴ $I = 3.1 \times 10^{-3}$

32. 상수도 취수관거의 취수구에 관한 설명으로 틀린 것은?
① 높이는 배사문의 바닥높이보다 0.5~1 m 이상 낮게 한다.
② 유입속도는 0.4~0.8 m/s를 표준으로 한다.
③ 제수문의 전면에는 스크린을 설치한다.
④ 계획취수위는 취수구로부터 도수기점까지의 손실수두를 계산하여 결정한다.

해설 ① 높이는 배사문의 바닥높이보다 0.5~1 m 이상 높게 한다.

정답 27. ④ 28. ④ 29. ④ 30. ③ 31. ③ 32. ①

33. 하수관이 부식하기 쉬운 곳은?

① 바닥 부분
② 양 옆 부분
③ 하수관 전체
④ 관정부(crown)

해설 관정부에서 관정부식이 발생한다.

34. 전양정에 대한 펌프의 형식 중 틀린 것은?

① 전양정 5 m 이하는 펌프구경 400 mm 이상의 축류펌프를 사용한다.
② 전양정 3~12 m는 펌프구경 400 mm 이상의 원심펌프를 사용한다.
③ 전양정 5~20 m는 펌프구경 300 mm 이상의 원심사류펌프를 사용한다.
④ 전양정 4 m 이상은 펌프구경 80 mm 이상의 원심펌프를 사용한다.

해설

형식	전양정 (m)	펌프구경 (mm)	비교회전도
축류펌프	5 이하	400 이상	1,100~2,000
사류펌프	3~12	400 이상	700~1,200
원심사류펌프	5~20	300 이상	–
원심펌프	4 이상	80 이상	100~750

35. 우수배제 계획에서 계획우수량을 산정할 때 고려할 사항이 아닌 것은?

① 유출계수   ② 유속계수
③ 배수면적   ④ 유달시간

해설 합리식 $Q = \dfrac{1}{3.6} CIA$

여기서, Q : 계획우수유출량(m^3/s)
C : 유출계수
I : 강우강도(mm/h)
A : 배수면적(m^2)

36. 하수도계획의 목표년도는 원칙적으로 몇 년으로 설정하는가?

① 15년   ② 20년
③ 25년   ④ 30년

해설 • 상수도 : 15~20년
• 하수도 : 20년

37. 상수도 급수배관에 관한 설명으로 틀린 것은?

① 급수관을 공공도로에 부설할 경우에는 도로관리자가 정한 점용위치와 깊이에 따라 배관해야 하며 다른 매설물과의 간격을 30 cm 이상 확보한다.
② 급수관을 부설하고 되메우기를 할 때에는 양질토 또는 모래를 사용하여 적절하게 다짐하여 관을 보호한다.
③ 급수관이 개거를 횡단하는 경우에는 가능한 한 개거의 위로 부설한다.
④ 동결이나 결로의 우려가 있는 급수설비의 노출부분에 대해서는 적절한 방한조치나 결로방지조치를 강구한다.

해설 ③ 급수관이 개거를 횡단하는 경우에는 가능한 한 개거의 아래로 부설한다.

38. 펌프의 규정회전수는 10회/sec, 규정토출량은 0.3 m^3/sec, 펌프의 규정양정이 5 m일 때 비교회전도는?

① 642   ② 761
③ 836   ④ 935

해설 (1) 회전수(N)

$$N = \dfrac{10회}{sec} \cdot \dfrac{60\ sec}{1\ min} = 600\ rpm$$

(2) 유량(Q)

$$Q = \dfrac{0.3\ m^3}{sec} \cdot \dfrac{60\ sec}{1\ min} = 18\ m^3/min$$

(3) 비교회전도(N_s)

$$N_s = N \dfrac{Q^{1/2}}{H^{3/4}} = 600 \times \dfrac{18^{1/2}}{5^{3/4}} = 761.30$$

정답 33. ④ 34. ② 35. ② 36. ② 37. ③ 38. ②

39. 관로의 접합과 관련된 고려사항으로 틀린 것은?

① 접합의 종류에는 관정접합, 관중심접합, 수면접합, 관저접합 등이 있다.
② 관로의 관경이 변화하는 경우의 접합방법은 원칙적으로 수면접합 또는 관정접합으로 한다.
③ 2개의 관로가 합류하는 경우 중심교각은 되도록 60° 이상으로 한다.
④ 지표의 경사가 급한 경우에는 관경변화에 대한 유무에 관계없이 원칙적으로 단차접합 또는 계단접합을 한다.

해설 ③ 2개의 관거가 합류하는 경우의 중심교각은 되도록 60° 이하로 하며 곡선을 갖고 합류하는 경우의 곡률반경은 내경의 5배 이상으로 한다.

40. 복류수나 자유수면을 갖는 지하수를 취수하는 시설인 집수매거에 관한 설명으로 틀린 것은?

① 집수매거의 길이는 시험우물 등에 의한 양수시험 결과에 따라 정한다.
② 집수매거의 매설깊이는 1.0 m 이하로 한다.
③ 집수매거는 수평 또는 흐름방향으로 향하여 완경사로 하고 집수매거의 유출단에서 매거 내의 평균유속은 1.0 m/s 이하로 한다.
④ 세굴의 우려가 있는 제외지에 설치할 경우에는 철근콘크리트틀 등으로 방호한다.

해설 ② 가능한 한 직접 지표수의 영향을 받지 않도록 하기 위하여 매설깊이는 5 m 이상으로 하는 것이 바람직하다.

더 알아보기 핵심정리 2-25

제3과목 수질오염방지기술

41. 막공법에 관한 설명으로 가장 거리가 먼 것은?

① 투석은 선택적 투과막을 통해 용액 중에 다른 이온 혹은 분자의 크기가 다른 용질을 분리시키는 것이다.
② 투석에 대한 추진력은 막을 기준으로 한 용질의 농도차이다.
③ 한외여과 및 미여과의 분리는 주로 여과작용에 의한 것으로 역삼투현상에 의한 것이 아니다.
④ 역삼투는 반투막으로 용매를 통과시키기 위해 동수압을 이용한다.

해설 ④ 역삼투는 추진력이 정수압이다.

더 알아보기 핵심정리 2-54

42. 특정의 반응물을 포함하는 폐수가 연속 혼합 반응조를 통과할 때 반응물의 농도가 250 mg/L에서 25 mg/L로 감소하였다. 반응조 내의 반응은 일차 반응이고, 폐수의 유량이 1일 5,000 m³이면 반응조의 체적(m³)은? (단, 반응속도 상수(K) = 0.2 day^{-1})

① 45,000 ② 90,000
③ 112,500 ④ 214,286

해설 CSTR의 물질수지식

$$V\frac{dC}{dt} = QC_0 - QC - KVC^n$$

연속 혼합 반응조이므로, 정상상태 $\frac{dC}{dt} = 0$, 1차 반응이므로, n = 1 임

$0 = Q(C_0 - C) - KVC$

$\therefore V = \dfrac{Q(C_0 - C)}{KC}$

$= \dfrac{5{,}000 \text{ m}^3}{\text{day}} \Big| \dfrac{(250-25)\text{mg/L}}{25 \text{ mg/L}} \Big| \dfrac{\text{day}}{0.2}$

$= 225{,}000 \text{ m}^3$

43. 호기성 미생물에 의하여 발생되는 반응은?

① 포도당 → 알코올
② 초산 → 메탄
③ 아질산염 → 질산염
④ 포도당 → 초산

해설 • 호기성 미생물은 산소를 이용해 호기성 반응을 일으킴
  예 질산화, 호기성 분해
• 혐기성 미생물은 혐기성 반응을 일으킴
  예 발효, 부패, 혐기성 소화 등

44. 난분해성 폐수처리에 이용되는 펜톤 시약은?

① H_2O_2 + 철염
② 알루미늄염 + 철염
③ H_2O_2 + 알루미늄염
④ 철염 + 고분자응집제

해설 • 펜톤 시약 : H_2O_2 + 철염
• 산화제 : 과산화수소(H_2O_2)
• 촉매제 : 철염($FeSO_4$)

더 알아보기 핵심정리 2-55

45. 포기조 MLSS 농도가 3,000 mg/L이고, 1 L 실린더에 30분 동안 침전시킨 후 슬러지 부피가 150 mL이면 슬러지의 SVI는?

① 20   ② 50
③ 100   ④ 150

해설 $SVI = \dfrac{SV_{30}}{MLSS} \times 1,000$
$= \dfrac{150}{3,000} \times 1,000 = 50$

46. 혐기성 소화조 내의 pH가 낮아지는 원인이 아닌 것은?

① 유기물 과부하
② 과도한 교반
③ 중금속 등 유해물질 유입
④ 온도 저하

해설 소화조 pH 저하 원인
• 유기물의 과부하로 소화의 불균형
• 온도 급저하
• 교반 부족
• 메탄균 활성을 저해하는 독물 또는 중금속 투입

47. 인구가 10,000명인 마을에서 발생되는 하수를 활성슬러지법으로 처리하는 처리장에 저율혐기성소화조를 설계하려고 한다. 생슬러지(건조고형물기준) 발생량은 0.11 kg/인·일이며, 휘발성고형물은 건조고형물의 70 %이다. 가스 발생량은 0.94 m³/VSS·kg이고 휘발성고형물의 65 %가 소화된다면 일일가스 발생량(m³/day)은?

① 약 345
② 약 471
③ 약 563
④ 약 644

해설 $\dfrac{0.11 \text{ kg TSS}}{\text{인·일}} \mid \dfrac{10,000\text{인}}{} \mid \dfrac{70 \text{ VSS}}{100 \text{ TSS}}$

$\dfrac{0.65}{} \mid \dfrac{0.94 \text{ m}^3 \text{ 가스}}{1 \text{ kg VSS}}$

$= 470.47 \text{ m}^3/day$

48. 화학적 인 제거 방법으로 정석탈인법에 사용되는 것은?

① Al
② Fe
③ Ca
④ Mg

해설 정석탈인법 : 석회를 첨가하여 인을 침전 제거하는 공법(물리화학적 인 제거 공법)

정답 43. ③ 44. ① 45. ② 46. ② 47. ② 48. ③

49. bar rack의 설계조건이 다음과 같을 때 손실수두(m)는? (단, $h_L = 1.79\left(\dfrac{W}{b}\right)^{4/3} \cdot \dfrac{V^2}{2g}\sin\theta$, 원형봉의 지름 = 20 mm, bar의 유효간격 = 25 mm, 수평설치각도 = 50°, 접근유속 = 1.0 m/sec)

① 0.0427　　② 0.0482
③ 0.0519　　④ 0.0599

해설
$$h_L = 1.79\left(\dfrac{W}{b}\right)^{\frac{4}{3}} \dfrac{V^2}{2g}\sin\theta$$
$$= 1.79\left(\dfrac{20}{25}\right)^{\frac{4}{3}} \dfrac{(1.0)^2}{2 \times 9.8}\sin 50°$$
$$= 0.0519$$

정리 Kirschmer의 손실수두 공식
$$h_L = \beta \sin\alpha \left(\dfrac{t}{b}\right)^{\frac{4}{3}} \dfrac{V^2}{2g}$$
여기서, β : 봉 형상계수
　　　　b : 봉 사이 간격
　　　　V : 통과유속
　　　　α : 스크린 설치각도
　　　　t : 봉 두께

50. 정수장에 적용되는 완속 여과의 장점이라 볼 수 없는 것은?
① 여과시스템의 신뢰성이 높고 양질의 음용수를 얻을 수 있다.
② 수량과 탁질의 급격한 부하변동에 대응할 수 있다.
③ 고도의 지식이나 기술을 가진 운전자를 필요로 하지 않고 최소한의 전력만 필요로 한다.
④ 여과지를 간헐적으로 사용하여도 양질의 여과수를 얻을 수 있다.

해설 완속 여과는 연속적으로 운전하여야 한다.

51. 정수장의 침전조 설계 시 어려운 점은 물의 흐름은 수평방향이고 입자 침강방향은 중력방향이어서 두 방향의 운동을 해석해야 한다는 점이다. 이상적인 수평 흐름 장방형 침전지(제 I형 침전) 설계를 위한 기본 가정 중 틀린 것은?
① 유입부의 깊이에 따라 SS 농도는 선형으로 높아진다.
② 슬러지 영역에서는 유체이동이 전혀 없다.
③ 슬러지 영역 상부에 사영역이나 단락류가 없다.
④ 플러그 흐름이다.

해설 침전속도는 1차 함수식(선형)이고, SS 농도는 2차 함수식(포물선)이 된다.

52. 흡착장치 중 고정상 흡착장치의 역세척에 관한 설명으로 가장 알맞은 것은?

(㉠) 동안 먼저 표면세척을 한 다음 (㉡)m³/m²·hr의 속도로 역세척수를 사용하여 층을 (㉢) 정도 부상시켜 실시한다.

① ㉠ 24시간, ㉡ 14~48, ㉢ 25~30 %
② ㉠ 24시간, ㉡ 24~28, ㉢ 10~50 %
③ ㉠ 짧은 시간, ㉡ 14~28, ㉢ 25~30 %
④ ㉠ 짧은 시간, ㉡ 24~48, ㉢ 10~50 %

해설 고정상 흡착장치의 역세척 : 짧은 시간 동안 먼저 표면세척을 한 다음 24~48 m³/m²·hr의 속도로 역세척수를 사용하여 층을 10~50% 정도 부상시켜 실시한다.

53. 소독제로서 오존(O_3)의 효율성에 대한 설명으로 가장 거리가 먼 것은?
① 오존은 대단히 반응성이 큰 산화제이다.
② 오존은 매우 효과적인 바이러스 사멸제이다.
③ 오존처리는 용존 고형물을 증가시키지 않는다.
④ pH가 높을 때 소독효과가 좋다.

해설 ④ 오존 소독력은 pH의 영향을 받지 않는다.

정답 49. ③　50. ④　51. ①　52. ④　53. ④

54. 폐수의 고도처리에 관한 설명으로 가장 거리가 먼 것은?

① 염소 등 무기염류의 제거에는 전기투석, 역삼투 등을 사용한다.
② 질소 제거는 소석회 등을 사용하여 pH 10.8~11.5에서 암모니아 스트리핑을 한다.
③ 인산 이온은 수산화나트륨 등으로 중화하여 침전 처리한다.
④ 잔류 COD는 급속사여과 후 활성탄 흡착 처리한다.

해설 ③ 인산 이온은 석회나 금속염(철염, 알루미늄염) 등을 첨가해 침전 제거한다.

55. 폐수로부터 질소물질을 제거하는 주요 물리화학적 방법이 아닌 것은?

① Phostrip법
② 암모니아 스트리핑법
③ 파과점 염소처리법
④ 이온교환법

해설 ① Phostrip법 : 인 제거 방법
더 알아보기 핵심정리 2-56

56. 살수여상처리공정에서 생성되는 슬러지의 농도는 4.5 %이며 하루에 생성되는 고형물의 양은 1,000 kg이다. 중력을 이용하여 농축할 때 중력농축조의 직경(m)은? (단, 농축조의 형태는 원형, 깊이 = 3 m, 중력농축조의 고형물 부하량 = 25 kg/m² · day, 비중 = 1.0)

① 3.55
② 5.10
③ 6.72
④ 7.14

해설 고형물 부하 = $\dfrac{\text{슬러지 고형물 부하}}{\text{농축조 넓이}}$

$25 = \dfrac{1{,}000\,\text{kg}}{\dfrac{\pi}{4}D^2}$

∴ $D = 7.136$ m

57. BOD 250 mg/L인 폐수를 살수여상법으로 처리할 때 처리수의 BOD는 80 mg/L, 온도가 20℃였다. 만일 온도가 23℃로 된다면 처리수의 BOD 농도(mg/L)는? (단, 온도 이외의 처리조건은 같음, $E_t = E_{20} \times \theta^{T-20}$, E : 처리효율, $\theta = 1.035$)

① 약 46
② 약 53
③ 약 62
④ 약 71

해설 (1) 20℃ 처리효율(E_{20})

$E_{20} = \dfrac{250 - 80}{250} = 0.68$

(2) 23℃ 처리효율(E_{23})

$E_{23} = 0.68 \times 1.035^{23-20} = 0.7539$

(3) 처리수 BOD 농도(C)

$C = C_0(1-\eta) = 250(1 - 0.7539)$
$= 61.517\, \text{mg/L}$

58. 아래의 공정은 A₂/O 공정을 나타낸 것이다. 각 반응조의 주요 기능에 대하여 옳은 것은?

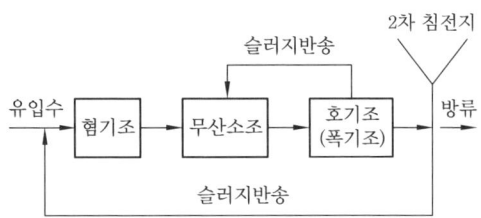

① 혐기조 : 인방출, 무산소조 : 질산화, 폭기조 : 탈질, 인과잉섭취
② 혐기조 : 인방출, 무산소조 : 탈질, 폭기조 : 인과잉섭취, 질산화
③ 혐기조 : 탈질, 무산소조 : 질산화, 폭기조 : 인방출 및 과잉섭취
④ 혐기조 : 탈질, 무산소조 : 인과잉섭취, 폭기조 : 질산화, 인방출

해설
• 혐기조 : 인방출, 유기물 제거(BOD 감소)
• 무산소조 : 탈질(질소 제거), 유기물 제거(BOD 감소)
• 호기조(폭기조) : 인과잉섭취, 질산화, 유기물 제거(BOD 감소)

정답 54. ③ 55. ① 56. ④ 57. ③ 58. ②

59. 수질성분이 금속 하수도관의 부식에 미치는 영향으로 가장 거리가 먼 것은?

① 잔류염소는 용존산소와 반응하여 금속 부식을 억제시킨다.
② 용존산소는 여러 부식 반응속도를 증가시킨다.
③ 고농도의 염화물이나 황산염은 철, 구리, 납의 부식을 증가시킨다.
④ 암모니아는 착화물의 형성을 통하여 구리, 납 등의 용해도를 증가시킬 수 있다.

해설 ① 염소는 산화력이 강해 부식을 촉진시킨다.

60. 활성슬러지법의 변법인 접촉안정화법에 대한 설명으로 가장 거리가 먼 것은?

① 활성슬러지를 하수와 약 5~20분간 비교적 짧은 시간 동안 접촉조에서 폭기, 혼합한다.
② 활성슬러지를 안정조에서 3~6시간 폭기하여 흡수, 흡착된 유기물질을 산화시킨다.
③ 침전지에서는 접촉조에서 유기물을 흡수, 흡착한 슬러지를 분리한다.
④ 유기물의 상당량이 콜로이드 상태로 존재하는 도시하수처리에 적합하다.

해설 ① 접촉조 체류시간 : 30~60분
접촉안정화법
(1) 정의 : 활성슬러지법의 변법으로, 2개의 폭기조, 즉 접촉조와 안정화조를 사용하는 방법
(2) 특징
- 2차 침전지로부터 분리된 슬러지를 안정화조에서 3~8시간 정도 포기함으로써 응집흡착력과 플록형성능이 강한 활성 슬러지로 재생한 다음, 재생된 슬러지와 하수를 또 다른 포기조인 접촉조(혼합 탱크)에서 약 30~60분간 혼합해서 유기물을 활성슬러지에 흡착시켜 처리함
- 일반적으로 최초 침전지를 생략하고, BOD-SS 부하를 적정하게 유지하면서 BOD 용적부하를 크게 할 수 있음
(3) 처리 순서도

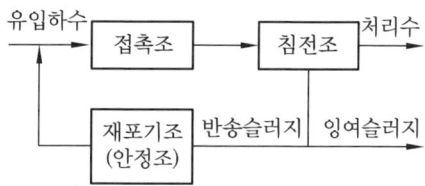

제4과목 수질오염공정시험기준

61. 웨어의 수두가 0.25 m, 수로의 폭이 0.8 m, 수로의 밑면에서 절단 하부점까지 높이가 0.7 m인 직각 3각 웨어의 유량(m^3/min)은? (단, 유량계수 $K = 81.2 + \dfrac{0.24}{h} + \left(8.4 + \dfrac{12}{\sqrt{D}}\right) \times \left(\dfrac{h}{B} - 0.09\right)^2$)

① 1.4 ② 2.1
③ 2.6 ④ 2.9

해설 (1) 유량계수(K)
$$K = 81.2 + \dfrac{0.24}{0.25} + \left(8.4 + \dfrac{12}{\sqrt{0.7}}\right) \times \left(\dfrac{0.25}{0.8} - 0.09\right)^2$$
$$= 83.2859$$
(2) 유량(Q)
$$Q = K \cdot h^{5/2} = 83.2859 \times (0.25)^{5/2} = 2.60$$

더 알아보기 핵심정리 1-51

62. 자외선/가시광선 분광법(인도페놀법)으로 암모니아성 질소를 측정할 때 암모늄 이온이 차아염소산의 공존 아래에서 페놀과 반응하여 생성하는 인도페놀의 색깔과 파장은?

① 적자색, 510 nm ② 적색, 540 nm
③ 청색, 630 nm   ④ 황갈색, 610 nm

해설 암모니아성 질소-자외선/가시선 분광법 : 물속에 존재하는 암모니아성 질소를 측정하기 위하여 암모늄이온이 하이포염소산의 존재하에서, 페놀과 반응하여 생성하는 인도페놀의 청색을 630 nm에서 측정하는 방법

63. 용기에 의한 유량 측정방법 중 최대유량 1 m³/분 이상인 경우에 관한 내용으로 ( )에 맞는 것은?

> 수조가 큰 경우는 유입시간에 있어서 유수의 부피는 상승한 수위와 상승 수면의 평균 표면적의 계측에 의하여 유량을 산출한다. 이 경우 측정시간은 (㉠) 정도, 수위의 상승속도는 적어도 (㉡) 이상이어야 한다.

① ㉠ 1분, ㉡ 매분 1 cm
② ㉠ 1분, ㉡ 매분 3 cm
③ ㉠ 5분, ㉡ 매분 1 cm
④ ㉠ 5분, ㉡ 매분 3 cm

해설 최대유량이 1 m³/분 미만인 경우
- 용기는 용량 100 L~200 L인 것을 사용
- 용기에 물을 받아 넣는 시간을 20초 이상이 되도록 용량을 결정

최대유량이 1 m³/분 이상인 경우
- 측정시간은 5분 정도, 수위의 상승속도는 적어도 매분 1 cm 이상이어야 한다.

64. 기체크로마토그래피법의 전자포획검출기에 관한 설명으로 ( )에 알맞은 것은?

> 방사선 동위원소로부터 방출되는 ( )이 운반기체를 전리하여 미소전류를 흘려보낼 때 시료 중의 할로겐이나 산소와 같이 전자포획력이 강한 화합물에 의하여 전자가 포획되어 전류가 감소하는 것을 이용하는 방법이다.

① α(알파)선   ② β(베타)선
③ γ(감마)선   ④ 중성자선

해설
- 알파선 : 헬륨 원자핵, +전하를 띰
- 베타선 : 전자, -전하를 띰
- 감마선 : 전자기파, 중성(전하를 띠지 않음)

65. 불꽃원자흡수분광광도법 분석절차 중 가장 먼저 수행되는 것은?

① 최적의 에너지 값을 얻도록 선택파장을 최적화한다.
② 버너헤드를 설치하고 위치를 조정한다.
③ 바탕시료를 주입하여 영점조정을 한다.
④ 공기와 아세틸렌을 공급하면서 불꽃을 발생시키고 최대 감도를 얻도록 유량을 조절한다.

해설 측정순서
1. 분석하고자 하는 원소의 속빈 음극램프를 설치하고 프로그램 상에서 분석파장을 선택한 후 슬릿 나비를 설정한다.
2. 기기를 가동하여 속빈 음극램프에 전류가 흐르게 하고 에너지 레벨이 안정될 때까지 10분~20분간 예열한다.
3. 최적 에너지 값(gain)을 얻도록 선택파장을 최적화한다.
4. 버너헤드를 설치하고 위치를 조정한다.
5. 공기와 아세틸렌을 공급하면서 불꽃을 발생시키고, 최대 감도를 얻도록 유량을 조절한다.
6. 바탕시료를 주입하여 영점조정을 하고, 시료분석을 수행한다.

66. 총대장균군 측정 시에 사용하는 배양기의 배양온도 기준으로 옳은 것은?

① 20±1℃
② 25±0.5℃
③ 30±1℃
④ 35±0.5℃

해설
- 총대장균군 : 35±0.5℃
- 분원성 대장균군 : 44.5±0.2℃

정답 63. ③ 64. ② 65. ① 66. ④

67. 수질오염공정시험기준 총칙에서 용어의 정의가 틀린 것은?

① 무게를 "정확히 단다."라 함은 규정된 수치의 무게를 0.1 mg까지 다는 것을 말한다.
② 시험조작 중 "즉시"란 30초 이내에 표시된 조작을 하는 것을 뜻한다.
③ "바탕시험을 하여 보정한다."라 함은 시료를 사용하여 같은 방법으로 조작한 측정치를 보정하는 것을 말한다.
④ "정확히 취하여"라 하는 것은 규정한 양의 액체를 부피피펫으로 눈금까지 취하는 것을 말한다.

해설 ③ "바탕시험을 하여 보정한다."라 함은 시료에 대한 처리 및 측정을 할 때, 시료를 사용하지 않고 같은 방법으로 조작한 측정치를 빼는 것을 뜻한다.

68. 시료 중 분석대상물의 농도가 낮거나 복잡한 매질 중에서 분석대상물만을 선택적으로 추출하여 분석하고자 할 때 사용되는 전처리방법으로 가장 적당한 것은?

① 마이크로파 산분해법
② 전기회화로법
③ 산분해법
④ 용매추출법

해설 용매추출법
- 시료에 적당한 착화제를 첨가하여 시료 중의 금속류와 착화합물을 형성시킨 다음 형성된 착화합물을 유기용매로 추출하여 분석하는 방법
- 시료 중의 분석대상물의 농도가 낮거나 복잡한 매질 중에서 분석대상물만을 선택적으로 추출하여 분석하고자 할 때 사용함

더알아보기 핵심정리 2-71

69. 원자흡수분광광도법에 의한 크롬측정에 관한 설명으로 ( )에 맞는 것은?

공기-아세틸렌 불꽃에 주입하여 분석하며 정량한계는 ( )nm에서의 산처리법은 ( )mg/L, 용매추출법은 ( )mg/L이다.

① 357.9, 0.01, 0.001
② 357.9, 0.001, 0.01
③ 715.8, 0.01, 0.001
④ 715.8, 0.001, 0.01

해설

원소	선택파장 (nm)	정량한계(mg/L)
Cr	357.9	0.01 mg/L(산처리), 0.001 mg/L(용매추출)

70. 기기분석법에 관한 설명으로 틀린 것은?

① 유도결합플라스마(ICP)는 시료도입부, 고주파전원부, 광원부, 분광부, 연산처리부 및 기록부로 구성되어 있다.
② 원자흡수분광광도법은 시료 중의 유해중금속 및 기타 원소의 분석에 적용한다.
③ 흡광광도법은 파장 200~900 nm에서의 액체의 흡광도를 측정한다.
④ 기체크로마토그래피법의 검출기 중 열전도도 검출기는 인 또는 유황화합물의 선택적 검출에 주로 사용된다.

해설 기체크로마토그래피의 검출기와 검출물질
- 불꽃이온화 검출기(수소염 이온화 검출기, FID) : 불소(F)를 많이 함유하는 화합물이나 이황화탄소를 제외한 거의 모든 유기화합물
- 불꽃광도형 검출기(FPD) : 인, 유기인, 유황화합물
- 불꽃열이온화 검출기(알칼리열이온화 검출기, FTD) : 유기질소화합물 및 유기염소화합물
- 전자포착형 검출기(ECD)
  - 할로겐, 인, 니트로기 및 황산 에스테르 등을 포함한 화합물
  - 알킬수은, 유기할로겐, PCB, 니트로 화합물, 유기금속화합물
- 질소인 검출기(NPD) : 인화합물이나 질소화합물

정답 67. ③ 68. ④ 69. ① 70. ④

71. 하천수의 시료 채취 지점에 관한 내용으로 ( )에 공통으로 들어갈 내용은?

> 하천의 단면에서 수심이 가장 깊은 수면의 지점과 그 지점을 중심으로 하여 좌우로 수면폭을 2등분한 각각의 지점의 수면으로부터 수심 ( ) 미만일 때에는 수심의 1/3에서 수심 ( ) 이상일 때는 수심의 1/3 및 2/3에서 각각 채수한다.

① 2 m   ② 3 m
③ 5 m   ④ 6 m

해설 하천수의 채수 지점

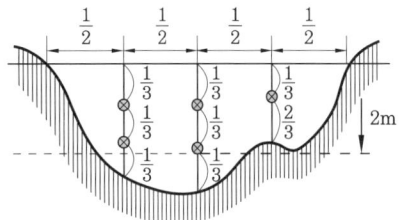

⊗ : 채수위치

72. 자외선/가시선 분광법을 이용하여 아연을 측정하는 원리로 ( )에 옳은 내용은?

> 아연이온이 ( )에서 진콘과 반응하여 생성하는 청색의 킬레이트 화합물의 흡광도를 620 nm에서 측정하는 방법이다.

① pH 약 2   ② pH 약 4
③ pH 약 9   ④ pH 약 11

해설 아연-자외선/가시선 분광법(진콘법) : 아연이온이 pH 약 9에서 진콘(2-카르복시-2-하이드록시(hydroxy)-5 술포마질-벤젠·나트륨염)과 반응하여 생성하는 청색 킬레이트 화합물의 흡광도를 620 nm에서 측정하는 방법

73. 분석물질의 농도변화에 대한 지시값을 나타내는 검정곡선방법에 대한 설명으로 옳은 것은?

① 검정곡선법은 시료의 농도와 지시값과의 상관성을 검정곡선식에 대입하여 작성하는 방법으로, 직선성이 유지되는 농도범위 내에서 제조농도 3~5개를 사용한다.
② 표준물첨가법은 시료와 동일한 매질에 일정량의 표준물질을 첨가하여 검정곡선을 작성하는 것으로, 시험분석 절차, 기기 또는 시스템의 변동으로 발생하는 오차를 보정하기 위해 사용한다.
③ 내부표준법은 표준용액과 시료에 동일한 양의 내부표준물질을 첨가하여 검정곡선을 작성하는 것으로, 매질효과가 큰 시험분석 방법에서 분석 대상 시료와 동일한 매질의 시료를 확보하지 못한 경우에 매질효과를 보정하기 위해 사용한다.
④ 검정곡선의 검증은 방법검출한계의 2~5배 또는 검정곡선의 중간 농도에 해당하는 표준용액에 대한 측정값이 검정곡선 작성 시의 지시값과 10 % 이내에서 일치하여야 한다.

해설 검정곡선방법
- 검정곡선법(external standard method) : 시료의 농도와 지시값과의 상관성을 검정곡선식에 대입하여 작성하는 방법
- 표준물첨가법(standard addition method) : 시료와 동일한 매질에 일정량의 표준물질을 첨가하여 검정곡선을 작성하는 방법으로써, 매질효과가 큰 시험 분석 방법에서 분석 대상 시료와 동일한 매질의 표준시료를 확보하지 못한 경우에 매질효과를 보정하여 분석할 수 있는 방법
- 내부표준법(internal standard calibration) : 검정곡선 작성용 표준용액과 시료에 동일한 양의 내부표준물질을 첨가하여 시험분석 절차, 기기 또는 시스템의 변동으로 발생하는 오차를 보정하기 위해 사용하는 방법
검정곡선의 검증 : 검증은 방법검출한계의 5배~50배 또는 검정곡선의 중간 농도에 해당하는 표준용액에 대한 측정값이 검정곡선 작성 시의 지시값과 10 % 이내에서 일치하여야 한다. 만약 이 범위를 넘는 경우 검정곡선을 재작성한다.

정답 71. ①   72. ③   73. ①

74. 막여과법에 대한 총대장균군 측정방법에 대한 설명으로 틀린 것은?

① 패트리접시에 배지를 올려놓은 다음 배양 후 금속성 광택을 띠는 적색이나 진한 적색 계통의 집락을 계수하는 방법이다.
② 총대장균군은 그람음성, 무아포성의 간균으로서 락토스를 분해하여 가스 또는 산을 발생하는 모든 호기성 또는 통성혐기성균을 말한다.
③ 양성대조군은 E, Coli 표준균주를 사용하고 음성대조군은 멸균 희석수를 사용하도록 한다.
④ 고체배지는 에탄올(90 %) 20 mL를 포함한 정제수 1 L에 배지를 정해진 고체배지 조성대로 넣고 완전히 녹을 때까지 저어주면서 끓인다. 이때 고압증기멸균한다.

해설 ④ 막여과법 추정시험용 고체배지(m-Endo agar LES) : 가급적 상용화된 완성제품을 사용하고, 제조하여 사용할 경우에는 정제수 1 L에 95 % 에탄올 20 mL를 첨가하여 가열하면서 완전히 녹인 후 45℃~50℃까지 식혀 5 mL~7 mL를 페트리접시에 넣어 굳힌다. 가열할 때에는 끓어 넘치지 않도록 주의하며, pH는 (7.2±0.2)가 되도록 한다. 조제된 배지는 2℃~10℃의 냉암소에서 2주간 보관하면서 사용한다.

75. 유기물 함량이 낮은 깨끗한 하천수나 호소수 등의 시료 전처리 방법으로 이용되는 것은?

① 질산에 의한 분해
② 염산에 의한 분해
③ 황산에 의한 분해
④ 아세트산에 의한 분해

해설 유기함량이 비교적 높지 않은 시료의 전처리에는 질산법이 사용됨

더 알아보기 핵심정리 2-72

76. 환원제인 $FeSO_4$ 용액 25 mL를 H_2SO_4 산성에서 0.1 N-$K_2Cr_2O_7$으로 산화시키는데 31.25 mL 소비되었다. $FeSO_4$ 용액 200 mL를 0.05 N 용액으로 만들려고 할 때 가하는 물의 양(mL)은?

① 200   ② 300
③ 400   ④ 500

해설 (1) $FeSO_4$의 N 농도(X)
$FeSO_4 : K_2Cr_2O_7 = 1 : 1$이므로,

$$\frac{X \text{ eq}}{L} \cdot \frac{25 \text{ mL}}{} = \frac{0.1 \text{ eq}}{L} \cdot \frac{31.25 \text{ mL}}{}$$

∴ X = 0.125 N

(2) 물의 양(Y)

$$\frac{0.125 \text{ eq}}{L} \cdot \frac{200 \text{ mL}}{(Y+200)\text{mL}} = \frac{0.05 \text{ eq}}{L}$$

∴ Y = 300 mL

77. 자외선/가시선 분광법을 적용한 페놀류 측정에 관한 내용으로 옳은 것은?

① 정량한계는 클로로폼측정법일 때 0.025 mg/L이다.
② 정량범위는 직접측정법일 때 0.025~0.05 mg/L이다.
③ 증류한 시료에 염화암모늄-암모니아 완충액을 넣어 pH 10으로 조절한다.
④ 4-아미노안티피린과 페리시안칼륨을 넣어 생성된 청색의 안티피린계 색소의 흡광도를 측정하는 방법이다.

해설 ①, ② 정량한계는 클로로폼 추출법일 때 0.005 mg/L, 직접측정법일 때 0.05 mg/L
자외선/가시선 분광법-페놀류 : 물속에 존재하는 페놀류를 측정하기 위하여 증류한 시료에 염화암모늄-암모니아 완충용액을 넣어 pH 10으로 조절한 다음 4-아미노안티피린과 헥사시안화철(Ⅱ)산칼륨을 넣어 생성된 붉은색의 안티피린계 색소의 흡광도를 측정하는 방법으로 수용액에서는 510 nm, 클로로폼 용액에서는 460 nm에서 측정

정답 74. ④ 75. ① 76. ② 77. ③

78. 산화성물질이 함유된 시료나 착색된 시료에 적합하며 특히 윙클러-아자이드화나트륨 변법에 사용할 수 없는 폐하수의 용존 산소 측정에 유용하게 사용할 수 있는 측정법은?

① 이온크로마토그래피법
② 기체크로마토그래피법
③ 알칼리비색법
④ 전극법

해설 DO 공정시험법
- 적정법
- 전극법
- 광학식 센서방법

79. 유도결합플라스마-원자발광분광법에 의해 측정할 수 있는 항목이 아닌 것은?

① 6가 크롬 ② 비소
③ 불소   ④ 망간

해설 ③ 불소는 이온류이므로, 유도결합플라스마-원자발광분광법으로 측정할 수 없다.

더 알아보기 핵심정리 2-80, 2-82

80. 원자흡수분광광도법에서 일어나는 간섭에 대한 설명으로 틀린 것은?

① 광학적 간섭 : 분석하고자 하는 원소의 흡수파장과 비슷한 다른 원소의 파장이 서로 겹쳐 비이상적으로 높게 측정되는 경우
② 물리적 간섭 : 표준용액과 시료 또는 시료와 시료 간의 물리적 성질(점도, 밀도, 표면장력 등)의 차이 또는 표준물질과 시료의 매질(matrix) 차이에 의해 발생
③ 화학적 간섭 : 불꽃의 온도가 분자를 들뜬 상태로 만들기에 충분히 높지 않아서, 해당 파장을 흡수하지 못하여 발생
④ 이온화 간섭 : 불꽃온도가 너무 낮을 경우 중성 원자에서 전자를 빼앗아 이온이 생성될 수 있으며 이 경우 양(+)의 오차가 발생

해설 이온화 방해(ionization interference) : 원자흡수분광광도법은 바닥상태에 있는 중성 원자만이 원자 흡수를 일으키는데, 원자화 장치에서 열분해 될 때 높은 열에너지에 의해 이온화 반응을 일으켜 중성 원자의 생성을 방해해서 발생함

제5과목 수질환경관계법규

81. 환경부령으로 정하는 폐수무방류배출시설의 설치가 가능한 특정수질유해물질이 아닌 것은?

① 디클로로메탄
② 구리 및 그 화합물
③ 카드뮴 및 그 화합물
④ 1,1-디클로로에틸렌

해설 폐수무방류배출시설의 설치가 가능한 특정수질유해물질
1. 구리 및 그 화합물
2. 디클로로메탄
3. 1,1-디클로로에틸렌

82. 물환경보전법상 폐수에 대한 정의로 ( )에 맞는 것은?

"폐수"란 물에 ( )의 수질오염물질이 섞여 있어 그대로는 사용할 수 없는 물을 말한다.

① 액체성 또는 고체성
② 기체성, 액체성, 또는 고체성
③ 기체성 또는 가연성
④ 고체성

해설 폐수 : 물에 액체성 또는 고체성의 수질오염물질이 섞여 있어 그대로는 사용할 수 없는 물

정답 78. ④ 79. ③ 80. ④ 81. ③ 82. ①

83. 수질오염방지시설 중 물리적 처리시설에 해당되지 않는 것은?

① 혼합시설
② 흡착시설
③ 응집시설
④ 유수분리시설

해설 수질오염방지시설
② 흡착시설 : 화학적 처리시설

더 알아보기 핵심정리 2-95

84. 할당오염부하량 등을 초과하여 배출한 자로부터 부과·징수하는 오염총량초과부과금 산정방법으로 (   )에 들어갈 내용은?

> 오염총량초과부과금 = 초과배출이익
> ×(   ) - 감액 대상 배출부과금 및 과징금

① 초과율별 부과계수
② 초과율별 부과계수×지역별 부과계수
③ 지역별 부과계수×위반횟수별 부과계수
④ 초과율별 부과계수×지역별 부과계수×위반횟수별 부과계수

해설 오염총량초과부과금 산정방법 및 기준
오염총량초과부과금 = 초과배출이익×초과율별 부과계수×지역별 부과계수×위반횟수별 부과계수 - 감액 대상 배출부과금 및 과징금
[개정] 오염총량초과부과금 → 오염총량초과과징금

85. 공공폐수처리시설의 유지·관리기준에 따라 처리시설의 관리·운영자가 실시하여야 하는 방류수 수질검사의 횟수 기준은? (단, 시설의 규모는 1,500 m³/day, 처리시설의 적정 운영을 확인하기 위한 검사이다.)

① 2월 1회 이상
② 월 1회 이상
③ 월 2회 이상
④ 주 1회 이상

해설 방류수 수질검사
- 방류수 수질검사 : 월 2회 이상 실시(단, 2000 m³/day 이상인 시설 : 주 1회 이상)
- 생태독성(TU) 검사 : 월 1회 이상 실시

86. 폐수처리방법이 물리적 또는 화학적 처리방법인 경우 적정 시운전기간은?

① 가동개시일부터 70일
② 가동개시일부터 50일
③ 가동개시일부터 30일
④ 가동개시일부터 15일

해설 시운전기간
- 생물화학적 처리방법 : 가동시작일부터 50일 (단, 가동시작일이 11.1~1.31인 경우 70일)
- 물리적 또는 화학적 처리방법 : 가동시작일부터 30일

87. 수질오염방지시설 중 생물화학적 처리시설이 아닌 것은?

① 접촉조
② 살균시설
③ 돈사톱밥발효시설
④ 폭기시설

해설 수질오염방지시설
② 살균시설 : 화학적 처리시설

더 알아보기 핵심정리 2-95

88. 환경정책기본법에 따른 환경기준에서 하천의 생활환경기준에 포함되지 않는 검사항목은?

① TP
② TN
③ DO
④ TOC

해설 하천-생활환경기준 항목 : pH, BOD, SS, TOC, DO, T-P, 대장균군(총대장균군, 분원성 대장균군)

정답 83. ② 84. ④ 85. ③ 86. ③ 87. ② 88. ②

89. 공공폐수처리시설의 유지·관리기준에 관한 내용으로 (   )에 맞는 것은?

> 처리시설의 가동시간, 폐수방류량, 약품투입량, 관리·운영자, 그 밖에 처리시설의 운영에 관한 주요사항을 사실대로 매일 기록하고 이를 최종기록한 날부터 (   ) 보존하여야 한다.

① 1년간　　② 2년간
③ 3년간　　④ 5년간

해설 공공폐수처리시설의 유지·관리기준 : 처리시설의 가동시간, 폐수방류량, 약품투입량, 관리·운영자, 그 밖에 처리시설의 운영에 관한 주요사항을 사실대로 매일 기록하고 이를 최종기록한 날부터 1년간 보존하여야 한다.

90. 폐수배출시설을 설치하려고 할 때 수질오염물질의 배출허용기준을 적용받지 않는 시설은?

① 폐수무방류배출시설
② 일 50톤 미만의 폐수처리시설
③ 일 10톤 미만의 폐수처리시설
④ 공공폐수처리시설로 유입되는 폐수처리시설

해설 수질오염물질의 배출허용기준을 적용받지 않는 시설
1. 폐수무방류배출시설
2. 환경부령으로 정하는 배출시설 중 폐수를 전량(全量) 재이용하거나 전량 위탁처리하여 공공수역으로 폐수를 방류하지 아니하는 배출시설

91. 초과부과금 산정기준에서 수질오염물질 1킬로그램당 부과금액이 가장 적은 것은?

① 카드뮴 및 그 화합물
② 수은 및 그 화합물
③ 유기인 화합물
④ 비소 및 그 화합물

해설 초과부과금의 산정기준 순서 : 수은, PCB > 카드뮴 > Cr^{6+}, PCE, TCE > 페놀, 시안, 유기인, 납 > 비소 > 크롬 > 구리 > 망간, 아연 > T-P, T-N > 유기물질(TOC) > 유기물질(BOD 또는 COD), 부유물질

더 알아보기 핵심정리 2-94

92. 거짓이나 그 밖의 부정한 방법으로 폐수배출시설 설치허가를 받았을 때의 행정처분 기준은?

① 개선명령
② 허가취소 또는 폐쇄명령
③ 조업정지 5일
④ 조업정지 30일

해설 거짓이나 그 밖의 부정한 방법으로 폐수배출시설 설치허가·변경허가를 받았거나, 신고·변경신고를 한 경우 허가취소 또는 폐쇄명령의 행정처분을 받는다.

93. 특정수질유해물질이 아닌 것은?

① 구리 및 그 화합물
② 셀레늄 및 그 화합물
③ 플루오르 화합물
④ 테트라클로로에틸렌

해설 특정수질유해물질
1. 구리와 그 화합물
2. 납과 그 화합물
3. 비소와 그 화합물
4. 수은과 그 화합물
5. 시안화합물
6. 유기인 화합물
7. 6가 크롬 화합물
8. 카드뮴과 그 화합물
9. 테트라클로로에틸렌
10. 트리클로로에틸렌
11. 페놀류
12. 폴리클로리네이티드바이페닐
13. 셀레늄과 그 화합물
14. 벤젠

정답 89. ①　90. ①　91. ④　92. ②　93. ③

15. 사염화탄소
16. 디클로로메탄
17. 1,1-디클로로에틸렌
18. 1,2-디클로로에탄
19. 클로로포름
20. 1,4-다이옥산
21. 디에틸헥실프탈레이트(DEHP)
22. 염화비닐
23. 아크릴로니트릴
24. 브로모포름
25. 아크릴아미드
26. 나프탈렌
27. 폼알데하이드
28. 에피클로로하이드린

94. 규정에 의한 관계공무원의 출입·검사를 거부·방해 또는 기피한 폐수무방류배출시설을 설치·운영하는 사업자에게 처하는 벌칙 기준은?

① 3년 이하의 징역 또는 3천만원 이하의 벌금
② 2년 이하의 징역 또는 2천만원 이하의 벌금
③ 1년 이하의 징역 또는 1천만원 이하의 벌금
④ 500만원 이하의 벌금

해설 규정에 의한 관계공무원의 출입·검사를 거부·방해 또는 기피한 폐수무방류배출시설을 설치·운영하는 사업자는 1년 이하의 징역 또는 1천만원 이하의 벌금에 처한다.

95. 국립환경과학원장이 설치할 수 있는 측정망이 아닌 것은?

① 도심하천 측정망
② 공공수역 유해물질 측정망
③ 퇴적물 측정망
④ 생물측정망

해설 ① 시·도지사가 설치·운영하는 측정망
더 알아보기 핵심정리 2-105

96. 비점오염저감시설 중 자연형 시설인 인공습지 설치기준으로 틀린 것은?

① 인공습지의 유입구에서 유출구까지의 유로는 최대한 길게 하고 길이 대 폭의 비율은 2:1 이상으로 한다.
② 유입부에서 유출부까지의 경사는 0.5% 이상 1.0% 이하의 범위를 초과하지 아니하도록 한다.
③ 침전물로 인하여 토양의 공극이 막히지 아니하는 구조로 설치한다.
④ 생물의 서식 공간을 창출하기 위하여 5종부터 7종까지의 다양한 식물을 심어 생물다양성을 증가시킨다.

해설 시설유형별 기준 – 자연형 시설 – 인공습지
가. 인공습지의 유입구에서 유출구까지의 유로는 최대한 길게 하고, 길이 대 폭의 비율은 2:1 이상으로 한다.
나. 다양한 생태환경을 조성하기 위하여 인공습지 전체 면적 중 50퍼센트는 얕은 습지(0~0.3미터), 30퍼센트는 깊은 습지(0.3~1.0미터), 20퍼센트는 깊은 못(1~2미터)으로 구성한다.
다. 유입부에서 유출부까지의 경사는 0.5퍼센트 이상 1.0퍼센트 이하의 범위를 초과하지 아니하도록 한다.
라. 물이 습지의 표면 전체에 분포할 수 있도록 적당한 수심을 유지하고, 물 이동이 원활하도록 습지의 형상 등을 설계하며, 유량과 수위를 정기적으로 점검한다.
마. 습지는 생태계의 상호작용 및 먹이사슬로 수질정화가 촉진되도록 정수식물, 침수식물, 부엽식물 등의 수생식물과 조류, 박테리아 등의 미생물, 소형 어패류 등의 수중 생태계를 조성하여야 한다.
바. 습지에는 물이 연중 항상 있을 수 있도록 유량공급대책을 마련하여야 한다.
사. 생물의 서식 공간을 창출하기 위하여 5종부터 7종까지의 다양한 식물을 심어 생물다양성을 증가시킨다.
아. 부유성 물질이 습지에서 최종 방류되기 전에 하류수역으로 유출되지 아니하도록 출구 부분에 자갈쇄석, 여과망 등을 설치한다.

정답 94. ③ 95. ① 96. ③

97. 사업장별 환경기술인 자격기준 중 제2종 사업장에 해당하는 환경기술인의 기준은?

① 수질환경기사 1명 이상
② 수질환경산업기사 1명 이상
③ 환경기능사 1명 이상
④ 2년 이상 수질분야에 근무한 자 1명 이상

해설 사업장별 환경기술인의 자격기준

구분	환경기술인
제1종 사업장	수질환경기사 1명 이상
제2종 사업장	수질환경산업기사 1명 이상
제3종 사업장	수질환경산업기사, 환경기능사 또는 3년 이상 수질분야 환경관련 업무에 직접 종사한 자 1명 이상
제4종 사업장 · 제5종 사업장	배출시설 설치허가를 받거나 배출시설 설치신고가 수리된 사업자 또는 배출시설 설치허가를 받거나 배출시설 설치신고가 수리된 사업자가 그 사업장의 배출시설 및 방지시설업무에 종사하는 피고용인 중에서 임명하는 자 1명 이상

98. 수질오염경보 중 수질오염감시경보 대상 항목이 아닌 것은?

① 용존산소 ② 전기전도도
③ 부유물질 ④ 총 유기탄소

해설 수질오염 감시경보 대상 항목
- 수소이온농도
- 용존산소
- 총 질소
- 총 인
- 전기전도도
- 총 유기탄소
- 휘발성유기화합물
- 페놀
- 클로로필-a
- 생물감시
- 중금속(구리, 납, 아연, 카드뮴 등)

99. 정당한 사유 없이 공공수역에 분뇨, 가축분뇨, 동물의 사체, 폐기물(지정폐기물 제외) 또는 오니를 버리는 행위를 하여서는 아니 된다. 이를 위반하여 분뇨·가축분뇨 등을 버린 자에 대한 벌칙 기준은?

① 6개월 이하의 징역 또는 5백만원 이하의 벌금
② 1년 이하의 징역 또는 1천만원 이하의 벌금
③ 2년 이하의 징역 또는 2천만원 이하의 벌금
④ 3년 이하의 징역 또는 3천만원 이하의 벌금

해설 정당한 사유 없이 공공수역에 분뇨, 가축분뇨, 동물의 사체, 폐기물(지정폐기물 제외) 또는 오니를 버리는 행위를 하여서는 아니 된다. 이를 위반하여 분뇨·가축분뇨 등을 버린 자는 1년 이하의 징역 또는 1천만원 이하의 벌금에 처한다.

100. 폐수배출시설 외에 수질오염물질을 배출하는 시설 또는 장소로서 환경부령이 정하는 것(기타수질오염원)의 대상시설과 규모기준에 관한 내용으로 틀린 것은?

① 자동차폐차장시설 : 면적 1,000 m^2 이상
② 수조식 육상양식어업시설 : 수조면적 합계 500 m^2 이상
③ 골프장 : 면적 3만m^2 이상
④ 무인자동식 현상, 인화, 정착시설 : 1대 이상

해설 ① 자동차폐차장시설 : 면적이 1천 500 m^2 이상일 것

2019년도 시행문제

수질환경기사   2019년 3월 3일 (제1회)

제1과목   수질오염개론

1. 3 g의 아세트산(CH_3COOH)을 증류수에 녹여 1 L로 하였을 때 수소이온 농도(mol/L)는? (단, 이온화 상수값 = 1.75×10^{-5})

① 6.3×10^{-4}
② 6.3×10^{-5}
③ 9.3×10^{-4}
④ 9.3×10^{-5}

해설 (1) 아세트산 몰농도(C)

$$\frac{3\,g}{L} \times \frac{1\,mol}{60\,g} = 0.05\,M$$

(2) 수소이온 농도

$$[H^+] = \sqrt{K_a C}$$
$$= \sqrt{(1.75 \times 10^{-5})(0.05)}$$
$$= 9.35 \times 10^{-4}\,M$$

2. 지하수의 특성에 관한 설명으로 옳지 않은 것은?

① 염분함량이 지표수보다 낮다.
② 주로 세균(혐기성)에 의한 유기물 분해작용이 일어난다.
③ 국지적인 환경조건의 영향을 크게 받는다.
④ 빗물로 인하여 광물질이 용해되어 경도가 높다.

해설 ① 염분함량이 지표수보다 높다.

3. $BaCO_3$의 용해도적 $K_{sp} = 8.1 \times 10^{-9}$일 때 순수한 물에서의 몰용해도(mol/L)는?

① 0.7×10^{-4}
② 0.7×10^{-5}
③ 0.9×10^{-4}
④ 0.9×10^{-5}

해설 몰용해도를 S라 하면,

$$BaCO_3 \rightarrow Ba^{2+} + CO_3^{2-}$$
$$ S S$$
$$K_{sp} = [Ba^{2+}][CO_3^{2-}] = S \cdot S$$
$$= S^2 = 8.1 \times 10^{-9}$$
$$\therefore S = \sqrt{8.1 \times 10^{-9}} = 9 \times 10^{-5}$$
$$= 0.9 \times 10^{-4}$$

4. 오염물질의 희석 및 확산작용에 대한 내용으로 틀린 것은?

① 수계에 오염물질이 유입되면 Brown 운동, 밀도차, 온도차, 농도차로 인해 발생된 밀도흐름이나 난류에 의해서 희석 및 확산된다.
② 폐쇄성수역은 수질밀도류보다는 난류가 희석에 큰 영향을 준다.
③ 바다는 오염물질의 방류지점에 생긴 분출확산, 밀도류, 밀물, 썰물, 파도, 표층부의 난류확산으로 희석된다.
④ 하천수는 상류에서 하류로의 오염물질 이동이 희석에 큰 영향을 준다.

해설 수질밀도류 : 유수의 흐름에서 밀도 차이로 인하여 발생하는 흐름(폐쇄성수역은 정체된 곳이므로 난류가 적기 때문에 밀도류로 섞이기 쉬움)

정답 1. ③   2. ①   3. ③   4. ②

5. BOD₅가 270 mg/L이고, COD가 450 mg/L인 경우, 탈산소계수(K_1)의 값이 0.1/day일 때, 생물학적으로 분해 불가능한 COD(mg/L)는? (단, BDCOD = BODᵤ, 상용대수 기준)

① 약 55 ② 약 65
③ 약 75 ④ 약 85

해설 (1) $BDCOD = BOD_u = \dfrac{BOD_5}{1 - 10^{-5k}}$

$= \dfrac{270}{1 - 10^{-5 \times 0.1}}$

$= 394.868 \text{ mg/L}$

(2) NBDCOD
COD = BDCOD + NBCOD
450 = 394.868 + NBDCOD
∴ NBDCOD = 55.13 mg/L

더 알아보기 핵심정리 1-11

6. 다음 중 물의 특성에 관한 설명으로 옳지 않은 것은?

① 물은 2개의 수소원자가 산소원자를 사이에 두고 104.5°의 결합각을 가진 구조로 되어 있다.
② 물은 극성을 띠지 않아 다양한 물질의 용매로 사용된다.
③ 물은 유사한 분자량의 다른 화합물보다 비열이 매우 커 수온의 급격한 변화를 방지해 준다.
④ 물의 밀도는 4℃에서 가장 크다.

해설 ② 물은 극성 용매이므로 다양한 극성 물질(이온, 염분 등)을 잘 녹임
물의 특징
• 원자 사이 - 공유결합
• 분자 사이 - 수소결합
• 강한 수소결합 가짐 - 안정, 밀도 4℃에서 가장 큼, 극성 강함
• 안정 - 열에 안정, 비열, 융해열 등 다 큼
• 극성 강함 - 다양한 극성 물질 녹일 수 있음

7. 최근 해양에서의 유류 유출로 인한 피해가 증가하고 있는데, 유출된 유류를 제어하는 방법으로 적당하지 않은 것은?

① 계면활성제를 살포하여 기름을 분산시키는 방법
② 미생물을 이용하여 기름을 생화학적으로 분해하는 방법
③ 오일펜스를 띄워 기름의 확산을 차단하는 방법
④ 누출된 기름의 막이 두꺼워졌을 때 연소시키는 방법

해설 ④ 연소시키면 독성물질이 연소되어 대기오염이 발생됨, 폭발의 위험이 있음
유류 방지 대책
• 울타리(oil fence) : 확산 방지
• 흡수포 : 기름 흡착
• 유화제 : 기름 분해
• 응집제 : 기름 침강
• 계면활성제 : 기름 분산
• 미생물로 생화학적 분해

8. 다음 중 탈질화와 가장 관계가 깊은 미생물은?

① Nitrosomonas   ② Pseudomonas
③ Thiobacillus   ④ Vorticella

해설 미생물
① Nitrosomonas : 1단계 질산화 미생물
② Pseudomonas : 탈질미생물
③ Thiobacillus : 철산화균
④ Vorticella : 종벌레(원생동물)

9. 바닷물에 0.054 M의 $MgCl_2$가 포함되어 있을 때 바닷물 250 mL에 포함되어 있는 $MgCl_2$의 양(g)은? (단, 원자량 Mg = 24.3, Cl = 35.5)

① 약 0.8 ② 약 1.3
③ 약 2.6 ④ 약 3.9

정답 5. ① 6. ② 7. ④ 8. ② 9. ②

해설 $\dfrac{0.054 \text{ mol}}{\text{L}} \cdot \dfrac{0.25 \text{ L}}{} \cdot \dfrac{95 \text{ g MgCl}_2}{1 \text{ mol}}$

= 1.2825 g

10. NBDCOD가 0일 경우 탄소(C)의 최종 BOD와 TOC 간의 비(BOD_u/TOC)는?

① 0.37 ② 1.32
③ 1.83 ④ 2.67

해설 NBDCOD가 0이면 BOD_u = COD

$C + O_2 \rightarrow CO_2$
12 g   32 g

$\dfrac{BOD_u}{TOC} = \dfrac{O_2}{C} = \dfrac{32}{12} = 2.67$

11. 섬유상 유황박테리아로 에너지원으로 황화수소를 이용하며 균체에 황입자를 축적하는 것은?

① Sphaerotilus ② Zooglea
③ Cyanophyia   ④ Beggiatoa

해설 미생물
① Sphaerotilus : 철세균
② Zooglea : 활성슬러지중 1종
③ Cyanophyia : 남조류
④ Beggiatoa : 황산화세균

12. 해수의 특성에 대한 설명으로 옳은 것은?

① 염분은 적도해역과 극해역이 다소 높다.
② 해수의 주요 성분 농도비는 수온, 염분의 함수로 수심이 깊어질수록 증가한다.
③ 해수의 Na/Ca 비는 3~4 정도로 담수보다 매우 높다.
④ 해수 내 전체 질소 중 35 % 정도는 암모니아성 질소, 유기질소 형태이다.

해설 ① 염분 순서 : 무역풍대 > 적도 > 극지방
② 염분 성분비 일정 법칙 : 염분의 성분비는 모두 같음
③ 해수의 Mg/Ca 비는 3~4 정도로 담수보다 매우 높음
④ 해수 내 전체 질소 중 35 % : 암모니아성 질소, 유기질소
⑤ 해수 내 전체 질소 중 65 % : 아질산성 질소, 질산성 질소

13. 물의 순환과 이용에 관한 설명으로 틀린 것은?

① 지구전체의 강수량은 대략 4×10^{14} m³/년으로서 그 중 약 1/4 가량이 육지에 떨어진다.
② 지구상 존재하는 물의 약 97 %가 해수이다.
③ 물의 순환은 물의 이동이 일정하게 연속적으로 이루어진다는 의미를 갖는다.
④ 자연계에서 물을 순환하게 하는 근원은 태양에너지이다.

해설 ③ 물의 순환 : 지구의 물이 상태가 변하면서 언제나 움직이며 순환하는 과정이다. 물의 순환은 불규칙적이므로 일정하지 않다.

14. 하천의 자정작용에 관한 설명으로 옳지 않은 것은?

① 하천의 자정작용은 일반적으로 겨울보다 수온이 상승하여 자정계수(f)가 커지는 여름에 활발하다.
② β중부수성 수역(초록색)의 수질은 평지의 일반하천에 상당하며 많은 종류의 조류가 출현한다(Kolkwitz-Marson법 기준).
③ 하천에서 활발한 분해가 일어나는 지대는 혐기성세균이 호기성세균을 교체하며 fungi는 사라진다(Whipple의 4지대 기준).
④ 하천이 회복되고 있는 지대는 용존산소가 포화될 정도로 증가한다(Whipple의 4지대 기준).

해설 ① 자정작용은 온도가 높을수록, 겨울보다 여름에 활발해짐
자정상수는 온도가 낮을수록, 여름보다 겨울에 커짐

15. 하천의 단면적이 350 m², 유량이 428,400 m³/h, 평균수심이 1.7 m일 때, 탈산소계수가 0.12/day인 지점의 자정계수는? (단, $K_2 = 2.2 \times \dfrac{V}{H^{1.33}}$, 단위는 V[m/sec], H[m])

① 0.3 ② 1.6
③ 2.4 ④ 3.1

해설 (1) 유속(V)

$$V = \dfrac{Q}{A} = \dfrac{428{,}400 \text{ m}^3}{\text{hr}} \left| \dfrac{1 \text{ hr}}{350 \text{ m}^2} \right| \dfrac{1 \text{ hr}}{3{,}600 \text{s}}$$

$= 0.34 \text{ m/s}$

(2) $K_2 = 2.2 \times \dfrac{V}{H^{1.33}} = 2.2 \times \dfrac{0.34}{1.7^{1.33}} = 0.369$

(3) 자정계수(f)

$f = \dfrac{K_2}{K_1} = \dfrac{0.369}{0.12} = 3.077$

16. 호수의 성층현상에 대한 설명으로 틀린 것은?

① 수심에 따른 온도변화로 인해 발생되는 물의 밀도차에 의하여 발생한다.
② Thermocline(약층)은 순환층과 정체층의 중간층으로 깊이에 따른 온도변화가 크다.
③ 봄이 되면 얼음이 녹으면서 수표면 부근의 수온이 높아지게 되고 따라서 수직운동이 활발해져 수질이 악화된다.
④ 여름이 되면 연직에 따른 온도경사와 용존산소 경사가 반대모양을 나타낸다.

해설 ④ 여름이 되면 연직에 따른 온도경사와 용존산소 경사가 같은 모양을 나타낸다.

더 알아보기 핵심정리 2-13

17. 다음의 기체 법칙 중 옳은 것은?

① Boyle의 법칙 : 일정한 압력에서 기체의 부피는 절대온도에 정비례한다.
② Henry의 법칙 : 기체와 관련된 화학반응에서는 반응하는 기체와 생성되는 기체의 부피 사이에 정수관계가 있다.
③ Graham의 법칙 : 기체의 확산속도(조그마한 구멍을 통한 기체의 탈출)는 기체 분자량의 제곱근에 반비례한다.
④ Gay-Lussac의 결합 부피 법칙 : 혼합기체 내의 각 기체의 부분압력은 혼합물 속의 기체의 양에 비례한다.

해설 기체 관련 법칙
① 샤를의 법칙
② Gay-Lussac의 법칙
④ 부분압력의 법칙

더 알아보기 핵심정리 2-19

18. 수은(Hg) 중독과 관련이 없는 것은?

① 난청, 언어장애, 구심성 시야협착, 정신장애를 일으킨다.
② 이따이이따이병을 유발한다.
③ 유기수은은 무기수은보다 독성이 강하며 신경계통에 장해를 준다.
④ 무기수은은 황화물 침전법, 활성탄 흡착법, 이온교환법 등으로 처리할 수 있다.

해설 ② 이따이이따이병은 카드뮴 중독 증상임

19. 수질오염물질별 인체영향(질환)이 틀리게 짝지어진 것은?

① 비소 : 반상치(법랑반점)
② 크롬 : 비중격 연골천공
③ 아연 : 기관지 자극 및 폐렴
④ 납 : 근육과 관절의 장애

해설 ① 비소 : 흑피증

더 알아보기 핵심정리 2-17

정답 15. ④ 16. ④ 17. ③ 18. ② 19. ①

20. 이상적 plug flow에 관한 내용으로 옳은 것은?

① 분산 = 0, 분산수 = 0
② 분산 = 0, 분산수 = 1
③ 분산 = 1, 분산수 = 0
④ 분산 = 1, 분산수 = 1

해설
- 이상적 plug flow(IPF)
  분산 = 0, 분산수 = 0
- 이상적 완전혼합반응(ICM)
  분산 = 1, 분산수 = ∞

더 알아보기 핵심정리 2-3

제2과목　상하수도계획

21. 유출계수가 0.65인 1 km²의 분수계에서 흘러내리는 우수의 양(m³/sec)은? (단, 강우강도 = 3 mm/min, 합리식 적용)

① 1.3
② 6.5
③ 21.7
④ 32.5

해설 $Q = \dfrac{1}{3.6}CIA$

$= \dfrac{1}{3.6} \times 0.65 \times (3 \times 60) \times 1 = 32.5 \text{ m}^3/\text{s}$

더 알아보기 핵심정리 1-43 (1)

22. 펌프의 형식 중 베인의 양력작용에 의하여 임펠러 내의 물에 압력 및 속도에너지를 주고 가이드베인으로 속도에너지의 일부를 압력으로 변환하여 양수작용을 하는 펌프는?

① 원심펌프
② 축류펌프
③ 사류펌프
④ 플랜지펌프

해설
① 원심펌프 : 임펠러의 회전으로 발생하는 원심력으로 임펠러 내의 물에 압력 및 속도를 주고 일부를 압력으로 변환하여 양수하는 펌프
② 축류펌프 : 베인의 양력작용에 의하여 임펠러 내의 물에 압력 및 속도에너지를 주고 일부를 압력으로 변환하여 양수를 하는 펌프
③ 사류펌프 : 원심펌프와 축류펌프의 중간 형태

23. 표준활성슬러지법에 관한 내용으로 틀린 것은?

① 수리학적 체류시간은 6~8시간을 표준으로 한다.
② 반응조내 MLSS 농도는 1,500~2,500 mg/L를 표준으로 한다.
③ 포기조의 유효수심은 심층식의 경우 10 m를 표준으로 한다.
④ 포기조의 여유고는 표준식의 경우 30~60 cm 정도를 표준으로 한다.

해설　표준활성슬러지 설계기준
- HRT : 6~8시간
- SRT : 3~6일
- MLSS : 1,500~2,500 mg/L
- F/M비 : 0.2~0.4 kg/kg · day

방식	유효수심	여유고
표준식	4.0~6.0 m	80 cm
심층식	10 m	100 cm

24. 다음 중 급속여과지에 대한 설명으로 잘못된 것은?

① 여과 및 여과층의 세척이 충분하게 이루어질 수 있어야 한다.
② 급속여과지는 중력식과 압력식이 있으며 압력식을 표준으로 한다.
③ 여과면적은 계획정수량을 여과속도로 나누어 계산한다.
④ 여과지 1지의 여과면적은 150 m² 이하로 한다.

정답　20. ①　21. ④　22. ②　23. ④　24. ②

해설 급속여과지 설계기준
② 급속여과지는 중력식과 압력식이 있으며 중력식을 표준으로 한다.

(더 알아보기) 핵심정리 2-26 (5)

25. 토출량 20 m³/min, 전양정 6 m, 회전속도 1,200 rpm인 펌프의 비교회전도(비속도)는?

① 약 1,300
② 약 1,400
③ 약 1,500
④ 약 1,600

해설 $N_s = N \cdot \dfrac{Q^{1/2}}{H^{3/4}} = 1,200 \cdot \dfrac{20^{1/2}}{6^{3/4}}$

$= 1,399.85$

26. 슬러지탈수 방법 중 가압식 벨트프레스 탈수기에 관한 내용으로 옳지 않은 것은? (단, 원심탈수기와 비교)

① 소음이 적다.
② 동력이 적다.
③ 부대장치가 적다.
④ 소모품이 적다.

해설 탈수기의 비교

항목	가압탈수기		벨트프레스	원심탈수기
	filter press	screw press		
수요면적	많음	적음	보통	적음
세척수수량	보통	보통	많음	적음
소음	보통 (간헐적)	적음	적음	보통
동력	많음	적음	적음	많음
부대장치	많음	많음	많음	적음
소모품	보통	많음	적음	적음

27. 농축 후 소화를 하는 공정이 있다. 농축조에서의 건조슬러지가 1 m³ 이고, 소화공정에서 VSS 60 %, 소화율 50 %, 소화 후 슬러지의 함수율이 96 %일 때 소화 후 슬러지의 부피(m³)는?

① 0.7
② 9
③ 18
④ 36

해설 (1) 소화 후 TS(TS_2)
- 소화 전 TS(TS_1) = 농축조 건조슬러지 = 1 m³

	TS_1	=	VS_1	+	FS_1
비율	100 %		60 %		40 %
양	1 m³		0.6 m³		0.4 m³

- $VS_2 = 0.5 \times 0.6$ m³ $= 0.3$ m³
 소화로 무기물은 제거되지 않으므로,
- 소화 전 무기물(FS_1) = 소화 후 무기물(FS_2)
∴ $TS_2 = VS_2 + FS_2 = 0.3 + 0.4 = 0.7$ m³

(2) 소화 후 슬러지(SL_2) 부피

$\dfrac{0.7 \text{ m}^3 \; TS_2 \; | \; 100 \; SL_2}{4 \; TS_2} = 17.5 \text{ m}^3$

여기서, TS_1 : 소화 전 TS
VS_1 : 소화 전 VS
FS_1 : 소화 전 FS
TS_2 : 소화 후 TS
VS_2 : 소화 후 VS
FS_2 : 소화 후 FS

28. 펌프의 운전 시 발생되는 현상이 아닌 것은?

① 공동현상
② 수격작용(수충작용)
③ 노크현상
④ 맥동현상

해설 펌프 이상현상
- 수격작용
- 공동현상(캐비테이션)
- 맥동현상

정답 25. ② 26. ③ 27. ③ 28. ③

29. 하수배제 방식 중 합류식에 관한 설명으로 알맞지 않은 것은?

① 관로계획 : 우수를 신속히 배수하기 위해 지형조건에 적합한 관거망이 된다.
② 청천 시의 월류 : 없음
③ 관로오접 : 없음
④ 토지이용 : 기존의 측구를 폐지할 경우는 뚜껑의 보수가 필요하다.

해설 ④ 토지이용 : 기존의 측구를 폐지할 경우 도로폭의 유효한 이용이 가능하다.

30. 정수시설 중 플록형성지에 관한 설명으로 틀린 것은?

① 기계식교반에서 플록큐레이터(flocculator)의 주변속도는 5~10 cm/sec를 표준으로 한다.
② 플록형성시간은 계획정수량에 대하여 20~40분간을 표준으로 한다.
③ 직사각형이 표준이다.
④ 혼화지와 침전지 사이에 위치하고 침전지에 붙여서 설치한다.

해설 ① 유속 : 기계식교반(15~80 cm/s), 우류식교반(15~30 cm/s)

더 알아보기 핵심정리 2-26 (2)

31. 강우강도에 대한 설명 중 틀린 것은?

① 강우강도는 그 지점에 내린 우량을 mm/hr 단위로 표시한 것이다.
② 확률강우강도는 강우강도의 확률적 빈도를 나타낸 것이다.
③ 범람의 피해가 적을 것으로 예상될 때는 재현기간 2~5년의 확률강우강도를 채택한다.
④ 강우강도가 큰 강우일수록 빈도가 높다.

해설 • 강우강도(I) : mm/hr
• 지속시간(D) : 강우가 계속되는 시간(min)
• 생기빈도(F) : 일정 기간 동안 어떤 크기의 호우가 발생할 횟수
• 생기빈도(F) = 1/재현기간 = 1/T
• 강우강도가 큰 강우일수록 생기빈도가 낮음

32. 호소, 댐을 수원으로 하는 취수문에 관한 설명으로 틀린 것은?

① 일반적으로 중, 소량 취수에 쓰인다.
② 일반적으로 취수량을 조정하기 위한 수문 또는 수위조절판(stop log)을 설치한다.
③ 파랑, 결빙 등의 기상조건에 영향이 거의 없다.
④ 하천의 표류수나 호소의 표층수를 취수하기 위하여 물가에 만들어지는 취수시설이다.

해설 ③ 파랑·결빙의 영향을 직접 받음. 특히 결빙에 의하여 취수가 불가능해지는 경우가 있기 때문에 주의를 요함

33. 화학적 응집에 영향을 미치는 인자의 설명 중 잘못된 내용은?

① 수온 : 수온 저하 시 플록형성에 소요되는 시간이 길어지고, 응집제의 사용량도 많아진다.
② pH : 응집제의 종류에 따라 최적의 pH 조건을 맞추어 주어야 한다.
③ 알칼리도 : 하수의 알칼리도가 많으면 플록을 형성하는 데 효과적이다.
④ 응집제 양 : 응집제 양을 많이 넣을수록 응집효율이 좋아진다.

해설 응집제 양을 증가시키면 응집효율이 높아지나, 너무 많은 응집제를 넣으면, 응집효율은 더 이상 증가하기 어렵다.

34. 상수시설 중 배수지에 관한 설명 중 틀린 것은?

① 유효용량은 시간변동조정용량, 비상대처용량을 합하여 급수구역의 계획1일최대급수량의 12시간분 이상을 표준으로 한다.
② 배수지는 가능한 한 급수지역의 중앙 가까이 설치한다.
③ 유효수심은 1~2 m 정도를 표준으로 한다.
④ 자연유하식 배수지의 표고는 최소동수압이 확보되는 높이여야 한다.

정답 29. ④ 30. ① 31. ④ 32. ③ 33. ④ 34. ③

해설 ③ 유효수심은 3~6 m 정도를 표준으로 한다.
더 알아보기 핵심정리 2-27

35. 계획급수량 결정 시, 사용수량의 내역이나 다른 기초자료가 정비되어 있지 않은 경우 산정의 기초로 사용할 수 있는 것은?
① 계획1인1일최대급수량
② 계획1인1일평균급수량
③ 계획1인1일평균사용수량
④ 계획1인1일최대사용수량

해설 계획급수량의 산정 : 사용수량의 내역이나 다른 기초자료가 정비되어 있지 않은 경우에는 계획1인1일평균사용수량을 기초로 산정할 수 있다.

36. 하수처리계획에서 계획오염부하량 및 계획유입수질에 관한 설명으로 틀린 것은?
① 계획유입수질 : 하수의 계획유입수질은 계획오염부하량을 계획1일평균오수량으로 나눈 값으로 한다.
② 공장폐수에 의한 오염부하량 : 폐수배출부하량이 큰 공장은 업종별 오염부하량 원단위를 기초로 추정하는 것이 바람직하다.
③ 생활오수에 의한 오염부하량 : 1인1일당 오염부하량 원단위를 기초로 하여 정한다.
④ 관광오수에 의한 오염부하량 : 당일관광과 숙박으로 나누고 각각의 원단위에서 추정한다.

해설 ② 공장폐수에 의한 오염부하량 : 폐수배출부하량이 큰 공장은 부하량을 실측하는 것이 바람직하며 실측치를 얻기 어려운 경우에 대해서는 업종별의 출하액당 오염부하량 원단위에 기초를 두고 추정한다.
더 알아보기 핵심정리 2-30

37. 정수방법인 완속여과방식에 관한 설명으로 틀린 것은?
① 약품처리가 필요 없다.
② 완속여과의 정화는 주로 생물작용에 의한 것이다.
③ 비교적 양호한 원수에 알맞은 방식이다.
④ 소요 부지면적이 적다.

해설 ④ 완속여과가 급속여과보다 설치면적이 넓음

38. 상수처리를 위한 응집지의 플록형성지에 대한 설명 중 틀린 것은?
① 플록형성지는 혼화지와 침전지 사이에 위치하고 침전지에 붙여서 설치한다.
② 플록형성시간은 계획정수량에 대하여 20~40분간을 표준으로 한다.
③ 플록형성지 내의 교반강도는 하류로 갈수록 점차 감소시키는 것이 바람직하다.
④ 플록형성지에 저류벽이나 정류벽 등을 설치하면 단락류가 생겨 유효저류시간을 줄일 수 있다.

해설 ④ 저류벽이나 정류벽을 설치하면 단락류가 생기는 것을 방지할 수 있음
더 알아보기 핵심정리 2-26 (2)

39. 상수처리를 위한 침사지 구조에 관한 기준으로 옳지 않은 것은?
① 지의 상단높이는 고수위보다 0.3~0.6 m의 여유고를 둔다.
② 지내 평균유속은 2~7 cm/s를 표준으로 한다.
③ 표면부하율은 200~500 mm/min을 표준으로 한다.
④ 지의 유효수심은 3~4 m를 표준으로 하고 퇴사심도를 0.5~1 m로 한다.

해설 ① 지의 상단높이는 고수위보다 0.6~1 m의 여유고를 둔다.
더 알아보기 핵심정리 2-24

정답 35. ③ 36. ② 37. ④ 38. ④ 39. ①

40. 말굽형 하수관로의 장점으로 옳지 않은 것은?

① 대구경 관로에 유리하며 경제적이다.
② 수리학적으로 유리하다.
③ 단면형상이 간단하여 시공성이 우수하다.
④ 상반부의 아치작용에 의해 역학적으로 유리하다.

해설 ③ 말굽형은 단면형상이 복잡하여 시공성이 떨어진다.

제3과목 수질오염방지기술

41. 공장에서 배출되는 pH 2.5인 산성 폐수 500 m³/day를 인접 공장 폐수와 혼합처리하고자 한다. 인접 공장 폐수 유량은 10,000 m³/day이고, pH는 6.5이다. 두 폐수를 혼합한 후의 pH는?

① 1.61 ② 3.82 ③ 7.64 ④ 9.54

해설 (1) 혼합 후 수소이온농도
혼합농도식을 이용하면,
$$[H^+] = \frac{N_1 Q_1 + N_2 Q_2}{Q_1 + Q_2}$$
$$= \frac{10^{-2.5} \times 500 + 10^{-6.5} \times 10,000}{500 + 10,000}$$
$$= 1.508 \times 10^{-4}$$
(2) $pH = -\log[H^+] = -\log[1.508 \times 10^{-4}]$
$= 3.82$

42. 생물학적 폐수처리 반응과 그것을 주도하는 미생물 분류 중에서 틀린 것은?

① 활성 슬러지 : 화학유기 영양계
② 질산화 : 화학무기 영양계
③ 탈질산화 : 화학유기 영양계
④ 회전원판(생물막) : 광유기 영양계

해설 ④ 회전원판(생물막) : 화학유기 영양계

43. 포기조 내의 혼합액 중 부유물 농도 (MLSS)가 2,000 g/m³, 반송슬러지의 부유물 농도가 9,576 g/m³이라면 슬러지 반송률(%)은?

① 23.2 ② 26.4 ③ 28.6 ④ 32.8

해설 $r = \dfrac{X}{X_r - X} = \dfrac{2,000}{9,576 - 2,000}$
$= 0.2639 = 26.39\%$

44. 정수처리 시 적용되는 랑게리아 지수에 관한 내용으로 틀린 것은?

① 랑게리아 지수란 물의 실제 pH와 이론적 pH(pH_s : 수중의 탄산칼슘이 용해되거나 석출되지 않는 평형상태로 있을 때의 pH)와의 차이를 말한다.
② 랑게리아 지수가 양(+)의 값으로 절대치가 클수록 탄산칼슘피막 형성이 어렵다.
③ 랑게리아 지수가 음(-)의 값으로 절대치가 클수록 물의 부식성이 강하다.
④ 물의 부식성이 강한 경우 랑게리아 지수는 pH, 칼슘경도, 알칼리도를 증가시킴으로써 개선할 수 있다.

해설 ② 랑게리아 지수가 +이면, 탄산칼슘 스케일이 생성된다.

더 알아보기 핵심정리 2-39

45. 염소 소독의 특징으로 틀린 것은?(단, 자외선 소독과 비교)

① 소독력 있는 잔류염소를 수송관로 내에 유지시킬 수 있다.
② 처리수의 총용존고형물이 감소한다.
③ 염소접촉조로부터 휘발성 유기물이 생성된다.
④ 처리수의 잔류독성이 탈염소과정에 의해 제거되어야 한다.

해설 ② 염소 소독으로 처리수의 총용존고형물이 증가한다.

더 알아보기 핵심정리 2-50

정답 40. ③ 41. ② 42. ④ 43. ② 44. ② 45. ②

46. 활성슬러지를 탈수하기 위하여 98 %(중량비)의 수분을 함유하는 슬러지에 응집제를 가했더니 [상등액 : 침전 슬러지]의 용적비가 2 : 1이 되었다. 이때 침전 슬러지의 함수율(%)은? (단, 응집제의 양은 매우 적고, 비중 = 1.0)

① 92　　② 93
③ 94　　④ 95

해설 응집 전 슬러지 부피를 3이라 하면, 응집 후 침전 슬러지 부피는 1이다.
$3(1-0.98) = 1(1-W_2)$
∴ $W_2 = 0.94 = 94\%$

47. 하수소독 시 적용되는 UV 소독방법에 관한 설명으로 틀린 것은? (단, 오존 및 염소 소독 방법과 비교)

① pH 변화에 관계없이 지속적인 살균이 가능하다.
② 유량과 수질의 변동에 대해 적응력이 강하다.
③ 설치가 복잡하고, 전력 및 램프 수가 많이 소요되므로 유지비가 높다.
④ 물이 혼탁하거나 탁도가 높으면 소독능력에 영향을 미친다.

해설 ③ 램프만 설치하므로, 설치가 간단하고 유지비가 낮다.

더 알아보기 핵심정리 2-51

48. 생물화학적 인 및 질소 제거 공법 중 인 제거만을 주목적으로 개발된 공법은?

① Phostrip　　② A_2/O
③ UCT　　　④ Bardenpho

해설 ②, ③ 질소·인 동시 제거
　　　　④ 질소 제거

더 알아보기 핵심정리 2-56

49. 함수율 98 %, 유기물 함량이 62 %인 슬러지 100 m³/day를 25일 소화하여 유기물의 2/3를 가스화 및 액화하여 함수율 95 %의 소화슬러지로 추출하는 경우 소화조의 필요 용량(m³)은? (단, 슬러지 비중 = 1.0)

① 1,244　　② 1,344
③ 1,444　　④ 1,544

해설 (1) 소화슬러지양
$$= \frac{100 \text{ m}^3}{\text{day}} \bigg| \frac{2 \text{ TS}}{100 \text{ SL}}$$
$$\bigg| \frac{(0.38+0.62 \times 1/3)}{} \bigg| \frac{100 \text{ SL}'}{5 \text{ TS}'}$$
$= 23.46 \text{ m}^3/\text{day}$

(2) 소화조 용량
$$= \frac{(Q_1 + Q_2)t}{2}$$
$$= \frac{(100 + 23.46) \text{ m}^3/\text{day} \times 25 \text{ day}}{2}$$
$= 1,543.25 \text{ m}^3$

50. 하수고도처리 공법 중 생물학적 방법으로 질소와 인을 동시에 제거하기 위한 것은?

① Phostrip　　② 4단계 Bardenpho
③ A/O　　　　④ A_2/O

해설 ①, ③ 인 제거
　　　　② 질소 제거

51. 연속회분식반응조(sequencing batch reactor)에 관한 설명으로 틀린 것은?

① 하나의 반응조 안에서 호기성 및 혐기성 반응 모두를 이룰 수 있다.
② 별도의 침전조가 필요 없다.
③ 기본적인 처리계통도는 5단계로 이루어지며 요구하는 유출수에 따라 운전 mode를 채택할 수 있다.
④ 기존 활성슬러지 처리에서의 시간개념을 공간개념으로 전환한 것이라 할 수 있다.

정답 46. ③　47. ③　48. ①　49. ④　50. ④　51. ④

[해설] ④ 기존 활성슬러지 처리에서의 공간개념을 시간개념으로 전환한 것이라 할 수 있다.

52. 펜톤처리공정에 관한 설명으로 가장 거리가 먼 것은?

① 펜톤시약의 반응시간은 철염과 과산화수소수의 주입 농도에 따라 변화를 보인다.
② 펜톤시약을 이용하여 난분해성 유기물을 처리하는 과정은 대체로 산화반응과 함께 pH 조절, 펜톤산화, 중화 및 응집, 침전으로 크게 4단계로 나눌 수 있다.
③ 펜톤시약의 효과는 pH 8.3~10 범위에서 가장 강력한 것으로 알려져있다.
④ 폐수의 COD는 감소하지만 BOD는 증가할 수 있다.

[해설] ③ pH 3~4.5로 조절해야 효과가 크다.
(더알아보기) 핵심정리 2-55

53. 폐수처리에 관련된 침전현상으로 입자 간의 작용하는 힘에 의해 주변 입자들의 침전을 방해하는 중간 정도 농도 부유액에서의 침전은?

① 제1형 침전(독립입자침전)
② 제2형 침전(응집침전)
③ 제3형 침전(계면침전)
④ 제4형 침전(압밀침전)

[해설] 제3형 침전(계면침전)
- 플록을 형성하여 침강하는 입자들이 서로 방해를 받아, 침전속도가 감소하는 침전
- 침전하는 부유물과 상등수 간에 뚜렷한 경계면이 생기는 침전
- 방해·장애·집단·간섭침전
- 상향류식 부유식 침전지, 생물학적 2차 침전지

(더알아보기) 핵심정리 2-44

54. 활성슬러지법과 비교하여 생물막 공법의 특징이 아닌 것은?

① 적은 에너지를 요구한다.
② 단순한 운전이 가능하다.
③ 2차 침전지에서 슬러지 벌킹의 문제가 없다.
④ 충격독성부하로부터 회복이 느리다.

[해설] 부유생물법과 부착생물법의 비교

구분	부유생물법	부착생물법 (생물막법)
속도	• 대량처리 가능 • 처리속도 빠름	• 소규모 처리 • 처리속도 느림
처리효율	• 처리효율 큼 • 상등수 수질 좋음	• 처리효율 낮음 • 상등수 수질 좋지 않음(투명도 나쁨, 미세한 SS 유출)
슬러지 벌킹	있음	없음
반송	반송 필요	반송 불필요
충격부하	충격부하에 약함	• 충격부하에 강함 • 다양한 물질 처리 가능
운전	운전 어려움	• 운전 쉬움 • 문제 발생 시 대처 곤란
동력비	비쌈	저렴

55. 역삼투장치로 하루에 600,000 L의 3차 처리된 유출수를 탈염하고자 할 때 10℃에서 요구되는 막 면적(m^2)은?

- 25℃에서 물질전달계수 0.2068L/(day·m^2)(kPa)
- 유입수와 유출수의 압력차 = 2,400 kPa
- 유입수와 유출수의 삼투압차 = 310 kPa
- 최저운전온도 = 10℃, $A_{10℃} = 1.3A_{25℃}$

① 약 1,200
② 약 1,400
③ 약 1,600
④ 약 1,800

[정답] 52. ③ 53. ③ 54. ④ 55. ④

해설 (1) $A_{25℃}$

$$= \frac{day \cdot m^2 \cdot kPa}{0.2068L} \left| \frac{}{(2,400-310)kPa} \right| \frac{600,000L}{day}$$

$= 1,388.207 \, m^2$

(2) $A_{10℃} = 1.3 A_{25℃} = 1.3 \times 1,388.207$
$= 1,804.66 \, m^2$

56. 포기조의 MLSS 농도를 3,000 mg/L로 유지하기 위한 재순환율(%)은? (단, SVI = 120, 유입 SS 고려하지 않고, 방류수 SS = 0 mg/L)

① 36.3
② 46.3
③ 56.3
④ 66.3

해설 (1) $X_r = \dfrac{10^6}{SVI}$

$= \dfrac{10^6}{120} = 8,333.33 \, mg/L$

(2) $r = \dfrac{X}{X_r - X} = \dfrac{3,000}{8,333.33 - 3,000}$

$= 0.5625 = 56.25\%$

57. 분리막을 이용한 다음의 폐수처리방법 중 구동력이 농도차에 의한 것은?

① 역삼투(reverse osmosis)
② 투석(dialysis)
③ 한외여과(ultrafiltration)
④ 정밀여과(microfiltration)

해설 추진력(구동력)별 막분리 공법
- 정수압차 : 정밀여과, 한외여과, 역삼투
- 농도차 : 투석
- 전위차 : 전기투석

더 알아보기 핵심정리 2-54

58. 유해물질인 시안(CN)처리 방법에 관한 설명으로 틀린 것은?

① 오존산화법 : 오존은 알칼리성 영역에서 시안화합물을 N_2로 분해시켜 무해화한다.
② 전해법 : 유가(有價) 금속류를 회수할 수 있는 장점이 있다.
③ 충격법 : 시안을 pH 3 이하의 강산성 영역에서 강하게 폭기하여 산화하는 방법이다.
④ 감청법 : 알칼리성 영역에서 과잉의 황산알루미늄을 가하여 공침시켜 제거하는 방법이다.

해설
- 시안 제거법 : 알칼리 염소처리법, 전해산화법, 오존산화법, 생물학적 처리법, 감청법, 이온교환법 등
- 시안 감청법 : 시안 폐수에 황산 제일철을 가하여, 생성된 페로 시안화물을 침전 분리하는 방법

59. 질산화 미생물의 전자공여체로 가장 거리가 먼 것은?

① 메탄올
② 암모니아
③ 아질산염
④ 환원된 무기성 화합물

해설 전자공여체 = 환원제 = 자기자신이 산화되는 물질
① 메탄올은 탈질미생물의 유기탄소원으로 이용된다.

60. 300 m^3/day의 도금공장 폐수 중 CN^-이 150 mg/L 함유되어, 다음 반응식을 이용하여 처리하고자 할 때 필요한 NaClO의 양(kg)은?

$$2NaCN + 5NaClO + H_2O$$
$$\rightarrow 2NaHCO_3 + N_2 + 5NaCl$$

① 180.4
② 300.5
③ 322.4
④ 344.8

해설 (1) 폐수 중 CN^-

$$\frac{150 \text{ mg}}{L} \left| \frac{300 \text{ m}^3}{\text{day}} \right| \frac{1,000 \text{ L}}{1 \text{ m}^3} \left| \frac{1 \text{ kg}}{10^6 \text{ mg}} \right.$$

= 45 kg/day

(2) 필요한 NaClO의 양(X)

$2Na^+ + 2CN^- + 5NaClO + H_2O$
$\rightarrow 2NaHCO_3 + N_2 + 5NaCl$

$2CN^- : 5NaClO$
$2 \times 26 \text{ g} : 5 \times 74.5 \text{ g}$
$45 \text{ kg/day} : X[\text{mg/L}]$

$$X = \frac{45 \text{ kg/day}}{} \left| \frac{5 \times 74.5}{2 \times 26} \right. = 322.35 \text{ kg/day}$$

제4과목 수질오염공정시험기준

61. 자외선/가시선 분광법에 관한 설명으로 틀린 것은?

① 측정파장은 원칙적으로 최고의 흡광도가 얻어질 수 있는 최대 흡수파장을 선정한다.
② 대조액은 일반적으로 용매 또는 바탕시험액을 사용한다.
③ 측정된 흡광도는 되도록 1.0~1.5의 범위에 들도록 시험용액의 농도 및 흡수셀의 길이를 선정한다.
④ 부득이 흡광도를 0.1 미만에서 측정할 때는 눈금 확대기를 사용하는 것이 좋다.

해설 ③ 측정된 흡광도는 1.2~1.5의 범위에 들도록 시험액 농도를 선정한다.

62. 수질오염공정시험기준에서 사용하는 용어에 대한 설명으로 틀린 것은?

① "항량으로 될 때까지 건조한다"라 함은 같은 조건에서 1시간 더 건조하여 전후 차가 g당 0.3 mg 이하일 때를 말한다.
② 시험조작 중 "즉시"란 30초 이내에 표시된 조작을 하는 것을 뜻한다.
③ "기밀용기"라 함은 취급 또는 저장하는 동안에 이물질이 들어가거나 또는 내용물이 손실되지 아니하도록 보호하는 용기를 말한다.
④ "방울수"라 함은 20℃에서 정제수 20방울을 적하할 때 그 부피가 약 1 mL 되는 것을 뜻한다.

해설 ③ "밀폐용기"라 함은 취급 또는 저장하는 동안에 이물질이 들어가거나 또는 내용물이 손실되지 아니하도록 보호하는 용기를 말한다.
용기의 분류
• 밀폐 : 이물질, 내용물 손실
• 기밀 : 공기, 가스
• 밀봉 : 기체, 미생물
• 차광 : 광선

63. 시료를 적절한 방법으로 보존할 때 최대 보존기간이 다른 항목은?

① 시안
② 노말헥산추출물질
③ 화학적산소요구량
④ 총인

해설 ① : 14일
② , ③ , ④ : 28일

더 알아보기 핵심정리 2-70 (3)

64. 다음 설명 중 틀린 것은?

① 현장 이중시료는 동일 위치에서 동일한 조건으로 중복 채취한 시료를 말한다.
② 검정곡선은 분석물질의 농도변화에 따른 지시값을 나타낸 것을 말한다.
③ 정량범위라 함은 시험분석 대상을 정량화할 수 있는 측정값을 말한다.
④ 기기검출한계(IDL)란 시험분석 대상물질을 기기가 검출할 수 있는 최소한의 농도 또는 양을 의미한다.

해설 ③ 정량한계 : 시험분석 대상을 정량화할 수 있는 측정값

65. 총대장균군-시험관법의 정량방법에 대한 설명으로 틀린 것은?
① 용량 1~25 mL의 멸균된 눈금피펫이나 자동피펫을 사용한다.
② 안지름 6 mm, 높이 30 mm 정도의 다람시험관을 사용한다.
③ 고리의 안지름이 10 mm인 백금이를 사용한다.
④ 배양온도를 (35±0.5)℃로 유지할 수 있는 배양기를 사용한다.

[해설] 분석기기 및 기구
- 다람시험관 : 안지름 6 mm, 높이 30 mm 정도의 시험관으로 고압증기 멸균을 할 수 있어야 하며 가스포집을 위해 거꾸로 집어 넣는다.
- 배양기 : 배양온도를 (35±0.5)℃로 유지할 수 있는 것을 사용한다.
- 백금이 : 고리의 안지름이 약 3 mm인 백금이를 사용한다.
- 시험관 : 안지름 16 mm, 높이 150 mm 정도의 시험관으로 마개를 할 수 있고, 고압증기 멸균을 할 수 있어야 한다.
- 피펫 : 부피 1~25 mL의 눈금피펫이나 자동피펫(플라스틱 피펫팁 포함)으로서 멸균된 것을 사용한다.

66. 적정법으로 용존산소를 정량 시 0.01 N $Na_2S_2O_3$ 용액 1 mL가 소요되었을 때 이것 1 mL는 산소 몇 mg에 상당하겠는가?
① 0.08
② 0.16
③ 0.2
④ 0.8

[해설]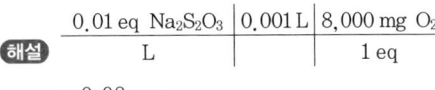
$= 0.08$ mg

67. 용존산소의 정량에 관한 설명으로 틀린 것은?

① 전극법은 산화성물질이 함유된 시료나 착색된 시료에 적합하다.
② 일반적으로 온도가 일정할 때 용존산소 포화량은 수중의 염소이온량이 클수록 크다.
③ 시료가 착색, 현탁된 경우는 시료에 칼륨명반 용액과 암모니아수를 주입한다.
④ Fe(Ⅲ) 100~200 mg/L가 함유되어 있는 시료의 경우 황산을 첨가하기 전에 플루오린화칼륨용액 1 mL를 가한다.

[해설] ② 온도가 증가할수록 용존산소 포화량은 감소한다.
염소이온량이 클수록 용존산소 포화량은 감소한다.

68. 음이온계면활성제를 자외선/가시선 분광법으로 분석하고자 할 때 음이온계면활성제와 메틸렌블루가 반응하여 생성된 청색의 착화합물을 추출하는 데 사용하는 용액은?
① 디티존
② 디티오카르바민산
③ 메틸이소부틸케톤
④ 클로로폼

[해설] 음이온계면활성제-자외선/가시선 분광법 : 메틸렌블루와 반응시켜 생성된 청색의 착화합물을 클로로폼으로 추출하여 흡광도를 650 nm에서 측정하는 방법이다.

69. 기체크로마토그래피법에서 검출기와 사용되는 운반가스를 틀리게 짝지은 것은?
① 열전도도형 검출기-질소
② 열전도도형 검출기-헬륨
③ 전자포획형 검출기-헬륨
④ 전자포획형 검출기-질소

[해설] 기체크로마토그래피 운반기체
- 열전도도 검출기(TCD) : He, H_2
- 불꽃이온화 검출기(FID) : He, N_2, Ar
- 전자포획형 검출기(ECD) : He, N_2

정답 65. ③ 66. ① 67. ② 68. ④ 69. ①

70. 채수된 폐수시료의 보존에 관한 설명으로 옳은 것은?

① BOD 검정용 시료는 동결하면 장기간 보존할 수 있다.
② COD 검정용 시료는 황산을 가하여 약산성으로 한다.
③ 노말헥산추출물질 검정용 시료는 염산으로 pH 4 이하로 한다.
④ 부유물질 검정용 시료는 황산을 가하여 pH 4로 한다.

해설 ① BOD : 4℃ 보관
② COD : 4℃ 보관, H_2SO_4로 pH 2 이하
③ 노말헥산추출물질 : 4℃ 보관, H_2SO_4로 pH 2 이하
④ 부유물질 : 4℃ 보관
※ 문제 오류로 전항 정답 처리

더 알아보기 핵심정리 2-70 (4)

71. 수질오염공정시험기준상 총대장균군의 시험방법이 아닌 것은?

① 현미경계수법 ② 막여과법
③ 시험관법   ④ 평판집락법

해설 총대장균군
• 막여과법
• 시험관법
• 평판집락법
• 효소이용정량법

72. 자외선/가시선 분광법을 적용한 페놀류 측정에 관한 내용으로 옳지 않은 것은?

① 붉은색의 안티피린계 색소의 흡광도를 측정한다.
② 수용액에서는 510 nm, 클로로포름 용액에서는 460 nm에서 측정한다.
③ 정량한계는 클로로포름 추출법일 때 0.05 mg, 직접법일 때 0.5 mg이다.
④ 시료 중의 페놀을 종류별로 구분하여 정량할 수 없다.

해설 페놀류 - 자외선/가시선 분광법
③ 정량한계는 클로로포름 추출법일 때 0.005 mg, 직접법일 때 0.05 mg이다.

73. 질산성질소의 자외선/가시선 분광법 중 부루신법에 대한 설명으로 틀린 것은?

① 이 시험기준은 지표수, 지하수, 폐수 등에 적용할 수 있으며 정량한계는 0.1 mg/L이다.
② 용존 유기물질이 황산산성에서 착색이 선명하지 않을 수 있으며 이때 부루신설퍼닐산을 포함한 모든 시약을 추가로 첨가하여야 한다.
③ 바닷물과 같이 염분이 높은 경우 바탕시료와 표준용액에 염화나트륨용액(30 %)을 첨가하여 염분의 영향을 제거한다.
④ 잔류염소는 이산화비소산나트륨으로 제거할 수 있다.

해설 ② 용존 유기물질이 황산산성에서 착색이 선명하지 않을 수 있으며 이때 부루신설퍼닐산을 제외한 모든 시약을 추가로 첨가하여야 하며, 용존 유기물이 아닌 자연 착색이 존재할 때에도 적용된다.

74. 30배 희석한 시료를 15분간 방치한 후와 5일간 배양한 후의 DO가 각각 8.6 mg/L, 3.6 mg/L이었고, 식종액의 BOD를 측정할 때 식종액의 배양 전과 후의 DO가 각각 7.5 mg/L, 3.7 mg/L이었다면 이 시료의 BOD (mg/L)는? (단, 희석시료 중의 식종액 함유율과 희석한 식종액 함유율의 비는 0.1임)

① 139 ② 143 ③ 147 ④ 150

해설 BOD 공식 - 식종희석수를 사용한 시료
BOD(mg/L)
$= [(D_1-D_2)-(B_1-B_2) \times f] \times P$
$= [(8.6-3.6)-(7.5-3.7) \times 0.1] \times 30$
$= 138.6$

더 알아보기 핵심정리 1-53 (2)

정답 70. 정답 없음 71. ① 72. ③ 73. ② 74. ①

75. 유도결합플라스마 – 원자발광분광법에 의한 원소별 정량한계로 틀린 것은?

① Cu : 0.006 mg/L ② Pb : 0.004 mg/L
③ Ni : 0.015 mg/L ④ Mn : 0.002 mg/L

해설 ② 0.04 mg/L

76. 물속에 존재하는 비소의 측정방법으로 틀린 것은?

① 수소화물생성 – 원자흡수분광광도법
② 자외선 / 가시선 분광법
③ 양극벗김전압전류법
④ 이온크로마토그래피법

해설 비소 측정방법
- 수소화물생성 – 원자흡수분광광도법
- 자외선/가시선 분광법
- 유도결합플라스마 – 원자발광분광법
- 유도결합플라스마 – 질량분석법
- 양극벗김전압전류법

77. 냄새 측정 시 잔류염소 제거를 위해 첨가하는 용액은?

① L-아스코빈산나트륨
② 티오황산나트륨
③ 과망간산칼륨
④ 질산은

해설 잔류염소가 존재하면 티오황산나트륨용액을 첨가하여 잔류염소를 제거한다.

78. 시료채취 방법 중 옳지 않은 것은?

① 지하수 시료는 물을 충분히 퍼낸 다음, pH와 전기전도도를 연속적으로 측정하여 각각의 값이 평형을 이룰 때 채취한다.
② 시료채취 용기에 시료를 채울 때에는 어떠한 경우라도 시료교란이 일어나서는 안 된다.
③ 시료채취량은 시험항목 및 시험횟수에 따라 차이가 있으나 보통 1~2 L 정도이어야 한다.
④ 채취용기는 시료를 채우기 전에 대상시료로 3회 이상 씻은 다음 사용한다.

해설 ③ 시료채취량은 시험항목 및 시험횟수에 따라 차이가 있으나 보통 3~5 L 정도이어야 한다.

79. 잔류염소(비색법)를 측정할 때 크롬산 (2 mg/L 이상)으로 인한 종말점 간섭을 방지하기 위해 가하는 시약은?

① 염화바륨   ② 황산구리
③ 염산용액(25 %) ④ 과망간산칼륨

해설 크롬산이 간섭물질일 때는 염화바륨을 첨가한다.

80. COD 측정에 있어서 COD 값에 영향을 주는 인자가 아닌 것은?

① 온도   ② MnO_4^- 농도
③ 황산량   ④ 가열시간

해설 COD는 과망간산칼륨으로 적정하므로, 과망간산칼륨의 농도는 COD 값에 영향을 주지 못함

제5과목 수질환경관계법규

81. 사업자가 배출시설 또는 방지시설의 설치를 완료하여 당해 배출시설 및 방지시설을 가동하고자 하는 때에는 환경부령이 정하는 바에 의하여 미리 환경부장관에게 가동개시신고를 하여야 한다. 이를 위반하여 가동개시신고를 하지 아니하고 조업한 자에 대한 벌칙 기준은?

① 2백만원 이하의 벌금
② 3백만원 이하의 벌금
③ 5백만원 이하의 벌금
④ 1년 이하의 징역 또는 1천만원 이하의 벌금

정답 75. ② 76. ④ 77. ② 78. ③ 79. ① 80. ② 81. ④

해설
- 배출시설 설치, 변경허가 받지 아니한 자 : 7년 이하의 징역 또는 7천만원 이하의 벌금
- 배출시설 설치, 신고하지 아니한 자 : 5년 이하의 징역 또는 5천만원 이하의 벌금
- 가동시작 신고하지 아니하고 조업한 자 : 1년 이하의 징역 또는 1천만원 이하의 벌금

해설 비점오염저감시설

자연형 시설	장치형 시설
• 저류시설 • 인공습지 • 침투시설 • 식생형 시설	• 여과형 시설 • 소용돌이(와류)형 • 스크린형 시설 • 응집·침전 처리형 시설 • 생물학적 처리형 시설

82. 물환경보전법에서 규정하고 있는 기타 수질오염원의 기준으로 틀린 것은?

① 취수능력 10 m^3/일 이상인 먹는 물 제조시설
② 면적 30,000 m^2 이상인 골프장
③ 면적 1,500 m^2 이상인 자동차 폐차장 시설
④ 면적 200,000 m^2 이상인 복합물류터미널 시설

해설 ① 먹는 물 제조시설은 기타 수질오염원에 포함되지 않는다.
기타 수질오염원
1. 수산물 양식시설
2. 골프장
3. 운수장비 정비 또는 폐차장 시설
4. 농축수산물 단순가공시설
5. 사진 처리 또는 X-Ray 시설
6. 금은판매점의 세공시설이나 안경점
7. 복합물류터미널 시설
8. 거점소독시설

83. 비점오염저감시설을 자연형과 장치형 시설로 구분할 때 장치형 시설에 해당하지 않는 것은?

① 생물학적 처리형 시설
② 여과형 시설
③ 와류형 시설
④ 저류형 시설

84. 환경부장관이 공공수역의 물환경을 관리·보전하기 위하여 대통령령으로 정하는 바에 따라 수립하는 국가 물환경관리기본계획의 수립주기는?

① 매년
② 2년
③ 3년
④ 10년

해설 환경부장관은 공공수역의 물환경을 관리·보전하기 위하여 대통령령으로 정하는 바에 따라 국가 물환경관리기본계획을 10년마다 수립하여야 한다.

85. 수질오염물질 중 초과배출부과금의 부과대상이 아닌 것은?

① 디클로로메탄
② 페놀류
③ 테트라클로로에틸렌
④ 폴리염화비페닐

해설 초과배출부과금 부과대상 : 수은, 폴리염화비페닐(PCB), 카드뮴, 6가 크롬(Cr^{6+}), 테트라클로로에틸렌(PCE), 트리클로로에틸렌(TCE), 페놀, 시안, 유기인, 납, 비소, 크롬, 구리, 망간, 아연, 총 인(T-P), 총 질소(T-N), 유기물질, 부유물질

더 알아보기 핵심정리 2-94

정답 82. ① 83. ④ 84. ④ 85. ①

86. 기본배출부과금에 관한 설명으로 ( )에 알맞은 것은?

> 공공폐수처리시설 또는 공공하수처리시설에서 배출되는 폐수 중 수질오염물질이 ( )하는 경우

① 배출허용기준을 초과
② 배출허용기준을 미달
③ 방류수수질기준을 초과
④ 방류수수질기준을 미달

해설
- 기본배출부과금 : 배출시설 및 공공폐수처리시설 또는 공공하수처리시설에서 배출되는 폐수 중 수질오염물질이 배출허용기준 이하로 배출되나 방류수수질기준을 초과하는 경우 부과하는 것
- 초과배출부과금 : 배출허용기준을 초과하여 오염물질을 배출하는 경우 부과하는 것

87. 시·도지사가 오염총량관리기본계획의 승인을 받으려는 경우, 오염총량관리기본계획안에 첨부하여 환경부장관에게 제출하여야 하는 서류가 아닌 것은?

① 유역환경의 조사·분석 자료
② 오염원의 자연증감에 관한 분석 자료
③ 오염총량관리 계획 목표에 관한 자료
④ 오염부하량의 저감계획을 수립하는 데에 사용한 자료

해설 오염총량관리기본계획안 첨부서류
1. 유역환경의 조사·분석 자료
2. 오염원의 자연증감에 관한 분석 자료
3. 지역개발에 관한 과거와 장래의 계획에 관한 자료
4. 오염부하량의 산정에 사용한 자료
5. 오염부하량의 저감계획을 수립하는 데에 사용한 자료

88. 위임업무 보고사항의 업무내용 중 보고 횟수가 연 1회에 해당되는 것은?

① 환경기술인의 자격별·업종별 현황
② 폐수무방류배출시설의 설치허가(변경허가) 현황
③ 골프장 맹·고독성 농약 사용 여부 확인 결과
④ 비점오염원의 설치신고 및 방지시설 설치 현황 및 행정처분 현황

해설 위임업무 보고사항
② 수시, ③ 연 2회, ④ 연 4회
더 알아보기 핵심정리 2-99

89. 수질 및 수생태계 환경기준 중 하천에서의 사람의 건강보호 기준으로 옳은 것은?

① 6가크롬 - 0.5 mg/L 이하
② 비소 - 0.05 mg/L 이하
③ 음이온계면활성제 - 0.1 mg/L 이하
④ 테트라클로로에틸렌 - 0.02 mg/L 이하

해설 하천 - 사람의 건강보호 기준
① 6가크롬 - 0.05 mg/L 이하
③ 음이온계면활성제 - 0.5 mg/L 이하
④ 테트라클로로에틸렌 - 0.04 mg/L 이하
더 알아보기 핵심정리 2-88 (2)

90. 공공수역의 물환경 보전을 위하여 특정 농작물의 경작 권고를 할 수 있는 자는?

① 대통령
② 유역·지방환경청장
③ 환경부장관
④ 시·도지사

해설 특정 농작물의 경작 권고
(1) 시·도지사는 공공수역의 물환경 보전을 위하여 필요하다고 인정하는 경우에는 하천·호소 구역에서 농작물을 경작하는 사람에게 경작대상 농작물의 종류 및 경작방식의 변경과 휴경 등을 권고할 수 있다.
(2) 시·도지사는 제1항에 따른 권고에 따라 농작물을 경작하거나 휴경함으로 인하여 경작자가 입은 손실에 대해서는 대통령령으로 정하는 바에 따라 보상할 수 있다.

정답 86. ③ 87. ③ 88. ① 89. ② 90. ④

91. 폐수무방류배출시설의 운영일지의 보존 기간은?

① 최종 기록일로부터 6월
② 최종 기록일로부터 1년
③ 최종 기록일로부터 3년
④ 최종 기록일로부터 5년

해설 폐수배출시설 및 수질오염방지시설의 운영기록 보존 : 사업자 또는 수질오염방지시설을 운영하는 자(공동방지시설의 대표자를 포함한다. 이하 같다)는 폐수배출시설 및 수질오염방지시설의 가동시간, 폐수배출량, 약품투입량, 시설관리 및 운영자, 그 밖에 시설운영에 관한 중요사항을 운영일지(이하 "운영일지"라 한다)에 매일 기록하고, 최종 기록일부터 1년간 보존하여야 한다. 다만, 폐수무방류배출시설의 경우에는 운영일지를 3년간 보존하여야 한다.

92. 폐수수탁처리업자의 등록기준(시설 및 장비현황)으로 옳지 않은 것은?

① 폐수저장시설의 용량은 1일 8시간(1일 8시간 이상 가동할 경우 1일 최대가동시간으로 한다) 최대처리량의 3일분 이상의 규모이어야 하며, 반입폐수의 밀도를 고려하여 전체 용적의 90 % 이내로 저장될 수 있는 용량으로 설치하여야 한다.
② 폐수운반장비는 용량 5 m³ 이상의 탱크로리, 2 m³ 이상의 철제 용기가 고정된 차량이어야 한다.
③ 폐수운반차량은 청색[색번호 10B5-12 (1016)]으로 도색한다.
④ 폐수운반차량은 양쪽 옆면과 뒷면에 가로 50 cm, 세로 20 cm 이상 크기의 노란색 바탕에 검은색 글씨로 폐수운반차량, 회사명, 등록번호, 전화번호 및 용량을 지워지지 아니하도록 표시하여야 한다.

해설 ② 폐수운반장비는 용량 2세제곱미터 이상의 탱크로리, 1세제곱미터 이상의 합성수지제 용기가 고정된 차량이어야 한다. 다만, 아파트형 공장 내에서 수집하는 경우에는 고정식 파이프라인으로 갈음할 수 있다.

93. 청정지역에서 1일 폐수배출량이 1,000 m³ 이하로 배출하는 배출시설에 적용되는 배출허용기준 중 화학적 산소요구량(mg/L)은?

① 30 이하   ② 40 이하
③ 50 이하   ④ 60 이하

해설 배출허용기준 : 2019년까지만 COD가 적용되고, 현재는 COD 대신 TOC가 적용되므로, 현재 기준으로는 정답 없음

94. 환경부장관 또는 시·도지사가 배출시설에 대하여 필요한 보고를 명하거나 자료를 제출하게 할 수 있는 자가 아닌 사람은?

① 사업자
② 공공폐수처리시설을 설치·운영하는 자
③ 기타 수질오염원의 설치·관리 신고를 한 자
④ 배출시설 환경기술인

해설 환경기술인은 피고용인이므로 자료제출의 의무가 없다.

95. 사업자 및 배출시설과 방지시설에 종사하는 자는 배출시설과 방지시설의 정상적인 운영, 관리를 위한 환경기술인의 업무를 방해하여서는 아니되며, 그로부터 업무수행에 필요한 요청을 받은 때에는 정당한 사유가 없는 한 이에 응하여야 한다. 이 규정을 위반하여 환경기술인의 업무를 방해하거나 환경기술인의 요청을 정당한 사유 없이 거부한 자에 대한 벌칙 기준은?

① 100만원 이하의 벌금
② 200만원 이하의 벌금
③ 300만원 이하의 벌금
④ 500만원 이하의 벌금

해설 100만원 이하의 벌금
1. 적산전력계 또는 적산유량계를 부착하지 아니한 자
2. 환경기술인의 업무를 방해하거나 환경기술인의 요청을 정당한 사유 없이 거부한 자

96. 하천의 등급별 수질 및 수생태계 상태를 바르게 설명한 것은?

① 매우 좋음 : 용존산소가 많은 편이고 오염물질이 거의 없는 청정상태에 근접한 생태계로 여과·침전·살균 등 일반적인 정수처리 후 생활용수로 사용할 수 있음
② 좋음 : 오염물질은 있으나 용존산소가 많은 상태의 다소 좋은 생태계로 여과·침전·살균 등 일반적인 정수처리 후 공업용수 또는 수영용수로 사용할 수 있음
③ 보통 : 용존산소가 소모되는 일반 생태계로 여과, 침전, 활성탄 투입, 살균 등 고도의 정수처리 후 생활용수로 이용하거나 일반적 정수처리 후 공업용수로 사용할 수 있음
④ 나쁨 : 상당량의 오염물질로 인하여 용존산소가 소모되는 생태계로 농업용수로 사용하거나, 여과, 침전, 활성탄 투입, 살균 등 고도의 정수처리 후 공업용수로 사용할 수 있음

해설 등급별 수질 및 수생태계 상태
① 매우 좋음 : 용존산소가 풍부하고 오염물질이 없는 청정상태의 생태계로 여과·살균 등 간단한 정수처리 후 생활용수로 사용할 수 있음
② 좋음 : 용존산소가 많은 편이고 오염물질이 거의 없는 청정상태에 근접한 생태계로 여과·침전·살균 등 일반적인 정수처리 후 생활용수로 사용할 수 있음
④ 나쁨 : 다량의 오염물질로 인하여 용존산소가 소모되는 생태계로 산책 등 국민의 일상생활에 불쾌감을 주지 않으며, 활성탄 투입, 역삼투압 공법 등 특수한 정수처리 후 공업용수로 사용할 수 있음

더 알아보기 핵심정리 2-88 (1)

97. 수질오염경보의 종류별, 경보 단계별 조치사항에 관한 내용 중 조류 경보(조류 대발생 경보 단계) 시 취수장, 정수장 관리자의 조치사항으로 틀린 것은?

① 정수의 독소분석 실시
② 정수 처리 강화(활성탄 처리, 오존 처리)
③ 취수구와 조류가 심한 지역에 대한 방어막 설치
④ 조류증식 수심 이하로 취수구 이동

해설 조류 경보 단계별 조치사항 – 취수장·정수장 관리자

경보 단계	단계별 조치사항
관심	정수 처리 강화(활성탄 처리, 오존 처리)
경계	• 조류증식 수심 이하로 취수구 이동 • 정수처리 강화(활성탄처리, 오존 처리) • 정수의 독소분석 실시
조류 대발생	• 조류증식 수심 이하로 취수구 이동 • 정수 처리 강화(활성탄 처리, 오존 처리) • 정수의 독소분석 실시

98. 시행자(환경부장관은 제외)가 공공폐수처리시설을 설치하거나 변경하려는 경우 환경부장관에게 승인 받아야 하는 기본계획에 포함되어야 하는 사항이 아닌 것은?

① 토지 등의 수용, 사용에 관한 사항
② 오염원분포 및 폐수배출량과 그 예측에 관한 사항
③ 오염원인자에 대한 사업비의 분담에 관한 사항
④ 공공폐수처리시설에서 처리하려는 대상지역에 관한 사항

정답 96. ③ 97. ③ 98. ③

해설 공공폐수처리시설 기본계획 포함사항
1. 공공폐수처리시설에서 처리하려는 대상지역에 관한 사항
2. 오염원분포 및 폐수배출량과 그 예측에 관한 사항
3. 공공폐수처리시설의 폐수처리계통도, 처리능력 및 처리방법에 관한 사항
4. 공공폐수처리시설에서 처리된 폐수가 방류수역의 수질에 미치는 영향에 관한 평가
5. 공공폐수처리시설의 설치·운영자에 관한 사항
6. 공공폐수처리시설 설치 부담금 및 공공폐수처리시설 사용료의 비용부담에 관한 사항
7. 총사업비, 분야별 사업비 및 그 산출근거
8. 연차별 투자계획 및 자금조달계획
9. 토지 등의 수용·사용에 관한 사항
10. 그 밖에 공공폐수처리시설의 설치·운영에 필요한 사항

99. 물환경보전법에서 사용하는 용어의 설명이 틀린 것은?

① 수질오염물질이란 수질오염의 요인이 되는 물질로서 대통령령으로 정하는 것을 말한다.
② 점오염원이란 폐수배출시설, 하수발생시설, 축사 등으로서 관거·수로 등을 통하여 일정한 지점으로 수질오염물질을 배출하는 배출원을 말한다.
③ 공공수역이란 하천, 호소, 항만, 연안해역, 그 밖에 공공용으로 사용되는 수역과 이에 접속하여 공공용으로 사용되는 환경부령으로 정하는 수로를 말한다.
④ 강우유출수란 비점오염원의 수질오염물질이 섞여 유출되는 빗물 또는 눈 녹은 물 등을 말한다.

해설 ① "수질오염물질"이란 수질오염의 요인이 되는 물질로서 환경부령으로 정하는 것을 말한다.

100. 수변생태구역의 매수·조성 등에 관한 내용으로 ( )에 옳은 것은?

> 환경부장관은 하천·호소 등의 물환경 보전을 위하여 필요하다고 인정할 때에는 (㉠)으로 정하는 기준에 해당하는 수변습지 및 수변토지를 매수하거나 (㉡)으로 정하는 바에 따라 생태적으로 조성·관리할 수 있다.

① ㉠ 환경부령, ㉡ 대통령령
② ㉠ 대통령령, ㉡ 환경부령
③ ㉠ 환경부령, ㉡ 총리령
④ ㉠ 총리령, ㉡ 환경부령

해설 수변생태구역의 매수·조성 : 환경부장관은 하천·호소 등의 물환경 보전을 위하여 필요하다고 인정할 때에는 대통령령으로 정하는 기준에 해당하는 수변습지 및 수변토지를 매수하거나 환경부령으로 정하는 바에 따라 생태적으로 조성·관리할 수 있다.

정답 99. ① 100. ②

수질환경기사

2019년 4월 27일 (제2회)

제1과목 수질오염개론

1. 물의 물리적 특성을 나타내는 용어의 단위가 잘못된 것은?

① 밀도 : g/cm^3
② 동점성계수 : cm^2/sec
③ 표면장력 : $dyne/cm^2$
④ 점성계수 : $g/cm \cdot sec$

[해설] ③ 표면장력 단위
$1\,J/m^2 = 1\,N/m = 1\,kg/s^2 = 10^5\,dyne/m$

2. 산성강우에 대한 설명으로 틀린 것은?

① 주요원인물질은 유황산화물, 질소산화물, 염산을 들 수 있다.
② 대기오염이 혹심한 지역에 국한되는 현상으로 비교적 정확한 예보가 가능하다.
③ 초목의 잎과 토양으로부터 Ca^{++}, Mg^{++}, K^+ 등의 용출 속도를 증가시킨다.
④ 보통 대기 중 탄산가스와 평형상태에 있는 순수한 빗물은 pH 약 5.6의 산성을 띤다.

[해설] ② 산성비는 광역적 현상이므로, 대기오염이 심각한 곳에서만 발생하는 것이 아니다.

3. 적조(red tide)에 관한 설명으로 틀린 것은?

① 갈수기로 인하여 염도가 증가된 정체해역에서 주로 발생한다.
② 수중 용존산소 감소에 의한 어패류의 폐사가 발생된다.
③ 수괴의 연직안정도가 크고 독립해 있을 때 발생한다.
④ 해저에 빈산소층이 형성될 때 발생한다.

[해설] ① 적조는 풍수기에 정체수역에서 잘 발생한다.

[더 알아보기] 핵심정리 2-14

4. 연속류 교반 반응조(CFSTR)에 관한 내용으로 틀린 것은?

① 충격부하에 강하다.
② 부하변동에 강하다.
③ 유입된 액체의 일부분은 즉시 유출된다.
④ 동일 용량 PFR에 비해 제거효율이 좋다.

[해설] (1) PFR의 특징

장점	단점
• 유기물 제거 효율이 높음 • 동일한 제거효율을 얻기 위한 포기조 소요용량이 적음	• 충격부하 및 부하 변동에 민감함 • 유입부에 BOD 부하가 높아 DO 부족 및 불균형 발생함

(2) CSTR의 특징

장점	단점
• 반응조 내에서 완전 혼합됨 • 부하변동에 강함 • 포기조 내 높은 MLSS와 DO 유지 가능	• 동일 용량일 때, 유기물 제거 효율이 PFR보다 낮음 • 동력 소요가 큼 • 단락류(short circuiting) 발생 가능

단락류(short circuiting) : 반응물이 혼합되지 않고 순간적으로 유출되는 현상, 반응물이 반응조에 이론적 체류시간보다 짧게 머물게 되므로, 처리효율이 낮아짐

5. 하천 모델 중 다음의 특징을 가지는 것은?

• 유속, 수심, 조도계수에 의한 확산계수 결정
• 하천과 대기 사이의 열복사, 열교환 고려
• 음해법으로 미분방정식의 해를 구함

① QUAL-1   ② WQRRS
③ DO SAG-1   ④ HSPE

[정답] 1. ③ 2. ② 3. ① 4. ④ 5. ①

해설 (1) WQRRS
- 하천 및 호수의 부영양화를 고려한 생태계 모델
- 정적 및 동적인 하천의 수질, 수문학적 특성을 광범위하게 고려
- 호수에는 수심별 1차원 모델을 적용함

(2) QUAL-Ⅰ, Ⅱ
- 유속, 수심, 조도계수에 의한 확산계수 결정
- 하천과 대기 사이의 열복사, 열교환 고려
- 음해법으로 미분방정식의 해를 구함
- QUAL-Ⅱ : QUAL-Ⅰ을 변형 보강한 것으로 계산이 빠르고 입력자료 취급이 용이함
- 질소, 인, 클로로필a 고려함

(3) WASP
- 하천의 수리학적 모델, 수질 모델, 독성물질의 거동 고려
- 1, 2, 3차원 고려
- 저니의 영향 고려

6. 곰팡이(fungi)류의 경험적 분자식은?

① $C_{12}H_7O_4N$ ② $C_{12}H_8O_5N$
③ $C_{10}H_{17}O_6N$ ④ $C_{10}H_{18}O_4N$

해설 곰팡이(fungi)의 분자식 : $C_{10}H_{17}O_6N$

더 알아보기 핵심정리 2-7

7. 호소의 부영양화에 대한 일반적 영향으로 틀린 것은?

① 부영양화가 진행된 수원을 농업용수로 사용하면 영양염류의 공급으로 농산물 수확량이 지속적으로 증가한다.
② 조류나 미생물에 의해 생성된 용해성 유기물질이 불쾌한 맛과 냄새를 유발한다.
③ 부영양화 평가모델은 인(P)부하모델인 Vollenweider 모델 등이 대표적이다.
④ 심수층의 용존산소량이 감소한다.

해설 ① 부영양화가 진행된 수원을 농업용수로 사용하면 고농도 질소 때문에 경작 장애가 발생한다.

더 알아보기 핵심정리 2-13 (3)

8. 미생물 영양원 중 유황(sulfur)에 관한 설명으로 틀린 것은?

① 황환원세균은 편성 혐기성 세균이다.
② 유황을 함유한 아미노산은 세포 단백질의 필수 구성원이다.
③ 미생물세포에서 탄소 대 유황의 비는 100 : 1 정도이다.
④ 유황고정, 유황화합물 환원, 산화 순으로 변환된다.

해설 ④ 황은 무기화 – 유황고정 – 산화 – 환원 순으로 변환된다.

9. 호수의 수질 특성에 관한 설명으로 가장 거리가 먼 것은?

① 표수층에서 조류의 활발한 광합성 활동 시 호수의 pH는 8~9 혹은 그 이상을 나타낼 수 있다.
② 호수의 유기물량 측정을 위한 항목은 COD보다 BOD와 클로로필-a를 많이 이용한다.
③ 수심별 전기전도도의 차이는 수온의 효과와 용존된 오염물질의 농도차로 인한 결과이다.
④ 표수층에서 조류의 활발한 광합성 활동 시에는 무기탄소원인 HCO_3^-나 CO_3^{2-}을 흡수하고 OH^-를 내보낸다.

해설 호수 수질오염 지표 : COD, T-P, Chl-a 사용함
- ①, ④ 조류의 광합성으로 설명함
- ③ 이온 많으면, 전기전도도 높아짐

10. 0℃에서 DO 7.0 mg/L인 물의 DO 포화도(%)는? (단, 대기의 화학적 조성 중 O_2 = 21 %(V/V), 0℃에서 순수한 물의 공기 용해도 = 38.46 mL/L, 1기압 기준)

① 약 61   ② 약 74
③ 약 82   ④ 약 87

정답 6. ③ 7. ① 8. ④ 9. ② 10. ①

해설 (1) DO 포화농도

$$= \frac{38.46 \text{ mL 공기}}{L} \left| \frac{21 \text{ 산소}}{100 \text{ 공기}} \right| \frac{32 \text{ mg 산소}}{22.4 \text{ mL}}$$

$$= 11.538 \text{ mg/L}$$

(2) DO 포화도 $= \dfrac{\text{현재 DO}}{\text{DO 포화농도}} = \dfrac{7}{11.538}$

$$= 0.6066 = 60.66 \%$$

11. 다음 유기물 1 mole이 완전산화될 때 이론적인 산소요구량(ThOD)이 가장 적은 것은?

① C_6H_6
② $C_6H_{12}O_6$
③ C_2H_5OH
④ CH_3COOH

해설 유기물 1 mol의 ThOD는 산소의 계수와 같다.

① $C_6H_6 + \dfrac{15}{2}O_2 \rightarrow 6CO_2 + 3H_2O$

　　1 mol : $\dfrac{15}{2}$ mol

② $C_6H_{12}O_6 + 6O_2 \rightarrow 6CO_2 + 6H_2O$

　　1 mol : 6 mol

③ $C_2H_5OH + 3O_2 \rightarrow 2CO_2 + 3H_2O$

　　1 mol : 3 mol

④ $CH_5COOH + \dfrac{5}{2}O_2 \rightarrow 2CO_2 + 3H_2O$

　　1 mol : $\dfrac{5}{2}$ mol

12. 건조고형물량이 3,000 kg/day인 생슬러지를 저율혐기성소화조로 처리할 때 휘발성고형물은 건조고형물의 70 %이고 휘발성고형물의 60 %는 소화에 의해 분해된다. 소화된 슬러지의 총고형물(kg/day)은?

① 1,040 ② 1,740
③ 2,040 ④ 2,440

해설 TS = FS + VS
- 소화 전 VS = 0.7 × 3,000 = 2,100
- 소화 전 FS = 0.3 × 3,000 = 900
- 소화 후 VS = 2,100 × (1 − 0.6) = 840
- 소화 후 FS = 900

∴ 소화슬러지(TS) = 840 + 900 = 1,740

13. 소수성 콜로이드의 특성으로 틀린 것은?

① 물과 반발하는 성질을 가진다.
② 물속에 현탁상태로 존재한다.
③ 아주 작은 입자로 존재한다.
④ 염에 큰 영향을 받지 않는다.

해설 ④ 소수성 콜로이드는 염에 민감하다.

더 알아보기 핵심정리 2-5

14. 생물농축에 대한 설명으로 가장 거리가 먼 것은?

① 수생생물 체내의 각종 중금속 농도는 환경수중의 농도보다는 높은 경우가 많다.
② 생물체중의 농도와 환경수중의 농도비를 농축비 또는 농축계수라고 한다.
③ 수생생물의 종류에 따라서 중금속의 농축비가 다르게 되어 있는 것이 많다.
④ 농축비는 먹이사슬 과정에서 높은 단계의 소비자에 상당하는 생물일수록 낮게 된다.

해설 ④ 농축비(생물농축계수)는 먹이사슬의 상위단계로 갈수록 높아진다.

더 알아보기 핵심정리 1-17

15. 25℃, 2 atm의 압력에 있는 메탄가스 5.0 kg을 저장하는 데 필요한 탱크의 부피(m^3)는? (단, 이상기체의 법칙 적용, R = 0.082 L·atm/mol·K)

① 약 3.8 ② 약 5.3
③ 약 7.6 ④ 약 9.2

해설 $PV = nRT = \dfrac{W}{M}RT$

∴ $V = \dfrac{WRT}{MP} = \dfrac{5,000 \text{ g}}{} \left| \dfrac{0.082 \text{ atm} \cdot \text{L}}{\text{mol} \cdot \text{K}} \right.$

$\left| \dfrac{(273+25)\text{K}}{2 \text{ atm}} \right| \dfrac{1 \text{ mol}}{16 \text{ g}} \left| \dfrac{1 \text{ m}^3}{1,000 \text{ L}} \right.$

$= 3.81 \text{ m}^3$

정답 11. ④ 12. ② 13. ④ 14. ④ 15. ①

16. 우리나라 연평균강수량은 약 1,300 mm 정도로 세계 연평균강수량 970 mm에 비해 많은 편이지만, UN에서는 물 부족 국가로 인정하고 있다. 이는 우리나라 하천의 특성에 의한 것인데, 그러한 이유로 타당하지 않은 것은?

① 계절적인 강우분포의 차이가 크다.
② 하상계수가 작다.
③ 하천의 경사도가 급하다.
④ 하천의 유역면적이 작고 길이가 짧다.

해설 우리나라 하천의 특징
  (1) 최소 유량에 대한 최대 유량의 비가 크다.
  (2) 유출시간이 짧다.
  (3) 하천 유량의 변동이 커 불안정하다.
  (4) 하상계수가 크다.
  하상계수 : 하천의 최소 유량을 1로 두었을 때, 최대 유량과의 비율

17. 호소의 성층현상에 관한 설명으로 옳지 않은 것은?

① 수온 약층은 순환층과 정체층의 중간층에 해당되고 변온층이라고도 하며, 수온이 수심에 따라 크게 변화된다.
② 호소수의 성층현상은 연직 방향의 밀도 차에 의해 층상으로 구분되어지는 것을 말한다.
③ 겨울 성층은 표층수의 냉각에 의한 성층이며 역성층이라고도 한다.
④ 여름 성층은 뚜렷한 층을 형성하며 연직온도경사와 분자확산에 의한 DO 구배가 반대 모양을 나타낸다.

해설 ④ 여름 성층은 겨울 성층보다 뚜렷하다. 여름 성층 연직온도경사는 분자확산에 의한 DO 구배와 같은 모양이다.

18. 프로피온산(C_2H_5COOH) 0.1 M 용액이 4 %로 이온화된다면 이온화 정수는?

① 1.7×10^{-4}
② 7.6×10^{-4}
③ 8.3×10^{-5}
④ 9.3×10^{-5}

해설 이온화도가 0.04이므로, 피로피온산은 약산임
약산의 이온화 정수(산해리상수)
$K_a = C\alpha^2 = 0.1 \times (0.04)^2 = 1.6 \times 10^{-4}$
여기서, C : 초기 농도
α : 이온화도

19. 1차 반응에 있어 반응 초기의 농도가 100 mg/L이고, 4시간 후에 10 mg/L로 감소되었다. 반응 2시간 후의 농도(mg/L)는?

① 17.8
② 24.8
③ 31.6
④ 42.8

해설 $\ln \dfrac{C}{C_o} = -Kt$
(1) K
  $\ln \dfrac{10}{100} = -K \cdot 4$
  ∴ $K = 0.5756$
(2) 2시간 후 농도(x)
  $\ln \dfrac{x}{100} = -0.5756 \times 2$
  ∴ 2시간 후 농도(x) = 31.6 mg/L

20. formaldehyde(CH_2O) 500 mg/L의 이론적 COD값(mg/L)은?

① 약 512
② 약 533
③ 약 553
④ 약 576

해설 $CH_2O + O_2 \rightarrow CO_2 + H_2O$
  30 g : 32 g
  500 mg/L : COD
∴ COD = $\dfrac{500 \text{ mg}}{L} \Big| \dfrac{32}{30}$ = 533.333 mg/L

정답 16. ② 17. ④ 18. ① 19. ③ 20. ②

제2과목 상하수도계획

21. 계획오수량에 관한 설명으로 틀린 것은?

① 계획시간최대오수량은 계획1일최대오수량의 1시간당 수량의 1.3~1.8배를 표준으로 한다.
② 지하수량은 1인1일최대오수량의 20 % 이하로 한다.
③ 합류식에서 우천 시 계획오수량은 원칙적으로 계획1일최대오수량의 1.5배 이상으로 한다.
④ 계획1일평균오수량은 계획1일최대오수량의 70~80 %를 표준으로 한다.

해설 ① 합류식에서 우천 시 계획오수량 : 계획시간최대오수량의 3배 이상

더 알아보기 핵심정리 2-29

22. 취수지점으로부터 정수장까지 원수를 공급하는 시설 배관은?

① 취수관　② 송수관
③ 도수관　④ 배수관

해설 도수 : 취수시설에서 정수장까지 원수를 이동시키는 것

더 알아보기 핵심정리 2-20

23. 호소, 댐을 수원으로 하는 경우의 취수시설인 취수틀에 관한 설명으로 틀린 것은?

① 하천이나 호소 바닥이 안정되어 있는 곳에 설치한다.
② 선박의 항로에서 벗어나 있어야 한다.
③ 호소의 표면수를 안정적으로 취수할 수 있다.
④ 틀의 본체를 하천이나 호소 바닥에 견고하게 고정시킨다.

해설 ③ 호소 등의 수질 변화에 직접 영향을 받으므로, 표면수 취수는 주의하여야 한다(단, 취수량은 비교적 안정된 취수가 가능하다).

24. 우수배제계획에서 계획우수량의 설계강우에 관한 내용으로 (　)에 알맞은 것은?

> 하수관로의 설계강우는 10~30년 빈도, 빗물 펌프장의 설계강우는 (　) 빈도를 원칙으로 하며, 지역의 특성 또는 방재상 필요성, 기후 변화로 인한 강우 특성의 변화 추세에 따라 이보다 크게 또는 작게 정할 수 있다.

① 15~20년
② 20~30년
③ 30~50년
④ 50~100년

해설 빗물 펌프장 설계강우 빈도 : 30~50년

25. 하수처리시설 중 소독시설에서 사용하는 오존의 장·단점으로 틀린 것은?

① 병원균에 대하여 살균작용이 강하다.
② 철 및 망간의 제거능력이 크다.
③ 경제성이 좋다.
④ 바이러스의 불활성화 효과가 크다.

해설 ③ 경제성이 나쁘다.

26. 하수관로시설인 오수관로의 유속범위기준으로 옳은 것은?

① 계획시간최대오수량에 대하여 유속을 최소 0.3 m/sec, 최대 3.0 m/sec로 한다.
② 계획시간최대오수량에 대하여 유속을 최소 0.6 m/sec, 최대 3.0 m/sec로 한다.
③ 계획1일최대오수량에 대하여 유속을 최소 0.3 m/sec, 최대 3.0 m/sec로 한다.
④ 계획1일최대오수량에 대하여 유속을 최소 0.6 m/sec, 최대 3.0 m/sec로 한다.

해설 관거의 유속
- 상수관 : 0.3~3.0 m/s
- 오수관 : 0.6~3.0 m/s
- 우수관 : 0.8~3.0 m/s

정답　21. ③　22. ③　23. ③　24. ③　25. ③　26. ②

27. 강우강도가 2 mm/min, 면적이 1 km², 유입 시간이 6분, 유출계수가 0.65인 경우 우수량(m³/sec)은? (단, 합리식 적용)

① 21.7 ② 0.217 ③ 1.30 ④ 13.0

해설 $Q = \dfrac{1}{3.6}CIA$

$= \dfrac{1}{3.6} \begin{vmatrix} 0.65 & 2\times 60 & 1 \end{vmatrix} = 21.66 \text{ m}^3/\text{s}$

28. 막여과법을 정수처리에 적용하는 주된 선정 이유로 가장 거리가 먼 것은?

① 응집제를 사용하지 않거나 또는 적게 사용한다.
② 막의 특성에 따라 원수 중의 현탁물질, 콜로이드, 세균류, 크립토스포리디움 등 일정한 크기 이상의 불순물을 제거할 수 있다.
③ 부지면적이 종래보다 적을 뿐 아니라 시설의 건설공사기간도 짧다.
④ 막의 교환이나 세척 없이 반영구적으로 자동운전이 가능하여 유지관리 측면에서 에너지를 절약할 수 있다.

해설 ④ 막은 세척, 교환이 필요하므로 유지관리비가 비싸다.

29. 약품주입설비와 점검에 대한 설명으로 틀린 것은?

① 응집약품을 납품받고 저장하기 위하여 적절한 검수용 계량장비를 설치한다.
② 약품저장설비는 구조적으로 안전하고 약품의 종류와 성상에 따라 적절한 재질로 한다.
③ 저장설비의 용량은 계획정수량에 각 약품의 최대 주입률을 곱하여 산정한다.
④ 저장설비 용량은 응집제는 30일분 이상, 응집보조제는 10일분 이상으로 한다.

해설 응집용약품의 저장설비는 사용량을 고려하여 적절한 용량으로 하며 주입설비는 주입량의 최대로부터 최소까지 정밀하게 계량하고 조절하여 주입할 수 있는 용량과 대수가 필요하다.

30. 하수처리시설의 계획하수량에 관한 설명으로 옳은 것은?

① 합류식 하수도에서 일차 침전지까지 처리장 내 연결관로는 계획시간최대오수량으로 한다.
② 합류식 하수도에서 우천 시에는 계획시간최대오수량을 유입시켜 2차 처리해야 한다.
③ 합류식 하수도는 우천 시 일차 침전지의 침전시간을 0.5시간 이상 확보하도록 한다.
④ 합류식 하수도의 소독시설 계획하수량은 계획시간최대오수량으로 한다.

해설 ① 합류식 하수도에서 일차 침전지까지 처리장 내 연결관로 : 우천시계획오수량
② 합류식 하수도에서 처리시설(2차 처리) : 계획1일최대오수량
④ 합류식 하수도의 처리시설(소독시설) : 계획1일최대오수량

더 알아보기 핵심정리 2-35

31. 상수처리시설 중 플록형성지의 플록형성 표준시간은? (단, 계획정수량 기준)

① 5~10분간 ② 10~20분간
③ 20~40분간 ④ 40~60분간

해설 플록형성시간은 계획정수량에 대하여 20~40분간을 표준으로 한다.

더 알아보기 핵심정리 2-26 (2)

32. 생물막을 이용한 처리방식의 하나인 접촉산화법을 적용하여 오수를 처리할 때 반응조 내 오수의 교반과 용존산소 유지를 위한 송풍량에 관한 내용으로 ( )에 옳은 것은?

접촉재를 전면에 설치하는 경우, 계획오수량에 대하여 ( )를 표준으로 한다.

① 2배 ② 4배
③ 6배 ④ 8배

정답 27. ① 28. ④ 29. ③ 30. ③ 31. ③ 32. ④

해설 접촉산화법
- 구성 : 일차 침전지, 반응조(접촉산화조), 이차 침전지
- 형상 : 장방형 또는 정방형
- 유로의 폭 : 수심의 1~2배 이내
- 유효수심 : 3~5 m
- 수는 2기 이상
- 수밀한 철근콘크리트조
- 조의 최상단은 지면으로부터 15 cm 이상
- BOD 용적부하 : 0.3 kg/m³ · day
- 송풍량 : 계획오수량에 대하여 8배 표준

33. 펌프의 수격작용(water hammer)에 관한 설명으로 가장 거리가 먼 것은?

① 관 내 물의 속도가 급격히 변하여 수압의 심한 변화를 야기하는 현상이다.
② 정전 등의 사고에 의하여 운전 중인 펌프가 갑자기 구동력을 소실할 경우에 발생할 수 있다.
③ 펌프계에서의 수격현상은 역회전 역류, 정회전 역류, 정회전 정류의 단계로 진행된다.
④ 펌프가 급정지할 때는 수격작용 유무를 점검해야 한다.

해설 수격현상 발생 단계
- 제1단계 : 펌프의 정상운전(정회전 정류)
- 제2단계 : 펌프의 브레이크 운전(정회전 역류)
- 제3단계 : 펌프의 수차운동(역회전 역류)

34. 상수처리를 위한 정수시설인 급속여과지에 관한 설명으로 틀린 것은?

① 여과속도는 120~150 m/day를 표준으로 한다.
② 플록의 질이 일정한 것으로 가정하였을 때 여과층의 필요두께는 여재입경에 반비례한다.
③ 여과면적은 계획정수량을 여과속도로 나누어 계산한다.
④ 여과지 1지의 여과면적은 150 m² 이하로 한다.

해설 ② 여재입경이 작으면 억류효과가 커져 여과두께가 얇아도 된다.

35. 취수시설인 침사지에 관한 설명으로 틀린 것은?

① 표면부하율은 500~800 mm/min을 표준으로 한다.
② 지내 평균유속은 2~7 cm/sec를 표준으로 한다.
③ 지의 상단높이는 고수위보다 0.6~1 m의 여유고를 둔다.
④ 지의 유효수심은 3~4 m를 표준으로 하고, 퇴사심도를 0.5~1 m로 한다.

해설 ① 표면부하율은 200~500 mm/min을 표준으로 한다.

더 알아보기 핵심정리 2-24

36. 상수관로에서 조도계수 0.014, 동수경사 1/100, 관경 400 mm일 때 이 관로의 유량(m³/min)은? (단, Manning 공식 적용, 만관 기준)

① 3.8   ② 6.2
③ 9.3   ④ 11.6

해설 (1) $V = \dfrac{1}{n}R^{2/3}I^{1/2}$

$= \dfrac{(0.4m/4)^{2/3}(1/100)^{1/2}}{0.014}$

$= 1.54 \text{ m/s}$

(2) $Q = VA = \dfrac{1.54m}{s} \cdot \dfrac{\pi \times (0.4)^2}{4} \cdot \dfrac{60 \text{ s}}{1 \text{ min}}$

$= 11.6 \text{ m}^3/\text{s}$

37. 직경 200 cm 원형관로에 물이 1/2 차서 흐를 경우, 이 관로의 경심(cm)은?

① 15   ② 25
③ 50   ④ 100

해설 원형관 경심$(R) = \dfrac{D}{4} = \dfrac{200}{4} = 50 \text{cm}$

38. 케이싱 내에서 임펠러를 회전시켜 유체를 이송하는 터보형 펌프에 속하지 않는 것은?

① 회전펌프 ② 원심펌프
③ 사류펌프 ④ 축류펌프

해설 펌프의 종류

형식	작동방식	종류
터보형	원심력식	• 원심펌프 : 벌류트 펌프, 터빈 펌프 • 축류펌프 • 사류펌프 • 마찰펌프
용적형	왕복동식	피스톤 펌프, 플런저 펌프, 다이어프램 펌프
	회전식	기어 펌프, 나사 펌프, 루츠 펌프, 베인 펌프, 캠 펌프
특수형	–	기포 펌프, 제트 펌프, 수격 펌프, 와류 펌프, 진공 펌프, 점성 펌프, 전자 펌프

39. 취수보의 취수구 표준 유입속도(m/s)로 가장 적절한 것은?

① 0.1~0.4 ② 0.4~0.8
③ 0.8~1.2 ④ 1.2~1.6

해설 취수구의 유입속도 : 0.4~0.8 m/s

40. 하수슬러지 개량방법과 특징으로 틀린 것은?

① 고분자응집제 첨가 : 슬러지 성상을 그대로 두고 탈수성, 농축성의 개선을 도모한다.
② 무기약품 첨가 : 무기약품은 슬러지의 pH를 변화시켜 무기질 비율을 증가시키고 안정화를 도모한다.
③ 열처리 : 슬러지 성분의 일부를 용해시켜 탈수개선을 도모한다.
④ 세정 : 혐기성 소화슬러지의 알칼리도를 증가시켜 탈수개선을 도모한다.

해설 ④ 세정은 알칼리도를 감소시켜 탈수제 사용량을 줄인다.

제3과목 수질오염방지기술

41. SBR 공법의 일반적인 운전 단계 순서는?

① 주입(fill) → 휴지(idle) → 반응(react) → 침전(settle) → 제거(draw)
② 주입(fill) → 반응(react) → 휴지(idle) → 침전(settle) → 제거(draw)
③ 주입(fill) → 반응(react) → 침전(settle) → 휴지(idle) → 제거(draw)
④ 주입(fill) → 반응(react) → 침전(settle) → 제거(draw) → 휴지(idle)

해설 1cycle의 운전 단계 순서
주입(fill) → 반응(react) → 침전(settle) → 제거(draw) → 휴지(idle)

42. 혐기성 소화 시 소화가스 발생량 저하의 원인이 아닌 것은?

① 저농도 슬러지 유입
② 소화슬러지 과잉배출
③ 소화가스 누적
④ 조 내 온도 저하

해설 소화가스 발생량 저하 원인
• 저농도 슬러지 유입
• 소화슬러지 과잉배출
• 조내 온도 저하
• 소화가스 누출
• 과다한 산 생성, pH가 감소된 경우

43. 경사판 침전지에서 경사판의 효과가 아닌 것은?

① 수면적 부하율의 증가효과
② 침전지 소요면적의 저감효과
③ 고형물의 침전효율 증대효과
④ 처리효율의 증대효과

정답 38. ① 39. ② 40. ④ 41. ④ 42. ③ 43. ①

해설 경사판의 효과
- 침전지 소요면적의 저감효과
- 고형물의 침전효율 증대효과
- 처리효율의 증대효과
- 수면적 부하율의 감소효과

44. 상향류 혐기성 슬러지상(UASB) 공법에 대한 설명으로 틀린 것은?
① BOD 및 SS 농도가 높은 폐수의 처리가 가능하다.
② HRT가 작아 반응조 용량을 작게 할 수 있다.
③ 상향류이므로 반응기 하부에 폐수의 분산을 위한 장치가 필요하다.
④ 기계적인 교반이나 여재가 불필요하다.

해설 ① 고농도 부유물질(SS) 폐수는 처리가 곤란하다.

45. 하수의 인 제거 처리공정 중 인 제거율(%)이 가장 높은 것은?
① 역삼투 ② 여과
③ RBC   ④ 탄소흡착

해설 인은 무기물이므로, 여과나 흡착, 생물학적 처리(RBC)보다는 역삼투로 잘 제거된다.

46. 다음 중 수은계 폐수 처리방법으로 틀린 것은?
① 수산화물침전법 ② 흡착법
③ 이온교환법   ④ 황화물침전법

해설 수은계 폐수 처리방법
- 유기수은계 : 흡착법, 산화분해법
- 무기수은계 : 황화물응집침전법, 활성탄흡착법, 이온교환법

47. 유량 4,000 m³/day, 부유물질 농도 220 mg/L인 하수를 처리하는 일차 침전지에서 발생되는 슬러지의 양(m³/day)은?(단, 슬러지 단위 중량(비중) = 1.03, 함수율 = 94 %, 일차 침전지 체류시간 = 2시간, 부유물질 제거효율 = 60 %, 기타 조건은 고려하지 않음)
① 6.32   ② 8.54
③ 10.72 ④ 12.53

해설 제거 SS양 = 발생 TS양
(1) 발생 TS양
$$= \frac{0.6 \times 220\,\text{mg}}{L} \cdot \frac{4{,}000\,\text{m}^3}{\text{day}} \cdot \frac{1\,\text{t}}{10^9\,\text{mg}} \cdot \frac{1{,}000\,\text{L}}{1\,\text{m}^3}$$
$= 0.528\,\text{t/day}$

(2) 발생 슬러지양
$$= \frac{0.528\,\text{t}}{\text{day}} \cdot \frac{100\,\text{SL}}{6\,\text{TS}} \cdot \frac{\text{m}^3}{1.03\,\text{t}}$$
$= 8.5436\,\text{m}^3/\text{day}$

48. 슬러지 탈수 방법에 관한 설명으로 틀린 것은?
① 원심분리기 : 고농도의 부유성 고형물에 적합함
② 벨트형 여과기 : 슬러지 특성에 민감함
③ 원심분리기 : 건조한 슬러지 케이크를 생산함
④ 벨트형 여과기 : 유입부에 슬러지 분쇄기 설치가 필요함

해설 ① 고농도의 부유성 고형물에는 벨트프레스가 가장 적합하다.

49. 표면적이 2 m²이고 깊이가 2 m인 침전지에 유량 48 m³/day의 폐수가 유입될 때 폐수의 체류시간(hr)은?
① 2   ② 4
③ 6   ④ 8

해설 $t = \dfrac{V}{Q}$
$$= \frac{2\,\text{m}^2 \times 2\,\text{m}}{48\,\text{m}^3} \cdot \frac{\text{day}}{1\,\text{day}} \cdot \frac{24\,\text{hr}}{1} = 2\,\text{hr}$$

정답 44. ① 45. ① 46. ① 47. ② 48. ① 49. ①

50. 환원처리공법으로 크롬함유 폐수를 수산화물 침전법으로 처리하고자 할 때 침전을 위한 적정 pH 범위는? (단, $Cr^{3+} + 3OH^- \rightarrow Cr(OH)_3 \downarrow$)
① pH 4.0~4.5 ② pH 5.5~6.5
③ pH 8.0~8.5 ④ pH 11.0~11.5

해설 • 3가 크롬으로 환원 pH : 2~3
• 3가 크롬 침전 pH : 8~9

51. 생물학적 원리를 이용하여 질소, 인을 제거 하는 공정인 5단계 Bardenpho 공법에 관한 설명으로 옳지 않은 것은?
① 인 제거를 위해 혐기성조가 추가된다.
② 조 구성은 혐기조, 무산소조, 호기조, 무산소조, 호기조 순이다.
③ 내부반송률은 유입유량 기준으로 100~200 % 정도이며 2단계 무산소조로부터 1단계 무산소조로 반송된다.
④ 마지막 호기성 단계는 폐수 내 잔류 질소가스를 제거하고 최종 침전지에서 인의 용출을 최소화하기 위하여 사용한다.

해설 ③ 내부반송률은 유입유량 기준으로 100~200% 정도이며 2단계 호기조로부터 1단계 무산소조로 반송된다.

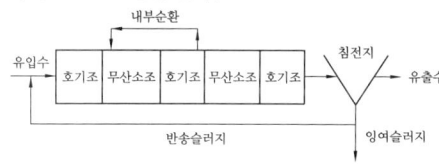

52. 물속의 휘발성유기화합물(VOC)을 에어 스트리핑으로 제거할 때 제거 효율 관계를 설명한 것으로 옳지 않은 것은?
① 액체 중의 VOC농도가 클수록 효율이 증가한다.
② 오염되지 않은 공기를 주입할 때 제거 효율은 증가한다.
③ K_{La}가 감소하면 효율이 증가한다.
④ 온도가 상승하면 효율이 증가한다.

해설 ③ 기체전달속도는 기체이전계수(K_{La})와 비례한다.

더 알아보기 핵심정리 1-37

53. 단면이 직사각형인 하천의 깊이가 0.2 m이고 깊이에 비하여 폭이 매우 넓을 때 동수반경(m)은?
① 0.2 ② 0.5
③ 0.8 ④ 1.0

해설 $R = \dfrac{A}{P} = \dfrac{0.2W}{(W + 2 \times 0.2)} \fallingdotseq 0.2$
(∵ 폭(W)이 아주 넓으므로 $W + 2 \times 0.2 \fallingdotseq W$)

54. 수량이 30,000 m³/day, 수심이 3.5 m, 하수 체류시간이 2.5 hr인 침전지의 수면부하율(또는 표면부하율, m³/m²·day)은?
① 67.1 ② 54.2
③ 41.5 ④ 33.6

해설 $Q/A = \dfrac{H}{t} = \dfrac{3.5 \text{ m}}{2.5 \text{ hr}} \left| \dfrac{24 \text{ hr}}{1 \text{ day}} \right.$
$= 33.6 \text{ m/day}$

55. NH_3을 제거하기 위한 방법으로 적당하지 못한 것은?
① air stripping을 실시한다.
② break point 염소처리를 한다.
③ 질산화 – 탈질산화를 실시한다.
④ 명반을 이용하여 응집침전 처리를 한다.

해설 ④ 명반을 이용하여 응집침전 처리를 하는 것은 인 제거 방법임

56. 월류부하가 200 m³/m·day인 원형 침전지에서 1일 4,000 m³를 처리하고자 한다. 원형 침전지의 적당한 직경(m)은?
① 5.4 ② 6.4
③ 7.4 ④ 8.4

정답 50. ③ 51. ③ 52. ③ 53. ① 54. ④ 55. ④ 56. ②

해설 월류부하 $= \dfrac{Q}{\pi D}$

∴ $D = \dfrac{Q}{\pi \text{월류부하}}$

$= \dfrac{4,000 \text{ m}^3}{\text{일}} \left| \dfrac{\text{m} \cdot \text{일}}{\pi \cdot 200 \text{ m}^3} \right. = 6.366 \text{ m}$

57. 응집을 이용하여 하수를 처리할 때 하수 온도가 응집반응에 미치는 영향을 설명한 내용으로 틀린 것은?

① 수온이 높으면 반응속도는 증가한다.
② 수온이 높으면 물의 점도저하로 응집제의 화학반응이 촉진된다.
③ 수온이 낮으면 입자가 커지고 응집제 사용량도 적어진다.
④ 수온이 낮으면 플록 형성에 소요되는 시간이 길어진다.

해설 ③ 온도가 낮으면, 응집반응이 잘 일어나지 않으므로, 응집제를 더 많이 넣어주어야 한다.
① 온도가 증가하면, 반응속도도 증가한다.
② 온도가 증가하면, 점도는 낮아지므로 응집반응이 촉진된다.
④ 온도가 낮으면, 반응속도도 감소하므로 플록 형성에 소요되는 시간이 증가한다.

58. 활성슬러지 공정 운영에 대한 설명으로 잘못된 것은?

① 폭기조 내의 미생물 체류시간을 증가시키기 위해 잉여슬러지 배출량을 감소시켰다.
② F/M 비를 낮추기 위해 잉여슬러지 배출량을 줄이고 반송유량을 증가시켰다.
③ 2차 침전지에서 슬러지가 상승하는 현상이 나타나 잉여슬러지 배출량을 증가시켰다.
④ 핀 플록(pin floc) 현상이 발생하여 잉여슬러지 배출량을 감소시켰다.

해설 ④ 핀 플록은 SRT가 너무 길어서 발생한다. 따라서, 잉여슬러지 배출량을 증가시켜야 SRT가 감소되어, 핀 플록을 줄일 수 있다.

59. 역삼투 장치로 하루에 500 m³의 3차 처리된 유출수를 탈염시키고자 할 때 요구되는 막면적(m²)은? (단, 25℃에서 물질전달계수 : 0.2068 L/(day·m²)(kPa), 유입수와 유출수 사이의 압력차 : 2,400 kPa, 유입수와 유출수의 삼투압차 : 310 kPa, 최저 운전온도 : 10℃, $A_{10℃} = 1.28 A_{25℃}$, A : 막면적)

① 약 1,130   ② 약 1,280
③ 약 1,330   ④ 약 1,480

해설 (1) $A_{25℃}$

$= \dfrac{\text{day} \cdot \text{m}^2 \cdot \text{kPa}}{0.2068 \text{ L}} \left| \dfrac{}{(2,400-310) \text{ kPa}} \right.$

$\left| \dfrac{500 \text{ m}^3}{\text{day}} \right| \dfrac{1,000 \text{ L}}{1 \text{ m}^3} = 1,156.839 \text{ m}^2$

(2) $A_{10℃}$
$= 1.28 A_{25℃} = 1.28 \times 1,156.839$
$= 1,480.75 \text{ m}^2$

60. 증류수를 가하여 25mL로 희석된 10 mL의 시료를 표준 시험법에 따라 분석하였다. 소모된 중크롬산염(DC)은 3.12×10^{-4}몰로 측정되었을 때 시료의 COD(mg O_2/L)는? (단, 증류수 희석은 유기물 존재량에 영향을 미치지 않음, DC와 산소에 대한 반응으로부터 DC 1몰은 6전자 당량을 가지며 O_2 1몰은 4당량을 가짐, 산소의 당량은 32.0 g/4 eq = 8.0 g/eq이다.)

① 1,273   ② 1,498
③ 2,038   ④ 2,251

해설 $\dfrac{3.12 \times 10^{-4} \text{ mol DC}}{0.01 \text{ L}} \left| \dfrac{6 \text{ eq}}{1 \text{ mol}} \right| \dfrac{8,000 \text{ mg}}{1 \text{ eq}}$

$= 1,497.6 \text{ mg/L}$

정답 57. ③   58. ④   59. ④   60. ②

제4과목 수질오염공정시험기준

61. 기체크로마토그래피법으로 유기인 시험을 할 때 사용되는 검출기로 가장 일반적인 것은?

① 열전도도 검출기
② 불꽃이온화 검출기
③ 전자포집형 검출기
④ 불꽃광도형 검출기

해설 기체크로마토그래피의 검출기와 검출물질
- 불꽃이온화 검출기(수소염 이온화 검출기, FID) : 불소(F)를 많이 함유하는 화합물이나 이황화탄소를 제외한 거의 모든 유기화합물
- 불꽃광도형 검출기(FPD) : 인, 유기인, 유황화합물
- 불꽃열이온화 검출기(알칼리열이온화 검출기, FTD) : 유기질소화합물 및 유기염소화합물
- 전자포착형 검출기(ECD)
  - 할로겐, 인, 니트로기 및 황산 에스테르 등을 포함한 화합물
  - 알킬수은, 유기할로겐, PCB, 니트로 화합물, 유기금속화합물
- 질소인 검출기(NPD) : 인화합물이나 질소화합물

62. 다음 설명에 해당하는 기체크로마토그래피법의 정량법은?

> 크로마토그램으로부터 얻은 시료 각 성분의 봉우리 면적을 측정하고 그것들의 합을 100으로 하여 이에 대한 각각의 봉우리 넓이 비를 각 성분의 함유율로 한다.

① 내부표준 백분율법
② 보정성분 백분율법
③ 성분 백분율법
④ 넓이 백분율법

해설 넓이 백분율법 : 크로마토그램으로부터 얻은 시료 각 성분의 봉우리 면적을 측정하고 그것들의 합을 100으로 하여 이에 대한 각각의 봉우리 넓이 비를 각 성분의 함유율로 한다.

63. 총인을 자외선/가시선 분광법으로 정량하는 방법에 대한 설명으로 가장 거리가 먼 것은?

① 분해되기 쉬운 유기물을 함유한 시료는 질산-과염소산으로 전처리한다.
② 다량의 유기물을 함유한 시료는 질산-황산으로 전처리한다.
③ 전처리로 유기물을 산화분해시킨 후 몰리브덴산암모늄·아스코르빈산혼액 2 mL를 넣어 흔들어 섞는다.
④ 정량한계는 0.005 mg/L이며, 상대표준편차는 ±25 % 이내이다.

해설
- 과황산칼륨 분해 : 분해되기 쉬운 유기물을 함유한 시료
- 질산-황산 분해 : 다량의 유기물을 함유한 시료

64. 카드뮴을 자외선/가시선 분광법을 이용하여 측정할 때에 관한 설명으로 ( )에 내용으로 옳은 것은?

> 물속에 존재하는 카드뮴이온을 시안화칼륨이 존재하는 알칼리성에서 디티존과 반응하여 생성하는 카드뮴착염을 사염화탄소로 추출하고, 추출한 카드뮴착염을 (㉠)으로 역추출한 다음 다시 (㉡)과(와) 시안화칼륨을 넣어 디티존과 반응하여 생성하는 (㉢)의 카드뮴착염을 사염화탄소로 추출하고 그 흡광도를 측정하는 방법이다.

① ㉠ 타타르산용액, ㉡ 수산화나트륨, ㉢ 적색
② ㉠ 아스코르빈산용액, ㉡ 염산(1+15), ㉢ 적색
③ ㉠ 타타르산용액, ㉡ 수산화나트륨, ㉢ 청색
④ ㉠ 아스코르빈산용액, ㉡ 염산(1+15), ㉢ 청색

정답 61. ④ 62. ④ 63. ① 64. ①

해설 카드뮴 – 자외선/가시선 분광법 : 물속에 존재하는 카드뮴이온을 시안화칼륨이 존재하는 알칼리성에서 디티존과 반응시켜 생성하는 카드뮴착염을 사염화탄소로 추출하고, 추출한 카드뮴착염을 타타르산용액으로 역추출한 다음 다시 수산화나트륨과 시안화칼륨을 넣어 디티존과 반응하여 생성하는 적색의 카드뮴착염을 사염화탄소로 추출하고 그 흡광도를 530 nm에서 측정하는 방법

65. 수질분석을 위한 시료 채취 시 유의사항과 가장 거리가 먼 것은?

① 채취용기는 시료를 채우기 전에 맑은 물로 3회 이상 씻은 다음 사용한다.
② 용존가스, 환원성 물질, 휘발성 유기물질 등의 측정을 위한 시료는 운반 중 공기와의 접촉이 없도록 가득 채워야 한다.
③ 지하수 시료는 취수정 내에 고여 있는 물을 충분히 퍼낸(고여 있는 물의 4~5배 정도이나 pH 및 전기전도도를 연속적으로 측정하여 이 값이 평형을 이룰 때까지로 한다.) 다음 새로 나온 물을 채취한다.
④ 시료채취량은 시험항목 및 시험횟수에 따라 차이가 있으나 보통 3~5 L 정도이어야 한다.

해설 ① 채취용기는 시료를 채우기 전에 시료로 3회 이상 씻은 다음 사용한다.

66. 불소를 자외선/가시선 분광법으로 분석할 경우, 간섭물질로 작용하는 알루미늄 및 철의 방해를 제거할 수 있는 방법은?

① 산화　　② 증류
③ 침전　　④ 환원

해설 불소의 간섭물질 : 알루미늄 및 철의 방해가 크나 증류하면 영향이 없다.

67. 다음 용어의 정의로 틀린 것은?

① 감압 또는 진공 : 따로 규정이 없는 한 15 mmHg 이하를 뜻한다.
② 바탕시험 : 시료에 대한 처리 및 측정을 할 때 시료를 사용하지 않고 같은 방법으로 조작한 측정치를 더한 것을 뜻한다.
③ 용기 : 시험용액 또는 시험에 관계된 물질을 보존, 운반 또는 조작하기 위하여 넣어두는 것으로 시험에 지장을 주지 않도록 깨끗한 것을 뜻한다.
④ 정밀히 단다 : 규정된 양의 시료를 취하여 화학저울 또는 미량저울로 칭량함을 말한다.

해설 ② 바탕시험 : 시료에 대한 처리 및 측정을 할 때 시료를 사용하지 않고 같은 방법으로 조작한 측정치를 빼는 것을 뜻한다.

68. 백분율(W/V, %)의 설명으로 옳은 것은?

① 용액 100 g 중의 성분무게(g)를 표시
② 용액 100 mL 중의 성분용량(mL)을 표시
③ 용액 100 mL 중의 성분무게(g)를 표시
④ 용액 100 g 중의 성분용량(mL)을 표시

해설 백분율(%)
① W/W%
② V/V%
④ V/W%

더 알아보기 핵심정리 2-62

69. 흡광광도분석장치 중 파장선택부에 거름종이를 사용한 것으로 단광속형이 많고 비교적 구조가 간단하여 작업 분석용에 적당한 것은?

① 광전광도계　　② 광전자증배관
③ 광전도셀　　　④ 광전분광광도계

해설 광전광도계 : 파장선택부에 거름종이를 사용한 것으로 단광속형이 많고 비교적 구조가 간단하여 작업 분석용에 적당하다.

정답　65. ①　66. ②　67. ②　68. ③　69. ①

70. 암모니아성 질소를 분석할 때에 관한 설명으로 ( )에 옳은 것은?

> 암모니아성 질소를 자외선/가시선 분광법으로 측정하고자 할 때의 측정파장 (㉠)과 이온전극법으로 측정하고자 할 때 암모늄 이온을 암모니아로 변화시킬 때의 시료의 적정 pH 범위 (㉡)으로 한다.

① ㉠ 630 mm, ㉡ 4~6
② ㉠ 540 mm, ㉡ 4~6
③ ㉠ 630 mm, ㉡ 11~13
④ ㉠ 540 mm, ㉡ 11~13

해설 • 암모니아성 질소 – 자외선/가시선 분광법 : 물속에 존재하는 암모니아성 질소를 측정하기 위하여 암모늄이온이 하이포염소산의 존재하에서, 페놀과 반응하여 생성하는 인도페놀의 청색을 630 nm에서 측정하는 방법
• 암모니아성 질소 – 이온전극법 : 물속에 존재하는 암모니아성 질소를 측정하기 위하여 시료에 수산화나트륨을 넣어 시료의 pH를 11~13으로 하여 암모늄이온을 암모니아로 변화시킨 다음 암모니아 이온전극을 이용하여 암모니아성 질소를 정량하는 방법이다.

71. 총유기탄소(TOC)의 공정시험기준에 준하여 시험을 수행하였을 때 잘못된 것은?

① 용존성 유기탄소(DOC)를 측정하기 위하여 0.45㎛ 여과지를 사용하였다.
② 비정화성 유기탄소(NPOC)를 측정하기 위하여 pH를 4로 조절하였다.
③ 부유물질 정도 관리를 위하여 셀룰로오스를 사용하였다.
④ 탄소를 검출하기 위하여 고온연소산화법을 적용하였다.

해설 ② 비정화성 유기탄소(NPOC, nonpurgeable organic carbon) : 총 탄소 중 pH 2 이하에서 포기에 의해 정화(purging)되지 않는 탄소

더 알아보기 핵심정리 2-77

72. 자외선/가시선 분광법으로 폐수 중의 Cu를 측정할 때 다음 시약과 그 사용목적을 잘못 연결한 것은?

① 사이트르산이암모늄 – 철의 억제 목적
② 암모니아수(1+1) – pH 9.0 이상으로 조절 목적
③ 아세트산부틸 – 구리착염화합물의 추출 목적
④ EDTA – 구리착염의 발생 증가 목적

해설 ④ 다이에틸다이티오카르밤산나트륨용액(1 %) – 구리착염의 발생 증가 목적

73. 분원성 대장균군 – 막여과법의 측정방법으로 ( )에 옳은 것은?

> 물속에 존재하는 분원성 대장균군을 측정하기 위하여 페트리접시에 배지를 올려놓은 다음 배양 후 여러 가지 색조를 띠는 ( )의 집락을 계수하는 방법이다.

① 황색
② 녹색
③ 적색
④ 청색

해설 • 총대장균군 : 적색이나 진한 적색
• 분원성 대장균군 : 청색

74. 수질오염공정시험기준에서 아질산성 질소를 자외선/가시선 분광법으로 측정하는 흡광도 파장(nm)은?

① 540
② 620
③ 650
④ 690

해설 아질산성 질소 – 자외선/가시선 분광법 : 물속에 존재하는 아질산성 질소를 측정하기 위하여 시료 중 아질산성 질소를 설퍼닐아마이드와 반응시켜 디아조화하고 α—나프틸에틸렌디아민이염산염과 반응시켜 생성된 디아조화합물의 붉은색의 흡광도를 540 nm에서 측정하는 방법

정답 70. ③ 71. ② 72. ④ 73. ④ 74. ①

75. 다음의 금속류 중 원자형광법으로 측정할 수 있는 것은? (단, 수질오염공정시험기준 기준)

① 수은   ② 납
③ 6가 크롬   ④ 바륨

[해설] 원자형광법 적용 금속 : 수은

[더알아보기] 핵심정리 2-82

76. 음이온계면활성제를 자외선/가시선 분광법으로 측정할 때 사용되는 시약으로 옳은 것은?

① 메틸 레드   ② 메틸 오렌지
③ 메틸렌 블루   ④ 메틸렌 옐로우

[해설] 음이온계면활성제 - 자외선/가시선 분광법 : 물속에 존재하는 음이온계면활성제를 측정하기 위하여 메틸렌 블루와 반응시켜 생성된 청색의 착화합물을 클로로포름으로 추출하여 흡광도를 650 nm에서 측정하는 방법이다.

77. 노말헥산 추출물질 정량에 관한 내용으로 가장 거리가 먼 것은?

① 시료를 pH 4 이하 산성으로 한다.
② 정량한계는 0.5 mg/L이다.
③ 상대표준편차가 ±25 % 이내이다.
④ 시료용기는 노말헥산 20 mL씩으로 1회 씻는다.

[해설] ④ 시료의 용기는 노말헥산 20 mL씩으로 2회 씻어서 씻은 액을 분별깔때기에 합하고 마개를 하여 2분간 세게 흔들어 섞고 정치하여 노말헥산층을 분리한다.

78. 36 %의 염산(비중 1.18)을 가지고 1 N의 HCl 1 L를 만들려고 한다. 36 %의 염산 몇 mL를 물로 희석해야 하는가? (단, 염산을 물로 희석하는 데 있어서 용량 변화는 없다.)

① 70.4   ② 75.9
③ 80.4   ④ 85.9

[해설] HCl 분자량 : 36.5 g/mol

$$\frac{36\ g}{100\ g} \cdot \frac{1\ eq}{36.5\ g} \cdot \frac{1.18\ g}{1\ mL} \cdot \frac{V\ mL}{} = \frac{1\ eq}{L} \cdot \frac{1\ L}{}$$

∴ V = 85.9227 mL

79. 식물성 플랑크톤 측정에 관한 설명으로 틀린 것은?

① 시료가 육안으로 녹색이나 갈색으로 보일 경우 정제수로 적절한 농도로 희석한다.
② 물속의 식물성 플랑크톤을 평판집락법을 이용하여 면적당 분포하는 개체수를 조사한다.
③ 식물성 플랑크톤은 운동력이 없거나 극히 적어 수체의 유동에 따라 수체 내에 부유하면서 생활하는 단일개체, 집락성, 선상형태의 광합성 생물을 총칭한다.
④ 시료의 개체수는 계수면적당 10~40 정도가 되도록 희석 또는 농축한다.

[해설] 식물성 플랑크톤 - 현미경계수법

80. 예상 BOD치에 대한 사전경험이 없는 경우 오염된 하천수의 희석검액조제 방법은?

① 0.1~1.0 %의 시료가 함유되도록 희석제조
② 1~5 %의 시료가 함유되도록 희석제조
③ 5~25 %의 시료가 함유되도록 희석제조
④ 25~100 %의 시료가 함유되도록 희석제조

[해설] 예상 BOD값에 대한 사전경험이 없을 때에는 아래와 같이 희석하여 시료를 조제한다.
• 오염 정도가 심한 공장폐수 : 0.1~1.0 %
• 처리하지 않은 공장폐수와 침전된 하수 : 1~5 %
• 처리하여 방류된 공장폐수 : 5~25 %
• 오염된 하천수 : 25~100 %

[정답] 75. ① 76. ③ 77. ④ 78. ④ 79. ② 80. ④

제5과목 수질환경관계법규

81. 방류수 수질기준 초과율이 70 % 이상 80 % 미만일 때 부과계수로 적절한 것은?

① 2.8 ② 2.6
③ 2.4 ④ 2.2

해설 방류수 수질기준 초과율별 부과계수

초과율 (%)	10 미만	10 이상 20 미만	20 이상 30 미만	30 이상 40 미만	40 이상 50 미만
부과계수	1	1.2	1.4	1.6	1.8
초과율 (%)	50 이상 60 미만	60 이상 70 미만	70 이상 80 미만	80 이상 90 미만	90 이상 100 미만
부과계수	2.0	2.2	2.4	2.6	2.8

82. 초과부과금 산정기준 시 1킬로그램당 부과금액이 가장 높은 수질오염물질은?

① 카드뮴 및 그 화합물
② 수은 및 그 화합물
③ 납 및 그 화합물
④ 테트라클로로에틸렌

해설 초과부과금의 산정기준 순서 : 수은, PCB > 카드뮴 > Cr^{6+}, PCE, TCE > 페놀, 시안, 유기인, 납 > 비소 > 크롬 > 구리 > 망간, 아연 > T-P, T-N > 유기물질(TOC) > 유기물질(BOD 또는 COD), 부유물질

더 알아보기 핵심정리 2-94

83. 어패류의 섭취 및 물놀이 등의 행위를 제한할 수 있는 권고기준으로 적합한 것은?

- 어패류의 섭취 제한 권고기준 : 어패류 체내에 총 수은이 (㉠) 이상인 경우
- 물놀이 등의 제한 권고기준 : 대장균이 (㉡) 이상인 경우

① ㉠ 0.1 mg/kg, ㉡ 300(개체수/100 mL)
② ㉠ 0.2 mg/kg, ㉡ 400(개체수/100 mL)
③ ㉠ 0.3 mg/kg, ㉡ 500(개체수/100 mL)
④ ㉠ 0.4 mg/kg, ㉡ 600(개체수/100 mL)

해설 물놀이 등의 행위제한 권고기준

대상 행위	항목	기준
수영 등 물놀이	대장균	500(개체수/100 mL) 이상
어패류 등 섭취	어패류 체내 총 수은(Hg)	0.3 mg/kg 이상

84. 총량관리 단위유역의 수질 측정 방법 중 목표수질지점별 연간 측정횟수는?

① 10회 이상 ② 20회 이상
③ 30회 이상 ④ 60회 이상

해설 목표수질지점별로 연간 30회 이상 측정하여야 하며 이에 따른 수질 측정 주기는 8일 간격으로 일정하여야 한다. 다만, 홍수, 결빙, 갈수 등으로 채수가 불가능한 특정 기간에는 그 측정 주기를 늘리거나 줄일 수 있다.

85. 물환경보전법에 따라 유역환경청장이 수립하는 대권역별 대권역 물환경관리계획의 수립 주기와 협의 주체로 맞는 것은?

① 5년, 관계 시·도지사 및 관계 수계관리위원회
② 10년, 관계 시·도지사 및 관계 수계관리위원회
③ 5년, 대권역별 환경관리위원회
④ 10년, 대권역별 환경관리위원회

정답 81. ③ 82. ② 83. ③ 84. ③ 85. ②

해설 대권역 물환경관리계획의 수립
- 수립 주기 : 10년
- 수립 주체 : 유역환경청장
- 협의 주체 : 관계 시·도지사 및 4대강수계법에 따른 관계 수계관리위원회

86. 일일기준초과배출량 및 일일유량산정방법에 관한 설명으로 옳지 않은 것은?
① 특정수질유해물질의 배출허용기준 초과 일일오염물질 배출량은 소수점 이하 넷째 자리까지 계산한다.
② 배출농도의 단위는 리터당 밀리그램으로 한다.
③ 일일조업시간은 측정하기 전 최근 조업한 30일간의 배출시간의 조업시간 평균치로서 시간으로 표시한다.
④ 일일유량산정을 위한 측정유량의 단위는 분당 리터로 한다.

해설 ③ 일일조업시간은 측정하기 전 최근 조업한 30일간의 배출시간의 조업시간 평균치로서 분으로 표시한다.

87. 청정지역에서 1일 폐수배출량이 2,000 m^3 미만으로 배출되는 배출시설에 적용되는 화학적 산소요구량(mg/L)의 기준은?
① 30 이하
② 40 이하
③ 50 이하
④ 60 이하

해설 배출허용기준 : 2019년까지만 COD가 적용되고, 현재는 COD 대신 TOC가 적용되므로, 현재 기준으로는 정답 없음

88. 공공수역의 수질보전을 위하여 환경부령이 정하는 휴경 등 권고대상 농경지의 해발고도 및 경사도 기준으로 옳은 것은?
① 해발 400 m, 경사도 15 %
② 해발 400 m, 경사도 30 %
③ 해발 800 m, 경사도 15 %
④ 해발 800 m, 경사도 30 %

해설 휴경 등 권고대상 농경지의 해발고도 및 경사도
- 해발고도 : 해발 400미터
- 경사도 : 15 %

89. 비점오염저감시설 중 장치형 시설에 해당되는 것은?
① 침투형 시설
② 저류형 시설
③ 인공습지형 시설
④ 생물학적 처리형 시설

해설 비점오염저감시설

자연형 시설	장치형 시설
• 저류시설 • 인공습지 • 침투시설 • 식생형 시설	• 여과형 시설 • 소용돌이(와류)형 • 스크린형 시설 • 응집·침전 처리형 시설 • 생물학적 처리형 시설

90. 환경부장관 또는 시·도지사가 측정망을 설치하거나 변경하려는 경우, 측정망 설치계획에 포함되어야 하는 사항으로 틀린 것은?
① 측정망 운영방법
② 측정자료의 확인방법
③ 측정망 배치도
④ 측정망 설치시기

해설 측정망 설치계획 포함사항
1. 측정망 설치시기
2. 측정망 배치도
3. 측정망을 설치할 토지 또는 건축물의 위치 및 면적
4. 측정망 운영기관
5. 측정자료의 확인방법

정답 86. ③ 87. 정답 없음 88. ① 89. ④ 90. ①

91. 폐수무방류배출시설의 세부 설치기준으로 옳지 않은 것은?

① 배출시설에서 분리·집수시설로 유입하는 폐수의 관로는 육안으로 관찰할 수 있도록 설치하여야 한다.
② 폐수무방류배출시설에서 발생된 폐수를 폐수처리장으로 유입·재처리할 수 있도록 세정식·응축식 대기오염 방지기술 등을 설치하여야 한다.
③ 폐수는 고정된 관로를 통하여 수집·이송·처리·저장되어야 한다.
④ 배출시설의 처리공정도 및 폐수 배관도는 폐수처리장 내 사무실에 비치하여 내부 직원만 열람할 수 있도록 하여야 한다.

해설 ④ 배출시설의 처리공정도 및 폐수 배관도는 누구나 알아볼 수 있도록 주요 배출시설의 설치장소와 폐수처리장에 부착하여야 한다.

92. 골프장의 맹독성·고독성 농약 사용 여부의 확인에 대한 설명으로 틀린 것은?

① 특별자치도지사·시장·군수·구청장은 매년 분기마다 골프장에 대한 농약잔류량 검사를 실시하여야 한다.
② 농약사용량 조사 및 농약잔류량 검사 등에 관하여 필요한 사항은 환경부장관이 정하여 고시한다.
③ 유출수가 흐르지 않을 경우에는 최종 유출수 전단의 집수조 또는 연못 등에서 시료를 채취한다.
④ 유출수 시료 채수는 골프장 부지경계선의 최종 유출구에서 1개 지점 이상 채취한다.

해설 골프장의 맹독성·고독성 농약 사용 여부의 확인 : 시·도지사는 골프장의 맹독성·고독성 농약의 사용 여부를 확인하기 위하여 반기마다 골프장별로 농약사용량을 조사하고 농약잔류량을 검사하여야 한다.

93. 수질환경기준(하천) 중 사람의 건강보호를 위한 전수역에서 각 성분별 환경기준으로 맞는 것은?

① 비소(As) : 0.1 mg/L 이하
② 납(Pb) : 0.01 mg/L 이하
③ 6가 크롬(Cr^{6+}) : 0.05 mg/L 이하
④ 음이온계면활성제(ABS) : 0.01 mg/L 이하

해설 하천 – 사람의 건강보호 기준
① 비소(As) : 0.05 mg/L 이하
② 납(Pb) : 0.05 mg/L 이하
④ 음이온계면활성제(ABS) : 0.5 mg/L 이하

94. 조업정지 명령에 대신하여 과징금을 징수할 수 있는 시설과 가장 거리가 먼 것은?

① 의료법에 따른 의료기관의 배출시설
② 발전소의 발전설비
③ 도시가스사업법 규정에 의한 가스공급시설
④ 제조업의 배출시설

해설 과징금 처분
환경부장관은 다음 각 호의 어느 하나에 해당하는 배출시설(폐수무방류배출시설은 제외한다.)을 설치·운영하는 사업자에 대하여 조업정지 처분을 갈음하여 3억원 이하의 과징금을 부과할 수 있다.
1. 「의료법」에 따른 의료기관의 배출시설
2. 발전소의 발전설비
3. 「초·중등교육법」 및 「고등교육법」에 따른 학교의 배출시설
4. 제조업의 배출시설
5. 그 밖에 대통령령으로 정하는 배출시설

정답 91. ④ 92. ① 93. ③ 94. ③

95. 물환경보전법상 수면관리자에 관한 정의로 옳은 것은?

> (㉠)에 따라 호소를 관리하는 자를 말한다. 이 경우 동일한 호소를 관리하는 자가 둘 이상인 경우에는 (㉡)가 수면관리자가 된다.

① ㉠ 물환경보전법, ㉡ 상수도법에 따른 하천관리청의 자
② ㉠ 물환경보전법, ㉡ 상수도법에 따른 하천관리청 외의 자
③ ㉠ 다른 법령, ㉡ 하천법에 따른 하천관리청의 자
④ ㉠ 다른 법령, ㉡ 하천법에 따른 하천관리청 외의 자

해설 "수면관리자"란 다른 법령에 따라 호소를 관리하는 자를 말한다. 이 경우 동일한 호소를 관리하는 자가 둘 이상인 경우에는 「하천법」에 따른 하천관리청 외의 자가 수면관리자가 된다.

96. 국립환경과학원장이 설치할 수 있는 측정망과 가장 거리가 먼 것은?

① 비점오염원에서 배출되는 비점오염물질 측정망
② 대규모 오염원의 하류지점 측정망
③ 퇴적물 측정망
④ 도심하천 유해물질 측정망

해설 ④ 시·도지사가 설치·운영하는 측정망
더 알아보기 핵심정리 2-105

97. 폐수의 원래 상태로는 처리가 어려워 희석하여야만 수질오염물질의 처리가 가능하다고 인정을 받고자 할 때 첨부하여야 하는 자료가 아닌 것은?

① 희석처리의 불가피성
② 희석배율 및 희석량
③ 처리하려는 폐수의 농도 및 특성
④ 희석방법

해설 수질오염물질 희석처리의 인정을 받으려는 자가 제출할 자료
1. 처리하려는 폐수의 농도 및 특성
2. 희석처리의 불가피성
3. 희석배율 및 희석량

98. 물환경보전법에서 사용하는 용어의 정의 중 호소에 해당되지 않는 지역은? (단, 만수위(댐의 경우에는 계획홍수위를 말한다.) 구역 안의 물과 토지를 말한다.)

① 제방('사방사업법'에 의한 사방시설 포함)에 의해 물이 가두어진 곳
② 댐·보 또는 둑 등을 쌓아 하천 또는 계곡에 흐르는 물을 가두어 놓은 곳
③ 하천에 흐르는 물이 자연적으로 가두어진 곳
④ 화산활동 등으로 인하여 함몰된 지역에 물이 가두어진 곳

해설 "호소"란 다음 각 목의 어느 하나에 해당하는 지역으로서 만수위(댐의 경우에는 계획홍수위) 구역 안의 물과 토지를 말한다.
- 댐·보 또는 둑(「사방사업법」에 따른 사방시설은 제외) 등을 쌓아 하천 또는 계곡에 흐르는 물을 가두어 놓은 곳
- 하천에 흐르는 물이 자연적으로 가두어진 곳
- 화산활동 등으로 인하여 함몰된 지역에 물이 가두어진 곳

정답 95. ④ 96. ④ 97. ④ 98. ①

99. 환경부장관이 물환경을 보전할 필요가 있다고 지정·고시하고 물환경을 정기적으로 조사·측정 및 분석하여야 하는 호소의 기준으로 틀린 것은?

① 1일 30만톤 이상의 원수를 취수하는 호소
② 만수위일 때 면적이 30만 제곱미터 이상인 호소
③ 수질오염이 심하여 특별한 관리가 필요하다고 인정되는 호소
④ 동식물의 서식지·도래지이거나 생물다양성이 풍부하여 특별히 보전할 필요가 있다고 인정되는 호소

해설 호소수 이용 상황 등의 조사·측정 등 : 환경부장관은 다음 각 호의 어느 하나에 해당하는 호소로서 물환경을 보전할 필요가 있는 호소를 지정·고시하고, 그 호소의 물환경을 정기적으로 조사·측정하여야 한다.
1. 1일 30만 톤 이상의 원수를 취수하는 호소
2. 동식물의 서식지·도래지이거나 생물다양성이 풍부하여 특별히 보전할 필요가 있다고 인정되는 호소
3. 수질오염이 심하여 특별한 관리가 필요하다고 인정되는 호소

100. 소권역 물환경관리계획에 관한 내용으로 (   )에 알맞은 것은?

> 소권역계획 수립 대상 지역이 같은 시·도의 관할구역 내의 둘 이상의 시·군·구에 걸쳐 있는 경우 (   )가 수립할 수 있다.

① 유역환경청장 또는 지방환경청장
② 광역시장 또는 구청장
③ 환경부장관 또는 시·도지사
④ 중권역수립권자

해설 환경부장관 또는 시·도지사의 소권역계획 수립
1. 소권역계획 수립 대상 지역이 같은 시·도의 관할구역 내의 둘 이상의 시·군·구에 걸쳐 있는 경우 : 환경부장관 또는 시·도지사가 수립
2. 소권역계획 수립 대상 지역이 둘 이상의 시·도에 걸쳐 있는 경우 : 환경부장관 또는 둘 이상의 시·도지사가 공동으로 협의하여 수립
3. 그 밖에 환경부장관 또는 시·도지사가 소권역계획의 수립이 필요하다고 인정하는 경우 : 환경부장관 또는 시·도지사가 수립

수질환경기사

2019년 8월 4일 (제3회)

제1과목 수질오염개론

1. 부조화형 호수가 아닌 것은?

① 부식영양형 호수
② 부영양형 호수
③ 알칼리영양형 호수
④ 산영양형 호수

[해설] 영양상태에 따른 호수의 구분

분류	종류
조화형 호소	과영양호, 부영양호, 중영양호, 빈영양호, 극빈영양호
부조화형 호소	부식영양호, 알칼리영양호, 철영양호, 산영양호, 영양염류의 양이 편중되어 해가 되는 호수

2. 물의 이온화적(K_W)에 관한 설명으로 옳은 것은?

① 25℃에서 물의 K_W가 1.0×10^{-14}이다.
② 물은 강전해질로서 거의 모두 전리된다.
③ 수온이 높아지면 감소하는 경향이 있다.
④ 순수의 pH는 7.0이며 온도가 증가할수록 pH는 높아진다.

[해설] ② 물은 약전해질로서 거의 해리(전리)되지 않는다.
③ 수온이 높아지면 K_W 값은 증가한다.(온도가 증가하면, 르샤틀리에의 원리(화학 평형의 이동)에 의해 정반응이 진행되어 K_W 값이 증가함)
④ 순수의 pH는 7.0이며 온도가 증가하면, 중성의 pH 값이 낮아진다.

3. 진핵세포 미생물과 원핵세포 미생물로 구분할 때 원핵세포에는 없고 진핵세포에만 있는 것은?

① 리보솜   ② 세포소기관
③ 세포벽   ④ DNA

[해설] 원핵세포는 세포막이 없어 세포소기관이 없고, 진핵세포는 세포막이 있어 세포소기관이 존재한다.

4. 수중의 물질이동확산에 관한 설명으로 옳은 것은?

① 해역에서의 난류확산은 수평방향이 심하고 수직방향은 비교적 완만하다.
② 일정한 온도에서 일정량의 물에 용해하는 기체의 부피는 그 기체의 분압에 비례한다.
③ 수중에서 오염물질의 확산속도는 분자량이 커질수록 작아지며, 기체 밀도의 제곱근에 반비례한다.
④ 하천, 호수, 해역 등에 유입된 오염물질은 분자확산, 여과, 전도현상 등에 의해 점점 농도가 높아진다.

[해설] ② 온도가 일정할 때 기체 용해도는 분압에 비례하나, 용해된 기체의 부피는 압력에 반비례하므로, 일정량의 물에 용해하는 기체의 부피는 일정하다.
③ 기체의 확산속도는 분자량이 커질수록 작아지며, 기체 밀도의 제곱근에 반비례하나, 수중의 오염물질의 확산속도는 그렇지 않다.
④ 하천, 호수, 해역 등에 유입된 오염물질은 분자확산, 여과, 전도현상 등에 의해 점점 농도가 낮아진다.

5. Alkalinity의 정의에서 물속에 Carbonate만 있는 경우에 대한 설명으로 가장 거리가 먼 것은?

① pH는 약 9.5 이상이다.
② 페놀프탈레인 종말점은 Total Alkalinity의 절반이 된다.
③ Carbonate Alkalinity는 Total Alkalinity와 같다.
④ 산을 주입시키면 사실상 페놀프탈레인 종말점만 찾을 수 있다.

정답 1. ② 2. ① 3. ② 4. ① 5. ④

해설 Carbonate(탄산염, CO_3^{2-})만 존재하면,
① pH > 9인 상태이다.
② P-Alk = 0.5 T-Alk
③ 탄산 알칼리도(Carbonate Alkalinity)는 탄산염(CO_3^{2-}), 중탄산염(HCO_3^-)에 의한 알칼리도이므로, 탄산염만 존재할 때 탄산 알칼리도는 총 알칼리도(Total Alkalinity)와 같다.
④ 산을 주입시키면 페놀프탈레인 종말점, 메틸오렌지 종말점 모두 찾을 수 있다

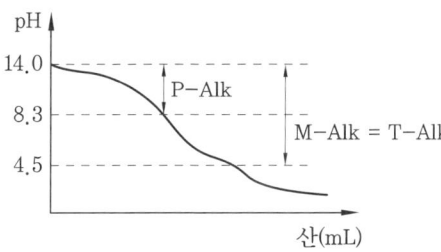

Alk-pH의 관계
- pH > 9 : 탄산염(CO_3^{2-}), OH^-에 의한 알칼리도가 지배적
- 9 > pH > 4 : 중탄산염(HCO_3^-)에 의한 알칼리도가 지배적
- pH < 4 : 분자상태의 CO_2가 지배적

6. 금속수산화물 $M(OH)_2$의 용해도적(K_{SP})이 4.0×10^{-9}이면 $M(OH)_2$의 용해도(g/L)는? (단, M은 2가, $M(OH)_2$의 분자량 = 80)

① 0.04 ② 0.08 ③ 0.12 ④ 0.16

해설 (1) 몰용해도(S)

$M(OH)_2 \rightarrow M^{2+} + 2OH^-$
　　　　　　　S　　　2S

$K_{sp} = [M^{2+}][OH^-]^2 = S \cdot (2S)^2$
　　　　$= 4S^3 = 4.0 \times 10^{-9}$
$\therefore S = 1.0 \times 10^{-3}$ mol/L

(2) 용해도

$\dfrac{1.0 \times 10^{-3} \text{ mol}}{L} \bigg| \dfrac{80 \text{ g}}{1 \text{ mol}} = 0.08$ g/L

7. 하수의 BOD_3가 140 mg/L이고 탈산소계수 K(상용대수)가 0.2/day일 때 최종 BOD(mg/L)는?

① 약 164　② 약 172
③ 약 187　④ 약 196

해설 소비 BOD 공식
$BOD_t = BOD_u(1 - 10^{-kt})$
$140 = BOD_u(1 - 10^{-0.2 \times 3})$
$\therefore BOD_u = 186.96$ mg/L

8. 세포의 형태에 따른 세균의 종류를 올바르게 짝지은 것은?

① 구형 – Vibrio cholera
② 구형 – Spirillum volutans
③ 막대형 – Bacillus subtilis
④ 나선형 – Streptococcus

해설 ① 막대형 – Vibrio cholera(콜레라균)
② 나선형 – Spirillum volutans(사상균)
③ 막대형 – Bacillus subtilis(고초균)
④ 구형 – Streptococcus(폐렴균)

세균의 분류
- 구균(알균, Coccus) : 둥근 모양의 세균
- 간균(막대균, Bacillus) : 막대 모양의 세균
- 나선균(Spirilla) : 나선형의 세균

9. 미생물의 종류를 분류할 때, 탄소 공급원에 따른 분류는?

① Aerobic, Anaerobic
② Thermophilic, Psychrophilic
③ Phytosynthetic, Chemosynthetic
④ Autotrophic, Heterotrophic

해설 ① 산소 이용에 따른 분류 : 호기성 미생물(Aerobic), 혐기성 미생물(Anaerobic)
② 온도에 따른 분류 : 고온성 미생물(Thermophilic), 중온성 미생물(mesophilic), 저온성 미생물(Psychrophilic)
③ 에너지에 따른 분류 : 광합성 미생물(Phytosynthetic), 화학합성 미생물(Chemosynthetic)
④ 영양관계(탄소 공급원)에 따른 분류 : 독립영양미생물(Autotrophic), 종속영양미생물(Heterotrophic)

더알아보기 핵심정리 2-6

정답 6. ②　7. ③　8. ③　9. ④

10. 생분뇨의 BOD는 19,500 ppm, 염소이온 농도는 4,500 ppm이다. 정화조 방류수의 염소이온 농도가 225 ppm이고, BOD 농도가 30 ppm일 때, 정화조의 BOD 제거효율(%)은? (단 희석 적용, 염소는 분해되지 않음)

① 96　　② 97
③ 98　　④ 99

해설 (1) 희석배수 = $\dfrac{4,500}{225}$ = 20배

(2) 희석 후 생분뇨의 BOD 농도
= $\dfrac{19,500}{20}$ = 975 ppm

(3) 제거율 = $\dfrac{C_o - C}{C_o}$ = $\dfrac{975 - 30}{975}$
= 0.9692 = 96.92%

11. glycine($CH_2(NH_2)COOH$) 7몰을 분해하는 데 필요한 이론적 산소요구량(g O_2/mol)은? (단, 최종산물 HNO_3, CO_2, H_2O)

① 724　② 742　③ 768　④ 784

해설 $CH_2(NH_2)COOH + \dfrac{7}{2}O_2 \rightarrow 2CO_2 + 2H_2O + HNO_3$

$1 : \dfrac{7}{2}$
$7 : ThOD$

∴ ThOD = $\dfrac{7}{}$ $\dfrac{7/2 \text{ mol}}{}$ $\dfrac{32 \text{ g}}{1 \text{ mol}}$ = 784 g

12. 아세트산(CH_3COOH) 1,000 mg/L 용액의 pH가 3.0일 때 용액의 해리상수(K_a)는?

① 2×10^{-5}　　② 3×10^{-5}
③ 4×10^{-5}　　④ 6×10^{-5}

해설 (1) 아세트산 몰농도(C)

$\dfrac{1 \text{ g}}{L} \cdot \dfrac{1 \text{ mol}}{60 \text{ g}}$ = 0.01666 M

(2) 해리상수
$K_a = \dfrac{[H^+]^2}{C} = \dfrac{[10^{-3}]^2}{0.01666} = 6 \times 10^{-5}$

13. 오염물질 중 생분해성 유기물이 아닌 것은?

① 알코올　　② PCB
③ 전분　　　④ 에스테르

해설 PCB는 난분해성 물질이다.

14. 아래와 같은 반응에 관여하는 미생물은?

$$2NO_3^- + 5H_2 \rightarrow N_2 + 2OH^- + 4H_2O$$

① Pseudomonas　② Sphaerotilus
③ Acinetobacter　④ Nitrosomonas

해설 탈질 미생물 : Pseudomonas, Micrococcus, Achromobacter
② Sphaerotilus : 사상균
③ Acinetobacter : 인 제거 미생물
④ Nitrosomonas : 질산화 미생물

15. 하천이 바다로 유입되는 지역으로 반폐쇄성 수역인 하구에서 물의 흐름에 대한 설명으로 틀린 것은?

① 밀도류에 의해 흐름이 발생한다.
② 조류의 증가나 감소에 의해 흐름이 발생한다.
③ 간조나 만조 사이에 물의 이동방향은 하류방향이다.
④ 간조 시에는 담수의 흐름이 바다로 향한 이동에 작용한다.

해설 간조나 만조 사이에 물의 이동방향은 간조는 하류, 만조는 상류방향이다.

16. 지구상에 분포하는 수량 중 빙하(만년설 포함) 다음으로 가장 높은 비율을 차지하고 있는 것은? (단, 담수 기준)

① 하천수　　② 지하수
③ 대기습도　④ 토양수

해설 담수의 비율 : 빙하 > 지하수 > 지표수(호수, 하천) > 대기 중 수분(수증기, 구름, 안개 등) > 생물체 내 수분

정답 10. ②　11. ④　12. ④　13. ②　14. ①　15. ③　16. ②

17. 지하수의 특성에 대한 설명으로 틀린 것은?

① 지하수는 국지적인 환경조건의 영향을 크게 받는다.
② 지하수의 염분농도는 지표수 평균농도보다 낮다.
③ 주로 세균에 의한 유기물 분해작용이 일어난다.
④ 지하수는 토양수 내 유기물질 분해에 따른 탄산가스의 발생과 약산성의 빗물로 인하여 광물질이 용해되어 경도가 높다.

해설 ② 지하수의 염분농도는 지표수보다 높다.

18. 0.1 N HCl 용액 100 mL에 0.2 N NaOH 용액 75 mL를 섞었을 때 혼합용액의 pH는? (단, 전리도는 100 % 기준)

① 약 10.1 ② 약 10.4
③ 약 11.3 ④ 약 12.5

해설 $[OH^-] = \dfrac{N_1V_1 - N_2V_2}{V_1 + V_2}$

$= \dfrac{0.2 \times 75 - 0.1 \times 100}{75 + 100} = 0.02857\ M$

$pOH = -\log[OH^-] = -\log(0.02857) = 1.544$
$pH = 14 - pOH = 12.45$

여기서, N_1 : 용액 1의 염기의 N 농도
N_2 : 용액 2의 산의 N 농도
V_1 : 용액 1의 부피
V_2 : 용액 2의 부피

19. Streeter – Phelps 식의 기본 가정이 틀린 것은?

① 오염원은 점오염원
② 하상퇴적물의 유기물분해를 고려하지 않음
③ 조류의 광합성은 무시, 유기물의 분해는 1차 반응
④ 하천의 흐름 방향 분산을 고려

해설 ④ 분산은 고려하지 않음

더 알아보기 핵심정리 2-18

20. 하천수의 난류 확산 방정식과 상관성이 적은 인자는?

① 유량 ② 침강속도
③ 난류확산계수 ④ 유속

해설 난류 확산 방정식 영향인자 : 유속, 침강속도, 난류확산계수, 자기감쇠계수

제2과목 상하수도계획

21. 관경 1,100 mm, 동수경사 2.4 ‰, 유속 1.63 m/sec, 연장 L = 30.6 m일 때 역사이편의 손실수두(m)는? (단, 손실수두에 관한 여유 α = 0.042 m)

① 0.42 ② 0.32
③ 0.25 ④ 0.16

해설 $h = iL + \beta \dfrac{V^2}{2g} + \alpha$

$= \dfrac{2.4}{1,000} \times 30.6 + \dfrac{1.5 \times 1.63^2}{2 \times 9.8} + 0.042$

$= 0.3187\ m$

참고 β는 문제에 값이 주어지지 않으면 1.5

22. 상수도시설인 배수지 용량에 대한 설명이다. ( )의 내용으로 옳은 것은?

> 유효용량은 시간변동조정용량과 비상대처용량을 합하여 급수구역의 ( ) 이상을 표준으로 한다.

① 계획시간최대급수량의 8시간분
② 계획시간최대급수량의 12시간분
③ 계획1일최대급수량의 8시간분
④ 계획1일최대급수량의 12시간분

해설 유효용량은 시간변동조정용량과 비상대처용량을 합하여 급수구역의 계획1일최대급수량의 12시간분 이상을 표준으로 한다.

더 알아보기 핵심정리 2-27

정답 17. ② 18. ④ 19. ④ 20. ① 21. ② 22. ④

23. 저수시설을 형태적으로 분류할 때의 구분과 가장 거리가 먼 것은?

① 지하댐　② 하구둑
③ 유수지　④ 저류지

해설 저수시설의 형태별 분류 : 댐, 호수, 유수지, 하구둑, 저수지, 지하댐

24. 지하수 취수 시 적용되는 양수량 중에서 적정양수량의 정의로 옳은 것은?

① 최대양수량의 80 % 이하의 양수량
② 한계양수량의 80 % 이하의 양수량
③ 최대양수량의 70 % 이하의 양수량
④ 한계양수량의 70 % 이하의 양수량

해설 지하수 취수의 적정양수량 : 한계양수량의 70 % 이하의 양수량

25. 유역면적 40 ha, 유출계수 0.7, 유입시간 15분, 유하시간 10분인 지역에서의 합리식에 의한 우수관거 설계유량(m^3/sec)은? (단, 강우강도 공식 $I = \dfrac{3,640}{t+40}$)

① 4.36　② 5.09
③ 5.60　④ 7.01

해설 (1) 유달시간
유달시간 = 유입시간 + 유하시간
　　　＝ 15 + 10 = 25분
(2) 강우강도
$I = \dfrac{3,640}{t+40} = \dfrac{3,640}{25+40} = 56\,mm/hr$
(3) 계획우수량
$Q = \dfrac{1}{360} CIA$
$= \dfrac{1}{360} \times 0.7 \times 56 \times 40 = 4.35\,m^3/s$

26. 수돗물의 랑게리아지수에 관한 설명으로 틀린 것은?

① 랑게리아지수는 pH, 칼슘경도, 알칼리도를 증가시킴으로써 개선할 수 있다.
② 물의 실제 pH와 이론적 pH(pH_s : 수중의 탄산칼슘이 용해되거나 석출되지 않는 평행 상태로 있을 때에 pH)와의 차이를 말한다.
③ 지수가 양(+)의 값으로 절대치가 클수록 탄산칼슘의 석출이 일어나기 어렵다.
④ 소석회·이산화탄소병용법은 칼슘경도, 유리탄산, 알칼리도가 낮은 원수의 랑게리아지수 개선에 알맞다.

해설 ③ 지수가 양(+)의 값으로 절대치가 클수록 탄산칼슘의 석출이 일어나기 쉽다.

더 알아보기 핵심정리 2-39

27. 정수시설의 '착수정'에 관한 설명으로 틀린 것은?

① 형상은 일반적으로 직사각형 또는 원형으로 하고 유입구에는 제수밸브 등을 설치한다.
② 착수정의 고수위와 주변 벽체의 상단 간에는 60 cm 이상의 여유를 두어야 한다.
③ 용량은 체류시간을 30~60분 정도로 한다.
④ 수심은 3~5 m 정도로 한다.

해설 ③ 용량은 체류시간을 1.5분 정도로 한다.
착수정의 설계기준
• 체류시간 : 1.5분 이상
• 수심 : 3~5 m
• 여유고 : 60 cm 이상

28. 정수처리를 위한 막여과설비에서 적절한 막여과의 유속 설정 시 고려사항으로 틀린 것은?

① 막의 종류
② 막공급의 수질과 최고 수온
③ 전처리설비의 유무와 방법
④ 입지조건과 설치공간

정답 23. ④　24. ④　25. ①　26. ③　27. ③　28. ②

해설 막여과의 유속 설정 시 고려사항
- 막의 종류
- 전처리설비의 유무와 방법
- 입지조건과 설치공간

29. 지름 2,000 mm의 원심력 철근콘크리트관이 포설되어 있다. 만관으로 흐를 때의 유량(m^3/s)은? (단, 조도계수 = 0.015, 동수구배 = 0.001, Manning 공식 이용)

① 4.17 ② 2.45
③ 1.67 ④ 0.66

해설 (1) 유속
$$v = \frac{1}{n} R^{2/3} I^{1/2} = \frac{1}{0.015} \left(\frac{2}{4}\right)^{2/3} \cdot 0.001^{1/2}$$
$$= 1.328 \, m/s$$

(2) 유량
$$Q = AV = \frac{\pi (2m)^2}{4} \times 1.328 \, m/s$$
$$= 4.172 \, m^3/s$$

30. 취수탑의 취수구에 관한 설명으로 가장 거리가 먼 것은?

① 단면형상은 정방형을 표준으로 한다.
② 취수탑의 내측이나 외측에 슬루스게이트(제수문), 버터플라이밸브 또는 제수밸브 등을 설치한다.
③ 전면에는 협잡물을 제거하기 위한 스크린을 설치해야 한다.
④ 최하단에 설치하는 취수구는 계획최저수위를 기준으로 하고 갈수 시에도 계획취수량을 확실하게 취수할 수 있는 것으로 한다.

해설 취수구 단면형상은 장방형 또는 원형으로 한다.

31. 양수량(Q) 14 m^3/min, 전양정(H) 10 m, 회전수(N) 1,100 rpm인 펌프의 비교회전도(N_s)는?

① 412 ② 732
③ 1,302 ④ 1,416

해설 $N_s = N \dfrac{Q^{1/2}}{H^{3/4}} = 1,100 \times \dfrac{(14)^{1/2}}{(10)^{3/4}} = 731.90$

더알아보기 핵심정리 1-47

32. 도수시설인 접합정에 관한 설명으로 옳지 않은 것은?

① 접합정은 충분한 수밀성과 내구성을 지니며, 용량은 계획도수량의 1.5분 이상으로 한다.
② 유입속도가 큰 경우에는 접합정 내에 월류벽 등을 설치한다.
③ 수압이 높은 경우에는 필요에 따라 수압제어용 밸브를 설치한다.
④ 유출관의 유출구 중심높이는 저수위에서 관경의 2배 이상 높게 하는 것을 원칙으로 한다.

해설 유출관의 유출구 중심높이는 저수위에서 관경의 2배 이상 낮게 하는 것을 원칙으로 한다.

33. 정수시설인 막여과시설에서 막모듈의 파울링에 해당되는 것은?

① 막모듈의 공급유로 또는 여과수 유로가 고형물로 폐색되어 흐르지 않는 상태
② 미생물과 막 재질의 자화 또는 분비물의 작용에 의한 변화
③ 건조되거나 수축으로 인한 막 구조의 비가역적인 변화
④ 원수 중의 고형물이나 진동에 의한 막면의 상처나 마모, 파단

해설 막의 오염
- 열화 : 막 자체의 변질로 생긴 비가역적인 막 성능의 저하
- 파울링 : 막 자체의 변질이 아닌 외적 인자(막힘, 폐색)로 생긴 막 성능의 저하

정답 29. ① 30. ① 31. ② 32. ④ 33. ①

34. 펌프의 제원 결정 시 고려하여야 할 사항이 아닌 것은?

① 전양정　② 비속도
③ 토출량　④ 구경

해설　펌프의 제원 결정 시 고려사항 : 전양정, 토출량, 펌프 구경

35. 정수장의 플록형성지에 관한 설명으로 틀린 것은?

① 플록형성지는 혼화지와 침전지 사이에 위치하고 침전지에 붙여서 설치한다.
② 플록형성시간은 계획정수량에 대하여 20~40분간 표준으로 한다.
③ 플록큐레이터의 주변속도는 15~80 cm/sec로 한다.
④ 플록형성지 내의 교반강도는 상류, 하류를 동일하게 유지하여 일정한 강도의 플록을 형성시킨다.

해설　④ 플록형성지 내의 교반강도는 하류로 갈수록 점차 감소시키는 것이 바람직하다.

더 알아보기　핵심정리 2-26 (2)

36. 우수관거 및 합류관거의 최소관경에 관한 내용으로 옳은 것은?

① 200 mm를 표준으로 한다.
② 250 mm를 표준으로 한다.
③ 300 mm를 표준으로 한다.
④ 350 mm를 표준으로 한다.

해설　최소관경
・오수관거 : 200 mm
・우수관거 및 합류관거 : 250 mm

37. 상수도 취수 시 계획취수량의 기준은?

① 계획1일최대급수량의 10 % 정도 증가된 수량으로 정함
② 계획1일평균급수량의 10 % 정도 증가된 수량으로 정함
③ 계획1시간최대급수량의 10 % 정도 증가된 수량으로 정함
④ 계획1시간평균급수량의 10 % 정도 증가된 수량으로 정함

해설　계획취수량 : 계획1일최대급수량의 10 % 정도 증가된 수량

38. 하수관거 연결방법의 특징에 관한 설명 중 틀린 것은?

① 소켓(socket) 연결은 시공이 쉽고 고무링이나 압축조인트를 사용하는 경우에는 배수가 곤란한 곳에서도 시공이 가능하고 수밀성도 높다.
② 맞물림(butt) 연결은 중구경 및 대구경의 시공이 쉽고 배수가 곤란한 곳에서도 시공이 가능하다.
③ 맞물림 연결은 수밀성도 있지만 연결부의 관두께가 얇기 때문에 연결부가 약하고 고무링으로 연결 시 누수의 원인이 된다.
④ 맞대기 연결(수밀밴드 사용)은 흄관의 butt 연결을 대체하는 방법으로서 수밀성이 크게 향상된 수밀밴드 등을 사용하여 시공한다.

해설　④ 맞대기 연결(수밀밴드 사용)은 흄관의 칼라 연결을 대체하는 방법으로서 수밀성이 향상된 수밀밴드 등을 사용하여 시공한다.

39. 펌프의 흡입(하수)관에 관한 설명으로 옳은 것은?

① 흡입관은 각 펌프마다 설치할 필요는 없다.
② 흡입관을 수평으로 부설하는 것은 피한다.
③ 횡축펌프의 토출관 끝은 마중물을 고려하여 수중에 잠기지 않도록 한다.
④ 연결부나 기타 부근에서는 공기가 흡입되도록 한다.

정답　34. ②　35. ④　36. ②　37. ①　38. ④　39. ②

해설 ① 흡입관은 펌프 1대당 하나로 한다.
③ 횡축펌프의 토출관 끝은 마중물(priming water)을 고려하여 수중에 잠기는 구조로 한다.
④ 흡입관은 연결부나 기타 부분으로부터 절대로 공기가 흡입되지 않도록 한다.

더 알아보기 핵심정리 2-42

40. 계획오염부하량 및 계획유입수질에 관한 내용으로 틀린 것은?

① 관광오수에 의한 오염부하량은 당일관광과 숙박으로 나누고 각각의 원단위에서 추정한다.
② 영업오수에 의한 오염부하량은 업무의 종류 및 오수의 특징 등을 감안하여 결정한다.
③ 생활오수에 의한 오염부하량은 1인1일당 오염부하량 원단위를 기초로 하여 정한다.
④ 하수의 계획유입수질은 계획오염부하량을 계획1일최대오수량으로 나눈 값으로 한다.

해설 ④ 하수의 계획유입수질은 계획오염부하량을 계획1일평균오수량으로 나눈 값으로 한다.

더 알아보기 핵심정리 2-30

제3과목   수질오염방지기술

41. 암모니아 제거방법 중 파과점 염소처리의 단점으로 가장 거리가 먼 것은?

① 용존성 고형물 증가
② 많은 경비 소비
③ pH를 10 이상으로 높여야 함
④ THM 등 건강에 해로운 물질 생성

해설 파과점 염소처리
(1) 폐수에 염소를 가하여 암모늄염을 질소가스로 변환시켜 제거하는 방법

$2NH_4^+ + 3Cl_2 \rightleftharpoons N_2 \uparrow + 6HCl + 2H^+$
$2NH_3 + 3HOCl \rightleftharpoons N_2 \uparrow + 3HCl + 3H_2O$

(2) 특징
- 급속반응
- 유출수의 살균효과가 있으며, 시설비가 적음
- 발암물질인 THM 생성
- 소요되는 약품비가 높음
- 수중 용존성 고형물(DS) 증가
- pH 낮을수록 처리효율 높음(pH 4~6)

42. BOD에 대한 설명으로 가장 거리가 먼 것은?

① 최종 BOD가 같다고 해도 시간과 반응계수(K)에 따라 달라진다
② 반응계수가 클수록 시간에 대한 산소 소비율은 커진다.
③ 질산화 박테리아의 성장이 늦기 때문에 반응 초기에 많은 양의 질산화 박테리아가 존재하여도 5일 BOD 실험에는 방해가 되지 않는다.
④ 질산화 반응을 억제하기 위한 억제제(inhibitory agent)로는 methylene blue, thiourea 등이 있다.

해설 ③ 질산화 박테리아는 질산화로 산소를 소비하므로 어떤 방법으로든 제거하지 않으면 총 탄소질 BOD의 실질적 측정이 불가능해진다.
④ 질산화 반응을 억제하기 위한 억제제(inhibitory agent)로는 TCMP(2-chloro-6 (trichloromethyl) pyridine, $C_6H_3Cl_4N$), ATU(allylthiourea, $C_4H_8N_2S$) 용액 등이 있다.

43. 고농도의 유기물질(BOD)이 오염이 적은 수계에 배출될 때 나타나는 현상으로 가장 거리가 먼 것은?

① pH의 감소
② DO의 감소
③ 박테리아의 증가
④ 조류의 증가

정답 40. ④   41. ③   42. ③, ④   43. ④

해설 오염이 적은 수계에 고농도 유기물이 유입되면, 오염이 일어나므로 호기성 분해가 일어나 수중 DO가 감소한다.
수중 DO가 낮아질 때 : 수중 유기물의 농도 감소, 질산성 질소 감소, 조류 감소

44. 소화조 슬러지 주입률 100 m³/day, 슬러지의 SS 농도 6.47 %, 소화조 부피 1,250 m³, SS 내 VS 함유율 85 %일 때 소화조에 주입되는 VS의 용적부하(kg/m³·day)는? (단 슬러지의 비중 = 1.0)

① 1.4 ② 2.4 ③ 3.4 ④ 4.4

해설 $\dfrac{\dfrac{100\,m^3}{day} \times \dfrac{6.47\,SS}{100} \times \dfrac{85\,VS}{100\,SS} \times \dfrac{1,000\,kg}{1\,m^3}}{1,250\,m^3} = 4.39\,kg/m^3 \cdot day$

45. 일차 흐름 반응인 분산 플러그 흐름 반응조 A물질의 전환율이 90 %이고, 플러그 흐름 반응조에 대한 효율식을 사용하면 체류시간이 6.58 hr이다. 만일, 확산계수 d = 1.0이라면 분산 플러그 흐름 반응조에 대한 반응조 체류시간(hr)은? (단, $\dfrac{\theta_{dpf}}{\theta_{df}} = 2.2$)

① 11.4 ② 14.5 ③ 23.1 ④ 45.7

해설 $\dfrac{\theta_{dpf}}{\theta_{pf}} = 2.2$이므로,

∴ $\theta_{dpf} = 2.2 \times \theta_{pf} = 2.2 \times 6.58 = 14.476\,hr$

여기서, θ_{dpf} : 분산 플러그 흐름 반응조의 체류시간
θ_{pf} : 플러그 흐름 반응조의 체류시간

46. 다음 조건의 활성슬러지조에서 1일 발생하는 잉여슬러지양(kg/day)은? (단, 유입수량 = 10,500 m³/day, 유입수 BOD = 200 mg/L, 유출수 BOD = 20 mg/L, Y = 0.6, K_d = 0.05/day, θ_c = 10일)

① 624 ② 756 ③ 847 ④ 966

해설 (1) VX

$\dfrac{1}{SRT} = \dfrac{Y(BOD_0 - BOD)Q}{VX} - K_d$

$\dfrac{1}{10\,day} = \dfrac{0.6 \times (200 - 20)\,mg/L \times 10,500\,m^3/day \times \dfrac{1,000L}{m^3} \times \dfrac{1kg}{10^6 mg}}{VX\,(kg)} - \dfrac{0.05}{day}$

∴ VX = 7,560 kg

(2) 잉여슬러지양($X_r Q_w$)

$SRT = \dfrac{VX}{X_r Q_w}$ 에서

$X_r Q_w = \dfrac{VX}{SRT} = \dfrac{7,560\,kg}{10\,day} = 756\,kg/day$

47. 유량이 3,000 m³/day, BOD 농도가 400 mg/L인 폐수를 활성슬러지법으로 처리할 때 내생호흡률(K_d, /day)은? (단, 포기시간 = 8시간, 처리수 농도(BOD = 30 mg/L, SS = 30mg/L), MLSS 농도 = 4,000 mg/L, 잉여슬러지 발생량 = 50 m³/day, 잉여슬러지 농도 = 0.9 %, 세포증식계수 = 0.8)

① 약 0.052 ② 약 0.087
③ 약 0.123 ④ 약 0.183

해설 (1) SRT

$SRT = \dfrac{VX}{X_r Q_w + X_e (Q - Q_w)}$

$= \dfrac{3,000\,m^3/day \times 8hr \times \dfrac{1d}{24hr} \times 4,000\,mg/L}{9,000\,mg/L \times 50\,m^3/day + 30\,mg/L \times (3,000 - 50)\,m^3/day}$

$= 7.428\,day$

(2) K_d

$\dfrac{1}{SRT} = \dfrac{Y(BOD_0 - BOD)Q}{VX} - K_d$ 식에서,

$K_d = \dfrac{Y(BOD_0 - BOD)Q}{VX} - \dfrac{1}{SRT}$

$= \dfrac{0.8 \times (400 - 30)\,mg/L \times 3,000\,m^3/day}{3,000\,m^3/day \times 8hr \times \dfrac{1d}{24hr} \times 4,000\,mg/L}$

$- \dfrac{1}{7.428\,day} = 0.08737/day$

정답 44. ④ 45. ② 46. ② 47. ②

48. A_2/O 공법에 대한 설명으로 틀린 것은?

① 혐기조 – 무산소조 – 호기조 – 침전조 순으로 구성된다.
② A_2/O 공정은 내부 재순환이 있다.
③ 미생물에 의한 인의 섭취는 주로 혐기조에서 일어난다.
④ 무산소조에서는 질산성질소가 질소가스로 전환된다.

해설 • 혐기조 : 인 방출
• 호기조 : 미생물에 의한 인의 과잉섭취

49. $50\ m^3/day$의 폐수를 배출하는 도금공장에서 폐수 중에 CN^-가 $150\ g/m^3$ 함유되어 있다면 배출허용 농도를 $1\ mg/L$ 이하로 처리할 때 필요한 NaClO의 양(kg/day)은? (단, NaCN 49, NaClO 74.5, 반응식 $2NaCN + 5NaClO + H_2O \rightarrow 2NaHCO_3 + N_2 + 5NaCl$)

① 약 35 ② 약 42
③ 약 47 ④ 약 53

해설 (1) 폐수 중 CN^-
$1\ mg/L = 1\ g/m^3$이므로

$$\frac{(150-1)g}{m^3} \cdot \frac{50\ m^3}{day} \cdot \frac{1\ kg}{10^3\ g} = 7.45\ kg/day$$

(2) 필요한 NaClO의 양(X)
$2Na^+ + 2CN^- + 5NaClO + H_2O$
$\rightarrow 2NaHCO_3 + N_2 + 5NaCl$

$\quad 2CN^- \quad + \quad 5NaClO$
$2 \times 26\ g : 5 \times 74.5\ g$
$7.45\ kg/day : X[kg/day]$

$\therefore X = \frac{7.45\ kg/day}{} \cdot \frac{5 \times 74.5}{2 \times 26}$

$= 53.36\ kg/day$

50. 분뇨의 생물학적 처리공법으로서 호기성 미생물이 아닌 혐기성 미생물을 이용한 혐기성처리공법을 주로 사용하는 근본적인 이유는?

① 분뇨에는 혐기성미생물이 살고 있기 때문에
② 분뇨에 포함된 오염물질은 혐기성미생물만이 분해할 수 있기 때문에
③ 분뇨의 유기물 농도가 너무 높아 포기에 너무 많은 비용이 들기 때문에
④ 혐기성처리공법으로 발생되는 메탄가스가 공법에 필수적이기 때문에

해설 분뇨는 고농도 유기물 하수이므로, 호기성 처리를 하려면 희석을 해 유기물 농도를 낮춰야 한다. 희석을 하게 되면, 유량, 반응조 크기, 약품비, 포기 비용이 엄청나게 증가하므로, 경제적인 이유로 고농도 유기물은 주로 혐기성 처리를 사용한다.

51. Langmuir 등온 흡착식을 유도하기 위한 가정으로 옳지 않은 것은?

① 한정된 표면만이 흡착에 이용된다.
② 표면에 흡착된 용질물질은 그 두께가 분자 한 개 정도의 두께이다.
③ 흡착은 비가역적이다.
④ 평형조건이 이루어졌다.

해설 Langmuir 등온 흡착식 가정조건
• 약한 화학적 흡착
• 한정된 표면만이 흡착에 이용
• 단분자층 흡착
• 가역반응
• 평형상태

52. 하수 고도처리 도입 이유로 가장 거리가 먼 것은?

① 개방형 수역의 부영양화 촉진
② 방류수역의 수질환경기준의 달성
③ 방류수역의 이용도 향상
④ 처리수의 재이용

해설 고도처리로 영양염류를 감소시키면 부영양화가 감소된다.

53. 폐수 중에 함유된 콜로이드 입자의 안정성은 zeta 전위의 크기에 의존한다. zeta 전위를 표시한 식으로 알맞은 것은? (단, q = 단위면적당 전하, δ = 전하가 영향을 미치는 전단 표면 주위의 층의 두께, D = 액체의 도전 상수)

① $4\pi\delta q/D$ ② $4\pi q D/\delta$
③ $\pi\delta q/4D$ ④ $\pi q D/4\delta$

해설 zeta potential(Z) = $4\pi\delta q/D$

54. 유효수심 3.5 m, 체류시간 3시간인 일차 침전지의 수면적부하($m^3/m^2 \cdot day$)는?

① 14 ② 28
③ 56 ④ 112

해설 $Q/A = \dfrac{H}{t} = \dfrac{3.5\,m}{3\,hr} \Big| \dfrac{24\,hr}{1\,day}$
= 28 m/day

55. 하수슬러지를 감량하고 혐기성 소화조의 처리 효율을 증대하기 위해 다양한 슬러지 가용화 방법이 개발 및 적용되고 있다. 하수슬러지 가용화의 방법으로 적당하지 않은 것은?

① 오존처리 ② 초음파처리
③ 열적처리 ④ 염소처리

해설 하수슬러지 가용화 방법 : 초음파처리, 오존처리, 기계적(물리적)처리, 수리동력학처리, 열처리 등

56. 폐수를 살수여상법으로 처리할 때 처리 효율이 가장 좋은 것은?

① 저속여상(low – rate)
② 중속여상(intermediate – rate)
③ 고속여상(high – rate)
④ 초고속여상(super – rate)

해설 살수여상법의 BOD 처리효율은 저율(저속)일수록 커진다.

57. 활성슬러지 혼합액의 고형물을 0.26 %에서 3 %까지 농축하고자 할 때 가압순환 흐름이 있는 경우의 부상농축기를 설계하고자 한다. 다음의 조건하에서 소요 순환 유량(m^3/day)은? (단, A/S = 0.06, 온도 = 20℃, 공기 용해도 = 18.7 mL/L, 압력 = 3.7 atm, 용존 공기 비율 = 0.5, 부유고형물 농도 = 4,000 mg/L, 슬러지 유량 = 400 m^3/day)

① 약 2,500
② 약 3,000
③ 약 3,500
④ 약 4,000

해설 반송유량(Q_r)

$A/S = \dfrac{1.3S_a(fP-1)}{S} \cdot \dfrac{Q_r}{Q}$

$0.06 = \dfrac{1.3 \times 18.7 \times (0.5 \times 3.7 - 1)}{2,600} \Big| \dfrac{Q_r}{400}$

∴ $Q_r = 3,019.81\,m^3$/day

58. 기계식 봉 스크린을 0.64 m/s로 흐르는 수로에 설치하고자 한다. 봉의 두께는 10 mm이고, 간격이 30 mm라면 봉 사이로 지나는 유속(m/s)은?

① 0.75 ② 0.80
③ 0.85 ④ 0.90

해설 스크린 통과유속
$v_2 = v_1 \dfrac{(t+b)}{b} = 0.64\,m/s \times \dfrac{(10+30)}{30}$
= 0.853 m/s

59. 슬러지안정화 방법 중 슬러지 내 중금속을 제거시키는 방법으로 가장 알맞은 것은?

① 석회석 안정화
② 습식 산화법
③ 염소 산화법
④ 혐기성 소화

정답 53. ① 54. ② 55. ④ 56. ① 57. ② 58. ③ 59. ③

해설 슬러지 내 중금속 처리 및 회수 방법
- 산화/환원법(산화제 : 오존, 염소, 과망간산칼륨, 과산화수소, 차아염소산 등)
- 화학적 침전법
- 이온교환법
- 액막 또는 고체막 분리법
- 흡착법
- 증발법
- 용매추출법

60. 회전원판법의 장단점에 대한 설명으로 틀린 것은?

① 단회로 현상의 제어가 어렵다.
② 폐수량 변화에 강하다.
③ 파리는 발생하지 않으나 하루살이가 발생하는 수가 있다.
④ 활성슬러지법에 비해 최종침전지에서 미세한 부유물질이 유출되기 쉽다.

해설 ① 단회로 현상 제어가 가능하다.

제4과목 수질오염공정시험기준

61. 수질오염공정시험기준상 냄새 측정에 관한 내용으로 틀린 것은?

① 물속의 냄새를 측정하기 위하여 측정자의 후각을 이용하는 방법이다.
② 잔류염소의 냄새는 측정에서 제외한다.
③ 냄새역치는 냄새를 감지할 수 있는 최대 희석배수를 말한다.
④ 각 판정요원의 냄새의 역치를 산술평균하여 결과로 보고한다.

해설 ④ 각 판정요원의 냄새의 역치를 기하평균하여 결과로 보고한다.

62. 식물성 플랑크톤의 정량시험 중 저배율에 의한 방법은? (단, 200배율 이하)

① 스트립 이용 계수
② 팔머-말로니 챔버 이용 계수
③ 혈구계수기 이용 계수
④ 최적 확수 이용 계수

해설
- 저배율 방법(200배율 이하) : 스트립 이용 계수, 격자 이용 계수
- 중배율 방법(200배율~500배율 이하) : 팔머-말로니 챔버 이용 계수, 혈구계수기 이용 계수

63. 예상 BOD 값에 대한 사전경험이 없을 때에는 희석하여 시료를 제조한다. 처리하지 않은 공장폐수와 침전된 하수가 시료에 함유되는 정도는?

① 0.1~1.0 %   ② 1~5 %
③ 5~25 %   ④ 25~100 %

해설 예상 BOD값에 대한 사전경험이 없을 때에는 아래와 같이 희석하여 시료를 조제한다.
- 오염 정도가 심한 공장폐수 : 0.1~1.0 %
- 처리하지 않은 공장폐수와 침전된 하수 : 1~5 %
- 처리하여 방류된 공장폐수 : 5~25 %
- 오염된 하천수 : 25~100 %

64. 이온전극법에 대한 설명으로 틀린 것은?

① 시료용액의 교반은 이온전극의 응답속도 이외의 전극범위, 정량한계 값에는 영향을 미치지 않는다.
② 전극과 비교전극을 사용하여 전위를 측정하고 그 전위차로부터 정량하는 방법이다.
③ 이온전극법에 사용하는 장치의 기본구성은 비교전극, 이온전극, 자석교반기, 저항전위계, 이온측정기 등으로 되어 있다.
④ 이온전극의 종류에는 유리막 전극, 고체막 전극, 격막형 전극으로 구분된다.

해설 ① 시료용액의 교반은 이온전극의 전극전위, 응답속도, 정량하한 값에 영향을 나타낸다. 그러므로 측정에 방해되지 않는 범위 내에서 일정한 속도로 교반해야 한다.

65. 수산화나트륨 1 g을 증류수에 용해시켜 400 mL로 하였을 때 이 용액의 pH는?

① 13.8
② 12.8
③ 11.8
④ 10.8

해설 NaOH → Na$^+$ + OH$^-$

(1) [OH$^-$] = $\dfrac{1\ g}{0.4\ L} \Big| \dfrac{1\ mol\ OH^-}{40\ g\ NaOH}$
 = 0.0625 M

(2) pOH = $-\log(0.0625) = 1.204$

(3) pH = 14 − pOH = 12.795

66. 퍼지·트랩-기체크로마토그래프(질량분석법)법으로 분석하는 휘발성 저급탄화수소와 가장 거리가 먼 것은?

① 벤젠
② 사염화탄소
③ 폴리클로리네이티드비페닐
④ 1,1-다이클로로에틸렌

해설 퍼지·트랩-기체크로마토그래프(질량분석법) 분석물질: 1,4-다이옥산, 휘발성유기화합물, 나프탈렌, 스타이렌

정리 휘발성유기화합물의 종류
- 플루오로벤젠
- 1,2-다이클로로벤젠-d4
- 다이클로로메탄
- 벤젠
- 톨루엔
- 에틸벤젠
- o-자일렌
- m-자일렌
- p-자일렌
- 클로로폼
- 1,1,1-트리클로로에탄
- 1,2-다이클로로에탄
- 트리클로로에틸렌
- 테트라클로로에틸렌
- 1,1-다이클로로에틸렌
- 사염화탄소

67. 페놀류-자외선/가시선 분광법의 분석에 대한 측정원리에 관한 설명으로 ( )에 옳은 것은?

> 증류한 시료에 염화암모늄-암모니아 완충용액을 넣어 ( )으로 조절한 다음 4-아미노안티피린과 헥사시안화철(Ⅱ)산칼륨을 넣어 생성된 붉은색의 안티피린계 색소의 흡광도를 측정한다.

① pH 7
② pH 8
③ pH 9
④ pH 10

해설 페놀류-자외선/가시선 분광법: 물속에 존재하는 페놀류를 측정하기 위하여 증류한 시료에 염화암모늄-암모니아 완충용액을 넣어 pH 10으로 조절한 다음 4-아미노안티피린과 헥사시안화철(Ⅱ)산칼륨을 넣어 생성된 붉은색의 안티피린계 색소의 흡광도를 측정하는 방법으로 수용액에서는 510 nm, 클로로폼 용액에서는 460 nm에서 측정

68. 용존산소 측정 시 티오황산나트륨 표준용액을 표정할 때 표준물질로 사용되는 KIO$_3$는 아래와 같은 반응을 한다. 이때 0.1 N KIO$_3$ 용액을 만들려면 KIO$_3$ 몇 g을 달아 물에 녹여 1 L로 만들면 되는가? (단, 분자량 KIO$_3$ = 214)

$$IO_3^- + 5I^- + 6H^+ \rightarrow 3I_2 + 3H_2O$$

① 21.4
② 4.28
③ 3.57
④ 2.14

해설 KIO$_3$의 산화환원 당량
1 mol = 6 eq = 214 g

$\dfrac{0.1\ eq}{L} \Big| 1\ L \Big| \dfrac{214\ g}{6\ eq} = 3.56\ g$

정답 65. ② 66. ③ 67. ④ 68. ③

69. 총 인을 아스코르빈산 환원법에 의해 흡광도를 측정할 때 880 nm에서 측정이 불가능한 경우, 어느 파장(nm)에서 측정할 수 있는가?

① 560   ② 660   ③ 710   ④ 810

해설 880 nm에서 흡광도 측정이 불가능할 경우에는 710 nm에서 측정한다.

70. 고형물질이 많아 관을 메울 우려가 있는 폐·하수의 관내 유량을 측정하는 장치로 가장 옳은 것은?

① 자기식 유량측정기(magnetic flow meter)
② 유량측정용 노즐(nozzle)
③ 파살플룸(parshall flume)
④ 피토우관(pitot)

해설 자기식 유량측정기기 : 고형물질이 많아 관을 메울 우려가 있는 폐·하수에 이용할 수 있다.

71. 시료채취 시 유의사항에 관한 내용으로 가장 거리가 먼 것은?

① 채취용기는 시료를 채우기 전에 시료로 3회 이상 세척 후 사용한다.
② 수소이온을 측정하기 위한 시료를 채취할 때에는 운반 중 공기와 접촉이 없도록 용기에 가득 채운다.
③ 휘발성유기화합물 분석용 시료를 채취할 때에는 뚜껑에 격막이 생성되지 않도록 주의한다.
④ 시료채취량은 시험항목 및 시험회수에 따라 차이가 있으나 보통 3~5리터 정도이다.

해설 ③ 휘발성유기화합물 분석용 시료를 채취할 때에는 뚜껑의 격막을 만지지 않도록 주의하여야 한다.

72. 중금속 측정을 위하여 물 250 mL를 비커에 취하여 질산(비중 : 1.409, 70 %)을 5 mL 첨가하고, 가열하여 액량을 5 mL로 증발 농축한 후, 방랭한 다음 여과하여 물을 첨가하여 정확히 100 mL로 할 경우 규정 농도(N)는? (단, 질산의 손실은 없다고 가정)

① 0.04   ② 0.07
③ 0.35   ④ 0.75

해설 $N = \dfrac{\text{용질 eq}}{\text{용액 L}}$

$= \dfrac{0.7 \times 5\text{mL} \times \dfrac{1.409\text{g}}{1\text{mL}} \times \dfrac{1\text{eq}}{63\text{g HNO}_3}}{0.1\text{L}}$

$= 0.782\text{N}$

73. 물의 알칼리도를 측정하기 위해 50 mL의 시료를 N/50 황산으로 측정하여 phenol-phthalein 지시약의 종점에서 4.3 mg, methyl orange 지시약의 종점에서 13.5 mg이었다. 이 물의 총 알칼리도(mg/L CaCO$_3$)는? (단, 1/50 황산의 역가 = 1)

① 68   ② 120
③ 186   ④ 270

해설 $\dfrac{1/50 \text{ eq}}{\text{L}} \left| \dfrac{13.5 \text{ mL}}{50 \text{ mL}} \right.$

$\left| \dfrac{100 \times 10^3 \text{ mg CaCO}_3}{2 \text{ eq}} \right. = 270 \text{mg/L}$

※ 문제 출제 오류 → mg을 mL로 바꾸어 풀이하세요.

74. 자외선/가시선 분광법에 의한 페놀류의 측정원리를 설명한 내용으로 옳지 않은 것은?

① 수용액에서는 510 nm에서 흡광도를 측정한다.
② 클로로폼 용액에서는 450 nm에서 흡광도를 측정한다.
③ 추출법의 정량한계는 0.1 mg/L이다.
④ 황 화합물의 간섭이 있는 경우 인산(H$_3$PO$_4$)이 사용된다.

해설 ③ 정량한계는 클로로폼 추출법일 때 0.005 mg/L, 직접측정법일 때 0.05 mg/L

정답 69. ③ 70. ① 71. ③ 72. ④ 73. ④ 74. ③

75. I_0 단색광이 정색액을 통과할 때 그 빛의 50 %가 흡수된다면 이 경우 흡광도는?
① 0.6   ② 0.5
③ 0.3   ④ 0.2

해설 흡광도 : 용액의 빛을 흡수하는 정도를 나타내는 양
$$A = \log\left(\frac{I_0}{I}\right) = \log\left(\frac{100}{50}\right) = 0.303$$
여기서, I_0 : 입사광 강도
I : 투과광 강도

76. 다음 용어의 정의로 옳지 않은 것은?
① 밀폐용기 : 취급 또는 저장하는 동안에 이 물질이 들어가거나 또는 내용물이 손실되지 아니하도록 보호하는 용기를 말한다.
② 즉시 : 30초 이내에 표시된 조작을 하는 것을 뜻한다.
③ 정확히 단다. : 규정된 수치의 무게를 0.001 mg까지 다는 것을 말한다.
④ 냄새가 없다. : 냄새가 없거나 또는 거의 없는 것을 표시하는 것이다.

해설 ③ 무게를 "정확히 단다"라 함은 규정된 수치의 무게를 0.1 mg까지 다는 것을 말한다.

77. 지하수 시료는 취수정 내에 고여 있는 물과 원래 지하수의 성상이 달라질 수 있으므로 고여 있는 물을 충분히 퍼낸 다음 새로 나온 물을 채취한다. 이 경우 퍼내는 양은?
① 고여 있는 물의 절반 정도
② 고여 있는 물의 전체량 정도
③ 고여 있는 물의 2~3배 정도
④ 고여 있는 물의 4~5배 정도

해설 시료채취 시 유의사항 : 지하수 시료는 취수정 내에 고여 있는 물과 원래 지하수의 성상이 달라질 수 있으므로 고여 있는 물을 충분히 퍼낸 다음 새로 나온 물을 채취한다. 이 경우 퍼내는 양은 고여 있는 물의 4~5배 정도이나 pH 및 전기전도도를 연속적으로 측정하여 이 값이 평형을 이룰 때까지로 한다.

78. 검정곡선 작성용 표준용액과 시료에 동일한 양의 내부표준물질을 첨가하여 시험분석 절차, 기기 또는 시스템의 변동으로 발생하는 오차를 보정하기 위해 사용하는 방법은?
① 검량선법   ② 표준물첨가법
③ 절대검량선법   ④ 내부표준법

해설 내부표준법(internal standard calibration) : 은 검정곡선 작성용 표준용액과 시료에 동일한 양의 내부표준물질을 첨가하여 시험분석 절차, 기기 또는 시스템의 변동으로 발생하는 오차를 보정하기 위해 사용하는 방법이다.

79. 폐수의 유량 측정법에 있어 최대 유량이 $1 m^3/min$ 미만으로 폐수유량이 배출될 경우 용기에 의한 측정 방법에 관한 내용으로 ( )에 옳은 것은?

> 용기는 용량 100~200 L인 것을 사용하여 유수를 채우는 데에 요하는 시간을 스톱워치로 잰다. 용기에 물을 받아 넣는 시간을 ( )이 되도록 용량을 결정한다.

① 10초 이상   ② 20초 이상
③ 30초 이상   ④ 40초 이상

해설 최대 유량이 $1 m^3$/분 미만인 경우
(1) 유수를 용기에 받아서 측정
(2) 용기 용량 100~200 L인 것을 사용하여 유수를 채우는 데에 요하는 시간을 스톱워치(stop watch)로 잰다. 용기에 물을 받아 넣는 시간을 20초 이상이 되도록 용량을 결정한다.

더 알아보기 핵심정리 2-75

80. 다음 시험항목 중 측정할 때 증류장치가 필요하지 않은 것은?
① 암모니아성 질소 시험법
② 아질산성 질소 시험법
③ 페놀류 시험법
④ 시안 시험법

제5과목 수질환경관계법규

81. 시·도지사 등은 수질오염물질 배출량 등의 확인을 위한 오염도 검사를 통보를 받은 날부터 며칠 이내에 사업자에게 배출농도 및 일일 유량에 관한 사항을 통보해야 하는가?

① 5일 ② 10일
③ 15일 ④ 20일

해설 시·도지사 등은 수질오염물질 배출량 등의 확인을 위한 오염도 검사를 통보를 받은 날부터 10일 이내에 사업자에게 배출농도 및 일일 유량에 관한 사항을 통보하여야 한다.

82. 기술요원 또는 환경기술인의 교육기관으로 알맞게 짝지어진 것은?

① 국립환경과학원 – 환경보전협회
② 환경관리협회 – 시도보건환경연구원
③ 국립환경인재개발원 – 환경보전협회
④ 환경관리협회 – 국립환경과학원

해설 환경기술인 교육기관
1. 측정기기 관리대행업에 등록된 기술인력: 국립환경인재개발원, 한국상하수도협회
2. 폐수처리업에 종사하는 기술요원: 국립환경인재개발원
3. 환경기술인: 환경보전협회

83. 폐수배출시설에 대한 변경허가를 받지 아니하거나 거짓으로 변경허가를 받아 배출시설을 변경하거나 그 배출시설을 이용하여 조업한 자에 대한 처벌기준은?

① 7년 이하 징역 또는 7천만원 이하의 벌금
② 5년 이하 징역 또는 5천만원 이하의 벌금
③ 3년 이하 징역 또는 3천만원 이하의 벌금
④ 1년 이하 징역 또는 1천만원 이하의 벌금

해설 7년 이하의 징역 또는 7천만원 이하의 벌금
1. 배출시설의 설치허가 또는 변경허가를 받지 아니하거나 거짓으로 허가 또는 변경허가를 받아 배출시설을 설치 또는 변경하거나 그 배출시설을 이용하여 조업한 자
2. 배출시설의 설치를 제한하는 지역(상수원보호구역의 상류지역, 특별대책지역 및 그 상류지역, 취수시설이 있는 지역 및 그 상류지역의 배출시설)에서 제한되는 배출시설을 설치하거나 그 시설을 이용하여 조업한 자
3. 다음 각 호의 어느 하나에 해당하는 행위를 한 자
   • 폐수무방류배출시설에서 배출되는 폐수를 사업장 밖으로 반출하거나 공공수역으로 배출하거나 배출할 수 있는 시설을 설치하는 행위
   • 폐수무방류배출시설에서 배출되는 폐수를 오수 또는 다른 배출시설에서 배출되는 폐수와 혼합하여 처리하거나 처리할 수 있는 시설을 설치하는 행위
   • 폐수무방류배출시설에서 배출되는 폐수를 재이용하는 경우 동일한 폐수무방류배출시설에서 재이용하지 아니하고 다른 배출시설에서 재이용하거나 화장실 용수, 조경용수 또는 소방용수 등으로 사용하는 행위

84. 조류경보 단계의 종류와 경보단계별 발령, 해제기준으로 틀린 것은? (단, 상수원 구간 기준)

① 관심 – 2회 연속 채취 시 남조류 세포수가 1,000세포/mL 이상 10,000세포/mL 미만인 경우
② 경계 – 2회 연속 채취 시 남조류 세포수가 10,000세포/mL 이상 1,000,000세포/mL 미만인 경우
③ 조류대발생 – 2회 연속 채취 시 남조류 세포수가 1,000,000세포/mL 이상인 경우
④ 해제 – 2회 연속 채취 시 남조류 세포수가 1,000세포/mL 이상인 경우

해설 ④ 해제 – 2회 연속 채취 시 남조류 세포수가 1,000세포/mL 미만인 경우

더 알아보기 핵심정리 2-90

정답 81. ② 82. ③ 83. ① 84. ④

85. 환경부장관이 수립하는 대권역 물환경 관리계획에 포함되어야 하는 사항으로 틀린 것은?

① 수질오염관리 기본 및 시행계획
② 점오염원, 비점오염원 및 기타수질오염원에서 배출되는 수질오염물질의 양
③ 점오염원, 비점오염원 및 기타수질오염원의 분포현황
④ 물환경의 변화 추이 및 물환경 목표기준

해설 대권역계획 수립 시 포함사항
1. 물환경의 변화 추이 및 물환경 목표기준
2. 상수원 및 물 이용현황
3. 점오염원, 비점오염원 및 기타수질오염원의 분포현황
4. 점오염원, 비점오염원 및 기타수질오염원에서 배출되는 수질오염물질의 양
5. 수질오염 예방 및 저감 대책
6. 물환경 보전조치의 추진방향
7. 기후변화에 대한 적응대책
8. 그 밖에 환경부령으로 정하는 사항

86. 기타 수질오염원의 설치·관리자가 하여야 할 조치에 관한 내용으로 (   )에 옳은 것은?

[수산물 양식시설 : 가두리 양식 어장]
사료를 준 후 2시간 지났을 때 침전되는 양이 (   ) 미만인 부상(浮上)사료를 사용한다. 다만 10센티미터 미만의 치어 또는 종묘에 대한 사료는 제외한다.

① 10 %   ② 20 %
③ 30 %   ④ 40 %

해설 기타 수질오염원인 수산물 양식시설 설치 등의 조치 기준[수산물 양식시설 : 가두리 양식 어장] 사료를 준 후 2시간 지났을 때 침전되는 양이 10 % 미만인 부상사료를 사용한다. 다만, 10센티미터 미만의 치어 또는 종묘에 대한 사료는 제외한다.

87. 배출시설에 대한 일일기준초과배출량 산정에 적용되는 일일유량은 (측정유량×일일조업시간)이다. 일일유량을 구하기 위한 일일조업시간에 대한 설명으로 (   )에 맞는 것은?

측정하기 전 최근 조업한 30일간의 배출시설 조업시간의 (㉠)로서 (㉡)으로 표시한다.

① ㉠ 평균치, ㉡ 분(min)
② ㉠ 평균치, ㉡ 시간(hr)
③ ㉠ 최대치, ㉡ 분(min)
④ ㉠ 최대치, ㉡ 시간(hr)

해설 일일조업시간은 측정하기 전 최근 조업한 30일간의 오수 및 폐수 배출시설의 조업시간 평균치로서 분으로 표시한다.

88. 수질 및 수생태계 중 하천의 생활환경 기준으로 틀린 것은? (단, 등급 : 약간 좋음, 단위 : mg/L)

① TOC : 2 이하
② BOD : 3 이하
③ SS : 25 이하
④ DO : 5.0 이상

해설 ① TOC : 4 이하
더 알아보기 핵심정리 2-88 (1)

89. 수질오염방지시설 중 물리적 처리시설에 해당되는 것은?

① 폭기시설
② 산화시설(산화조 또는 산화지)
③ 이온교환시설
④ 부상시설

해설 수질오염방지시설
①, ② 생물화학적 처리시설
③ 화학적 처리시설
더 알아보기 핵심정리 2-95

정답 85. ① 86. ① 87. ① 88. ① 89. ④

90. 환경부장관 또는 시·도지사가 측정망을 설치하기 위한 측정망 설치계획에 포함시켜야 하는 사항과 가장 거리가 먼 것은?

① 측정망 배치도
② 측정망 설치시기
③ 측정자료의 확인방법
④ 측정망 운영방안

해설 측정망 설치계획 포함사항
1. 측정망 설치시기
2. 측정망 배치도
3. 측정망을 설치할 토지 또는 건축물의 위치 및 면적
4. 측정망 운영기관
5. 측정자료의 확인방법

91. 수변생태구역의 매수·조성 등에 관한 내용으로 ( )에 옳은 것은?

> 환경부장관은 하천·호소 등의 물환경 보전을 위하여 필요하다고 인정하는 때에는 (㉠)으로 정하는 기준에 해당하는 수변습지 및 수변토지를 매수하거나 (㉡)으로 정하는 바에 따라 생태적으로 조성·관리할 수 있다.

① ㉠ 환경부령, ㉡ 대통령령
② ㉠ 대통령령, ㉡ 환경부령
③ ㉠ 환경부령, ㉡ 국무총리령
④ ㉠ 국무총리령, ㉡ 환경부령

해설 수변생태구역의 매수·조성 : 환경부장관은 하천·호소 등의 물환경 보전을 위하여 필요하다고 인정할 때에는 대통령령으로 정하는 기준에 해당하는 수변습지 및 수변토지를 매수하거나 환경부령으로 정하는 바에 따라 생태적으로 조성·관리할 수 있다.

92. 오염총량관리 조사·연구반의 수행 업무와 가장 거리가 먼 것은?

① 오염총량관리기본계획에 대한 검토
② 오염총량관리시행계획에 대한 검토
③ 오염총량관리 성과지표에 대한 검토
④ 오염총량목표수질 설정을 위하여 필요한 수계특성에 대한 조사·연구

해설 오염총량관리 조사·연구반 수행 업무
1. 오염총량목표수질에 대한 검토·연구
2. 오염총량관리기본방침에 대한 검토·연구
3. 오염총량관리기본계획에 대한 검토
4. 오염총량관리시행계획에 대한 검토
5. 오염총량관리시행계획에 대한 전년도의 이행사항 평가 보고서 검토
6. 오염총량목표수질 설정을 위하여 필요한 수계특성에 대한 조사·연구
7. 오염총량관리제도의 시행과 관련한 제도 및 기술적 사항에 대한 검토·연구
8. 1~7까지의 업무를 수행하기 위한 정보체계의 구축 및 운영

93. 간이공공하수처리시설에서 배출하는 하수·분뇨 찌꺼기 성분 검사주기는?

① 월 1회 이상
② 분기 1회 이상
③ 반기 1회 이상
④ 연 1회 이상

해설 하수·분뇨 찌꺼기 성분검사
1. 검사대상 : 공공하수처리시설·간이공공하수처리시설 또는 분뇨처리시설에서 배출하는 하수·분뇨 찌꺼기
2. 검사주기 : 연 1회 이상
3. 검사항목 : 토양오염우려기준에 해당하는 물질

정답 90. ④ 91. ② 92. ③ 93. ④

94. 공공폐수처리시설의 유지·관리기준 중 처리 시설의 관리·운영자가 실시하여야 하는 방류수 수질검사에 관한 내용으로 ( )에 옳은 것은? (단, 방류수 수질은 현저하게 악화되지 않음)

> 처리시설의 적정 운영 여부를 확인하기 위하여 방류수 수질검사를 (㉠) 실시하되, 1일당 2천세제곱미터 이상인 시설은 (㉡) 실시하여야 한다. 다만, 생태독성(TU) 검사는 (㉢) 실시하여야 한다.

① ㉠ 월 1회 이상, ㉡ 주 1회 이상, ㉢ 월 2회 이상
② ㉠ 월 1회 이상, ㉡ 월 2회 이상, ㉢ 주 1회 이상
③ ㉠ 월 2회 이상, ㉡ 주 1회 이상, ㉢ 월 1회 이상
④ ㉠ 월 2회 이상, ㉡ 월 1회 이상, ㉢ 주 1회 이상

해설 방류수 수질검사
- 방류수 수질검사 : 월 2회 이상 실시(단, 2,000 m^3/day 이상인 시설 : 주 1회 이상)
- 생태독성(TU) 검사 : 월 1회 이상 실시

95. 물환경보전법상 호소 및 해당 지역에 관한 설명으로 틀린 것은?

① 제방(사방사업법의 사방시설 포함)을 쌓아 하천에 흐르는 물을 가두어 놓은 곳
② 하천에 흐르는 물이 자연적으로 가두어진 곳
③ 화산활동 등으로 인하여 함몰된 지역에 물이 가두어진 곳
④ 댐·보를 쌓아 하천에 흐르는 물을 가두어 놓은 곳

해설 호소 : 아래 어느 하나에 해당하는 지역으로서 만수위(댐의 경우에는 계획홍수위) 구역 안의 물과 토지를 말한다.
- 댐·보 또는 둑(「사방사업법」에 따른 사방시설은 제외) 등을 쌓아 하천 또는 계곡에 흐르는 물을 가두어 놓은 곳
- 하천에 흐르는 물이 자연적으로 가두어진 곳
- 화산활동 등으로 인하여 함몰된 지역에 물이 가두어진 곳

96. 환경부장관이 물환경을 보전할 필요가 있다고 지정, 고시하고 물환경을 정기적으로 조사, 측정하여야 하는 호소의 기준으로 틀린 것은?

① 1일 30만톤 이상의 원수를 취수하는 호소
② 만수위일 때 면적이 10만 제곱미터 이상인 호소
③ 수질오염이 심하여 특별한 관리가 필요하다고 인정되는 호소
④ 동식물의 서식지·도래지이거나 생물다양성이 풍부하여 특별히 보전할 필요가 있다고 인정되는 호소

해설 호소수 이용 상황 등의 조사·측정 등 : 환경부장관은 다음 각 호의 어느 하나에 해당하는 호소로서 물환경을 보전할 필요가 있는 호소를 지정·고시하고, 그 호소의 물환경을 정기적으로 조사·측정하여야 한다.
1. 1일 30만 톤 이상의 원수를 취수하는 호소
2. 동식물의 서식지·도래지이거나 생물다양성이 풍부하여 특별히 보전할 필요가 있다고 인정되는 호소
3. 수질오염이 심하여 특별한 관리가 필요하다고 인정되는 호소

97. 물환경 보전에 관한 법률상 용어의 정의로 옳지 않은 것은?

① 비점오염저감시설이란 수질오염방지시설 중 비점오염원으로부터 배출되는 수질오염물질을 제거하거나 감소하게 하는 시설로서 환경부령이 정하는 것을 말한다.
② 공공수역이란 하천, 호소, 항만, 연안해역, 그 밖에 공공용으로 사용되는 수역과 이에 접속하여 공공용으로 사용되는 환경부령으로 정하는 수로를 말한다.
③ 비점오염원이란 도시, 도로, 농지, 산지, 공사장 등으로서 불특정 장소에서 불특정하게 수질오염물질을 배출하는 배출원을 말한다.
④ 기타수질오염원이란 비점오염원으로 관리되지 아니하는 특정수질오염물질만을 배출하는 시설을 말한다.

해설 ④ 기타수질오염원이란 점오염원 및 비점오염원으로 관리되지 아니하는 수질오염물질을 배출하는 시설 또는 장소로서 환경부령이 정하는 것을 말한다.

98. 수질자동측정기기 및 부대시설을 모두 부착하지 아니할 수 있는 시설의 기준으로 옳은 것은?

① 연간 조업일수가 60일 미만인 사업장
② 연간 조업일수가 90일 미만인 사업장
③ 연간 조업일수가 120일 미만인 사업장
④ 연간 조업일수가 150일 미만인 사업장

해설 수질자동측정기기 및 부대시설 설치의 면제기준에 해당하는 사업장 : 연간 조업일수가 90일 미만인 사업장

99. 수질오염방지시설 중 생물화학적 처리시설이 아닌 것은?

① 접촉조
② 살균시설
③ 폭기시설
④ 살수여과상

해설 수질오염방지시설
② 살균시설 : 화학적 처리시설
더 알아보기 핵심정리 2-95

100. 비점오염원으로부터 배출되는 수질오염물질을 제거하거나 감소하게 하는 비점오염저감시설을 자연형 시설과 장치형 시설로 구분할 때 바르게 나열한 것은?

① 자연형 시설 : 여과형 시설, 와류형 시설
② 장치형 시설 : 스크린형 시설, 생물학적 처리형 시설
③ 자연형 시설 : 식생형 시설, 와류형 시설
④ 장치형 시설 : 저류시설, 침투시설

해설 비점오염저감시설

자연형 시설	장치형 시설
• 저류시설 • 인공습지 • 침투시설 • 식생형 시설	• 여과형 시설 • 소용돌이(와류)형 • 스크린형 시설 • 응집·침전 처리형 시설 • 생물학적 처리형 시설

2020년도 시행문제

수질환경기사 2020년 6월 6일(통합 제1, 2회)

제1과목 수질오염개론

1. 물의 물리적 특성으로 가장 거리가 먼 것은?

① 물의 표면장력이 낮을수록 세탁물의 세정효과가 증가한다.
② 물이 얼면 액체상태보다 밀도가 커진다.
③ 물의 융해열은 다른 액체보다 높은 편이다.
④ 물의 여러 가지 특성은 물분자의 수소결합 때문에 나타난다.

해설 ② 얼음(고체)보다 물(액체)의 밀도가 더 크다.

2. DO 포화농도가 8 mg/L인 하천에서 t = 0일 때 DO가 5 mg/L이라면 6일 유하했을 때의 DO 부족량(mg/L)은? (단, BOD_u = 20 mg/L, K_1 = 0.1 day^{-1}, K_2 = 0.2 day^{-1}, 상용대수)

① 약 2
② 약 3
③ 약 4
④ 약 5

해설 $D_t = \dfrac{K_1 L_0}{K_2 - K_1}(10^{-k_1 t} - 10^{-k_2 t})$
$\qquad + D_0 \cdot 10^{-k_2 t}$

$D_6 = \dfrac{0.1 \times 20}{0.2 - 0.1}(10^{-0.1 \times 6} - 10^{-0.2 \times 6})$
$\qquad + (8-5) \times 10^{-0.2 \times 6}$
$\quad = 3.9511 \text{ mg/L}$

3. 생체 내에 필수적인 금속으로 결핍 시에는 인슐린의 저하를 일으킬 수 있는 유해물질은?

① Cd   ② Mn
③ CN   ④ Cr

해설 ① Cd : 이따이이따이
② Mn : 파킨슨씨 유사병
③ CN : 헤모글로빈과 테트라크롬계 호흡효소와 결합해 생체 내 산소와 수소 이동 방해, 두통, 현기증, 의식장애, 경련 등
④ Cr : 결핍 시 인슐린이 저하되면, 탄수화물 대사장애 발생

4. 지구상의 담수 중 차지하는 비율이 가장 큰 것은?

① 빙하 및 빙산   ② 하천수
③ 지하수   ④ 수증기

해설 담수의 비율 : 빙하 > 지하수 > 지표수(호수, 하천) > 대기 중 수분 > 생물체 내 수분

5. 생물학적 변환(생분해)을 통한 유기물의 환경에서의 거동 또는 처리에 관한 내용으로 옳지 않은 것은?

① 케톤은 알데하이드보다 분해되기 어렵다.
② 다환 방향족 탄화수소의 고리가 3개 이상이면 생분해가 어렵다.
③ 포화 지방족 화합물은 불포화 지방족 화합물(이중결합)보다 쉽게 분해된다.
④ 벤젠고리에 첨가된 염소나 나이트로기의 수가 증가할수록 생분해에 대한 저항이 크고 독성이 강해진다.

정답 1. ② 2. ③ 3. ④ 4. ① 5. ③

해설 ③ 포화 지방족 화합물은 불포화 지방족 화합물(이중결합)보다 분해되기 어렵다.

6. $Na^+ = 360$ mg/L, $Ca^{2+} = 80$ mg/L, $Mg^{2+} = 96$ mg/L인 농업용수의 SAR 값은? (단, 원자량: Na = 23, Ca = 40, Mg = 24)

① 약 4.8
② 약 6.4
③ 약 8.2
④ 약 10.6

해설 ① $Na^+ : \dfrac{360 \text{ mg}}{L} \bigg| \dfrac{1 \text{ me}}{23 \text{ mg}}$
$= 15.6521 \text{ me/L}$

② $Ca^{2+} : \dfrac{80 \text{ mg}}{L} \bigg| \dfrac{1 \text{ me}}{20 \text{ mg}} = 4 \text{ me/L}$

③ $Mg^{2+} : \dfrac{96 \text{ mg}}{L} \bigg| \dfrac{1 \text{ me}}{12 \text{ mg}} = 8 \text{ me/L}$

④ $SAR = \dfrac{Na^+}{\sqrt{\dfrac{Ca^{2+} + Mg^{2+}}{2}}} = \dfrac{15.6521}{\sqrt{\dfrac{4+8}{2}}}$
$= 6.3899$

7. 생물학적 오탁지표들에 대한 설명으로 틀린 것은?

① BIP(Biological Index of Pollution): 현미경적 생물을 대상으로 전 생물수에 대한 동물성 생물수의 백분율을 나타낸 것으로 값이 클수록 오염이 심하다.
② BI(Biotix Index): 육안적 동물을 대상으로 전 생물수에 대한 청수성 및 광범위 출현 미생물의 백분율을 나타낸 것으로, 값이 클수록 깨끗한 물로 판정된다.
③ TSI(Trophic State Index): 투명도에 대한 부영양화지수와 투명도-클로로필농도의 상관관계에 의한 부영양화지수, 클로로필농도-총인의 상관관계를 이용한 부영양화 지수가 있다.
④ SDI(Species Diversity Index): 종의 수와 개체수의 비로 물의 오염도를 나타내는 지표로 값이 클수록 종의 수는 적고 개체수는 많다.

해설 ④ SDI(Species Diversity Index)
• 종다양성 지수
• 군집 내에서 종의 다양성과 각 종의 개체수의 균일성을 동시에 고려한 지수
• 값이 클수록 각 종별로 개체수가 다양하게 존재한다는 의미임

8. 콜로이드 입자가 분산매 분자들과 충돌하여 불규칙하게 움직이는 현상은?

① 투석현상(dialysis)
② 틴들현상(tyndall)
③ 브라운운동(brown motion)
④ 반발력(zeta potential)

해설 ① 투석현상(dialysis): 반투막을 용질(콜로이드)은 통과 못하나, 용매는 통과하는 성질로 콜로이드 입자를 콜로이드 용액에서 분리하는 것
② 틴들현상(tyndall): 콜로이드 용액에 빛을 비추면 빛의 진로가 뚜렷이 보이는데, 큰 입자들이 가시광선을 산란시켜 나타나는 현상
③ 브라운운동(brown motion): 콜로이드 입자가 분산매의 열운동에 의한 충돌로 인해 보이는 불규칙적인 운동
④ 반발력(zeta potential): 콜로이드가 같은 전하로 대전되어 서로 반발해 밀어내는 힘

9. 수질분석결과 $Na^+ = 10$ mg/L, $Ca^{2+} = 20$ mg/L, $Mg^{2+} = 24$ mg/L, $Sr^{2+} = 2.2$ mg/L일 때 총경도(mg/L as $CaCO_3$)는? (단, 원자량: Na = 23, Ca = 40, Mg = 24, Sr = 87.6)

① 112.5
② 132.5
③ 152.5
④ 172.5

해설 $[Ca^{2+}] = \dfrac{20\ mg}{L} \Big| \dfrac{1\ eq}{20\ mg} \Big| \dfrac{50\ mg\ CaCO_3}{1\ me}$

$= 50\ mg/L\ as\ CaCO_3$

$[Sr^{2+}] = \dfrac{2.2\ mg}{L} \Big| \dfrac{2\ eq}{87.6\ mg} \Big| \dfrac{50\ mg\ CaCO_3}{1\ me}$

$= 2.5114\ mg/L\ as\ CaCO_3$

$[Mg^{2+}] = \dfrac{24\ mg}{L} \Big| \dfrac{1\ eq}{12\ mg} \Big| \dfrac{50\ mg\ CaCO_3}{1\ me}$

$= 100\ mg/L\ as\ CaCO_3$

∴ 총경도 $= 50 + 2.5114 + 100$
$= 152.5114\ mg/L\ as\ CaCO_3$

10. 호수 내의 성층현상에 관한 설명으로 가장 거리가 먼 것은?

① 여름성층의 연직 온도경사는 분자확산에 의한 DO 구배와 같은 모양이다.
② 성층의 구분 중 약층(thermocline)은 수심에 따른 수온변화가 적다.
③ 겨울성층은 표층수 냉각에 의한 성층이어서 역성층이라고도 한다.
④ 전도현상은 가을과 봄에 일어나며 수괴의 연직혼합이 왕성하다.

해설 ② 성층의 구분 중 약층(thermocline)은 수심에 따른 수온변화가 크다.

11. 다음에 기술한 반응식에 관여하는 미생물 중에서 전자수용체가 다른 것은?

① $H_2S + 2O_2 \rightarrow H_2SO_4$
② $2NH_3 + 3O_2 \rightarrow 2HNO_2^- + 2H_2O$
③ $NO_3^- \rightarrow N_2$
④ $Fe^{2+} + O_2 \rightarrow Fe^{3+}$

해설 전자수용체
①, ②, ④ : O_2
③ : NO_3^-
• 전자수용체 : 전자를 얻어 환원되는 물질(환원됨, 산화수 감소)
• 전자공급원 : 전자를 뺏겨 산화되는 물질(산화됨, 산화수 증가)

산화와 환원

반응의 종류	전자	산소	수소	산화수
산화	잃음	얻음	잃음	증가
환원	얻음	잃음	얻음	감소

12. 자체의 염분농도가 평균 20 mg/L인 폐수에 시간당 4 kg의 소금을 첨가시킨 후 하류에서 측정한 염분의 농도가 55 mg/L이었을 때 유량(m³/sec)은?

① 0.0317
② 0.317
③ 0.0634
④ 0.634

해설 (1) 소금 첨가로 증가한 농도
$(55-20) = 35\ mg/L$
(2) 유량
유량 $= \dfrac{\text{부하}}{\text{농도}}$

$= \dfrac{4\ kg}{hr} \Big| \dfrac{L}{35\ mg} \Big| \dfrac{1\ hr}{3,600\ s} \Big| \dfrac{10^6\ mg}{1\ kg} \Big| \dfrac{1\ m^3}{1,000\ L}$

$= 0.0317\ m^3/s$

13. 하천수질모형의 일반적인 가정 조건이 아닌 것은?

① 오염물질이 하천에 유입되자마자 즉시 완전 혼합된다.
② 정상상태이다.
③ 확산에 의한 영향을 무시한다.
④ 오염물질의 농도분포는 흐름방향으로 이루어진다.

해설 ① Plug Flow Reactor(PFR)로 가정하므로, 오염물질은 하천에 유입되자마자 즉시 완전 혼합되지 않는다.
하천수질모형의 일반적인 가정 조건
• 오염원 : 점오염원
• 반응 : 1차 반응
• 1차원 PFR 모델
• 흐름 : 정류(steady flow)
• 조류, 질산화, 저니산소 요구량 등 다른 조건은 무시함

정답 10. ② 11. ③ 12. ① 13. ①

14. 카드뮴에 대한 내용으로 틀린 것은?

① 카드뮴은 은백색이며 아연 정련업, 도금공업 등에서 배출된다.
② 골연화증이 유발된다.
③ 만성폭로로 인한 흔한 증상은 단백뇨이다.
④ 윌슨씨병 증후군과 소인증이 유발된다.

해설 ④ 윌슨씨병은 구리의 만성중독증이다.

더 알아보기 핵심정리 2-17

15. 다음 중 분뇨의 특징에 관한 설명으로 틀린 것은?

① 분뇨 내 질소화합물은 알칼리도를 높게 유지시켜 pH의 강하를 막아준다.
② 분과 뇨의 구성비는 약 1 : 8~1 : 10 정도이며 고액분리가 용이하다.
③ 분의 경우 질소산화물은 전체 VS의 12~20 % 정도 함유되어 있다.
④ 분뇨는 다량의 유기물을 함유하며, 점성이 있는 반고상 물질이다.

해설 ② 분과 뇨의 구성비는 약 1 : 8~1 : 10 정도이며 고액분리가 어렵다.

16. 평균 단면적 400 m², 유량 5,478,600 m³/day, 평균 수심 1.5 m, 수온 20℃인 강의 재포기 계수(K_2, day^{-1})는? (단, K_2 = 2.2×(V/H$^{1.33}$)로 가정)

① 0.20
② 0.23
③ 0.26
④ 0.29

해설 (1) 유속(V)

$$V = \frac{Q}{A}$$

$$= \frac{5,478,600 \text{ m}^3}{\text{day}} \cdot \frac{1}{400 \text{ m}^2} \cdot \frac{1 \text{ day}}{86,400 \text{ s}}$$

$$= 0.1585 \text{ m/s}$$

(2) K_2

$$K_2 = 2.2 \times \frac{V}{H^{1.33}} = 2.2 \times \frac{0.1585}{1.5^{1.33}} = 0.203$$

17. 암모니아를 처리하기 위해 살균제로 차아염소산을 반응시켜 mono-chloramine이 형성되었다. 이때 각 반응물질이 50% 감소하였다면 반응속도는 몇 % 감소하는가? (단, 반응속도식 : $-\frac{d[HOCl]}{(dt)_{나중}} = Kxy$)

① 75
② 60
③ 50
④ 25

해설 (1) 반응식

$HOCl + NH_3 \leftrightarrow NH_2Cl + H_2O$

$-\frac{d[HOCl]}{dt} = Kxy$에서,

반응속도(V) = $-\frac{d[HOCl]}{dt} = Kxy$

단, K : 반응속도상수
 x : [HOCl], 반응물질 HOCl 농도
 y : [NH₃], 반응물질 NH₃ 농도

∴ V = Kxy

(2) 반응물질농도가 각각 50 % 감소했을 때의 반응속도(V′)

$$V' = K\left(\frac{1}{2}x\right)\left(\frac{1}{2}y\right)$$

$$= \frac{1}{4}Kxy = \frac{1}{4}V$$

(3) 반응속도 감소율(%)

$$\frac{처음속도 - 나중속도}{처음속도}$$

$$= \frac{V - \frac{1}{4}V}{V} = \frac{3}{4} = 0.75 = 75\%$$

18. 금속을 통해 흐르는 전류의 특성으로 가장 거리가 먼 것은?

① 금속의 화학적 성질은 변하지 않는다.
② 전류는 전자에 의해 운반된다.
③ 온도의 상승은 저항을 증가시킨다.
④ 대체로 전기저항이 용액의 경우보다 크다.

해설 ④ 대체로 전기저항이 용액의 경우보다 작다.

정답 14. ④ 15. ② 16. ① 17. ① 18. ④

19. 급성독성을 평가하기 위하여 일반적으로 사용되는 기준은?

① TLm(Median Tolerance Limit)
② MicroTox
③ Daphnia
④ ORP(Oxidation-Reduction Potential)

해설 TLm(Median Tolerance Limit) : 한계치 사농도, 어류의 급성독성지표

20. 하천의 자정작용 단계 중 회복지대에 대한 설명으로 틀린 것은?

① 물이 비교적 깨끗하다.
② DO가 포화농도의 40 % 이상이다.
③ 박테리아가 크게 번성한다.
④ 원생동물 및 윤충이 출현한다.

해설 ③ 박테리아가 크게 번성하는 단계는 분해지대이다.

제2과목 상하수도계획

21. 취수관로 구조 결정 시 바람직하지 않은 것은?

① 취수관로를 고수부지에 부설하는 경우, 그 매설깊이는 원칙적으로 계획고수부지고에서 2 m 이상 깊게 매설한다.
② 관로에 작용하는 내압 및 외압에 견딜 수 있는 구조로 한다.
③ 사고 등에 대비하기 위하여 가능한 한 2열 이상으로 부설한다.
④ 취수관로가 제방을 횡단하는 경우, 취수관로는 원지반보다는 가능한 한 성토부분에 매설하여 제방을 횡단하도록 한다.

해설 ④ 취수관로가 제방을 횡단하는 경우, 원칙적으로 유연한 구조로 한다.

22. 도시의 인구가 매년 일정한 비율로 증가한 결과라면 연 평균 증가율은? (단, 현재 인구 450,000명, 10년전 인구 200,000명, 장래에 크게 발전할 가망성이 있는 도시)

① 0.225
② 0.084
③ 0.438
④ 0.076

해설 $P_n = P_0(1+r)^n$
$450,000 = 200,000(1+r)^{10}$
∴ $r = 0.0844$

더 알아보기 핵심정리 1-42 (2)

23. 하수관로에 관한 내용으로 틀린 것은?

① 도관은 내산 및 내알칼리성이 뛰어나고 마모에 강하며 이형관을 제조하기 쉽다.
② 폴리에틸렌관은 가볍고 취급이 용이하여 시공성은 좋으나 산, 알칼리에 약한 단점이 있다.
③ 덕타일주철관은 내압성 및 내식성이 우수하다.
④ 파형강관은 용융아연도금된 강판을 스파이럴형으로 제작한 강관이다.

해설 ② 폴리에틸렌관은 가볍고 취급이 용이하여 시공성이 좋고, 산, 알칼리에도 강하다.

24. 하수관로시설의 황화수소 부식 대책으로 가장 거리가 먼 것은?

① 관거를 청소하고 미생물의 생식 장소를 제거한다.
② 환기에 의해 관내 황화수소를 희석한다.
③ 황산염환원세균의 활동을 촉진시켜 황화수소 발생을 억제한다.
④ 방식재료를 사용하여 관을 방호한다.

해설 ③ 황산염환원세균의 활동을 촉진시키면 황화수소 발생이 증가하여 부식이 촉진된다.

정답 19. ① 20. ③ 21. ④ 22. ② 23. ② 24. ③

25. 급속여과지의 여과모래에 대한 설명으로 가장 거리가 먼 것은?

① 유효경은 0.45~1.0 mm의 범위 내에 있어야 한다.
② 균등계수는 1.7 이하로 한다.
③ 마모율은 3 % 이하로 한다.
④ 신규투입 여과사의 세척탁도는 5~10도 범위 내에 있어야 한다.

해설 급속여과지 설계기준
④ 신규투입 여과사의 세척탁도는 30도 이하여야 한다.

더 알아보기 핵심정리 2-26 (5)

26. 계획우수유출량의 산정방법으로 쓰이는 합리식 $Q = \frac{1}{360} C \cdot I \cdot A$에 대한 설명으로 틀린 것은? (단, 원심탈수기와 비교)

① C는 유출계수이다.
② 우수유출량 산정에 있어 가장 기본이 되는 공식이다.
③ I는 유달시간(t) 내의 평균강우강도이다.
④ A는 우수배제관거의 통수단면적이다.

해설 ④ A는 배수면적(유역면적)이다.

27. 펌프의 토출량이 12 m³/min, 펌프의 유효흡입수두 8 m, 규정 회전수 2,000회/분인 경우, 이 펌프의 비교 회전도는? (단, 양흡입의 경우가 아님)

① 892
② 1,045
③ 1,286
④ 1,457

해설 $N_S = N \frac{Q^{1/2}}{H^{3/4}} = 2,000 \times \frac{12^{1/2}}{8^{3/4}}$
$= 1,456.47$

더 알아보기 핵심정리 1-47

28. 공동현상(cavitation)이 발생하는 것을 방지하기 위한 대책으로 틀린 것은?

① 흡입측 밸브를 완전히 개방하고 펌프를 운전한다.
② 흡입관의 손실을 가능한 크게 한다.
③ 펌프의 위치를 가능한 한 낮춘다.
④ 펌프의 회전속도를 낮게 산정한다.

해설 공동현상 방지 대책
② 흡입관의 손실을 가능한 적게 한다.

더 알아보기 핵심정리 2-43 (2)

29. 하수의 계획오염부하량 및 계획유입수질에 관한 내용으로 틀린 것은?

① 계획유입수질 : 계획오염부하량을 계획 1일최대오수량으로 나눈 값으로 한다.
② 생활오수에 의한 오염부하량 : 1인1일당 오염부하량 원단위를 기초로 하여 정한다.
③ 관광오수에 의한 오염부하량 : 당일관광과 숙박으로 나누고 각각의 원단위에서 추정한다.
④ 영업오수에 의한 오염부하량 : 업무의 종류 및 오수의 특징 등을 감안하여 결정한다.

해설 ① 계획유입수질 : 계획오염부하량을 계획 1일평균오수량으로 나눈 값으로 한다.

더 알아보기 핵심정리 2-30

30. 상수처리시설 중 장방형 침사지의 구조에 관한 설명으로 틀린 것은?

① 지의 길이는 폭의 3~8배를 표준으로 한다.
② 지의 고수위는 계획취수량이 유입될 수 있도록 취수구의 계획최저수위 이하로 정한다.
③ 지내평균유속은 2~7 cm/sec를 표준으로 한다.
④ 침사지 바닥경사는 1/20 이상의 경사를 두어야 한다.

해설 ④ 침사지 바닥경사 : 길이방향으로 1/100

더 알아보기 핵심정리 2-24

정답 25. ④ 26. ④ 27. ④ 28. ② 29. ① 30. ④

31. 펌프효율 η = 80 %, 전양정 H = 16 m인 조건하에서 양수량 Q = 12 L/sec로 펌프를 회전시킨다면 이때 필요한 축동력(kW)은? (단, 전동기는 직결, 물의 밀도 r = 1,000 kg/m³)

① 1.28　　② 1.73
③ 2.35　　④ 2.88

해설 $P_a(kW) = \dfrac{9.8QH}{\eta}$

$= \dfrac{9.8 \times \left(\dfrac{12L}{sec} \times \dfrac{1m^3}{1,000L}\right) \times 16m}{0.8}$

$= 2.352\ kW$

더 알아보기 핵심정리 1-48 (2)

32. 상수취수를 위한 저수시설 계획기준년에 관한 내용으로 ( )에 알맞은 것은?

> 계획취수량을 확보하기 위하여 필요한 저수용량의 결정에 사용하는 계획기준년은 원칙적으로 ( )를 표준으로 한다.

① 7개년에 제1위 정도의 갈수
② 10개년에 제1위 정도의 갈수
③ 7개년에 제1위 정도의 홍수
④ 10개년에 제1위 정도의 홍수

해설 저수용량의 결정 계획기준년 : 원칙적으로 10개년에 제1위 정도의 갈수

33. 상수도시설인 도수시설의 도수노선에 관한 설명으로 틀린 것은?

① 원칙적으로 공공도로 또는 수도 용지로 한다.
② 수평이나 수직방향의 급격한 굴곡을 피한다.
③ 관로상 어떤 지점도 동수경사선보다 낮게 위치하지 않도록 한다.
④ 몇 개의 노선에 대하여 건설비 등의 경제성, 유지관리의 난이도 등을 비교·검토하고 종합적으로 판단하여 결정한다.

해설 ③ 수평이나 수직방향의 급격한 굴곡을 피하고, 어떤 경우라도 최소동수경사선 이하가 되도록 노선을 선정한다.

34. 상수도시설 중 저수시설인 하구둑에 관한 설명으로 틀린 것은? (단, 전용댐, 다목점댐과 비교)

① 개발수량 : 중소규모의 개발이 기대된다.
② 경제성 : 일반적으로 댐보다 저렴하다.
③ 설치지점 : 수요지 가까운 하천의 하구에 설치하여 농업용수에 바닷물의 침해방지 기능을 겸하는 경우가 많다.
④ 저류수의 수질 : 자체관리로 비교적 양호한 수질을 유지할 수 있어 염소이온 농도에 대한 주의가 필요 없다.

해설 ④ 저류수의 수질 : 하구둑의 경우 염소이온 농도에 주의를 요한다.

35. 상수도시설인 급속여과지에 관한 내용으로 옳지 않은 것은?

① 여과속도는 단층의 경우 120~150 m/d를 표준으로 한다.
② 여과지 1지의 여과면적은 100 m² 이하로 한다.
③ 여과면적은 계획정수량을 여과속도로 나누어 계산한다.
④ 급속여과지는 중력식과 압력식이 있으며 중력식을 표준으로 한다.

해설 급속여과지 설계기준
② 여과지 1지의 여과면적은 150 m² 이하로 한다.

더 알아보기 핵심정리 2-26 (5)

정답 31. ③　32. ②　33. ③　34. ④　35. ②

36. 콘크리트조의 장방형 수로(폭 2 m, 깊이 2.5 m)가 있다. 이 수로의 유효수심이 2 m 인 경우의 평균유속(m/sec)은? (단, Manning 공식 이용, 동수경사 = 1/2,000, 조도계수 = 0.017)

① 0.91 ② 1.42
③ 1.53 ④ 1.73

해설 Manning 공식

(1) 경심(R) = $\dfrac{A}{P}$ = $\dfrac{2 \times 2}{2 + 2 \times 2}$ = 0.6666 m

(2) $V = \dfrac{1}{n} R^{2/3} I^{1/2}$

$= \dfrac{1}{0.017}(0.6666)^{2/3}\left(\dfrac{1}{2,000}\right)^{\frac{1}{2}}$

$= 1.0037$ m/s

※ 문제 오류로 정답 없음

37. 유역면적이 100 ha이고 유입시간(time of inlet)이 8분, 유출계수(C)가 0.38일 때 최대계획우수유출량(m³/sec)은? (단, 하수관거의 길이(L) = 400 m, 관유속 = 1.2 m/sec로 되도록 설계, I = $\dfrac{655}{\sqrt{t}+0.09}$ (mm/hr), 합리식 적용)

① 약 18 ② 약 24
③ 약 36 ④ 약 42

해설 (1) 유달시간

유달시간 = 유입시간 + 유하시간

$= 8 + \dfrac{\text{sec}}{1.2 \text{ m}} \bigg| \dfrac{400 \text{ m}}{} \bigg| \dfrac{1 \text{ min}}{60 \text{ sec}}$

= 13.55 분

(2) 강우강도(I)

$I = \dfrac{655}{\sqrt{13.55}+0.09} = 173.65$ mm/h

(3) 우수유출량(Q)

$Q = \dfrac{1}{360} CIA$

$= \dfrac{1}{360} \bigg| \dfrac{0.38}{} \bigg| \dfrac{173.65}{} \bigg| \dfrac{100}{}$

= 18.33 m³/s

38. 하수관로의 접합방법을 정할 때의 고려 사항으로 (   )에 가장 적합한 것은?

2개의 관로가 합류하는 경우의 중심 교각은 되도록 (㉠) 이하로 하고, 곡선을 갖고 합류하는 경우의 곡률반경은 내경의 (㉡) 이상으로 한다.

① ㉠ 60°, ㉡ 5배
② ㉠ 60°, ㉡ 3배
③ ㉠ 30~45°, ㉡ 5배
④ ㉠ 30~45°, ㉡ 3배

해설 2개의 관로가 합류하는 경우의 중심교각은 되도록 30~45°로 하고 장애물 등이 있을 경우에는 60° 이하로 한다. 대구경관에 합류하는 소구경관이 대구경관 지름의 1/2 이하이고 수면접합 또는 관정접합으로 붙이는 경우의 중심교각은 90° 이내로 할 수 있으며, 곡선을 갖고 합류하는 경우의 곡률반경은 내경의 5배 이상으로 한다.

39. 하수도시설인 유량조정조에 관한 내용으로 틀린 것은?

① 조의 용량은 체류시간 3시간을 표준으로 한다.
② 유효수심은 3~5 m를 표준으로 한다.
③ 유량조정조의 유출수는 침사지에 반송하거나 펌프로 일차침전지 혹은 생물반응조에 송수한다.
④ 조내에 침전물의 발생 및 부패를 방지하기 위해 교반장치 및 산기장치를 설치한다.

해설 ① 조의 용량은 유입하수량(부하량)의 시간변동을 고려하여 설정수량을 초과하는 수량을 일시 저류하도록 한다.

정답 36. 정답 없음 37. ① 38. ① 39. ①

40. 단면형태가 직사각형인 하수관로의 장·단점으로 옳은 것은?

① 시공장소의 흙두께 및 폭원에 제한을 받는 경우에 유리하다.
② 만류가 되기까지는 수리학적으로 불리하다.
③ 철근이 해를 받았을 경우에도 상부하중에 대하여 대단히 안정적이다.
④ 현장 타설의 경우, 공사기간이 단축된다.

해설 ② 만류가 되기 전까지는 수리학적으로 유리하다.
③ 철근 손상 시 상부하중에 대한 안전성이 급격히 떨어진다.
④ 현장 타설의 경우, 공사기간(공기)이 길어진다.

제3과목 　 수질오염방지기술

41. 폐수를 활성슬러지법으로 처리하기 위한 실험에서 BOD를 90 % 제거하는 데 6시간의 aeration이 필요하였다. 동일한 조건으로 BOD를 95 % 제거하는 데 요구되는 포기시간(hr)은? (단, BOD 제거반응은 1차 반응(base 10)에 따른다.)

① 7.31　　② 7.81
③ 8.31　　④ 8.81

해설 BOD 식은 1차 반응식이다.
밑이 10인 1차 반응식 $\log\dfrac{C}{C_0} = -kt$

(1) 90 % 제거
$\log\dfrac{10}{100} = -k \times 6$
∴ $k = 0.1666/hr$

(2) 95 % 제거
$\log\dfrac{5}{100} = -0.1666 \times t$
∴ $t = 7.806\ hr$

42. 활성탄 흡착 처리 공정의 효율이 가장 낮은 것은?

① 음용수의 맛과 냄새물질 제거 공정
② 트리할로메탄, 농약, 유기 염소 화합물과 같은 미량 유기 물질 제거 공정
③ 처리된 폐수의 잔존 유기물 제거 공정
④ 산업폐수 및 침출수 처리

해설 활성탄 흡착은 불포화 유기물, 소수성 물질, 맛, 냄새, 색도 등의 제거에 효율적이다.

43. 수처리 과정에서 부유되어 있는 입자의 응집을 초래하는 원인으로 가장 거리가 먼 것은?

① 제타 퍼텐셜의 감소
② 플록에 의한 체거름 효과
③ 정전기 전하 작용
④ 가교현상

해설 응집 메커니즘
- 전기적 중화: 제타 퍼텐셜 감소
- 이중층 압축
- floc 형성
- 가교작용(고분자 응집제)

44. 폐수 처리시설을 설치하기 위한 설계 기준이 다음과 같을 때 필요한 활성슬러지 반응조의 수리학적 체류시간(HRT, hr)은? (단, 일 폐수량 = 40 L, BOD 농도 = 20,000 mg/L, MLSS = 5,000 mg/L, F/M = 1.5 kg BOD/kg MLSS·day)

① 24　　② 48
③ 64　　④ 88

해설 $F/M = \dfrac{BOD \cdot Q}{V \cdot X} = \dfrac{BOD}{t \cdot X}$

∴ $t = \dfrac{BOD}{(F/M)X}$

$= \dfrac{20{,}000\ mg}{L} \Big| \dfrac{kg\ MLSS \cdot day}{1.5\ kg\ BOD} \Big| \dfrac{L}{5{,}000\ mg} \Big| \dfrac{24\ hr}{1\ day} = 64\ hr$

정답 40. ①　41. ②　42. ④　43. ③　44. ③

45. 미처리 폐수에서 냄새를 유발하는 화합물과 냄새의 특징으로 가장 거리가 먼 것은?

① 황화수소 – 썩은 달걀 냄새
② 유기 황화물 – 썩은 채소 냄새
③ 스카톨 – 배설물 냄새
④ 디아민류 – 생선 냄새

해설 ④ 디아민류 – 부패된 고기 냄새
악취물질 – 악취
- 황화수소(H_2S) – 썩은 달걀 냄새
- 유기 황화물 – 썩은 채소 냄새
- 스카톨 – 배설물 냄새
- 머캅탄(mercaptans, $CH_3(CH_2)_3SH$) – 스컹크 냄새
- 트리메틸아민(trimethyl amines) – 생선 냄새
- 디아민(diamines)류 – 부패된 고기 냄새

46. 생물학적 처리공정에서 질산화 반응은 다음의 총괄 반응식으로 나타낼 수 있다. NH_4^+-N 3 mg/L가 질산화되는 데 요구되는 산소의 양(mg/L)은?

$$NH_4^+ + 2O_2 \xrightarrow{\text{질산화}} NO_3^- + 2H^+ + H_2O$$

① 11.2 ② 13.7 ③ 15.3 ④ 18.4

해설 NH_4^+-N : $2O_2$
14 : 2×32
3 : x

∴ $x = \dfrac{3 \times 2 \times 32}{14} = 13.7$ mg/L

암모늄 이온과 암모니아성 질소의 차이
- 암모늄 이온(NH_4^+) : 분자량 18
- 암모니아성 질소(NH_4^+-N) : 암모늄 이온 중 질소만을 말함, 원자량 14

47. 유입 폐수량 50 m³/hr, 유입수 BOD 농도 200 g/m³, MLVSS 농도 2 kg/m³, F/M 비 0.5 kg BOD/kg MLVSS·day일 때, 포기조 용적(m³)은?

① 240 ② 380
③ 430 ④ 520

해설 $F/M = \dfrac{BOD \cdot Q}{V \cdot X}$

$V = \dfrac{BOD \cdot Q}{(F/M)X} = \dfrac{200 \text{ g}}{m^3} \bigg| \dfrac{50 \text{ m}^3}{hr} \bigg| \dfrac{day}{0.5} \bigg| \dfrac{m^3}{2 \text{ kg}}$

$\bigg| \dfrac{1 \text{ kg}}{1{,}000 \text{ g}} \bigg| \dfrac{24 \text{ hr}}{1 \text{ day}} = 240 \text{ m}^3$

(단, X : MLVSS 농도임)

48. 기체가 물에 녹을 때 Henry 법칙이 적용된다. 다음 설명 중 적합하지 않은 것은?

① 수온이 증가할수록 기체의 포화용존 농도는 높아진다.
② 염분의 농도가 증가할수록 기체의 포화용존 농도는 낮아진다.
③ 기체의 포화용존 농도는 기체상태의 분압에 비례한다.
④ 물에 용해되어 이온화하는 기체에는 적용되지 않는다.

해설 ① 수온이 증가하면, 기체의 용해도는 감소하므로, 기체의 포화용존 농도는 낮아진다.

49. 다음 중 심층포기법의 장점으로 옳지 않은 것은?

① 지하에 건설되므로 부지면적이 작게 소요되며, 외기와 접하는 부분이 작아 온도 영향이 적다.
② 고압에서 산소전달을 하므로 산소전달률이 높다.
③ 산소전달률이 높아 MLSS를 높일 수 있어 농도가 높은 폐수를 처리할 수 있고, BOD 용적부하를 증가시킬 수 있어 단위 체적당 처리량을 증가시킬 수 있다.
④ 깊은 하부에 MLSS와 폐수를 같이 순환시키는 데 에너지가 적게 소요된다.

해설 ④ 심층포기법은 수심이 깊은 하부에 산기관을 설치해 공기를 주입하므로, 수압 때문에 높은 압력으로 공기를 주입해야 한다. 따라서 에너지가 많이 소요된다.

정답 45. ④ 46. ② 47. ① 48. ① 49. ④

50. 대장균의 사멸속도는 현재의 대장균수에 비례한다. 대장균의 반감기는 1시간이며, 시료의 대장균수는 1,000개/mL이라면, 대장균의 수가 10개/mL가 될 때까지 걸리는 시간(hr)은?

① 약 4.7 ② 약 5.7
③ 약 6.7 ④ 약 7.7

해설 $\ln \dfrac{C}{C_0} = -kt$ 에서,

(1) $\ln \dfrac{1}{2} = -k \times 1$

∴ $k = 0.6931/hr$

(2) $\ln \dfrac{10}{1,000} = -0.6931 \times t$

∴ $t = 6.64\ hr$

51. 1일 10,000 m³의 폐수를 급속혼화지에서 체류시간 60 sec, 평균속도경사(G) 400 sec⁻¹인 기계식 고속 교반장치를 설치하여 교반하고자 한다. 이 장치에 필요한 소요 동력(W)은? (단, 수온 10℃, 점성계수(μ) = 1.307×10⁻³ kg/m·s)

① 약 2,621 ② 약 2,226
③ 약 1,842 ④ 약 1,452

해설 (1) 반응조 체적(V)

$V = \dfrac{10,000\ m^3}{day} \bigg| \dfrac{60\ s}{} \bigg| \dfrac{1\ day}{86,400\ s}$

$= 6.9444\ m^3$

(2) 소요 동력(P)

$P = G^2 \mu V = \dfrac{(400/s)^2 \bigg| 1.307 \times 10^{-3}\ kg}{\bigg| m \cdot s}$

$\dfrac{6.9444\ m^3 \bigg| 1\ W}{\bigg| 1\ kg \cdot m^2/s^3}$

$= 1,452.22\ W$

정리 $1\ W = 1\ N \cdot m/s = 1\ kg \cdot m^2/s^3$

52. 다음 중 폐수처리방법으로 가장 적절하지 않은 것은?

① 시안(CN) 함유 폐수를 처리하기 위해 pH를 4 이하로 조정하고 차아염소산나트륨(NaClO)을 사용하였다.
② 카드뮴(Cd) 함유 폐수를 처리하기 위해 pH를 10 정도로 조정하고 수산화나트륨(NaOH)을 사용하였다.
③ 크롬(Cr) 함유 폐수를 처리하기 위해 pH를 3 정도로 조정하고 황산철(FeSO₄)을 사용하였다.
④ 납(Pb) 함유 폐수를 처리하기 위해 pH를 10 정도로 조정하고 수산화나트륨(NaOH)을 사용하였다.

해설 ① 시안(CN) 함유 폐수를 처리하는 방법(알칼리 염소처리법) : 시안 폐수에 알칼리를 투입하여 pH를 10~10.5로 유지하고, 산화제인 Cl_2와 NaOH 또는 NaOCl로 산화시켜 CNO로 산화한 다음, H_2SO_4와 NaOCl을 주입해 CO_2와 N_2로 분해처리한다.

시안 처리방법
- 알칼리 염소처리법 : 시안 폐수에 알칼리를 투입하여 pH 10~10.5에서 산화제로 CN⁻를 CNO⁻로 산화시킨 후, H_2SO_4와 NaOCl을 주입해 CO_2와 N_2로 분해처리하는 방법
- 오존산화법 : 알칼리성 영역에서 시안화합물을 N_2로 분해시켜 무해화하는 방법
- 충격법 : 시안을 pH 3 이하의 강산성 영역에서 강하게 폭기하여 산화하는 방법
- 감청법 : 시안 폐수에 황산 제일철을 가하여, 생성된 페로시안화물을 침전 분리하는 방법
- 전해법 : 유가(有價)금속류를 회수할 수 있음

53. 유량 20,000 m³/day, BOD 2 mg/L인 하천에 유량 500 m³/day, BOD 500 mg/L인 공장 폐수를 폐수처리시설로 유입하여 처리 후 하천으로 방류시키고자 한다. 완전히 혼합된 후 합류지점의 BOD를 3 mg/L 이하로 하고자 한다면 폐수처리시설의 BOD 제거율(%)은? (단, 혼합 후의 기타 변화는 없다고 가정)

① 61.8 ② 76.9
③ 87.2 ④ 91.4

정답 50. ③ 51. ④ 52. ① 53. ④

해설 (1) 처리수 BOD(x)
$$\frac{20{,}000 \times 2 + 500x}{20{,}000 + 500} = 3$$
$$\therefore x = 43 \text{ mg/L}$$
(2) 제거율 = $\frac{500-43}{500}$ = 91.4 %

54. 지름이 0.05 mm이고 비중이 0.6인 기름방울은 비중이 0.8인 기름방울보다 수중에서의 부상속도가 얼마나 더 큰가? (단, 물의 비중 = 1.0)

① 1.5배 ② 2.0배
③ 2.5배 ④ 3.0배

해설 부상속도식 $V_F = \frac{d^2 g(1-\rho_{입자})}{18\mu}$ 이므로,
$V_F \propto (1-\rho_{입자})$ 이다.
$$\frac{V_1}{V_2} = \frac{(1-0.6)}{(1-0.8)} = 2$$
∴ 2배

55. 생물학적 질소, 인 제거공정에서 포기조의 기능과 가장 거리가 먼 것은?

① 질산화 ② 유기물 제거
③ 탈질 ④ 인 과잉섭취

해설
- 포기조(호기조) : 질산화, 인 과잉섭취, 유기물 제거(BOD, SS 제거)
- 무산소조 : 탈질, 유기물 제거(BOD, SS 제거)
- 혐기조 : 인 방출, 유기물 제거(BOD, SS 제거)

56. 입자의 침전속도가 작게 되는 경우는? (단, 기타 조건은 동일하며 침전속도는 스톡스법칙에 따른다.)

① 부유물질 입자 밀도가 클 경우
② 부유물질 입자의 입경이 클 경우
③ 처리수의 밀도가 작을 경우
④ 처리수의 점성도가 클 경우

해설 ④ 점성도(점성계수)는 침전속도에 반비례하므로 점성도가 클 경우 침전속도가 작아진다.
Stokes 침전속도식
$$V = \frac{d^2(\rho_s - \rho_w)}{18\mu} g$$
침전속도는 입자 직경의 제곱(d^2), 중력가속도(g), 입자와 물 간의 밀도차($\rho_s - \rho_w$)에 비례하고, 점성계수(μ)에는 반비례한다.

57. 유입유량 500,000 m³/day, BOD₅ 200 mg/L인 폐수를 처리하기 위해 완전혼합형 활성슬러지 처리장을 설계하려고 한다. 1차 침전지에서 제거된 유입수 BOD₅ 34 %, MLVSS 3,000 mg/L, 반응속도상수(K) 1.0 L/g MLVSS·hr이라면, 일차 반응일 경우 F/M비(kg BOD/kg MLVSS·day)는? (단, 유출수 BOD₅ = 10 mg/L)

① 0.24 ② 0.28
③ 0.32 ④ 0.36

해설 (1) 반응조 용적(V)
활성슬러지 반응조는 완전혼합 반응조이고, 정상상태이다.
완전혼합 반응조의 물질수지식
$$V\frac{dC}{dt} = QC_0 - QC - kVC^n$$
정상상태이므로, $\frac{dC}{dt} = 0$,
1차 반응식이므로 n = 1
물질수지식은 $0 = QC_0 - QC - kVC$
$$\therefore V = \frac{Q(C_0 - C)}{kC}$$
$$= \frac{500{,}000 \text{ m}^3}{\text{day}} \left| \frac{(132-10)}{10} \right| \frac{\text{gMLVSS}\cdot\text{hr}}{1.0 \text{ L}}$$
$$\left| \frac{\text{L}}{3{,}000 \text{ mg}} \right| \frac{1{,}000 \text{ mg}}{1 \text{ g}} \left| \frac{1 \text{ day}}{24 \text{ hr}} \right|$$
= 84,722.22 m³
단, C_0 : 반응조 유입 BOD = 200(1-0.34)
= 132 mg/L
C : 반응조 유출 BOD = 10 mg/L

정답 54. ② 55. ③ 56. ④ 57. ①

(2) F/M비

$$F/M = \frac{BOD \cdot Q}{V \cdot X} = \frac{132 \text{ mg/L} \times 500{,}000 \text{ m}^3/\text{day}}{84722.22 \text{ m}^3 \times 3{,}000 \text{ mg/L}} = 0.259$$

58. 다음 활성슬러지 포기조의 수질 측정값에 대한 설명으로 옳은 것은? (단, 수온 = 27℃, pH 6.5, DO = 1 mg/L, MLSS = 2,500 mg/L, 유입수 BOD = 100 mg/L, 유입수 NH_3-N = 6 mg/L, 유입수 PO_4^{3-}-P = 2 mg/L, 유입수 CN^- = 5 mg/L)

① F/M비가 너무 낮으므로 MLSS 농도를 1,000 mg/L 정도로 낮춘다.
② 수온은 15℃ 정도, pH는 8.5 정도, DO는 2~4 mg/L 정도로 조정하는 것이 좋다.
③ 미생물의 원활한 성장을 위해 질소와 인을 추가 공급할 필요가 있다.
④ CN^-는 포기조에 유입되지 않도록 하는 것이 좋다.

해설 ① F/M는 구할 수 없어 판단할 수 없다.
② 수온은 20℃ 정도, pH는 7 정도, DO는 2~4 mg/L 정도로 조정하는 것이 좋다.
③ 적정 영양균형비는 BOD : N : P = 100 : 5 : 1이다.
조건에서, BOD : N : P = 100 : 6 : 2이므로, 영양염류(N, P)는 충분하므로, 질소와 인을 추가 공급하지 않아도 된다.
④ CN^-는 독성물질이므로 유입되면 포기조에서 미생물이 살 수가 없다. 따라서, 유입되지 않도록 하는 것이 좋다.

표준활성슬러지 설계기준
- HRT : 6~8시간
- SRT : 3~6일
- MLSS : 1,500~2,500 mg/L
- F/M비 : 0.2~0.4 kg/kg · day
- DO : 2~4 mg/L
- 수온 : 20℃
- pH : 7

59. 부유입자에 의한 백색광 산란을 설명하는 Rayleigh의 법칙은? (단, I : 산란광의 세기, V : 입자의 체적, λ : 빛의 파장, n : 입자의 수)

① $I \propto \dfrac{V^2}{\lambda^4} n$ ② $I \propto \dfrac{V}{\lambda^2} n$

③ $I \propto \dfrac{V}{\lambda} n^2$ ④ $I \propto \dfrac{V}{\lambda^2} n^2$

해설 레일리 산란 : 산란광의 세기는 입사광의 파장이 짧을수록 강하고 파장의 4제곱에 반비례한다($I \propto \dfrac{1}{\lambda^4}$).

60. 플록을 형성하여 침강하는 입자들이 서로 방해를 받으므로 침전속도는 점차 감소하게 되며 침전하는 부유물과 상등수 간에 뚜렷한 경계면이 생기는 침전형태는?

① 지역침전
② 압축침전
③ 압밀침전
④ 응집침전

해설 지역침전(Ⅲ형 침전)
- 플록을 형성하여 침강하는 입자들이 서로 방해를 받아, 침전속도가 감소하는 침전
- 침전하는 부유물과 상등수 간에 뚜렷한 경계면이 생기는 침전
- 입자들은 서로의 상대적 위치를 변경시키려 하지 않음
- 방해 · 장애 · 집단 · 계면 · 간섭침전
- 상향류식 부유식 침전지, 생물학적 2차 침전지

더 알아보기 핵심정리 2-44

정답 58. ④ 59. ① 60. ①

제4과목 수질오염공정시험기준

61. 수질분석 관련 용어의 설명 중 잘못된 것은?

① "수욕상 또는 수욕 중에서 가열한다."라 함은 따로 규정이 없는 한 수온 100℃에서 가열함을 뜻한다.
② 용액의 산성, 중성 또는 알칼리성을 검사할 때는 따로 규정이 없는 한 유리전극법에 의한 pH 미터로 측정하고 구체적으로 표시할 때는 pH 값을 쓴다.
③ "진공"이라 함은 15 mmH$_2$O 이하의 진공도를 말한다.
④ 분석용 저울은 0.1 mg까지 달 수 있는 것이어야 한다.

해설 ③ "감압 또는 진공"이라 함은 따로 규정이 없는 한 15 mmHg 이하를 뜻한다.

62. 배수로에 흐르는 폐수의 유량을 부유체를 사용하여 측정했다. 수로의 평균단면적 0.5 m^2, 표면 최대속도 6 m/s일 때 이 폐수의 유량(m^3/min)은? (단, 수로의 구성, 재질, 수로 단면의 형상, 기울기 등이 일정하지 않은 개수로)

① 115   ② 135
③ 185   ④ 245

해설 $Q = VA = (0.75V_e)A$

$$= \frac{0.75 \times 6 \text{ m}}{\text{s}} \cdot \frac{0.5 \text{ m}^2}{} \cdot \frac{60 \text{ sec}}{1 \text{ min}}$$

$= 135 \text{ m}^3/\text{min}$

여기서, V : 총평균유속(m/s)
V_e : 표면 최대유속(m/s)

63. 퇴적물 채취기 중 포나 그랩(ponar grab)에 관한 설명으로 틀린 것은?

① 모래가 많은 지점에서도 채취가 잘되는 중력식 채취기이다.
② 채취기를 바닥 퇴적물 위에 내린 후 메신저를 투하하면 장방형 상자의 밑판이 닫힌다.
③ 부드러운 펄층이 두꺼운 경우에는 깊이 빠져 들어가기 때문에 사용하기 어렵다.
④ 원래의 모델은 무게가 무겁고 커서 윈치 등이 필요하지만 소형의 포나 그랩은 윈치 없이 내리고 올릴 수 있다.

해설 ② 퇴적물 채취 중 에크만 그랩의 설명이다.

정리 퇴적물 채취기의 종류
- 포나 그랩(ponar grab) : 모래가 많은 지점에서도 채취가 잘되는 중력식 채취기로서, 조심스럽게 수면 아래로 내려 보내다가 채취기가 바닥에 닿아 줄의 장력이 감소하면 아래 날(jaws)이 닫히도록 되어 있다. 부드러운 펄층이 두꺼운 경우에는 깊이 빠져 들어가기 때문에 사용하기 어렵다. 원래의 모델은 무게가 무겁고 커서 윈치 등이 필요하지만 소형의 포나 그랩은 윈치 없이 내리고 올릴 수 있다.
- 에크만 그랩(ekman grab) : 물의 흐름이 거의 없는 곳에서 채취가 잘되는 채취기로서, 채취기를 바닥 퇴적물 위에 내린 후 메신저를 투하하면 장방형 상자의 밑판이 닫히도록 설계되었다. 바닥이 모래질인 곳에서는 사용하기 어렵다. 채집면적이 좁고 조류가 센 곳에서는 바닥에 안정시키기 어렵지만, 가벼워 휴대가 용이하며 작은 배에서 손쉽게 사용할 수 있다.
- 삽, 모종삽, 스쿱 : 얕은 곳에서 퇴적물을 뜨거나 시료를 혼합할 때 이용할 수 있는 도구로서, 스테인리스 재질의 모종삽(trowel), 스쿱(scoop) 등이 있다.

64. 시료의 전처리 방법인 피로리딘다이티오카르바민산 암모늄 추출법에서 사용하는 지시약으로 알맞은 것은?

① 티몰블루 · 에틸알코올용액
② 메타이소부틸 에틸알코올용액
③ 브로모페놀블루 · 에틸알코올용액
④ 메타크레졸퍼플 에틸알코올용액

해설 피로리딘다이티오카르바민산 암모늄 추출법 사용 시약
- 브로모페놀블루·에틸알코올용액(0.1%) : 지시약
- 암모니아수(1+1)
- 피로리딘다이티오카르바민산암모늄용액(2%)

65. 자외선/가시선 분광법으로 분석할 때 측정 파장이 가장 긴 것은?
① 구리
② 아연
③ 카드뮴
④ 크롬

해설 ① 구리 : 440 nm(황갈색)
② 아연 : 620 nm(청색)
③ 카드뮴 : 530 nm(적색)
④ 크롬 : 540 nm(적자색)

66. 유리전극에 의한 pH 측정에 관한 설명으로 알맞지 않은 것은?
① 유리전극을 미리 정제수에 수 시간 담가둔다.
② pH 전극 보정 시 측정기의 전원을 켜고 시험 시작까지 30분 이상 예열한다.
③ 전극을 프탈산염 표준용액(pH 6.88) 또는 pH 7.00 표준용액에 담그고 표시된 값을 보정한다.
④ 온도 보정 시 pH 4 또는 10 표준용액에 전극을 담그고 표준용액의 온도를 10℃~30℃ 사이로 변화시켜 5℃ 간격으로 pH를 측정하여 차이를 구한다.

해설 ③ 프탈산염 표준용액은 pH 4.00이다.
더알아보기 핵심정리 2-87

67. 기체크로마토그래피에 의한 알킬수은의 분석방법으로 ( )에 알맞은 것은?

알킬수은화합물을 (㉠)으로 추출하여 (㉡)에 선택적으로 역추출하고 다시 (㉠)으로 추출하여 기체크로마토그래프로 측정하는 방법이다.

① ㉠ 헥산, ㉡ 염화메틸수은용액
② ㉠ 헥산, ㉡ 크로모졸브용액
③ ㉠ 벤젠, ㉡ 펜토에이트용액
④ ㉠ 벤젠, ㉡ L-시스테인용액

해설 알킬수은-기체크로마토그래피 : 이 시험 기준은 물속에 존재하는 알킬수은 화합물을 기체크로마토그래피에 따라 정량하는 방법이다. 알킬수은화합물을 벤젠으로 추출하여 L-시스테인용액에 선택적으로 역추출하고 다시 벤젠으로 추출하여 기체크로마토그래프로 측정하는 방법이다.

68. 유도결합 플라스마 발광분석장치의 측정 시 플라스마 발광부 관측 높이는 유도코일 상단으로부터 얼마의 범위(mm)에서 측정하는가? (단, 알칼리 원소는 제외)
① 15~18   ② 35~38
③ 55~58   ④ 75~78

해설 작업코일 위 시야높이(viewing height above work coil) : 15 mm

69. 다이메틸글리옥심을 이용하여 정량하는 금속은?
① 아연   ② 망간
③ 니켈   ④ 구리

해설 니켈-자외선/가시선 분광법 : 물속에 존재하는 니켈이온을 암모니아의 약 알칼리성에서 다이메틸글리옥심과 반응시켜 생성한 니켈착염을 클로로폼으로 추출하고 이것을 묽은 염산으로 역추출한다. 추출물에 브롬과 암모니아수를 넣어 니켈을 산화시키고 다시 암모니아 알칼리성에서 다이메틸글리옥심과 반응시켜 생성한 적갈색 니켈착염의 흡광도를 450 nm에서 측정하는 방법이다.

정답 65. ② 66. ③ 67. ④ 68. ① 69. ③

70. 이온전극법에서 격막형 전극을 이용하여 측정하는 이온이 아닌 것은?

① F^- ② CN^-
③ NH_4^+ ④ NO_2^-

해설 이온전극법 – 전극 종류별 측정이온

전극의 종류	측정이온
유리막 전극	NH_4^+, Na^+, K^+
고체막 전극	NH_4^+, F^-, Cl^-, CN^-, Pb^{2+}, Cd^{2+}, Cu^{2+}, NO_3^-
격막형 전극	NH_4^+, CN^-, NO_2^-

71. 불소화합물의 분석방법과 가장 거리가 먼 것은? (단, 수질오염공정시험기준 기준)

① 자외선/가시선 분광법
② 이온전극법
③ 이온크로마토그래피
④ 불꽃 원자흡수분광광도법

해설 ④ 불꽃 원자흡수분광광도법은 금속류에만 적용됨
불소화합물 분석방법
• 자외선/가시선 분광법
• 이온전극법
• 이온크로마토그래피

72. 총 질소의 측정원리에 관한 내용으로 ( )에 알맞은 것은?

시료 중 모든 질소화합물을 알칼리성 ( )을 사용하여 120℃ 부근에서 유기물과 함께 분해하여 질산이온으로 산화시킨 후 산성상태로 하여 흡광도를 220 nm에서 측정하여 총질소를 정량하는 방법이다.

① 과황산칼륨
② 몰리브덴산 암모늄
③ 염화제일주석산
④ 아스코르빈산

해설 용존 총 질소 : 시료 중 용존 질소화합물을 알칼리성 과황산칼륨의 존재하에 120℃에서 유기물과 함께 분해하여 질소이온으로 산화시킨 다음 산성에서 자외부 흡광도를 측정하여 질소를 정량하는 방법이다.

73. 공장폐수의 BOD를 측정하기 위해 검수에 희석을 가하여 50배로 희석하여 20℃, 5일 배양하였다. 희석 후 초기 DO를 측정하기 위해 소모된 0.025 N-$Na_2S_2O_3$의 양은 4.0 mL였으며 5일 배양 후 DO를 측정하는 데 0.025 N-$Na_2S_2O_3$ 2.0 mL 소모되었을 때 공장폐수의 BOD(mg/L)는? (단, BOD병 = 285 mL, 적정에 사용된 액량 = 100 mL, BOD병에 가한 시약은 황산망간과 아지드나트륨 용액 = 총 2 mL, 적정시액의 factor = 1)

① 201.5
② 211.5
③ 221.5
④ 231.5

해설 BOD 공식 – 식종하지 않은 시료
(1) 용존산소

$$D_1 = a \times f \times \frac{V_1}{V_2} \times \frac{1{,}000}{V_1 - R} \times 0.2$$

$$= 4 \times 1 \times \frac{285}{100} \times \frac{1{,}000}{285-2} \times 0.2$$

$$= 8.0565$$

$$D_2 = a \times f \times \frac{V_1}{V_2} \times \frac{1{,}000}{V_1 - R} \times 0.2$$

$$= 2 \times 1 \times \frac{285}{100} \times \frac{1{,}000}{285-2} \times 0.2$$

$$= 4.0282$$

(2) 식종하지 않은 시료의 BOD(mg/L)
$= (D_1 - D_2) \times P$
$= (8.0565 - 4.0282) \times 50$
$= 201.415$ mg/L

더 알아보기 핵심정리 1-53 (1), 1-54 (1)

74. 시료의 용기를 폴리에틸렌병으로 사용하여도 무방한 항목은?
① 노말헥산추출물질
② 페놀류
③ 유기인
④ 음이온계면활성제

해설 시료 용기별 정리 : ① 노말헥산추출물질, ② 페놀류, ③ 유기인은 유리용기만 사용 가능함

더 알아보기 핵심정리 2-70 (1)

75. 원자흡수분광광도법에서 공존물질과 작용하여 해리하기 어려운 화합물이 생성되어 흡광에 관계하는 기저상태의 원자수가 감소하는 경우 일어나는 화학적 간섭을 피하는 방법이 아닌 것은?
① 이온교환이나 용매추출 등을 이용하여 방해물질을 제거한다.
② 과량의 간섭원소를 첨가한다.
③ 간섭을 피하는 양이온, 음이온 또는 은폐제, 킬레이트제 등을 첨가한다.
④ 표준시료와 분석시료와의 조성을 같게 한다.

해설 화학적 간섭 감소 방법
- 과량의 상대원소 첨가
- 은폐제나 킬레이트제의 첨가
- 이온교환이나 용매추출 등을 이용하여 방해물질을 제거
- 시료용액을 묽힘
- 방해이온과 선택적으로 결합하여 분석원소를 유리시키는 완화제 사용
- 분석원소와 킬레이트 착화합물들을 생성하게 하여 분석원소를 보호하는 보호제 사용
- 충분히 분해될 수 있는 고온의 원자화기를 사용

76. 시료 채취 시 유의사항으로 틀린 것은?
① 시료 채취 용기는 시료를 채우기 전에 시료로 3회 이상 씻은 다음 사용한다.
② 유류 또는 부유물질 등이 함유된 시료는 균질성이 유지될 수 있도록 채취해야 하며, 침전물이 부상하여 혼입되어서는 안 된다.
③ 심부층의 지하수 채취 시에는 고속양수펌프를 이용하여 채취시간을 최소화함으로써 수질의 변질을 방지하여야 한다.
④ 용존가스, 환원성 물질, 휘발성유기화합물, 냄새, 유류 및 수소이온 등을 측정하기 위한 시료를 채취할 때는 운반 중 공기와의 접촉이 없도록 시료 용기에 가득 채운 후 빠르게 뚜껑을 닫는다.

해설
- 심부층 : 저속양수펌프, 저속시료채취, 교란 최소화
- 천부층 : 저속양수펌프 또는 정량이송펌프

77. 자외선/가시선 분광법으로 불소 시험 중 탈색현상이 나타났을 때 원인이 될 수 있는 것은?
① 황산이 분해되어 유출된 경우
② 염소이온이 다량 함유되어 있을 경우
③ 교반속도가 일정하지 않았을 경우
④ 시료 중 불소함량이 정량범위를 초과할 경우

해설 시료 중 불소함량이 정량범위를 초과할 경우 탈색현상이 나타날 수도 있다. 이러한 경우에는 취하는 시료량을 정량범위 이내에 들도록 감량하거나 희석한 다음 다시 시험한다.

78. 반드시 유리시료용기를 사용하여 시료를 보관해야 하는 항목은?
① 염소이온   ② 총인
③ 시안   ④ 유기인

해설 유리용기만 사용하는 시료 : 냄새, 노말헥산추출물질, PCB, VOC, 페놀류, 유기인

더 알아보기 핵심정리 2-70 (1)

정답 74. ④ 75. ④ 76. ③ 77. ④ 78. ④

79. NaOH 0.01 M은 몇 mg/L인가?

① 40
② 400
③ 4,000
④ 40,000

해설 $\dfrac{0.01\ mol}{L} \times \dfrac{40\ g}{1\ mol} \times \dfrac{1,000\ mg}{1\ g} = 400\ mg/L$

80. 자외선/가시선 분광법을 적용하여 페놀류를 측정할 때 간섭물질에 관한 설명으로 ( )에 옳은 것은?

> 황 화합물의 간섭을 받을 수 있는데 이는 ( )을 사용하여 pH 4로 산성화하여 교반하면 황화수소, 이산화황으로 제거할 수 있다.

① 염산
② 질산
③ 인산
④ 과염소산

해설 황 화합물의 간섭을 받을 수 있는데 이는 인산을 사용하여 pH 4로 산성화하여 교반하면 황화수소(H_2S)나 이산화황(SO_2)으로 제거할 수 있다. 황산구리($CuSO_4$)를 첨가하여 제거할 수도 있다.

제5과목　수질환경관계법규

81. 낚시제한구역에서의 낚시방법의 제한사항 기준으로 옳은 것은?

① 1개의 낚시대에 4개 이상의 낚시바늘을 떡밥과 뭉쳐서 미끼로 던지는 행위
② 1개의 낚시대에 5개 이상의 낚시바늘을 떡밥과 뭉쳐서 미끼로 던지는 행위
③ 1명당 2대 이상의 낚시대를 사용하는 행위
④ 1명당 3대 이상의 낚시대를 사용하는 행위

해설 낚시제한구역에서의 제한사항
1. 낚시방법에 관한 다음 각 목의 행위
　가. 낚시바늘에 끼워서 사용하지 아니하고 물고기를 유인하기 위하여 떡밥·어분 등을 던지는 행위
　나. 어선을 이용한 낚시행위 등 「낚시 관리 및 육성법」에 따른 낚시어업을 영위하는 행위(외줄낚시는 제외)
　다. 1명당 4대 이상의 낚시대를 사용하는 행위
　라. 1개의 낚시대에 5개 이상의 낚시바늘을 떡밥과 뭉쳐서 미끼로 던지는 행위
　마. 쓰레기를 버리거나 취사행위를 하거나 화장실이 아닌 곳에서 대·소변을 보는 등 수질오염을 일으킬 우려가 있는 행위
　바. 고기를 잡기 위하여 폭발물·배터리·어망 등을 이용하는 행위
2. 내수면 수산자원의 포획금지행위
3. 낚시로 인한 수질오염을 예방하기 위하여 그 밖에 시·군·자치구의 조례로 정하는 행위

82. 비점오염원의 변경신고 기준으로 옳지 않은 것은?

① 상호, 대표자, 사업명 또는 업종의 변경
② 총 사업면적, 개발면적 또는 사업장 부지면적이 처음 신고면적의 100분의 30 이상 증가하는 경우
③ 비점오염저감시설의 종류, 위치, 용량이 변경되는 경우
④ 비점오염원 또는 비점오염저감시설의 전부 또는 일부를 폐쇄하는 경우

해설 비점오염원의 변경신고 기준 : 변경신고를 하여야 하는 경우는 다음 각 호의 경우를 말한다.
1. 상호·대표자·사업명 또는 업종의 변경
2. 총 사업면적·개발면적 또는 사업장 부지면적이 처음 신고면적의 100분의 15 이상 증가하는 경우
3. 비점오염저감시설의 종류, 위치, 용량이 변경되는 경우
4. 비점오염원 또는 비점오염저감시설의 전부 또는 일부를 폐쇄하는 경우

정답　79. ②　80. ③　81. ②　82. ②

83. 수질오염경보(조류경보) 발령 단계 중 조류 대발생 시 취수장·정수장 관리자의 조치사항은?

① 주 2회 이상 시료채취·분석
② 정수의 독소분석 실시
③ 발령기관에 대한 시험분석결과의 신속한 통보
④ 취수구 및 조류가 심한 지역에 대한 방어막 설치 등 조류 제거 조치 실시

해설 ①, ③ : 4대강 물환경연구소장
④ : 수면관리자

84. 폐수재이용업의 등록기준에 대한 설명 중 틀린 것은?

① 저장시설 : 원폐수 및 재이용 후 발생되는 폐수 저장시설의 용량은 1일 8시간 최대 처리량의 3일분 이상의 규모이어야 한다.
② 건조시설 : 건조 잔류물이 외부로 누출되지 않는 구조로 건조잔류물의 수분 함량이 75퍼센트 이하의 성능이어야 한다.
③ 소각시설 : 소각시설의 연소실 출구 배출가스 온도조건은 최소 850℃ 이상, 체류시간은 최소 1초 이상이어야 한다.
④ 운반장비 : 폐수운반차량은 흑색으로 도색하고 노란색 글씨로 폐수운반차량, 회사명, 등록번호 및 용량 등을 일정한 크기로 표시하여야 한다.

해설 ④ 폐수운반차량은 청색으로 도색하고, 양쪽 옆면과 뒷면에 가로 50센티미터, 세로 20센티미터 이상 크기의 노란색 바탕에 검은색 글씨로 폐수운반차량, 회사명, 등록번호, 전화번호 및 용량을 지워지지 아니하도록 표시하여야 한다.

85. 중점관리저수지의 관리자와 그 저수지의 소재지를 관할하는 시·도지사가 수립하는 중점관리저수지의 수질오염방지 및 수질개선에 관한 대책에 포함되어야 하는 사항으로 (   )에 옳은 것은?

> 중점관리저수지의 경계로부터 반경 (   )의 거주인구 등 일반현황

① 500 m 이내
② 1 km 이내
③ 2 km 이내
④ 5 km 이내

해설 중점관리저수지 대책 포함사항
1. 중점관리저수지의 설치목적, 이용현황 및 오염현황
2. 중점관리저수지의 경계로부터 반경 2킬로미터 이내의 거주인구 등 일반현황
3. 중점관리저수지의 수질 관리목표
4. 중점관리저수지의 수질 오염 예방 및 수질 개선방안

86. 시·도지사가 설치할 수 있는 측정망의 종류에 해당하는 것은?

① 비점오염원에서 배출되는 비점오염물질 측정망
② 퇴적물 측정망
③ 도심하천 측정망
④ 공공수역 유해물질 측정망

해설 시·도지사 등이 설치·운영하는 측정망의 종류
1. 소권역을 관리하기 위한 측정망
2. 도심하천 측정망
3. 그 밖에 유역환경청장이나 지방환경청장과 협의하여 설치·운영하는 측정망

87. 대권역 물환경관리계획에 포함되어야 할 사항으로 틀린 것은?

① 상수원 및 물 이용현황
② 점오염원, 비점오염원 및 기타수질오염원의 분포현황
③ 점오염원, 비점오염원 및 기타수질오염원의 수질오염 저감시설 현황
④ 점오염원, 비점오염원 및 기타수질오염원에서 배출되는 수질오염물질의 양

정답 83. ② 84. ④ 85. ③ 86. ③ 87. ③

해설 대권역계획 수립 시 포함사항
1. 물환경의 변화 추이 및 물환경목표기준
2. 상수원 및 물 이용현황
3. 점오염원, 비점오염원 및 기타수질오염원의 분포현황
4. 점오염원, 비점오염원 및 기타수질오염원에서 배출되는 수질오염물질의 양
5. 수질오염 예방 및 저감 대책
6. 물환경 보전조치의 추진방향
7. 기후변화에 대한 적응대책
8. 그 밖에 환경부령으로 정하는 사항

88. 시·도지사가 오염총량관리기본계획의 승인을 받으려는 경우 오염총량관리기본계획안에 첨부하여 환경부장관에게 제출하여야 하는 서류가 아닌 것은?

① 유역환경의 조사·분석 자료
② 오염부하량의 저감계획을 수립하는 데에 사용한 자료
③ 오염총량목표수질을 수립하는 데에 사용한 자료
④ 오염부하량의 산정에 사용한 자료

해설 오염총량관리기본계획안 첨부서류
1. 유역환경의 조사·분석 자료
2. 오염원의 자연증감에 관한 분석 자료
3. 지역개발에 관한 과거와 장래의 계획에 관한 자료
4. 오염부하량의 산정에 사용한 자료
5. 오염부하량의 저감계획을 수립하는 데에 사용한 자료

89. 공공폐수처리시설 배수설비의 설치방법 및 구조기준으로 옳지 않은 것은?

① 배수관의 관경은 안지름 150 mm 이상으로 하여야 한다.
② 배수관은 우수관과 합류하여 설치하여야 한다.
③ 배수관의 기점·종점·합류점·굴곡점과 관경·관 종류가 달라지는 지점에는 맨홀을 설치하여야 한다.
④ 배수관 입구에는 유효간격 10 mm 이하의 스크린을 설치하여야 한다.

해설 ② 배수관은 우수관과 분리하여 빗물이 혼합되지 아니하도록 설치하여야 한다.
배수설비의 설치방법·구조기준 등
1. 배수관의 관경은 내경 150밀리미터 이상으로 하여야 한다.
2. 배수관은 우수관과 분리하여 빗물이 혼합되지 아니하도록 설치하여야 한다.
3. 배수관의 기점·종점·합류점·굴곡점과 관경(管徑)·관종(管種)이 달라지는 지점에는 맨홀을 설치하여야 하며, 직선인 부분에는 내경의 120배 이하의 간격으로 맨홀을 설치하여야 한다.
4. 배수관 입구에는 유효간격 10밀리미터 이하의 스크린을 설치하여야 하고, 다량의 토사를 배출하는 유출구에는 적당한 크기의 모래받이를 각각 설치하여야 하며, 배수관·맨홀 등 악취가 발생할 우려가 있는 시설에는 방취(防臭)장치를 설치하여야 한다.
5. 사업장에서 공공폐수처리시설까지로 폐수를 유입시키는 배수관에는 유량계 등 계량기를 부착하여야 한다.
6. 시간당 최대 폐수량이 일평균폐수량의 2배 이상인 사업자와 순간수질과 일평균수질과의 격차가 리터당 100밀리그램 이상인 시설의 사업자는 자체적으로 유량조정조를 설치하여 공공폐수처리시설 가동에 지장이 없도록 폐수배출량 및 수질을 조정한 후 배수하여야 한다.

90. 중권역환경관리위원회의 위원으로 될 수 없는 자는?

① 수자원 관계 기관의 임직원
② 지방의회의원
③ 관계 행정기관의 공무원
④ 영리민간단체에서 추천한 자

정답 88. ③ 89. ② 90. ④

해설 중권역환경관리위원회의 구성
(1) 중권역관리계획을 심의·조정하기 위하여 유역환경청 또는 지방환경청에 중권역환경관리위원회(이하 "중권역위원회"라 한다)를 둔다.
(2) 중권역위원회는 위원장 1명을 포함한 30명 이내의 위원으로 구성하고, 중권역위원회의 위원장은 유역환경청장 또는 지방환경청장이 된다.
(3) 중권역위원회의 위원은 유역환경청장 또는 지방환경청장이 다음 각 호의 사람 중에서 위촉하거나 임명한다.
1. 관계 행정기관의 공무원
2. 지방의회의원
3. 수자원 관계 기관의 임직원
4. 상공(商工)단체 등 관계 경제단체·사회단체의 대표자
5. 그 밖에 환경보전 또는 국토계획·도시계획에 관한 학식과 경험이 풍부한 사람
6. 시민단체(「비영리민간단체 지원법」에 따른 비영리민간단체를 말한다)에서 추천한 사람

91. 수질 및 수생태계 환경기준에서 해역의 생활환경기준으로 옳지 않은 것은?
① 수소이온농도(pH) : 6.5~8.5
② 용매 추출유분(mg/L) : 0.01 이하
③ 총대장균군(총대장균군수/100 mL) : 1,000 이하
④ 총 인(mg/L) : 0.05 이하

해설 해역 – 생활환경기준

항목	수소이온농도(pH)	총대장균군(총대장균군수/100 mL)	용매 추출유분(mg/L)
기준	6.5~8.5	1,000 이하	0.01 이하

92. 수질오염경보(조류경보) 단계 중 다음 발령·해제 기준의 설명에 해당하는 단계는? (단, 상수원 구간)

2회 연속 채취 시 남조류 세포수가 1,000세포/mL 이상 10,000세포/mL 미만인 경우

① 관심
② 경보
③ 조류대발생
④ 해제

해설 조류경보 – 상수원 구간

경보 단계	발령·해제 기준
관심	2회 연속 채취 시 남조류 세포수가 1,000세포/mL 이상 10,000세포/mL 미만인 경우
경계	2회 연속 채취 시 남조류 세포수가 10,000세포/mL 이상 1,000,000세포/mL 미만인 경우
조류대발생	2회 연속 채취 시 남조류 세포수가 1,000,000 세포/mL 이상인 경우
해제	2회 연속 채취 시 남조류 세포수가 1,000세포/mL 미만인 경우

93. 초과부과금 산정 시 적용되는 수질오염물질 1킬로그램당 부과금액이 가장 낮은 것은?
① 크롬 및 그 화합물
② 유기인화합물
③ 시안화합물
④ 비소 및 그 화합물

해설 초과부과금의 산정기준 순서 : 수은, PCB > 카드뮴 > Cr^{6+}, PCE, TCE > 페놀, 시안, 유기인, 납 > 비소 > 크롬 > 구리 > 망간, 아연 > T–P, T–N > 유기물질(TOC) > 유기물질(BOD 또는 COD), 부유물질

더 알아보기 핵심정리 2-94

94. 수질오염방지시설 중 생물화학적 처리시설이 아닌 것은?

① 살균시설
② 폭기시설
③ 산화시설(산화조 또는 산화지)
④ 안정조

해설 수질오염방지시설
  ① 살균시설 : 화학적 처리시설
더 알아보기 핵심정리 2-95

95. 제2종 사업장에 해당되는 폐수배출량은?

① 1일 배출량이 50 m^3 이상, 200 m^3 미만
② 1일 배출량이 100 m^3 이상, 300 m^3 미만
③ 1일 배출량이 500 m^3 이상, 2000 m^3 미만
④ 1일 배출량이 700 m^3 이상, 2000 m^3 미만

해설 사업장의 규모별 구분

종류	배출규모
제1종 사업장	1일 폐수배출량이 2,000 m^3 이상인 사업장
제2종 사업장	1일 폐수배출량이 700 m^3 이상, 2,000 m^3 미만인 사업장
제3종 사업장	1일 폐수배출량이 200 m^3 이상, 700 m^3 미만인 사업장
제4종 사업장	1일 폐수배출량이 50 m^3 이상, 200 m^3 미만인 사업장
제5종 사업장	위 제1종부터 제4종까지의 사업장에 해당하지 아니하는 배출시설

96. 위임업무 보고사항 중 보고 횟수가 연 4회에 해당되는 것은?

① 측정기기 부착사업자에 대한 행정처분 현황
② 측정기기 부착사업장 관리 현황
③ 비점오염원의 설치신고 및 방지시설 설치 현황 및 행정처분 현황
④ 과징금 부과 실적

해설 위임업무 보고사항
  ①, ②, ④ : 연 2회
더 알아보기 핵심정리 2-99

97. 폐수무방류배출시설의 세부설치기준에 관한 내용으로 ( )에 옳은 내용은?

특별대책지역에 설치되는 폐수무방류배출시설의 경우 1일 24시간 연속하여 가동되는 것이면 배출 폐수를 전량 처리할 수 있는 예비 방지시설을 설치하여야 하고 1일 최대 폐수발생량이 ( )m^3 이상이면 배출 폐수의 무방류 여부를 실시간으로 확인할 수 있는 원격유량 감시장치를 설치하여야 한다.

① 100
② 200
③ 300
④ 500

해설 폐수무방류배출시설의 세부 설치기준 : 특별대책지역에 설치되는 폐수무방류배출시설의 경우 1일 24시간 연속하여 가동되는 것이면 배출 폐수를 전량 처리할 수 있는 예비 방지시설을 설치하여야 하고, 1일 최대 폐수발생량이 200세제곱미터 이상이면 배출 폐수의 무방류 여부를 실시간으로 확인할 수 있는 원격유량감시장치를 설치하여야 한다.

98. 기본배출부과금의 부과 대상이 되는 수질오염물질은?

① 유기물질
② BOD
③ 카드뮴
④ 구리

해설 기본배출부과금의 부과 대상 수질오염물질의 종류
  1. 유기물질
  2. 부유물질

정답 94. ① 95. ④ 96. ③ 97. ② 98. ①

99. 비점오염방지시설의 유형별 기준 중 자연형 시설이 아닌 것은?

① 저류시설
② 침투시설
③ 식생형 시설
④ 스크린형 시설

해설 비점오염저감시설

자연형 시설	장치형 시설
• 저류시설 • 인공습지 • 침투시설 • 식생형 시설	• 여과형 시설 • 소용돌이(와류)형 • 스크린형 시설 • 응집·침전 처리형 시설 • 생물학적 처리형 시설

100. 1일 폐수배출량이 2천 m^3 이상인 사업장에서 생물화학적 산소요구량의 농도가 25 mg/L의 폐수를 배출하였다면, 이 업체의 방류수수질기준 초과에 따른 부과계수는? (단, 배출허용기준에 적용되는 지역은 청정지역임)

① 2.0
② 2.2
③ 2.4
④ 2.6

해설 방류수 수질기준 초과율별 부과계수

초과율 (%)	10 미만	10 이상 20 미만	20 이상 30 미만	30 이상 40 미만	40 이상 50 미만
부과 계수	1	1.2	1.4	1.6	1.8
초과율 (%)	50 이상 60 미만	60 이상 70 미만	70 이상 80 미만	80 이상 90 미만	90 이상 100 미만
부과 계수	2.0	2.2	2.4	2.6	2.8

방류수수질기준초과율
= (배출농도−방류수수질기준)÷(배출허용기준−방류수수질기준)×100
= (25−10)÷(30−10)×100 = 75 %
표에서 초과율 75 %이면, 부과계수는 2.4이다.

더 알아보기 핵심정리 2-97, 2-98

수질환경기사

2020년 8월 22일 (제3회)

제1과목 수질오염개론

1. 에탄올(C_2H_5OH) 300 mg/L가 함유된 폐수의 이론적 COD값(mg/L)은? (단, 기타 오염물질은 고려하지 않음)

① 312　　② 453
③ 578　　④ 626

해설 $C_2H_5OH + 3O_2 \rightarrow 2CO_2 + 3H_2O$
　　46 g　：　3×32 g
　300 mg/L：COD

$$\therefore COD = \frac{3 \times 32\,g}{46\,g} \times \frac{300\,mg/L}{1}$$

$$= 626.08\,mg/L$$

2. 물질대사 중 동화작용을 가장 알맞게 나타낸 것은?

① 잔여영양분 + ATP → 세포물질 + ADP + 무기인 + 배설물
② 잔여영양분 + ADP + 무기인 → 세포물질 + ATP + 배설물
③ 세포내 영양분의 일부 + ATP → ADP + 무기인 + 배설물
④ 세포내 영양분의 일부 + ADP + 무기인 → ATP + 배설물

해설 • 동화(합성)
　잔여영양분 + ATP → 세포물질 + ADP + 무기인 + 배설물
• 이화(분해)
　복잡한 물질 + ADP → 간단한 물질 + ATP

3. 세균의 구조에 대한 설명이 올바르지 못한 것은?

① 세포벽 : 세포의 기계적인 보호
② 협막과 점액층 : 건조 혹은 독성물질로부터 보호
③ 세포막 : 호흡대사 기능을 발휘
④ 세포질 : 유전에 관계되는 핵산 포함

해설 • 핵 : 유전에 관계되는 핵산 포함
• 세포질 : 세포를 구성하는 원형질 중 핵을 제외한 부분

세포 기관의 기능

소기관	주요 기능
핵	세포활성 조절, DNA 저장
소포체	단백질 합성, 물질분배
리보솜	단백질 합성
미토콘드리아	호흡대사와 화학에너지 전환·생산
색소체 (식물)	화학에너지로 전환, 양분과 색소 저장
골지 복합체	합성물질을 포장하고 분배
리소좀	소화 잔여물 제거와 배출
액포	소화와 저장
미세섬유와 미세소관	세포구조물, 내부성분의 이동
미소체	화학적 전환, 배출
섬모와 편모	운동력과 외적인 유동을 생성

4. 자연계의 질소순환에 대한 설명으로 가장 거리가 먼 것은?

① 대기의 질소는 방전작용, 질소고정세균 그리고 조류에 의하여 끊임없이 소비된다.
② 소변 속의 질소는 주로 요소로 바로 탄산암모늄으로 가수 분해된다.
③ 유기질소는 부패균이나 곰팡이의 작용으로 암모니아성 질소로 변환된다.
④ 암모니아성 질소는 혐기성 상태에서 환원균에 의해 바로 질소가스로 변환된다.

해설 ④ 아질산성 질소는 혐기성 상태에서 환원균(탈질균)에 의해 바로 질소가스로 변환된다.

정답 1. ④　2. ①　3. ④　4. ④

5. 수자원의 순환에서 가장 큰 비중을 차지하는 것은?

① 해양으로의 강우
② 증발
③ 증산
④ 육지로의 강우

해설 물의 순환 크기 : 증발 > 해양으로의 강우 > 육지로의 강우 > 증산

6. Graham의 기체법칙에 관한 내용으로 ( )에 알맞은 것은?

> 수소의 확산속도에 비해 염소는 약 (㉠), 산소는 (㉡) 정도의 확산속도를 나타낸다.

① ㉠ 1/6, ㉡ 1/4
② ㉠ 1/6, ㉡ 1/9
③ ㉠ 1/4, ㉡ 1/6
④ ㉠ 1/9, ㉡ 1/6

해설 Graham의 기체법칙

$$\frac{d_2}{d_1} = \sqrt{\frac{M_1}{M_2}}$$

㉠ $\frac{dCl_2}{dH_2} = \sqrt{\frac{2}{71}} ≒ \frac{1}{\sqrt{36}} ≒ \frac{1}{6}$

㉡ $\frac{dO_2}{dH_2} = \sqrt{\frac{2}{32}} = \sqrt{\frac{1}{16}} = \frac{1}{4}$

7. 화학흡착에 관한 내용으로 옳지 않은 것은?

① 흡착된 물질은 표면에 농축되어 여러 개의 겹쳐진 층을 형성함
② 흡착 분자는 표면에 한 부위에서 다른 부위로의 이동이 자유롭지 못함
③ 흡착된 물질 제거를 위해 일반적으로 흡착제를 높은 온도로 가열함
④ 거의 비가역적임

해설 ① 흡착된 물질은 표면에 농축되어 한 개의 층을 형성함

구분	물리적 흡착	화학적 흡착
원리	반데르발스힘 (Van der Waals)	화학반응
반응	가역반응	비가역반응
흡착열	적음(40 kJ/mol 이하)	많음(80 kJ/mol 이상)
흡착층	다분자 흡착	단분자 흡착

8. 유량 400,000 m³/day의 하천에 인구 20만명의 도시로부터 30,000 m³/day의 하수가 유입되고 있다. 하수 유입 전 하천의 BOD는 0.5 mg/L이고, 유입 후 하천의 BOD를 2 mg/L로 하기 위해서 하수처리장을 건설하려고 한다면 이 처리장의 BOD 제거효율(%)은? (단, 인구 1인당 BOD 배출량 = 20 g/day)

① 약 84
② 약 87
③ 약 90
④ 약 93

해설 (1) 처리장 유입 전 BOD

하수 BOD = $\frac{20\,g}{day \cdot 인} \times \frac{200,000인}{30,000\,m^3} \times \frac{1,000\,mg}{1\,g} \times \frac{1\,m^3}{1,000\,L}$

$= 133.333\,mg/L$

(2) 처리장 유출 BOD(x)

$2 = \frac{400,000 \times 0.5 + 30,000x}{400,000 + 30,000}$

∴ $x = 22\,mg/L$

(3) 생활오수 처리율

$= \frac{133.33 - 22}{133.33} \times 100 = 0.8349$

$= 83.49\%$

정답 5. ② 6. ① 7. ① 8. ①

9. 150 kL/day의 분뇨를 포기하여 BOD의 20 %를 제거하였다. BOD 1 kg을 제거하는 데 필요한 공기공급량이 60 m³이라 했을 때 시간당 공기공급량(m³)은? (단, 연속포기, 분뇨의 BOD = 20,000 mg/L)

① 100 ② 500
③ 1,000 ④ 1,500

해설 공기공급량

$$= \frac{150{,}000\,L}{day} \bigg| \frac{20{,}000\,mg}{L} \bigg| \frac{0.2}{} \bigg| \frac{1\,kg}{10^6\,mg} \bigg| \frac{60\,m^3}{1\,kg\,BOD} \bigg| \frac{1\,day}{24\,hr}$$

$$= 1{,}500\,m^3$$

10. 유량 4.2 m³/sec, 유속 0.4 m/sec, BOD 7 mg/L인 하천이 흐르고 있다. 이 하천에 유량 25.2 m³/min, BOD 500 mg/L인 공장폐수가 유입되고 있다면 하천수와 공장폐수의 합류지점의 BOD(mg/L)는? (단, 완전혼합이라 가정)

① 약 33 ② 약 45
③ 약 52 ④ 약 67

해설

구분	Q(m³/min)	BOD (mg/L)
하천	$\frac{4.2\,m^3}{sec} \cdot \frac{60\,sec}{min} = 252$	7
공장폐수	25.2	500

합류지점 $BOD = \frac{252 \times 7 + 25.2 \times 500}{252 + 25.2}$

$= 51.82\,mg/L$

11. Glucose($C_6H_{12}O_6$) 500 mg/L 용액을 호기성 처리 시 필요한 이론적인 인(P) 농도(mg/L)는? (단, BOD_5 : N : P = 100 : 5 : 1, K_1 = 0.1 day⁻¹, 상용대수 기준, 완전분해기준, BOD_u = COD)

① 약 3.7 ② 약 5.6
③ 약 8.5 ④ 약 12.8

해설 $C_6H_{12}O_6 + 6O_2 \rightarrow 6CO_2 + 6H_2O$

500 mg/L : BOD_u
180 g : 6×32 g

(1) $BOD_u = \frac{6 \times 32 \times 500}{180} = 533.333\,mg/L$

(2) $BOD_5 = BOD_u(1 - 10^{-Kt})$
$= 533.333(1 - 10^{-0.1 \times 5})$
$= 364.678\,mg/L$

(3) P
$BOD_5 : P = 100 : 1 = 364.678 : P$
∴ $P = 3.64\,mg/L$

12. 20℃에서 k_1이 0.16/day(base 10)이라 하면, 10℃에 대한 BOD_5/BOD_u 비는? (단, θ = 1.047)

① 0.63 ② 0.68
③ 0.73 ④ 0.78

해설 (1) $k_{10} = k_{20} \cdot \theta^{(10-20)}$
$= 0.16 \times 1.047^{10-20}$
$= 0.101$

(2) $\frac{BOD_5}{BOD_u} = \frac{BOD_u(1-10^{-kt})}{BOD_u}$
$= 1 - 10^{-0.101 \times 5} = 0.687$

13. 크롬에 관한 설명으로 틀린 것은?

① 만성 크롬 중독인 경우에는 미나마타병이 발생한다.
② 3가 크롬은 비교적 안정하나 6가 크롬 화합물은 자극성이 강하고 부식성이 강하다.
③ 3가 크롬은 피부흡수가 어려우나 6가 크롬은 쉽게 피부를 통과한다.
④ 만성 중독 현상으로는 비점막염증이 나타난다.

해설 ① 만성 수은 중독인 경우에는 미나마타병이 발생한다.

14. 우리나라의 수자원에 관한 설명으로 가장 거리가 먼 것은?

① 강수량의 지역적 차이가 크다.
② 주요 하천 중 한강의 수자원 보유량이 가장 많다.
③ 하천의 유역면적은 크지만 하천경사는 급하다.
④ 하천의 하상계수가 크다.

해설 ③ 유역면적은 크고 하천경사가 완만하다.

15. 적조현상에 의해 어패류가 폐사하는 원인과 가장 거리가 먼 것은?

① 적조생물이 어패류의 아가미에 부착하여
② 적조류의 광범위한 수면막 형성으로 인해
③ 치사성이 높은 유독물질을 분비하는 조류로 인해
④ 적조류의 사후분해에 의한 수중 부패 독의 발생으로 인해

해설 ② 수면막을 형성하는 것은 유류오염이다.

16. formaldehyde(CH_2O)의 COD/TOC 비는?

① 1.37　　② 1.67
③ 2.37　　④ 2.67

해설 $CH_2O + O_2 \rightarrow CO_2 + H_2O$

$\dfrac{COD}{TOC} = \dfrac{O_2}{C} = \dfrac{32}{12} = 2.67$

17. 유해물질과 그 중독증상(영향)과의 관계로 가장 거리가 먼 것은?

① Mn : 흑피증
② 유기인 : 현기증, 동공축소
③ Cr^{6+} : 피부궤양
④ PCB : 카네미유증

해설 • Mn : 파킨슨병 유사 증상
• As : 흑피증

18. 경도에 관한 관계식으로 틀린 것은?

① 총경도−비탄산경도 = 탄산경도
② 총경도−탄산경도 = 마그네슘경도
③ 알카리도 < 총경도일 때 탄산경도 = 비탄산경도
④ 알카리도 ≥ 총경도일 때 탄산경도 = 총경도

해설 ② 총경도 = 칼슘경도+마그네슘 경도
③ 알칼리도 < 총경도일 때 탄산경도 = 알칼리도

19. 하구의 혼합 형식 중 하상구배와 조차가 적어서 염수와 담수의 2층 밀도류가 발생되는 것은?

① 강혼합형　　② 약혼합형
③ 중혼합형　　④ 완혼합형

해설 하구의 혼합 형식 : 하구밀도류의 유동형태는 담수와 염수의 혼합 강약에 따라 약·완·강혼합형의 세 가지로 분류된다. 이 중 약혼합형에서는 해수가 하도 내로 쐐기형태로 침입하게 되는데, 이러한 밀도류를 염수쐐기라 한다.
• 강혼합형 : 하도방향으로 혼합이 심하고, 수심방향에서 밀도차가 없어진다.
• 약혼합형 : 하천유량, 하상구배가 적음. 염수와 담수의 2층의 밀도류 발생
• 완혼합형 : 약혼합과 강혼합의 중간형

20. 자정상수(f)의 영향 인자에 관한 설명으로 옳은 것은?

① 수심이 깊을수록 자정상수는 커진다.
② 수온이 높을수록 자정상수는 작아진다.
③ 유속이 완만할수록 자정상수는 커진다.
④ 바닥구배가 클수록 자정상수는 작아진다.

해설 ① 수심이 깊을수록 자정상수는 작아진다.
③ 유속이 완만할수록 자정상수는 작아진다.
④ 바닥구배가 클수록 자정상수는 커진다.

더 알아보기 핵심정리 1-18

정답　14. ③　15. ②　16. ④　17. ①　18. ②, ③　19. ②　20. ②

제2과목 상하수도계획

21. 상수도시설인 취수탑의 취수구에 관한 내용과 가장 거리가 먼 것은?

① 계획취수위는 취수구로부터 도수기점까지의 수두손실을 계산하여 결정한다.
② 취수탑의 내측이나 외측에 슬루스게이트(제수문), 버터플라이밸브 또는 제수밸브 등을 설치한다.
③ 전면에서는 협잡물을 제거하기 위한 스크린을 설치해야 한다.
④ 단면형상은 장방형 또는 원형으로 한다.

해설 ① 취수보의 취수구 내용이다.

22. 계획오수량에 관한 설명으로 옳지 않은 것은?

① 계획1일최대오수량은 1인1일최대오수량에 계획인구를 곱한 후, 여기에 공장 폐수량, 지하수량 및 기타 배수량을 더한 것으로 한다.
② 합류식에서 우천 시 계획오수량은 원칙적으로 계획시간최대오수량의 3배 이상으로 한다.
③ 지하수량은 1인1일평균오수량의 5~10 %로 한다.
④ 계획시간최대오수량은 계획1일 최대오수량의 1시간당 수량의 1.3~1.8배를 표준으로 한다.

해설 ③ 지하수량은 1인1일최대오수량의 20 % 이하로 한다.

더 알아보기 핵심정리 2-29

23. 도수관을 설계할 때 평균유속 기준으로 (   )에 옳은 것은?

> 자연유하식인 경우에는 허용최대한도를 (㉠)로 하고, 도수관의 평균유속의 최소한도는 (㉡)로 한다.

① ㉠ 1.5 m/s, ㉡ 0.3 m/s
② ㉠ 1.5 m/s, ㉡ 0.6 m/s
③ ㉠ 3.0 m/s, ㉡ 0.3 m/s
④ ㉠ 3.0 m/s, ㉡ 0.6 m/s

해설 관거의 유속
- 상수관(도수관) : 0.3~3.0 m/s
- 오수관 : 0.6~3.0 m/s
- 우수관 : 0.8~3.0 m/s

24. 상수의 도수관로의 자연부식 중 매크로셀 부식에 해당되지 않은 것은?

① 이종금속
② 간섭
③ 산소농담(통기차)
④ 콘크리트·토양

해설 자연부식
- 매크로셀 부식 : 콘크리트 부식, 산소농담차, 이종금속
- 미크로셀 부식 : 일반토양 부식, 특수토양 부식, 박테리아 부식
- 전식 : 전철의 미주전류, 간섭

25. 호소의 중소량 취수시설로 많이 사용되고 구조가 간단하며 시공도 비교적 용이하나 수중에 설치되므로 호소의 표면수는 취수할 수 없는 것은?

① 취수틀
② 취수보
③ 취수관거
④ 취수문

해설 취수틀
- 중소량 취수시설로 많이 사용
- 구조가 간단
- 시공도 비교적 용이
- 수중에 설치되므로 호소의 표면수는 취수할 수 없음

정답 21. ① 22. ③ 23. ③ 24. ② 25. ①

26. 상수도관으로 사용되는 관종 중 스테인리스강관에 관한 특징으로 틀린 것은?

① 강인성이 뛰어나고 충격에 강하다.
② 용접접속에 시간이 걸린다.
③ 라이닝이나 도장을 필요로 하지 않는다.
④ 이종금속과의 절연처리가 필요 없다.

해설 ④ 이종금속과의 절연처리가 필요하다.
스테인리스강관의 특징
- 가볍다.
- 충격에 강하다.
- 부식에 강하다.
- 누수가 없다.
- 가격이 비싸다.
- 숙련된 작업자가 필요하다.

27. 우수배제계획 수립에 적용되는 하수관거의 계획우수량 결정을 위한 확률년수는?

① 5~10년
② 10~15년
③ 10~30년
④ 30~50년

해설 확률년수
- 하수관거 : 10~30년
- 빗물펌프장 : 30~50년

28. 상수도시설 일반구조의 설계하중 및 외력에 대한 고려 사항으로 틀린 것은?

① 풍압은 풍량에 풍력계수를 곱하여 산정한다.
② 얼음 두께에 비하여 결빙 면이 작은 구조물의 설계에는 빙압을 고려한다.
③ 지하수위가 높은 곳에 설치하는 지상 구조물은 비웠을 경우의 부력을 고려한다.
④ 양압력은 구조물의 전후에 수위차가 생기는 경우에 고려한다.

해설 ① 풍량(풍하중) = 풍력계수×풍압×면적

29. 하수관거 배수설비의 설명 중 옳지 않은 것은?

① 배수설비는 공공하수도의 일종이다.
② 배수설비 중의 물받이의 설치는 배수구역 경계지점 또는 배수구역 안에 설치하는 것을 기본으로 한다.
③ 결빙으로 인한 우·오수 흐름의 지장이 발생되지 않도록 하여야 한다.
④ 배수관은 암거로 하며, 우수만을 배수하는 경우에는 개거도 가능하다.

해설 ① 배수설비는 개인하수도의 일종이다.

30. 하수 펌프장 시설인 스크루펌프(screw pump)의 일반적인 장·단점으로 틀린 것은?

① 회전수가 낮기 때문에 마모가 적다.
② 수중의 협잡물이 물과 함께 떠올라 폐쇄 가능성이 크다.
③ 기동에 필요한 물채움장치나 밸브 등 부대시설이 없어 자동운전이 쉽다.
④ 토출측의 수로를 압력관으로 할 수 없다.

해설 ② 수중의 협잡물이 물과 함께 떠올라 폐쇄 가능성이 적다(협잡물 세척효과).

31. 원수의 냄새물질(2-MIB, geosmin 등), 색도, 미량유기물질, 소독부산물전구물질, 암모니아성질소, 음이온계면활성제, 휘발성, 유기물질 등을 제거하기 위한 수처리공정으로 가장 적합한 것은?

① 완속여과
② 급속여과
③ 막여과
④ 활성탄여과

해설 ④ 지오스민은 흙 비린내가 나게 하는 물질로, 여과 및 소독으로 제거율이 낮고 활성탄흡착(여과)이 가장 효과적이다.

정답 26. ④ 27. ③ 28. ① 29. ① 30. ② 31. ④

32. 지표수의 취수를 위해 하천수를 수원으로 하는 경우의 취수탑에 관한 설명으로 옳지 않은 것은?

① 대량 취수 시 경제적인 것이 특징이다.
② 취수보와 달리 토사 유입을 방지할 수 있다.
③ 공사비는 일반적으로 크다.
④ 시공 시 가물막이 등 가설공사는 비교적 소규모로 할 수 있다.

해설 ② 토사 및 쓰레기 유입 방지가 곤란하다.

33. 계획취수량을 확보하기 위하여 필요한 저수용량의 결정에 사용하는 계획기준년의 표준으로 가장 적절한 것은?

① 3개년에 제1위 정도의 갈수
② 5개년에 제1위 정도의 갈수
③ 7개년에 제1위 정도의 갈수
④ 10개년에 제1위 정도의 갈수

해설 상수의 계획취수량을 확보하기 위하여 필요한 저수용량의 결정에 사용하는 계획기준년은 원칙적으로 10개년에 제1위 정도의 갈수를 표준으로 한다.

34. 자유수면을 갖는 천정호(반경 $r_o = 0.5$ m, 원지하수위 $H = 7.0$ m)에 대한 양수시험결과 양수량이 0.03 m³/sec일 때 정호의 수심 $h_o = 5.0$ m, 영향반경 $R = 200$ m에서 평형이 되었다. 이때 투수계수 k[m/sec]는?

① 4.5×10^{-4} ② 2.4×10^{-3}
③ 3.5×10^{-3} ④ 1.6×10^{-2}

해설 천정호(얕은 우물)의 양수량 공식

$$Q = \frac{\pi k(H^2 - h^2)}{2.3 \log(R/r)}$$

$$0.03 = \frac{\pi k(7^2 - 5^2)}{2.3 \log(200/0.5)}$$

∴ $k = 2.381 \times 10^{-3}$ m/s

여기서, Q : 양수량(m³/s)
k : 투수계수(m/s)
H : 지하수위(m)
h : 우물의 수위(m)
R : 영향원의 반경(m)
r : 우물의 반경(m)

35. 계획송수량과 계획도수량의 기준이 되는 수량은?

① 계획송수량 : 계획1일최대급수량, 계획도수량 : 계획시간최대급수량
② 계획송수량 : 계획시간최대급수량, 계획도수량 : 계획1일최대급수량
③ 계획송수량 : 계획취수량, 계획도수량 : 계획1일최대급수량
④ 계획송수량 : 계획1일최대급수량, 계획도수량 : 계획취수량

해설 • 계획송수량 : 계획1일최대급수량 기준
• 계획도수량 : 계획취수량 기준

36. 펌프의 캐비테이션(공동현상) 발생을 방지하기 위한 대책으로 옳은 것은?

① 펌프의 설치위치를 가능한 한 높게 하여 가용유효흡입수두를 크게 한다.
② 흡입관의 손실을 가능한 한 작게 하여 가용유효흡입수두를 크게 한다.
③ 펌프의 회전속도를 높게 선정하여 필요유효흡입수두를 작게 한다.
④ 흡입 측 밸브를 완전히 폐쇄하고 펌프를 운전한다.

해설 공동현상 방지 대책
① 펌프의 설치위치를 가능한 한 낮게 하여 가용유효흡입수두를 크게 한다.
③ 펌프의 회전속도를 낮게 선정하여 필요유효흡입수두를 작게 한다.
④ 흡입 측 밸브를 완전히 개방하고 펌프를 운전한다.

더 알아보기 핵심정리 2-43 (2)

37. 직경 1 m의 원형콘크리트관에 하수가 흐르고 있다. 동수구배(I)가 0.01이고, 수심이 0.5 m일 때 유속(m/sec)은? (단, 조도계수 (n) = 0.013, Manning 공식적용, 만관기준)

① 2.1 ② 2.7 ③ 3.1 ④ 3.7

해설 $v = \dfrac{1}{n}R^{2/3}I^{1/2} = \dfrac{1}{0.013}\left(\dfrac{1}{4}\right)^{2/3} \cdot 0.01^{1/2}$
$= 3.05 \text{ m/s}$

38. 수격작용을 방지 또는 줄이는 방법이라 할 수 없는 것은?

① 펌프에 플라이휠을 붙여 펌프의 관성을 증가시킨다.
② 흡입 측 관로에 압력조절수조를 설치하여 부압을 유지시킨다.
③ 펌프 토출구 부근에 공기탱크를 두거나 부압 발생지점에 흡기밸브를 설치하여 압력강하 시 공기를 넣어준다.
④ 관내 유속을 낮추거나 관거상황을 변경한다.

해설 수격작용 방지 대책
② 토출 측 관로에 압력조절수조를 설치해서 부압 발생 장소에 물을 보급하여 부압을 방지함과 아울러 압력 상승도 흡수한다.

더 알아보기 핵심정리 2-43 (1)

39. 취수시설에서 취수된 원수를 정수시설까지 끌어들이는 시설은?

① 배수시설 ② 급수시설
③ 송수시설 ④ 도수시설

해설 도수 : 취수시설에서 정수장까지 원수를 이동시키는 것

더 알아보기 핵심정리 2-20

40. 피압수 우물에서 영향원 직경 1 km, 우물 직경 1 m, 피압대수층의 두께 20 m, 투수계수 20 m/day로 추정되었다면, 양수정에서의 수위강하를 5 m로 유지하기 위한 양수량(m³/sec)은? (단, $Q = 2\pi kb \dfrac{H - h_0}{2.3\log_{10}\dfrac{R}{r_0}}$)

① 약 0.005 ② 약 0.02
③ 약 0.05   ④ 약 0.1

해설 피압수 우물의 양수량

$Q = 2\pi kb \dfrac{H - h_0}{2.3\log\left(\dfrac{R}{r_0}\right)}$

$= 2\pi \times 20 \times 20 \times \dfrac{5}{2.3\log\left(\dfrac{500}{0.5}\right)}$

$= 1,821.2131 \text{ m}^3/\text{day} \times \dfrac{1\,\text{day}}{86,400\,\text{s}}$

$= 0.021 \text{ m}^3/\text{s}$

여기서, Q : 양수량(m³/s)
k : 투수계수(m/s)
b : 피압대수층의 두께(m)
H : 지하수위(m)
h_0 : 우물의 수위(m)
R : 영향원의 반경(m)
r_0 : 우물의 반경(m)

제3과목 수질오염방지기술

41. 하·폐수를 통하여 배출되는 계면활성제에 대한 설명 중 잘못된 것은?

① 계면활성제는 메틸렌블루 활성물질이라고도 한다.
② 계면활성제는 주로 합성세제로부터 배출되는 것이다.
③ 물에 약간 녹으며 폐수처리 플랜트에서 거품을 만들게 된다.
④ ABS는 생물학적으로 분해가 매우 쉬우나 LAS는 생물학적으로 분해가 어려운 난분해성 물질이다.

해설 • ABS(경성세제) : 난분해성
• LAS(연성세제) : 생물분해 가능

정답 37. ③ 38. ② 39. ④ 40. ② 41. ④

42. 하수처리를 위한 소독방식의 장단점에 관한 내용으로 틀린 것은?

① ClO_2 : 부산물에 의한 청색증이 유발될 수 있다.
② ClO_2 : pH 변화에 따른 영향이 적다.
③ NaOCl : 잔류효과가 작다.
④ NaOCl : 유량이나 탁도 변동에서 적응이 쉽다.

해설 ③ NaOCl : 잔류효과가 크다.

43. 접촉매체를 이용한 생물막공법에 대한 설명으로 틀린 것은?

① 유지관리가 쉽고, 유기물 농도가 낮은 기질제거에 유효하다.
② 수온의 변화나 부하변동에 강하고 처리효율에 나쁜 영향을 주는 슬러지 팽화문제를 해결할 수 있다.
③ 공극폐쇄 시에도 양호한 처리수질을 얻을 수 있으며 세정조작이 용이하다.
④ 슬러지 발생량이 적고 고도처리에도 효과적이다.

해설 ③ 생물막공법(부착생물법)은 공극폐쇄되면 양호한 처리수질을 얻을 수 없다.

44. 막분리공법을 이용한 정수처리의 장점으로 가장 거리가 먼 것은?

① 부산물이 생기지 않는다.
② 정수장 면적을 줄일 수 있다.
③ 시설의 표준화로 부품관리 시공이 간편하다.
④ 자동화, 무인화가 용이하다.

해설 ③ 부품관리 시공이 어렵다.

45. 다음 공정에서 처리될 수 있는 폐수의 종류는?

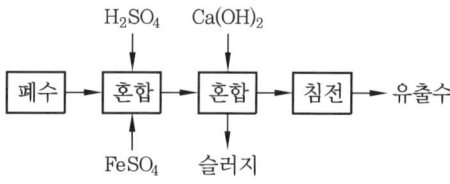

① 크롬폐수
② 시안폐수
③ 비소폐수
④ 방사능폐수

해설 크롬 처리방법 : 황산과 황산철을 넣어 pH를 2~3으로 낮추어 크롬을 환원시킨 후, 수산화칼슘을 넣어 pH 8~9로 중화시켜 크롬을 수산화물로 침전·제거한다.

46. 무기수은계 화합물을 함유한 폐수의 처리방법이 아닌 것은?

① 황화물침전법
② 활성탄흡착법
③ 산화분해법
④ 이온교환법

해설 수은 폐수 처리방법
• 유기수은계 : 흡착법, 산화분해법
• 무기수은계 : 황화물응집침전법, 활성탄흡착법, 이온교환법

47. 인이 8 mg/L 들어 있는 하수의 인 침전(인을 침전시키는 실험에서 인 1몰당 알루미늄 1.5몰이 필요)을 위해 필요한 액체 명반($Al_2(SO_4)_3 \cdot 18H_2O$)의 양(L/day)은? (단, 액체 명반의 순도 = 48 %, 단위중량 = 1,281 kg/m³, 명반 분자량 = 666.7, 알루미늄 원자량 = 26.98, 인 원자량 = 31, 유량 = 10,000 m³/day)

① 약 2,100
② 약 2,800
③ 약 3,200
④ 약 3,700

정답 42. ③ 43. ③ 44. ③ 45. ① 46. ③ 47. ①

해설 (1) 하수 중 인(kg/day)

$$\frac{8 \text{ g}}{\text{m}^3} \cdot \frac{10,000 \text{ m}^3}{\text{day}} \cdot \frac{1 \text{ kg}}{1,000 \text{ g}} = 80 \text{ kg/day}$$

(2) 명반($Al_2(SO_4)_3 \cdot 18H_2O$) 양(L/day)

$$\frac{80 \text{ kg P}}{\text{day}} \cdot \frac{1.5 \times 26.98 \text{ kg Al}}{31 \text{ kg P}} \cdot \frac{666.7 \text{ 명반}}{2 \times 26.98 \text{ Al}} \cdot \frac{\text{m}^3}{0.48 \cdot 1,281 \text{ kg}} \cdot \frac{1,000 \text{ L}}{1 \text{ m}^3}$$

$= 2,098.59 \text{ L/day}$

48. 바이오 센서와 수질오염공정시험기준에서 독성평가에 사용되기도 하는 생물종으로 가장 가까운 것은?

① Leptodora
② Monia
③ Daphnia
④ Alona

해설 독성평가 사용 생물종 : 물벼룩(Daphnia)

49. 하수처리과정에서 염소 소독과 자외선 소독을 비교할 때 염소 소독의 장·단점으로 틀린 것은?

① 암모니아의 첨가에 의해 결합잔류염소가 형성된다.
② 염소접촉조로부터 휘발성유기물이 생성된다.
③ 처리수의 총용존고형물이 감소한다.
④ 처리수의 잔류독성이 탈염소과정에 의해 제거되어야 한다.

해설 ③ 처리수의 총용존고형물이 증가한다.

더 알아보기 핵심정리 2-50

50. 농도 5,500 mg/L인 폭기조 활성슬러지 1 L를 30분간 정치시킨 후 침강 슬러지의 부피가 45 %를 차지하였을 때의 SDI는?

① 1.22
② 1.48
③ 1.61
④ 1.83

해설 (1) $SVI = \frac{SV(\%) \times 10^4}{MLSS(mg/L)}$

$= \frac{45 \times 10^4}{5,500} = 81.8181$

(2) $SDI = \frac{100}{SVI} = \frac{100}{81.8181} = 1.222$

51. 침전지에서 입자의 침강속도가 증대되는 원인이 아닌 것은?

① 입자 비중의 증가
② 액체 점성계수의 증가
③ 수온의 증가
④ 입자 직경의 증가

해설 Stokes 법칙(침강속도식)

$$V_g = \frac{d^2(\rho_p - \rho_w)g}{18\mu}$$

- 침강속도는 입자 직경의 제곱(d^2), 중력가속도(g), 입자와 물 간의 밀도차($\rho_s - \rho_w$)에 비례하고, 점성계수(μ)에는 반비례한다.
- 침강속도는 점성계수에 반비례하므로, 점성계수가 증가하면 침강속도는 감소한다.

52. 음용수 중 철과 망간의 기준 농도에 맞추기 위한 그 제거 공정으로 알맞지 않은 것은?

① 포기에 의한 침전
② 생물학적 여과
③ 제올라이트 수착
④ 인산염에 의한 산화

해설 음용수 중 철과 망간 제거 방법
- 포기에 의한 침전
- 생물학적 여과
- 제올라이트 수착

정답 48. ③ 49. ③ 50. ① 51. ② 52. ④

53. 하수처리방식 중 회전원판법에 관한 설명으로 가장 거리가 먼 것은?

① 활성슬러지법에 비해 2차 침전지에서 미세한 SS가 유출되기 쉽고 처리수의 투명도가 나쁘다.
② 운전관리상 조작이 간단한 편이다.
③ 질산화가 거의 발생하지 않으며, pH 저하도 거의 없다.
④ 소비 전력량이 소규모 처리시설에서는 표준활성슬러지법에 비하여 적은 편이다.

해설 ③ 질산화가 발생하며, pH 저하가 발생할 수 있다.

54. 활성탄 흡착단계를 설명한 것으로 가장 거리가 먼 것은?

① 흡착제 주위의 막을 통하여 피흡착제의 분자가 이동하는 단계
② 피흡착제의 극성에 의해 제타퍼텐셜(zeta potential)이 적용되는 단계
③ 흡착제 공극을 통하여 피흡착제가 확산하는 단계
④ 흡착이 되면서 흡착제와 피흡착제 사이에 결합이 일어나는 단계

해설 ② 제타퍼텐셜(zeta potential)은 흡착과는 관계 없다.

55. 2,000 m³/day의 하수를 처리하는 하수처리장의 1차 침전지에서 침전고형물이 0.4 ton/day, 2차 침전지에서 0.3 ton/day이 제거되며 이때 각 고형물의 함수율은 98%, 99.5%이다. 체류 시간을 3일로 하여 고형물을 농축시키려면 농축조의 크기(m³)는? (단, 고형물의 비중=1.0 가정)

① 80 ② 240
③ 620 ④ 1,860

해설 (1) 1차 침전지 발생 슬러지양(SL_1)

$$SL_1 = \frac{0.4\,t}{day} \cdot \frac{100\,SL}{2\,TS} = 20\,t/day$$

(2) 2차 침전지 발생 슬러지양(SL_2)

$$SL_2 = \frac{0.3\,t}{day} \cdot \frac{100\,SL}{0.5\,TS} = 60\,t/day$$

(3) 농축조 크기(m³)

$$\frac{(20+60)t}{day} \cdot \frac{3\,day}{1} \cdot \frac{1\,m^3}{1t} = 240\,m^3$$

56. 포기조 유효용량이 1,000 m³이고, 잉여슬러지 배출량이 25 m³/day로 운전되는 활성슬러지 공정이 있다. 반송슬러지의 SS 농도(X_r)에 대한 MLSS 농도(X)의 비(X/X_r)가 0.25일 때 평균 미생물 체류시간(day)은? (단, 2차 침전지 유출수의 SS 농도는 무시)

① 7 ② 8
③ 9 ④ 10

해설 유출 SS를 무시하므로, $X_e = 0$이다.

$$SRT = \frac{VX}{X_r \cdot Q_w + (Q-Q_w) \cdot X_e}$$

$$= \frac{VX}{X_r \cdot Q_w} = \frac{V(X/X_r)}{Q_w}$$

$$= \frac{1,000 \times 0.25}{25} = 10\,day$$

57. 활성슬러지 공정을 사용하여 BOD 200 mg/L의 하수 2,000 m³/day를 BOD 30 mg/L까지 처리하고자 한다. 포기조의 MLSS를 1,600mg/L로 유지하고, 체류시간을 8시간으로 하고자 할 때의 F/M 비(kg BOD/kg MLSS·day)는?

① 0.12 ② 0.24
③ 0.38 ④ 0.43

해설 $F/M = \dfrac{BOD \cdot Q}{V \cdot X} = \dfrac{BOD \cdot Q}{(Qt) \cdot X} = \dfrac{BOD}{t \cdot X}$

$$= \frac{200\,mg}{L} \cdot \frac{L}{8\,hr} \cdot \frac{24\,hr}{1,600\,mg} \cdot \frac{}{1\,day}$$

$$= 0.375\,kg/kg \cdot day$$

58. 9.0 kg의 글루코스(Glucose)로부터 발생 가능한 0℃, 1atm에서의 CH_4 가스의 용적(L)은? (단, 혐기성 분해 기준)

① 3,160　② 3,360
③ 3,560　④ 3,760

해설 $C_6H_{12}O_6 \rightarrow 3CO_2 + 3CH_4$

　　180 g　　:　3×22.4 L
　　9,000 g　:　CH_4

∴ $CH_4 = \dfrac{9,000 \mid 3 \times 22.4 \text{ L}}{180}$

　　　　$= 3,360$ L

59. Monod 식을 이용한 세포의 비증식속도(hr^{-1})는? (단, 제한기질농도 = 200 mg/L, 1/2포화농도 = 50 mg/L, 세포의 비증식속도 최대치 = 0.1 hr^{-1})

① 0.08　② 0.12
③ 0.16　④ 0.24

해설 $\mu = \mu_{max} \times \dfrac{S}{K_s + S}$

　　　$= 0.1 \times \dfrac{200}{50 + 200} = 0.08$

60. 폐수유량 1,000 m³/day, 고형물농도 2,700 mg/L인 슬러지를 부상법에 의해 농축시키고자 한다. 압축탱크의 압력이 4기압이며 공기의 밀도 1.3 g/L, 공기의 용해량 29.2 cm³/L일 때 air/solid 비는? (단, f = 0.5, 비순환방식 기준)

① 0.009　② 0.014
③ 0.019　④ 0.025

해설 $A/S = \dfrac{1.3 S_a (fP-1)}{S}$

　　　$= \dfrac{1.3 \mid 29.2 \mid (0.5 \times 4 - 1)}{2,700}$

　　　$= 0.014$

제4과목　　수질오염공정시험기준

61. 웨어의 수두가 0.8 m, 절단의 폭이 5 m인 4각 웨어를 사용하여 유량을 측정하고자 한다. 유량계수가 1.6일 때 유량(m³/day)은?

① 약 4,345
② 약 6,925
③ 약 8,245
④ 약 10,370

해설 4각 웨어 유량 계산 공식

$Q = K \cdot b \cdot h^{3/2}$
　$= 1.6 \times 5 \times (0.8)^{3/2} = 5.7243$ m³/min

$\dfrac{5.7243 \text{ m}^3 \mid 1,440 \text{ min}}{\text{min} \mid 1 \text{ day}} = 8243.04$ m³/day

더 알아보기 핵심정리 1-52

62. 수질오염공정시험기준에 의해 분석할 시료를 채수 후 측정시간이 지연될 경우 시료를 보존하기 위해 4℃에 보관하고, 염산으로 pH를 5~9 정도로 유지하여야 하는 항목은?

① 부유물질
② 망간
③ 알킬수은
④ 유기인

해설 4℃ 보관, HCl로 pH 5~9 : PCB, 유기인
더 알아보기 핵심정리 2-70 (4)

63. 수은을 냉증기-원자흡수분광광도법으로 측정할 때 유리염소를 환원시키기 위해 사용하는 시약과 잔류하는 염소를 통기시켜 추출하기 위해 사용하는 가스는?

① 염산하이드록실아민, 질소
② 염산하이드록실아민, 수소
③ 과망간산칼륨, 질소
④ 과망간산칼륨, 수소

정답 58. ②　59. ①　60. ②　61. ③　62. ④　63. ①

해설 수은 냉증기 – 원자흡수분광광도법의 간섭물질
- 시료 중 염화물이온이 다량 함유된 경우에는 산화 조작 시 유리염소를 발생하여 253.7 nm에서 흡광도를 나타낸다. 이때는 염산하이드록실아민용액을 과잉으로 넣어 유리염소를 환원시키고 용기 중에 잔류하는 염소는 질소 가스를 통기시켜 추출한다.
- 벤젠, 아세톤 등 휘발성 유기물질도 253.7 nm에서 흡광도를 나타낸다. 이때에는 과망간산칼륨 분해 후 헥산으로 이들 물질을 추출 분리한 다음 시험한다.

64. 자외선/가시선 분광법의 이론적 기초가 되는 Lambert-Beer의 법칙을 나타낸 것은? (단, I_0 : 입사광의 강도, I_t : 투사광의 강도, C : 농도, ℓ : 빛의 투과거리, ε : 흡광계수)

① $I_t = I_0 \cdot 10^{-\varepsilon C\ell}$ ② $I_t = I_0 \cdot (-\varepsilon C\ell)$
③ $I_t = I_0/10^{-\varepsilon C\ell}$ ④ $I_t = I_0/(-\varepsilon C\ell)$

해설 흡광도(A)

$$A = \log\left(\frac{1}{t}\right) = \log\left(\frac{I_0}{I_t}\right) = \varepsilon C\ell$$

$$t = \frac{I_t}{I_0} = 10^{-\varepsilon C\ell}, \quad I_t = I_0 \cdot 10^{-\varepsilon C\ell}$$

여기서, I_0 : 입사광 강도
I_t : 투과광(투사광) 강도
t : 투과도
ε : 흡광계수
C : 흡수액 농도(M)
ℓ : 빛의 투과거리(시료셀 두께, mm)

65. 산성과망간산칼륨법에 의한 화학적산소요구량 측정 시 황산은(Ag₂SO₄)을 첨가하는 이유는?

① 발색조건을 균일하게 하기 위해서
② 염소이온의 방해를 억제하기 위해서
③ pH를 조절하여 종말점을 분명하게 하기 위해서
④ 과망간산칼륨의 산화력을 증가시키기 위해서

해설 염소이온은 과망간산에 의해 정량적으로 산화되어 양의 오차를 유발하므로 황산은을 첨가하여 염소이온의 간섭을 제거한다.

66. 유량계 중 최대유량/최소유량 비가 가장 큰 것은?

① 벤투리미터
② 오리피스
③ 자기식 유량측정기
④ 피토우관

해설

유량계	범위(최대유량 : 최소유량)
피토우관	3 : 1
벤투리미터 유량측정용 노즐 오리피스	4 : 1
자기식 유량측정기	10 : 1

67. 정량한계(LOQ)를 옳게 표시한 것은?

① 정량한계 = 3 × 표준편차
② 정량한계 = 3.3 × 표준편차
③ 정량한계 = 5 × 표준편차
④ 정량한계 = 10 × 표준편차

해설 정량한계(LOQ) = 10 × 표준편차(s)

68. 노말헥산추출물질 분석에 관한 설명으로 틀린 것은?

① 시료를 pH 4 이하의 산성으로 하여 노말헥산층에 용해되는 물질을 노말헥산으로 추출한다.
② 폐수 중의 비교적 휘발되지 않는 탄화수소, 탄화수소유도체, 그리스유상물질 및 광유류를 함유하고 있는 시료를 측정대상으로 한다.
③ 광유류의 양을 시험하고자 할 경우에는 활성규산마그네슘 컬럼으로 광유류를 흡착한 후 추출한다.
④ 지표수, 지하수, 폐수 등에 적용할 수 있으며, 정량한계는 0.5 mg/L이다.

정답 64. ① 65. ② 66. ③ 67. ④ 68. ③

[해설] ③ 광유류의 양을 시험하고자 할 경우에는 활성규산마그네슘(플로리실) 컬럼을 이용하여 동식물유지류를 흡착·제거하고 유출액을 같은 방법으로 구할 수 있다.

69. 자외선/가시선 분광법에 의한 페놀류 시험 방법에 대한 설명으로 틀린 것은?
① 정량한계는 클로로폼 추출법일 때 0.005 mg/L, 직접측정법일 때 0.05 mg/L이다.
② 완충액을 시료에 가하여 pH 10으로 조절한다.
③ 붉은색의 안티피린계 색소의 흡광도를 측정한다.
④ 흡광도를 측정하는 방법으로 수용액에서는 460 nm, 클로로폼 용액에서는 510 nm에서 측정한다.

[해설] ④ 흡광도를 측정하는 방법으로 수용액에서는 510 nm, 클로로폼 용액에서는 460 nm에서 측정한다.

70. 0.1 M $KMnO_4$ 용액을 용액층의 두께가 10 mm 되도록 용기에 넣고 5,400 Å의 빛을 비추었을 때 그 30 %가 투과되었다. 같은 조건하에서 40 %의 빛을 흡수하는 $KMnO_4$ 용액 농도(M)는?
① 0.02
② 0.03
③ 0.04
④ 0.05

[해설] (1) ε 계산
30 %가 투과되었을 때, 투과도(t) = 0.3이다.
$$A = \log\left(\frac{1}{t}\right) = \varepsilon C\ell$$
$$\log\left(\frac{1}{0.3}\right) = \varepsilon \times 0.1 \times 10$$
$$\therefore \varepsilon = 0.5228$$

(2) 같은 조건하에서 40 %의 빛을 흡수하므로, 투과도(t) = 0.6이다.
$$A = \log\left(\frac{1}{t}\right) = \varepsilon C\ell$$
$$\log\left(\frac{1}{0.6}\right) = 0.5228 \times C \times 10$$
$$\therefore C = 0.042$$

여기서, t : 투과도
ε : 흡광계수
C : 흡수액 농도(M)
ℓ : 빛의 투과거리(시료셀 두께, mm)

71. 막여과법에 의한 총대장균군 시험의 분석 절차에 대한 설명으로 틀린 것은?
① 멸균된 핀셋으로 여과막을 눈금이 위로 가게 하여 여과장치의 지지대 위에 올려놓은 후 막여과장치의 깔대기를 조심스럽게 부착시킨다.
② 페트리접시에 20~80개의 세균 집락을 형성하도록 시료를 여과관 상부에 주입하면서 흡인여과하고 멸균수 20~30 mL로 씻어준다.
③ 여과하여야 할 예상 시료량이 10 mL보다 적을 경우에는 멸균된 희석액으로 희석하여 여과하여야 한다.
④ 총대장균군수를 예측할 수 없는 경우에는 여과량을 달리하여 여러 개의 시료를 분석하고 한 여과 표면 위의 모든 형태의 집락수가 200개 이상의 집락이 형성되도록 하여야 한다.

[해설] ④ 총대장균군수를 예측할 수 없을 경우에는 여과량을 달리하여 여러 개의 시료를 분석하고, 한 여과 표면 위의 모든 형태의 집락수가 200개 이상의 집락이 형성되지 않도록 하여야 한다.

정답 69. ④ 70. ③ 71. ④

72. 시료채취 시 유의사항으로 틀린 것은?

① 유류 또는 부유물질 등이 함유된 시료는 시료의 균일성이 유지될 수 있도록 채취해야 하며 침전물 등이 부상하여 혼입되어서는 안 된다.
② 퍼클로레이트를 측정하기 위한 시료를 채취할 때 시료의 공기접촉이 없도록 시료병에 가득 채운다.
③ 시료채취량은 시험항목 및 시험횟수에 따라 차이가 있으나 보통 3~5 L 정도이어야 한다.
④ 휘발성유기화합물 분석용 시료를 채취할 때에는 뚜껑의 격막을 만지지 않도록 주의하여야 한다.

해설 ② 퍼클로레이트는 시료병의 2/3를 채운다.

73. 금속성분을 측정하기 위한 시료의 전처리 방법 중 유기물을 다량 함유하고 있으면서 산분해가 어려운 시료에 적용되는 방법은?

① 질산 – 염산에 의한 분해
② 질산 – 불화수소산에 의한 분해
③ 질산 – 과염소산에 의한 분해
④ 질산 – 과염소산 – 불화수소산에 의한 분해

해설 질산-과염소산법 : 유기물을 다량 함유하고 있으면서 산분해가 어려운 시료에 적용

(더 알아보기) 핵심정리 2-72

74. 기체크로마토그래프법을 이용한 유기인 측정에 관한 내용으로 틀린 것은?

① 크로마토그램을 작성하여 나타난 피크의 유지시간에 따라 각 성분의 농도를 정량한다.
② 유기인 화합물 중 이피엔, 파라티온, 메틸디메톤, 디아지논 및 펜토에이트 측정에 적용한다.
③ 불꽃광도 검출기 또는 질소인 검출기를 사용한다.
④ 운반기체는 질소 또는 헬륨을 사용하며 유량은 0.5~3 mL/min을 사용한다.

해설 ① 크로마토그램을 작성하여 나타난 피크의 높이 또는 면적에 따라 각 성분의 농도를 정량한다.

75. 수산화나트륨(NaOH) 10 g을 물에 녹여서 500 mL로 하였을 경우 용액의 농도(N)는?

① 0.25
② 0.5
③ 0.75
④ 1.0

해설 $\dfrac{10 \text{ g NaOH}}{0.5 \text{ L}} \times \dfrac{1 \text{ eq}}{40 \text{ g}} = 0.5 \text{ eq/L}$

76. 금속류 – 유도결합플라스마 – 원자발광분광법의 간섭물질 중 발생가능성이 가장 낮은 것은?

① 물리적 간섭
② 이온화 간섭
③ 분광 간섭
④ 화학적 간섭

해설 ④ 플라스마의 높은 온도와 비활성으로 화학적 간섭의 발생가능성은 낮음
[금속류-유도결합플라스마-원자발광분광법] 간섭물질
• 물리적 간섭
• 이온화 간섭
• 분광 간섭

77. 다이페닐카바자이드와 반응하여 생성하는 적자색 착화합물의 흡광도를 540 nm에서 측정하는 중금속은?

① 6가 크롬
② 인산염인
③ 구리
④ 총인

해설 ② 인산염인 : 690 nm(이염화주석환원법), 880 nm(아스코르빈산환원법)
③ 구리 : 440 nm
④ 총인 : 880 nm

(더 알아보기) 핵심정리 2-81, 2-83

78. 총칙 중 관련 용어의 정의로 틀린 것은?

① 용기 : 시험에 관련된 물질을 보호하고 이물질이 들어가는 것을 방지할 수 있는 것을 말한다.
② 바탕시험을 하여 보정한다 : 시료에 대한 처리 및 측정을 할 때, 시료를 사용하지 않고 같은 방법으로 조작한 측정치를 빼는 것을 말한다.
③ 정확히 취하여 : 규정한 양의 액체를 부피피펫으로 눈금까지 취하는 것을 말한다.
④ 정밀히 단다 : 규정된 양의 시료를 취하여 화학저울 또는 미량저울로 칭량함을 말한다.

해설 ① 용기 : 시험용액 또는 시험에 관계된 물질을 보존, 운반 또는 조작하기 위하여 넣어두는 것으로 시험에 지장을 주지 않도록 깨끗한 것을 뜻한다.

79. 정도관리 요소 중 정밀도를 옳게 나타낸 것은?

① 정밀도(%) = (연속적으로 n회 측정한 결과의 평균값/표준편차)×100
② 정밀도(%) = (표준편차/연속적으로 n회 측정한 결과의 평균값)×100
③ 정밀도(%) = (상대편차/연속적으로 n회 측정한 결과의 평균값)×100
④ 정밀도(%) = (연속적으로 n회 측정한 결과의 평균값/상대편차)×100

해설 정밀도(%) = $\frac{s}{\bar{x}} \times 100$

여기서, $\bar{x}$: 연속적으로 n회 측정한 결과의 평균값
s : 표준편차

80. 예상 BOD치에 대한 사전경험이 없을 때 오염정도가 심한 공장폐수의 희석배율(%)은?

① 25~100 ② 5~25
③ 1~5   ④ 0.1~1.0

해설 예상 BOD값에 대한 사전경험이 없을 때에는 아래와 같이 희석하여 시료를 조제한다.
• 오염 정도가 심한 공장폐수 : 0.1~1.0 %
• 처리하지 않은 공장폐수와 침전된 하수 : 1~5 %
• 처리하여 방류된 공장폐수 : 5~25 %
• 오염된 하천수 : 25~100 %

제5과목 | **수질환경관계법규**

81. 공공수역의 물환경 보전을 위하여 고랭지 경작지에 대한 경작방법을 권고할 수 있는 기준(환경부령으로 정함)이 되는 해발고도와 경사도는?

① 300 m 이상, 10 % 이상
② 300 m 이상, 15 % 이상
③ 400 m 이상, 10 % 이상
④ 400 m 이상, 15 % 이상

해설 휴경 등 권고대상 농경지의 해발고도 및 경사도
• 해발고도 : 해발 400 m
• 경사도 : 15 %

82. 다음 중 물환경보전법령상 용어 정의가 틀린 것은?

① 폐수 : 물에 액체성 또는 고체성의 수질오염물질이 섞여 있어 그대로는 사용할 수 없는 물
② 수질오염물질 : 사람의 건강, 재산이나 동, 식물 생육에 위해를 줄 수 있는 물질로 환경부령으로 정하는 것
③ 강우유출수 : 비점오염원의 수질오염물질이 섞여 유출되는 빗물 또는 눈 녹은 물 등
④ 기타수질오염원 : 점오염원 및 비점오염원으로 관리되지 아니하는 수질오염물질을 배출하는 시설 또는 장소로서 환경부령으로 정하는 것

정답 78. ① 79. ② 80. ④ 81. ④ 82. ②

해설 ② 수질오염물질 : 수질오염의 요인이 되는 물질로서 환경부령으로 정하는 것
특정수질유해물질 : 사람의 건강, 재산이나 동식물의 생육(生育)에 직접 또는 간접으로 위해를 줄 우려가 있는 수질오염물질로서 환경부령으로 정하는 것

83. 수질오염경보의 종류별 · 경보단계별 조치사항 중 상수원 구간에서 조류경보의 [관심] 단계일 때 유역 · 지방 환경청장의 조치사항인 것은?

① 관심경보 발령
② 대중매체를 통한 홍보
③ 조류 제거 조치 실시
④ 시험분석 결과를 발령기관으로 통보

해설 ② 대중매체를 통한 홍보 : 유역 · 지방 환경청장의 경계, 조류대발생 단계의 조치사항
③ 조류 제거 조치 실시 : 수면관리자 조치사항
④ 시험분석 결과를 발령기관으로 통보 : 4대강 물환경연구소장 조치사항

84. 위임업무 보고사항 중 보고 횟수가 연 1회에 해당되는 것은?

① 기타 수질오염원 현황
② 폐수위탁 · 사업장 내 처리현황 및 처리실적
③ 과징금 징수 실적 및 체납처분 현황
④ 폐수처리업에 대한 등록 · 지도단속실적 및 처리실적 현황

해설 위임업무 보고사항
①, ③, ④ 연 2회
[개정] ④ 폐수처리업에 대한 등록 · 지도단속실적 및 처리실적 현황 → 폐수처리업에 대한 허가 · 지도단속실적 및 처리실적 현황

더 알아보기 핵심정리 2-99

85. 초과배출부과금의 부과대상이 되는 오염물질의 종류에 포함되지 않은 것은?

① 페놀류
② 테트라클로로에틸렌
③ 망간 및 그 화합물
④ 플루오르(불소)화합물

해설 초과배출부과금 부과대상 : 수은, 폴리염화비페닐(PCB), 카드뮴, 6가 크롬(Cr^{6+}), 테트라클로로에틸렌(PCE), 트리클로로에틸렌(TCE), 페놀, 시안, 유기인, 납, 비소, 크롬, 구리, 망간, 아연, 총 인(T-P), 총 질소(T-N), 유기물질, 부유물질

더 알아보기 핵심정리 2-94

86. 농약사용제한 규정에 대한 설명으로 ( )에 들어갈 기간은?

시 · 도지사는 골프장의 농약사용제한 규정에 따라 골프장의 맹독성 · 고독성 농약의 사용 여부를 확인하기 위하여 ( )마다 골프장별로 농약사용량을 조사하고 농약잔류량을 검사하여야 한다.

① 한 달 ② 분기
③ 반기 ④ 1년

해설 골프장의 맹독성 · 고독성 농약 사용여부의 확인 : 시 · 도지사는 골프장의 맹독성 · 고독성 농약의 사용 여부를 확인하기 위하여 반기마다 골프장별로 농약사용량을 조사하고 농약잔류량를 검사하여야 한다.

87. 낚시제한구역에서 과태료 처분을 받는 행위에 속하지 않은 것은?

① 1명당 4대 이상의 낚시대를 사용하는 행위
② 낚시바늘에 떡밥을 뭉쳐서 미끼로 던지는 행위
③ 고기를 잡기 위하여 폭발물을 이용하는 행위
④ 낚시어선업을 영위하는 행위

정답 83. ① 84. ② 85. ④ 86. ③ 87. ②

해설 낚시제한구역에서의 제한사항
② 1개의 낚시대에 5개 이상의 낚시바늘을 떡밥과 뭉쳐서 미끼로 던지는 행위

88. 폐수처리방법이 생물화학적 처리방법인 경우 환경부령으로 정하는 시운전 기간은? (단, 가동시작일은 5월 1일이다.)
① 가동시작일부터 30일
② 가동시작일부터 50일
③ 가동시작일부터 70일
④ 가동시작일부터 90일

해설 시운전 기간
- 생물화학적 처리방법 : 가동시작일부터 50일 (단, 가동시작일이 11.1~1.31인 경우 70일)
- 물리적 또는 화학적 처리방법 : 가동시작일부터 30일

89. 비점오염원관리지역의 지정기준으로 틀린 것은?
① 환경기준에 미달하는 하천으로 유달부하량 중 비점오염원이 30 % 이상인 지역
② 비점오염물질에 의하여 자연생태계에 중대한 위해가 초래되거나 초래될 것으로 예상되는 지역
③ 인구 100만명 이상인 도시로서 비점오염원 관리가 필요한 지역
④ 지질이나 지층 구조가 특이하여 특별한 관리가 필요하다고 인정되는 지역

해설 비점오염원 관리지역의 지정기준 〈2021. 11. 23.〉
1. 하천 및 호소의 물환경에 관한 환경기준 또는 수계영향권별, 호소별 물환경 목표기준에 미달하는 유역으로 유달부하량 중 비점오염 기여율이 50퍼센트 이상인 지역
2. 다음 어느 하나에 해당하는 지역으로서 비점오염물질에 의하여 중대한 위해(危害)가 발생되거나 발생될 것으로 예상되는 지역
   가. 중점관리저수지를 포함하는 지역
   나. 「해양환경관리법」에 따른 특별관리해역을 포함하는 지역
   다. 「지하수법」에 따라 지정된 지하수보전구역을 포함하는 지역
   라. 비점오염물질에 의하여 어류폐사 및 녹조발생이 빈번한 지역으로서 관리가 필요하다고 인정되는 지역
   마. 지질이나 지층 구조가 특이하여 특별한 관리가 필요하다고 인정되는 지역
3. 불투수면적률이 25퍼센트 이상인 지역으로서 비점오염원 관리가 필요한 지역
4. 「산업입지 및 개발에 관한 법률」에 따른 국가산업단지, 일반산업단지로 지정된 지역으로 비점오염원 관리가 필요한 지역
5. 삭제 〈2021. 11. 23.〉
6. 그 밖에 환경부령으로 정하는 지역

90. 수질오염방지시설 중 물리적 처리시설이 아닌 것은?
① 혼합시설
② 침전물 개량시설
③ 응집시설
④ 유수분리시설

해설 수질오염방지시설
② 침전물 개량시설 : 화학적 처리시설

더 알아보기 핵심정리 2-95

91. 다음 중 폐수처리업자의 준수사항으로 틀린 것은?
① 증발농축시설, 건조시설, 소각시설의 대기오염물질 농도를 매월 1회 자가측정하여야 하며, 분기마다 악취에 대한 자가측정을 실시하여야 한다.
② 처리 후 발생하는 슬러지의 수분 함량은 85 % 이하이여야 한다.
③ 수탁한 폐수는 정당한 사유 없이 5일 이상 보관할 수 없으며 보관폐수의 전체량이 저장시설 저장능력의 80 % 이상 되게 보관하여서는 아니 된다.
④ 기술인력을 그 해당 분야에 종사하도록 하여야 하며, 폐수처리시설을 16시간 이상 가동할 경우에는 해당 처리시설의 현장 근무 2년 이상의 경력자를 작업현장에 책임근무 하도록 하여야 한다.

정답 88. ② 89. ①, ③ 90. ② 91. ③

해설 ③ 수탁한 폐수는 정당한 사유 없이 10일 이상 보관할 수 없으며, 보관폐수의 전체량이 저장시설 저장능력의 90퍼센트 이상 되게 보관하여서는 아니 된다.

92. 비점오염저감시설의 시설유형별 기준에서 자연형 시설이 아닌 것은?
① 저류시설 ② 인공습지
③ 여과형 시설 ④ 식생형 시설

해설 비점오염저감시설

자연형 시설	장치형 시설
• 저류시설 • 인공습지 • 침투시설 • 식생형 시설	• 여과형 시설 • 소용돌이(와류)형 • 스크린형 시설 • 응집·침전 처리형 시설 • 생물학적 처리형 시설

93. 배출부과금 부과 시 고려사항이 아닌 것은? (단, 환경부령으로 정하는 사항은 제외한다.)
① 배출허용기준 초과 여부
② 배출되는 수질오염물질의 종류
③ 수질오염물질의 배출기간
④ 수질오염물질의 위해성

해설 배출부과금 부과 시 고려사항
1. 배출허용기준 초과 여부
2. 배출되는 수질오염물질의 종류
3. 수질오염물질의 배출기간
4. 수질오염물질의 배출량
5. 자가측정 여부

94. 측정기기의 부착 대상 및 종류 중 부대시설에 해당되는 것으로 옳게 짝지은 것은?
① 자동시료채취기, 자료수집기
② 자동측정분석기기, 자동시료채취기
③ 용수적산유량계, 적산전력계
④ 하수, 폐수적산유량계, 적산전력계

해설 측정기기의 부착 대상 및 종류
1. 수질자동측정기 : pH, BOD, COD, SS, T-N, T-P
2. 부대시설 : 자동시료채취기, 자료수집기 (Data Logger)
3. 적산전력계
4. 적산유량계 : 용수적산유량계, 하수·폐수 적산유량계

95. 중점관리 저수지의 지정기준으로 옳은 것은?
① 총 저수용량이 1백만m^3 이상인 저수지
② 총 저수용량이 1천만m^3 이상인 저수지
③ 총 저수면적이 1백만m^2 이상인 저수지
④ 총 저수면적이 1천만m^2 이상인 저수지

해설 중점관리 저수지의 지정기준
1. 총 저수용량이 1천만m^3 이상인 저수지
2. 오염 정도가 대통령령으로 정하는 기준을 초과하는 저수지
3. 그 밖에 환경부장관이 상수원 등 해당 수계의 수질보전을 위하여 필요하다고 인정하는 경우

96. 오염총량관리시행계획에 포함되어야 하는 사항으로 가장 거리가 먼 것은?
① 오염원 현황 및 예측
② 오염도 조사 및 오염부하량 산정방법
③ 연차별 오염부하량 삭감 목표 및 구체적 삭감 방안
④ 수질예측 산정자료 및 이행 모니터링 계획

해설 오염총량관리시행계획에 포함되어야 하는 사항
1. 오염총량관리시행계획 대상 유역의 현황
2. 오염원 현황 및 예측
3. 연차별 지역 개발계획으로 인하여 추가로 배출되는 오염부하량 및 해당 개발계획의 세부 내용
4. 연차별 오염부하량 삭감 목표 및 구체적 삭감 방안
5. 오염부하량 할당 시설별 삭감량 및 그 이행 시기
6. 수질예측 산정자료 및 이행 모니터링 계획

정답 92. ③ 93. ④ 94. ① 95. ② 96. ②

97. 수질 및 수생태계 환경기준 중 하천의 사람의 건강보호 기준항목인 6가크롬 기준(mg/L)으로 옳은 것은?

① 0.01 이하
② 0.02 이하
③ 0.05 이하
④ 0.08 이하

해설

기준값(mg/L)	항목
0.05 이하	Pb, As, Cr^{6+}, 1, 4-다이옥세인

더 알아보기 핵심정리 2-88 (2)

98. 초과부과금의 산정에 필요한 수질오염물질과 1킬로그램당 부과금액이 옳게 연결된 것은?

① 유기물질 - 500원
② 총질소 - 30,000원
③ 페놀류 - 50,000원
④ 유기인화합물 - 150,000원

해설 초과부과금의 산정기준
① 유기물질 - 250원
② 총질소 - 500원
③ 페놀류 - 150,000원

더 알아보기 핵심정리 2-94

99. 오염총량관리지역의 수계 이용상황 및 수질상태 등을 고려하여 대통령령이 정하는 바에 따라 수계구간별로 오염총량관리의 목표가 되는 수질을 정하여 고시하여야 하는 자는?

① 대통령
② 환경부장관
③ 특별 및 광역 시장
④ 도지사 및 군수

해설 오염총량목표수질의 고시·공고 및 오염총량관리기본방침의 수립 : 환경부장관은 "오염총량관리지역"의 수계 이용상황 및 수질상태 등을 고려하여 대통령령으로 정하는 바에 따라 수계구간별로 오염총량관리의 목표가 되는 수질(오염총량목표수질)을 정하여 고시하여야 한다.

100. 폐수처리 시 희석처리를 인정 받고자 하는 자가 이를 입증하기 위해 시·도지사에게 제출하여야 하는 사항이 아닌 것은?

① 처리하려는 폐수의 농도 및 특성
② 희석처리의 불가피성
③ 희석배율 및 희석량
④ 희석처리 시 환경에 미치는 영향

해설 수질오염물질 희석처리의 인정을 받으려는 자가 제출할 자료
1. 처리하려는 폐수의 농도 및 특성
2. 희석처리의 불가피성
3. 희석배율 및 희석량

정답 97. ③ 98. ④ 99. ② 100. ④

수질환경기사

2020년 9월 26일 (제4회)

제1과목 　 수질오염개론

1. 일차 반응에서 반응물질의 반감기가 5일이라고 한다면 물질의 90 %가 소모되는 데 소요되는 시간(일)은?

① 약 14　　② 약 17
③ 약 19　　④ 약 22

해설 1차 반응식 $\ln \dfrac{C}{C_o} = -Kt$

(1) K
$\ln \dfrac{1}{2} = -K \times 5$일
∴ K = 0.1386/일

(2) 90 % 소모 시 소요시간
$\ln \dfrac{10}{100} = -0.1386t$
∴ t = 16.61 일

2. 화학합성균 중 독립영양균에 속하는 호기성균으로서 대표적인 황산화세균에 속하는 것은?

① Sphaerotilus　　② Crenothrix
③ Thiobacillus　　④ Leptothrix

해설 ① 사상균
② 철세균
③ 황산화세균
④ 철산화균

3. 0.1 ppb Cd 용액 1 L 중에 들어 있는 Cd의 양(g)은?

① 1×10^{-6}　　② 1×10^{-7}
③ 1×10^{-8}　　④ 1×10^{-9}

해설 $\dfrac{0.1 \times 10^{-3} \text{ mg}}{L} \mid \dfrac{1 \text{ L}}{} \mid \dfrac{1 \text{ g}}{1{,}000 \text{ mg}}$
$= 1 \times 10^{-7}$ g

정리 1 ppb = 10^{-3} ppm = 10^{-3} mg/L

4. 호수에 부하되는 인산량을 적용하여 대상 호수의 영양상태를 평가, 예측하는 모델 중 호수 내의 인의 물질수지 관계식을 이용하여 평가하는 방법으로 가장 널리 이용되는 것은?

① Vollenweider model
② Streeter – Phelps model
③ 2차원 POM
④ ISC model

해설 호수 인 부하 모델링은 Vollenweider model이다.

5. 하천수에서 난류확산에 의한 오염물질의 농도분포를 나타내는 난류확산방정식을 이용하기 위하여 일차적으로 고려해야 할 인자와 가장 관련이 적은 것은?

① 대상 오염물질의 침강속도(m/s)
② 대상 오염물질의 자기감쇠계수
③ 유속(m/s)
④ 하천수의 난류지수(Re. No)

해설 난류확산방정식 영향인자 : 유속, 침강속도, 난류확산계수, 자기감쇠계수

6. 탈산소계수가 0.15/day이면 BOD_5와 BOD_u의 비(BOD_5/BOD_u)는? (단, 밑수는 상용대수이다.)

① 약 0.69
② 약 0.74
③ 약 0.82
④ 약 0.91

해설 $BOD_t = BOD_u(1 - 10^{-kt})$
$BOD_5 = BOD_u(1 - 10^{-k \times 5})$
$\dfrac{BOD_5}{BOD_u} = 1 - 10^{-0.15 \times 5} = 0.822$

정답 1. ②　2. ③　3. ②　4. ①　5. ④　6. ③

7. 미생물 세포의 비증식 속도를 나타내는 식에 대한 설명이 잘못된 것은?

$$\mu = \mu_{\max} \times \frac{[S]}{[S] + K_S}$$

① $\mu_{\max}$는 최대 비증식속도로 시간$^{-1}$ 단위이다.
② K_S는 반속도상수로서 최대성장률이 1/2일 때의 기질의 농도이다.
③ $\mu = \mu_{\max}$인 경우, 반응속도가 기질농도에 비례하는 1차 반응을 의미한다.
④ [S]는 제한기질 농도이고 단위는 mg/L이다.

해설 ③ $\mu = \mu_{\max}$인 경우, 반응속도가 일정하므로, 0차 반응이다.

8. μ(세포 비증가율)가 $\mu_{\max}$의 80 %일 때 기질농도(S_{80})와 $\mu_{\max}$의 20 %일 때의 기질농도(S_{20})와의 (S_{80}/S_{20})비는? (단, 배양기 내의 세포 비증가율은 Monod 식이 적용)

① 4
② 8
③ 16
④ 32

해설 $\frac{\mu}{\mu_{\max}} = \frac{S}{K_S + S}$ 이므로

(1) 20 %일 때 $0.2 = \frac{S_{20}}{K_S + S_{20}}$

∴ $S_{20} = \frac{1}{4} K_S$ ⋯식 ①

(2) 80 %일 때 $0.8 = \frac{S_{80}}{K_S + S_{80}}$

∴ $S_{80} = 4 K_S$ ⋯식 ②

식 ①, ②에서 $\frac{S_{80}}{S_{20}} = \frac{4 K_S}{\frac{1}{4} K_S} = 16$

9. 회전원판공법(RBC)에서 원판면적의 약 몇 %가 폐수 속에 잠겨서 운전하는 것이 가장 좋은가?

① 20
② 30
③ 40
④ 50

해설 원판의 40 %가 물에 잠기도록 운전한다.

10. 콜로이드 응집의 기본 메커니즘과 가장 거리가 먼 것은?

① 이중층 분산
② 전하의 중화
③ 침전물에 의한 포착
④ 입자간의 가교 형성

해설 응집 메커니즘
- 전기적 중화
- 이중층 압축
- 침전물에 의한 포착(sweep 침전)
- 가교 작용

11. 수질예측모형의 공간성에 따른 분류에 관한 설명으로 틀린 것은?

① 0차원 모형 : 식물성 플랑크톤의 계절적 변동사항에 주로 이용된다.
② 1차원 모형 : 하천이나 호수를 종방향 또는 횡방향의 연속교반 반응조로 가정한다.
③ 2차원 모형 : 수질의 변동이 일방향성이 아닌 이방향성으로 분포하는 것으로 가정한다.
④ 3차원 모형 : 대호수의 순환 패턴분석에 이용된다.

해설 ① 0차원 모형 : 완전혼합반응조, Vollenweider model

정답 7. ③ 8. ③ 9. ③ 10. ① 11. ①

12. 다음 수질을 가진 농업용수의 SAR값으로 판단할 때 Na^+가 흙에 미치는 영향은? (단, 수질농도 Na^+ = 230 mg/L, Ca^{2+} = 60 mg/L, Mg^{2+} = 36 mg/L, PO_4^{3-} = 1,500 mg/L, Cl^- = 200 mg/L, 원자량 = 나트륨 23, 칼슘 40, 마그네슘 24, 인 31)

① 영향이 적다.
② 영향이 중간 정도이다.
③ 영향이 비교적 높다.
④ 영향이 매우 높다.

해설
$Na^+ : \dfrac{230 \text{ mg}}{L} \Big| \dfrac{1 \text{ me}}{23 \text{ mg}} = 10 \text{ me/L}$

$Mg^{2+} : \dfrac{36 \text{ mg}}{L} \Big| \dfrac{1 \text{ me}}{12 \text{ mg}} = 3 \text{ me/L}$

$Ca^{2+} : \dfrac{60 \text{ mg}}{L} \Big| \dfrac{1 \text{ me}}{20 \text{ mg}} = 3 \text{ me/L}$

$SAR = \dfrac{Na^+}{\sqrt{\dfrac{Ca^{2+}+Mg^{2+}}{2}}} = \dfrac{10}{\sqrt{\dfrac{3+3}{2}}}$
$= 5.77$

SAR 값이 10보다 작으므로, 흙에 미치는 영향이 작다.

13. 확산의 기본법칙인 Fick's 제1법칙을 가장 알맞게 설명한 것은? (단, 확산에 의해 어떤 면적요소를 통과하는 물질의 이동속도 기준)

① 이동속도는 확산물질의 조성비에 비례한다.
② 이동속도는 확산물질의 농도경사에 비례한다.
③ 이동속도는 확산물질의 분자확산계수와 반비례한다.
④ 이동속도는 확산물질의 유입과 유출의 차이만큼 축적된다.

해설 Fick's 제1법칙 : 이동속도는 확산물질의 농도경사에 비례한다.

14. 부영양화의 영향으로 틀린 것은?

① 부영양화가 진행되면 상품가치가 높은 어종들이 사라져 수산업의 수익성이 저하된다.
② 부영양화된 호수의 수질은 질소와 인 등 영양염류의 농도가 높으나 이의 과잉공급은 농작물의 이상 성장을 초래하고 병충해에 대한 저항력을 약화시킨다.
③ 부영양호의 pH는 중성 또는 약산성이나 여름에는 일시적으로 강산성을 나타내어 저니층의 용출을 유발한다.
④ 조류로 인해 정수공정의 효율이 저하된다.

해설 ③ 여름에 광합성량이 증가하여, 일시적으로 강알칼리성이 된다.

빈영양호와 부영양호의 비교

구분	빈영양호	부영양호
정의	영양염류가 부족하여 생물이 적은 호소	영양염류 과다로 부영양화가 발생한 호수
물 색깔	청색 또는 녹색	녹색 내지 황색, 수심 때문에 때로는 현저하게 착색
투명도	큼(5 m 이상)	작음(5 m 이하)
pH	중성	중성 또는 약알칼리성, 여름에 표층이 때로는 강알칼리성
영양염류	소량	다량
현탁물질	소량	플랑크톤과 그 사체에 의한 현탁물질이 다량

15. 직경이 0.1 mm인 모관에서 10℃일 때 상승하는 물의 높이(cm)는? (단, 공기밀도 1.25×10^{-3} g/cm³(10℃일 때), 접촉각은 0°, h(상승높이) = $4\sigma/[gD(Y-Y_a)]$, 표면장력 74.2 dyne/cm)

① 30.3   ② 42.5
③ 51.7   ④ 63.9

정답 12. ① 13. ② 14. ③ 15. ①

해설 (1) 표면장력
74.2 dyne/cm = 74.2 g/s²
(2) 물기둥 높이(h)
h = 4σ/[gr(Y − Y_a)]

$$h = \frac{4 \times 74.2\,g \times \cos 0° \times cm^3}{s^2 \times (1-1.25\times 10^{-3})g \times \frac{s^2}{980\,cm} \times \frac{10\,mm}{0.1\,mm} \times \frac{1}{1\,cm}}$$

= 30.323 cm

16. 우리나라의 수자원 이용현황 중 가장 많이 이용되어 온 용수는?
① 공업용수
② 농업용수
③ 생활용수
④ 유지용수(하천)

해설 농업용수 사용이 가장 많다.

17. fungi(균류, 곰팡이류)에 관한 설명으로 틀린 것은?
① 원시적 탄소동화작용을 통하여 유기물질을 섭취하는 독립영양계 생물이다.
② 폐수 내의 질소와 용존산소가 부족한 경우에도 잘 성장하며 pH가 낮은 경우에도 잘 성장한다.
③ 구성물질의 75~80 %가 물이며 $C_{10}H_{17}O_6N$을 화학구조식으로 사용한다.
④ 폭이 약 5~10 μm로서 현미경으로 쉽게 식별되며 슬러지팽화의 원인이 된다.

해설 ① 균류는 종속영양생물이다.

18. 산소포화농도가 9 mg/L인 하천에서 처음의 용존산소농도가 7 mg/L라면 3일간 흐른 후 하천 하류지점에서의 용존산소 농도(mg/L)는? (단, BOD$_u$ = 10 mg/L, 탈산소계수 = 0.1 day⁻¹, 재폭기계수 = 0.2 day⁻¹, 상용대수 기준)

① 4.5
② 5.0
③ 5.5
④ 6.0

해설 $D_t = \frac{k_1 L_0}{k_2 - k_1}(10^{-k_1 t} - 10^{-k_2 t}) + D_0 \cdot 10^{-k_2 t}$

(1) $D_3 = \frac{0.1 \times 10}{0.2-0.1}(10^{-0.1\times 3} - 10^{-0.2\times 3})$
$+ (9-7) \times 10^{-0.2\times 3}$
= 3.0023 mg/L

(2) 현재 DO = DO 포화농도 − DO 부족량(D_t)
= 9 − 3.0023 = 5.997 mg/L

19. C_2H_6 15g이 완전 산화하는 데 필요한 이론적 산소량(g)은?
① 약 46
② 약 56
③ 약 66
④ 약 76

해설 $C_2H_6 + \frac{7}{2}O_2 \rightarrow 2CO_2 + 3H_2O$

30g : $\frac{7}{2} \times 32$ g
15g : x

$\therefore x = \frac{\frac{7}{2}\times 32 \times 15}{30} = 56\,g$

20. 바다에서 발생되는 적조현상에 관한 설명과 가장 거리가 먼 것은?
① 적조 조류의 독소에 의한 어패류의 피해가 발생한다.
② 해수 중 용존산소의 결핍에 의한 어패류의 피해가 발생한다.
③ 갈수기 해수 내 염소량이 높아질 때 발생된다.
④ 플랑크톤의 번식에 충분한 광량과 영양염류가 공급될 때 발생된다.

해설 ③ 풍수기, 해수 내 염소량이 낮아질 때 발생된다.

더 알아보기 핵심정리 2–14

정답 16. ② 17. ① 18. ④ 19. ② 20. ③

제2과목 상하수도계획

21. 하천수를 수원으로 하는 경우, 취수시설인 취수문에 대한 설명으로 틀린 것은?
① 취수지점은 일반적으로 상류부의 소하천에 사용하고 있다.
② 하상변동이 작은 지점에서 취수할 수 있어 복단면의 하천 취수에 유리하다.
③ 시공조건에서 일반적으로 가물막이를 하고 임시도 설치 등을 고려해야 한다.
④ 기상조건에서 파랑에 대하여 특히 고려할 필요는 없다.

해설 ② 취수문은 하상변동이 작은 지점에서만 취수가 가능하고, 복단면의 하천에는 적당하지 않다.

22. 하수관거시설이 황화수소에 의하여 부식되는 것을 방지하기 위한 대책으로 틀린 것은?
① 관거를 청소하고 미생물의 생식 장소를 제거한다.
② 염화제2철을 주입하여 황화물을 고정화한다.
③ 염소를 주입하여 ORP를 저하시킨다.
④ 환기에 의해 관내 황화수소를 희석한다.

해설 ③ 염소를 주입하면, 산화되어 산화환원전위(ORP)가 증가한다.

23. 유역면적이 2 km²인 지역에서의 우수유출량을 산정하기 위하여 합리식을 사용하였다. 다음 조건일 때 관거 길이가 1,000 m인 하수관의 우수유출량(m³/sec)은? (단, 강우강도 I[mm/hr]=$\frac{3,660}{t+30}$, 유입시간 6분, 유출계수 0.7, 관내의 평균유속 1.5 m/sec)
① 약 25   ② 약 30
③ 약 35   ④ 약 40

해설 (1) 유달시간
유달시간 = 유입시간 + 유하시간
$$= 6 + \frac{1,000 \text{ m}}{1.5 \text{ m}} \cdot \frac{1 \text{ min}}{60 \text{ sec}}$$
$$= 17.1111 \text{분}$$
(2) 강우강도(I)
$$I = \frac{3,660}{t+30} = \frac{3,660}{17.1111+30}$$
$$= 77.6886 \text{ mm/hr}$$
(3) 우수유출량(Q)
$$Q = \frac{1}{3.6}CIA$$
$$= \frac{1}{3.6} \cdot 0.7 \cdot 77.6886 \cdot 2$$
$$= 30.21 \text{ m}^3/\text{s}$$

24. 화학적 처리를 위한 응집시설 중 급속혼화시설에 관한 설명으로 ( )에 옳은 내용은?

> 기계식 급속혼화시설을 채택하는 경우에는 ( ) 이내의 체류시간을 갖는 혼화지에 응집제를 주입한 다음 즉시 급속교반 시킬 수 있는 혼화장치를 설치한다.

① 30초   ② 1분
③ 3분   ④ 5분

해설 기계식 급속혼화시설을 채택하는 경우에는 1분 이내의 체류시간을 갖는 혼화지에 응집제를 주입한 다음 즉시 급속교반 시킬 수 있는 혼화장치를 설치한다.

25. 복류수를 취수하는 집수매거의 유출단에서 매거 내의 평균유속 기준은?
① 0.3 m/sec 이하
② 0.5 m/sec 이하
③ 0.8 m/sec 이하
④ 1.0 m/sec 이하

해설 집수매거의 평균유속은 1 m/s 이하이다.
더 알아보기 핵심정리 2-25

정답 21. ② 22. ③ 23. ② 24. ② 25. ④

26. 계획취수량은 계획1일최대급수량의 몇 % 정도의 여유를 두고 정하는가?

① 5 %
② 10 %
③ 15 %
④ 20 %

해설 계획취수량은 계획1일최대급수량에 10 %의 여유율을 더한 수량이다.

27. 상수시설의 급수설비 중 급수관 접속 시 설계기준과 관련한 고려사항(위험한 접속)으로 옳지 않은 것은?

① 급수관은 수도사업자가 관리하는 수도관 이외의 수도관이나 기타 오염의 원인으로 될 수 있는 관과 직접 연결해서는 안된다.
② 급수관을 방화수조, 수영장 등 오염의 원인이 될 우려가 있는 시설과 연결하는 경우에는 급수관의 토출구를 만수면보다 25 mm 이상의 높이에 설치해야 한다.
③ 대변기용 세척밸브는 유효한 진공파괴설비를 설치한 세척밸브나 대변기를 사용하는 경우를 제외하고는 급수관에 직결해서는 안된다.
④ 저수조를 만들 경우에 급수관의 토출구는 수조의 만수면에서 급수관경 이상의 높이에 만들어야 한다. 다만, 관경이 50 mm 이하의 경우는 그 높이를 최소 50 mm로 한다.

해설 ② 급수관이 방화수조, 풀장 등 오염원인이 있는 시설과 직결하는 경우에는 급수관의 출구를 만수면보다 관경 이상의 높이에 만들어야 한다. 다만, 관경 50 mm 이하의 경우는 그 높이를 최소 50 mm로 한다.

28. 상수시설에서 급수관을 배관하고자 할 경우의 고려사항으로 옳지 않은 것은?

① 급수관을 공공도로에 부설할 경우에는 다른 매설물과의 간격을 30 cm 이상 확보한다.
② 수요가의 대지 내에서 가능한 한 직선배관이 되도록 한다.
③ 가급적 건물이나 콘크리트의 기초 아래를 횡단하여 배관하도록 한다.
④ 급수관이 개거를 횡단하는 경우에는 가능한 한 개거의 아래로 부설한다.

해설 ③ 가급적 건물이나 콘크리트의 기초 아래는 피하여 배관한다.

29. 합류식에서 우천 시 계획오수량은 원칙적으로 계획시간최대오수량의 몇 배 이상으로 고려하여야 하는가?

① 1.5배
② 2.0배
③ 2.5배
④ 3.0배

해설 합류식 우천 시 계획오수량은 원칙적으로 계획시간최대오수량의 3배 이상이다.

30. 자연부식 중 매크로셀 부식에 해당되는 것은?

① 산소농담(통기차)
② 특수토양부식
③ 간섭
④ 박테리아부식

해설 자연부식
- 매크로셀 부식 : 콘크리트 부식, 산소농담, 이종금속
- 미크로셀 부식 : 일반토양부식, 특수토양부식, 박테리아부식
- 전식 : 전철의 미주전류, 간섭

정답 26. ② 27. ② 28. ③ 29. ④ 30. ①

31. 해수담수화시설 중 역삼투설비에 관한 설명으로 옳지 않은 것은?

① 해수담수화시설에서 생산된 물은 pH나 경도가 낮기 때문에 필요에 따라 적절한 약품을 주입하거나 다른 육지의 물과 혼합하여 수질을 조정한다.
② 막모듈은 플러싱과 약품세척 등을 조합하여 세척한다.
③ 고압펌프를 정지할 때에는 드로백이 유지되도록 체크 밸브를 설치하여야 한다.
④ 고압펌프는 효율과 내식성이 좋은 기종으로 하며 그 형식은 시설규모 등에 따라 선정한다.

해설 ③ 고압펌프를 정지할 때에는 드로백(draw-back)에 대처하기 위해 드로백 수조를 설치한다.

32. 상수도시설인 착수정에 관한 설명으로 ( )에 옳은 것은?

> 착수정의 용량은 체류시간을 ( ) 이상으로 한다.

① 0.5분 ② 1.0분 ③ 1.5분 ④ 3.0분

해설 착수정 체류시간은 1.5분이다.

33. 하수도 계획의 목표연도는 원칙적으로 몇 년 정도로 하는가?

① 10년 ② 15년 ③ 20년 ④ 25년

해설 계획 목표연도
- 상수도 : 15~20년
- 하수도 : 20년

34. 펌프의 비교회전도에 관한 설명으로 옳은 것은?

① 비교회전도가 크게 될수록 흡입성능이 나쁘고 공동현상이 발생하기 쉽다.
② 비교회전도가 크게 될수록 흡입성능은 나쁘나 공동현상이 발생하기 어렵다.
③ 비교회전도가 크게 될수록 흡입성능이 좋고 공동현상이 발생하기 어렵다.
④ 비교회전도가 크게 될수록 흡입성능은 좋으나 공동현상이 발생하기 쉽다.

해설 펌프의 비교회전도(N_s)
- 회전날개(impeller)가 $1\,m^3/min$의 유량을 $1\,m$ 높이만큼 양수하는 데 필요한 회전수
- 비교회전도가 같으면 펌프의 대소에 관계없이 펌프의 특성곡선은 대체로 같게 됨
- 비교회전도가 클수록 저양정, 고유량 펌프
- 비교회전도가 클수록 소형 펌프, 가격 저렴
- 비교회전도가 클수록 흡입성능이 나쁘고 공동현상이 발생하기 쉬움

35. 상수도 취수보의 취수구에 관한 설명으로 틀린 것은?

① 높이는 배사문의 바닥높이보다 0.5~1 m 이상 낮게 한다.
② 유입속도는 0.4~0.8 m/sec를 표준으로 한다.
③ 제수문의 전면에는 스크린을 설치한다.
④ 계획취수위는 취수구로부터 도수기점까지의 손실수두를 계산하여 결정한다.

해설 ① 취수보의 취수구 높이는 배사문의 바닥높이보다 0.5~1 m 이상 높게 한다.

36. 정수시설인 배수관의 수압에 관한 내용으로 옳은 것은?

① 급수관을 분기하는 지점에서 배수관 내의 최대정수압은 150 kPa(약 1.6 kgf/cm^2)를 초과하지 않아야 한다.
② 급수관을 분기하는 지점에서 배수관 내의 최대정수압은 250 kPa(약 2.6 kgf/cm^2)를 초과하지 않아야 한다.
③ 급수관을 분기하는 지점에서 배수관 내의 최대정수압은 450 kPa(약 4.6 kgf/cm^2)를 초과하지 않아야 한다.
④ 급수관을 분기하는 지점에서 배수관 내의 최대정수압은 700 kPa(약 7.1 kgf/cm^2)를 초과하지 않아야 한다.

정답 31. ③ 32. ③ 33. ③ 34. ① 35. ① 36. ④

해설
- 배수관 내의 최소동수압 : 150 kPa(약 1.53 kgf/cm^2) 이상
- 배수관 내의 최대정수압 : 700 kPa(약 7.1 kgf/cm^2) 이하

37. 원형 원심력 철근콘크리트관에 만수된 상태로 송수된다고 할 때 Manning 공식에 의한 유속(m/sec)은? (단, 조도계수 = 0.013, 동수경사 = 0.002, 관지름 = 250 mm)
① 0.24 ② 0.54
③ 0.72 ④ 1.03

해설 $v = \dfrac{1}{n} R^{2/3} \cdot I^{1/2}$
$= \dfrac{1}{0.013} \left(\dfrac{0.25}{4}\right)^{2/3} \cdot 0.002^{1/2} = 0.54$

38. 관경 1,100 mm, 역사이펀 관거 내의 동수경사 2.4‰, 유속 2.15 m/sec, 역사이펀 관거의 길이 76 m일 때, 역사이펀의 손실수두(m)는? (단, $\beta = 1.5$, $\alpha = 0.05$ m이다.)
① 0.29 ② 0.39
③ 0.49 ④ 0.59

해설 $h = il + \beta \dfrac{V^2}{2g} + \alpha$
$= \dfrac{2.4}{1,000} \times 76 + \dfrac{1.5 \times 2.15^2}{2 \times 9.8} + 0.05$
$= 0.586$ m

39. 상수도 시설 중 침사지에 관한 설명으로 틀린 것은?
① 위치는 가능한 한 취수구에 근접하여 제내지에 설치한다.
② 지의 유효수심은 2~3 m를 표준으로 한다.
③ 지의 상단높이는 고수위보다 0.6~1 m의 여유고를 둔다.
④ 지내 평균유속은 2~7 cm/sec를 표준으로 한다.

해설 ② 지의 유효수심은 3~4 m를 표준으로 한다.

더 알아보기 핵심정리 2-24

40. 수평부설한 직경 300 mm, 길이 3,000 m의 주철관에 8,640 m^3/day로 송수 시 관로 끝에서의 손실수두(m)는? (단, 마찰계수 f = 0.03, g = 9.8 m/sec^2, 마찰손실만 고려)
① 약 10.8 ② 약 15.3
③ 약 21.6 ④ 약 30.6

해설 (1) 관의 유속(V)
$V = \dfrac{Q}{A} = \dfrac{Q}{\dfrac{\pi}{4}D^2}$
$= \dfrac{8,640 \, m^3/day}{\dfrac{\pi}{4}(0.3 \, m)^2} \times \dfrac{1 \, day}{86,400 \, s}$
$= 1.4147$ m/s

(2) 마찰 손실수두
$h = f \cdot \dfrac{L}{D} \cdot \dfrac{V^2}{2g}$
$= \dfrac{0.03}{} \left| \dfrac{3,000 \, m}{0.3 \, m} \right| \dfrac{(1.4147 \, m/s)^2}{2 \times 9.8 \, m/s^2}$
$= 30.6$ m

여기서, f : 마찰손실계수
L : 관의 길이(m)
g : 중력가속도(m/s^2)
D : 관의 직경(m)
V : 유속(m/s)

제3과목 수질오염방지기술

41. 활성슬러지 공정 중 핀플록이 주로 많이 발생하는 공정은?
① 심층폭기법 ② 장기폭기법
③ 점감식폭기법 ④ 계단식폭기법

해설 핀플록은 SRT가 길 때 발생하므로, 장기폭기법에서 발생하기 쉽다.

정답 37. ② 38. ④ 39. ② 40. ④ 41. ②

42. CFSTR에서 물질을 분해하여 효율 95 %로 처리하고자 한다. 이 물질은 0.5차 반응으로 분해되며, 속도상수는 $0.05(mg/L)^{1/2}/hr$ 이다. 유량은 500 L/hr이고 유입농도는 250 mg/L로 일정하다면 CFSTR의 필요 부피(m^3)는? (단, 정상상태 가정)

① 약 520   ② 약 572
③ 약 620   ④ 약 672

해설 완전혼합반응조의 물질수지식

$V\dfrac{dC}{dt} = QC_o - QC - KVC^n$ 에서, 정상상태이므로 $\dfrac{dC}{dt}=0$ 이고, 반응차수 n = 0.5 이다.

그러므로, 물질수지식은 다음과 같다.

$Q(C_o - C) = KVC^{0.5}$

$\therefore V = \dfrac{Q(C_o - C)}{KC^{0.5}}$

$= \dfrac{500\ L/h}{0.05} \Big| \dfrac{250\ mg/L \times 0.95}{(250 \times 0.05)^{0.5}} \Big| \dfrac{1\ m^3}{1{,}000\ L}$

$= 671.75\ m^3$

43. Chick's law에 의하면 염소소독에 의한 미생물 사멸률은 1차 반응에 따른다. 미생물의 80 %가 0.1 mg/L 잔류 염소로 2분 내에 사멸된다면 99.9 %를 사멸시키기 위해서 요구되는 접촉시간(분)은?

① 5.7   ② 8.6
③ 12.7   ④ 14.2

해설 $\ln \dfrac{C}{C_0} = -kt$ 에서,

(1) 80% 사멸 시, k 계산

$\ln \dfrac{20}{100} = -k \times 2$

$\therefore k = 0.8047/min$

(2) 99.9 % 사멸 시, 접촉시간(t) 계산

$\ln \dfrac{0.1}{100} = -0.8047 \times t$

$\therefore t = 8.58\ min$

44. 1차 침전지의 유입 유량은 1,000 m^3/day이고 SS 농도는 350 mg/L이다. 1차 침전지에서의 SS 제거효율이 60 %일 때 하루에 1차 침전지에서 발생되는 슬러지 부피(m^3)는? (단, 슬러지의 비중 = 1.05, 함수율 = 94 %, 기타 조건은 고려하지 않음)

① 2.3   ② 2.5   ③ 2.7   ④ 3.3

해설 (1) 1차 침전지 제거량(TS 발생량)

$\dfrac{350\ mg}{L} \Big| \dfrac{0.6}{} \Big| \dfrac{1{,}000\ m^3}{day} \Big| \dfrac{1{,}000\ L}{1\ m^3} \Big| \dfrac{1\ kg}{10^6\ mg}$

= 210 kg TS/day

(2) 슬러지 부피

$\dfrac{210\ kg\ TS}{day} \Big| \dfrac{100\ SL}{(100-94)\ TS} \Big| \dfrac{1\ m^3}{1.05\ ton} \Big| \dfrac{1\ ton}{1{,}000\ kg}$

= 3.33 m^3/day

45. 회전생물막접촉기(RBC)에 관한 설명으로 틀린 것은?

① 재순환이 필요 없고 유지비가 적게 든다.
② 메디아는 전형적으로 약 40 %가 물에 잠긴다.
③ 운영변수가 적어 모델링이 간단하고 편리하다.
④ 설비는 경량재료로 만든 원판으로 구성되며 1~2 rpm의 속도로 회전한다.

해설 ③ 운영변수가 많아 모델링이 복잡하다.

46. 질산화 박테리아에 대한 설명으로 옳지 않은 것은?

① 절대호기성이어서 높은 산소농도를 요구한다.
② Nitrobacter는 암모늄이온의 존재하에서 pH 9.5 이상이면 생장이 억제된다.
③ 질산화 반응의 최적온도는 25℃이며 20℃ 이하, 40℃ 이상에서는 활성이 없다.
④ Nitrosomonas는 알칼리성 상태에서는 활성이 크지만 pH 6.0 이하에서는 생장이 억제된다.

정답 42. ④ 43. ② 44. ④ 45. ③ 46. ③

[해설] ③ 질산화 반응의 온도는 15~35℃, 최적 온도는 30℃이다.

47. 수량 36,000 m³/day의 하수를 폭 15 m, 길이 30 m, 깊이 2.5 m의 침전지에서 표면적 부하 40 m³/m²·day의 조건으로 처리하기 위한 침전지의 수(개)는? (단, 병렬 기준)
① 2 ② 3
③ 4 ④ 5

[해설] (1) 침전지 1지의 면적(A_1)
$A_1 = 15\,m \times 30\,m = 450\,m^2$

(2) 침전지 수(n)
$n = \dfrac{Q}{A_1(Q/A)}$

$= \dfrac{36,000\,m^3}{day} \middle| \dfrac{}{450\,m^2} \middle| \dfrac{m^2 \cdot day}{40\,m^3}$

$= 2$

48. 공단 내에 새 공장을 건립할 계획이 있다. 공단 폐수처리장은 현재 876 L/s의 폐수를 처리하고 있다. 공단 폐수처리장에서 phenol을 제거할 조치를 강구치 않는다면 폐수처리장의 방류수 내 phenol의 농도(mg/L)는? (단, 새 공장에서 배출될 phenol의 농도는 10 g/m³이고 유량은 87.6 L/s이며 새 공장 외에는 phenol 배출 공장이 없다.)
① 0.51
② 0.71
③ 0.91
④ 1.11

[해설] 페놀 농도 $= \dfrac{\text{페놀 부하}}{\text{전체 유량}}$

$= \dfrac{\dfrac{10\,g}{m^3} \times \dfrac{87.6\,L}{s} \middle| 1,000\,mg \middle| 1\,m^3}{(876+87.6)\,L/s \quad\middle|\quad 1\,g \quad\middle|\quad 1,000\,L}$

$= 0.909\,mg/L$

49. 응집에 관한 설명으로 옳지 않은 것은?
① 황산알루미늄을 응집제로 사용할 때 수산화물 플록을 만들기 위해서는 황산알루미늄과 반응할 수 있도록 물에 충분한 알칼리도가 있어야 한다.
② 응집제로 황산알루미늄은 대개 철염에 비해 가격이 저렴한 편이다.
③ 응집제로 황산알루미늄은 철염보다 넓은 pH 범위에서 적용이 가능하다.
④ 응집제로 황산알루미늄을 사용하는 경우, 적당한 pH 범위는 대략 4.5에서 8이다.

[해설] ③ 응집제로 황산알루미늄은 철염보다 pH 범위가 좁다.

50. 부피가 4,000 m³인 포기조의 MLSS 농도가 2,000 mg/L, 반송슬러지의 SS 농도가 8,000 mg/L, 슬러지 체류시간(SRT)이 5일이면 폐슬러지의 유량(m³/day)은? (단, 2차 침전지 유출수 중의 SS는 무시한다.)
① 125 ② 150
③ 175 ④ 200

[해설] $SRT = \dfrac{V \cdot X}{Q_w \cdot X_r}$

$\therefore Q_w = \dfrac{V \cdot X}{SRT \cdot X_r}$

$= \dfrac{4,000\,m^3 \middle| 2,000}{5\,day \middle| 8,000}$

$= 200\,m^3/day$

51. 도시 폐수의 침전시간에 따라 변화하는 수질인자의 종류와 거리가 가장 먼 것은?
① 침전성 부유물
② 총부유물
③ BOD_5
④ SVI 변화

[해설] ③ BOD_5는 처리장에 유입되기 전에 결정되므로 침전시간과 관련이 없다.

정답 47. ① 48. ③ 49. ③ 50. ④ 51. ③

52. 생물학적 질소 및 인 동시제거공정으로서 혐기조, 무산소조, 호기조로 구성되며, 혐기조에서 인 방출, 무산소조에서 탈질화, 호기조에서 질산화 및 인 섭취가 일어나는 공정은?

① A_2/O 공정
② Phostrip 공정
③ Modified Bardenpho 공정
④ Modified UCT 공정

해설 공법별 반응조 구성
① A_2/O 공정 : 혐기조 – 무산소조 – 호기조
② Phostrip 공정 : 혐기조 – 호기조(인 제거 공정)
③ Modified Bardenpho 공정 : 혐기조 – 무산소조 – 호기조 – 무산소조 – 호기조
④ Modified UCT 공정 : 혐기조 – 1무산소조 – 2무산소조 – 호기조

53. 정수장 응집 공정에 사용되는 화학 약품 중 나머지 셋과 그 용도가 다른 하나는?

① 오존
② 명반
③ 폴리비닐아민
④ 황산제일철

해설 오존은 산화제(살균제)이고, 나머지는 응집제이다.

54. 고농도의 액상 PCB 처리방법으로 가장 거리가 먼 것은?

① 방사선조사(코발트 60에 의한 γ선 조사)
② 연소법
③ 자외선조사법
④ 고온고압 알칼리분해법

해설 PCB
- 고농도 액상 : 연소법, 자외선조사법, 고온고압 알칼리분해법, 추출법
- 저농도 액상 : 응집침전법, 방사선조사법

55. 무기물이 0.30 g/g VSS로 구성된 생물성 VSS를 나타내는 폐수의 경우, 혼합액 중의 TSS와 VSS 농도가 각각 2,000 mg/L, 1,480 mg/L라 하면 유입수로부터 기인된 불활성 고형물에 대한 혼합액 중의 농도(mg/L)는? (단, 유입된 불활성 부유 고형물질의 용해는 전혀 없다고 가정)

① 76
② 86
③ 96
④ 116

해설 (1) 혼합액 중 FSS
$FSS = TSS - VSS = 2,000 - 1,480 = 520$ mg/L

(2) 폐수 중 무기물(FSS_1)
$$\frac{1,480 \text{ mg/L} \mid 0.3 \text{ g 무기물}}{\mid \text{g VSS}} = 444 \text{ mg/L}$$

(3) 유입수로 기인된 불활성 고형물(FSS_2)
$FSS = FSS_1 + FSS_2$
$520 = 444 + FSS_2$
$\therefore FSS_2 = 76$ mg/L

56. 폐수 내 시안화합물 처리방법인 알칼리 염소법에 관한 설명과 가장 거리가 먼 것은?

① CN의 분해를 위해 유지되는 pH는 10 이상이다.
② 니켈과 철의 시안착염이 혼입된 경우 분해가 잘 되지 않는다.
③ 산화제의 투입량이 과잉인 경우에는 염화시안이 발생되므로 산화제는 약간 부족하게 주입한다.
④ 염소처리 시 강알칼리성 상태에서 1단계로 염소를 주입하여 시안화합물을 시안산화물로 변화시킨 후 중화하고 2단계로 염소를 재주입하여 N_2와 CO_2로 분해시킨다.

해설 ③ 염화시안은 발생하지 않는다.

정답 52. ① 53. ① 54. ① 55. ① 56. ③

57. 생물학적 3차 처리를 위한 A/O 공정을 나타낸 것으로 각 반응조 역할을 가장 적절하게 설명한 것은?

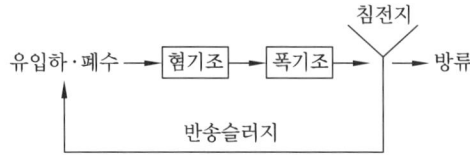

① 혐기조에서는 유기물 제거와 인의 방출이 일어나고, 폭기조에서는 인의 과잉섭취가 일어난다.
② 폭기조에서는 유기물 제거가 일어나고, 혐기조에서는 질산화 및 탈질이 동시에 일어난다.
③ 제거율을 높이기 위해서는 외부탄소원인 메탄올 등을 폭기조에 주입한다.
④ 혐기조에서는 인의 과잉섭취가 일어나며, 폭기조에서는 질산화가 일어난다.

해설
- 혐기조 : 유기물 제거, 인 방출
- 호기조(폭기조) : 유기물 제거, 인 과잉흡수

58. 1차 처리된 분뇨의 2차 처리를 위해 폭기조, 2차 침전지로 구성된 표준 활성슬러지를 운영하고 있다. 운영 조건이 다음과 같을 때 고형물 체류시간(SRT, day)은? (단, 유입유량 = 1,000 m³/day, 폭기조 수리학적 체류시간 = 6시간, MLSS 농도 = 3,000 mg/L, 잉여슬러지 배출량 = 30 m³/day, 잉여슬러지 SS 농도 = 10,000 mg/L, 2차침전지 유출수 SS 농도 = 5 mg/L)
① 약 2
② 약 2.5
③ 약 3
④ 약 3.5

해설
$$SRT = \frac{VX}{Q_wX_r + (Q-Q_w)X_e}$$
$$= \frac{(Qt)X}{Q_wX_r + (Q-Q_w)X_e}$$
$$= \frac{1{,}000\ m^3 \mid 6\ hr \mid 1\ day \mid 3{,}000\ mg/L}{day \mid \mid 24\ hr \mid}$$
$$\overline{30\ m^3/day \times 10{,}000\ mg/L + (1{,}000-30)m^3/day \times 5\ mg/L}$$
$$= 2.46\ day$$

59. 생물학적 인 제거를 위한 A/O 공정에 관한 설명으로 옳지 않은 것은?
① 폐슬러지 내의 인의 함량이 비교적 높고 비료의 가치가 있다.
② 비교적 수리학적 체류시간이 짧다.
③ 낮은 BOD/P 비가 요구된다.
④ 추운 기후의 운전조건에서 성능이 불확실하다.

해설 ③ 높은 BOD/P 비가 요구된다.

60. 살수여상 상단에서 연못화(ponding)가 일어나는 원인으로 가장 거리가 먼 것은?
① 여재가 너무 작을 때
② 여재가 견고하지 못하고 부서질 때
③ 탈락된 생물막이 공극을 폐쇄할 때
④ BOD 부하가 낮을 때

해설 ④ BOD 부하가 높을 때

제4과목 수질오염공정시험기준

61. 폐수의 부유물질(SS)을 측정하였더니 1,312 mg/L이었다. 시료 여과 전 유리섬유여지의 무게가 1.2113 g이고, 이때 사용된 시료량이 100 mL이었다면 시료 여과 후 건조시킨 유리섬유여지의 무게(g)는?
① 1.2242
② 1.3425
③ 2.5233
④ 3.5233

정답 57. ① 58. ② 59. ③ 60. ④ 61. ②

해설 부유물질(mg/L) = $(b-a) \times \dfrac{1,000}{V}$

$1,312 = (b-1.2113)\text{g} \times \dfrac{1,000\,\text{mg}}{1\,\text{g}} \times \dfrac{\dfrac{1,000\,\text{mL}}{1\,\text{L}}}{100\,\text{mL}}$

∴ b = 1.3425 g

여기서, a : 시료 여과 전의 유리섬유여지 무게 (mg)
b : 시료 여과 후의 유리섬유여지 무게 (mg)
V : 시료의 양(mL)

62. 석유계 총탄화수소 용매추출/기체크로마토그래프에 대한 설명으로 틀린 것은?

① 컬럼은 안지름 0.20~0.35 mm, 필름두께 0.1~3.0 μm, 길이 15~60 m의 DB-1, DB-5 및 DB-624 등의 모세관이나 동등한 분리 성능을 가진 모세관으로 대상 분석 물질의 분리가 양호한 것을 택하여 시험한다.
② 운반기체는 순도 99.999 % 이상의 헬륨으로서(또는 질소) 유량은 0.5~5 mL/min로 한다.
③ 검출기는 불꽃광도검출기(FPD)를 사용한다.
④ 시료 주입부 온도는 280~320℃, 컬럼 온도는 40~320℃로 사용한다.

해설 ③ 검출기는 전자포획검출기(ECD)를 사용한다.

63. 측정항목 중 H₂SO₄를 이용하여 pH를 2 이하로 한 후 4℃에서 보존하는 것이 아닌 것은?

① 화학적 산소요구량
② 질산성 질소
③ 암모니아성 질소
④ 총 질소

해설 ② 질산성 질소 : 4℃ 보관
더 알아보기 핵심정리 2-70 (4)

64. 다음 중 관내의 유량 측정 방법이 아닌 것은?

① 오리피스
② 자기식 유량측정기
③ 피토(pitot)관
④ 웨어(weir)

해설 관내 유량 측정 방법 : 오리피스, 피토우관, 벤투리미터, 노즐, 자기식 유량측정기

65. 2 N와 7 N HCl 용액을 혼합하여 5 N-HCl 1 L를 만들고자 한다. 각각 몇 mL씩을 혼합해야 하는가?

① 2 N-HCl 400 mL와 7N-HCl 600 mL
② 2 N-HCl 500 mL와 7N-HCl 400 mL
③ 2 N-HCl 300 mL와 7N-HCl 700 mL
④ 2 N-HCl 700 mL와 7N-HCl 300 mL

해설 $N = \dfrac{N_1 V_1 + N_2 V_2}{V_1 + V_2}$

$5 = \dfrac{2 \times V_1 + 7 \times (1-V_1)}{1}$

∴ $V_1 = 0.4\,\text{L} = 400\,\text{mL}$
$V_2 = 0.6\,\text{L} = 600\,\text{mL}$

66. 예상 BOD치에 대한 사전 경험이 없을 때, 희석하여 시료를 조제하는 기준으로 알맞은 것은?

① 오염 정도가 심한 공장폐수 : 0.01~0.05 %
② 오염된 하천수 : 10~20 %
③ 처리하여 방류된 공장폐수 : 50~70 %
④ 처리하지 않은 공장폐수 : 1~5 %

해설 ① 오염 정도가 심한 공장폐수 : 0.1~1.0 %
② 오염된 하천수 : 25~100 %
③ 처리하여 방류된 공장폐수 : 5~25 %
더 알아보기 핵심정리 2-76

정답 62. ③ 63. ② 64. ④ 65. ① 66. ④

67. 흡광도 측정에서 투과율이 30 %일 때 흡광도는?

① 0.37
② 0.42
③ 0.52
④ 0.63

해설 $A = \log\left(\dfrac{1}{t}\right) = \log\left(\dfrac{1}{0.3}\right) = 0.522$

여기서, t : 투과율

68. 분원성대장균군(막여과법) 분석 시험에 관한 내용으로 틀린 것은?

① 분원성대장균군이란 온혈동물의 배설물에서 발견되는 그람음성·무아포성의 간균이다.
② 물속에 존재하는 분원성대장균군을 측정하기 위하여 페트리접시에 배지를 올려놓은 다음 배양 후 여러 가지 색조를 띠는 청색의 집락을 계수하는 방법이다.
③ 배양기 또는 항온수조는 배양온도를 (25±0.5)℃로 유지할 수 있는 것을 사용한다.
④ 실험결과는 '분원성대장균군수/100 mL'로 표기한다.

해설 ③ 배양기 또는 항온수조는 배양온도를 (44.5±0.2)℃로 유지할 수 있는 것을 사용한다.

69. BOD 측정용 시료를 희석할 때 식종 희석수를 사용하지 않아도 되는 시료는?

① 잔류염소를 함유한 폐수
② pH 4 이하 산성으로 된 폐수
③ 화학공장 폐수
④ 유기물질이 많은 가정 하수

해설 공장폐수나 혐기성 발효의 상태에 있는 시료는 호기성 산화에 필요한 미생물을 식종하여야 한다.

70. 시료량 50 mL를 취하여 막여과법으로 총대장균군수를 측정하려고 배양을 한 결과, 50개의 집락수가 생성되었을 때 총대장균군수/100 mL는?

① 10
② 100
③ 1,000
④ 10,000

해설 총대장균군수/100 mL
$= \dfrac{C}{V} \times 100 = \dfrac{50}{50} \times 100 = 100$

여기서, C : 생성된 집락수
　　　　V : 여과한 시료량(mL)

71. 유도결합플라스마 원자발광분광법으로 금속류를 측정할 때 간섭에 관한 내용으로 옳지 않은 것은?

① 물리적 간섭 : 시료 도입부의 분무과정에서 시료의 비중, 점성도, 표면장력의 차이에 의해 발생한다.
② 분광 간섭 : 측정원소의 방출선에 대해 플라스마의 기체성분이나 공존 물질에서 유래하는 분광학적 요인에 의해 원래의 방출선의 세기 변동 및 다른 원자 혹은 이온의 방출선과의 겹침 현상이 발생할 수 있다.
③ 이온화 간섭 : 이온화 에너지가 큰 나트륨 또는 칼륨 등 알칼리 금속이 공존원소로 시료에 존재 시 플라스마의 전자밀도를 감소시킨다.
④ 물리적 간섭 : 시료의 종류에 따라 분무기의 종류를 바꾸거나 시료의 희석, 매질 일치법, 내부표준법, 농축분리법을 사용하여 간섭을 최소화 한다.

해설 ③ 이온화 간섭 : 이온화 에너지가 작은 나트륨 또는 칼륨 등 알칼리 금속이 공존원소로 시료에 존재 시 플라스마의 전자밀도를 증가시킨다.

정답 67. ③　68. ③　69. ④　70. ②　71. ③

72. 물벼룩을 이용한 급성 독성시험법에서 사용하는 용어의 정의로 틀린 것은?

① 치사 : 일정 비율로 준비된 시료에 물벼룩을 투입하고 24시간 경과 후 시험용기를 살며시 움직여주고, 15초 후 관찰했을 때 아무 반응이 없는 경우를 '치사'라 판정한다.
② 유영저해 : 독성물질에 의해 영향을 받아 일부 기관(촉각, 후복부 등)이 움직임이 없을 경우를 '유영저해'로 판정한다.
③ 반수영향농도 : 투입 시험생물의 50 %가 치사 혹은 유영저해를 나타낸 농도이다.
④ 지수식 시험방법 : 시험기간 중 시험용액을 교환하여 농도를 지수적으로 계산하는 시험을 말한다.

해설 ④ 지수식 시험방법 : 시험기간 중 시험용액을 교환하지 않는 시험을 말한다.

73. 카드뮴을 자외선/가시선 분광법으로 측정할 때 사용되는 시약으로 가장 거리가 먼 것은?

① 수산화나트륨용액
② 요오드화칼륨용액
③ 시안화칼륨용액
④ 타타르산용액

해설 카드뮴-자외선/가시선 분광법 : 물속에 존재하는 카드뮴이온을 시안화칼륨이 존재하는 알칼리성에서 디티존과 반응시켜 생성하는 카드뮴착염을 사염화탄소로 추출하고, 추출한 카드뮴착염을 타타르산용액으로 역추출한 다음 다시 수산화나트륨과 시안화칼륨을 넣어 디티존과 반응하여 생성하는 적색의 카드뮴착염을 사염화탄소로 추출하고 그 흡광도를 530 nm에서 측정하는 방법

74. 금속류 – 불꽃원자흡수분광광도법에서 일어나는 간섭 중 광학적 간섭에 관한 설명으로 맞는 것은?

① 표준용액과 시료 또는 시료와 시료 간의 물리적 성질(점도, 밀도, 표면장력 등)의 차이 또는 표준물질과 시료의 매질 차이에 의해 발생한다.
② 불꽃온도가 너무 높을 경우 중성원자에서 전자를 빼앗아 이온이 생성될 수 있으며 이 경우 음(−)의 오차가 발생하게 된다.
③ 분석하고자 하는 원소의 흡수파장과 비슷한 다른 원소의 파장이 서로 겹쳐 비이상적으로 높게 측정되는 경우이다.
④ 불꽃의 온도가 분자를 들뜬 상태로 만들기에 충분히 높지 않아서, 해당 파장을 흡수하지 못하여 발생한다.

해설 불꽃원자흡수분광광도법 간섭
• 화학적 간섭 : 불꽃의 온도가 분자를 들뜬 상태로 만들기에 충분히 높지 않아서, 해당 파장을 흡수하지 못하여 발생
• 물리적 간섭 : 표준용액과 시료 또는 시료와 시료 간의 물리적 성질(점도, 밀도, 표면장력 등)의 차이 또는 표준물질과 시료의 매질(matrix) 차이에 의해 발생
• 광학적 간섭 : 분석하고자 하는 원소의 흡수파장과 비슷한 다른 원소의 파장이 서로 겹쳐 비이상적으로 높게 측정되는 경우
• 이온화 간섭 : 불꽃온도가 너무 높을 경우 중성원자에서 전자를 빼앗아 이온이 생성될 수 있으며 이 경우 음(−)의 오차가 발생

75. 데발다 합금 환원 증류법으로 질산성 질소를 측정하는 원리의 설명으로 틀린 것은?

① 데발다 합금으로 질산성 질소를 암모니아성 질소로 환원한다.
② 지표수, 지하수, 폐수 등에 적용할 수 있으며, 정량한계는 중화적정법은 0.1 mg/L, 흡광도법은 0.5 mg/L이다.
③ 아질산성 질소는 설퍼민산으로 분해 제거한다.
④ 암모니아성 질소 및 일부 분해되기 쉬운 유기 질소는 알칼리성에서 증류 제거한다.

정답 72. ④　73. ②　74. ③　75. ②

해설 ② 지표수, 지하수, 폐수 등에 적용할 수 있으며, 정량한계는 중화적정법은 0.5 mg/L, 분광법은 0.1 mg/L이다.

76. 감응계수를 옳게 나타낸 것은? (단, 검정곡선 작성용 표준용액의 농도 : C, 반응값 : R)

① 감응계수 = R/C
② 감응계수 = C/R
③ 감응계수 = R×C
④ 감응계수 = C-R

해설 감응계수 : 검정곡선 작성용 표준용액의 농도(C)에 대한 반응값(R, response)으로 다음 식과 같이 구한다.

$$감응계수 = \frac{R}{C}$$

77. 연속흐름법으로 시안 측정 시 사용되는 흐름주입분석기에 관한 설명으로 옳지 않은 것은?

① 연속흐름분석기의 일종이다.
② 다수의 시료를 연속적으로 자동분석하기 위하여 사용된다.
③ 기본적인 본체의 구성은 분할흐름분석기와 같으나 용액의 흐름 사이에 공기방울을 주입하지 않는 것이 차이점이다.
④ 시료의 연속흐름에 따라 상호 오염을 미연에 방지할 수 있다.

해설 ④ 시료의 연속흐름에 따른 상호 오염의 우려가 있다.

흐름주입분석기
- 연속흐름분석기의 일종으로 다수의 시료를 연속적으로 자동분석하기 위하여 사용한다.
- 기본적인 본체의 구성은 분할흐름분석기와 같으나 용액의 흐름 사이에 공기방울을 주입하지 않는 것이 차이점이다.
- 공기방울 미주입에 따라 시료의 분산 및 연속흐름에 따른 상호 오염의 우려가 있으나 분석시간이 빠르고 기계장치가 단순화되는 장점이 있다.

78. 수질오염공정시험기준에서 시료보존 방법이 지정되어 있지 않은 측정항목은?

① 용존산소(윙클러법)
② 불소
③ 색도
④ 부유물질

해설 보관 방법이 없는 측정항목 : pH, 온도, DO 전극법, 염소이온, 불소, 브롬이온, 투명도

더 알아보기 핵심정리 2-70 (4)

79. 수질오염물질을 측정함에 있어 측정의 정확성과 통일성을 유지하기 위한 제반사항에 관한 설명으로 틀린 것은?

① 시험에 사용하는 시약은 따로 규정이 없는 한 1급 이상 또는 이와 동등한 규격의 시약을 사용한다.
② "항량으로 될 때까지 건조한다"라는 의미는 같은 조건에서 1시간 더 건조할 때 전후 무게의 차가 g당 0.3 mg 이하일 때를 말한다.
③ 기체 중의 농도는 표준상태(0℃, 1기압)로 환산 표시한다.
④ "정확히 취하여" 하는 것은 규정한 양의 시료를 부피피펫으로 0.1 mL까지 취하는 것을 말한다.

해설 ④ "정확히 취하여"라 하는 것은 규정한 양의 액체를 부피피펫으로 눈금까지 취하는 것을 말한다.

정답 76. ① 77. ④ 78. ② 79. ④

80. 하천수의 시료 채취 지점에 관한 내용으로 ( )에 공통으로 들어갈 내용은?

> 하천의 단면에서 수심이 가장 깊은 수면의 지점과 그 지점을 중심으로 하여 좌우로 수면폭을 2등분한 각각의 지점의 수면으로부터 수심 ( ) 미만일 때에는 수심의 1/3에서 수심 ( ) 이상일 때에는 수심의 1/3 및 2/3에서 각각 채수한다.

① 2 m
② 3 m
③ 5 m
④ 6 m

해설 하천의 단면에서 수심이 가장 깊은 수면의 지점과 그 지점을 중심으로 하여 좌우로 수면폭을 2등분한 각각의 지점의 수면으로부터 수심 2 m 미만일 때에는 수심의 1/3에서 수심 2 m 이상일 때에는 수심의 1/3 및 2/3에서 각각 채수한다.

제5과목   수질환경관계법규

81. 방지시설 설치의 면제기준에 관한 설명으로 틀린 것은?

① 수질오염물질이 항상 배출허용기준 이하로 배출되는 경우
② 새로운 수질오염물질이 발생되어 배출시설 또는 방지시설의 개선이 필요한 경우
③ 폐수를 전량 위탁처리하는 경우
④ 폐수를 전량 재이용하는 등 방지시설을 설치하지 아니하고도 수질오염물질을 적정하게 처리할 수 있는 경우

해설 방지시설 설치 면제기준
- 수질오염물질이 항상 배출허용기준 이하로 배출되는 경우
- 폐수를 전량 위탁처리하는 경우
- 폐수를 전량 재이용하는 등 방지시설을 설치하지 아니하고도 수질오염물질을 적정하게 처리할 수 있는 경우

82. 비점오염저감시설의 설치기준에서 자연형 시설 중 인공습지의 설치기준으로 틀린 것은?

① 습지에는 물이 연중 항상 있을 수 있도록 유량공급대책을 마련하여야 한다.
② 인공습지의 유입구에서 유출구까지의 유로는 최대한 길게 하고, 길이 대 폭의 비율은 2 : 1 이상으로 한다.
③ 유입부에서 유출부까지의 경사는 1.0~5.0 %를 초과하지 아니하도록 한다.
④ 생물의 서식 공간을 창출하기 위하여 5종부터 7종까지의 다양한 식물을 심어 생물다양성을 증가시킨다.

해설 ③ 유입부에서 유출부까지의 경사는 0.5~1.0 % 이하의 범위를 초과하지 아니하도록 한다.

83. 초과배출부과금 산정 시 적용되는 기준이 아닌 것은?

① 기준초과배출량
② 수질오염물질 1킬로그램당의 부과금액
③ 지역별 부과계수
④ 사업장의 연간 매출액

해설 초과배출부과금 산정 시 적용되는 기준
- 기준초과배출량
- 수질오염물질 1킬로그램당 부과금액
- 연도별 부과금산정지수
- 지역별 부과계수
- 배출허용기준초과율별 부과계수
- 배출허용기준 위반횟수별 부과계수

정답 80. ① 81. ② 82. ③ 83. ④

84. 사업장의 규모별 구분에 관한 내용으로 ( )에 맞는 내용은?

> 최초 배출시설 설치허가 시의 폐수배출량은 사업계획에 따른 ( )을 기준으로 산정한다.

① 예상용수사용량
② 예상폐수배출량
③ 예상하수배출량
④ 예상희석수사용량

해설 최초 배출시설 설치허가 시의 폐수배출량은 사업계획에 따른 예상용수사용량을 기준으로 산정한다.

85. 초과부과금을 산정할 때 1 kg당 부과금액이 가장 높은 수질오염물질은?

① 크롬 및 그 화합물
② 카드뮴 및 그 화합물
③ 구리 및 그 화합물
④ 시안화합물

해설 초과부과금의 산정기준 순서 : 수은, PCB > 카드뮴 > Cr^{6+}, PCE, TCE > 페놀, 시안, 유기인, 납 > 비소 > 크롬 > 구리 > 망간, 아연 > T-P, T-N > 유기물질(TOC) > 유기물질(BOD 또는 COD), 부유물질

더 알아보기 핵심정리 2-94

86. 환경부장관이 폐수처리업자에게 등록을 취소하거나 6개월 이내의 기간을 정하여 영업정지를 명할 수 있는 경우에 대한 기준으로 틀린 것은?

① 고의 또는 중대한 과실로 폐수처리영업을 부실하게 한 경우
② 영업정지처분 기간에 영업행위를 한 경우
③ 1년에 2회 이상 영업정지처분을 받은 경우
④ 등록 후 1년 이상 계속하여 영업실적이 없는 경우

해설 환경부장관이 폐수처리업자에게 등록을 취소하거나 6개월 이내의 기간을 정하여 영업정지를 명할 수 있는 경우
1. 다른 사람에게 등록증을 대여한 경우
2. 1년에 2회 이상 영업정지처분을 받은 경우
3. 고의 또는 중대한 과실로 폐수처리영업을 부실하게 한 경우
4. 영업정지처분 기간에 영업행위를 한 경우

87. 1일 800 m³의 폐수가 배출되는 사업장의 환경기술인의 자격에 관한 기준은?

① 수질환경기사 1명 이상
② 수질환경산업기사 1명 이상
③ 환경기능사 1명 이상
④ 2년 이상 수질분야 환경관련 업무에 직접 종사한 자 1명 이상

해설 1일 800 m³은 '2종 사업장'이므로, '수질환경산업기사 1명 이상'이다.
더 알아보기 핵심정리 2-92, 2-93

88. 휴경 등 권고대상 농경지의 해발고도 및 경사도의 기준은?

① 해발고도 : 해발 200미터, 경사도 : 10 %
② 해발고도 : 해발 400미터, 경사도 : 15 %
③ 해발고도 : 해발 600미터, 경사도 : 20 %
④ 해발고도 : 해발 800미터, 경사도 : 25 %

해설 휴경 등 권고대상 농경지의 해발고도 및 경사도
• 해발고도 : 해발 400 m
• 경사도 : 15 %

정답 84. ① 85. ② 86. ④ 87. ② 88. ②

89. 초과부과금 산정 시 적용되는 위반횟수별 부과계수에 관한 내용으로 ( )에 맞는 것은? (단, 폐수무방류배출시설의 경우)

> 처음 위반한 경우 (㉠)로 하고, 다음 위반부터는 그 위반직전의 부과계수에 (㉡)를 곱한 것으로 한다.

① ㉠ 1.5, ㉡ 1.3
② ㉠ 1.5, ㉡ 1.5
③ ㉠ 1.8, ㉡ 1.3
④ ㉠ 1.8, ㉡ 1.5

해설 처음 위반한 경우 1.8로 하고, 다음 위반부터는 그 위반직전의 부과계수에 1.5를 곱한 것으로 한다.

90. 비점오염원의 설치신고 또는 변경신고를 할 때 제출하는 비점오염저감계획서에 포함되어야 하는 사항과 가장 거리가 먼 것은?

① 비점오염원 관련 현황
② 비점오염 저감시설 설치계획
③ 비점오염원 관리 및 모니터링 방안
④ 비점오염원 저감방안

해설 비점오염저감계획서에 포함되어야 하는 사항
1. 비점오염원 관련 현황
2. 저영향개발기법 등을 포함한 비점오염원 저감방안
3. 저영향개발기법 등을 적용한 비점오염저감시설 설치계획
4. 비점오염저감시설 유지관리 및 모니터링 방안

91. 비점오염원관리지역의 지정기준이 옳은 것은?

① 하천 및 호소의 물환경에 관한 환경기준에 미달하는 유역으로 유달부하량 중 비점오염 기여율이 50 % 이하인 지역
② 관광지구 지정으로 비점오염원 관리가 필요한 지역
③ 인구 50만 이상인 도시로서 비점오염원 관리가 필요한 지역
④ 지질이나 지층 구조가 특이하여 특별한 관리가 필요하다고 인정되는 지역

해설 비점오염원 관리지역의 지정기준 〈2021. 11. 23.〉
1. 하천 및 호소의 물환경에 관한 환경기준 또는 수계영향권별, 호소별 물환경 목표기준에 미달하는 유역으로 유달부하량 중 비점오염 기여율이 50퍼센트 이상인 지역
2. 다음 어느 하나에 해당하는 지역으로서 비점오염물질에 의하여 중대한 위해(危害)가 발생되거나 발생될 것으로 예상되는 지역
   가. 중점관리저수지를 포함하는 지역
   나. 「해양환경관리법」에 따른 특별관리해역을 포함하는 지역
   다. 「지하수법」에 따라 지정된 지하수보전구역을 포함하는 지역
   라. 비점오염물질에 의하여 어류폐사 및 녹조발생이 빈번한 지역으로서 관리가 필요하다고 인정되는 지역
   마. 지질이나 지층 구조가 특이하여 특별한 관리가 필요하다고 인정되는 지역
3. 불투수면적률이 25퍼센트 이상인 지역으로서 비점오염원 관리가 필요한 지역
4. 「산업입지 및 개발에 관한 법률」에 따른 국가산업단지, 일반산업단지로 지정된 지역으로 비점오염원 관리가 필요한 지역
5. 삭제 〈2021. 11. 23.〉
6. 그 밖에 환경부령으로 정하는 지역

92. 다음 위반행위에 따른 벌칙기준 중 1년 이하의 징역 또는 1천만원 이하의 벌금에 처하는 경우는?

① 허가를 받지 아니하고 폐수배출시설을 설치한 자
② 폐수무방류배출시설에서 배출되는 폐수를 오수 또는 다른 배출시설에서 배출되는 폐수와 혼합하여 처리하는 행위를 한 자
③ 환경부장관에게 신고하지 아니하고 기타 수질오염원을 설치한 자
④ 배출시설의 설치를 제한하는 지역에서 배출시설을 설치한 자

정답 89. ④ 90. ③ 91. ④ 92. ③

해설 ①, ②, ④ 7년 이하의 징역 또는 7천만 원 이하의 벌금

93. 비점오염저감시설의 관리·운영기준으로 옳지 않은 것은? (단, 자연형 시설)

① 인공습지 : 동절기(11월부터 다음 해 3월까지를 말한다)에는 인공습지에서 말라 죽은 식생을 제거·처리하여야 한다.
② 인공습지 : 식생대가 50퍼센트 이상 고사하는 경우에는 추가로 수생식물을 심어야 한다.
③ 식생형 시설 : 식생수로 바닥의 퇴적물이 처리용량의 25퍼센트를 초과하는 경우에는 침전된 토사를 제거하여야 한다.
④ 식생형 시설 전처리를 위한 침사지는 주기적으로 협잡물과 침전물을 제거하여야 한다.

해설 ④ 침전물질이 식생을 덮거나 생물학적 여과시설의 용량을 감소시키기 시작하면 침전물을 제거하여야 한다.

94. 오염총량관리기본방침에 포함되어야 하는 사항으로 틀린 것은?

① 오염총량관리의 목표
② 오염총량관리의 대상 수질오염물질 종류
③ 오염원의 조사 및 오염부하량 산정방법
④ 오염총량관리 현황

해설 오염총량관리기본방침 포함사항
1. 오염총량관리의 목표
2. 오염총량관리의 대상 수질오염물질 종류
3. 오염원의 조사 및 오염부하량 산정방법
4. 오염총량관리기본계획의 주체, 내용, 방법 및 시한
5. 오염총량관리시행계획의 내용 및 방법

95. 공공폐수처리시설의 방류수 수질기준으로 틀린 것은? (단, I 지역, 2020년 1월 1일 이후 기준, ( )는 농공단지 공공폐수처리시설의 방류수 수질기준임)

① BOD : 10(10)mg/L 이하
② COD : 20(30)mg/L 이하
③ 총질소(T-N) : 20(20)mg/L 이하
④ 생태독성(TU) : 1(1) 이하

해설 ② 2020년부터 COD 기준은 TOC로 개정됨

더 알아보기 핵심정리 2-97

96. 최종방류구에 방류하기 전에 배출시설에서 배출하는 폐수를 재이용하는 사업자에게 부과되는 배출부과금 감면율이 틀린 것은?

① 재이용률이 10% 이상 30% 미만 : 100분의 20
② 재이용률이 30% 이상 60% 미만 : 100분의 50
③ 재이용률이 60% 이상 90% 미만 : 100분의 70
④ 재이용률이 90% : 100분의 90

해설 ③ 재이용률이 60% 이상 90% 미만 : 100분의 80
배출부과금의 감면율(최종방류구에 방류하기 전에 배출시설에서 배출하는 폐수를 재이용하는 사업자에게 부과)
- 재이용률이 10% 이상 30% 미만인 경우 : 100분의 20
- 재이용률이 30% 이상 60% 미만인 경우 : 100분의 50
- 재이용률이 60% 이상 90% 미만인 경우 : 100분의 80
- 재이용률이 90% 이상인 경우 : 100분의 90

정답 93. ④ 94. ④ 95. ② 96. ③

97. 폐수배출시설 외에 수질오염물질을 배출하는 시설 또는 장소로서 환경부령이 정하는 것(기타 수질오염원)의 대상시설과 규모기준에 관한 내용으로 틀린 것은?

① 자동차폐차장시설 : 면적 1,000 m^2 이상
② 수조식양식어업시설 : 수조면적 합계 500 m^2 이상
③ 골프장 : 면적 3만m^2 이상
④ 무인자동식 현상, 인화, 정착시설 : 1대 이상

[해설] ① 자동차폐차장시설 : 면적이 1,500 m^2 이상일 것
③ 골프장 : 면적이 3만m^2 이상이거나 3홀 이상일 것

98. 공공폐수처리시설의 설치 부담금의 부과·징수와 관련한 설명으로 틀린 것은?

① 공공폐수처리시설을 설치·운영하는 자는 그 사업에 드는 비용의 전부 또는 일부에 충당하기 위하여 원인자로부터 공공폐수처리시설의 설치 부담금을 부과·징수할 수 있다.
② 공공폐수처리시설 부담금의 총액은 시행자가 해당 시설의 설치와 관련하여 지출하는 금액을 초과하여서는 아니 된다.
③ 원인자에게 부과되는 공공폐수처리시설 설치 부담금은 각 원인자의 사업의 종류·규모 및 오염물질의 배출 정도 등을 기준으로 하여 정한다.
④ 국가와 지방자치단체는 세제상 또는 금융상 필요한 지원 조치를 할 수 없다.

[해설] ④ 국가와 지방자치단체는 이 법에 따른 중소기업자의 비용부담으로 인하여 중소기업자의 생산활동과 투자의욕이 위축되지 아니하도록 세제상 또는 금융상 필요한 지원 조치를 할 수 있다.

99. 환경부령으로 정하는 폐수무방류배출시설의 설치가 가능한 특정수질유해물질이 아닌 것은?

① 디클로로메탄
② 구리 및 그 화합물
③ 카드뮴 및 그 화합물
④ 1, 1-디클로로에틸렌

[해설] 폐수무방류배출시설의 설치가 가능한 특정수질유해물질
1. 구리 및 그 화합물
2. 디클로로메탄
3. 1, 1-디클로로에틸렌

100. 기타 수질오염원의 시설구분으로 틀린 것은?

① 수산물 양식시설
② 농축수산물 단순가공시설
③ 금속 도금 및 세공시설
④ 운수장비 정비 또는 폐차장 시설

[해설] 기타 수질오염원
1. 수산물 양식시설
2. 골프장
3. 운수장비 정비 또는 폐차장 시설
4. 농축수산물 단순가공시설
5. 사진 처리 또는 X-Ray 시설
6. 금은판매점의 세공시설이나 안경점
7. 복합물류터미널 시설
8. 거점소독시설

정답 97. ① 98. ④ 99. ③ 100. ③

2021년도 시행문제

수질환경기사 2021년 3월 7일 (제1회)

제1과목 수질오염개론

1. 미생물 중 세균(bacteria)에 관한 특징으로 가장 거리가 먼 것은?

① 원시적 엽록소를 이용하여 부분적인 탄소동화작용을 한다.
② 용해된 유기물을 섭취하며 주로 세포분열로 번식한다.
③ 수분 80 %, 고형물 20 % 정도로 세포가 구성되며 고형물 중 유기물이 90 %를 차지한다.
④ pH, 온도에 대하여 민감하며, 열보다 낮은 온도에서 저항성이 높다.

해설 ① 박테리아는 광합성(탄소동화작용)을 하지 않는다.

2. 우리나라의 수자원 이용현황 중 가장 많은 용도로 사용하는 용수는?

① 생활용수 ② 공업용수
③ 농업용수 ④ 유지용수

해설 우리나라의 수자원은 농업용수 사용량이 가장 많다.

3. 하천의 탈산소계수를 조사한 결과 20℃에서 0.19/day이었다. 하천수의 온도가 25℃로 증가되었다면 탈산소계수(/day)는? (단, 온도보정계수 = 1.047)

① 0.22 ② 0.24
③ 0.26 ④ 0.28

해설 탈산소계수의 온도보정
$k_T = k_1 \times 1.047^{(T-20)}$
$k_{25} = 0.19 \times 1.047^{(25-20)} = 0.239$

4. 수은주 높이 150 mm는 수주로 몇 mm인가?

① 약 2,040
② 약 2,530
③ 약 3,240
④ 약 3,530

해설 $\dfrac{150 \text{ mmHg} \mid 10{,}332 \text{ mmH}_2\text{O}}{760 \text{ mmHg}}$

$= 2{,}039.21 \text{ mmH}_2\text{O}$

정리 $1 \text{ atm} = 760 \text{ mmHg} = 10{,}332 \text{ mmH}_2\text{O}$

5. 원생동물(protozoa)의 종류에 관한 내용으로 옳은 것은?

① Paramecia는 자유롭게 수영하면서 고형물질을 섭취한다.
② Vorticella는 불량한 활성슬러지에서 주로 발견된다.
③ Sarcodina는 나팔의 입에서 물흐름을 일으켜 고형물질만 걸러서 먹는다.
④ Suctoria는 몸통을 움직이면서 위족으로 고형물질을 몸으로 싸서 먹는다.

해설 ② Vorticella(종벌레)는 양호한 활성슬러지에서 주로 발견된다.
③ Sarcodina(육질충류)는 몸통을 움직이면서 위족으로 고형물질을 몸으로 싸서 먹는다.
④ Suctoria(흡판충류)는 촉수로 먹이를 섭취한다.

정답 1. ① 2. ③ 3. ② 4. ① 5. ①

6. 호소수의 전도현상(turnover)이 호소수 수질환경에 미치는 영향을 설명한 내용 중 옳지 않은 것은?

① 수괴의 수직운동 촉진으로 호소 내 환경용량이 제한되어 물의 자정능력이 감소된다.
② 심층부까지 조류의 혼합이 촉진되어 상수원의 취수 심도에 영향을 끼치게 되므로 수도의 수질이 악화된다.
③ 심층부의 영양염이 상승하게 됨에 따라 표층부에 규조류가 번성하게 되어 부영양화가 촉진된다.
④ 조류의 다량 번식으로 물의 탁도가 증가되고 여과지가 폐색되는 등의 문제가 발생한다.

[해설] ① 전도현상으로 호소 내 환경용량과 자정능력이 감소되지 않는다.

7. 2차 처리 유출수에 함유된 10 mg/L의 유기물을 활성탄흡착법으로 3차 처리하여 농도가 1 mg/L인 유출수를 얻고자 한다. 이때 폐수 1L당 필요한 활성탄의 양(g)은? (단, Freundlich 등온식 사용, K = 0.5, n = 2)

① 9
② 12
③ 16
④ 18

[해설] $\dfrac{X}{M} = K \times C^{1/n}$

$\dfrac{9}{M} = 0.5 \times 1^{1/2}$

∴ M = 18 mg/L

여기서, X : 흡착된 피흡착물의 농도
M : 주입된 흡착제의 농도
C : 흡착되고 남은 피흡착물질의 농도(평형농도)
K, n : 경험상수

8. 열수 배출에 의한 피해 현상으로 가장 거리가 먼 것은?

① 발암물질 생성
② 부영양화
③ 용존산소의 감소
④ 어류의 폐사

[해설] 열수 배출(열오염)의 피해
• DO 감소 → 어류 폐사
• 부영양화
• 안개 발생, 선박의 진로 방해

9. 하천 수질모델 중 WQRRS에 관한 설명으로 가장 거리가 먼 것은?

① 하천 및 호수의 부영양화를 고려한 생태계 모델이다.
② 유속, 수심, 조도계수에 의해 확산계수를 결정한다.
③ 호수에는 수심별 1차원 모델이 적용된다.
④ 정적 및 동적인 하천의 수질, 수문학적 특성이 광범위하게 고려된다.

[해설] ② 유속, 수심, 조도계수에 의해 확산계수를 결정 : QUAL-Ⅰ, Ⅱ

(더 알아보기) 핵심정리 2-18

10. 농업용수의 수질을 분석할 때 이용되는 SAR(Sodium Adsorption Ratio)과 관계 없는 것은?

① Na^+
② Mg^{2+}
③ Ca^{2+}
④ Fe^{2+}

[해설] $SAR = \dfrac{Na^+}{\sqrt{\dfrac{Ca^{2+} + Mg^{2+}}{2}}}$

11. 글루코스($C_6H_{12}O_6$) 1,000 mg/L를 혐기성 분해시킬 때 생산되는 이론적 메탄량(mg/L)은?

① 227
② 247
③ 267
④ 287

정답 6. ① 7. ④ 8. ① 9. ② 10. ④ 11. ③

해설 $C_6H_{12}O_6 \rightarrow 3CO_2 + 3CH_4$

$\quad$ 180 g $\quad$: $\quad 3 \times 16$ g
$\quad$ 1,000 mg/L $\quad$: $\quad$ CH$_4$(mg/L)

$\therefore CH_4 = \dfrac{1,000 \times 3 \times 16}{180} = 266.7$ mg/L

12. 피부점막, 호흡기로 흡입되어 국소 및 전신마비, 피부염, 색소 침착을 일으키며 안료, 색소, 유리공업 등이 주요 발생원인 중금속은?

① 비소 ② 납 ③ 크롬 ④ 구리

해설 유해물질의 만성중독증
- 불소 : 반상치
- 비소 : 흑피증
- 수은 : 미나마타병, 헌터루셀병
- 카드뮴 : 이따이이따이병
- PCB : 카네미유증
- 구리 : 윌슨씨병
- 망간 : 파킨슨병 유사 증상

13. 유기화합물에 대한 설명으로 옳지 않은 것은?

① 유기화합물들은 일반적으로 녹는점과 끓는점이 낮다.
② 유기화합물들은 하나의 분자식에 대하여 여러 종류의 화합물이 존재할 수 있다.
③ 유기화합물들은 대체로 이온반응보다는 분자반응을 하므로 반응속도가 빠르다.
④ 대부분의 유기화합물은 박테리아의 먹이가 될 수 있다.

해설 ③ 유기화합물들은 대체로 이온반응보다는 분자반응을 하므로 반응속도가 느리다.
유기화합물과 무기화합물의 비교

구분	유기화합물	무기화합물
가연성	가연성	비가연성
반응	분자반응	이온반응
녹는점, 끓는점	낮음	높음
반응속도	느림	빠름

14. 25℃, 4 atm의 압력에 있는 메탄가스 15 kg을 저장하는 데 필요한 탱크의 부피(m³)는? (단, 이상기체의 법칙 적용, 표준상태 기준, R = 0.082 L·atm/mol·K)

① 4.42 ② 5.73
③ 6.54 ④ 7.45

해설 $PV = nRT = \dfrac{W}{M}RT$

$\therefore V = \dfrac{WRT}{MP}$

$= \dfrac{15,000 \text{ g} \mid 0.082 \text{ atm} \cdot \text{L} \mid (273+25)\text{K}}{\mid \text{mol} \cdot \text{K} \mid 4 \text{ atm}}$

$\dfrac{\mid 1 \text{ mol} \mid 1 \text{ m}^3}{\mid 16 \text{ g} \mid 1,000 \text{ L}}$

$= 5.727$ m³

15. 다음이 설명하는 일반적 기체 법칙은?

> 여러 물질이 혼합된 용액에서 어느 물질의 증기압(분압)은 혼합액에서 그 물질의 몰분율에 순수한 상태에서 그 물질의 증기압을 곱한 것과 같다.

① 라울의 법칙
② 게이-뤼삭의 법칙
③ 헨리의 법칙
④ 그레이엄의 법칙

해설 ① 라울의 법칙 : 여러 물질이 혼합된 용액에서 어느 물질의 증기압(분압)은 혼합액에서 그 물질의 몰분율에 순수한 상태에서 그 물질의 증기압을 곱한 것과 같다(증기압 법칙).
② 게이-뤼삭의 법칙 : 기체가 관련된 화학반응에서 반응하는 기체와 생성된 기체의 부피 사이에는 정수 관계가 성립한다.
③ 헨리의 법칙 : 기체의 용해도는 그 기체의 압력에 비례한다.
④ 그레이엄의 법칙 : 기체의 확산속도(조그마한 구멍을 통한 기체의 탈출)는 기체 분자량의 제곱근에 반비례한다.

정답 12. ① 13. ③ 14. ② 15. ①

16. 적조 현상에 관한 설명으로 틀린 것은?

① 수괴의 연직안정도가 작을 때 발생한다.
② 강우에 따른 하천수의 유입으로 해수의 염분량이 낮아지고 영양염류가 보급될 때 발생한다.
③ 적조 조류에 의한 아가미 폐색과 어류의 호흡 장애가 발생한다.
④ 수중 용존산소 감소에 의한 어패류의 폐사가 발생한다.

해설 ① 수괴의 연직안정도가 클 때 발생한다.
더 알아보기 핵심정리 2-14

17. 산과 염기의 정의에 관한 설명으로 옳지 않은 것은?

① Arrhenius는 수용액에서 수산화이온을 내어놓는 물질을 염기라고 정의하였다.
② Lewis는 전자쌍을 받는 화학종을 염기라고 정의하였다.
③ Arrhenius는 수용액에서 양성자를 내어놓는 것을 산이라고 정의하였다.
④ Brönsted-Lowry는 수용액에서 양성자를 내어주는 물질을 산이라고 정의하였다.

해설 ② Lewis는 전자쌍을 받는 화학종을 산이라고 정의하였다.

산과 염기의 정의

구분	산	염기
아레니우스	H^+ 주개	OH^- 주개
브뢴스테드 로우리	양성자(H^+) 주개	양성자(H^+) 받개
루이스	전자쌍 받개	전자쌍 주개

18. colloid 중에서 소량의 전해질에서 쉽게 응집이 일어나는 것으로써 주로 무기물질의 colloid는?

① 서스펜션 colloid
② 에멀션 colloid
③ 친수성 colloid
④ 소수성 colloid

해설 소수성 콜로이드는 염에 민감하므로 소량의 전해질에서 쉽게 응집이 일어난다.
더 알아보기 핵심정리 2-5

19. 다음 설명과 가장 관계있는 것은?

- 유리산소가 존재해야만 생장하며, 최적 온도는 20~30℃, 최적 pH는 4.5~6.0이다.
- 유기산과 암모니아를 생성해 pH를 상승 또는 하강시킬 때도 있다.

① 박테리아
② 균류
③ 조류
④ 원생동물

해설 DO가 있는 상태(호기성), 낮은 pH에서 크는 생물은 균류이다.

20. BOD가 2,000 mg/L인 폐수를 제거율 85 %로 처리한 후 몇 배 희석하면 방류수 기준에 맞는가? (단, 방류수 기준은 40 mg/L이라고 가정)

① 4.5배 이상
② 5.5배 이상
③ 6.5배 이상
④ 7.5배 이상

해설 (1) 제거 후 농도(C)
$C = C_0(1-\eta) = 2,000(1-0.85)$
$= 300 \text{ mg/L}$

(2) 희석배수
희석배수 $= \dfrac{\text{희석 전 농도}}{\text{희석 후 농도}}$
$= \dfrac{300}{40} = 7.5$배

제2과목 상하수도계획

21. 상수도 시설 중 완속여과지의 여과속도 표준 범위는?
① 4~5 m/day
② 5~15 m/day
③ 15~25 m/day
④ 25~50 m/day

해설 • 완속여과지 속도 : 4~5 m/day
• 급속여과지 속도 : 120~150 m/day

22. 표준활성슬러지법에 관한 설명으로 잘못된 것은?
① 수리학적체류시간(HRT)은 6~8시간을 표준으로 한다.
② 수리학적체류시간(HRT)은 계획하수량에 따라 결정하며, 반송슬러지양을 고려한다.
③ MLSS 농도는 1,500~2,500 mg/L를 표준으로 한다.
④ MLSS 농도가 너무 높으면 필요산소량이 증가하거나 이차침전지의 침전효율이 악화될 우려가 있다.

해설 ② 수리학적체류시간(HRT)은 계획하수량에 따라 결정되므로, 반송슬러지양은 고려하지 않는다.

23. 하수관로 개·보수 계획 수립 시 포함되어야 할 사항이 아닌 것은?
① 불명수량 조사
② 개·보수 우선순위의 결정
③ 개·보수공사 범위의 설정
④ 주변 인근 신설관로 현황 조사

해설 하수관로 개·보수 계획 수립 시 포함사항
• 기초자료 분석 및 조사우선순위 결정
• 불명수량 조사
• 기존관로 현황 조사
• 개·보수 우선순위의 결정
• 개·보수공사 범위의 설정
• 개·보수공법의 선정

24. 하수처리공법 중 접촉산화법에 대한 설명으로 틀린 것은?
① 반송슬러지가 필요하지 않으므로 운전관리가 용이하다.
② 생물상이 다양하여 처리 효과가 안정적이다.
③ 부착생물량의 임의 조정이 어려워 조작조건 변경에 대응하기 쉽지 않다.
④ 접촉재가 조 내에 있기 때문에 부착생물량의 확인이 어렵다.

해설 ③ 접촉산화법은 부착생물량을 임의로 조정할 수 있어 조작조건 변경에 대응이 쉽다.

25. 하수시설에서 우수조정지 구조형식이 아닌 것은?
① 댐식(제방높이 15 m 미만)
② 지하식(관내 저류 포함)
③ 굴착식
④ 유하식(자연 호소 포함)

해설 우수조정지 구조형식
• 댐식
• 굴착식
• 지하식

26. 분류식 하수배제방식에서 펌프장시설의 계획하수량 결정 시 유입·방류펌프장 계획하수량으로 옳은 것은?
① 계획시간최대오수량
② 계획우수량
③ 우천 시 계획오수량
④ 계획1일최대오수량

정답 21. ① 22. ② 23. ④ 24. ③ 25. ④ 26. ①

해설 계획하수량

하수배제 방식	펌프장의 종류	계획하수량
분류식	중계펌프장, 소규모펌프장, 유입·방류펌프장	계획시간 최대오수량
	빗물펌프장	계획우수량
합류식	중계펌프장, 소규모펌프장, 유입·방류펌프장	우천 시 계획오수량
	빗물펌프장	계획하수량 -우천 시 계획오수량

27. 계획오수량에 관한 설명으로 틀린 것은?
① 지하수량은 1인1일최대오수량의 20 % 이하로 한다.
② 계획시간최대오수량은 계획1일최대오수량의 1시간당 수량의 1.3~1.8배를 표준으로 한다.
③ 합류식에서 우천 시 계획오수량은 원칙적으로 계획시간최대오수량의 3배 이상으로 한다.
④ 계획1일평균오수량은 계획1일최대오수량의 50~60 %를 표준으로 한다.

해설 ④ 계획1일평균오수량은 계획1일최대오수량의 70~80 %를 표준으로 한다.
더알아보기 핵심정리 2-29

28. 수원에 관한 설명으로 틀린 것은?
① 복류수는 대체로 수질이 양호하며 대개의 경우 침전지를 생략하는 경우도 있다.
② 용천수는 지하수가 종종 자연적으로 지표에 나타난 것으로 그 성질은 대개 지표수와 비슷하다.
③ 우리나라의 일반적인 하천수는 연수인 경우가 많으므로 침전과 여과에 의하여 용이하게 정화되는 경우도 많다.
④ 호소수는 하천의 유수보다 자정작용이 큰 것이 특징이다.

해설 ② 용천수는 지하수가 종종 자연적으로 지표에 나타난 것으로 그 성질은 대개 지하수와 비슷하다.

29. 상수의 소독(살균)설비 중 저장설비에 관한 내용으로 ( )에 가장 적합한 것은?

| 액화염소의 저장량은 항상 1일 사용량의 ( ) 이상으로 한다. |

① 5일분
② 10일분
③ 15일분
④ 30일분

해설 저장설비 : 액화염소의 저장량은 항상 1일 사용량의 10일분 이상으로 한다.

30. 상수도 급수배관에 관한 설명으로 틀린 것은?
① 급수관을 공공도로에 부설할 경우에는 도로관리자가 정한 점용위치와 깊이에 따라 배관해야 하며 다른 매설물과의 간격을 30 cm 이상 확보한다.
② 급수관을 부설하고 되메우기를 할 때에는 양질토 또는 모래를 사용하여 적절하게 다짐하여 관을 보호한다.
③ 급수관이 개거를 횡단하는 경우에는 가능한 한 개거의 위로 부설한다.
④ 동결이나 결로의 우려가 있는 급수설비의 노출 부분에 대해서는 적절한 방한조치나 결로방지 조치를 강구한다.

해설 ③ 급수관이 개거를 횡단하는 경우에는 가능한 한 개거의 아래로 부설한다.

정답 27. ④ 28. ② 29. ② 30. ③

31. 계획취수량을 확보하기 위하여 필요한 저수용량의 결정에 사용하는 계획 기준년은?

① 원칙적으로 5개년에 제1위 정도의 갈수를 표준으로 한다.
② 원칙적으로 7개년에 제1위 정도의 갈수를 표준으로 한다.
③ 원칙적으로 10개년에 제1위 정도의 갈수를 표준으로 한다.
④ 원칙적으로 15개년에 제1위 정도의 갈수를 표준으로 한다.

해설 저수용량의 결정 계획 기준년 : 원칙적으로 10개년에 제1위 정도의 갈수

32. $I = \dfrac{3,600}{t+15}$ [mm/hr], 면적 2.0 km², 유입시간 6분, 유출계수 C = 0.65, 관내 유속이 1 m/sec인 경우, 관 길이가 600 m인 하수관에서 흘러나오는 우수량(m³/sec)은? (단, 합리식 적용)

① 약 31 ② 약 38
③ 약 43 ④ 약 52

해설 (1) 유하시간 = $\dfrac{\text{sec}}{1.0 \text{ m}} \cdot \dfrac{600 \text{ m}}{} \cdot \dfrac{1 \text{ min}}{60 \text{ sec}}$
  = 10분
(2) 유달시간 = 유입시간 + 유하시간
  = 6 + 10 = 16분
(3) $I = \dfrac{3,660}{t+15} = \dfrac{3,660}{16+15} = 118.06$ mm/hr
(4) $Q = \dfrac{1}{3.6} CIA$
  = $\dfrac{1}{3.6} \cdot 0.65 \cdot 118.06 \cdot 2 = 42.63$ m³/s

33. 우수배제계획의 수립 중 우수유출량의 억제에 대한 계획으로 옳지 않은 것은?

① 우수유출량의 억제방법은 크게 우수저류형, 우수침투형 및 토지이용의 계획적 관리로 나눌 수 있다.
② 우수저류형 시설 중 on-site 시설은 단지 내 저류, 우수조정지, 우수체수지 등이 있다.
③ 우수침투형은 우수를 지중에 침투시키므로 우수유출총량을 감소시키는 효과를 발휘한다.
④ 우수저류형은 우수유출총량은 변하지 않으나 첨두유출량을 감소시키는 효과가 있다.

해설 ② 저류 및 우수조정지, 우수체수지 등은 off-site 시설이다.

34. 다음 비교회전도(N_s)에 대한 설명 중 틀린 것은?

① 펌프의 규정 회전수가 증가하면 비교회전도도 증가한다.
② 펌프의 규정 양정이 증가하면 비교회전도는 감소한다.
③ 일반적으로 비교회전도가 크면 유량이 많은 저양정의 펌프가 된다.
④ 비교회전도가 크게 될수록 흡입성능이 좋아지고 공동현상 발생이 줄어든다.

해설 ④ 비교회전도가 크게 될수록 흡입성능이 나쁘고 공동현상이 발생하기 쉽다.

더 알아보기 핵심정리 2-40 (3)

35. 길이 1.2 km의 하수관이 2‰의 경사로 매설되어 있을 경우, 이 하수관 양 끝단간의 고저차(m)는? (단, 기타 사항은 고려하지 않음)

① 0.24
② 2.4
③ 0.6
④ 6.0

해설 $H = \dfrac{2}{1,000} \cdot 1,200 \text{ m} = 2.4$ m

정답 31. ③ 32. ③ 33. ② 34. ④ 35. ②

36. 상수처리를 위한 약품침전지의 구성과 구조로 틀린 것은?

① 슬러지의 퇴적심도로서 30 cm 이상을 고려한다.
② 유효수심은 3~5.5 m로 한다.
③ 침전지 바닥에는 슬러지 배제에 편리하도록 배수구를 향하여 경사지게 한다.
④ 고수위에서 침전지 벽체 상단까지의 여유고는 10 cm 정도로 한다.

해설 약품침전지 설계기준
④ 고수위에서 침전지 벽체 상단까지의 여유고는 30 cm 정도로 한다.

더 알아보기 핵심정리 2-26 (3)

37. 집수정에서 가정까지의 급수계통을 순서적으로 나열한 것으로 옳은 것은?

① 취수 → 도수 → 정수 → 송수 → 배수 → 급수
② 취수 → 도수 → 정수 → 배수 → 송수 → 급수
③ 취수 → 송수 → 도수 → 정수 → 배수 → 급수
④ 취수 → 송수 → 배수 → 정수 → 도수 → 급수

해설 상수도 계통도 : 취수 → 도수 → 정수 → 송수 → 배수 → 급수

38. 펌프의 회전수 N = 2,400 rpm, 최고 효율점의 토출량 Q = 162 m³/hr, 전양정 H = 90 m인 원심펌프의 비회전도는?

① 약 115
② 약 125
③ 약 135
④ 약 145

해설 비교회전도

$$N_s = N \times \frac{Q^{1/2}}{H^{3/4}}$$

$$= 2,400 \times \frac{\left(\frac{162\,m^3}{hr} \times \frac{1\,hr}{60\,min}\right)^{1/2}}{90^{3/4}}$$

$$= 134.96$$

39. 하수처리시설의 계획유입수질 산정방식으로 옳은 것은?

① 계획오염부하량을 계획1일평균오수량으로 나누어 산정한다.
② 계획오염부하량을 계획시간평균오수량으로 나누어 산정한다.
③ 계획오염부하량을 계획1일최대오수량으로 나누어 산정한다.
④ 계획오염부하량을 계획시간최대오수량으로 나누어 산정한다.

해설 계획유입수질 = $\frac{계획오염부하량}{계획1일평균오수량}$

40. 24시간 이상 장시간의 강우강도에 대해 가까운 저류시설 등을 계획할 경우에 적용하는 강우강도식은?

① Cleveland형
② Japanese형
③ Talbot형
④ Sherman형

해설 강우강도식
• Talbot형 : 유달시간이 짧을 경우 적용
• Cleveland형 : 24시간 이상 장시간 강우강도에 적용

제3과목 수질오염방지기술

41. 침전하는 입자들이 너무 가까이 있어서 입자 간의 힘이 이웃 입자의 침전을 방해하게 되고 동일한 속도로 침전하며 최종침전지 중간 정도의 깊이에서 일어나는 침전 형태는?

① 지역침전
② 응집침전
③ 독립침전
④ 압축침전

해설 지역침전(Ⅲ형 침전)
- 플록을 형성하여 침강하는 입자들이 서로 방해를 받아, 침전속도가 감소하는 침전
- 침전하는 부유물과 상등수 간에 뚜렷한 경계면이 생기는 침전
- 입자들은 서로의 상대적 위치를 변경시키려 하지 않음
- 방해·장애·집단·계면·간섭침전
- 상향류식 부유식 침전지, 생물학적 2차 침전지

더 알아보기 핵심정리 2-44

42. 수질 성분이 부식에 미치는 영향으로 틀린 것은?

① 높은 알칼리도는 구리와 납의 부식을 증가시킨다.
② 암모니아는 착화물 형성을 통해 구리, 납 등의 금속용해도를 증가시킬 수 있다.
③ 잔류염소는 Ca와 반응하여 금속의 부식을 감소시킨다.
④ 구리는 갈바닉 전지를 이룬 배관상에 흠집(구멍)을 야기한다.

해설 ③ 잔류염소는 금속의 부식을 촉진시킨다.

43. 생물학적 인, 질소제거 공정에서 호기조, 무산소조, 혐기조 공정의 주된 역할을 가장 올바르게 설명한 것은? (단, 유기물 제거는 고려하지 않으며, 호기조 – 무산소조 – 혐기조 순서임)

① 질산화 및 인의 과잉 흡수 – 탈질소 – 인의 용출
② 질산화 – 탈질소 및 인의 과잉 흡수 – 인의 용출
③ 질산화 및 인의 용출 – 인의 과잉 흡수 – 탈질소
④ 질산화 및 인의 용출 – 탈질소 – 인의 과잉 흡수

해설 A_2/O 공정에서 반응조의 역할
- 포기조(호기조) : 인 과잉 섭취, 질산화, 유기물 제거(BOD, SS 제거)
- 무산소조 : 탈질(질소 제거), 유기물 제거(BOD, SS 제거)
- 혐기조 : 인 방출, 유기물 제거(BOD, SS 제거)

44. 다음에서 설명하는 분리방법으로 가장 적합한 것은?

- 막형태 : 대칭형 다공성막
- 구동력 : 정수압차
- 분리형태 : pore size 및 흡착 현상에 기인한 체거름
- 적용분야 : 전자공업의 초순수 제조, 무균수 제조식품의 무균여과

① 역삼투
② 한외여과
③ 정밀여과
④ 투석

해설 정밀여과
- 메커니즘 : 체거름
- 막형태 : 대칭형 다공성막
- 추진력(구동력) : 정수압차(0.1~1 bar)

더 알아보기 핵심정리 2-54

정답 41. ① 42. ③ 43. ① 44. ③

45. Freundlich 등온 흡착식($X/M = KC_e^{1/n}$)에 대한 설명으로 틀린 것은?

① X는 흡착된 용질의 양을 나타낸다.
② K, n은 상수값으로 평형농도에 적용한 단위에 상관없이 동일하다.
③ C_e는 용질의 평형농도(질량/체적)를 나타낸다.
④ 한정된 범위의 용질농도에 대한 흡착평형값을 나타낸다.

해설 ② K, n은 상수값으로, 평형농도에 적용한 단위에 따라 달라진다.

46. 탈기법을 이용, 폐수 중의 암모니아성 질소를 제거하기 위하여 폐수의 pH를 조절하고자 한다. 수중 암모니아를 NH_3(기체분자의 형태) 98%로 하기 위한 pH는? (단, 암모니아성 질소의 수중에서의 평형은 다음과 같다. $NH_3 + H_2O \leftrightarrow NH_4^+ + OH^-$, 평형상수 $K = 1.8 \times 10^{-5}$)

① 11.25
② 11.03
③ 10.94
④ 10.62

해설 (1) $[OH^-]$

$$0.98 = \frac{1}{1 + \frac{1.8 \times 10^{-5}}{[OH^-]}}$$

∴ $[OH^-] = 8.82 \times 10^{-4}$

(2) $pOH = -\log(8.82 \times 10^{-4}) = 3.054$
(3) $pH = 14 - 3.054 = 10.945$

정리 암모니아 탈기법 공식

(1) $k_b = \frac{[NH_4^+][OH^-]}{[NH_3]}$

(2) 제거율 $= \frac{[NH_3]}{[NH_3] + [NH_4^+]}$

$$= \frac{1}{1 + \frac{[NH_4^+]}{[NH_3]}} = \frac{1}{1 + \frac{k_b}{[OH^-]}}$$

47. 폐수의 고도처리에 관한 다음의 기술 중 옳지 않은 것은?

① Cl^-, SO_4^{2-} 등의 무기염류의 제거에는 전기투석법이 이용된다.
② 활성탄 흡착법에서 폐수 중의 인산은 제거되지 않는다.
③ 모래여과법은 고도처리 중에서 흡착법이나 전기투석법의 전처리로써 이용된다.
④ 폐수 중의 무기성질소 화합물은 철염에 의한 응집침전으로 완전히 제거된다.

해설 ④ 폐수 중의 무기성질소 화합물을 처리하는 물리화학적 방법은 이온교환법, 파과점 염소처리법, 암모니아 탈기법이다.

48. 반지름이 8 cm인 원형 관로에서 유체의 유속이 20 m/sec일 때 반지름이 40 cm인 곳에서의 유속(m/sec)은? (단, 유량 동일, 기타 조건을 고려하지 않음)

① 0.8 ② 1.6
③ 2.2 ④ 3.4

해설 $A_1V_1 = A_2V_2$이므로,

$$V_2 = \frac{A_1V_1}{A_2}$$

$$= \frac{\pi \times 8^2}{\pi \times 40^2} \times 20 \text{ m/s} = 0.8 \text{ m/s}$$

49. 길이 : 폭 비가 3 : 1인 장방형 침전조에 유량 850 m³/day의 흐름이 도입된다. 깊이는 4.0 m, 체류시간은 2.4 hr이라면 표면부하율(m³/m² · day)은? (단, 흐름은 침전조 단면적에 균일하게 분배된다고 가정)

① 20 ② 30
③ 40 ④ 50

해설 $Q/A = \frac{H}{t}$

$$= \frac{4 \text{ m}}{2.4 \text{ hr}} \times \frac{24 \text{ hr}}{1 \text{ d}} = 40 \text{ m/d}$$

정답 45. ② 46. ③ 47. ④ 48. ① 49. ③

50. 다음 중 호기성 미생물에 의하여 발생되는 반응은?

① 포도당 → 알코올
② 초산 → 메탄
③ 아질산염 → 질산염
④ 포도당 → 초산

해설 호기성 분해
- 유기물 → $CO_2 + H_2O$
- 질산화(암모니아성 질소 → 아질산성 질소 → 질산성 질소)

51. 폐수량 500 m³/day, BOD 300 mg/L인 폐수를 표준활성슬러지공법으로 처리하여 최종방류수 BOD 농도를 20 mg/L 이하로 유지하고자 한다. 최초침전지 BOD 제거효율이 30 %일 때 포기조와 최종침전지, 즉 2차 처리 공정에서 유지되어야 하는 최저 BOD 제거효율(%)은?

① 약 82.5
② 약 85.5
③ 약 90.5
④ 약 94.5

해설 $C = C_0(1-\eta_1)(1-\eta_2)$
$20 = 300(1-0.3)(1-\eta_2)$
$\therefore \eta_2 = 0.9047 = 90.47\ \%$

52. 용수 응집시설의 급속 혼합조를 설계하고자 한다. 혼합조의 설계유량은 18,480 m³/day이며 정방형으로 하고 깊이는 폭의 1.25배로 한다면 교반을 위한 필요동력(kW)은? (단, $\mu = 0.00131$ N·s/m², 속도구배 = 900 sec⁻¹, 체류시간 30초)

① 약 4.3
② 약 5.6
③ 약 6.8
④ 약 7.3

해설 (1) 반응조 체적(V)
$$V = \frac{18{,}480\ m^3}{d} \cdot \frac{30\ s}{} \cdot \frac{1\ d}{86{,}400\ s} = 6.4166\ m^3$$

(2) 소요동력(P)
$$P = G^2 \mu V = \frac{(900/s)^2 \cdot 0.00131\ N\cdot s/m^2 \cdot 6.4166\ m^3}{1{,}000\ N\cdot m/s} \cdot 1\ kW$$
$= 6.808\ kW$

정리 $1\ W = 1\ N\cdot m/s = 1\ kg\cdot m^2/s^3$

53. 활성슬러지 공정의 폭기조 내 MLSS 농도 2,000 mg/L, 폭기조의 용량 5 m³, 유입 폐수의 BOD 농도 300 mg/L, 폐수 유량이 15 m³/day일 때 F/M 비(kg BOD/kg MLSS·day)는?

① 0.35
② 0.45
③ 0.55
④ 0.65

해설 $F/M = \dfrac{BOD \cdot Q}{V \cdot X}$
$= \dfrac{300\ mg/L \cdot 15\ m^3/day}{5\ m^3 \cdot 2{,}000\ mg/L} = 0.45$

54. 하수처리를 위한 회전원판법에 관한 설명으로 틀린 것은?

① 질산화가 일어나기 쉬우며 pH가 저하되는 경우가 있다.
② 원판의 회전으로 인해 부착생물과 회전판 사이에 전단력이 생긴다.
③ 살수여상과 같이 여상에 파리는 발생하지 않으나 하루살이가 발생하는 수가 있다.
④ 활성슬러지법에 비해 이차침전지 SS 유출이 적어 처리수의 투명도가 좋다.

해설 ④ 회전원판법은 부착생물법이므로 활성슬러지법(부유생물법)에 비해 이차침전지 SS 유출이 커서 처리수의 투명도가 낮다.

정답 50. ③ 51. ③ 52. ③ 53. ② 54. ④

55. 질산화 반응에 의한 알칼리도의 변화는?
① 감소한다.
② 증가한다.
③ 변화하지 않는다.
④ 증가 후 감소한다.

해설 질산화 과정에서 pH가 낮아지므로, 알칼리도가 소비되어 감소된다.

56. 하수로부터 인 제거를 위한 화학제의 선택에 영향을 미치는 인자가 아닌 것은?
① 유입수의 인 농도
② 슬러지 처리시설
③ 알칼리도
④ 다른 처리공정과의 차별성

해설 인 제거 약품 선택 시 고려사항
• 유입수의 인 농도
• 슬러지 처리시설
• 수중의 알칼리도, pH

57. 반송슬러지의 탈인 제거 공정에 관한 설명으로 틀린 것은?
① 탈인조 상징액은 유입수량에 비하여 매우 작다.
② 인을 침전시키기 위해 소요되는 석회의 양은 순수 화학처리방법보다 적다.
③ 유입수의 유기물 부하에 따른 영향이 크다.
④ 대표적인 인 제거공법으로는 phostrip process가 있다.

해설 ③ 유입수의 유기물 부하 영향이 작다.

58. 살수여상 공정으로부터 유출되는 유출수의 부유물질을 제거하고자 한다. 유출수의 평균유량은 12,300 m³/day, 여과지의 여과속도는 17 L/m²·min이고 4개의 여과지(병렬기준)를 설계하고자 할 때 여과지 하나의 면적(m²)은?

① 약 75
② 약 100
③ 약 125
④ 약 150

해설 $Q = A_{전체}V = nA_1V$

$12,300 \text{ m}^3/\text{day}$
$= \dfrac{4A_1}{} \cdot \dfrac{17 \text{ L}}{\text{m}^2 \cdot \text{min}} \cdot \dfrac{1 \text{ m}^3}{1,000 \text{ L}} \cdot \dfrac{1,440 \text{ min}}{1 \text{ day}}$

∴ $A_1 = 125.61 \text{ m}^2$

59. 농도 4,000 mg/L인 포기조 내 활성슬러지 1 L를 30분간 정치시켰을 때, 침강슬러지 부피가 40%를 차지하였다. 이때 SDI는?

① 1
② 2
③ 10
④ 100

해설 (1) $\text{SVI} = \dfrac{\text{SV}(\%) \times 10^4}{\text{MLSS(mg/L)}}$

$= \dfrac{40 \times 10^4}{4,000} = 100$

(2) $\text{SDI} = \dfrac{100}{\text{SVI}} = \dfrac{100}{100} = 1$

60. CSTR 반응조를 일차 반응 조건으로 설계하고 A의 제거 또는 전환율이 90%가 되게 하고자 한다. 반응상수 k가 0.35/hr일 때 CSTR 반응조의 체류시간(hr)은?

① 12.5
② 25.7
③ 32.5
④ 43.7

해설 완전혼합반응조의 물질수지식

$V\dfrac{dC}{dt} = QC_o - QC - KVC$ 에서,

전환율이 90%이므로, 나중농도 $C = 0.1 C_o$

정상상태이므로 $\dfrac{dC}{dt} = 0$ 이다.

따라서, $Q(C_o - C) = KVC$

∴ $t = \dfrac{V}{Q} = \dfrac{(C_o - C)}{KC}$

$= \dfrac{C_o - 0.1 C_o}{0.1 C_o} \cdot \dfrac{\text{hr}}{0.35} = 25.71 \text{ hr}$

정답 55. ① 56. ④ 57. ③ 58. ③ 59. ① 60. ②

제4과목 수질오염공정시험기준

61. 0.005 M − KMnO₄ 400 mL를 조제하려면 KMnO₄ 약 몇 g을 취해야 하는가? (단, 원자량 K = 39, Mn = 55)
① 약 0.32
② 약 0.63
③ 약 0.84
④ 약 0.98

해설 $KMnO_4$ 158 g/mol

$$\frac{0.005 \text{ mol } KMnO_4}{L} \left| \frac{400 \text{ mL}}{} \right| \frac{1 \text{ L}}{1,000 \text{ mL}} \left| \frac{158 \text{ g}}{1 \text{ mol}} \right.$$
$= 0.316 \text{ g}$

62. 알칼리성에서 다이에틸다이티오카르바민산나트륨과 반응하여 생성하는 황갈색의 킬레이트 화합물을 초산부틸로 추출하여 흡광도를 440 nm에서 정량하는 측정원리를 갖는 것은? (단, 자외선/가시선 분광법 기준)
① 아연
② 구리
③ 크롬
④ 납

해설 자외선/가시선 분광법-구리 : 물속에 존재하는 구리이온이 알칼리성에서 다이에틸다이티오카르바민산나트륨과 반응하여 생성하는 황갈색의 킬레이트 화합물을 아세트산부틸(초산부틸)로 추출하여 흡광도를 440 nm에서 측정하는 방법

63. 0.025 N 과망간산칼륨 표준용액의 농도계수를 구하기 위해 0.025 N 수산화나트륨용액 10 mL를 정확히 취해 종점까지 적정하는 데 0.025 N 과망간산칼륨용액이 10.15 mL 소요되었다. 0.025 N 과망간산칼륨 표준용액의 농도계수(F)는?

① 1.015
② 1.000
③ 0.9852
④ 0.025

해설 $fNV = f'N'V'$
$1 \times 0.025 \times 10 = f' \times 0.025 \times 10.15$
$\therefore f' = 0.9852$

64. 유속 − 면적법에 의한 하천량을 구하기 위한 소구간 단면에 있어서의 평균유속 V_m을 구하는 식은? (단, $V_{0.2}$, $V_{0.4}$, $V_{0.5}$, $V_{0.6}$, $V_{0.8}$은 각각 수면으로부터 전수심의 20 %, 40 %, 50 %, 60 %, 80 %인 점의 유속이다.)
① 수심이 0.4 m 미만일 때 $V_m = V_{0.5}$
② 수심이 0.4 m 미만일 때 $V_m = V_{0.8}$
③ 수심이 0.4 m 이상일 때 $V_m = (V_{0.2} + V_{0.8}) \times 1/2$
④ 수심이 0.4 m 이상일 때 $V_m = (V_{0.4} + V_{0.6}) \times 1/2$

해설 소구간 단면에 있어서 평균유속(V_m)의 계산
- 수심이 0.4 m 미만일 때 $V_m = V_{0.6}$
- 수심이 0.4 m 이상일 때 $V_m = (V_{0.2} + V_{0.8}) \times 1/2$
여기서, $V_{0.2}$, $V_{0.6}$, $V_{0.8}$: 각각 수면으로부터 전수심의 20 %, 60 % 및 80 %인 점의 유속

65. 이온크로마토그래피에 관한 설명 중 틀린 것은?
① 물 시료 중 음이온의 정성 및 정량분석에 이용된다.
② 기본구성은 용리액조, 시료 주입부, 펌프, 분리컬럼, 검출기 및 기록계로 되어 있다.
③ 시료의 주입량은 보통 10~100 μL 정도이다.
④ 일반적으로 음이온 분석에는 이온교환 검출기를 사용한다.

해설 ④ 일반적으로 음이온 분석에는 전기전도도 검출기를 사용한다.

정답 61. ① 62. ② 63. ③ 64. ③ 65. ④

66. 대장균(효소이용정량법) 측정에 관한 내용으로 ( )에 옳은 것은?

> 물속에 존재하는 대장균을 분석하기 위한 것으로, 효소기질 시약과 시료를 혼합하여 배양한 후 ( ) 검출기로 측정하는 방법이다.

① 자외선
② 적외선
③ 가시선
④ 기전력

해설 효소이용정량법 : 물속에 존재하는 대장균을 분석하기 위한 것으로, 효소기질 시약과 시료를 혼합하여 배양한 후 자외선 검출기로 측정하는 방법이다.

67. BOD 실험에서 배양기간 중에 4.0 mg/L의 DO 소모를 바란다면 BOD 200 mg/L로 예상되는 폐수를 실험할 때 300 mL BOD 병에 몇 mL 넣어야 하는가?

① 2.0
② 4.0
③ 6.0
④ 8.0

해설 예상 BOD 값으로 계산하면,

희석배수 = $\dfrac{200}{4}$ = 50 이므로,

희석배수 = $\dfrac{(폐수 + 희석수)량}{폐수량}$

$50 = \dfrac{300}{폐수량}$

∴ 폐수량 = 6 mL

68. 시안(CN^-) 분석용 시료를 보관할 때 20 % NaOH 용액을 넣어 pH 12의 알칼리성으로 보관하는 이유는?

① 산성에서는 CN^- 이온이 HCN으로 되어 휘산하기 때문
② 산성에서는 탄산염을 형성하기 때문
③ 산성에서는 시안이 침전되기 때문
④ 산성에서나 중성에서는 시안이 분해 변질되기 때문

해설 산성에서는 CN^- 이온이 HCN으로 되어 휘산하기 때문에, pH 12의 알칼리성으로 보관한다.

69. 원자흡수분광광도법으로 셀레늄을 측정할 때 수소화셀레늄을 발생시키기 위해 전처리한 시료에 주입하는 것은?

① 염화제일주석 용액
② 아연분말
③ 요오드화나트륨 분말
④ 수산화나트륨 용액

해설 아연분말 약 3 g 또는 나트륨붕소수화물 (1 %) 용액 15 mL를 신속히 반응 용기에 넣고 자석교반기로 교반하여 수소화셀레늄을 발생시킨다.

70. 기체크로마토그래프 검출기에 관한 설명으로 틀린 것은?

① 열전도도 검출기는 금속 필라멘트 또는 전기저항체를 검출소자로 한다.
② 수소염이온화 검출기의 본체는 수소연소노즐, 이온수집기, 대극, 배기구로 구성된다.
③ 알칼리열이온화 검출기는 함유할로겐화합물 및 함유황화합물을 고감도로 검출할 수 있다.
④ 전자포획형 검출기는 많은 니트로화합물, 유기금속화합물 등을 선택적으로 검출할 수 있다.

해설 ③ 불꽃열이온화 검출기(알칼리열이온화 검출기, FTD)는 유기질소화합물 및 유기염소화합물을 검출할 수 있다.

정답 66. ① 67. ③ 68. ① 69. ② 70. ③

71. "항량으로 될 때까지 건조한다."라 함은 같은 조건에서 어느 정도 더 건조시켜 전후 무게차가 g당 0.3 mg 이하일 때를 말하는가?

① 30분
② 60분
③ 120분
④ 240분

해설 "항량으로 될 때까지 건조한다."라 함은 같은 조건에서 1시간 더 건조할 때 전후 무게의 차가 g당 0.3 mg 이하일 때를 말한다.

72. 용해성 망간을 측정하기 위해 시료를 채취 후 속히 여과해야 하는 이유는?

① 망간을 공침시킬 우려가 있는 현탁물질을 제거하기 위해
② 망간 이온을 접촉적으로 산화, 침전시킬 우려가 있는 이산화망간을 제거하기 위해
③ 용존상태에서 존재하는 망간과 침전상태에서 존재하는 망간을 분리하기 위해
④ 단시간 내에 석출, 침전할 우려가 있는 콜로이드 상태의 망간을 제거하기 위해

해설 ③ 시료 채취 후 시간이 지나면 용해성 망간은 산화되어 침전되므로, 채취 후 바로 여과해야 한다.

73. 하천유량 측정을 위한 유속 면적법의 적용범위로 틀린 것은?

① 대규모 하천을 제외하고 가능하면 도섭으로 측정할 수 있는 지점
② 교량 등 구조물 근처에서 측정할 경우 교량의 상류 지점
③ 합류나 분류되는 지점
④ 선정된 유량측정 지점에서 말뚝을 박아 동일 단면에서 유량측정을 수행할 수 있는 지점

해설 유속 면적법의 적용범위
- 균일한 유속분포를 확보하기 위한 충분한 길이(약 100 m 이상)의 직선 하도(河道)의 확보가 가능하고 횡단면상의 수심이 균일한 지점
- 모든 유량 규모에서 하나의 하도로 형성되는 지점
- 가능하면 하상이 안정되어 있고, 식생의 성장이 없는 지점
- 유속계나 부자가 어디에서나 유효하게 잠길 수 있을 정도의 충분한 수심이 확보되는 지점
- 합류나 분류가 없는 지점
- 교량 등 구조물 근처에서 측정할 경우 교량의 상류 지점
- 대규모 하천을 제외하고 가능하면 도섭으로 측정할 수 있는 지점
- 선정된 유량측정 지점에서 말뚝을 박아 동일 단면에서 유량측정을 수행할 수 있는 지점

74. 4각 웨어에 의하여 유량을 측정하려고 한다. 웨어의 수두 0.5 m, 절단의 폭이 4 m이면 유량(m^3/분)은? (단, 유량 계수 = 4.8)

① 약 4.3
② 약 6.8
③ 약 8.1
④ 약 10.4

해설 4각 웨어 유량 계산 공식
$Q = K \cdot b \cdot h^{3/2} = 4.8 \times 4 \times (0.5)^{3/2}$
$= 6.78 \ m^3/min$

더 알아보기 핵심정리 1-52

정답 71. ② 72. ③ 73. ③ 74. ②

75. 배출허용기준 적합여부 판정을 위한 시료채취 시 복수시료채취방법 적용을 제외할 수 있는 경우가 아닌 것은?

① 환경오염사고 또는 취약시간대의 환경오염감시 등 신속한 대응이 필요한 경우
② 부득이 복수시료채취방법으로 할 수 없을 경우
③ 유량이 일정하며 연속적으로 발생되는 폐수가 방류되는 경우
④ 사업장 내에서 발생하는 폐수를 회분식 등 간헐적으로 처리하여 방류하는 경우

해설 복수시료채취방법 적용을 제외할 수 있는 경우
- 환경오염사고 또는 취약시간대(일요일, 공휴일 및 평일 18:00~09:00 등)의 환경오염감시 등 신속한 대응이 필요한 경우
- 물환경보전법에 의한 비정상적인 행위를 할 경우
- 사업장 내에서 발생하는 폐수를 회분식(batch식) 등 간헐적으로 처리하여 방류하는 경우
- 기타 부득이 복수시료채취방법으로 시료를 채취할 수 없을 경우

76. 측정 항목과 측정 방법에 관한 설명으로 옳지 않은 것은?

① 불소 : 란탄 – 알리자린콤플렉손에 의한 착화합물의 흡광도를 측정한다.
② 시안 : pH 12~13의 알칼리성에서 시안이온전극과 비교전극을 사용하여 전위를 측정한다.
③ 크롬 : 산성용액에서 다이페닐카바자이드와 반응하여 생성하는 착화합물의 흡광도를 측정한다.
④ 망간 : 황산산성에서 과황산칼륨으로 산화하여 생성된 과망간산 이온의 흡광도를 측정한다.

해설 ① 불소 – 자외선/가시선 분광법
② 시안 – 이온전극법
③ 크롬 – 자외선/가시선 분광법
④ 망간 – 자외선/가시선 분광법 : 물속에 존재하는 망간이온을 황산산성에서 과요오드산칼륨으로 산화하여 생성된 과망간산 이온의 흡광도를 525 nm에서 측정하는 방법이다.

77. 복수시료채취방법에 대한 설명으로 ( )에 옳은 것은? (단, 배출허용기준 적합여부 판정을 위한 시료채취 시)

> 자동시료채취기로 시료를 채취한 경우에는 (㉠) 이내에 30분 이상 간격으로 (㉡) 이상 채취하여 일정량의 단일 시료로 한다.

① ㉠ 6시간, ㉡ 2회
② ㉠ 6시간, ㉡ 4회
③ ㉠ 8시간, ㉡ 2회
④ ㉠ 8시간, ㉡ 4회

해설
- 수동으로 시료를 채취할 경우 30분 이상 간격으로 2회 이상 채취(composite sample)하여 일정량의 단일 시료로 한다.
- 자동시료채취기로 시료를 채취할 경우에는 6시간 이내에 30분 이상 간격으로 2회 이상 채취(composite sample)하여 일정량의 단일 시료로 한다.

78. 총질소 실험방법과 가장 거리가 먼 것은? (단, 수질오염공정시험기준 적용)

① 연속흐름법
② 자외선/가시선 분광법 – 활성탄흡착법
③ 자외선/가시선 분광법 – 카드뮴·구리 환원법
④ 자외선/가시선 분광법 – 환원증류·킬달법

해설 총질소
- 자외선/가시선 분광법(산화법)
- 자외선/가시선 분광법(카드뮴·구리 환원법)
- 자외선/가시선 분광법(환원증류·킬달법)
- 연속흐름법

정답 75. ③ 76. ④ 77. ① 78. ②

79. 수질연속자동측정기기의 설치방법 중 시료 채취지점에 관한 내용으로 ( )에 옳은 것은?

> 취수구의 위치는 수면 하 10 cm 이상, 바닥으로부터 ( )cm 이상을 유지하여 동절기의 결빙을 방지하고 바닥 퇴적물이 유입되지 않도록 하되, 불가피한 경우는 수면 하 5 cm에서 채취할 수 있다.

① 5
② 15
③ 25
④ 35

해설 수질연속자동측정기기의 설치방법 : 취수구의 위치는 수면 하 10 cm 이상, 바닥으로부터 15 cm를 유지하여 동절기의 결빙을 방지하고 바닥 최적물이 유입되지 않도록 하되, 불가피한 경우는 수면 하 5 cm에서 채취할 수 있다.

80. pH 미터의 유지관리에 대한 설명으로 틀린 것은?

① 전극이 더러워졌을 때는 유리전극을 묽은 염산에 잠시 담갔다가 증류수로 씻는다.
② 유리전극을 사용하지 않을 때는 증류수에 담가둔다.
③ 유지, 그리스 등이 전극표면에 부착되면 유기용매로 적신 부드러운 종이로 전극을 닦고 증류수로 씻는다.
④ 전극에 발생하는 조류나 미생물은 전극을 보호하는 작용이므로 떨어지지 않게 주의한다.

해설 ④ 전극에 이물질이 달라붙어 있는 경우에는 수소이온 농도 전극의 반응이 느리거나 오차를 발생시킬 수 있다.

제5과목　수질환경관계법규

81. 수질자동측정기기 또는 부대시설의 부착 면제를 받은 대상 사업장이 면제 대상에서 해제된 경우 그 사유가 발생한 날로부터 몇 개월 이내에 수질자동측정기기 및 부대시설을 부착해야 하는가?

① 3개월 이내
② 6개월 이내
③ 9개월 이내
④ 12개월 이내

해설 측정기기 부착의 대상·방법·시기 등
- 적산전력계 및 적산유량계 : 가동시작 신고 전
- 수질자동측정기기 및 부대시설 : 가동시작 신고를 한 후 2개월 이내
- 폐수배출량이 증가하여 측정기기부착사업장 등이 된 경우(면제 대상 해제) : 변경허가 또는 변경신고일부터 9개월 이내

82. 방류수 수질기준 초과율별 부과계수의 구분이 잘못된 것은?

① 20 % 이상 30 % 미만 – 1.4
② 30 % 이상 40 % 미만 – 1.8
③ 50 % 이상 60 % 미만 – 2.0
④ 80 % 이상 90 % 미만 – 2.6

해설 방류수 수질기준 초과율별 부과계수

초과율(%)	10 미만	10 이상 20 미만	20 이상 30 미만	30 이상 40 미만	40 이상 50 미만
부과계수	1	1.2	1.4	1.6	1.8
초과율(%)	50 이상 60 미만	60 이상 70 미만	70 이상 80 미만	80 이상 90 미만	90 이상 100 미만
부과계수	2.0	2.2	2.4	2.6	2.8

정답　79. ②　80. ④　81. ③　82. ②

83. 환경정책기본법령에 의한 수질 및 수생태계 상태를 등급으로 나타내는 경우 '좋음' 등급에 대해 설명한 것은? (단, 수질 및 수생태계 하천의 생활환경기준)

① 용존산소가 풍부하고 오염물질이 거의 없는 청정 상태에 근접한 생태계로 침전 등 간단한 정수처리 후 생활용수로 사용할 수 있음
② 용존산소가 풍부하고 오염물질이 거의 없는 청정 상태에 근접한 생태계로 여과·침전 등 간단한 정수처리 후 생활용수로 사용할 수 있음
③ 용존산소가 많은 편이고 오염물질이 거의 없는 청정 상태에 근접한 생태계로 여과·침전·살균 등 일반적인 정수처리 후 생활용수로 사용할 수 있음
④ 용존산소가 많은 편이고 오염물질이 거의 없는 청정 상태에 근접한 생태계로 활성탄 투입 등 일반적인 정수처리 후 생활용수로 사용할 수 있음

해설 등급별 수질 및 수생태계 상태
- 매우 좋음 : 용존산소가 풍부하고 오염물질이 없는 청정상태의 생태계로 여과·살균 등 간단한 정수처리 후 생활용수로 사용할 수 있음
- 좋음 : 용존산소가 많은 편이고 오염물질이 거의 없는 청정상태에 근접한 생태계로 여과·침전·살균 등 일반적인 정수처리 후 생활용수로 사용할 수 있음
- 약간 좋음 : 약간의 오염물질은 있으나 용존산소가 많은 상태의 다소 좋은 생태계로 여과·침전·살균 등 일반적인 정수처리 후 생활용수 또는 수영용수로 사용할 수 있음
- 보통 : 보통의 오염물질로 인하여 용존산소가 소모되는 일반 생태계로 여과, 침전, 활성탄 투입, 살균 등 고도의 정수처리 후 생활용수로 이용하거나 일반적 정수처리 후 공업용수로 사용할 수 있음
- 약간 나쁨 : 상당량의 오염물질로 인하여 용존산소가 소모되는 생태계로 농업용수로 사용하거나 여과, 침전, 활성탄 투입, 살균 등 고도의 정수처리 후 공업용수로 사용할 수 있음
- 나쁨 : 다량의 오염물질로 인하여 용존산소가 소모되는 생태계로 산책 등 국민의 일상생활에 불쾌감을 주지 않으며, 활성탄 투입, 역삼투압 공법 등 특수한 정수처리 후 공업용수로 사용할 수 있음
- 매우 나쁨 : 용존산소가 거의 없는 오염된 물로 물고기가 살기 어려움

(더 알아보기) 핵심정리 2-88 (1)

84. 물환경보전법령에 적용되는 용어의 정의로 틀린 것은?

① 폐수무방류배출시설 : 폐수배출시설에서 발생하는 폐수를 해당 사업장에서 수질오염방지시설을 이용하여 처리하거나 동일 배출시설에 재이용하는 등 공공수역으로 배출하지 아니하는 폐수배출시설을 말한다.
② 수면관리자 : 호소를 관리하는 자를 말하며, 이 경우 동일한 호소를 관리하는 자가 3인 이상인 경우에는 하천법에 의한 하천의 관리청의 자가 수면관리자가 된다.
③ 특정수질유해물질 : 사람의 건강, 재산이나 동식물 생육에 직접 또는 간접으로 위해를 줄 우려가 있는 수질오염물질로서 환경부령이 정하는 것을 말한다.
④ 공공수역 : 하천, 호소, 항만, 연안해역, 그 밖에 공공용으로 사용되는 수역과 이에 접속하여 공공용으로 사용되는 환경부령으로 정하는 수로를 말한다.

해설 ② 수면관리자 : 다른 법령에 따라 호소를 관리하는 자를 말한다. 이 경우 동일한 호소를 관리하는 자가 둘 이상인 경우에는 「하천법」에 따른 하천관리청 외의 자가 수면관리자가 된다.

정답 83. ③ 84. ②

85. 다음 중 법령에서 규정하고 있는 기타수질오염원의 기준으로 틀린 것은?

① 취수능력 10 m³/일 이상인 먹는 물 제조시설
② 면적 30,000 m² 이상인 골프장
③ 면적 1,500 m² 이상인 자동차 폐차장 시설
④ 면적 200,000 m² 이상인 복합물류터미널 시설

해설 ① 먹는 물 제조시설은 기타수질오염원에 포함되지 않는다.

86. 수질오염물질 총량관리를 위하여 시·도지사가 오염총량관리기본계획을 수립하여 환경부장관에게 승인을 얻어야 한다. 계획수립 시 포함되는 사항으로 가장 거리가 먼 것은?

① 해당 지역 개발계획의 내용
② 시·도지사가 설치·운영하는 측정망 관리계획
③ 관할 지역에서 배출되는 오염부하량의 총량 및 저감계획
④ 해당 지역 개발계획으로 인하여 추가로 배출되는 오염부하량 및 그 저감계획

해설 오염총량관리기본계획 수립 시 포함사항
1. 해당 지역 개발계획의 내용
2. 지방자치단체별·수계구간별 오염부하량(汚染負荷量)의 할당
3. 관할 지역에서 배출되는 오염부하량의 총량 및 저감계획
4. 해당 지역 개발계획으로 인하여 추가로 배출되는 오염부하량 및 그 저감계획

87. 폐수배출시설에서 배출되는 수질오염물질인 부유물질량의 배출허용기준은? (단, 나지역, 1일 폐수배출량 2천세제곱미터 미만 기준)

① 80 mg/L 이하
② 90 mg/L 이하
③ 120 mg/L 이하
④ 130 mg/L 이하

해설 수질오염물질의 배출허용기준

대상규모 항목 지역구분	1일 폐수배출량 2,000 m³ 미만		
	BOD (mg/L)	TOC (mg/L)	SS (mg/L)
청정지역	40 이하	30 이하	40 이하
가지역	80 이하	50 이하	80 이하
나지역	120 이하	75 이하	120 이하
특례지역	30 이하	25 이하	30 이하

더 알아보기 핵심정리 2-98

88. 폐수처리업자의 준수사항에 관한 설명으로 ( )에 옳은 것은?

> 수탁한 폐수는 정당한 사유 없이 (㉠) 보관할 수 없으며, 보관폐수의 전체량이 저장시설 저장능력의 (㉡) 이상 되게 보관하여서는 아니 된다.

① ㉠ 10일 이상, ㉡ 80 %
② ㉠ 10일 이상, ㉡ 90 %
③ ㉠ 30일 이상, ㉡ 80 %
④ ㉠ 30일 이상, ㉡ 90 %

해설 폐수처리업자의 준수사항 : 수탁한 폐수는 정당한 사유 없이 10일 이상 보관할 수 없으며, 보관폐수의 전체량이 저장시설 저장능력의 90퍼센트 이상 되게 보관하여서는 아니 된다.

89. 수질오염물질의 배출허용기준의 지역구분에 해당되지 않는 것은?

① 나지역 ② 다지역
③ 청정지역 ④ 특례지역

해설 배출허용기준 지역구분 : 청정지역, 가지역, 나지역, 특례지역

정답 85. ① 86. ② 87. ③ 88. ② 89. ②

90. 공공폐수처리시설의 유지·관리기준에 관한 내용으로 ( )에 옳은 내용은?

> 처리시설의 가동시간, 폐수방류량, 약품투입량, 관리·운영자, 그 밖에 처리시설의 운영에 관한 주요사항을 사실대로 매일 기록하고 이를 최종 기록한 날부터 ( ) 보존하여야 한다.

① 1년간
② 2년간
③ 3년간
④ 5년간

해설
- 폐수배출시설 및 수질오염방지시설, 공공폐수처리시설 : 최종 기록일부터 1년간 보존
- 폐수무방류배출시설 : 최종 기록일로부터 3년간 보존

91. 정당한 사유 없이 공공수역에 분뇨, 가축분뇨, 동물의 사체, 폐기물(지정폐기물 제외) 또는 오니를 버리는 행위를 하여서는 아니 된다. 이를 위반하여 분뇨·가축분뇨 등을 버린 자에 대한 벌칙 기준은?

① 6개월 이하의 징역 또는 5백만원 이하의 벌금
② 1년 이하의 징역 또는 1천만원 이하의 벌금
③ 2년 이하의 징역 또는 2천만원 이하의 벌금
④ 3년 이하의 징역 또는 3천만원 이하의 벌금

해설 정당한 사유 없이 공공수역에 분뇨, 가축분뇨, 동물의 사체, 폐기물(지정폐기물 제외) 또는 오니를 버리는 행위를 하여서는 아니 된다. 이를 위반하여 분뇨·가축분뇨 등을 버린 자는 1년 이하의 징역 또는 1천만원 이하의 벌금에 처한다.

92. 발생폐수를 공공폐수처리시설로 유입하고자 하는 배출시설 설치자는 배수관로 등 배수설비를 기준에 맞게 설치하여야 한다. 배수설비의 설치방법 및 구조기준으로 틀린 것은?

① 배수관의 관경은 안지름 150 mm 이상으로 하여야 한다.
② 배수관은 우수관과 분리하여 빗물이 혼합되지 아니하도록 설치하여야 한다.
③ 배수관 입구에는 유효간격 10 mm 이하의 스크린을 설치하여야 한다.
④ 배수관의 기점·종점·합류점·굴곡점과 관경·관종이 달라지는 지점에는 유출구를 설치하여야 하며, 직선인 부분에는 내경의 200배 이하의 간격으로 맨홀을 설치하여야 한다.

해설 배수설비의 설치방법·구조기준
④ 배수관의 기점·종점·합류점·굴곡점과 관경·관종이 달라지는 지점에는 유출구를 설치하여야 하며, 직선인 부분에는 내경의 120배 이하의 간격으로 맨홀을 설치하여야 한다.

93. 오염총량초과부과금 산정 방법 및 기준에서 적용되는 측정유량(일일유량 산정 시 적용) 단위로 옳은 것은?

① m^3/min
② L/min
③ m^3/sec
④ L/sec

해설 일일유량 산정방법
1. 일일유량의 단위는 리터(L)로 한다.
2. 측정유량의 단위는 분당 리터(L/min)로 한다.
3. 일일 조업시간은 측정하기 전 최근 조업한 30일간의 오수 및 폐수 배출시설의 조업시간 평균치로서 분으로 표시한다.

[용어 개정] 오염총량초과부과금 → 오염총량초과과징금

정답 90. ① 91. ② 92. ④ 93. ②

94. 폐수의 배출시설 설치허가 신청 시 제출해야 할 첨부서류가 아닌 것은?

① 폐수배출공정 흐름도
② 원료의 사용명세서
③ 방지시설의 설치명세서
④ 배출시설 설치 신고필증

해설 배출시설 설치허가 신청 시 제출서류
1. 배출시설의 위치도 및 폐수배출공정흐름도
2. 원료(용수를 포함한다)의 사용명세 및 제품의 생산량과 발생할 것으로 예측되는 수질오염물질의 내역서
3. 방지시설의 설치명세서와 그 도면. 다만, 설치신고를 하는 경우에는 도면을 배치도로 갈음할 수 있다.
4. 배출시설 설치허가증(변경허가를 받는 경우에만 제출한다)

95. 사업장별 환경기술인의 자격기준 중 제2종 사업장에 해당하는 환경기술인의 기준은?

① 수질환경기사 1명 이상
② 수질환경산업기사 1명 이상
③ 환경기능사 1명 이상
④ 2년 이상 수질 분야에 근무한 자 1명 이상

해설 사업장별 환경기술인의 자격기준

구분	환경기술인
제1종 사업장	수질환경기사 1명 이상
제2종 사업장	수질환경산업기사 1명 이상
제3종 사업장	수질환경산업기사, 환경기능사 또는 3년 이상 수질분야 환경관련 업무에 직접 종사한 자 1명 이상
제4종 사업장 · 제5종 사업장	배출시설 설치허가를 받거나 배출시설 설치신고가 수리된 사업자 또는 배출시설 설치허가를 받거나 배출시설 설치신고가 수리된 사업자가 그 사업장의 배출시설 및 방지시설업무에 종사하는 피고용인 중에서 임명하는 자 1명 이상

96. 기본배출부과금 산정 시 청정지역 및 가 지역의 지역별 부과계수는?

① 2.0
② 1.5
③ 1.0
④ 0.5

해설 지역별 부과계수

청정지역 및 가 지역	나 지역 및 특례지역
1.5	1

97. 위임업무 보고사항 중 보고 횟수가 다른 업무 내용은?

① 폐수처리업에 대한 허가·지도단속실적 및 처리실적 현황
② 폐수위탁·사업장 내 처리현황 및 처리실적
③ 기타 수질오염원 현황
④ 과징금 부과 실적

해설 위임업무 보고사항
② 연 1회
①, ③, ④ 연 2회

더 알아보기 핵심정리 2-99

98. 오염총량관리기본계획에 포함되어야 하는 사항과 가장 거리가 먼 것은?

① 관할 지역에서 배출되는 오염부하량의 총량 및 저감계획
② 해당 지역 개발계획으로 인하여 추가로 배출되는 오염부하량 및 그 저감계획
③ 해당 지역별 및 개발계획에 따른 오염부하량의 할당
④ 해당 지역 개발계획의 내용

해설 문제 86번 해설 참조

정답 94. ④ 95. ② 96. ② 97. ② 98. ③

99. 기본배출부과금 산정 시 적용되는 사업장별 부과계수로 옳은 것은?

① 제1종 사업장(10,000 m³/day 이상) : 2.0
② 제2종 사업장 : 1.5
③ 제3종 사업장 : 1.3
④ 제4종 사업장 : 1.1

해설 사업장별 부과계수
(1) 제1종 사업장(단위 : m³/일)
 • 10,000 이상 부과계수 : 1.8
 • 8,000 이상 10,000 미만 부과계수 : 1.7
 • 6,000 이상 8,000 미만 부과계수 : 1.6
 • 4,000 이상 6,000 미만 부과계수 : 1.5
 • 2,000 이상 4,000 미만 부과계수 : 1.4
(2) 제2종 사업장 부과계수 : 1.3
(3) 제3종 사업장 부과계수 : 1.2
(4) 제4종 사업장 부과계수 : 1.1

100. 대권역 물환경관리계획을 수립하는 경우 포함되어야 할 사항 중 가장 거리가 먼 것은?

① 점오염원, 비점오염원 및 기타수질오염원에서 배출되는 수질오염물질의 양
② 상수원 및 물 이용현황
③ 점오염원, 비점오염원 및 기타수질오염원 분포현황
④ 점오염원 확대 계획 및 저감시설 현황

해설 대권역계획 수립 시 포함사항
1. 물환경의 변화 추이 및 물환경목표기준
2. 상수원 및 물 이용현황
3. 점오염원, 비점오염원 및 기타수질오염원의 분포현황
4. 점오염원, 비점오염원 및 기타수질오염원에서 배출되는 수질오염물질의 양
5. 수질오염 예방 및 저감 대책
6. 물환경 보전조치의 추진방향
7. 기후변화에 대한 적응대책
8. 그 밖에 환경부령으로 정하는 사항

수질환경기사

2021년 5월 15일 (제2회)

제1과목 수질오염개론

1. 분뇨에 관한 설명으로 옳지 않은 것은?
① 분뇨는 다량의 유기물과 대장균을 포함하고 있다.
② 도시하수에 비하여 고형물 함유도와 점도가 높다.
③ 분과 뇨의 혼합비는 1 : 10이다.
④ 분과 뇨의 고형물비는 약 1 : 10이다.

해설 ④ 분과 뇨의 고형물비는 약 7~8 : 1이다.

더 알아보기 핵심정리 2-16

2. 아세트산(CH_3COOH) 120 mg/L 용액의 pH는? (단, 아세트산 $K_a = 1.8 \times 10^{-5}$)
① 4.65   ② 4.21
③ 3.72   ④ 3.52

해설 (1) 아세트산 몰농도(C)

$$\frac{120 \text{ mg}}{\text{L}} \cdot \frac{1 \text{ mol}}{60 \text{ g}} \cdot \frac{1 \text{ g}}{1{,}000 \text{ mg}} = 0.002 \text{ M}$$

(2) 수소이온 농도
$$[H^+] = \sqrt{K_a C} = \sqrt{(1.8 \times 10^{-5})(0.002)}$$
$$= 1.897 \times 10^{-4}$$

(3) $pH = -\log[H^+] = -\log(1.897 \times 10^{-4})$
$= 3.721$

3. 자당(sucrose, $C_{12}H_{22}O_{11}$)이 완전히 산화될 때 이론적인 ThOD/TOC 비는?
① 2.67   ② 3.83
③ 4.43   ④ 5.68

해설 $C_{12}H_{22}O_{11} + 12O_2 \rightarrow 12CO_2 + 11H_2O$

$$\frac{\text{ThOD}}{\text{TOC}} = \frac{12O_2}{12C} = \frac{12 \times 32}{12 \times 12} = 2.67$$

4. 호소의 조류생산 잠재력조사(AGP 시험)를 적용한 대표적 응용사례와 가장 거리가 먼 것은?
① 제한 영양염의 추정
② 조류증식에 대한 저해물질의 유무추정
③ 1차 생산량 측정
④ 방류수역의 부영양화에 미치는 배수의 영향평가

해설 AGP 시험 결과의 적용
• 부영양화 정도의 판정
• 제한 영양염의 추정
• 배수처리 등의 처리조작의 평가
• 방류수역의 부영양화에 미치는 폐수의 영향평가
• 조류에 이용 가능한 영양염류의 추정
• 조류증식의 저해물질의 추정

5. 시료의 대장균수가 5,000개/mL라면 대장균수가 20개/mL가 될 때까지의 소요시간(hr)은? (단, 일차 반응 기준, 대장균 수의 반감기 = 2시간)
① 약 16
② 약 18
③ 약 20
④ 약 22

해설 $\ln\dfrac{C}{C_0} = -kt$ 에서,

(1) $\ln\dfrac{1}{2} = -k \times 2$
∴ $k = 0.3465/\text{hr}$

(2) $\ln\dfrac{20}{5{,}000} = -0.3465 \times t$
∴ $t = 15.93 \text{ hr}$

정답 1. ④   2. ③   3. ①   4. ③   5. ①

6. 1차 반응식이 적용될 때 완전혼합반응기(CFSTR) 체류시간은 압출형반응기(PFR) 체류시간의 몇 배가 되는가? (단, 1차 반응에 의해 초기농도의 70 %가 감소되었고, 자연대수로 계산하며 속도상수는 같다고 가정함)

① 1.34　　② 1.51
③ 1.72　　④ 1.94

해설　(1) CFSTR의 체류시간

$$V\frac{dC}{dt} = QC_0 - QC - KVC^n$$

(정상상태, 1차 반응이므로)

$$0 = QC_0 - QC - VKC$$

$$\therefore t = \frac{V}{Q} = \frac{(C_0 - C)}{KC} = \frac{(1-0.3)Q}{K \times 0.3}$$

$$= \frac{2.333}{K}$$

(2) PFR의 체류시간

$$\ln\frac{C}{C_0} = -Kt$$

$$\therefore t = -\frac{1}{K}\ln\frac{C}{C_0} = -\frac{1}{K}\ln\frac{0.3}{1} = \frac{1.203}{K}$$

(3) $\frac{t_{CFSTR}}{t_{PFR}} = \frac{2.333/K}{1.203/K} = 1.939$

7. 해양오염에 관한 설명으로 가장 거리가 먼 것은?

① 육지와 인접해 있는 대륙붕은 오염되기 쉽다.
② 유류오염은 산소의 전달을 억제한다.
③ 원유가 바다에 유입되면 해면에 엷은 막을 형성하며 분산된다.
④ 해수 중에서 오염물질의 확산은 일반적으로 수직방향이 수평방향보다 더 빠르게 진행된다.

해설　④ 해수 중에서 오염물질의 확산은 일반적으로 수평방향이 수직방향보다 더 빠르게 진행된다.

8. 자연계 내에서 질소를 고정할 수 있는 생물과 가장 거리가 먼 것은?

① Blue green algae
② Rhizobium
③ Azotobacter
④ Flagellates

해설　질소순환 관련 미생물
- 질산화미생물 : 아질산균(Nitrosomonas), 질산균(Nitrobacter)
- 탈질미생물 : Pseudomonas, Micrococcus, Achromobacter, Bacillus 등
- 질소고정세균 : Azotobacter, Rhizobium, 클로스트리디움(Clostridium), 각종 광합성세균, 남조류(Blue green algae) 등

9. 다음 중 광합성의 영향인자와 가장 거리가 먼 것은?

① 빛의 강도
② 빛의 파장
③ 온도
④ O_2 농도

해설　광합성의 영향인자
- 빛의 강도
- 빛의 파장
- 온도
- CO_2 농도

10. 식물과 조류세포의 엽록체에서 광합성의 명반응과 암반응을 담당하는 곳은?

① 틸라코이드와 스트로마
② 스트로마와 그라나
③ 그라나와 내막
④ 내막과 외막

해설
- 틸라코이드 : 빛에너지를 흡수하여 화학 에너지로 전환하는 명반응이 일어난다.
- 스트로마 : 이산화탄소를 흡수하여 포도당을 합성하는 암반응이 일어난다.

정답　6. ④　7. ④　8. ④　9. ④　10. ①

11. 물의 특성에 관한 설명으로 틀린 것은?

① 수소와 산소의 공유결합 및 수소결합으로 되어 있다.
② 수온이 감소하면 물의 점성도가 감소한다.
③ 물의 점성도는 표준상태에서 대기의 대략 100배 정도이다.
④ 물 분자 사이의 수소결합으로 큰 표면장력을 갖는다.

해설 ② 수온이 감소하면 물의 점성도가 증가한다.
유체별 온도에 따른 점성계수
• 액체 : 온도↑ → 점성계수↓, 동점성계수↓
• 기체 : 온도↑ → 점성계수↑, 동점성계수↑

12. 25℃, 2기압의 메탄가스 40 kg을 저장하는 데 필요한 탱크의 부피(m^3)는? (단, 이상기체의 법칙, R = 0.082L · atm/mol · K)

① 20.6
② 25.3
③ 30.5
④ 35.3

해설 이상기체방정식 $PV = nRT$

$\therefore V = \dfrac{nRT}{P}$

$= \dfrac{40{,}000\,g}{} \left| \dfrac{1\,mol}{16\,g} \right| \dfrac{0.082\,atm \cdot L}{mol \cdot K}$

$\left| \dfrac{(273+25)K}{2\,atm} \right| \dfrac{1\,m^3}{1{,}000\,L} = 30.545\,m^3$

13. 다음 중 호소의 영양상태를 평가하기 위한 Carlson 지수를 산정하기 위해 요구되는 인자가 아닌 것은?

① Chlorophyll-a
② SS
③ 투명도
④ T-P

해설 칼슨 지수 인자 : 클로로필-a, 총인, 투명도

14. 유기화합물이 무기화합물과 다른 점을 올바르게 설명한 것은?

① 유기화합물들은 대체로 이온반응보다는 분자반응을 하므로 반응속도가 느리다.
② 유기화합물들은 대체로 분자반응보다는 이온반응을 하므로 반응속도가 느리다.
③ 유기화합물들은 대체로 이온반응보다는 분자반응을 하므로 반응속도가 빠르다.
④ 유기화합물들은 대체로 분자반응보다는 이온반응을 하므로 반응속도가 빠르다.

해설

구분	유기화합물	무기화합물
가연성	가연성	비가연성
반응	분자반응	이온반응
녹는점, 끓는점	낮음	높음
반응속도	느림	빠름

15. 하천의 수질관리를 위하여 1920년대 초에 개발된 수질예측모델로 BOD와 DO 반응, 즉 유기물 분해로 인한 DO 소비와 대기로부터 수면을 통해 산소가 재공급되는 재폭기만 고려한 것은?

① DO SAG Ⅰ 모델
② QUAL-Ⅰ 모델
③ WQRRS 모델
④ Streeter-Phelps 모델

해설 Streeter-Phelps model
• 최초의 하천수질모델
• 유기물 분해에 의한 산소소비, 수면에서의 산소공급만을 이용하여 산소농도 변화를 예측한 모델

더 알아보기 핵심정리 2-18

정답 11. ② 12. ③ 13. ② 14. ① 15. ④

16. 보통 농업용수의 수질평가 시 SAR로 정의하는데 이에 대한 설명으로 틀린 것은?

① SAR값이 20 정도이면 Na^+가 토양에 미치는 영향이 적다.
② SAR의 값은 Na^+, Ca^{2+}, Mg^{2+} 농도와 관계가 있다.
③ 경수가 연수보다 토양에 더 좋은 영향을 미친다고 볼 수 있다.
④ SAR의 계산식에 사용되는 이온의 농도는 meq/L를 사용한다.

해설 ① SAR값이 20 정도이면 Na^+가 토양에 미치는 영향이 아주 크다.

더 알아보기 핵심정리 1-15

17. 황조류로 엽록소 a, c와 크산토필의 색소를 가지고 있고, 세포벽이 형태상 독특한 단세포 조류이며, 찬물 속에서도 잘 자라 북극지방에서나 겨울철에 번성하는 것은?

① 녹조류
② 갈조류
③ 규조류
④ 쌍편모조류

해설 엽록소 a, c 크산토필 색소를 가지면서, 세포벽이 독특한 단세포 조류는 규조류이다.

18. 해수에 관한 다음의 설명 중 옳은 것은?

① 해수의 중요한 화학적 성분 7가지는 Cl^-, Na^+, Mg^{2+}, SO_4^{2-}, HCO_3^-, K^+, Ca^{2+}이다.
② 염분은 적도해역에서 낮고 남북 양극해역에서 높다.
③ 해수의 Mg/Ca 비는 담수보다 작다.
④ 해수의 밀도는 수심이 깊을수록 염농도가 감소함에 따라 작아진다.

해설 ② 염분의 농도 : 무역풍대 > 적도 > 극지방
③ 해수의 Mg/Ca 비는 담수보다 크다.
④ 해수의 밀도는 수심이 깊을수록 염농도가 증가함에 따라 커진다.

※ 해수의 밀도 : 수압이 클수록, 온도가 낮을수록, 수심이 깊을수록, 염분농도가 클수록 증가

19. 약산인 0.01 N-CH_3COOH가 18 % 해리될 때 수용액의 pH는?

① 약 2.15
② 약 2.25
③ 약 2.45
④ 약 2.75

해설 $[H^+] = C\alpha = 0.01\,N \times 0.18 = 1.8 \times 10^{-3}\,N$
$pH = -\log(1.8 \times 10^{-3}) = 2.744$

20. 3 mol의 글리신(glycine, $CH_2(NH_2)COOH$)이 분해되는 데 필요한 이론적 산소요구량(gO_2)은?

- 1단계 : 유기산소는 이산화탄소(CO_2), 유기질소는 암모니아(NH_3)로 전환된다.
- 2, 3단계 : 암모니아는 산화과정을 통하여 아질산, 최종적으로 질산염까지 전환된다.

① 317
② 336
③ 362
④ 392

해설 $CH_2(NH_2)COOH + \frac{7}{2}O_2 \rightarrow 2CO_2 + 2H_2O + HNO_3$

$1 : \frac{7}{2}$
$3 : ThOD$

$\therefore ThOD = \dfrac{3 \times \frac{7}{2}\,mol \times 32\,g}{1\,mol} = 336\,g$

정답 16. ① 17. ③ 18. ① 19. ④ 20. ②

제2과목 상하수도계획

21. 펌프의 캐비테이션 발생하는 것을 방지하기 위한 대책으로 볼 수 없는 것은?

① 펌프의 설치 위치를 가능한 한 높게 하여 펌프의 필요유효흡입수두를 작게 한다.
② 펌프의 회전속도를 낮게 설정하여 펌프의 필요유효흡입수두를 작게 한다.
③ 흡입관의 손실을 가능한 한 작게 하여 펌프의 가용유효흡입수두를 크게 한다.
④ 흡입 측 밸브를 완전히 개방하고 펌프를 운전한다.

해설 ① 펌프의 설치 위치를 가능한 한 낮게 하여 펌프의 필요유효흡입수두를 작게 한다.

22. 응집지(정수시설) 내 급속혼화시설의 급속혼화방식과 가장 거리가 먼 것은?

① 공기식
② 수류식
③ 기계식
④ 펌프확산에 의한 방법

해설 급속혼화시설(혼화지)의 급속혼화방식 : 수류식, 기계식, 펌프확산에 의한 방법

23. 하수 고도처리를 위한 급속여과법에 관한 설명과 가장 거리가 먼 것은?

① 여층의 운동방식에 의해 고정상형 및 이동상형으로 나눌 수 있다.
② 여층의 구성은 유입수와 여과수의 수질, 역세척 주기 및 여과면적을 고려하여 정한다.
③ 여과속도는 유입수와 여과수의 수질, SS의 포획능력 및 여과지속시간을 고려하여 정한다.
④ 여재는 종류, 공극률, 비표면적, 균등계수 등을 고려하여 정한다.

해설 ② 여재 및 여층의 구성은 SS제거율, 유지관리의 편의성 및 경제성을 고려하여 정한다.

24. 하수시설인 중력식 침사지에 대한 설명 중 옳은 것은?

① 체류 시간은 3~6분을 표준으로 한다.
② 수심은 유효수심에 모래퇴적부의 깊이를 더한 것으로 한다.
③ 오수침사지의 표면부하율은 3,600 m^3/m^2-day 정도로 한다.
④ 우수침사지의 표면부하율은 1,800 m^3/m^2-day 정도로 한다.

해설 하수시설 – 중력식 침사지의 설계기준
- 침사지의 평균유속은 0.3 m/sec이다.
- 체류 시간은 30~60초를 표준으로 한다.
- 수심은 유효수심에 모래퇴적부의 깊이를 더한 것으로 한다.
- 침사지의 표면부하율은 오수침사지의 경우 1,800 m^3/m^2 · 일, 우수침사지의 경우 3,600 m^3/m^2 · 일 정도로 한다.
- 저부경사는 보통 1/100~2/100로 한다.
- 합류식에서는 오수전용과 우수전용으로 구별하여 설치하는 것이 좋다.

25. 정수장에서 송수를 받아 해당 배수구역으로 배수하기 위한 배수지에 대한 설명(기준)으로 틀린 것은?

① 유효용량은 시간변동조정용량과 비상대처용량을 합한다.
② 유효용량은 급수구역의 계획1일최대급수량의 6시간분 이상을 표준으로 한다.
③ 배수지의 유효수심은 3~6 m 정도를 표준으로 한다.
④ 고수위로부터 정수지 상부 슬래브까지는 30 cm 이상의 여유고를 둔다.

해설 ② 유효용량은 급수구역의 계획1일최대급수량의 12시간분 이상을 표준으로 한다.

더 알아보기 핵심정리 2-27

정답 21. ① 22. ① 23. ② 24. ② 25. ②

26. 도시의 장래하수량 추정을 위해 인구 증가 현황을 조사한 결과 매년 증가율이 5 %로 나타났다. 이 도시의 20년 후의 추정인구(명)는? (단, 현재의 인구는 73,000명이다.)

① 약 132,000
② 약 162,000
③ 약 183,000
④ 약 194,000

해설 $P_n = P_0(1+r)^n = 73,000(1+0.05)^{20}$
$\quad\quad = 193,690$

여기서, P_n : n년 뒤 인구
$\quad\quad P_0$: 현재 인구
$\quad\quad n$: 년도수
$\quad\quad r$: 연 평균 인구증가율

27. 계획오수량에 대한 설명 중 올바르지 않은 것은?

① 합류식에서 우천 시 계획우수량은 원칙적으로 계획시간최대오수량의 3배 이상으로 한다.
② 계획1일최대오수량은 1인1일평균오수량에 계획인구를 곱한 후, 여기에 공장폐수량, 지하수량 및 기타 배수량을 더한 것으로 한다.
③ 계획1일평균오수량은 계획1일최대오수량의 70~80 %를 표준으로 한다.
④ 계획시간최대오수량은 계획1일최대오수량의 1시간당 수량의 1.3~1.8배를 표준으로 한다.

해설 ② 계획1일최대오수량은 1인1일최대오수량에 계획인구를 곱한 후, 여기에 공장폐수량, 지하수량 및 기타 배수량을 더한 것으로 한다.

더 알아보기 핵심정리 2-29

28. 해수 담수화를 위해 해수를 취수할 때 취수 위치에 따른 장·단점으로 틀린 것은?

① 해중취수(10 m 이상) : 기상변화, 해조류의 영향이 적다.
② 해안취수(10 m 이내) : 계절별 수질, 수온 변화가 심하다.
③ 염지하수 취수 : 추가적 전처리 비용이 발생한다.
④ 해안취수(10 m 이내) : 양적으로 가장 경제적이다.

해설 ③ 염지하수 취수 : 추가적 전처리 비용 절감이 가능하다.
해수의 취수 위치별 비교

구분	장점	단점
해안취수 (10 m 이내)	• 양적으로 가장 경제적 • 시공 단순	• 기상변화, 해조류 등의 영향 큼 • 계절별 수질 및 수온 변화 심함
해중취수 (10 m 이상)	• 기상 변화, 해조류 영향이 적음 • 수질 및 수온이 비교적 안정적	• 건설비 큼 • 시공 어려움
염지하수 취수	• 수질 및 수온이 매우 안정적 • 전처리 비용 절감 가능	• 지역적인 영향을 받음 • 양적 제한을 받음

29. 상수시설 중 도수거에서의 최소유속 (m/sec)은?

① 0.1　② 0.3　③ 0.5　④ 1.0

해설 관거의 유속
• 상수관(도수관) : 0.3~3.0 m/s
• 오수관 : 0.6~3.0 m/s
• 우수관 : 0.8~3.0 m/s
• 슬러지수송관 : 1.5~3.0 m/s

정답 26. ④　27. ②　28. ③　29. ②

30. 하수도계획 수립 시 포함되어야 하는 사항과 가장 거리가 먼 것은?

① 침수방지계획
② 슬러지 처리 및 자원화 계획
③ 물관리 및 재이용계획
④ 하수도 구축지역 계획

해설 하수도계획의 종류
- 침수방지계획
- 수질보전계획
- 물관리 및 재이용계획
- 슬러지 처리 및 자원화 계획

31. 강우강도 $I = \dfrac{3,970}{t+31}$ [mm/hr], 유역면적 3.0 km², 유입시간 180 sec, 관거길이 1 km, 유출계수 1.1, 하수관의 유속 33 m/min일 경우 우수유출량(m³/sec)은? (단, 합리식 적용)

① 약 29   ② 약 33
③ 약 48   ④ 약 57

해설 (1) 유하시간 = $\dfrac{1,000 \text{ m}}{33 \text{ m}} \Big| \dfrac{\text{min}}{}$
= 30.3030분

(2) 유달시간 = 유입시간 + 유하시간
= 3 + 30.3030
= 33.3030분

(3) $I = \dfrac{3,970}{t+31} = \dfrac{3,970}{30.3030+31}$
= 61.7389 mm/hr

(4) $Q = \dfrac{1}{3.6} CIA$
= $\dfrac{1}{3.6} \Big| 1.1 \Big| 61.7389 \Big| 3.0$
= 56.59 m³/s

32. 상수의 취수시설에 관한 설명 중 틀린 것은?

① 취수탑은 탑의 설치 위치에서 갈수 수심이 최소 2 m 이상이어야 한다.
② 취수보의 취수구의 유입 유속은 1 m/sec 이상이 표준이다.
③ 취수탑의 취수구 단면형상은 장방형 또는 원형으로 한다.
④ 취수문을 통한 유입속도가 0.8 m/sec 이하가 되도록 취수문의 크기를 정한다.

해설 ② 취수보의 취수구의 유입 유속은 0.4~0.8 m/sec이 표준이다.

(더 알아보기) 핵심정리 2-23

33. 펌프의 특성곡선에서 펌프의 양수량과 양정 간의 관계를 가장 잘 나타낸 곡선은?

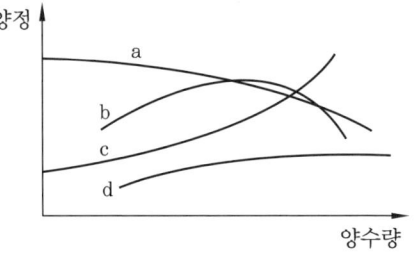

① a곡선   ② b곡선
③ c곡선   ④ d곡선

해설 펌프 특성곡선 : 펌프의 토출량을 가로축으로 하고, 회전수를 일정하게 할 때의 전양정, 축동력 및 펌프효율의 변화를 세로축으로 표시한 특성곡선
a : 양정, b : 펌프효율, d : 축동력

34. 복류수나 자유수면을 갖는 지하수를 취수하는 시설인 집수매거에 관한 설명으로 틀린 것은?

① 집수매거의 길이는 시험우물 등에 의한 양수시험 결과에 따라 정한다.
② 집수매거의 매설깊이는 1.0 m 이하로 한다.
③ 집수매거는 수평 또는 흐름 방향으로 향하여 완경사로 하고 집수매거의 유출단에서의 매거 내의 평균유속은 1.0 m/sec 이하로 한다.
④ 세굴의 우려가 있는 제외지에 설치할 경우에는 철근콘크리트를 등으로 방호한다.

정답 30. ④ 31. ④ 32. ② 33. ① 34. ②

해설 ② 가능한 한 직접 지표수의 영향을 받지 않도록 하기 위하여 매설깊이는 5 m 이상으로 하는 것이 바람직하다.

더 알아보기 핵심정리 2-25

35. 오수관거를 계획할 때 고려할 사항으로 맞지 않는 것은?

① 분류식과 합류식이 공존하는 경우에는 원칙적으로 양 지역의 관거는 분리하여 계획한다.
② 관거는 원칙적으로 암거로 하며, 수밀한 구조로 하여야 한다.
③ 관거단면, 형상 및 경사는 관거 내에 침전물이 퇴적하지 않도록 적당한 유속을 확보한다.
④ 관거의 역사이펀이 발생하도록 계획한다.

해설 ④ 오수관거와 우수관거가 교차하여 역사이펀을 피할 수 없는 경우, 오수관거를 역사이펀으로 한다.

36. 상수처리시설인 침사지의 구조 기준으로 틀린 것은?

① 표면부하율은 200~500 mm/min을 표준으로 한다.
② 지내 평균유속은 30 cm/sec를 표준으로 한다.
③ 지의 상단높이는 고수위보다 0.6~1 m의 여유고를 둔다.
④ 지의 유효수심은 3~4 m를 표준으로 한다.

해설 ② 지내 평균유속은 2~7 cm/sec를 표준으로 한다.

더 알아보기 핵심정리 2-24

37. 펌프를 선정할 때 고려사항으로 적당하지 않은 것은?

① 펌프를 최대효율점 부근에서 운전하도록 용량 및 대수를 결정한다.
② 펌프의 설치대수는 유지관리상 가능한 적게 하고 동일용량의 것으로 한다.
③ 펌프는 저용량일수록 효율이 높으므로 가능한 저용량으로 한다.
④ 내부에서 막힘이 없고, 부식 및 마모가 적어야 한다.

해설 ③ 펌프 효율은 대용량일수록 좋기 때문에 가능한 한 대용량을 사용한다.

더 알아보기 핵심정리 2-41

38. 슬러지탈수 방법 중 가압식 벨트프레스 탈수기에 관한 내용으로 옳지 않은 것은? (단, 원심탈수기와 비교)

① 소음이 적다.
② 동력이 적다.
③ 부대장치가 적다.
④ 소모품이 적다.

해설 ③ 벨트프레스는 부대장치가 많다.

39. 유출계수가 0.65인 $1\,km^2$의 분수계에서 흘러내리는 우수의 양(m^3/sec)은? (단, 강우강도 = 3 mm/min, 합리식 적용)

① 1.3
② 6.5
③ 21.7
④ 32.5

해설 (1) 강우강도(mm/hr)

$$\frac{3\,mm}{min} \cdot \frac{60\,min}{hr} = 180\,mm/hr$$

(2) 우수 유출량

$$Q = \frac{1}{3.6}CIA = \frac{1}{3.6} \cdot 0.65 \cdot 180 \cdot 1 = 32.5\,m^3/s$$

정답 35. ④ 36. ② 37. ③ 38. ③ 39. ④

40. 정수시설인 완속여과지에 관한 내용으로 옳지 않은 것은?

① 주위벽 상단은 지반보다 60 cm 이상 높여 여과지 내로 오염수나 토사 등의 유입을 방지한다.
② 여과속도는 4~5 m/day를 표준으로 한다.
③ 모래층의 두께는 70~90 cm를 표준으로 한다.
④ 여과면적은 계획정수량을 여과속도로 나누어 구한다.

해설 완속여과지 설계기준
① 주위벽 상단은 지반보다 60 cm 이상 높여 여과지 내로 오염수나 토사 등의 유입을 방지한다.

더알아보기 핵심정리 2-26 (4)

제3과목 수질오염방지기술

41. 활성슬러지 포기조의 유효용적 1,000 m³, MLSS 농도 3,000 mg/L, MLVSS는 MLSS 농도의 75 %, 유입 하수 유량 4,000 m³/day, 합성계수(Y) 0.63 mg MLVSS/mg BOD removed, 내생분해계수(k) 0.05 day^{-1}, 1차 침전조 유출수의 BOD 200 mg/L, 포기조 유출수의 BOD 20 mg/L일 때, 슬러지 생성량(kg/day)은?

① 301   ② 321
③ 341   ④ 361

해설 슬러지 생성량(잉여슬러지양)
$Q_w X_r = Y(BOD_0 - BOD)Q - K_d VX$

$$= \frac{0.63(200-20)\text{mg}}{L} \cdot \frac{4,000 \text{ m}^3}{d} \cdot \frac{1 \text{ kg}}{10^6 \text{ mg}}$$

$$\cdot \frac{1,000 \text{ L}}{1 \text{ m}^3} - \frac{0.05}{d} \cdot \frac{1,000 \text{ m}^3}{}$$

$$\cdot \frac{0.75 \times 3,000 \text{ mg}}{L} \cdot \frac{1 \text{ kg}}{10^6 \text{ mg}} \cdot \frac{1,000 \text{ L}}{1 \text{ m}^3}$$

$= 341.1 \text{ kg/d}$

※ 문제에서 MLVSS가 나왔으므로, MLSS 대신 MLVSS로 계산해야 함

42. 1,000 m³의 하수로부터 최초침전지에서 생성되는 슬러지양(m³)은? (단, 최초침전지 체류시간 = 2시간, 부유물질 제거효율 = 60 %, 부유물질농도 = 220 mg/L, 부유물질 분해 없음, 슬러지 비중 = 1.0, 슬러지 함수율 = 97 %)

① 2.4   ② 3.2
③ 4.4   ④ 5.2

해설 (1) 발생 고형물(TS)양

$$\frac{1,000 \text{ m}^3}{} \cdot \frac{220 \text{ g}}{\text{m}^3} \cdot \frac{1 \text{ ton}}{10^6 \text{ g}} \cdot \frac{0.6}{}$$

$= 0.132 \text{ ton}$

(2) 발생 슬러지(SL)양

$$\frac{0.132 \text{ ton TS}}{} \cdot \frac{100 \text{ SL}}{(100-97) \text{ TS}} \cdot \frac{\text{m}^3}{1 \text{ ton}}$$

$= 4.4 \text{ m}^3$

정리 최초침전지 제거 SS 양 = 최초침전지 슬러지의 발생 고형물(TS) 양

43. 다음 조건과 같이 혐기성 반응을 시킬 때 세포생산량(kg세포/day)은?

- 세포생산계수(Y) = 0.04 g 세포/g BOD$_L$
- 폐수유량(Q) = 1,000 m³/day
- BOD 제거효율(E) = 0.7
- 세포 내 호흡계수(K_d) = 0.015/day
- 세포 체류시간(θ_c) = 20일
- 폐수 유기물질농도(S_o) = 10 g BOD$_L$/L

① 84   ② 182
③ 215   ④ 5,334

정답 40. ① 41. ③ 42. ③ 43. ③

해설 (1) VX

$$\frac{1}{20d} = \frac{0.04 \times 0.7 \times 10\,g/L \times 1{,}000\,m^3/d \times \frac{1{,}000\,L}{m^3} \times \frac{1\,kg}{10^3\,g}}{VX(kg)} - \frac{0.015}{d}$$

∴ VX = 4,307.692 kg

(2) 잉여슬러지양($X_r Q_w$)

$SRT = \dfrac{VX}{X_r Q_w}$ 이므로,

$X_r Q_w = \dfrac{VX}{SRT} = \dfrac{4{,}307.692\,kg}{20\,d}$
$= 215.38\,kg/d$

더 알아보기 핵심정리 1-36 (6)

44. 연속회분식(SBR)의 운전단계에 관한 설명으로 틀린 것은?

① 주입 : 주입단계 운전의 목적은 기질(원폐수 또는 1차 유출수)을 반응조에 주입하는 것이다.
② 주입 : 주입단계는 총 cycle 시간의 약 25 % 정도이다.
③ 반응 : 반응단계는 총 cycle 시간의 약 65 % 정도이다.
④ 침전 : 연속 흐름식 공정에 비하여 일반적으로 더 효율적이다.

해설 ③ 반응 : 반응단계는 총 cycle 시간의 약 35 % 정도이다.
SBR 운전단계별 운전시간 비율
주입 → 반응 → 침전 → 처리수 배출
25 %   35 %   20 %   15 %
→ 슬러지 배출
    5 %

45. 농축조에 함수율 99 %인 일차슬러지를 투입하여 함수율 96%의 농축슬러지를 얻었다. 농축 후의 슬러지양은 초기 일차슬러지양의 몇 %로 감소하였는가? (단, 비중은 1.0 기준)

① 50   ② 33
③ 25   ④ 20

해설 탈수 후 슬러지양(SL_2)
탈수 전 TS = 탈수 후 TS
$SL_1(1-W_1) = SL_2(1-W_2)$
$100(1-0.99) = SL_2(1-0.96)$
∴ $SL_2 = 25$
따라서, 25 %로 감소하였다.

46. 평균입도 3.2 mm인 균일한 층 30 cm에서의 Reynolds수는? (단, 여과속도 = 160 L/m²·min, 동점성계수 = 1.003×10^{-6} m²/sec)

① 8.5   ② 11.6
③ 15.9   ④ 18.3

해설 $Re = \dfrac{vD}{\nu}$

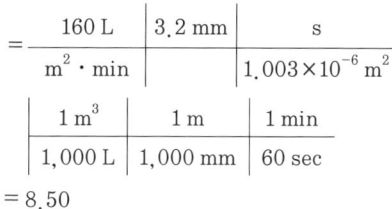

= 8.50

47. 활성슬러지 포기조 용액을 사용한 실험값으로부터 얻은 결과에 대한 설명으로 가장 거리가 먼 것은?

> MLSS 농도가 1,600 mg/L인 용액 1리터를 30분간 침강시킨 후 슬러지의 부피가 400 mL이었다.

① 최종침전지에서 슬러지의 침강성이 양호하다.
② 슬러지 밀도지수(SDI)는 0.5 이하이다.
③ 슬러지 용량지수(SVI)는 200 이상이다.
④ 실모양의 미생물이 많이 관찰된다.

정답 44. ③ 45. ③ 46. ① 47. ①

해설 $SVI = \dfrac{SV_{30}}{MLSS} \times 1{,}000$

$= \dfrac{400}{1{,}600} \times 1{,}000 = 250$

SVI가 250이므로, 슬러지 벌킹이 발생하고, 슬러지 침강성이 나쁘다.
SVI와 침강성
- 50~150이면 침강성 양호
- 200 이상이면 슬러지 벌킹 발생

48. 급속교반 탱크에 유입되는 폐수를 6평날 터빈 임펠러로 완전 혼합하고자 한다. 임펠러의 직경은 2.0 m, 깊이 6.0 m인 탱크의 바닥으로부터 1.2 m 높이에서 설치되었다. 수온 30℃에서 임펠러의 회전속도가 30 rpm일 때 동력소비량(kW)은? (단, P = $k\rho n^3 D^5$, 30℃ 액체의 밀도 995.7 kg/m³, k = 6.3)

① 약 115 ② 약 86
③ 약 54   ④ 약 25

해설 (1) $n = \dfrac{30회}{min} \Big| \dfrac{1\,min}{60\,sec} = 0.5회/s$

(2) $P = \rho k n^3 D^5$

$= \dfrac{995.7\,kg}{m^3} \Big| \dfrac{6.3}{} \Big| \dfrac{0.5^3}{s^3}$

$\Big| \dfrac{(2\,m)^5}{} \Big| \dfrac{1\,kW}{1{,}000\,kg \cdot m^2/s^3}$

$= 25.09\,kW$

여기서, P : 소요동력(W = kg · m²/s³)
ρ : 물의 밀도
k : 계수
n : 임펠러 회전속도(회/s)
D : 임펠러 직경(m)

49. 침전지 내에서 기타의 모든 조건이 같다면 비중이 0.3인 입자에 비하여 0.8인 입자의 부상속도는 얼마나 되는가?

① 7/2배 늘어난다.
② 8/3배 늘어난다.
③ 2/7로 줄어든다.
④ 3/8로 줄어든다.

해설 부상속도식 $V_F = \dfrac{d^2 g(1-\rho_{입자})}{18\mu}$ 이므로,

$V_F \propto (1-\rho_{입자})$ 이다.

$\dfrac{V_{0.8}}{V_{0.3}} = \dfrac{(1-0.8)}{(1-0.3)} = \dfrac{2}{7}$

∴ 2/7로 줄어든다.

50. 처리유량이 200 m³/hr이고, 염소요구량이 9.5 mg/L, 잔류염소 농도가 0.5 mg/L일 때 하루에 주입되는 염소의 양(kg/day)은?

① 2   ② 12
③ 22   ④ 48

해설 (1) 염소주입량 = 염소요구량 + 잔류염소량
= 9.5 + 0.5 = 10 mg/L

(2) 주입염소량(kg/d)

$\dfrac{10\,mg}{L} \Big| \dfrac{200\,m^3}{hr} \Big| \dfrac{1{,}000\,L}{1\,m^3} \Big| \dfrac{1\,kg}{10^6\,mg} \Big| \dfrac{24\,hr}{1\,d}$

= 48 kg/d

51. 하수처리장에서 발생되는 슬러지를 혐기성 소화조에서 처리하는 도중 소화가스량이 급격하게 감소하였다. 소화가스의 발생량이 감소하는 원인에 대한 설명 중 틀린 것은?

① 유기산이 과도하게 축적되는 경우
② 적정온도범위가 유지되지 않거나 독성 물질이 유입된 경우
③ 알칼리도가 크게 낮아진 경우
④ pH가 증가된 경우

해설 소화가스 발생량 저하 원인
- 저농도 슬러지 유입
- 소화슬러지 과잉 배출
- 조내 온도 저하
- 소화가스 누출
- 과다한 산 생성, pH가 감소된 경우

정답 48. ④ 49. ③ 50. ④ 51. ④

52. 생물학적 폐수처리공정에서 생물반응조에 슬러지를 반송시키는 주된 이유는?

① 폐수처리에 필요한 미생물을 공급하기 위하여
② 폐수에 들어있는 독성물질을 중화시키기 위하여
③ 활성슬러지가 자라는 데 필요한 영양소를 공급하기 위하여
④ 슬러지처리공정으로 들어가는 잉여슬러지의 양을 증가시키기 위하여

해설 반송을 통해 반응조 내 MLSS 농도가 적정량 유지되도록 한다.

53. 농약을 제조하는 공장의 폐수 중에는 유기인이 함유되고 있는 경우가 많다. 이들을 처리하는 데 가장 적당한 처리방법은?

① 활성탄 흡착
② 이온교환수지법
③ 황산 알미늄으로 응집
④ 염화철로 응집

해설 ① 유기인은 유기물이므로, 응집이나 이온교환보다는 활성탄 흡착 처리 시 제거율이 높다.
유해물질 처리방법
• 유기수은 : 흡착법, 산화분해법 등
• 무기수은 : 황화물 침전법, 활성탄 흡착법, 이온교환법 등
• 시안 : 알칼리 염소법, 산성탈기법, 오존산화법, 전해법, 전기투석법 등
• 6가 크롬 : 알칼리 환원법, 수산화물 침전법, 전해법, 이온교환법 등
• 카드뮴 : (수화물, 황화물, 탄산염)침전법, 부상법, 여과법, 이온교환법, 활성슬러지법 등
• 비소 : 수산화 제2철 공침법, 환원법, 흡착법, 이온교환법 등
• 납 : 수산화물 침전법, 황화물 침전법
• 유기인 : 생석회, 활성탄 흡착법, 이온교환법, 활성슬러지법 등
• PCB-고농도 액상 : 연소법, 자외선 조사법, 고온고압 알칼리분해법, 추출법
• PCB-저농도 액상 : 응집침전법, 방사선 조사법

54. 포기조에 공기를 $0.6\ m^3/m^3$(물)으로 공급할 때, 물 단위 부피당의 기포 표면적(m^2/m^3)은? (단, 기포의 평균지름 = 0.25 cm, 상승속도 = 18 cm/sec로 균일, 물의 유량 30,000 m^3/day, 포기조 안의 체류시간 = 15 min, 포기조의 수심 = 2.8 m)

① 24.9
② 35.2
③ 43.6
④ 49.3

해설 $A = \dfrac{6G_s H}{dv}$

(1) G_s

$$\dfrac{0.6\ m^3}{m^3} \cdot \dfrac{30,000\ m^3}{d} = 18,000\ m^3/d$$

(2) A

$$\dfrac{6 \times 18,000\ m^3/d}{0.0025\ m} \cdot \dfrac{2.8\ m}{0.18\ m/s} \cdot \dfrac{86,400\ sec}{1\ d}$$

$= 7,777.77\ m^2$

(3) A/V

$$\dfrac{7,777.77\ m^2}{} \cdot \dfrac{d}{30,000\ m^3} \cdot \dfrac{1,440\ min}{15\ min} \cdot \dfrac{}{1\ d}$$

$= 24.88\ m^2/m^3$

여기서, A : 기포 표면적(m^2)
G_s : 송풍량(m^3/hr)
H : 수심(m)
v : 기포 상승속도(m/s)
d : 기포의 평균지름(m)

55. 회전원판법(RBC)에서 근접 배치한 얇은 원형판들을 폐수가 흐르는 통에 몇 % 정도가 잠기는 것(침적률)이 가장 적합한가?

① 20 %
② 30 %
③ 40 %
④ 50 %

해설 원판은 40 %가 물속에 잠기도록 한다.

정답 52. ① 53. ① 54. ① 55. ③

56. 하수처리에 관련된 침전현상(독립, 응집, 간섭, 압밀)의 종류 중 '간섭침전'에 관한 설명과 가장 거리가 먼 것은?
① 생물학적 처리시설과 함께 사용되는 2차 침전시설 내에서 발생한다.
② 입자 간의 작용하는 힘에 의해 주변 입자들의 침전을 방해하는 중간 정도 농도의 부유액에서의 침전을 말한다.
③ 입자 등은 서로 간의 간섭으로 상대적 위치를 변경시켜 전체 입자들이 한 개의 단위로 침전한다.
④ 함께 침전하는 입자들의 상부에 고체와 액체의 경계면이 형성된다.

해설 ③ 플록침전에 대한 설명이다.

더 알아보기 핵심정리 2-44

57. 혐기성 소화조 내의 pH가 낮아지는 원인이 아닌 것은?
① 유기물 과부하
② 과도한 교반
③ 중금속 등 유해물질 유입
④ 온도 저하

해설 ② 교반 부족

58. 일반적으로 염소계 산화제를 사용하여 무해한 물질로 산화 분해시키는 처리방법을 사용하는 폐수의 종류는?
① 납을 함유한 폐수
② 시안을 함유한 폐수
③ 유기인을 함유한 폐수
④ 수은을 함유한 폐수

해설 문제 53번 해설 참조

59. 응집과정 중 교반의 영향에 관한 설명으로 알맞지 않은 것은?
① 교반에 따른 응집효과는 입자의 농도가 높을수록 좋다.
② 교반에 따른 응집효과는 입자의 지름이 불균일할수록 좋다.
③ 교반을 위한 동력은 응결지 부피와 비례한다.
④ 교반을 위한 동력은 속도경사와 반비례한다.

해설 ④ 교반을 위한 동력은 속도경사의 제곱에 비례한다.
교반 동력 공식
$P = \mu G^2 V$
여기서, P : 교반동력
μ : 점성계수
G : 속도경사
V : 응집지 부피

60. 상향류 혐기성 슬러지상(UASB)에 관한 설명으로 틀린 것은?
① 미생물 부착을 위한 여재를 이용하여 혐기성 미생물을 슬러지층으로 축적시켜 폐수를 처리하는 방식이다.
② 수리학적 체류시간을 작게 할 수 있어 반응조 용량이 축소된다.
③ 폐수의 성상에 의하여 슬러지의 입상화가 크게 영향을 받는다.
④ 고형물의 농도가 높을 경우 고형물 및 미생물이 유실될 우려가 있다.

해설 ① 폐수를 반응조 저부에서 상승시켜 미생물막 부착담체를 이용하지 않고 세균이 가진 응집, 집괴 작용을 이용해서 활성이 높은 치밀한 펠렛상(그래뉼상) 슬러지를 형성시키는 방식이다.

정답 56. ③ 57. ② 58. ② 59. ④ 60. ①

제4과목 수질오염공정시험기준

61. 직각 3각 웨어에서 웨어의 수두 0.2 m, 수로폭 0.5 m, 수로의 밑면으로부터 절단 하부점까지의 높이 0.9 m일 때, 아래의 식을 이용하여 유량(m^3/min)을 구하면?

$$K = 81.2 + \frac{0.24}{h} + \left[\left(8.4 + \frac{12}{\sqrt{D}}\right) \times \left(\frac{h}{B} - 0.09\right)^2\right]$$

① 1.0 ② 1.5
③ 2.0 ④ 2.5

해설 (1) 유량계수(K)

$$K = 81.2 + \frac{0.24}{0.2} + \left(8.4 + \frac{12}{\sqrt{0.9}}\right) \times \left(\frac{0.2}{0.5} - 0.09\right)^2 = 84.4228$$

(2) 유량(Q)

$$Q = K \cdot h^{5/2} = 84.4228 \times (0.2)^{5/2} = 1.51$$

더 알아보기 핵심정리 1-51

62. 시료의 최대보존기간이 다른 측정 항목은?

① 시안 ② 불소
③ 염소이온 ④ 노말헥산추출물질

해설 ① 시안 : 14일
②, ③, ④ : 28일

더 알아보기 핵심정리 2-70 (3)

63. 개수로 유량측정에 관한 설명으로 틀린 것은? (단, 수로의 구성, 재질, 단면의 형상, 기울기 등이 일정하지 않은 개수로의 경우)

① 수로는 될수록 직선적이며, 수면이 물결치지 않는 곳을 고른다.
② 10 m를 측정구간으로 하여 2 m마다 유수의 횡단면적을 측정하고, 산출 평균 값을 구하여 유수의 평균 단면적으로 한다.
③ 유속의 측정은 부표를 사용하여 100 m 구간을 흐르는 데 걸리는 시간을 스톱워치로 재며 이때 실측 유속을 표면 최대 유속으로 한다.
④ 총 평균 유속(m/s)은 [0.75×표면 최대 유속(m/s)]으로 계산된다.

해설 ③ 유속의 측정은 부표를 사용하여 10 m 구간을 흐르는 데 걸리는 시간을 스톱워치로 재며 이때 실측 유속을 표면 최대유속으로 한다.

64. 기체크로마토그래피법으로 PCB를 정량할 때 관련이 없는 것은?

① 전자포획형 검출기
② 석영가스 흡수 셀
③ 실리카겔 칼럼
④ 질소캐리어 가스

해설 PCB 용매추출/기체크로마토그래피
- 전자포획형 검출기(ECD)
- 실리카겔 칼럼 또는 플로리실 칼럼
- 운반기체 : 질소

65. 공정시험기준의 내용으로 가장 거리가 먼 것은?

① 온수는 60~70℃, 냉수는 15℃ 이하를 말한다.
② 방울수는 20℃에서 정제수 20방울을 적하할 때, 그 부피가 약 1mL가 되는 것을 뜻한다.
③ '정밀히 단다'라 함은 규정된 수치의 무게를 0.1mg까지 다는 것을 말한다.
④ 시험에 쓰는 물은 따로 규정이 없는 한 증류수 또는 정제수로 한다.

해설 ③ '정밀히 단다'라 함은 규정된 양의 시료를 취하여 화학저울 또는 미량저울로 칭량함을 말한다.

정답 61. ② 62. ① 63. ③ 64. ② 65. ③

66. 환원제인 FeSO₄ 용액 25 mL를 H₂SO₄ 산성에서 0.1 N – K₂Cr₂O₇으로 산화시키는데 31.25 mL 소비되었다. FeSO₄ 용액 200 mL를 0.05 N 용액으로 만들려고 할 때 가하는 물의 양(mL)은?

① 200
② 300
③ 400
④ 500

해설 (1) FeSO₄의 N 농도(X)
FeSO₄ : K₂Cr₂O₇ = 1 : 1이므로,

$$\frac{X\,eq}{L} \cdot \frac{25\,mL}{} = \frac{0.1\,eq}{L} \cdot \frac{31.25\,mL}{}$$

∴ X = 0.125N

(2) 물의 양(Y)

$$\frac{0.125\,eq}{L} \cdot \frac{200\,mL}{(Y+200)\,mL} = \frac{0.05\,eq}{L}$$

∴ Y = 300 mL

67. 수질오염공정시험기준상 음이온 계면활성제 실험방법으로 옳은 것은?

① 자외선/가시선 분광법
② 원자흡수분광광도법
③ 기체크로마토그래피법
④ 이온전극법

해설 음이온 계면활성제 실험방법
 • 자외선/가시선 분광법(메틸렌블루법)
 • 연속흐름법

68. NO₃⁻(질산성 질소) 0.1 mg N/L의 표준원액을 만들려고 한다. KNO₃ 몇 mg을 달아 증류수에 녹여 1 L로 제조하여야 하는가? (단, KNO₃ 분자량 = 101.1)

① 0.10
② 0.14
③ 0.52
④ 0.72

해설
$$\frac{0.1\,mg\,NO_3^- - N}{L} \cdot \frac{1\,L}{} \cdot \frac{101.1\,g\,KNO_3}{14\,g\,NO_3 - N}$$
= 0.722 mg

69. 폐수 20 mL를 취하여 산성 과망간산칼륨법으로 분석하였더니 0.005 M – KMnO₄ 용액의 적정량이 4 mL이었다. 이 폐수의 COD(mg/L)는? (단, 공시험값 = 0 mL, 0.005 M–KMnO₄ 용액의 f = 1.00)

① 16
② 40
③ 60
④ 80

해설 COD – 산성 과망간산칼륨법

$$COD(mg/L) = (b-a) \times f \times \frac{1{,}000}{V} \times 0.2$$
$$= (4-0) \times 1 \times \frac{1{,}000}{20} \times 0.2 = 40$$

더 알아보기 핵심정리 1-55 (1)

70. "정확히 취하여"라고 하는 것은 규정한 양의 액체를 무엇으로 눈금까지 취하는 것을 말하는가?

① 메스실린더
② 뷰렛
③ 부피피펫
④ 눈금 비커

해설 "정확히 취하여"라 하는 것은 규정한 양의 액체를 부피피펫으로 눈금까지 취하는 것을 말한다.

71. 다음 중 노말헥산추출물질의 정량한계(mg/L)는?

① 0.1   ② 0.5
③ 1.0   ④ 5.0

해설 노말헥산추출물질의 정량한계 : 0.5 mg/L

정답 66. ② 67. ① 68. ④ 69. ② 70. ③ 71. ②

72. 수질분석용 시료 채취 시 유의사항과 가장 거리가 먼 것은?

① 시료 채취 용기는 시료를 채우기 전에 깨끗한 물로 3회 이상 씻은 다음 사용한다.
② 유류 또는 부유물질 등이 함유된 시료는 시료의 균일성이 유지될 수 있도록 채취하여야 하며 침전물 등이 부상하여 혼입되어서는 안 된다.
③ 용존가스, 환원성 물질, 휘발성 유기화합물, 냄새, 유류 및 수소이온 등을 측정하는 시료는 시료 용기에 가득 채워야 한다.
④ 시료 채취량은 보통 3~5 L 정도이어야 한다.

해설 ① 시료 채취 용기는 시료를 채우기 전에 깨끗한 시료로 3회 이상 씻은 다음 사용한다.

73. 부유물질 측정 시 간섭물질에 관한 설명으로 틀린 것은?

① 증발잔류물이 1,000 mg/L 이상인 경우의 해수, 공장폐수 등은 특별히 취급하지 않을 경우, 높은 부유물질 값을 나타낼 수 있다.
② 5 mm 금속망을 통과시킨 큰 입자들은 부유물질 측정에 방해를 주지 않는다.
③ 철 또는 칼슘이 높은 시료는 금속 침전이 발생하며 부유물질 측정에 영향을 줄 수 있다.
④ 유지 및 혼합되지 않는 유기물도 여과지에 남아 부유물질 측정값을 높게 할 수 있다.

해설 ② 2 mm 금속망을 통과시킨 후 분석한다.
부유물질의 간섭물질
- 나무 조각, 큰 모래 입자 등과 같은 큰 입자들은 부유물질 측정에 방해를 주며, 이 경우 직경 2 mm 금속망에 먼저 통과시킨 후 분석을 실시함
- 증발잔류물이 1,000 mg/L 이상인 경우의 해수, 공장폐수 등은 특별히 취급하지 않을 경우, 높은 부유물질 값을 나타낼 수 있음. 이 경우 여과지를 여러 번 세척함
- 철 또는 칼슘이 높은 시료는 금속 침전이 발생하며 부유물질 측정에 영향을 줄 수 있음
- 유지(oil) 및 혼합되지 않는 유기물도 여과지에 남아 부유물질 측정값을 높게 할 수 있음

74. 알킬수은 화합물을 기체크로마토그래피에 따라 정량하는 방법에 관한 설명으로 가장 거리가 먼 것은?

① 전자포획형 검출기(ECD)를 사용한다.
② 알킬수은화합물을 벤젠으로 추출한다.
③ 운반기체는 순도 99.999 % 이상의 질소 또는 헬륨을 사용한다.
④ 정량한계는 0.05 mg/L이다.

해설 ④ 알킬수은-기체크로마토그래피 정량한계는 0.0005 mg/L이다.

75. 자외선/가시선 분광법을 적용한 크롬 측정에 관한 내용으로 ( )에 옳은 것은?

> 3가 크롬은 (㉠)을 첨가하여 6가 크롬으로 산화시킨 후 산성용액에서 다이페닐카바자이드와 반응하여 생성되는 (㉡) 착화합물의 흡광도를 측정한다.

① ㉠ 과망간산칼륨, ㉡ 황색
② ㉠ 과망간산칼륨, ㉡ 적자색
③ ㉠ 티오황산나트륨, ㉡ 적색
④ ㉠ 티오황산나트륨, ㉡ 황갈색

해설 크롬의 자외선/가시선 분광법 : 3가 크롬은 과망간산칼륨을 첨가하여 6가 크롬으로 산화시킨 후, 산성 용액에서 다이페닐카바자이드와 반응하여 생성하는 적자색 착화합물의 흡광도를 540 nm에서 측정

정답 72. ① 73. ② 74. ④ 75. ②

76. 식물성 플랑크톤을 현미경계수법으로 측정할 때 저배율 방법(200배율 이하) 적용에 관한 내용으로 틀린 것은?

① 세즈윅-라프터 챔버는 조작은 어려우나 재현성이 높아서 중배율 이상에서도 관찰이 용이하여 미소 플랑크톤의 검경에 적절하다.
② 시료를 챔버에 채울 때 피펫은 입구가 넓은 것을 사용하는 것이 좋다.
③ 계수 시 스트립을 이용할 경우, 양쪽 경계면에 걸린 개체는 하나의 경계면에 대해서만 계수한다.
④ 계수 시 격자의 경우 격자 경계면에 걸린 개체는 4면 중 2면에 걸린 개체는 계수하고 나머지 2면에 들어온 개체는 계수하지 않는다.

해설 ① 세즈윅-라프터 챔버는 조작이 편리하고 재현성이 높은 반면 중배율 이상에서는 관찰이 어렵기 때문에 미소 플랑크톤(nano plankton)의 검경에는 적절하지 않음

77. 자외선/가시선 흡광광도계의 구성 순서로 가장 적합한 것은?

① 광원부 - 파장선택부 - 시료부 - 측광부
② 광원부 - 파장선택부 - 단색화부 - 측광부
③ 시료도입부 - 광원부 - 파장선택부 - 측광부
④ 시료도입부 - 광원부 - 검출부 - 측광부

해설 분석장치별 구성 순서
• 자외선/가시선 분광법 : 광원부 - 파장선택부 - 시료부 - 측광부
• 유도결합플라스마 분광법 : 시료주입부 - 고주파전원부 - 광원부 - 분광부 - 연산처리부 및 기록부

78. 취급 또는 저장하는 동안에 이물질이 들어가거나 또는 내용물이 손실되지 아니하도록 보호하는 용기는?

① 밀봉용기
② 밀폐용기
③ 기밀용기
④ 압밀용기

해설 • 밀폐용기 : 취급 또는 저장하는 동안에 이물질이 들어가거나 또는 내용물이 손실되지 아니하도록 보호하는 용기
• 기밀용기 : 취급 또는 저장하는 동안에 밖으로부터의 공기 또는 다른 가스가 침입하지 아니하도록 내용물을 보호하는 용기
• 밀봉용기 : 취급 또는 저장하는 동안에 기체 또는 미생물이 침입하지 아니하도록 내용물을 보호하는 용기
• 차광용기 : 광선이 투과하지 않는 용기 또는 투과하지 않게 포장을 한 용기이며 취급 또는 저장하는 동안에 내용물이 광화학적 변화를 일으키지 아니하도록 방지할 수 있는 용기

79. 시료 보존 시 반드시 유리병을 사용하여야 하는 측정 항목이 아닌 것은?

① 노말헥산추출물질
② 음이온계면활성제
③ 유기인
④ PCB

해설 유리용기만 사용하는 시료 : 냄새, 노말헥산추출물질, PCB, VOC, 페놀류, 유기인

(더 알아보기) 핵심정리 2-70 (1)

80. 기체크로마토그래피법으로 유기인계 농약 성분인 다이아지논을 측정할 때 사용되는 검출기는?

① ECD
② FID
③ FPD
④ TCD

정답 76. ① 77. ① 78. ② 79. ② 80. ③

해설 기체크로마토그래피의 검출기와 검출물질
- 불꽃이온화 검출기(수소염 이온화 검출기, FID) : 불소(F)를 많이 함유하는 화합물이나 이황화탄소를 제외한 거의 모든 유기화합물
- 불꽃광도형 검출기(FPD) : 인, 유기인, 유황화합물
- 불꽃열이온화 검출기(알칼리열이온화 검출기, FTD) : 유기질소화합물 및 유기염소화합물
- 전자포착형 검출기(ECD)
  - 할로겐, 인, 니트로기 및 황산 에스테르 등을 포함한 화합물
  - 알킬수은, 유기할로겐, PCB, 니트로 화합물, 유기금속화합물
- 질소인 검출기(NPD) : 인화합물이나 질소화합물

제5과목 수질환경관계법규

81. 사업자 및 배출시설과 방지시설에 종사하는 자는 배출시설과 방지시설의 정상적인 운영, 관리를 위한 환경기술인의 업무를 방해하여서는 아니 되며, 그로부터 업무수행에 필요한 요청을 받은 때에는 정당한 사유가 없으면 이에 따라야 한다. 이 규정을 위반하여 환경기술인의 업무를 방해하거나 환경기술인의 요청을 정당한 사유 없이 거부한 자에 대한 벌칙 기준은?

① 100만원 이하의 벌금
② 200만원 이하의 벌금
③ 300만원 이하의 벌금
④ 500만원 이하의 벌금

해설
- 환경기술인 등의 교육을 받게 하지 아니한 자 : 100만원 이하 과태료
- 환경기술인의 업무를 방해하거나 환경기술인의 요청을 정당한 사유 없이 거부한 자 : 100만원 이하 벌금

82. 산업폐수의 배출규제에 관한 설명으로 옳은 것은?

① 폐수배출시설에서 배출되는 수질오염물질의 배출허용기준은 대통령이 정한다.
② 시·도 또는 인구 50만 이상의 시는 지역환경기준을 유지하기가 곤란하다고 인정할 때에는 시·도지사가 특별배출허용기준을 정할 수 있다.
③ 특별대책지역의 수질오염방지를 위해 필요하다고 인정할 때에는 엄격한 배출허용기준을 정할 수 있다.
④ 시·도안에 설치되어 있는 폐수무방류 배출시설은 조례에 의해 배출허용기준을 적용한다.

해설
① 폐수배출시설에서 배출되는 수질오염물질의 배출허용기준은 환경부령으로 정한다.
② 시·도(해당 관할구역 중 인구 50만 이상의 시는 제외) 또는 인구 50만 이상의 시(대도시)는 지역환경기준을 유지하기가 곤란하다고 인정할 때에는 배출허용기준보다 엄격한 배출허용기준을 정할 수 있다.
④ 폐수무방류 배출시설은 배출허용기준을 적용받지 않는다.

83. 배출시설의 설치를 제한할 수 있는 지역의 범위 기준으로 틀린 것은?

① 취수시설이 있는 지역
② 환경정책기본법 제 38조에 따라 수질보전을 위해 지정·고시한 특별대책지역
③ 수도법 제7조의2제1항에 따라 공장의 설립이 제한되는 지역
④ 수질보전을 위해 지정·고시한 특별대책지역의 하류지역

정답 81. ① 82. ③ 83. ④

해설 배출시설 설치제한 지역
1. 취수시설이 있는 지역
2. 「환경정책기본법」에 따라 수질보전을 위해 지정·고시한 특별대책지역
3. 「수도법」에 따라 공장의 설립이 제한되는 지역(배출시설의 경우만 해당한다)
4. 제1호부터 제3호까지에 해당하는 지역의 상류지역 중 배출시설이 상수원의 수질에 미치는 영향 등을 고려하여 환경부장관이 고시하는 지역(배출시설의 경우만 해당한다)

84. 다음 중 사업장별 부과계수를 알맞게 짝지은 것은?
① 1종사업장(10,000 m³/일 이상) - 2.0
② 2종사업장 - 1.6
③ 3종사업장 - 1.3
④ 4종사업장 - 1.1

해설 사업장별 부과계수
(1) 제1종 사업장(단위 : m³/일)
  · 10,000 이상 부과계수 : 1.8
  · 8,000 이상 10,000 미만 부과계수 : 1.7
  · 6,000 이상 8,000 미만 부과계수 : 1.6
  · 4,000 이상 6,000 미만 부과계수 : 1.5
  · 2,000 이상 4,000 미만 부과계수 : 1.4
(2) 제2종 사업장 부과계수 : 1.3
(3) 제3종 사업장 부과계수 : 1.2
(4) 제4종 사업장 부과계수 : 1.1

85. 중점관리저수지의 지정기준으로 옳은 것은?
① 총저수용량이 1만세제곱 미터 이상인 저수지
② 총저수용량이 10만세제곱 미터 이상인 저수지
③ 총저수용량이 1백만세제곱 미터 이상인 저수지
④ 총저수용량이 1천만세제곱 미터 이상인 저수지

해설 중점관리저수지의 지정기준
1. 총저수용량이 1천만m³ 이상인 저수지
2. 오염 정도가 대통령령으로 정하는 기준을 초과하는 저수지
3. 그 밖에 환경부장관이 상수원 등 해당 수계의 수질 보전을 위하여 필요하다고 인정하는 경우

86. 시장·군수·구청장(자치구의 구청장을 말한다.)이 낚시금지구역 또는 낚시제한구역을 지정하려는 경우 고려할 사항으로 거리가 먼 것은?
① 용수의 목적
② 오염원 현황
③ 낚시터 인근에서의 쓰레기 발생 현황 및 처리 여건
④ 계절별 낚시 인구의 현황

해설 낚시금지구역 또는 낚시제한구역의 지정 시 고려사항
1. 용수의 목적
2. 오염원 현황
3. 수질오염도
4. 낚시터 인근에서의 쓰레기 발생 현황 및 처리 여건
5. 연도별 낚시 인구의 현황
6. 서식 어류의 종류 및 양 등 수중 생태계의 현황

87. 수질오염방지시설 중 생물화학적 처리시설이 아닌 것은?
① 살균시설
② 접촉조
③ 안정조
④ 폭기시설

해설 수질오염방지시설
① 살균시설 : 화학적 처리시설

더 알아보기 핵심정리 2-95

정답 84. ④ 85. ④ 86. ④ 87. ①

88. 비점오염저감시설 중 장치형 시설이 아닌 것은?

① 생물학적 처리형 시설
② 응집·침전 처리형 시설
③ 소용돌이형 시설
④ 침투형 시설

해설 비점오염저감시설

자연형 시설	장치형 시설
• 저류시설 • 인공습지 • 침투시설 • 식생형 시설	• 여과형 시설 • 소용돌이(와류)형 • 스크린형 시설 • 응집·침전 처리형 시설 • 생물학적 처리형 시설

89. 골프장의 잔디 및 수목 등에 맹·고독성 농약을 사용한 자에 대한 벌금 또는 과태료 부과 기준은?

① 3백만원 이하의 벌금
② 5백만원 이하의 벌금
③ 3백만원 이하의 과태료 부과
④ 1천만원 이하의 과태료 부과

해설 골프장의 잔디 및 수목 등에 맹·고독성 농약을 사용한 자에게는 1천만원 이하의 과태료를 부과한다.

90. 환경부장관이 공공수역의 물환경을 관리·보전하기 위하여 대통령령으로 정하는 바에 따라 수립하는 국가 물환경관리기본계획 수립 주기는?

① 매년   ② 2년
③ 3년   ④ 10년

해설 국가 물환경관리기본계획 수립 주기 : 10년

91. 배출부과금을 부과하는 경우, 당해 배출부과금 부과기준일 전 6개월 동안 방류수 수질기준을 초과하는 수질오염물질을 배출하지 아니한 사업자에 대하여 방류수 수질기준을 초과하지 아니하고 수질오염물질을 배출한 기간별로, 당해 부과기간에 부과하는 기본배출부과금의 감면율은?

① 6개월 이상 1년 내 : 100분의 10
② 1년 이상 2년 내 : 100분의 30
③ 2년 이상 3년 내 : 100분의 50
④ 3년 이상 : 100분의 60

해설 방류수 수질기준을 초과하지 아니하고 수질오염물질을 배출한 기간별 감면율
다음 각 목의 구분에 따른 감면율을 적용하여 해당 부과기간에 부과되는 기본배출부과금을 감경
1. 6개월 이상 1년 내 : 100분의 20
2. 1년 이상 2년 내 : 100분의 30
3. 2년 이상 3년 내 : 100분의 40
4. 3년 이상 : 100분의 50

92. 청정지역에서 1일 폐수배출량이 1,000 m³ 이하로 배출하는 배출시설에 적용되는 배출허용기준 중 생물화학적 산소요구량(mg/L)은? (단, 2020년 1월 1일부터 적용되는 기준)

① 30 이하   ② 40 이하
③ 50 이하   ④ 60 이하

해설 수질오염물질의 배출허용기준

대상규모 항목 지역구분	1일 폐수배출량 2,000 m³ 미만		
	BOD (mg/L)	TOC (mg/L)	SS (mg/L)
청정지역	40 이하	30 이하	40 이하
가지역	80 이하	50 이하	80 이하
나지역	120 이하	75 이하	120 이하
특례지역	30 이하	25 이하	30 이하

더 알아보기 핵심정리 2-98

정답 88. ④ 89. ④ 90. ④ 91. ② 92. ②

93. 시·도지사가 오염총량관리기본계획의 승인을 받으려는 경우, 오염총량관리기본계획안에 첨부하여 환경부장관에게 제출하여야 하는 서류가 아닌 것은?

① 유역환경의 조사·분석 자료
② 오염원의 자연증감에 관한 분석 자료
③ 오염총량관리 계획 목표에 관한 자료
④ 오염부하량의 저감계획을 수립하는 데에 사용한 자료

해설 오염총량관리기본계획안 첨부서류
1. 유역환경의 조사·분석 자료
2. 오염원의 자연증감에 관한 분석 자료
3. 지역개발에 관한 과거와 장래의 계획에 관한 자료
4. 오염부하량의 산정에 사용한 자료
5. 오염부하량의 저감계획을 수립하는 데에 사용한 자료

94. 중권역 물환경관리계획에 관한 내용으로 ( )의 내용으로 옳은 것은?

(㉠)는(은) 중권역계획을 수립하였을 때에는 (㉡)에게 통보하여야 한다.

① ㉠ 관계 시·도지사
  ㉡ 지방환경관서의 장
② ㉠ 지방환경관서의 장
  ㉡ 관계 시·도지사
③ ㉠ 유역환경청장
  ㉡ 지방환경관서의 장
④ ㉠ 지방환경관서의 장
  ㉡ 유역환경청장

해설 중권역 물환경관리계획의 수립 : 지방환경관서의 장은 중권역계획을 수립하였을 때에는 관계 시·도지사에게 통보하여야 한다.

95. 다음 중 과징금에 관한 내용으로 ( )에 옳은 것은?

환경부장관은 폐수처리업의 허가를 받은 자에 대하여 영업정지를 명하여야 하는 경우로서 그 영업정지가 주민의 생활이나 그 밖의 공익에 현저한 지장을 줄 우려가 있다고 인정되는 경우에는 영업정지처분에 갈음하여 매출액에 ( )를 곱한 금액을 초과하지 아니하는 범위에서 과징금을 부과할 수 있다.

① 100분의 1
② 100분의 5
③ 100분의 10
④ 100분의 20

해설 과징금 처분 : 환경부장관은 폐수처리업의 허가를 받은 자에 대하여 영업정지를 명하여야 하는 경우로서 그 영업정지가 주민의 생활이나 그 밖의 공익에 현저한 지장을 줄 우려가 있다고 인정되는 경우에는 영업정지처분을 갈음하여 매출액에 100분의 5를 곱한 금액을 초과하지 아니하는 범위에서 과징금을 부과할 수 있다.

96. 위임업무 보고사항의 업무내용 중 보고 횟수가 연 1회에 해당되는 것은?

① 환경기술인의 자격별·업종별 현황
② 폐수무방류배출시설의 설치허가(변경허가) 현황
③ 골프장 맹·고독성 농약 사용 여부 확인 결과
④ 비점오염원의 설치신고 및 방지시설 설치 현황 및 행정처분 현황

해설 위임업무 보고사항
② 수시
③ 연 2회
④ 연 4회

더 알아보기 핵심정리 2-99

정답 93. ③ 94. ② 95. ② 96. ①

97. 폐수처리업의 허가를 받을 수 없는 결격사유에 해당하지 않는 것은?

① 폐수처리업의 허가가 취소된 후 2년이 지나지 아니한 자
② 파산선고를 받고 복권된 지 2년이 지나지 아니한 자
③ 피성년후견인
④ 피한정후견인

해설 제63조(결격사유)
다음 각 호의 어느 하나에 해당하는 자는 폐수처리업의 허가를 받을 수 없다.
1. 피성년후견인 또는 피한정후견인
2. 파산선고를 받고 복권되지 아니한 자
3. 폐수처리업의 허가가 취소된 후 2년이 지나지 아니한 자
4. 이 법 또는 「대기환경보전법」, 「소음·진동관리법」을 위반하여 징역의 실형을 선고받고 그 형의 집행이 끝나거나 집행을 받지 아니하기로 확정된 후 2년이 지나지 아니한 사람
5. 임원 중에 제1호부터 제4호까지의 어느 하나에 해당하는 사람이 있는 법인

98. 오염총량초과과징금의 납부통지는 부과사유가 발생한 날부터 몇 일 이내에 하여야 하는가?

① 15
② 30
③ 45
④ 60

해설 오염총량초과과징금의 납부통지
- 납부통지 : 60일 이내
- 납부기간 : 30일 이내

99. 사업장별 환경관리인의 자격기준으로 알맞지 않는 것은?

① 특정수질유해물질이 포함된 수질오염물질을 배출하는 제4종 또는 제5종 사업장은 제4종 사업장에 해당하는 환경관리인을 두어야 한다. 다만, 특정수질유해물질이 함유된 1일 20 m³ 이하 폐수를 배출하는 경우에는 그러하지 아니한다.
② 방지시설 설치면제 대상인 사업장과 배출시설에서 배출되는 수질오염물질 등을 공동방지시설에서 처리하게 하는 사업장은 제4종사업장·제5종사업장에 해당하는 환경기술인을 둘 수 있다.
③ 공동방지시설의 경우에는 폐수배출량이 제4종 또는 제5종사업장의 규모에 해당하면 제3종사업장에 해당하는 환경기술인을 두어야 한다.
④ 공공폐수처리시설에 폐수를 유입시켜 처리하는 제1종 또는 제2종사업장은 제3종 사업장에 해당하는 환경기술인을, 제3종 사업장은 제4종사업장·제5종사업장에 해당하는 환경기술인을 둘 수 있다.

해설 ① 특정수질유해물질이 포함된 수질오염물질을 배출하는 제4종 또는 제5종 사업장은 제3종 사업장에 해당하는 환경관리인을 두어야 한다. 다만, 특정수질유해물질이 함유된 1일 10 m³ 이하 폐수를 배출하는 경우에는 그러하지 아니한다.

100. 환경정책기본법령상 환경기준에서 하천의 생활환경기준에 포함되지 않는 검사 항목은?

① T-P
② T-N
③ DO
④ TOC

해설 환경정책기본법 – 환경기준
- 하천의 생활환경기준 항목 : pH, BOD, TOC, SS, DO, T-P, 총대장균군, 분원성 대장균군
- 해역의 생활환경기준 항목 : pH, 총대장균군, 용매 추출유분

수질환경기사

2021년 8월 14일 (제3회)

제1과목 수질오염개론

1. 미생물 영양원 중 유황(sulfur)에 관한 설명으로 틀린 것은?

① 황환원세균은 편성 혐기성 세균이다.
② 유황을 함유한 아미노산은 세포 단백질의 필수 구성원이다.
③ 미생물세포에서 탄소 대 유황의 비는 100 : 1 정도이다.
④ 유황고정, 유황화합물 환원, 산화 순으로 변환된다.

해설 ④ 황은 무기화 - 유황고정 - 산화 - 환원 순으로 변환된다.

2. 최종 BOD가 20 mg/L, DO가 5 mg/L 하천의 상류지점으로부터 3일 유하 거리의 하류지점에서의 DO 농도(mg/L)는? (단, 온도 변화는 없으며 DO 포화농도는 9 mg/L이고, 탈산소계수는 0.1/day, 재폭기계수는 0.2/day, 상용대수 기준임)

① 약 4.0
② 약 4.5
③ 약 3.0
④ 약 2.5

해설 $D_t = \dfrac{k_1 L_0}{k_2 - k_1}(10^{-k_1 t} - 10^{-k_2 t}) + D_0 \cdot 10^{-k_2 t}$

(1) $D_3 = \dfrac{0.1 \times 20}{0.2 - 0.1}(10^{-0.1 \times 3} - 10^{-0.2 \times 3}) + (9-5) \times 10^{-0.2 \times 3} = 6.0 \, \text{mg/L}$

(2) 현재 DO = DO포화농도 - DO부족량(D_t)
  = 9 - 6.0 = 3.0 mg/L

3. 공장폐수의 시료 분석결과가 다음과 같을 때 NBDICOD(Non-biodegradable insoluble COD) 농도(mg/L)는? (단, K는 1.72를 적용할 것)

COD = 857 mg/L, SCOD = 380 mg/L
BOD_5 = 468 mg/L, $SBOD_5$ = 214 mg/L
TSS = 384 mg/L, VSS = 318 mg/L

① 24.68
② 32.56
③ 40.12
④ 52.04

해설 (1) ICOD = COD - SCOD = 857 - 380
  = 477 mg/L

(2) BDICOD
  BDCOD = BOD_u = K × BOD_5 = 1.72 × 468
    = 804.96
  BDSCOD = $SBOD_u$ = K × $SBOD_5$
    = 1.72 × 214 = 368.08
  BDICOD = BDCOD - BDSCOD
    = 804.96 - 368.08 = 436.88

(3) NBDICOD = ICOD - BDICOD
    = 477 - 436.88 = 40.12 mg/L

더 알아보기 핵심정리 1-11

4. 이상적 완전혼합형 반응조 내 흐름(혼합)에 관한 설명으로 틀린 것은?

① 분산수(dispersion number)가 0에 가까울수록 완전혼합 흐름상태라 할 수 있다.
② Morrill 지수의 값이 클수록 이상적인 완전혼합 흐름상태에 가깝다.
③ 분산(variance)이 1일 때 완전혼합 흐름상태라 할 수 있다.
④ 지체시간(lag time)이 0이다.

해설 ① 분산수(dispersion number)가 무한대(∞)에 가까울수록 완전혼합 흐름상태라 할 수 있다.

더 알아보기 핵심정리 2-3

정답 1. ④ 2. ③ 3. ③ 4. ①

5. 건조고형물량이 3,000 kg/day인 생슬러지를 저율혐기성소화조로 처리할 때 휘발성고형물은 건조고형물의 70 %이고 휘발성고형물의 60 %는 소화에 의해 분해된다. 소화된 슬러지의 총 고형물량(kg/day)은?

① 1,040 ② 1,740
③ 2,040 ④ 2,440

해설 TS = FS+VS
- 소화 전 VS = 0.7×3,000 = 2,100
- 소화 전 FS = 0.3×3,000 = 900
- 소화 후 VS = 2,100×(1−0.6) = 840
- 소화 후 FS = 900
∴ 소화 후 TS = 840 + 900 = 1,740

6. 글루코스($C_6H_{12}O_6$) 100 mg/L인 용액을 호기성 처리할 때 이론적으로 필요한 질소량(mg/L)은? (단, K_1(상용대수) = 0.1/day, $BOD_5 : N = 100 : 5$, BOD_u = ThOD로 가정)

① 약 3.7 ② 약 4.2
③ 약 5.3 ④ 약 6.9

해설 $C_6H_{12}O_6 + 6O_2 \rightarrow 6CO_2 + 6H_2O$

100 mg/L : BOD_u
180 g : 6×32 g

(1) $BOD_u = \dfrac{6 \times 32}{180} \Big| \dfrac{100}{} = 106.666$ mg/L

(2) $BOD_5 = BOD_u(1-10^{-Kt})$
$= 106.666(1-10^{-0.1 \times 5})$
$= 72.935$ mg/L

(3) $BOD_5 : N = 100 : 5 = 72.935 : N$
∴ N = 3.64 mg/L

7. formaldehyde(CH_2O) 500 mg/L의 이론적 COD값(mg/L)은?

① 약 512 ② 약 533
③ 약 553 ④ 약 576

해설 $CH_2O + O_2 \rightarrow CO_2 + H_2O$

30 g : 32 g
500 mg/L : COD

$COD = \dfrac{500 \text{ mg}}{L} \Big| \dfrac{32}{30} = 533.333$ mg/L

8. 담수와 해수에 대한 일반적인 설명으로 틀린 것은?

① 해수의 용존산소 포화도는 주로 염류 때문에 담수보다 작다.
② upwelling은 담수가 해수의 표면으로 상승하는 현상이다.
③ 해수의 주성분으로는 Cl^-, Na^+, SO_4^{2-} 등이 있다.
④ 하구에서는 담수와 해수가 쐐기 형상으로 교차한다.

해설 ② upwelling은 심해의 해수가 표면으로 상승하는 현상이다.

9. 하천의 길이가 500 km이며, 유속은 56 m/min이다. 상류지점의 BOD_u가 280 ppm이라면, 상류지점에서부터 378 km 되는 하류지점의 BOD(mg/L)는? (단, 상용대수기준, 탈산소계수는 0.1/day, 수온은 20℃, 기타조건은 고려하지 않음)

① 45 ② 68
③ 95 ④ 132

해설 (1) 378 km 유하에 걸리는 시간

시간 = $\dfrac{거리}{속도}$

$= \dfrac{378,000 \text{ m}}{} \Big| \dfrac{\text{min}}{56 \text{ m}} \Big| \dfrac{1 \text{ d}}{1,440 \text{ min}}$

$= 4.6875$ d

(2) 378 km 유하 후 하천의 BOD
하천의 BOD농도는 잔존 BOD식을 이용한다.
$BOD_t = BOD_u \cdot 10^{-kt}$
$= 280 \cdot 10^{-0.1 \times 4.6875}$
$= 95.1$ mg/L

정답 5. ② 6. ① 7. ② 8. ② 9. ③

10. 3 g의 아세트산(CH₃COOH)을 증류수에 녹여 1 L로 하였을 때 수소이온 농도(mol/L)는? (단, 이온화 상수값 = 1.75×10^{-5})

① 6.3×10^{-4} ② 6.3×10^{-5}
③ 9.3×10^{-4} ④ 9.3×10^{-5}

해설 (1) 아세트산 몰농도(C)

$$\frac{3\,g}{L} \cdot \frac{1\,mol}{60\,g} = 0.05\,M$$

(2) 수소이온 농도

$$[H^+] = \sqrt{K_a C} = \sqrt{(1.75 \times 10^{-5})(0.05)}$$
$$= 9.35 \times 10^{-4}$$

11. 소수성 콜로이드의 특성으로 틀린 것은?
① 물과 반발하는 성질을 가진다.
② 물속에 현탁 상태로 존재한다.
③ 아주 작은 입자로 존재한다.
④ 염에 큰 영향을 받지 않는다.

해설 ④ 소수성 콜로이드는 염에 민감하므로, 큰 영향을 받는다.

더 알아보기 핵심정리 2-5

12. 연속류 교반 반응조(CFSTR)에 관한 내용으로 틀린 것은?
① 충격부하에 강하다.
② 부하변동에 강하다.
③ 유입된 액체의 일부분은 즉시 유출된다.
④ 동일 용량 PFR에 비해 제거효율이 좋다.

해설 ④ CFSTR은 동일 용량일 때, 제거효율이 PFR보다 낮다.

13. 수중에서 유기질소가 유입되었을 때 유기질소는 미생물에 의하여 여러 단계를 거치면서 변화된다. 정상적으로 변화되는 과정에서 가장 적은 양으로 존재하는 것은?

① 유기질소 ② NO_2^-
③ NO_3^- ④ NH_4^+

해설 수중 질소화합물의 형태와 농도의 변화

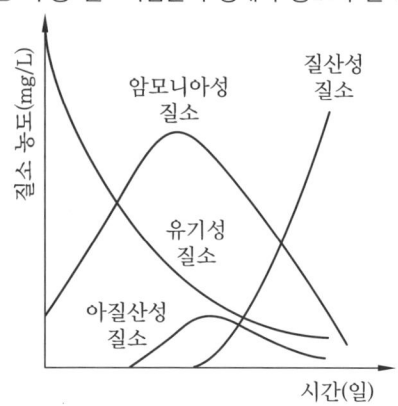

14. 오염된 지하수를 복원하는 방법 중 오염물질의 유발요인이 한 지점에 집중적이고 오염된 면적이 비교적 작을 때 적용할 수 있는 적합한 방법은?
① 현장공기추출법
② 유해물질 굴착제거법
③ 오염된 지하수의 양수처리법
④ 토양 내 미생물을 이용한 처리법

해설 한 지점에 집중적이고 오염된 면적이 비교적 작을 때는 굴착제거가 가장 경제적이다.

15. 분체 증식을 하는 미생물을 회분 배양하는 경우 미생물은 시간에 따라 5단계를 거치게 된다. 5단계 중 생존한 미생물의 중량보다 미생물 원형질의 전체 중량이 더 크게 되며, 미생물 수가 최대가 되는 단계로 가장 적합한 것은?

① 증식단계   ② 대수성장단계
③ 감소성장단계 ④ 내생성장단계

해설 미생물의 성장단계별 특징
• 대수성장단계 : 증식속도 최대
• 감소성장단계 : 미생물 수 최대
• 내생성장단계 : 슬러지 자산화, 원형질 중량 감소

더 알아보기 핵심정리 2-8

16. 다음 유기물 1 M이 완전산화될 때 이론적인 산소요구량(ThOD)이 가장 적은 것은?

① C_6H_6
② $C_6H_{12}O_6$
③ C_2H_5OH
④ CH_3COOH

해설 ① $C_6H_6 + 7.5O_2 \rightarrow 6CO_2 + 3H_2O$
② $C_6H_{12}O_6 + 6O_2 \rightarrow 6CO_2 + 6H_2O$
③ $C_2H_5OH + 3O_2 \rightarrow 2CO_2 + 3H_2O$
④ $CH_3COOH + 2O_2 \rightarrow 2CO_2 + 2H_2O$
호기성 분해식에서, O_2 계수가 작을수록 ThOD가 작다.

17. 농도가 A인 기질을 제거하기 위한 반응조를 설계하려고 한다. 요구되는 기질의 전환율이 90 %일 경우에 회분식 반응조에서의 체류시간(hr)은? (단, 반응은 1차 반응(자연대수기준)이며, 반응상수 K = 0.45/hr)

① 5.12
② 6.58
③ 13.16
④ 19.74

해설 회분식 반응조의 반응식
$$\ln \frac{C}{C_o} = -Kt$$
$$\ln \frac{10}{100} = -0.45 \times t$$
∴ t = 5.116 hr

18. 생물농축에 대한 설명으로 가장 거리가 먼 것은?

① 생물농축은 생태계에서 영양단계가 낮을수록 현저하게 나타난다.
② 독성물질뿐 아니라 영양물질도 똑같이 물질 순환을 통해 축적될 수 있다.
③ 생물체 내의 오염물질 농도는 환경수 중의 농도보다 일반적으로 높다.
④ 생물체는 서식장소에 존재하는 물질의 필요 유무에 관계없이 섭취한다.

해설 ① 생물농축은 생태계에서 영양단계가 높을수록 현저하게 나타난다.

19. 해수의 Holy seven에서 가장 농도가 낮은 것은?

① Cl^-
② Mg^{2+}
③ Ca^{2+}
④ HCO_3^-

해설 염분의 주요 성분(Holy seven)
$Cl^- > Na^+ > SO_4^{2-} > Mg^{2+} > Ca^{2+} > K^+ > HCO_3^-$

20. 하천의 자정단계와 오염의 정도를 파악하는 Whipple의 자정단계(지대별 구분)에 대한 설명으로 틀린 것은?

① 분해지대 : 유기성 부유물의 침전과 환원 및 분해에 의한 탄산가스의 방출이 일어난다.
② 분해지대 : 용존산소의 감소가 현저하다.
③ 활발한 분해지대 : 수중환경은 혐기성 상태가 되어 침전저니는 흑갈색 또는 황색을 띤다.
④ 활발한 분해지대 : 오염에 강한 실지렁이가 나타나고 혐기성 곰팡이가 증식한다.

해설 실지렁이는 분해지대에서 증식한다.
더 알아보기 핵심정리 2-12

제2과목 상하수도계획

21. 다음 중 생물막법과 가장 거리가 먼 것은?

① 살수여상법
② 회전원판법
③ 접촉산화법
④ 산화구법

해설 호기성 처리의 분류
• 부유생물법 : 활성슬러지법, 계단식폭기법, 순산소활성슬러지법, 장기포기법, 산화구법, 심층포기법 등
• 부착생물법(생물막법) : 살수여상법, 회전원판법, 호기성 여상법, 접촉산화법

22. 취수보의 위치와 구조 결정 시 고려할 사항으로 적절하지 않은 것은?

① 유심이 취수구에 가까우며, 홍수에 의한 하상변화가 적은 지점으로 한다.
② 홍수의 유심방향과 직각의 직선형으로 가능한 한 하천의 직선부에 설치한다.
③ 고정보의 상단 또는 가동보의 상단 높이는 유하단면 내에 설치한다.
④ 원칙적으로 철근콘크리트구조로 한다.

해설 ③ 고정보의 상단 또는 가동보의 상단 높이는 계획하상높이, 현재의 하상높이 및 장래의 하상변동 등을 고려하여 유수소통에 지장이 없는 높이에 설치한다.

더 알아보기 핵심정리 2-23

23. 하수의 배제방식 중 합류식에 관한 설명으로 틀린 것은?

① 관거 내의 보수 : 폐쇄의 염려가 없다.
② 토지이용 : 기존의 측구를 폐지할 경우는 도로 폭을 유효하게 이용할 수 있다.
③ 관거오접 : 철저한 감시가 필요하다.
④ 시공 : 대구경관거가 되면 좁은 도로에서의 매설에 어려움이 있다.

해설 ③ 관거오접 : 합류식은 관거오접이 없다 (분류식 : 철저한 감시가 필요하다).

더 알아보기 핵심정리 2-31

24. 취수탑의 위치에 관한 내용으로 ( )에 옳은 것은?

> 연간을 통하여 최소수심이 ( ) 이상으로 하천에 설치하는 경우에는 유심이 제방에 되도록 근접한 지점으로 한다.

① 1 m   ② 2 m
③ 3 m   ④ 4 m

해설 취수탑의 설계기준 : 최소수심이 2 m 이상으로 하천에 설치하는 경우에는 유심이 제방에 되도록 근접한 지점으로 한다.

25. 펌프의 캐비테이션이 발생하는 것을 방지하기 위한 대책으로 잘못된 것은?

① 펌프의 설치위치를 가능한 낮추어 가용유효흡입수두를 크게 한다.
② 흡입관의 손실을 가능한 작게 하여 가용유효흡입수두를 크게 한다.
③ 펌프의 회전속도를 높게 선정하여 필요유효흡입수두를 크게 한다.
④ 흡입 측 밸브를 완전히 개방하고 펌프를 운전한다.

해설 펌프의 회전속도를 낮게 하여 필요유효흡입수두를 작게 한다.

26. 양정변화에 대하여 수량의 변동이 적고 또 수량변동에 대하여 동력의 변화도 적으므로 우수용 펌프 등 수위변동이 큰 곳에 적합한 펌프는?

① 원심펌프
② 사류펌프
③ 축류펌프
④ 스크루펌프

해설 ① 원심펌프 : 임펠러의 회전으로 발생하는 원심력으로 임펠러 내의 물에 압력 및 속도를 주고 일부를 압력으로 변환하여 양수하는 펌프
② 사류펌프 : 원심펌프와 축류펌프의 중간 형태, 양정변화에 대하여 수량의 변동이 적고 또 수량변동에 대하여 동력의 변화도 적으므로 우수용 펌프 등 수위변동이 큰 곳에 적합
③ 축류펌프 : 베인의 양력작용에 의하여 임펠러 내의 물에 압력 및 속도에너지를 주고 일부를 압력으로 변환하여 양수를 하는 펌프
④ 스크루펌프 : 스크루를 회전시켜 액체를 흡입 측으로부터 토출 측으로 밀어내는 펌프, 저양정에 적합

정답 22. ③ 23. ③ 24. ② 25. ③ 26. ②

27. 상수시설 중 배수시설을 설계하고 정비할 때에 설계상의 기본적인 사항 중 옳은 것은?

① 배수지의 용량은 시간변동조정용량, 비상시대처용량, 소화용수량 등을 고려하여 계획시간최대급수량의 24시간분 이상을 표준으로 한다.
② 배수관을 계획할 때에 지역의 특성과 상황에 따라 직결급수의 범위를 확대하는 것 등을 고려하여 최대정수압을 결정하며, 수압의 기준점은 시설물의 최고높이로 한다.
③ 배수본관은 단순한 수지상 배관으로 하지 말고 가능한 한 상호 연결된 관망형태로 구성한다.
④ 배수지관의 경우 급수관을 분기하는 지점에서 배수관 내의 최대정수압은 150 kPa를 넘지 않도록 한다.

해설 ① 배수지의 용량은 시간변동조정용량, 비상시대처용량, 소화용수량 등을 고려하여 계획1일최대급수량의 12시간분 이상을 기준으로 한다.
② 배수관을 계획할 때에 지역의 특성과 상황에 따라 직결급수의 범위를 확대하는 것 등을 고려하여 최소동수압을 결정하며, 수압의 기준점은 시설물의 최고높이로 한다.
④ 배수지관의 경우 급수관을 분기하는 지점에서 배수관 내의 최대정수압은 700 kPa (약 $1.53\,kgf/cm^2$)를 넘지 않도록 한다.

더 알아보기 핵심정리 2-27

28. 다음 중 하수도 계획에 대한 설명으로 옳은 것은?

① 하수도 계획의 목표연도는 원칙적으로 30년으로 한다.
② 하수도 계획구역은 행정상의 경계구역을 중심으로 수립한다.
③ 새로운 시가지의 개발에 따른 하수도 계획구역은 기존 시가지를 포함한 종합적인 하수도 계획의 일환으로 수립한다.
④ 하수처리구역의 경계는 자연유하에 의한 하수배제를 위해 배수구역 경계와 교차하도록 한다.

해설 ① 하수도 계획의 목표연도는 원칙적으로 20년으로 한다.
② 하수도 계획구역은 원칙적으로 관할 행정구역 전체를 대상으로 하되, 자연 및 지역 조건을 충분히 고려하여 필요시에는 행정경계 이외 구역도 광역적, 종합적으로 정한다.
④ 처리구역의 경계는 자연유하에 의한 하수배제를 위해 배수구역 경계와 교차하지 않을 것을 원칙으로 하고, 처리구역 외의 배수구역으로부터의 우수 유입을 고려하여 계획한다.

29. 펌프의 토출량이 1,200 m^3/hr, 흡입구의 유속이 2.0 m/sec인 경우 펌프의 흡입구경(mm)은?

① 약 262 ② 약 362
③ 약 462 ④ 약 562

해설 $Q = AV$

$Q = \dfrac{\pi D^2}{4} V$

$\dfrac{1,200\,m^3}{hr} \cdot \dfrac{1\,hr}{3,600\,sec} = \dfrac{\pi D^2}{4} \cdot \dfrac{2.0\,m}{sec}$

∴ $D = 0.460\,m = 460\,mm$

30. 고도정수 처리 시 해당물질의 처리방법으로 가장 거리가 먼 것은?

① pH가 낮은 경우에는 플록 형성 후에 알칼리제를 주입하여 pH를 조정한다.
② 색도가 높을 경우에는 응집침전처리, 활성탄처리 또는 오존처리를 한다.
③ 음이온 계면활성제를 다량 함유한 경우에는 응집 또는 염소처리를 한다.
④ 원수 중에 불소가 과량으로 포함된 경우에는 응집처리, 활성알루미나, 골탄, 전해 등의 처리를 한다.

정답 27. ③ 28. ③ 29. ③ 30. ③

해설 음이온 계면활성제를 다량 함유한 경우에는 주로 생물학적 처리나 활성탄 흡착 처리를 한다.

31. 다음 중 상수도 수요량 산정 시 불필요한 항목은?

① 계획1인1일최대사용량
② 계획1인1일평균급수량
③ 계획1인1일최대급수량
④ 계획1인당시간최대급수량

해설 상수도 수요량 산정 절차

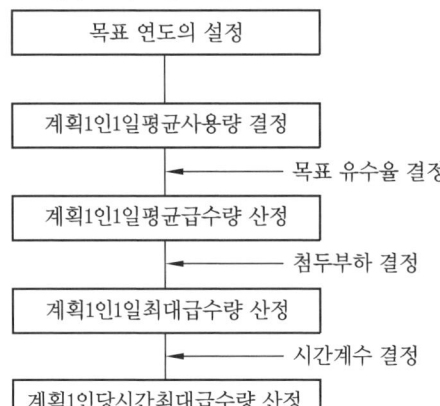

32. 정수시설인 배수지에 관한 내용으로 ( )에 옳은 내용은?

> 유효용량은 시간변동조정용량과 비상대처용량을 합하여 급수구역의 계획1일최대급수량의 ( )을 표준으로 하여야 하며 지역특성과 상수도시설의 안정성 등을 고려하여 결정한다.

① 4시간분 이상
② 8시간분 이상
③ 12시간분 이상
④ 24시간분 이상

해설 유효용량은 시간변동조정용량과 비상대처용량을 합하여 급수구역의 계획1일최대급수량의 12시간분 이상을 표준으로 하여야 하며 지역특성과 상수도시설의 안정성 등을 고려하여 결정한다.

33. 계획우수량을 정할 때 고려하여야 할 사항 중 틀린 것은?

① 하수관거의 확률년수는 원칙적으로 10~30년으로 한다.
② 유입시간은 최소단위배수구의 지표면특성을 고려하여 구한다.
③ 유출계수는 지형도를 기초로 답사를 통하여 충분히 조사하고 장래 개발계획을 고려하여 구한다.
④ 유하시간은 최상류관거의 끝으로부터 하류관거의 어떤 지점까지의 거리를 계획유량에 대응한 유속으로 나누어 구하는 것을 원칙으로 한다.

해설 유출계수는 토지이용도별 기초유출계수로부터 총괄유출계수를 선정한다.

34. $I = \dfrac{3,660}{t+15}$ [mm/hr], 면적 3.0 km², 유입시간 6분, 유출계수 $C = 0.65$, 관내유속이 1 m/sec인 경우 관 길이 600 m인 하수관에서 흘러나오는 우수량(m³/sec)은? (단, 합리식 적용)

① 64
② 76
③ 82
④ 91

해설 (1) 유하시간 $= \dfrac{600\,\text{m}}{1.0\,\text{m}} \times \dfrac{\text{sec}}{60\,\text{sec}} \times \dfrac{1\,\text{min}}{}$
$= 10$분

(2) 유달시간 = 유입시간 + 유하시간
$= 6 + 10 = 16$분

(3) $I = \dfrac{3,660}{t+15} = \dfrac{3,660}{16+15} = 118.06$ mm/hr

(4) $Q = \dfrac{1}{3.6} CIA$
$= \dfrac{1}{3.6} \times 0.65 \times 118.06 \times 3$
$= 63.9\,\text{m}^3/\text{s}$

정답 31. ① 32. ③ 33. ③ 34. ①

35. 취수구 시설에서 스크린, 수문 또는 수위조절판(stop log)을 설치하여 일체가 되어 작동하게 되는 취수시설은?

① 취수보 ② 취수탑
③ 취수문 ④ 취수관거

해설 ① 취수보 : 하천을 막아 계획취수위를 확보해 안정된 취수를 가능하게 하기 위한 시설
② 취수탑 : 하천의 수심이 일정한 깊이 이상인 지점에 설치, 취수구를 상하에 설치하여 수위에 따라 좋은 수질을 선택취수 가능
③ 취수문 : 취수구 시설에서 스크린, 수문 또는 수위조절판을 설치하여 일체로 작동함
④ 취수관거 : 취수구부를 복단면 하천의 바닥 호안에 설치하여 표류수를 취수하고, 관거부를 통하여 제내지로 도수하는 시설

36. 활성슬러지법에서 사용하는 수중형 포기장치에 관한 설명으로 틀린 것은?

① 저속터빈과 압력튜브 혹은 보통관을 통한 압축공기를 주입하는 형식이다.
② 혼합정도가 좋으며 단위용량당 주입량이 크다.
③ 깊은 반응조에 적용하며 운전에 융통성이 있다.
④ 송풍조의 규모를 줄일 수 있어 전기료가 적게 소요된다.

해설 ④ 수중형 포기장치는 동력소모가 크므로 전기료가 많게 소요된다.

37. 정수시설인 착수정의 용량기준으로 적절한 것은?

① 체류시간 : 0.5분 이상, 수심 : 2~4 m 정도
② 체류시간 : 1.0분 이상, 수심 : 2~4 m 정도
③ 체류시간 : 1.5분 이상, 수심 : 3~5 m 정도
④ 체류시간 : 1.0분 이상, 수심 : 3~5 m 정도

해설 착수정의 설계기준
• 체류시간 : 1.5분 이상
• 수심 : 3~5 m
• 여유고 : 60 cm 이상

38. 막여과시설에서 막모듈의 열화에 대한 내용으로 틀린 것은?

① 미생물과 막 재질의 자화 또는 분비물의 작용에 의한 변화
② 산화제에 의하여 막 재질의 특성변화나 분해
③ 건조되거나 수축으로 인한 막 구조의 비가역적인 변화
④ 응집제 투입에 따른 막모듈의 공급유로가 고형물로 폐색

해설 ④ 폐색은 파울링에 관한 설명임

39. 정수시설인 하니콤방식에 관한 설명으로 틀린 것은? (단, 회전원판방식과 비교 기준)

① 체류시간 : 2시간 정도
② 손실수두 : 거의 없음
③ 폭기설비 : 필요 없음
④ 처리수조의 깊이 : 5~7 m

해설 ③ 폭기설비 : 필요함

40. 면적이 3 km²이고, 유입시간이 5분, 유출계수 C = 0.65, 관내 유속 1 m/sec로 관 길이 1,200 m인 하수관으로 우수가 흐르는 경우 유달시간(분)은?

① 10 ② 15
③ 20 ④ 25

해설 유달시간 = 유입시간 + 유하시간
$$= 5 + \frac{1{,}200 \text{ m}}{1 \text{ m}} \times \frac{\text{sec}}{1} \times \frac{1 \text{ min}}{60 \text{ sec}}$$
$$= 25분$$

정답 35. ③ 36. ④ 37. ③ 38. ④ 39. ③ 40. ④

제3과목 수질오염방지기술

41. 생물막을 이용한 하수처리방식인 접촉산화법의 설명으로 틀린 것은?

① 분해속도가 낮은 기질제거에 효과적이다.
② 난분해성물질 및 유해물질에 대한 내성이 높다.
③ 고부하 시에도 매체의 공극으로 인하여 폐쇄위험이 적다.
④ 매체에 생성되는 생물량은 부하조건에 의하여 결정된다.

해설 고부하 시 매체의 폐쇄위험이 크기 때문에 부하조건에 한계가 있음

42. 표면적이 $2\,m^2$이고 깊이가 $2\,m$인 침전지에 유량 $48\,m^3/day$의 폐수가 유입될 때 폐수의 체류시간(hr)은?

① 2
② 4
③ 6
④ 8

해설 $t = \dfrac{AH}{Q}$

$= \dfrac{2\,m^2 \mid 2\,m \mid day \mid 24\,hr}{48\,m^3 \mid 1\,day}$

$= 2\,hr$

43. 혐기성 소화조 설계 시 고려해야 할 사항과 관계가 먼 것은?

① 소요산소량
② 슬러지 소화 정도
③ 슬러지 소화를 위한 온도
④ 소화조에 주입되는 슬러지의 양과 특성

해설 혐기성 소화조 설계 시 고려사항
- 소화조에 유입되는 슬러지의 양과 특성
- 고형물 체류시간 및 온도
- 소화조의 운전 방법
- 소화조 내에서의 슬러지 농축, 상징수의 형성 및 슬러지 저장을 위하여 요구되는 부피
- 슬러지 소화 정도

44. 하수관거가 매설되어 있지 않은 지역에 위치한 500개의 단독주택(정화조 설치)에서 생성된 정화조 슬러지를 소규모 하수처리장에 운반하여 처리할 경우, 이로 인한 BOD 부하량 증가율(질량기준, 유입일 기준, %)은?

- 정화조는 연 1회 슬러지 수거
- 각 정화조에서 발생되는 슬러지 : $3.8\,m^3$
- 연간 250일 동안 일정량의 정화조 슬러지를 수거, 운반, 하수처리장 유입 처리
- 정화조 슬러지 BOD 농도 : $6,000\,mg/L$
- 하수처리장 유량 및 BOD 농도 : $3,800\,m^3/day$ 및 $220\,mg/L$
- 슬러지 비중 1.0 가정

① 약 3.5
② 약 5.5
③ 약 7.5
④ 약 9.5

해설 (1) 정화조 슬러지 유입 전 하수처리장의 BOD 부하

$\dfrac{220\,g}{m^3} \mid \dfrac{3,800\,m^3}{day} = 836,000\,g/d$

(2) 정화조 슬러지의 BOD 부하

$\dfrac{6,000\,g}{m^3} \mid \dfrac{3.8\,m^3}{개} \mid \dfrac{500개}{250\,day}$

$= 45,600\,g/d$

(3) BOD 부하 증가율

$\dfrac{45,600}{836,000} = 0.0545 = 5.45\,\%$

정답 41. ③ 42. ① 43. ① 44. ②

45. 상수처리를 위한 사각 침전조에 유입되는 유량은 30,000 m³/day이고 표면부하율은 24 m³/m²·day이며 체류시간은 6시간이다. 침전조의 길이와 폭의 비는 2:1이라면 조의 크기는?

① 폭 : 20 m, 길이 : 40 m, 깊이 : 6 m
② 폭 : 20 m, 길이 : 40 m, 깊이 : 4 m
③ 폭 : 25 m, 길이 : 50 m, 깊이 : 6 m
④ 폭 : 25 m, 길이 : 50 m, 깊이 : 4 m

해설 (1) 조의 면적

$$A = LB = \frac{Q}{Q/A}$$

$$= \frac{30,000 \text{ m}^3/\text{d}}{24 \text{ m}^3/\text{m}^2\text{d}}$$

$$= 1,250 \text{ m}^2$$

(2) 폭(B), 길이(L)
L : B = 2 : 1이므로
A = (2B)B = 1,250
∴ B = 25 m, L = 50 m

(3) 깊이(H)

$$H = \frac{Qt}{A}$$

$$= \frac{30,000 \text{ m}^3}{\text{d}} \cdot \frac{6 \text{ hr}}{24 \text{ hr}} \cdot \frac{\text{day}}{1,250 \text{ m}^2}$$

$$= 6 \text{ m}$$

46. 슬러지 내 고형물 무게의 1/3이 유기물질, 2/3가 무기물질이며, 이 슬러지 함수율은 80 %, 유기물질 비중이 1.0, 무기물질 비중은 2.5라면 슬러지 전체의 비중은?

① 1.072 ② 1.087
③ 1.095 ④ 1.112

해설 (1) 고형물 비중(ρ_{TS})

$$\frac{M_{TS}}{\rho_{TS}} = \frac{M_{FS}}{\rho_{FS}} + \frac{M_{VS}}{\rho_{VS}}$$

$$\frac{1}{\rho_{TS}} = \frac{2/3}{2.5} + \frac{1/3}{1}$$

∴ $\rho_{TS} = 1.666$

(2) 슬러지 비중(ρ_{SL})

$$\frac{M_{SL}}{\rho_{SL}} = \frac{M_{TS}}{\rho_{TS}} + \frac{M_W}{\rho_W}$$

$$\frac{100}{\rho_{SL}} = \frac{20}{1.666} + \frac{80}{1}$$

∴ $\rho_{SL} = 1.0869$

47. 정수장의 침전조 설계 시 어려운 점은 물의 흐름은 수평방향이고 입자 침강방향은 중력방향이어서 두 방향의 운동을 해석해야 한다는 점이다. 이상적인 수평 흐름 장방형 침전지(제 I형 침전) 설계를 위한 기본 가정 중 틀린 것은?

① 유입부의 깊이에 따라 SS 농도는 선형으로 높아진다.
② 슬러지 영역에서는 유체이동이 전혀 없다.
③ 슬러지 영역상부에 사영역이나 단락류가 없다.
④ 플러그 흐름이다.

해설 ① 침전효율은 수심과는 관계없다.

48. 염소이온 농도가 500 mg/L, BOD 2,000 mg/L인 폐수를 희석하여 활성슬러지법으로 처리한 결과 염소이온 농도와 BOD는 각각 50 mg/L이었다. 이때의 BOD 제거율(%)은? (단, 희석수의 BOD, 염소이온 농도는 0이다.)

① 85 ② 80
③ 75 ④ 70

해설 (1) 희석배수
염소는 보존성 물질이므로 염소의 농도로 희석배수를 알 수 있다.

$$\text{희석배수} = \frac{\text{희석 전 농도}}{\text{희석 후 농도}} = \frac{500}{50} = 10 \text{배}$$

(2) BOD 제거율
• 희석 후 BOD 농도

$$\frac{\text{희석 전 농도}}{\text{희석배수}} = \frac{2,000}{10} = 200 \text{ mg/L}$$

• BOD 제거율

$$\frac{200 - 50}{200} = 0.75 = 75 \%$$

정답 45. ③ 46. ② 47. ① 48. ③

49. 생물학적 방법을 이용하여 하수 내 인과 질소를 동시에 효과적으로 제거할 수 있다고 알려진 공법과 가장 거리가 먼 것은?

① A^2/O 공법
② 5단계 Bardenpho 공법
③ Phostrip 공법
④ SBR 공법

해설 ③ Phostrip 공법 : 인 제거 공법

50. 미생물을 이용하여 폐수에 포함된 오염물질인 유기물, 질소, 인을 동시에 처리하는 공법은 대체로 혐기조, 무산소조, 포기조로 구성되어 있다. 이 중 혐기조에서의 주된 생물학적 오염물질 제거반응은?

① 인 방출
② 인 과잉흡수
③ 질산화
④ 탈질화

해설
- 혐기조 : 인 방출
- 무산소조 : 탈질화(질소제거)
- 호기조(포기조) : 인 제거, 질산화

51. 막공법에 관한 설명으로 가장 거리가 먼 것은?

① 투석은 선택적 투과막을 통해 용액 중에 다른 이온, 혹은 분자 크기가 다른 용질을 분리시키는 것이다.
② 투석에 대한 추진력은 막을 기준으로 한 용질의 농도차이다.
③ 한외여과 및 미여과의 분리는 주로 여과작용에 의한 것으로 역삼투현상에 의한 것이 아니다.
④ 역삼투는 반투막으로 용매를 통과시키기 위해 동수압을 이용한다.

해설 ④ 역삼투는 반투막으로 용매를 통과시키기 위해 정수압을 이용한다.

52. 폐수를 처리하기 위해 시료 200 mL를 취하여 jar test하여 응집제와 응집보조제의 최적주입농도를 구한 결과, $Al_2(SO_4)_3$ 200 mg/L, $Ca(OH)_2$ 500 mg/L였다. 폐수량 500 m³/day을 처리하는 데 필요한 $Al_2(SO_4)_3$의 양(kg/day)은?

① 50
② 100
③ 150
④ 200

해설 필요한 $Al_2(SO_4)_3$ 양

$$\frac{200\ g}{m^3} \bigg| \frac{500\ m^3}{d} \bigg| \frac{1\ kg}{10^3\ g} = 100\ kg/d$$

정리 $mg/L = g/m^3$

53. 유량이 500 m³/day, SS 농도가 220 mg/L인 하수가 체류시간이 2시간인 최초침전지에서 60 %의 제거효율을 보였다. 이때 발생되는 슬러지양(m³/day)은? (단, 슬러지 비중은 1.0, 함수율은 98 %, SS만 고려함)

① 약 4.2
② 약 3.3
③ 약 2.4
④ 약 1.8

해설 (1) 발생 TS양

$$= \frac{0.6 \times 220\ g}{m^3} \bigg| \frac{500\ m^3}{d} \bigg| \frac{1\ t}{10^6\ g}$$
$$= 0.066\ t/d$$

(2) 발생 슬러지양

$$= \frac{0.066\ t}{d} \bigg| \frac{100\ SL}{2\ TS} \bigg| \frac{m^3}{1\ t}$$
$$= 3.3\ m^3/d$$

정리 제거 SS양 = 발생 TS양

54. 정수장에서 사용하는 소독제의 특성과 가장 거리가 먼 것은?

① 미잔류성
② 저렴한 가격
③ 주입조작 및 취급이 쉬울 것
④ 병원성 미생물에 대한 효과적 살균

해설 ① 소독제는 잔류성이 있어야 한다.

정답 49. ③ 50. ① 51. ④ 52. ② 53. ② 54. ①

55. 직사각형 급속여과지의 설계조건이 다음과 같을 때, 필요한 급속여과지의 수(개)는? (단, 설계조건 : 유량 30,000 m³/day, 여과속도 120 m/day, 여과지 1지의 길이 10 m, 폭 7 m, 기타 조건은 고려하지 않음)

① 2
② 4
③ 6
④ 8

해설 $Q = A_{전체}V = nA_1V$

$$30,000 \text{ m}^3/\text{day} = \frac{n}{} \cdot \frac{10 \text{ m} \times 7 \text{ m}}{} \cdot \frac{120 \text{ m}}{\text{day}}$$

∴ n = 3.57이므로, 4대

56. 만일 혐기성 처리공정에서 제거된 1 kg의 용해성 COD가 혐기성 미생물 0.15 kg의 순생산을 나타낸다면 표준상태에서의 이론적인 메탄생성 부피(m³)는?

① 0.3
② 0.4
③ 0.5
④ 0.6

해설 $G = 0.35(L_r - 1.42R_c)$
　　　$= 0.35(1 - 0.15)$
　　　$= 0.29 \text{ m}^3$

여기서, G : CH₄생산율(Sm³/day)
　　　　L_r : 제거 BOD$_u$량(kg/day)
　　　　R_c : 세포의 실생산율(kgVSS/day)
　　　　1.42 : 세포의 BOD$_u$ 환산계수

메탄생성수율
・0.35 m³ CH₄/kg BOD
・0.25 kg CH₄/kg BOD

57. 직경이 다른 두 개의 원형입자를 동시에 20℃의 물에 떨어뜨려 침강실험을 했다. 입자 A의 직경은 2×10⁻² cm이며 입자 B의 직경은 5×10⁻² cm라면 입자 A와 입자 B의 침강속도의 비율(V_A/V_B)은? (단, 입자 A와 B의 비중은 같으며, Stokes 공식을 적용, 기타 조건은 같음)

① 0.28
② 0.23
③ 0.16
④ 0.12

해설 Stokes 침전속도식

$$V = \frac{d^2(\rho_s - \rho_w)}{18\mu}g$$

침전속도는 입자 직경의 제곱(d^2)에 비례한다.

$$\frac{V_A}{V_B} = \frac{d_A^2}{d_B^2} = \frac{(2 \times 10^{-2})^2}{(5 \times 10^{-2})^2} = 0.16$$

58. 물속의 휘발성유기화합물(VOC)을 에어 스트리핑으로 제거할 때 제거 효율관계를 설명한 것으로 옳지 않은 것은?

① 액체 중의 VOC 농도가 높을수록 효율이 증가한다.
② 오염되지 않은 공기를 주입할 때 제거 효율은 증가한다.
③ K_{La}가 감소하면 효율이 증가한다.
④ 온도가 상승하면 효율이 증가한다.

해설 ③ K_{La}(총괄기체전달계수)가 증가하면 공기(산소)의 수중농도가 증가하므로, VOC 탈기 제거가 증가한다.

59. 하수 내 함유된 유기물질뿐 아니라 영양물질까지 제거하기 위하여 개발된 A²/O 공법에 관한 설명으로 틀린 것은?

① 인과 질소를 동시에 제거할 수 있다.
② 혐기조에서는 인의 방출이 일어난다.
③ 폐슬러지 내의 인함량은 비교적 높아서 (3~5 %) 비료의 가치가 있다.
④ 무산소조에서는 인의 과잉섭취가 일어난다.

해설 문제 50번 해설 참조

정답 55. ②　56. ①　57. ③　58. ③　59. ④

60. 폐수 처리시설에서 직경 0.01 cm, 비중 2.5인 입자를 중력 침강시켜 제거하고자 한다. 수온 4.0℃에서 물의 비중은 1.0, 점성계수는 1.31×10^{-2} g/cm·sec일 때, 입자의 침강속도(m/hr)는? (단, 입자의 침강속도는 Stokes 식에 따른다.)

① 12.2 ② 22.4
③ 31.6 ④ 37.6

해설 $V = \dfrac{d^2(\rho_s - \rho_w)g}{18\mu}$

$= \dfrac{(0.01\,\text{cm})^2 \,|\, (2.5-1.0)\text{g} \,|\, 980\,\text{cm}}{\text{cm}^3 \quad\quad \text{sec}^2}$

$\dfrac{\text{cm·sec} \,|\, 1\,\text{m} \,|\, 3{,}600\,\text{sec}}{18 \times 1.31 \times 10^{-2}\,\text{g} \,|\, 100\,\text{cm} \,|\, 1\,\text{hr}}$

$= 22.44 \text{ m/hr}$

제4과목   수질오염공정시험기준

61. 수질오염공정시험기준의 구리시험법(원자흡수분광광도법)에서 사용하는 조연성 가스는?

① 수소 ② 아르곤
③ 아산화질소 ④ 아세틸렌 공기

해설 원자흡수분광광도법 불꽃 연료별 적용 금속

불꽃 연료	적용 금속
공기 - 아세틸렌	Cu, Pb, Ni, Mn, Zn, Sn, Fe, Cd, Cr
아산화질소 - 아세틸렌	Ba
환원기화법 (수소화물 생성법)	As, Se
냉증기법	Hg

62. 수질오염공정시험기준에서 아질산성 질소를 자외선/가시선 분광법으로 측정하는 흡광도 파장(nm)은?

① 540 ② 620
③ 650 ④ 690

해설 분석시험별 흡광도
- 질산성 질소(부루신법) : 410 nm
- 아질산성 질소 : 540 nm
- 암모니아성 질소(인도페놀법) : 630 nm

63. 식물성 플랑크톤 시험 방법으로 옳은 것은? (단, 수질오염공정시험기준 기준)

① 현미경계수법
② 최적확수법
③ 평판집락계수법
④ 시험관정량법

해설 식물성 플랑크톤 - 현미경계수법 : 물속 부유생물인 식물성 플랑크톤의 개체수를 현미경계수법을 이용하여 조사하는 것을 목적으로 하는 정량분석 방법이다.

64. 웨어의 수두가 0.25 m, 수로의 폭이 0.8 m, 수로의 밑면에서 절단 하부점까지의 높이가 0.7 m인 직각 3각 웨어의 유량(m^3/min)은? (단, 유량계수 $k = 81.2 + \dfrac{0.24}{h} + (8.4 + \dfrac{12}{\sqrt{D}}) \times (\dfrac{h}{B} - 0.09)^2$)

① 1.4 ② 2.1
③ 2.6 ④ 2.9

해설 (1) 유량계수(k)

$k = 81.2 + \dfrac{0.24}{0.25}$
$+ \left(8.4 + \dfrac{12}{\sqrt{0.7}}\right) \times \left(\dfrac{0.25}{0.8} - 0.09\right)^2$
$= 83.285$

(2) 유량(Q)
$Q = k \cdot h^{5/2} = 83.285 \times (0.25)^{5/2}$
$= 2.60 \, m^3/\text{min}$

더알아보기 핵심정리 1-51

정답 60. ② 61. ④ 62. ① 63. ① 64. ③

65. 기체크로마토그래피에 사용되는 운반기체 중 분리도가 큰 순서대로 나타낸 것은?

① $N_2 > He > H_2$
② $He > H_2 > N_2$
③ $N_2 > H_2 > He$
④ $H_2 > He > N_2$

해설 기체크로마토그래피 운반기체의 분리도(감도) : $H_2 > He > N_2$

66. 폐수의 BOD를 측정하기 위하여 다음과 같은 자료를 얻었다. 이 폐수의 BOD(mg/L)는? (단, F = 1.0)

> BOD병의 부피는 300 mL이고 BOD병에 주입된 폐수량 5 mL, 희석된 식종액의 배양 전 및 배양 후의 DO는 각각 7.6 mg/L, 7.0 mg/L, 희석한 시료용액을 15분간 방치한 후 DO 및 5일간 배양한 다음의 희석한 시료용액의 DO는 각각 7.6 mg/L, 4.0 mg/L이었다.

① 180
② 216
③ 246
④ 270

해설 BOD 공식 – 식종희석수를 사용한 시료
BOD(mg/L) = $[(D_1-D_2)-(B_1-B_2) \times f] \times P$
= $[(7.6-4.0)-(7.6-7.0) \times 1] \times \dfrac{300}{5} = 180$

더 알아보기 핵심정리 1-53 (2)

67. 유량이 유체의 탁도, 점성, 온도의 영향은 받지 않고, 유속에 의해 결정되며 손실수두가 적은 유량계는?

① 피토우관
② 오리피스
③ 벤투리미터
④ 자기식 유량측정기

해설 자기식 유량측정기는 유량이 활성도, 탁도, 점성, 온도의 영향을 받지 않고 다만 유체(폐·하수)의 유속에 의하여 결정되며 손실수두(수두손실)가 적다.

68. 윙클러 법으로 용존산소를 측정할 때 0.025 N 티오황산나트륨 용액 5 mL에 해당되는 용존산소량(mg)은?

① 0.02
② 0.20
③ 1.00
④ 5.00

해설

5 mL	0.025 eq $Na_2S_2O_3$	1 eq O_2
	L	1 eq $Na_2S_2O_3$

8000 mg	1 L	= 1 mg
1 eq O_2	1,000 mL	

69. 수질오염공정시험기준상 양극벗김전압전류법으로 측정하는 금속은?

① 구리
② 납
③ 니켈
④ 카드뮴

해설 양극벗김전압전류법 적용 금속 : Pb, As, Hg, Zn

70. 클로로필 a 양을 계산할 때 클로로필 색소를 추출하여 흡광도를 측정한다. 이때 색소 추출에 사용하는 용액은?

① 아세톤 용액
② 클로로포름 용액
③ 에탄올 용액
④ 포르말린 용액

해설 클로로필 a : 물속의 클로로필 a의 양을 측정하는 방법으로 아세톤 용액을 이용하여 시료를 여과한 여과지로부터 클로로필 색소를 추출하고, 추출액의 흡광도를 663 nm, 645 nm, 630 nm 및 750 nm에서 측정하여 클로로필 a의 양을 계산하는 방법

정답 65. ④　66. ①　67. ④　68. ③　69. ②　70. ①

71. 최적응집제 주입량을 결정하는 실험을 하려고 한다. 다음 중 실험에 반드시 필요한 것이 아닌 것은?

① 비커
② pH 완충용액
③ jar tester
④ 시계

해설 응집 교반 실험(jar test) 기구 및 시약
- 응집교반기(jar tester)
- 탁도계
- pH meter
- 마그네틱 교반기
- 비커
- 메스플라스크
- 피펫
- 시계

72. 질산성 질소의 정량시험 방법 중 정량범위가 0.1 mg NO₃-N/L가 아닌 것은?

① 이온크로마토그래피법
② 자외선/가시선 분광법(부루신법)
③ 자외선/가시선 분광법(활성탄흡착법)
④ 데발다합금 환원증류법(분광법)

해설 질산성 질소 – 적용 가능한 시험 방법

질산성 질소	정량한계
이온크로마토그래피	0.1 mg/L
자외선/가시선 분광법 (부루신법)	0.1 mg/L
자외선/가시선 분광법 (활성탄흡착법)	0.3 mg/L
데발다합금 환원증류법	중화적정법 : 0.5 mg/L 분광법 : 0.1 mg/L

73. 전기전도도의 측정에 관한 설명으로 잘못된 것은?

① 온도차에 의한 영향은 ±5 %/℃ 정도이며 측정 결과값의 통일을 위하여 보정하여야 한다.
② 측정단위는 μS/cm로 한다.
③ 전기전도도는 용액이 전류를 운반할 수 있는 정도를 말한다.
④ 전기전도도 셀은 항상 수중에 잠긴 상태에서 보존하여야 하며, 정기적으로 점검한 후 사용한다.

해설 ① 온도차에 의한 영향은 0~5 %/℃ 정도이다.

74. 시료 전처리 방법 중 중금속 측정을 위한 용매 추출법인 피로디딘다이티오카르바민산 암모늄추출법에 관한 설명으로 알맞지 않은 것은?

① 크롬은 3가 크롬과 6가 크롬 상태로 존재할 경우에 추출된다.
② 망간을 측정하기 위해 전처리한 경우는 망간착화합물의 불안전성 때문에 추출 즉시 측정하여야 한다.
③ 철의 농도가 높은 경우에는 다른 금속추출에 방해를 줄 수 있다.
④ 시료 중 구리, 아연, 납, 카드뮴, 니켈, 코발트 및 은 등의 측정에 적용된다.

해설 ① 크롬은 6가 크롬 상태로 존재할 경우에만 추출된다.
피로디딘다이티오카르바민산 암모늄추출법
- 시료 중 구리, 아연, 납, 카드뮴, 니켈, 철, 망간, 6가 크롬, 코발트 및 은 등의 측정에 적용된다.
- 다만, 망간은 착화합물 상태에서 매우 불안정하므로 추출 즉시 측정하여야 한다.
- 크롬은 6가 크롬 상태로 존재할 경우에만 추출된다.
- 철의 농도가 높을 경우에는 다른 금속의 추출에 방해를 줄 수 있으므로 주의해야 한다.

정답 71. ② 72. ③ 73. ① 74. ①

75. 벤투리미터(venturi meter)의 유량 측정공식, $Q = \dfrac{C \cdot A}{\sqrt{1-[(ㄱ)]^4}} \cdot \sqrt{2g \cdot H}$ 에서 (ㄱ)에 들어갈 내용으로 옳은 것은? (단, Q = 유량(cm³/sec), C = 유량계수, A = 목 부분의 단면적(cm²), g = 중력가속도(980 cm/sec²), H = 수두차(cm))

① 유입부의 직경 / 목(throat)부의 직경
② 목(throat)부의 직경 / 유입부의 직경
③ 유입부 관 중심부에서의 수두 / 목(throat)부의 수두
④ 목(throat)부의 수두 / 유입부 관 중심부에서의 수두

(더 알아보기) 핵심정리 1-49

76. 램버트-비어(Lambert-Beer)의 법칙에서 흡광도의 의미는? (단, I_o = 입사광의 강도, I_t = 투사광의 강도, t = 투과도)

① $\dfrac{I_t}{I_o}$
② $t \times 100$
③ $\log \dfrac{1}{t}$
④ $I_t \times 10^{-1}$

[해설] 흡광도
$A = \log\left(\dfrac{I_0}{I}\right) = \log\left(\dfrac{1}{t}\right)$
여기서, I_0 : 입사광 강도
I : 투과광(투사광) 강도
t : 투과도 $\left(= \dfrac{I}{I_0}\right)$

77. 백분율(W/V, %)의 설명으로 옳은 것은?

① 용액 100 g 중의 성분무게(g)를 표시
② 용액 100 mL 중의 성분용량(mL)을 표시
③ 용액 100 mL 중의 성분무게(g)를 표시
④ 용액 100 g 중의 성분용량(mL)을 표시

[해설] 백분율
① W/W%
② V/V%
④ V/W%

(더 알아보기) 핵심정리 2-62

78. 수질측정기기 중에서 현장에서 즉시 측정하기 위한 것이 아닌 것은?

① DO meter
② pH meter
③ TOC meter
④ Thermometer

[해설] 즉시 측정 : DO, pH, 수온, 잔류염소

79. 하천의 일정장소에서 시료를 채수하고자 한다. 그 단면의 수심이 2 m 미만일 때 채수 위치는 수면으로부터 수심의 어느 위치인가?

① 1/2 지점
② 1/3 지점
③ 1/3 지점과 2/3 지점
④ 수면상과 1/2 지점

[해설] 하천수의 시료채취 지점 : 하천의 단면에서 수심이 가장 깊은 수면의 지점과 그 지점을 중심으로 하여 좌우로 수면 폭을 2등분한 각각의 지점의 수면으로부터 수심 2 m 미만일 때에는 수심의 1/3에서, 수심이 2 m 이상일 때에는 수심의 1/3 및 2/3에서 각각 채수한다.

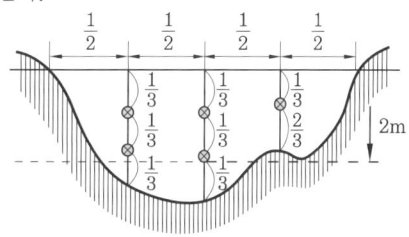

⊗ : 채수위치

정답 75. ② 76. ③ 77. ③ 78. ③ 79. ②

80. 물벼룩을 이용한 급성 독성 시험법에서 사용하는 용어의 정의로 옳지 않은 것은?

① 치사 : 일정 비율로 준비된 시료에 물벼룩을 투입하고 12시간 경과 후 시험용기를 살며시 움직여주고, 30초 후 관찰했을 때 아무 반응이 없는 경우를 판정한다.
② 유영저해 : 독성물질에 의해 영향을 받아 일부 기관(촉각, 후복부 등)이 움직임이 없을 경우를 판정한다.
③ 표준독성물질 : 독성시험이 정상적인 조건에서 수행되는지를 주기적으로 확인하기 위하여 사용하며 다이크롬산포타슘을 이용한다.
④ 지수식 시험방법 : 시험기간 중 시험용액을 교환하지 않는 시험을 말한다.

[해설] ① 치사 : 일정 비율로 준비된 시료에 물벼룩을 투입하고 24시간 경과 후 시험용기를 살며시 움직여주고, 15초 후 관찰했을 때 독성물질에 의해 영향을 받아 움직임이 명백하게 없는 상태

제5과목 　　**수질환경관계법규**

---

81. 환경기준인 수질 및 수생태계 상태별 생물학적 특성 이해 표 내용 중 생물등급이 '좋음 ~ 보통'일 때의 생물지표종(어류)으로 틀린 것은?

① 버들치　　② 쉬리
③ 갈겨니　　④ 은어

[해설] ① 버들치 : 매우좋음~좋음

82. 오염총량관리 조사·연구반에 관한 내용으로 ( )에 옳은 내용은?

> 법에 따른 오염총량관리 조사·연구반은 ( )에 둔다.

① 유역환경청
② 한국환경공단
③ 국립환경과학원
④ 수질환경 원격조사센터

[해설] 오염총량관리 조사·연구반
1. 오염총량관리 조사·연구반은 국립환경과학원에 둔다.
2. 조사·연구반의 반원은 국립환경과학원장이 추천하는 국립환경과학원 소속의 공무원과 물환경 관련 전문가로 구성한다.

83. 특례지역에 위치한 폐수시설의 부유물질량 배출허용기준(mg/L 이하)은? (단, 1일 폐수배출량 1,000세제곱미터)

① 30　　② 40　　③ 50　　④ 60

[해설] 수질오염물질 배출허용기준

대상규모 항목 지역구분	1일 폐수배출량 2,000 m³ 미만		
	BOD (mg/L)	TOC (mg/L)	SS (mg/L)
청정지역	40 이하	30 이하	40 이하
가지역	80 이하	50 이하	80 이하
나지역	120 이하	75 이하	120 이하
특례지역	30 이하	25 이하	30 이하

(더 알아보기) 핵심정리 2-98

84. 사업장의 규모별 구분에 관한 설명으로 틀린 것은?

① 1일 폐수배출량이 1,000 m³인 사업장은 제2종 사업장에 해당된다.
② 1일 폐수배출량이 100 m³인 사업장은 제4종 사업장에 해당된다.
③ 폐수배출량은 최근 90일 중 가장 많이 배출한 날을 기준으로 한다.
④ 최초 배출시설 설치 허가 시의 폐수배출량은 사업계획에 따른 예상용수사용량을 기준으로 산정한다.

정답　80. ①　81. ①　82. ③　83. ①　84. ③

해설 ③ 사업장의 규모별 구분은 1년 중 가장 많이 배출한 날을 기준으로 정한다.

85. 기본배출부과금과 초과배출부과금에 공통적으로 부과대상이 되는 수질오염물질은?

> 가. 총 질소
> 나. 유기물질
> 다. 총 인
> 라. 부유물질

① 가, 나, 다, 라
② 가, 나
③ 나, 라
④ 가, 다

해설 기본배출부과금 및 초과배출부과금의 공통 부과대상 수질오염물질의 종류
1. 유기물질
2. 부유물질

86. 공공수역의 수질보전을 위하여 환경부령이 정하는 휴경 등 권고대상 농경지의 해발고도 및 경사도 기준으로 옳은 것은?

① 해발 400 m, 경사도 15 %
② 해발 400 m, 경사도 30 %
③ 해발 800 m, 경사도 15 %
④ 해발 800 m, 경사도 30 %

해설 휴경 등 권고대상 농경지의 해발고도 및 경사도
• 해발고도 : 해발 400 m
• 경사도 : 15 %

87. 비점오염원 관리지역에 대한 관리대책을 수립할 때 포함될 사항으로 가장 거리가 먼 것은?

① 관리목표
② 관리대상 수질오염물질의 종류
③ 관리대상 수질오염물질의 분석방법
④ 관리대상 수질오염물질의 저감 방안

해설 비점오염원 관리지역에 대한 관리대책을 수립할 때 포함될 사항
1. 관리목표
2. 관리대상 수질오염물질의 종류 및 발생량
3. 관리대상 수질오염물질의 발생 예방 및 저감 방안
4. 그 밖에 관리지역을 적정하게 관리하기 위하여 환경부령으로 정하는 사항

88. 수질환경기준(하천) 중 사람의 건강보호를 위한 전수역에서 각 성분별 환경기준으로 맞는 것은?

① 비소(As) : 0.1 mg/L 이하
② 납(Pb) : 0.01 mg/L 이하
③ 6가 크롬(Cr^{+6}) : 0.05 mg/L 이하
④ 음이온계면활성제(ABS) : 0.01 mg/L 이하

해설 하천 – 사람의 건강보호 기준
① 비소(As) : 0.05 mg/L 이하
② 납(Pb) : 0.05 mg/L 이하
④ 음이온계면활성제(ABS) : 0.5 mg/L 이하

더 알아보기 핵심정리 2-88 (2)

89. 비점오염방지시설의 시설유형별 기준에서 장치형 시설이 아닌 것은?

① 침투 시설
② 여과형 시설
③ 스크린형 시설
④ 소용돌이형 시설

해설 비점오염저감시설

자연형 시설	장치형 시설
• 저류시설 • 인공습지 • 침투시설 • 식생형 시설	• 여과형 시설 • 소용돌이(와류)형 시설 • 스크린형 시설 • 응집·침전 처리형 시설 • 생물학적 처리형 시설

정답 85. ③　86. ①　87. ③　88. ③　89. ①

90. 환경기술인 또는 기술요원 등의 교육에 관한 설명 중 틀린 것은?

① 환경기술인이 이수하여야 할 교육과정은 환경기술인과정이다.
② 교육기간은 5일 이내로 하며, 정보통신매체를 이용한 원격교육도 5일 이내로 한다.
③ 환경기술인은 1년 이내에 최초교육과 최초교육 후 3년마다 보수교육을 이수하여야 한다.
④ 교육기관에서 작성한 교육계획에는 교재편찬계획 및 교육성적의 평가방법 등이 포함되어야 한다.

해설 ② 교육기간은 4일 이내로 하며, 정보통신매체를 이용하여 원격교육을 실시하는 경우에는 환경부장관이 인정하는 기간으로 한다.
환경기술인 등의 교육
(1) 환경기술인을 고용한 자는 다음 구분에 따른 교육을 받게 하여야 한다.
  1. 최초교육 : 환경기술인 등이 최초로 업무에 종사한 날부터 1년 이내에 실시하는 교육
  2. 보수교육 : 최초 교육 후 3년마다 실시하는 교육
(2) 교육기관
  1. 측정기기 관리대행업에 등록된 기술인력 : 국립환경인재개발원, 한국상하수도협회
  2. 폐수처리업에 종사하는 기술요원 : 국립환경인재개발원
  3. 환경기술인 : 환경보전협회
(3) 교육과정
  1. 측정기기 관리대행업에 등록된 기술인력 : 측정기기 관리대행 기술인력과정
  2. 환경기술인 : 환경기술인과정
  3. 폐수처리업에 종사하는 기술요원 : 폐수처리기술요원과정
  ※ 교육기간은 4일 이내로 한다. 다만, 정보통신매체를 이용하여 원격교육을 실시하는 경우에는 환경부장관이 인정하는 기간으로 한다.

91. 배출시설에서 배출되는 수질오염물질을 방지시설에 유입하지 아니하고 배출한 경우 (폐수무방류 배출시설의 설치허가 또는 변경허가를 받은 사업자는 제외)에 대한 벌칙 기준은?

① 2년 이하의 징역 또는 2천만원 이하의 벌금
② 3년 이하의 징역 또는 3천만원 이하의 벌금
③ 5년 이하의 징역 또는 5천만원 이하의 벌금
④ 7년 이하의 징역 또는 7천만원 이하의 벌금

해설 배출시설에서 배출되는 수질오염물질을 방지시설에 유입하지 아니하고 배출한 경우(폐수무방류 배출시설의 설치허가 또는 변경허가를 받은 사업자는 제외) 5년 이하의 징역 또는 5천만원 이하의 벌금에 처한다.

92. 물환경보전법령상 "호소"에 관한 설명으로 틀린 것은?

① 댐·보 또는 둑(「사방사업법」에 따른 사방시설은 제외한다.) 등을 쌓아 하천 또는 계곡에 흐르는 물을 가두어 놓은 곳
② 화산활동 등으로 인하여 함몰된 지역에 물이 가두어진 곳
③ 댐의 갈수위를 기준으로 구역 내 가두어진 곳
④ 하천에 흐르는 물이 자연적으로 가두어진 곳

해설 호소 : 아래 어느 하나에 해당하는 지역으로서 만수위(댐의 경우에는 계획홍수위) 구역 안의 물과 토지
• 댐·보 또는 둑(「사방사업법」에 따른 사방시설은 제외) 등을 쌓아 하천 또는 계곡에 흐르는 물을 가두어 놓은 곳
• 하천에 흐르는 물이 자연적으로 가두어진 곳
• 화산활동 등으로 인하여 함몰된 지역에 물이 가두어진 곳

정답 90. ② 91. ③ 92. ③

93. 1,000,000 m³/day 이상의 하수를 처리하는 공공하수처리시설에 적용되는 방류수의 수질기준 중에서 가장 기준(농도)이 낮은 검사항목은?

① 총 질소
② 총 인
③ SS
④ BOD

해설 기준 농도 순서 : 총 질소 > SS = BOD > 총 인

더 알아보기 핵심정리 2-97

94. 사업장에서 배출되는 폐수에 대한 설명 중 위탁처리를 할 수 없는 폐수는?

① 해양환경관리법상 지정된 폐기물 배출해역에 배출하는 폐수
② 폐수배출시설의 설치를 제한할 수 있는 지역에서 1일 50세제곱미터 미만으로 배출되는 폐수
③ 아파트형공장에서 고정된 관망을 이용하여 이송처리하는 폐수(폐수량에 제한을 받지 않는다.)
④ 성상이 다른 폐수가 수질오염방지시설에 유입될 경우 처리가 어려운 폐수로써 1일 50세제곱미터 미만으로 배출되는 폐수

해설 ② 폐수배출시설의 설치를 제한할 수 있는 지역에서 1일 20세제곱미터 미만으로 배출되는 폐수
제41조(위탁처리대상 폐수)
1. 50 m³/d 미만(폐수배출시설의 설치를 제한할 수 있는 지역에서는 20 m³/d 미만)으로 배출되는 폐수. 다만, 「산업집적 활성화 및 공장설립에 관한 법률」에 따른 아파트형공장에서 고정된 관망을 이용하여 이송처리하는 경우에는 폐수량의 제한을 받지 아니하고 위탁처리할 수 있다.
2. 사업장에 있는 폐수배출시설에서 배출되는 폐수 중 다른 폐수와 그 성상이 달라 수질오염방지시설에 유입될 경우 적정한 처리가 어려운 폐수로서 1일 50 m³/d 미만(폐수배출시설의 설치를 제한할 수 있는 지역에서는 20 m³/d 미만)으로 배출되는 폐수
3. 「해양환경관리법」상 지정된 폐기물배출해역에 배출할 수 있는 폐수
4. 수질오염방지시설의 개선이나 보수 등과 관련하여 배출되는 폐수로서 시·도지사와 사전 협의 된 기간에만 배출되는 폐수
5. 그 밖에 환경부장관이 위탁처리 대상으로 하는 것이 적합하다고 인정하는 폐수

95. 폐수무방류배출시설의 세부 설치기준으로 틀린 것은?

① 특별대책지역에 설치되는 경우 폐수배출량이 200 m³/day 이상이면 실시간 확인 가능한 원격유량감시장치를 설치하여야 한다.
② 폐수는 고정된 관로를 통하여 수집·이송·처리·저장되어야 한다.
③ 특별대책지역에 설치되는 시설이 1일 24시간 연속하여 가동되는 것이면 배출폐수를 전량 처리할 수 있는 예비방지시설을 설치하여야 한다.
④ 폐수를 고체 상태의 폐기물로 처리하기 위하여 증발·농축·건조·탈수 또는 소각시설을 설치하여야 하며, 탈수 등 방지시설에서 발생하는 폐수가 방지시설에 재유입되지 않도록 하여야 한다.

해설 ④ 폐수를 고체 상태의 폐기물로 처리하기 위하여 증발·농축·건조·탈수 또는 소각시설을 설치하여야 하며, 탈수 등 방지시설에서 발생하는 폐수가 방지시설에 재유입하도록 하여야 한다.
폐수무방류배출시설의 세부 설치기준(제31조 제7항 관련) 〈개정 2019. 7. 2.〉
1. 배출시설에서 분리·집수시설로 유입하는 폐수의 관로는 맨눈으로 관찰할 수 있도록 설치하여야 한다.

정답 93. ② 94. ② 95. ④

2. 배출시설의 처리공정도 및 폐수 배관도는 누구나 알아 볼 수 있도록 주요 배출시설의 설치장소와 폐수처리장에 부착하여야 한다.
3. 폐수를 고체 상태의 폐기물로 처리하기 위하여 증발·농축·건조·탈수 또는 소각시설을 설치하여야 하며, 탈수 등 방지시설에서 발생하는 폐수가 방지시설에 재유입하도록 하여야 한다.
4. 폐수를 수집·이송·처리 또는 저장하기 위하여 사용되는 설비는 폐수의 누출을 방지할 수 있는 재질이어야 하며, 방지시설이 설치된 바닥은 폐수가 땅속으로 스며들지 아니하는 재질이어야 한다.
5. 폐수는 고정된 관로를 통하여 수집·이송·처리·저장되어야 한다.
6. 폐수를 수집·이송·처리·저장하기 위하여 사용되는 설비는 폐수의 누출을 맨눈으로 관찰할 수 있도록 설치하되, 부득이한 경우에는 누출을 감지할 수 있는 장비를 설치하여야 한다.
7. 누출된 폐수의 차단시설 또는 차단 공간과 저류시설은 폐수가 땅속으로 스며들지 아니하는 재질이어야 하며, 폐수를 폐수처리장의 저류조에 유입시키는 설비를 갖추어야 한다.
8. 폐수무방류배출시설과 관련된 방지시설, 차단·저류시설, 폐기물보관시설 등은 빗물과 접촉되지 아니하도록 지붕을 설치하여야 하며, 폐기물보관시설에서 침출수가 발생될 경우에는 침출수를 폐수처리장의 저류조에 유입시키는 설비를 갖추어야 한다.
9. 폐수무방류배출시설에서 발생된 폐수를 폐수처리장으로 유입·재처리할 수 있도록 세정식·응축식 대기오염방지시설 등을 설치하여야 한다.
10. 특별대책지역에 설치되는 폐수무방류배출시설의 경우 1일 24시간 연속하여 가동되는 것이면 배출 폐수를 전량 처리할 수 있는 예비 방지시설을 설치하여야 하고, 1일 최대 폐수발생량이 200세제곱미터 이상이면 배출 폐수의 무방류 여부를 실시간으로 확인할 수 있는 원격유량감시장치를 설치하여야 한다.

96. 다음은 배출시설의 설치허가를 받은 자가 배출시설의 변경허가를 받아야 하는 경우에 대한 기준이다. ( )에 들어갈 내용으로 옳은 것은?

> 폐수배출량이 허가 당시보다 100분의 50(특정수질유해물질이 배출되는 시설의 경우에는 100분의 30) 이상 또는 ( ) 이상 증가하는 경우

① 1일 500세제곱미터
② 1일 600세제곱미터
③ 1일 700세제곱미터
④ 1일 800세제곱미터

해설 배출시설의 설치허가를 받은 자가 배출시설의 변경허가를 받아야 하는 경우
1. 폐수배출량이 허가 당시보다 100분의 50(특정수질유해물질이 기준 이상으로 배출되는 배출시설의 경우에는 100분의 30) 이상 또는 1일 700세제곱미터 이상 증가하는 경우
2. 배출허용기준을 초과하는 새로운 수질오염물질이 발생되어 배출시설 또는 수질오염방지시설의 개선이 필요한 경우
3. 허가를 받은 폐수무방류배출시설로서 고체상태의 폐기물로 처리하는 방법에 대한 변경이 필요한 경우

97. 기술진단에 관한 설명으로 ( )에 알맞은 것은?

> 공공폐수처리시설을 설치·운영하는 자는 공공폐수처리시설의 관리상태를 점검하기 위하여 ( )년마다 해당 공공폐수처리시설에 대하여 기술진단을 하고, 그 결과를 환경부장관에게 통보하여야 한다.

① 1
② 5
③ 10
④ 15

정답 96. ③ 97. ②

해설 제50조의2(기술진단 등) : 시행자는 공공폐수처리시설의 관리상태를 점검하기 위하여 5년마다 해당 공공폐수처리시설에 대하여 기술진단을 하고, 그 결과를 환경부장관에게 통보하여야 한다.

98. 오염총량관리기본방침에 포함되어야 하는 사항으로 거리가 먼 것은?

① 오염총량관리 대상지역의 수생태계 현황 조사 및 수생태계 건강성 평가 계획
② 오염원의 조사 및 오염부하량 산정방법
③ 오염총량관리의 대상 수질오염물질 종류
④ 오염총량관리의 목표

해설 오염총량관리기본방침 포함사항
1. 오염총량관리의 목표
2. 오염총량관리의 대상 수질오염물질 종류
3. 오염원의 조사 및 오염부하량 산정방법
4. 오염총량관리기본계획의 주체, 내용, 방법 및 시한
5. 오염총량관리시행계획의 내용 및 방법

99. 공공폐수처리시설의 관리·운영자가 처리시설의 적정운영 여부 확인을 위한 방류수 수질검사 실시기준으로 옳은 것은? (단, 시설규모는 1,000 m³/day이며, 수질은 현저히 악화되지 않았음)

① 방류수 수질검사 월 2회 이상
② 방류수 수질검사 월 1회 이상
③ 방류수 수질검사 매 분기 1회 이상
④ 방류수 수질검사 매 반기 1회 이상

해설 방류수 수질검사
- 방류수 수질검사 : 월 2회 이상 실시(단, 2000 m³/d 이상인 시설 : 주 1회 이상)
- 생태독성(TU) 검사 : 월 1회 이상 실시

100. 수질오염경보 중 수질오염감시경보 대상 항목이 아닌 것은?

① 용존산소
② 전기전도도
③ 부유물질
④ 총 유기탄소

해설 수질오염감시경보 대상 항목
- 수소이온농도
- 용존산소
- 총 질소
- 총 인
- 전기전도도
- 총 유기탄소
- 휘발성유기화합물
- 페놀
- 중금속(구리, 납, 아연, 카드뮴 등)
- 클로로필-a
- 생물감시

정답 98. ① 99. ① 100. ③

2022년도 시행문제

수질환경기사 2022년 3월 5일 (제1회)

제1과목 수질오염개론

1. 미생물에 의한 영양대사과정 중 에너지 생성반응으로서 기질이 세포에 의해 이용되고, 복잡한 물질에서 간단한 물질로 분해되는 과정(작용)은?

① 이화 ② 동화
③ 환원 ④ 동기화

해설 • 이화 : 복잡한 물질 → 간단한 물질 + ATP(에너지)
• 동화 : 간단한 저분자물질 + ATP(에너지) → 고분자화합물(세포)

2. 다음 산화제(또는 환원제) 중 g당량이 가장 큰 화합물은? (단, Na, K, Cr, Mn, I, S의 원자량은 각각 23, 39, 52, 55, 127, 32이다.)

① $Na_2S_2O_3$ ② $K_2Cr_2O_7$
③ $KMnO_4$ ④ KIO_3

해설 ① $Na_2S_2O_3$ 1 mol = 1 eq = 158 g이므로,
$\dfrac{158\,g}{1\,eq}$ = 158 g/eq

② $K_2Cr_2O_7$ 1 mol = 6 eq = 294 g이므로,
$\dfrac{294\,g}{6\,eq}$ = 49 g/eq

③ $KMnO_4$ 1 mol = 5 eq = 158 g이므로,
$\dfrac{158\,g}{5\,eq}$ = 31.6 g/eq

④ KIO_3 1 mol = 5 eq = 214 g이므로,
$\dfrac{214\,g}{5\,eq}$ = 42.8 g/eq

3. 하천 모델 중 다음의 특징을 가지는 것은?

- 유속, 수심, 조도계수에 의한 확산계수 결정
- 하천과 대기 사이의 열복사, 열교환 고려
- 음해법으로 미분방정식의 해를 구함

① QUAL-Ⅰ ② WQRRS
③ DO SAG-Ⅰ ④ HSPE

해설 QUAL-Ⅰ
• 유속, 수심, 조도계수에 의한 확산계수 결정
• 하천과 대기 사이의 열복사, 열교환 고려
• 음해법으로 미분방정식의 해를 구함
• 질소, 인, 클로로필a 고려함

더 알아보기 핵심정리 2-18

4. 다음 중 수자원에 대한 특성으로 옳은 것은?

① 지하수는 지표수에 비하여 자연, 인위적인 국지조건에 따른 영향이 크다.
② 해수는 염분, 온도, pH 등 물리화학적 성상이 불안정하다.
③ 하천수는 주변지질의 영향이 적고 유기물을 많이 함유하는 경우가 거의 없다.
④ 우수의 주성분은 해수의 주성분과 거의 동일하다.

해설 ① 지하수는 지표수에 비하여 자연적인 국지조건에 따른 영향이 크다.
② 해수는 염분, 온도, pH 등 물리화학적 성상이 안정하다.
③ 하천수는 주변지질의 영향이 크고 유기물을 많이 함유하는 경우가 많다.

정답 1. ① 2. ① 3. ① 4. ④

5. 수온이 20℃인 하천은 대기로부터의 용존산소공급량이 0.06 mg O₂/L·hr라고 한다. 이 하천의 평상시 용존산소농도가 4.8 mg/L로 유지되고 있다면 이 하천의 산소전달계수(/hr)는? (단, α, β값은 각각 0.75이며, 포화용존산소농도는 9.2 mg/L이다.)

① 3.8×10^{-1} ② 3.8×10^{-2}
③ 3.8×10^{-3} ④ 3.8×10^{-4}

해설
$$\frac{dC}{dt} = \alpha K_{La}(\beta C_s - C)$$
$$K_{La} = \frac{dC}{dt} \cdot \frac{1}{\alpha(\beta C_s - C)}$$
$$= \frac{0.06\,\text{mgO}_2}{L \cdot hr} \cdot \frac{1}{0.75(0.75 \times 9.2 - 4.8)\,\text{mg/L}}$$
$$= 3.809 \times 10^{-2}/hr$$

6. BOD곡선에서 탈산소계수를 구하는 데 적용되는 방법으로 가장 알맞은 것은?

① O'Connor – Dobbins식
② Thomas 도해법
③ Rippl법
④ Tracer법

해설
- 재폭기계수를 구하는 데 적용되는 방법 : O'Connor-Dobbins식, Isaac식, Churchill식, Owens식
- 탈산소계수를 구하는 데 적용되는 방법 : 최소자승법, Thomas법, Moment법, 실측에 의한 방법

7. 수질오염물질별 인체영향(질환)이 틀리게 짝지어진 것은?

① 비소 : 반상치(법랑반점)
② 크롬 : 비중격 연골천공
③ 아연 : 기관지 자극 및 폐렴
④ 납 : 근육과 관절의 장애

해설 ① 비소 : 흑피증

8. 알칼리도에 관한 반응 중 가장 부적절한 것은?

① $CO_2 + H_2O \rightarrow H_2CO_3 \rightarrow HCO_3^- + H^+$
② $HCO_3^- \rightarrow CO_3^{2-} + H^+$
③ $CO_3^{2-} + H_2O \rightarrow HCO_3^- + OH^-$
④ $HCO_3^- + H_2O \rightarrow H_2CO_3 + OH^-$

해설 탄산염 시스템(수중의 탄산염의 반응)
- $CO_2(g) + H_2O(l) \leftrightarrow H_2CO_3(aq)$
- $H_2CO_3(aq) \leftrightarrow H^+(aq) + HCO_3^-(aq)$
- $HCO_3^-(aq) \leftrightarrow H^+(aq) + CO_3^{2-}(aq)$
- ④ 반응은 일어나지 않는다.

9. 하천모델의 종류 중 DO SAG-Ⅰ, Ⅱ, Ⅲ에 관한 설명으로 틀린 것은?

① 2차원 정상상태 모델이다.
② 점오염원 및 비점오염원이 하천의 용존산소에 미치는 영향을 나타낼 수 있다.
③ Streeter-Phelps 식을 기본으로 한다.
④ 저질의 영향이나 광합성 작용에 의한 용존산소반응을 무시한다.

해설 ① 1차원 정상상태 모델이다.

10. 혐기성 미생물의 성장을 알아보기 위해 혐기성 배양을 하는 방법으로 분석하고자 할 때 가장 적합한 기술은?

① 평판계수법
② 단백질 농도 측정법
③ 광학밀도 측정법
④ 용존산소소모율 측정법

해설
- 용존산소소모율 측정법 : 호기성 미생물에 적용
- 단백질 농도 측정법 : 혐기성 미생물에 적용

정답 5. ② 6. ② 7. ① 8. ④ 9. ① 10. ②

11. 녹조류(green algae)에 관한 설명으로 틀린 것은?

① 조류 중 가장 큰 문(division)이다.
② 저장물질은 라미나린(다당류)이다.
③ 세포벽은 섬유소이다.
④ 클로로필 a, b를 가지고 있다.

해설 ② 녹조류의 저장물질은 녹말이다.
더 알아보기 핵심정리 2-15 (3)

12. 응집제 투여량이 많으면 많을수록 응집효과가 커지게 되는 Schulze-Hardy rule의 크기를 옳게 나타낸 것은?

① $Al^{3+} > Ca^{2+} > K^+$
② $K^+ > Ca^{2+} > Al^{3+}$
③ $K^+ > Al^{3+} > Ca^{2+}$
④ $Ca^{2+} > K^+ > Al^{3+}$

해설 Schulze-Hardy rule : 이온의 원자가가 클수록, 전해질 이온의 응결력이 기하 급수적으로 증가한다.

13. 길이가 500 km이고 유속이 1 m/sec인 하천에서 상류지점의 BOD_u 농도가 250 mg/L이면 이 지점부터 300 km 하류지점의 잔존 BOD 농도(mg/L)는? (단, 탈산소계수는 0.1/day, 수온 20℃, 상용대수 기준, 기타조건은 고려하지 않음)

① 약 51   ② 약 82
③ 약 113   ④ 약 138

해설 (1) 300 km 유하에 걸리는 시간

시간 = 거리/속도

$$= \frac{300,000 \text{ m}}{1 \text{ m}} \cdot \frac{1 \text{ d}}{86,400 \text{ sec}}$$

$= 3.472$ d

(2) 300 km 유하 후 하천의 BOD
하천의 BOD농도는 잔존 BOD식을 이용한다.

$BOD_t = BOD_u \cdot 10^{-kt}$
$= 250 \cdot 10^{-0.1 \times 3.472} = 112.38$ mg/L

14. 카드뮴이 인체에 미치는 영향으로 가장 거리가 먼 것은?

① 칼슘 대사기능 장해
② Hunter-Russel 장해
③ 골연화증
④ Fanconi씨 증후군

해설 ② 수은 만성중독증
더 알아보기 핵심정리 2-17

15. 우리나라의 수자원 특성에 대한 설명으로 잘못된 것은?

① 우리나라의 연간 강수량은 약 1,274 mm로서 이는 세계평균 강수량의 1.2배에 이른다.
② 우리나라의 1인당 강수량은 세계평균량의 1/11 정도이다.
③ 우리나라 수자원의 총 이용률은 9 % 이내로 OECD 국가에 비해 적은 편이다.
④ 수자원 이용현황은 농업용수가 가장 많은 비율을 차지하고 있고 하천유지용수, 생활용수, 공업용수의 순이다.

해설 ③ 우리나라 수자원의 총 이용률은 약 26 % 이다.

16. 다음 중 완충용액에 대한 설명으로 틀린 것은?

① 완충용액의 작용은 화학평형원리로 쉽게 설명된다.
② 완충용액은 한도 내에서 산을 가했을 때 pH에 약간의 변화만 준다.
③ 완충용액은 보통 약산과 그 약산의 짝염기의 염을 함유한 용액이다.
④ 완충용액은 보통 강염기와 그 염기의 강산의 염이 함유된 용액이다.

정답 11. ② 12. ① 13. ③ 14. ② 15. ③ 16. ④

해설 ④ 완충용액은 약산과 그 짝염기(강염기) 또는 약염기와 그 짝산(강산)의 혼합용액이다.

17. 간격 0.5 cm의 평행 평판 사이에 점성계수가 0.04 poise인 액체가 가득 차 있다. 한쪽 평판을 고정하고 다른 쪽의 평판을 2 m/sec의 속도로 움직이고 있을 때 고정판에 작용하는 전단응력(g/cm²)은?

① 1.61×10^{-2} ② 4.08×10^{-2}
③ 1.61×10^{-5} ④ 4.08×10^{-5}

해설 뉴턴의 점성법칙

$$\tau = \mu \frac{dv}{dy}$$

$$= \frac{0.04\,g}{cm \cdot s} \times \frac{200\,cm/s}{0.5\,cm} \times \frac{1\,gf}{980\,g \cdot cm/s^2}$$

$$= 1.63 \times 10^{-2}\,gf/cm^2$$

18. 수은(Hg) 중독과 관련이 없는 것은?
① 난청, 언어장애, 구심성 시야협착, 정신장애를 일으킨다.
② 이따이이따이병을 유발한다.
③ 유기수은은 무기수은보다 독성이 강하며 신경계통에 장해를 준다.
④ 무기수은은 황화물 침전법, 활성탄 흡착법, 이온교환법 등으로 처리할 수 있다.

해설 ② 이따이이따이병 : 카드뮴 만성중독증
더 알아보기 핵심정리 2-17

19. 완전혼합 흐름 상태에 관한 설명 중 옳은 것은?
① 분산이 1일 때 이상적 완전혼합 상태이다.
② 분산수가 0일 때 이상적 완전혼합 상태이다.
③ Morrill 지수의 값이 1에 가까울수록 이상적 완전혼합 상태이다.
④ 지체시간이 이론적 체류시간과 동일할 때 이상적 완전혼합 상태이다.

해설 ②, ③, ④ 이상적 플러그 흐름의 설명임
더 알아보기 핵심정리 2-3

20. 하천수의 분석결과가 다음과 같을 때 총경도(mg/L as CaCO₃)는? (단, 원자량 : Ca 40, Mg 24, Na 23, Sr 88)

[분석결과]
Na⁺(25 mg/L), Mg²⁺(11 mg/L),
Ca²⁺(8 mg/L), Sr²⁺(2 mg/L)

① 약 68   ② 약 78
③ 약 88   ④ 약 98

해설
- $Ca^{2+} = \dfrac{8\,mg}{L} \Big| \dfrac{1\,eq}{20\,mg} \Big| \dfrac{50\,mg\,CaCO_3}{1\,me}$

  $= 20\,mg/L\,CaCO_3$

- $Sr^{2+} = \dfrac{2\,mg}{L} \Big| \dfrac{2\,eq}{88\,mg} \Big| \dfrac{50\,mg\,CaCO_3}{1\,me}$

  $= 2.27\,mg/L\,CaCO_3$

- $Mg^{2+} = \dfrac{11\,mg}{L} \Big| \dfrac{1\,eq}{12\,mg} \Big| \dfrac{50\,mg\,CaCO_3}{1\,me}$

  $= 45.83\,mg/L\,CaCO_3$

- 총경도 $= 20 + 2.27 + 45.83$
  $= 68.10\,mg/L\,CaCO_3$

제2과목　상하수도계획

21. 하천표류수를 수원으로 할 때 하천기준수량은?
① 평수량
② 갈수량
③ 홍수량
④ 최대홍수량

해설 하천표류수를 수원으로 할 때 하천기준수량은 갈수량을 기준으로 한다.

정답　17. ①　18. ②　19. ①　20. ①　21. ②

22. 펌프의 크기를 나타내는 구경을 산정하는 식은? (단, D = 펌프의 구경(mm), Q = 펌프의 토출량(m³/min), v = 흡입구 또는 토출구의 유속(m/sec))

① $D = 146\sqrt{\dfrac{Q}{v}}$

② $D = 146\sqrt{\dfrac{Q}{2v}}$

③ $D = 148\sqrt{\dfrac{Q}{v}}$

④ $D = 148\sqrt{\dfrac{Q}{2v}}$

해설 $Q = Av = \dfrac{\pi D^2}{4}v$ 에서,

$D = \sqrt{\dfrac{4Q}{\pi v}}$

$= \sqrt{\dfrac{4Q(m^3/min)}{\pi v(m/s)} \times \dfrac{1\,min}{60\,sec}} \times \dfrac{1{,}000\,mm}{1\,m}$

$= 146\sqrt{\dfrac{Q}{v}}$

23. 정수처리시설 중에서 이상적인 침전지에서의 효율을 검증하고자 한다. 실험결과, 입자의 침전속도가 0.15 cm/sec이고 유량이 30,000 m³/day로 나타났을 때 침전효율(제거율, %)은? (단, 침전지의 유효표면적 = 100 m², 수심 = 4 m, 이상적 흐름상태로 가정)

① 73.2　　② 63.2
③ 53.2　　④ 43.2

해설 침전 제거율 = $\dfrac{V_s}{Q/A}$

$= \dfrac{0.15\,cm}{sec} \Big| \dfrac{day}{30{,}000\,m^3} \Big| \dfrac{100\,m^2}{}$

$\Big| \dfrac{1\,m}{100\,cm} \Big| \dfrac{86{,}400\,sec}{1\,day}$

$= 0.432 = 43.2\%$

24. 상수처리를 위한 정수시설 중 착수정에 관한 내용으로 틀린 것은?

① 수위가 고수위 이상으로 올라가지 않도록 월류관이나 월류웨어를 설치한다.
② 착수정의 고수위와 주변벽체의 상단 간에는 60 cm 이상의 여유를 두어야 한다.
③ 착수정의 용량은 체류시간을 30분 이상으로 한다.
④ 필요에 따라 분말활성탄을 주입할 수 있는 장치를 설치하는 것이 바람직하다.

해설 ③ 착수정의 용량은 체류시간을 1.5분 이상으로 한다.

25. 하수처리수 재이용 처리시설에 대한 계획으로 적합하지 않은 것은?

① 처리시설의 위치는 공공하수처리시설 부지내에 설치하는 것을 원칙으로 한다.
② 재이용수 공급관로는 계획시간최대유량을 기준으로 계획한다.
③ 처리시설에서 발생되는 농축수는 공공하수처리시설로 반류하지 않도록 한다.
④ 재이용수 저장시설 및 펌프장은 일최대공급유량을 기준으로 한다.

해설 ③ 처리시설에서 발생되는 농축수(역세척수, R/O농축수 등)는 해당 처리장의 영향을 고려하여 반류시킨다.

26. 계획오수량에 관한 설명으로 틀린 것은?

① 계획시간최대오수량은 계획1일최대오수량의 1시간당 수량의 1.3~1.8배를 표준으로 한다.
② 지하수량은 1인1일최대오수량의 20 % 이하로 한다.
③ 합류식에서 우천 시 계획오수량은 원칙적으로 계획1일최대오수량의 1.5배 이상으로 한다.
④ 계획1일평균오수량은 계획1일최대오수량의 70~80 %를 표준으로 한다.

정답 22. ①　23. ④　24. ③　25. ③　26. ③

해설 ③ 합류식에서 우천 시 계획오수량은 원칙적으로 계획1일최대오수량의 3배 이상으로 한다.
더 알아보기 핵심정리 2-29

27. 펌프의 수격작용을 방지하기 위한 방법으로 틀린 것은?
① 펌프의 플라이휠을 제거하는 방법
② 토출관쪽에 조압수조를 설치하는 방법
③ 펌프 토출측에 완폐체크밸브를 설치하는 방법
④ 관내 유속을 낮추거나 관로상황을 변경하는 방법

해설 수격작용 대책
① 펌프의 플라이휠을 부착하는 방법
더 알아보기 핵심정리 2-43 (1)

28. 하수도시설인 우수조정지의 여수토구에 관한 설명으로 ( )에 옳은 것은?

여수토구는 확률년수 (㉠)년 강우의 최대우수유출량의 (㉡)배 이상의 유량을 방류시킬 수 있는 것으로 한다.

① ㉠ 10, ㉡ 1.2   ② ㉠ 10, ㉡ 1.44
③ ㉠ 100, ㉡ 1.2   ④ ㉠ 100, ㉡ 1.44

해설 여수토구는 확률년수 100년 강우의 최대우수유출량의 1.44배 이상의 유량을 방류시킬 수 있는 것으로 한다.

29. 다음 중 하수도시설의 목적과 가장 거리가 먼 것은?
① 침수방지
② 하수의 배제와 이에 따른 생활환경의 개선
③ 공공수역의 수질보전과 건전한 물순환의 회복
④ 폐수의 적정처리와 이에 따른 산업단지 환경개선

해설 하수도시설의 목적
• 하수의 배제와 이에 따른 생활환경의 개선
• 침수방지
• 공공수역의 수질보전과 건전한 물순환의 회복
• 지속발전 가능한 도시구축에 기여

30. 하수처리에 사용되는 생물학적 처리공정 중 부유미생물을 이용한 공정이 아닌 것은?
① 산화구법
② 접촉산화법
③ 질산화내생탈질법
④ 막분리활성슬러지법

해설 호기성 처리

부유생물법	활성슬러지법, 활성슬러지의 변법
부착생물법 (생물막법)	살수여상법, 회전원판법, 호기성 여상법, 접촉산화법

31. 하천의 제내지나 제외지 혹은 호소부근에 매설되어 복류수를 취수하기 위하여 사용하는 집수매거에 관한 설명으로 거리가 먼 것은?
① 집수매거의 방향은 통상 복류수의 흐름 방향에 직각이 되도록 한다.
② 집수매거의 매설깊이는 5 m를 표준으로 한다.
③ 집수매거의 유출단에서 매거 내의 평균 유속은 1 m/sec 이하로 한다.
④ 집수구멍의 직경은 2~8 mm로 하며 그 수는 관거표면적 1 m^2당 200~300개 정도로 한다.

해설 ④ 집수구멍의 직경은 10~20 mm로 하며 그 수는 관거표면적 1 m^2당 20~30개 정도로 한다.
더 알아보기 핵심정리 2-25

32. 정수방법인 완속여과방식에 관한 설명으로 틀린 것은?
① 약품처리가 필요 없다.
② 완속여과의 정화는 주로 생물작용에 의한 것이다.
③ 비교적 양호한 원수에 알맞은 방식이다.
④ 소요 부지면적이 작다.

[해설] ④ 소요 부지면적이 크다.

33. 펌프의 흡입관 설치요령으로 틀린 것은?
① 흡입관은 펌프 1대당 하나로 한다.
② 흡입관이 길 때에는 중간에 진동방지대를 설치할 수도 있다.
③ 흡입관은 연결부나 기타 부분으로부터 절대로 공기가 흡입하지 않도록 한다.
④ 흡입관과 취수정 바닥까지의 깊이는 흡입관 직경의 1.5배 이상으로 유격을 둔다.

[해설] ④ 흡입관과 취수정 벽의 유격은 직경의 1.5배 이상으로 한다.

(더 알아보기) 핵심정리 2-42

34. 막여과법을 정수처리에 적용하는 주된 선정 이유로 가장 거리가 먼 것은?
① 응집제를 사용하지 않거나 또는 적게 사용한다.
② 막의 특성에 따라 원수 중의 현탁물질, 콜로이드, 세균류, 크립토스포리디움 등 일정한 크기 이상의 불순물을 제거할 수 있다.
③ 부지면적이 종래보다 적을 뿐 아니라 시설의 건설공사기간도 짧다.
④ 막의 교환이나 세척 없이 반영구적으로 자동운전이 가능하여 유지관리 측면에서 에너지를 절약할 수 있다.

[해설] ④ 막은 주기적으로 세척과 교환이 필요하다.

35. 계획우수량의 설계강우 산정 시 측정된 강우자료 분석을 통해 고려해야 하는 지선 관로의 최소 설계빈도는?
① 50년 ② 30년
③ 10년 ④ 5년

[해설] 우수배제계획에서 계획우수량의 설계강우
• 빗물 펌프장 및 간선관로 최소 설계빈도 : 30년
• 지선관로 최소 설계빈도 : 10년

36. 상수처리를 위한 정수시설인 급속여과 지에 관한 설명으로 틀린 것은?
① 여과속도는 120~150 m/day를 표준으로 한다.
② 플록의 질이 일정한 것으로 가정하였을 때 여과층의 필요두께는 여재입경에 반비례한다.
③ 여과면적은 계획정수량을 여과속도로 나누어 계산한다.
④ 여과지 1지의 여과면적은 150 m^2 이하로 한다.

[해설] ② 여재입경이 작으면 억류효과 커져 여과두께가 얇아도 된다.

37. 정수시설의 시설능력에 관한 설명으로 (   )에 옳은 것은?

> 소비자에게 고품질의 수도 서비스를 중단 없이 제공하기 위하여 정수시설은 유지보수, 사고대비, 시설 개량 및 확장 등에 대비하여 적절한 예비용량을 갖춤으로써 수도시스템으로의 안정성을 높여야 한다. 이를 위하여 예비용량을 감안한 정수시설의 가동률은 (   ) 내외가 적정하다.

① 70 % ② 75 %
③ 80 % ④ 85 %

[해설] 정수시설의 시설능력 : 정수시설의 적정 가동률은 75 % 내외가 적정하다.

정답 32. ④ 33. ④ 34. ④ 35. ③ 36. ② 37. ②

38. 상수도 취수시설 중 취수틀에 관한 설명으로 옳지 않은 것은?

① 구조가 간단하고 시공도 비교적 용이하다.
② 수중에 설치되므로 호소표면수는 취수할 수 없다.
③ 단기간에 완성하고 안정된 취수가 가능하다.
④ 보통 대형취수에 사용되며 수위변화에 영향이 적다.

해설 ④ 취수틀은 소량취수에 사용됨

39. 하수관로에서 조도계수 0.014, 동수경사 1/100이고 관경이 400 mm일 때 이 관로의 유량(m^3/sec)은? (단, 만관기준, Manning 공식에 의함)

① 약 0.08   ② 약 0.12
③ 약 0.15   ④ 약 0.19

해설 (1) 윤변 $R = \dfrac{D}{4} = \dfrac{0.4}{4} = 0.1\,m$

(2) 유속
$$V = \frac{1}{n}R^{2/3}I^{1/2} = \frac{1}{0.014}(0.1)^{2/3}\left(\frac{1}{100}\right)^{1/2}$$
$$= 1.5388\,m/sec$$

(3) 유량 $Q = VA = 1.5388 \times \dfrac{\pi(0.4)^2}{4}$
$$= 0.193\,m^3/s$$

40. 하수도 관로의 접합방법 중 아래 설명에 해당되는 것은?

> 굴착깊이를 얕게 하므로 공사비용을 줄일 수 있으며, 수위상승을 방지하고 양정고를 줄일 수 있어 펌프로 배수하는 지역에 적합하나 상류부에서는 동수경사선이 관정보다 높이 올라갈 우려가 있음

① 수면접합
② 관저접합
③ 동수접합
④ 관정접합

해설 관거접합의 종류
(1) 수면접합
  • 계획수위를 일치시켜서 접합하는 방법
  • 수리학적으로 유리하나, 계획수위를 일치시키기 어려움
(2) 관정접합
  • 관정을 일치시키는 접합법
  • 하수의 흐름은 양호함
  • 굴착깊이가 증가되어 공사비가 커짐
  • 펌프로 배수 시 양정이 높아짐
(3) 관중심접합
  • 하수관 중심을 일치시키는 접합법
  • 수면접합과 관정접합의 중간적 형태
(4) 관저접합
  • 관저를 일치시키는 접합법
  • 굴착깊이가 얕아져 공사비가 작아짐
  • 상류에는 동수경사선이 관정보다 높아지는 경우도 있음

제3과목 수질오염방지기술

41. 분뇨 소화슬러지 발생량은 1일 분뇨투입량의 10%이다. 발생된 소화슬러지의 탈수 전 함수율이 96%라고 하면 탈수된 소화슬러지의 1일 발생량(m^3)은? (단, 분뇨투입량 = 360 kL/day, 탈수된 소화슬러지의 함수율 = 72%, 분뇨 비중 = 1.0)

① 2.47   ② 3.78
③ 4.21   ④ 5.14

해설 (1) 소화슬러지 발생량
  $= 0.1 \times 360\,kL/d = 36\,m^3/d$
(2) 탈수 후 슬러지양(SL_2)
  $SL_1(1-W_1) = SL_2(1-W_2)$
  $36(1-0.96) = SL_2(1-0.72)$
  ∴ $SL_2 = 5.142\,m^3$

42. 표준활성슬러지법에서 포기조의 MLSS 농도를 3,000 mg/L로 유지하기 위해서 슬러지 반송률(%)은? (단, 반송슬러지의 SS 농도 = 8,000 mg/L)

① 40　　② 50
③ 60　　④ 70

해설 $r = \dfrac{X - SS}{X_r - X}$
$= \dfrac{3,000}{8,000 - 3,000} = 0.6 = 60\%$

43. 폐수량 1,000 m³/day, BOD 300 mg/L 인 폐수를 완전혼합 활성슬러지공법으로 처리하는데 포기조 MLSS 농도 3,000 mg/L, 반송슬러지 농도 8,000 mg/L로 유지하고자 한다. 이때 슬러지 반송률은? (단, 폐수 및 방류수 MLSS 농도는 0, 미생물 생장률과 사멸률은 같다.)

① 0.6　　② 0.7
③ 0.8　　④ 0.9

해설 $r = \dfrac{X - SS}{X_r - X}$
$= \dfrac{3,000}{8,000 - 3,000} = 0.6 = 60\%$

44. 수은계 폐수 처리방법으로 틀린 것은?

① 수산화물침전법　② 흡착법
③ 이온교환법　　　④ 황화물침전법

해설 수은계 폐수 처리방법
- 유기수은계 : 흡착법, 산화분해법
- 무기수은계 : 황화물응집침전법, 활성탄 흡착법, 이온교환법

45. 생물학적 질소, 인 처리공정인 5단계 Bardenpho공법에 관한 설명으로 틀린 것은?

① 폐슬러지 내의 인의 농도가 높다.
② 1차 무산소조에서는 탈질화 현상으로 질소 제거가 이루어진다.
③ 호기성조에서는 질산화와 인의 방출이 이루어진다.
④ 2차 무산소조에서는 잔류 질산성 질소가 제거된다.

해설 ③ 호기성조에서는 질산화와 인 과잉 흡수가 일어난다.
생물학적 질소, 인 처리
- 혐기조 : 인 방출
- 무산소조 : 탈질(질소 제거)
- 호기조 : 인 과잉 흡수, 질산화

46. 활성슬러지를 탈수하기 위하여 98%(중량비)의 수분을 함유하는 슬러지에 응집제를 가했더니 [상등액 : 침전 슬러지]의 용적비가 2 : 1이 되었다. 이때 침전 슬러지의 함수율(%)은? (단, 응집제의 양은 매우 적고, 비중 = 1.0)

① 92　　② 93
③ 94　　④ 95

해설 응집 전 슬러지 부피를 3이라 하면, 응집 후 침전 슬러지 부피는 1이다.
$3(1 - 0.98) = 1(1 - W_2)$
∴ $W_2 = 0.94 = 94\%$

47. 활성슬러지 공법으로 폐수를 처리할 경우 산소요구량 결정에 중요한 인자가 아닌 것은?

① 유입수의 BOD와 처리수의 BOD
② 포기시간과 고형물 체류시간
③ 포기조 내의 MLSS 중 미생물 농도
④ 유입수의 SS와 DO

해설 필요산소량
= BOD 산화에 필요한 산소량 + 내생호흡에 필요한 산소량 + 질산화에 필요한 산소량 + DO유지 산소량

48. 질소 제거를 위한 파과점 염소 주입법에 관한 설명과 가장 거리가 먼 것은?
① 적절한 운전으로 모든 암모니아성 질소의 산화가 가능하다.
② 시설비가 낮고 기존 시설에 적용이 용이하다.
③ 수생생물에 독성을 끼치는 잔류염소농도가 높아진다.
④ 독성물질과 온도에 민감하다.

해설 ④ 생물학적 처리보다 독성물질과 온도에 민감하지 않다.

49. 정수장에 적용되는 완속 여과의 장점이라 볼 수 없는 것은?
① 여과시스템의 신뢰성이 높고 양질의 음용수를 얻을 수 있다.
② 수량과 탁질의 급격한 부하변동에 대응할 수 있다.
③ 고도의 지식이나 기술을 가진 운전자를 필요로 하지 않고 최소한의 전력만 필요로 한다.
④ 여과지를 간헐적으로 사용하여도 양질의 여과수를 얻을 수 있다.

해설 ④ 완속 여과는 연속적으로 운전하여야 한다.

50. 생물학적 질소, 인 제거를 위한 A^2/O 공정 중 호기조의 역할로 옳게 짝지은 것은?
① 질산화, 인 방출
② 질산화, 인 흡수
③ 탈질화, 인 방출
④ 탈질화, 인 흡수

해설
• 혐기조 : 인 방출, 유기물 제거(BOD 감소)
• 무산소조 : 탈질(질소 제거), 유기물 제거(BOD 감소)
• 호기조(폭기조) : 인 과잉 섭취, 질산화, 유기물 제거(BOD 감소)

51. 생물학적 처리 중 호기성 처리법이 아닌 것은?
① 활성슬러지법
② 혐기성소화법
③ 산화지법
④ 살수여상법

해설 ② 혐기성소화법은 혐기성 처리법이다.

52. 바 랙(bar rack)의 수두손실은 바모양 및 바사이 흐름의 속도수두의 함수이다. Kirschmer는 손실수두를 $h_L = \beta(w/b)^{4/3} h_v \sin\theta$로 나타내었다. 여기서 바 형상인자($\beta$)에 의해 수두손실이 달라지는데 수두손실이 가장 큰 형상인자(β)은?
① 끝이 예리한 장방형
② 상류면이 반원형인 장방형
③ 원형
④ 상류 및 하류면이 반원형인 장방형

해설 관이 예리한 형상일수록 수두손실이 크고, 형상인자 값이 크다.

53. 다음 초심층포기법(deep shaft aeration system)에 대한 설명 중 틀린 것은?
① 기포와 미생물이 접촉하는 시간이 표준 활성슬러지법보다 길어서 산소전달효율이 높다.
② 순환류의 유속이 매우 빠르기 때문에 난류상태가 되어 산소전달률을 증가시킨다.
③ F/M비는 표준활성슬러지공법에 비하여 낮게 운전한다.
④ 표준활성슬러지공법에 비하여 MLSS농도를 높게 운전한다.

해설 ③ F/M비는 표준활성슬러지공법보다 높게 운전 가능하다.

정답 48. ④ 49. ④ 50. ② 51. ② 52. ① 53. ③

54. 자외선 살균효과가 가장 높은 파장의 범위(nm)는?
① 680~710   ② 510~530
③ 250~270   ④ 180~200

해설 살균력이 높은 자외선 범위 : 약 260 nm (253.7 nm)

55. 질산염(NO_3^-) 40 mg/L가 탈질되어 질소로 환원될 때 필요한 이론적인 메탄올(CH_3OH)의 양(mg/L)은?
① 17.2   ② 36.6
③ 58.4   ④ 76.2

해설 질산염과 메탄올의 반응비는
$6NO_3^- : 5CH_3OH$이므로,
$6 \times 62 : 5 \times 32$
40 mg/L : x
$x = \dfrac{40 \times 5 \times 32}{6 \times 62} = 17.2 \text{ mg/L}$

56. 활성슬러지 변형법 중 폐수를 여러 곳으로 유입시켜 plug-flow system이지만 F/M 비를 포기조 내에서 유지하는 것은?
① 계단식 포기법(step aeration)
② 점감 포기법(tapered aeration)
③ 접촉 안정법(contact stablization)
④ 단기(개량) 포기법(short or modified aeration)

해설
- 계단식 포기법 : 유입수는 분산 유입하고, 균등하게 포기하는 활성슬러지 변법
- 점감식 포기법 : 유입수는 일괄 유입하고, 유입 산기관수를 점점 감소시켜 포기량을 점점 감소시키는 활성슬러지 변법

57. 흡착장치 중 고정상 흡착장치의 역세척에 관한 설명으로 가장 알맞은 것은?

(㉠) 동안 먼저 표면세척을 한 다음 (㉡)$m^3/m^2 \cdot hr$의 속도로 역세척수를 사용하여 층을 (㉢) 정도 부상시켜 실시한다.

① ㉠ 24시간, ㉡ 14~48, ㉢ 25~30 %
② ㉠ 24시간, ㉡ 24~28, ㉢ 10~50 %
③ ㉠ 10~15분, ㉡ 14~28, ㉢ 25~30 %
④ ㉠ 10~15분, ㉡ 24~48, ㉢ 10~50 %

해설 고정상 흡착장치의 역세척 : 10~15분 동안 먼저 표면세척을 한 다음 24~48 $m^3/m^2 \cdot hr$의 속도로 역세척수를 사용하여 층을 10~50 % 정도 부상시켜 실시한다.

58. 침사지의 설치 목적으로 잘못된 것은?
① 펌프나 기계설비의 마모 및 파손방지
② 관의 폐쇄 방지
③ 활성슬러지조의 dead space 등에 사석이 쌓이는 것을 방지
④ 침전지와 슬러지 소화조 내의 축적

해설 침사지 : 펌프의 마모 및 처리시설 내에서의 모래퇴적을 방지하기 위해 일반적으로 펌프장의 펌프 전단계에 설치되어 하수의 유속을 늦추고 모래 등을 침강시키는 설비
침사지 설치 목적
- 펌프나 기계설비의 마모 및 파손방지
- 관의 폐쇄 방지
- 활성슬러지조의 dead space 등에 사석이 쌓이는 것을 방지

59. 기계적으로 청소가 되는 바(bar) 스크린의 바 두께는 5 mm이고, 바 간의 거리는 20 mm이다. 바를 통과하는 유속이 0.9 m/sec 라고 한다면 스크린을 통과하는 수두손실(m)은? (단, $H = [(V_b^2 - V_a^2)/2g][1/0.7]$)
① 0.0157
② 0.0212
③ 0.0317
④ 0.0438

정답 54. ③ 55. ① 56. ① 57. ④ 58. ④ 59. ②

해설 (1) 스크린 접근유속(V_1)

$$V_1 = \frac{A_2}{A_1}V_2 = \frac{t}{(t+b)}V_2$$
$$= \frac{20}{(20+5)} \times 0.9 = 0.72 \, m/s$$

(2) 접근유속과 통과유속의 속도수두 차에 의한 손실수두

$$h_L = \frac{1}{0.7} \cdot \frac{V_2^2 - V_1^2}{2g}$$
$$= \frac{1}{0.7} \cdot \frac{0.9^2 - 0.72^2}{2 \times 9.8} = 0.0212 \, m$$

여기서, V_2 : 스크린 통과유속(m/s)
　　　　V_1 : 스크린 접근유속(m/s)

60. 바닥면적이 1 km²인 호수의 물 깊이는 5 m로 측정되었다. 한 달(30일) 사이 호수 물의 인 농도가 250 μg/L에서 40 μg/L로 감소하고 감소한 인은 모두 침강된 것으로 추정될 때 인의 침전율(mg/m² · day)은? (단, 호수의 유입, 유출은 고려하지 않음)

① 26.6
② 35.0
③ 48.0
④ 52.3

해설 인의 침전율

$$\frac{(250-40)\mu g}{L} \left| \frac{5 \, m}{} \right| \frac{1,000 \, L}{1 \, m^3} \left| \frac{1 \, mg}{1,000 \, \mu g} \right| \frac{1}{30 \, d}$$
$$= 35 \, mg/m^2 \cdot day$$

제4과목　수질오염공정시험기준

61. 95.5 % H₂SO₄(비중 1.83)을 사용하여 0.5 N-H₂SO₄ 250 mL를 만들려면 95.5 % H₂SO₄ 몇 mL가 필요한가?

① 17
② 14
③ 8.5
④ 3.5

해설 $$\frac{x \, mL \times \frac{1.83 \, g}{1 \, mL} \times 0.955 \times \frac{2 \, eq}{98 \, g}}{0.25 \, L} = \frac{0.5 \, eq}{L}$$

∴ $x = 3.5 \, mL$

62. 노말헥산추출물질의 정도 관리로 맞는 것은?

① 정량한계는 0.5 mg/L로 설정하였다.
② 상대표준편차가 ±35 % 이내이면 만족한다.
③ 정확도가 110 %여서 재시험을 수행하였다.
④ 정밀도가 10 %여서 재시험을 수행하였다.

해설 ③ 정확도는 첨가한 표준물질의 농도에 대한 측정 평균값의 상대 백분율로서 나타내며 그 값이 75~125 % 이내이어야 한다.
②, ④ 정밀도는 측정값의 % 상대표준편차(RSD)로 계산하며 측정값이 25 % 이내이어야 한다.

63. 투명도 측정에 관한 내용으로 틀린 것은?

① 투명도판(백색원판)의 지름은 30 cm이다.
② 투명도판에 뚫린 구멍의 지름은 5 cm이다.
③ 투명도판에는 구멍이 8개 뚫려 있다.
④ 투명도판의 무게는 약 2 kg이다.

해설 ④ 투명도판의 무게는 약 3 kg이다.

64. 노말헥산추출물질을 측정할 때 시험과정 중 지시약으로 사용되는 것은?

① 메틸레드
② 메틸오렌지
③ 메틸렌블루
④ 페놀프탈레인

해설 노말헥산추출물질 지시약 : 메틸오렌지

정답　60. ②　61. ④　62. ①　63. ④　64. ②

65. 배출허용기준 적합여부를 판정을 위해 자동시료채취기로 시료를 채취하는 방법의 기준은?

① 6시간 이내에 30분 이상 간격으로 2회 이상 채취하여 일정량의 단일 시료로 한다.
② 6시간 이내에 1시간 이상 간격으로 2회 이상 채취하여 일정량의 단일 시료로 한다.
③ 8시간 이내에 1시간 이상 간격으로 2회 이상 채취하여 일정량의 단일 시료로 한다.
④ 8시간 이내에 2시간 이상 간격으로 2회 이상 채취하여 일정량의 단일 시료로 한다.

해설
- 수동으로 시료를 채취할 경우 30분 이상 간격으로 2회 이상 채취하여 일정량의 단일 시료로 한다.
- 자동시료채취기로 시료를 채취할 경우에는 6시간 이내에 30분 이상 간격으로 2회 이상 채취하여 일정량의 단일 시료로 한다.
- 수소이온농도(pH), 수온 등 현장에서 즉시 측정하여야 하는 항목인 경우에는 30분 이상 간격으로 2회 이상 측정한 후 산술평균하여 측정값을 산출한다.

66. 수중 시안을 측정하는 방법으로 가장 거리가 먼 것은?

① 자외선/가시선 분광법
② 이온전극법
③ 이온크로마토그래피법
④ 연속흐름법

해설 시안 측정법
- 자외선/가시선 분광법
- 이온전극법
- 연속흐름법

67. 시료의 전처리를 위한 산분해법 중 질산-과염소산법에 관한 설명으로 옳지 않은 것은?

① 과염소산을 넣을 경우 질산이 공존하지 않으면 폭발할 위험이 있으므로 반드시 질산을 먼저 넣어 주어야 한다.
② 납을 측정할 경우 과염소산에 따른 납 증기 발생으로 측정치에 손실을 가져온다.
③ 유기물을 다량 함유하고 있으면서 산분해가 어려운 시료들에 적용한다.
④ 유기물을 함유한 뜨거운 용액에 과염소산을 넣어서는 안 된다.

해설 ② 납을 측정할 경우, 시료 중에 황산이온(SO_4^{2-})이 다량 존재하면 불용성의 황산납이 생성되어 측정값에 손실을 가져온다.

68. 물 1 L에 NaOH 0.8 g이 용해되었을 때의 농도(몰)는?

① 0.1
② 0.2
③ 0.01
④ 0.02

해설 $\dfrac{0.8\,g}{L} \times \dfrac{1\,mol}{40\,g} = 0.02\,M$

69. 이온전극법에 대한 설명으로 틀린 것은?

① 시료용액의 교반은 이온전극의 응답속도 이외의 전극범위, 정량한계값에는 영향을 미치지 않는다.
② 전극과 비교전극을 사용하여 전위를 측정하고 그 전위차로부터 정량하는 방법이다.
③ 이온전극법에 사용하는 장치의 기본구성은 비교전극, 이온전극, 자석교반기, 저항전위계, 이온측정기 등으로 되어 있다.
④ 이온전극의 종류에는 유리막 전극, 고체막 전극, 격막형 전극이 있다.

해설 ① 시료용액의 교반은 이온전극의 전극전위, 응답속도, 정량하한 값에 영향을 나타낸다. 그러므로 측정에 방해되지 않는 범위 내에서 일정한 속도로 교반해야 한다.

정답 65. ① 66. ③ 67. ② 68. ④ 69. ①

70. 분원성 대장균군(시험관법) 측정에 관한 내용으로 틀린 것은?

① 분원성 대장균군 시험은 추정시험과 확정시험으로 한다.
② 최적확수시험 결과는 분원성 대장균군 수/1,000 mL로 표시한다.
③ 확정시험에서 가스가 발생한 시료는 분원성 대장균군 양성으로 판정한다.
④ 분원성 대장균군은 온혈동물의 배설물에서 발견된 그람음성·무아포성의 간균으로서 44.5℃에서 락토오스를 분해하여 가스 또는 산을 생성하는 모든 호기성 또는 통기성 혐기성균을 말한다.

해설 ② 최적확수시험 결과는 분원성 대장균군수/100 mL로 표시한다.

71. 용존산소의 정량에 관한 설명으로 틀린 것은?

① 전극법은 산화성물질이 함유된 시료나 착색된 시료에 적합하다.
② 일반적으로 온도가 일정할 때 용존산소 포화량은 수중의 염소이온량이 클수록 크다.
③ 시료가 착색, 현탁된 경우는 시료에 칼륨명반 용액과 암모니아수를 주입한다.
④ Fe(Ⅲ) 100~200 mg/L가 함유되어 있는 시료의 경우 황산을 첨가하기 전에 플루오린화칼륨용액 1 mL를 가한다.

해설 ② 일반적으로 온도가 일정할 때 용존산소 포화량은 수중의 염소이온량이 작을수록 크다.

72. 공장폐수 및 하수유량 - 관(pipe) 내의 유량측정 장치인 벤투리미터의 범위(최대유량 : 최소유량)로 옳은 것은?

① 2 : 1
② 3 : 1
③ 4 : 1
④ 5 : 1

해설

유량계	범위(최대유량 : 최소유량)
피토우관	3 : 1
벤투리미터 유량측정용 노즐 오리피스	4 : 1
자기식 유량측정기	10 : 1

73. 기체크로마토그래피를 적용한 알킬수은 정량에 관한 내용으로 틀린 것은?

① 검출기는 전자포획형 검출기를 사용하고 검출기의 온도는 140~200℃로 한다.
② 정량한계는 0.0005 mg/L이다.
③ 알킬수은화합물을 사염화탄소로 추출한다.
④ 정밀도(% RSD)는 ±25 %이다.

해설 ③ 알킬수은화합물을 벤젠으로 추출한다.
알킬수은 - 기체크로마토그래피 : 이 시험기준은 물속에 존재하는 알킬수은 화합물을 기체크로마토그래피에 따라 정량하는 방법이다. 알킬수은화합물을 벤젠으로 추출하여 L-시스테인용액에 선택적으로 역추출하고 다시 벤젠으로 추출하여 기체크로마토그래프로 측정하는 방법이다.

74. 자외선/가시선을 이용한 음이온 계면활성제 측정에 관한 내용으로 ( )에 옳은 내용은?

물속에 존재하는 음이온 계면활성제를 측정하기 위해 (㉠)와 반응시켜 생성된 (㉡)의 착화합물을 클로로폼으로 추출하여 흡광도를 측정하는 방법이다.

① ㉠ 메틸레드, ㉡ 적색
② ㉠ 메틸렌레드, ㉡ 적자색
③ ㉠ 메틸오렌지, ㉡ 황색
④ ㉠ 메틸렌블루, ㉡ 청색

정답 70. ② 71. ② 72. ③ 73. ③ 74. ④

해설 음이온 계면활성제 – 자외선/가시선 분광법 : 물속에 존재하는 음이온 계면활성제를 측정하기 위하여 메틸렌블루와 반응시켜 생성된 청색의 착화합물을 클로로폼으로 추출하여 흡광도를 650 nm에서 측정하는 방법이다.

75. 식물성 플랑크톤(조류) 분석 시 즉시 시험하기 어려울 경우 시료보존을 위해 사용되는 것은?(단, 침강성이 좋지 않은 남조류나 파괴되기 쉬운 와편모 조류인 경우)
① 사염화탄소용액   ② 에틸알코올용액
③ 메틸알코올용액   ④ 루골용액

해설 식물성 플랑크톤 – 현미경계수법 : 침강성이 좋지 않은 남조류가 많은 시료는 루골용액으로 고정한 후 농축하거나 일정량을 플랑크톤 넷트 또는 핸드 넷트로 걸러 일정배율로 농축한다.

76. 염소이온 측정방법 중 질산은 적정법의 정량한계(mg/L)는?
① 0.1   ② 0.3
③ 0.5   ④ 0.7

해설 염소이온 – 적정법 정량한계 : 0.7 mg/L

77. 수질분석을 위한 시료 채취 시 유의사항으로 옳지 않은 것은?
① 채취용기는 시료를 채우기 전에 맑은 물로 3회 이상 씻은 다음 사용한다.
② 용존가스, 환원성 물질, 휘발성 유기물질 등의 측정을 위한 시료는 운반 중 공기와의 접촉이 없도록 가득 채워야 한다.
③ 지하수 시료는 취수정 내에 고여 있는 물을 충분히 퍼낸(고여 있는 물의 4~5배 정도이나 pH 및 전기전도도를 연속적으로 측정하여 이 값이 평형을 이룰 때까지로 한다.) 다음 새로 나온 물을 채취한다.
④ 시료채취량은 시험항목 및 시험횟수에 따라 차이가 있으나 보통 3~5 L 정도이어야 한다.

해설 ① 채취용기는 시료를 채우기 전에 시료로 3회 이상 씻은 다음 사용한다.

78. 기체크로마토그래피법의 전자포획검출기에 관한 설명으로 ( )에 알맞은 것은?

> 방사선 동위원소로부터 방출되는 ( )이 운반기체를 전리하여 미소전류를 흘려보낼 때 시료 중의 할로겐이나 산소와 같이 전자포획력이 강한 화합물에 의하여 전자가 포획되어 전류가 감소하는 것을 이용하는 방법이다.

① α(알파)선   ② β(베타)선
③ γ(감마)선   ④ 중성자선

해설 전자포획검출기 : 방사선 동위원소로부터 방출되는 β(베타)선이 운반기체를 전리하여 미소전류를 흘려보낼 때 시료 중의 할로겐이나 산소와 같이 전자포획력이 강한 화합물에 의하여 전자가 포획되어 전류가 감소하는 것을 이용하는 방법이다.

79. 현재 널리 사용되고 있는 유도결합 플라스마의 고주파 전원으로 알맞은 것은?
① 라디오고주파 발생기의 27.12 MHz로 1 kW 출력
② 라디오고주파 발생기의 40.68 MHz로 5 kW 출력
③ 라디오고주파 발생기의 27.12 MHz로 100 kW 출력
④ 라디오고주파 발생기의 40.68 MHz로 1,000 kW 출력

해설 유도결합 플라스마 – 고주파 전원 : 라디오고주파(RF, radio frequency) 발생기는 출력범위 750~1,200 W 이상의 것을 사용하며, 이때 사용하는 주파수는 27.12 MHz 또는 40.68 MHz를 사용한다.

정답 75. ④   76. ④   77. ①   78. ②   79. ①

80. 중금속 측정을 위한 시료 전처리 방법 중 용매추출법인 피로리딘다이티오카르바민산 암모늄추출법에 대한 설명으로 옳지 않은 것은?

① 시료 중의 구리, 아연, 납, 카드뮴, 니켈, 코발트 및 은 등의 측정에 이용되는 방법이다.
② 철의 농도가 높을 때에는 다른 금속 추출에 방해를 줄 수 있다.
③ 망간은 착화합물 상태에서 매우 안정적이기 때문에 추출되기 어렵다.
④ 크롬은 6가 크롬 상태로 존재할 경우에만 추출된다.

해설 ③ 망간은 착화합물 상태에서 매우 불안정하므로 추출 즉시 측정하여야 한다.
피로리딘다이티오카르바민산 암모늄추출법
- 시료 중 구리, 아연, 납, 카드뮴, 니켈, 철, 망간, 6가 크롬, 코발트 및 은 등의 측정에 적용된다.
- 다만, 망간은 착화합물 상태에서 매우 불안정하므로 추출 즉시 측정하여야 한다.
- 크롬은 6가 크롬 상태로 존재할 경우에만 추출된다.
- 철의 농도가 높을 경우에는 다른 금속의 추출에 방해를 줄 수 있으므로 주의해야 한다.

제5과목 수질환경관계법규

81. Ⅲ지역에 있는 공공폐수처리시설의 방류수 수질기준으로 알맞은 것은? (단, 단위 : mg/L)

① SS : 10 이하, 총질소 : 20 이하, 총인 : 0.5 이하
② SS : 10 이하, 총질소 : 30 이하, 총인 : 1 이하
③ SS : 30 이하, 총질소 : 30 이하, 총인 : 2 이하
④ SS : 30 이하, 총질소 : 60 이하, 총인 : 4 이하

해설 공공폐수처리시설의 방류수 수질기준(Ⅲ지역)
- SS : 10 mg/L 이하
- T-N : 20 mg/L 이하
- T-P : 0.5 mg/L 이하

(더 알아보기) 핵심정리 2-97

82. 환경부장관은 물환경보전법의 목적을 달성하기 위하여 필요하다고 인정하는 때에는 관계기관의 협조를 요청할 수 있다. 이 각 호에 해당하는 항 중에서 대통령령이 정하는 사항에 해당되지 않는 것은?

① 도시개발제한구역의 지정
② 녹지지역, 풍치지구 및 공지지구의 지정
③ 관광시설이나 산업시설 등의 설치로 훼손된 토지의 원상복구
④ 수질이 악화되어 수도용수의 취수가 불가능하여 댐저류수의 방류가 필요한 경우의 방류량 조절

해설 관계기관의 협조 사항 – 대통령령이 정하는 사항
1. 도시개발제한구역의 지정
2. 관광시설이나 산업시설 등의 설치로 훼손된 토지의 원상복구
3. 수질오염 사고가 발생하거나 수질이 악화되어 수도용수의 취수가 불가능하여 댐저류수의 방류가 필요한 경우의 방류량 조절

83. 제1종 사업장으로서 배출허용기준을 처음 위반한 경우 배출부과금 산정 시 부과되는 계수는? (단, 사업장 규모 : 10,000 m³/day 이상인 경우)

① 2.0   ② 1.8
③ 1.6   ④ 1.4

정답 80. ③ 81. ① 82. ② 83. ②

해설 사업장별 부과계수
(1) 제1종 사업장(단위 : m³/일)
- 10,000 이상 부과계수 : 1.8
- 8,000 이상 10,000 미만 부과계수 : 1.7
- 6,000 이상 8,000 미만 부과계수 : 1.6
- 4,000 이상 6,000 미만 부과계수 : 1.5
- 2,000 이상 4,000 미만 부과계수 : 1.4
(2) 제2종 사업장 부과계수 : 1.3
(3) 제3종 사업장 부과계수 : 1.2
(4) 제4종 사업장 부과계수 : 1.1

84. 낚시제한구역에서의 낚시방법 제한사항에 관한 기준으로 아닌 것은?

① 1명당 4대 이상의 낚시대를 사용하는 행위
② 낚시 바늘에 끼워서 사용하지 아니하고 떡밥 등을 던지는 행위
③ 1개의 낚시대에 3개의 낚시바늘을 떡밥과 뭉쳐서 미끼로 던지는 행위
④ 어선을 이용한 낚시행위 등 [낚시 관리 및 육성법]에 따른 낚시어선업을 영위하는 행위

해설 낚시제한구역에서의 제한사항
③ 1개의 낚시대에 5개 이상의 낚시바늘을 떡밥과 뭉쳐서 미끼로 던지는 행위

85. 공공폐수처리시설의 유지·관리기준에 관한 내용으로 (   )에 맞는 것은?

처리시설의 가동시간, 폐수방류량, 약품 투입량, 관리·운영자, 그 밖에 처리시설의 운영에 관한 주요사항을 사실대로 매일 기록하고 이를 최종 기록한 날부터 (   ) 보존하여야 한다.

① 1년간   ② 2년간
③ 3년간   ④ 5년간

해설 운영일지 보존기간
- 폐수배출시설 및 수질오염방지시설, 공공폐수처리시설 : 최종 기록일부터 1년간 보존
- 폐수무방류배출시설 : 최종 기록일로부터 3년간 보존

86. 수질 및 수생태계 환경기준 중 하천의 "사람의 건강보호 기준"으로 옳은 것은? (단, 단위는 mg/L)

① 벤젠 : 0.03 이하
② 클로로포름 : 0.08 이하
③ 비소 : 검출되어서는 안 됨(검출한계 0.01)
④ 음이온계면활성제 : 0.1 이하

해설 하천 – 사람의 건강보호 기준
① 벤젠 : 0.01 이하
③ 비소 : 0.05 이하
④ 음이온계면활성제 : 0.5 이하

더알아보기 핵심정리 2-88 (2)

87. 사업장별 환경기술인의 자격기준에 관한 내용으로 틀린 것은?

① 대기환경기술인으로 임명된 자가 수질환경기술인의 자격을 함께 갖춘 경우에는 수질환경기술인을 겸임할 수 있다.
② 공동방지시설에 있어서 폐수배출량이 1, 2종 사업장 규모인 경우에는 3종사업장에 해당하는 환경기술인을 선임할 수 있다.
③ 연간 90일 미만 조업하는 1, 2, 3종사업장은 4, 5종사업장에 해당하는 환경기술인을 선임할 수 있다.
④ 특정수질유해물질이 포함된 수질오염물질을 배출하는 4, 5종사업장은 3종사업장에 해당하는 환경기술인을 두어야 한다. 다만, 특정수질유해물질이 포함된 1일 10 m³ 이하의 폐수를 배출하는 사업장의 경우에는 그러하지 아니하다.

해설 ② 공동방지시설의 경우에는 폐수배출량이 제4종 또는 제5종 사업장의 규모에 해당하면 제3종 사업장에 해당하는 환경기술인을 두어야 한다.

정답   84. ③   85. ①   86. ②   87. ②

88. 시·도지사는 공공수역의 수질보전을 위하여 환경부령이 정하는 해발고도 이상에 위치한 농경지 중 환경부령이 정하는 경사도 이상의 농경지를 경작하는 자에 대하여 경작방식의 변경, 농약·비료의 사용량 저감, 휴경 등을 권고할 수 있다. 위에서 언급한 환경부령이 정하는 해발고도와 경사도 기준은?

① 400미터, 15퍼센트
② 400미터, 25퍼센트
③ 600미터, 15퍼센트
④ 600미터, 25퍼센트

해설 휴경 등 권고대상 농경지의 해발고도 및 경사도
- 해발고도 : 해발 400 m
- 경사도 : 15 %

89. 국립환경과학원장, 유역환경청장, 지방환경청장이 설치할 수 있는 측정망과 가장 거리가 먼 것은?

① 생물 측정망
② 공공수역 유해물질 측정망
③ 도심하천 측정망
④ 퇴적물 측정망

해설 국립환경과학원장, 유역환경청장, 지방환경청장이 설치할 수 있는 측정망
1. 비점오염원에서 배출되는 비점오염물질 측정망
2. 수질오염물질의 총량관리를 위한 측정망
3. 대규모 오염원의 하류지점 측정망
4. 수질오염경보를 위한 측정망
5. 대권역·중권역을 관리하기 위한 측정망
6. 공공수역 유해물질 측정망
7. 퇴적물 측정망
8. 생물 측정망
9. 그 밖에 국립환경과학원장이 필요하다고 인정하여 설치·운영하는 측정망

90. 기본배출부과금에 관한 설명으로 ( )에 알맞은 것은?

공공폐수처리시설 또는 공공하수처리시설에서 배출되는 폐수 중 수질오염물질이 ( )하는 경우

① 배출허용기준을 초과
② 배출허용기준을 미달
③ 방류수수질기준을 초과
④ 방류수수질기준을 미달

해설 1. 기본배출부과금
가. 배출시설(폐수무방류배출시설은 제외한다)에서 배출되는 폐수 중 수질오염물질이 배출허용기준 이하로 배출되나 방류수 수질기준을 초과하는 경우
나. 공공폐수처리시설 또는 공공하수처리시설에서 배출되는 폐수 중 수질오염물질이 방류수 수질기준을 초과하는 경우
2. 초과배출부과금
가. 수질오염물질이 배출허용기준을 초과하여 배출되는 경우
나. 수질오염물질이 공공수역에 배출되는 경우(폐수무방류배출시설로 한정한다)

91. 환경부장관 또는 시·도지사는 수질오염 피해가 우려되는 하천·호소를 선정하여 수질오염경보를 단계별로 발령할 수 있다. 수질오염경보의 경보단계별 발령 및 해제기준이 바르지 않은 것은?

① 관심 : 2회 연속채취 시 남조류 세포수 1,000세포/mL 이상 10,000세포/mL 미만인 경우
② 경계 : 2회 연속채취 시 남조류 세포수 10,000세포/mL 이상 1,000,000세포/mL 미만인 경우
③ 조류 대발생 : 2회 연속채취 시 남조류 세포수 1,000,000 세포/mL 이상인 경우
④ 해제 : 2회 연속채취 시 남조류 세포수 500세포/mL 미만인 경우

해설 ④ 해제 : 2회 연속채취 시 남조류 세포수 1,000세포/mL 미만인 경우

더 알아보기 핵심정리 2-90

92. 상수원을 오염시킬 우려가 있는 물질을 수송하는 자동차의 통행을 제한하고자 한다. 표지판을 설치해야 하는 자는?
① 경찰청장
② 환경부장관
③ 대통령
④ 지자체장

해설 경찰청장은 자동차의 통행제한을 위하여 필요하다고 인정할 때에는 다음 각 호에 해당하는 조치를 하여야 한다.
1. 자동차 통행제한 표지판의 설치
2. 통행제한 위반 자동차의 단속

93. 폐수종말처리시설의 배수설비 설치방법 및 구조기준으로 옳지 않은 것은?
① 배수관의 관경은 100 mm 이상으로 하여야 한다.
② 배수관은 우수관과 분리하여 빗물이 혼합되지 않도록 설치하여야 한다.
③ 배수관이 직선인 부분에는 내경의 120배 이하의 간격으로 맨홀을 설치하여야 한다.
④ 배수관 입구에는 유효간격 10 mm 이하의 스크린을 설치하여야 한다.

해설 ① 배수관은 폐수관로와 연결되어야 하며, 관경(관지름)은 안지름 150 mm 이상으로 하여야 한다.

94. 다음 중 특정수질유해물질에 해당되지 않는 것은?
① 트리클로로메탄
② 1, 1-디클로로에틸렌
③ 디클로로메탄
④ 펜타클로로페놀

해설 특정수질유해물질(제4조 관련)
1. 구리와 그 화합물
2. 납과 그 화합물
3. 비소와 그 화합물
4. 수은과 그 화합물
5. 시안화합물
6. 유기인 화합물
7. 6가 크롬 화합물
8. 카드뮴과 그 화합물
9. 테트라클로로에틸렌
10. 트리클로로에틸렌
11. 삭제 〈2016. 5. 20.〉
12. 폴리클로리네이티드바이페닐
13. 셀레늄과 그 화합물
14. 벤젠
15. 사염화탄소
16. 디클로로메탄
17. 1, 1-디클로로에틸렌
18. 1, 2-디클로로에탄
19. 클로로포름
20. 1, 4-다이옥산
21. 디에틸헥실프탈레이트(DEHP)
22. 염화비닐
23. 아크릴로니트릴
24. 브로모포름
25. 아크릴아미드
26. 나프탈렌
27. 폼알데하이드
28. 에피클로로하이드린
29. 페놀
30. 펜타클로로페놀

95. 수질(하천)의 생활환경기준 항목이 아닌 것은?
① 수소이온농도
② 부유물질량
③ 용매 추출유분
④ 총대장균군

해설 환경정책기본법 – 환경기준
- 하천의 생활환경기준 항목: pH, BOD, TOC, SS, DO, T-P, 총대장균군, 분원성 대장균군
- 해역의 생활환경기준 항목: pH, 총대장균군, 용매 추출유분

정답 92. ① 93. ① 94. ① 95. ③

96. 오염총량관리기본계획 수립 시 포함되지 않는 내용은?
① 해당 지역 개발계획의 내용
② 지방자치단체별·수계구간별 오염부하량의 할당
③ 관할 지역에서 배출되는 오염부하량의 총량 및 저감계획
④ 오염총량초과부과금의 산정방법과 산정기준

해설 오염총량관리기본계획의 수립 시 포함사항
1. 해당 지역 개발계획의 내용
2. 지방자치단체별·수계구간별 오염부하량의 할당
3. 관할 지역에서 배출되는 오염부하량의 총량 및 저감계획
4. 해당 지역 개발계획으로 인하여 추가로 배출되는 오염부하량 및 그 저감계획

97. 폐수처리업자의 준수사항 내용으로 ( )에 알맞은 것은?

> 수탁한 폐수는 정당한 사유없이 ( ) 이상 보관할 수 없다.

① 10일   ② 15일   ③ 30일   ④ 45일

해설 수탁한 폐수는 정당한 사유 없이 10일 이상 보관할 수 없으며, 보관폐수의 전체량이 저장시설 저장능력의 90퍼센트 이상 되게 보관하여서는 아니 된다.

98. 배출시설에 대한 일일기준초과배출량 산정에 적용되는 일일유량은 (측정유량×일일조업시간)이다. 일일유량을 구하기 위한 일일조업시간에 대한 설명으로 ( )에 맞는 것은?

> 측정하기 전 최근 조업한 30일간의 배출시설 조업시간의 (㉠)로서 (㉡)으로 표시한다.

① ㉠ 평균치, ㉡ 분(min)
② ㉠ 평균치, ㉡ 시간(hr)
③ ㉠ 최대치, ㉡ 분(min)
④ ㉠ 최대치, ㉡ 시간(hr)

해설 일일유량 산정을 위한 일일조업시간은 측정하기 전 최근 조업한 30일간의 배출시설 조업시간 평균치로서 분(min)으로 표시한다.

99. 하수도법에서 사용하는 용어에 대한 정의가 틀린 것은?
① 분뇨는 수거식 화장실에서 수거되는 액체성 또는 고체성의 오염물질이다.
② 합류식하수관로는 오수와 하수도로 유입되는 빗물·지하수가 함께 흐르도록 하기 위한 하수관로이다.
③ 분뇨처리시설은 분뇨를 침전·분해 등의 방법으로 처리하는 시설이다.
④ 배수구역은 하수를 공공하수처리시설에 유입하여 처리할 수 있는 지역이다.

해설 ④ "배수구역"이라 함은 공공하수도에 의하여 하수를 유출시킬 수 있는 지역을 말한다.

100. 오염총량관리시행계획에 포함되지 않는 것은?
① 대상 유역의 현황
② 연차별 오염부하량 삭감 목표 및 구체적 삭감 방안
③ 수질과 오염원과의 관계
④ 수질예측 산정자료 및 이행 모니터링 계획

해설 오염총량관리시행계획에 포함되어야 하는 사항
1. 오염총량관리시행계획 대상 유역의 현황
2. 오염원 현황 및 예측
3. 연차별 지역 개발계획으로 인하여 추가로 배출되는 오염부하량 및 해당 개발계획의 세부 내용
4. 연차별 오염부하량 삭감 목표 및 구체적 삭감 방안
5. 오염부하량 할당 시설별 삭감량 및 그 이행 시기
6. 수질예측 산정자료 및 이행 모니터링 계획

정답 96. ④   97. ①   98. ①   99. ④   100. ③

수질환경기사

2022년 4월 24일 (제2회)

제1과목   수질오염개론

1. 하수가 유입된 하천의 자정작용을 하천 유하거리에 따라 분해지대, 활발한 분해지대, 회복지대, 정수지대의 4단계로 분류하여 나타내는 경우, 회복지대의 특성으로 틀린 것은?

① 세균수가 감소한다.
② 발생된 암모니아성 질소가 질산화 된다.
③ 용존산소의 농도가 포화될 정도로 증가한다.
④ 규조류가 사라지고 윤충류, 갑각류도 감소한다.

해설 ④ 회복지대에서는 세균수가 감소하고 윤충류, 갑각류가 증가하며, 하류로 갈수록 규조류가 증가한다.

2. 강우의 pH에 관한 설명으로 틀린 것은?

① 보통 대기 중의 이산화탄소와 평형상태에 있는 물은 약 pH 5.7의 산성을 띠고 있다.
② 산성강우의 주요원인 물질로 황산화물, 질소산화물 및 염소산화물을 들 수 있다.
③ 산성강우현상은 대기오염이 혹심한 지역에 국한되어 나타난다.
④ 강우는 부유재(fly ash)로 인하여 때때로 알칼리성을 띨 수 있다.

해설 ③ 산성강우현상은 광역적 대기오염이므로, 국지적 지역에 국한되지 않는다.

3. 호소의 부영양화에 대한 일반적 영향으로 틀린 것은?

① 부영양화가 진행된 수원을 농업용수로 사용하면 영양염류의 공급으로 농산물 수확량이 지속적으로 증가한다.
② 조류나 미생물에 의해 생성된 용해성 유기물질이 불쾌한 맛과 냄새를 유발한다.
③ 부영양화 평가모델은 인(P)부하모델인 Vollenweider 모델 등이 대표적이다.
④ 심수층의 용존산소량이 감소한다.

해설 부영양화
① 부영양화가 진행된 수원을 농업용수로 사용하면 고농도 질소 때문에 경작 장애가 발생한다.

더 알아보기 핵심정리 2-13 (3)

4. 수질오염물질 중 중금속에 관한 설명으로 틀린 것은?

① 카드뮴: 인체 내에서 투과성이 높고 이동성이 있는 독성 메틸 유도체로 전환된다.
② 비소: 인산염 광물에 존재해서 인 화합물 형태로 환경 중에 유입된다.
③ 납: 급성독성은 신장, 생식계통, 간 그리고 뇌와 중추신경계에 심각한 장애를 유발한다.
④ 수은: 수은 중독은 BAL, Ca_2EDTA로 치료할 수 있다.

해설 ① 인체 내에서 투과성이 높고 이동성이 있는 독성 메틸 유도체로 전환되는 것은 메틸수은이다.

5. 광합성에 대한 설명으로 틀린 것은?

① 호기성광합성(녹색식물의 광합성)은 진조류와 청녹조류를 위시하여 고등식물에서 발견된다.
② 녹색식물의 광합성은 탄산가스와 물로부터 산소와 포도당(또는 포도당 유도산물)을 생성하는 것이 특징이다.
③ 세균활동에 의한 광합성은 탄산가스의 산화를 위하여 물 이외의 화합물질이 수소원자를 공여, 유리산소를 형성한다.
④ 녹색식물의 광합성 시 광은 에너지를 그리고 물은 환원반응에 수소를 공급해준다.

정답 1. ④   2. ③   3. ①   4. ①   5. ③

해설 ③ 광합성에서 수소원자 공여체는 물이다.
더 알아보기 핵심정리 2-15

6. 물의 특성에 대한 설명으로 옳지 않은 것은?
① 기화열이 크기 때문에 생물의 효과적인 체온 조절이 가능하다.
② 비열이 크기 때문에 수온의 급격한 변화를 방지해 줌으로써 생물활동이 가능한 기온을 유지한다.
③ 융해열이 작기 때문에 생물체의 결빙이 쉽게 일어나지 않는다.
④ 빙점과 비점 사이가 100°C나 되므로 넓은 범위에서 액체 상태를 유지할 수 있다.
해설 ③ 융해열(응고열)이 큼

7. 생물농축에 대한 설명으로 가장 거리가 먼 것은?
① 수생생물체내의 각종 중금속 농도는 환경수중의 농도보다는 높은 경우가 많다.
② 생물체중의 농도와 환경수중의 농도비를 농축비 또는 농축계수라고 한다.
③ 수생생물의 종류에 따라서 중금속의 농축비가 다른 경우가 많다.
④ 농축비는 먹이사슬 과정에서 높은 단계의 소비자에 상당하는 생물일수록 낮게 된다.
해설 ④ 농축비는 먹이사슬 과정에서 높은 단계의 소비자에 상당하는 생물일수록 높아진다.

8. 벤젠, 톨루엔, 에틸벤젠, 자일렌이 같은 몰수로 혼합된 용액이 라울 법칙을 따른다고 가정하면 혼합액의 총 증기압(25°C 기준, atm)은? (단, 벤젠, 톨루엔, 에틸벤젠, 자일렌의 25°C에서 순수액체의 증기압은 각각 0.126, 0.038, 0.0126, 0.01177 atm이며, 기타 조건은 고려하지 않음)
① 0.047
② 0.057
③ 0.067
④ 0.077

해설 $P = P_{벤} + P_{톨} + P_{에} + P_{자}$
$= \frac{1}{4} \times 0.126 + \frac{1}{4} \times 0.038 + \frac{1}{4} \times 0.0126 + \frac{1}{4} \times 0.01177$
$= 0.0470$

혼합용액의 증기압력(라울의 법칙)
$P = P_A + P_B = x_A P_A° + x_B P_B°$
여기서, P : 혼합용액의 전체 압력
P_A : 혼합용액 중 A의 부분압력
P_B : 혼합용액 중 B의 부분압력
$P_A°$: 순수한 A의 증기압력
$P_B°$: 순수한 B의 증기압력
x_A : 혼합용액 중 A의 몰분율
x_B : 혼합용액 중 B의 몰분율

9. BOD_5 270 mg/L이고, COD가 450 mg/L인 경우, 탈산소계수(K_1)의 값이 0.1/day일 때, 생물학적으로 분해 불가능한 COD(mg/L)는? (단, BDCOD = BOD_u, 상용대수 기준)
① 약 55
② 약 65
③ 약 75
④ 약 85

해설 (1) $BDCOD = BOD_u = \frac{BOD_t}{1 - 10^{-kt}}$
$= \frac{270}{1 - 10^{-0.1 \times 5}} = 394.868$
(2) $NBDCOD = COD - BDCOD$
$= 450 - 394.868 = 55.13$

정답 6. ③ 7. ④ 8. ① 9. ①

10. 다음은 수질조사에서 얻은 결과인데, Ca^{2+} 결과치의 분실로 인하여 기재가 되지 않았다. 주어진 자료로부터 Ca^{2+} 농도(mg/L)는?

양이온(mg/L)		음이온(mg/L)	
Na^+	46	Cl^-	71
Ca^{2+}	–	HCO_3^-	122
Mg^{2+}	36	SO_4^{2-}	192

① 20 ② 40
③ 60 ④ 80

해설 전하균형식(chrge balance)
$\sum$양이온 전하량(당량) = $\sum$음이온 전하량(당량)

$$\frac{46\,mg}{L} \times \frac{1\,me}{23\,mg} + Ca^{2+}(me/L)$$
$$+ \frac{36\,mg}{L} \times \frac{2\,me}{24\,mg}$$
$$= \frac{71\,mg}{L} \times \frac{1\,me}{35.5\,mg} + \frac{122\,mg}{L}$$
$$\times \frac{1\,me}{61\,mg} + \frac{192\,mg}{L} \times \frac{2\,me}{96\,mg}$$

∴ $Ca^{2+}(me/L) = 3$

∴ $Ca^{2+} = \frac{3\,me}{L} \times \frac{40\,mg\,Ca}{2\,me} = 60\,mg/L$

11. 부영양화가 진행된 호소에 대한 수면관리 대책으로 틀린 것은?
① 수중폭기한다.
② 퇴적층을 준설한다.
③ 수생식물을 이용한다.
④ 살조제는 황산알루미늄을 주로 많이 쓴다.

해설 ④ 조류제거를 위한 살조제는 주로 황산동을 사용한다.
• 살조제 : 조류제거 물질(황산동, 염소, 활성탄 등)

12. 생물학적 질화 중 아질산화에 관한 설명으로 틀린 것은?
① Nitrobacter에 의해 수행된다.
② 수율은 0.04~0.13 mg VSS/mg NH_4^+-N 정도이다.
③ 관련 미생물은 독립영양성 세균이다.
④ 산소가 필요하다.

해설 • Nitrosomonas : 1단계 질산화(아질산화)
• Nitrobacter : 2단계 질산화(질산화)

13. 0.01 M-KBr과 0.02M-$ZnSO_4$ 용액의 이온강도는? (단, 완전 해리 기준)
① 0.08
② 0.09
③ 0.12
④ 0.14

해설 $KBr \rightarrow K^+ + Br^-$
$ZnSO_4 \rightarrow Zn^{2+} + SO_4^{2-}$

이온	몰농도(C)	Z^2	CZ^2
K^+	0.01	1^2	0.01
Br^-	0.01	$(-1)^2$	0.01
Zn^{2+}	0.02	2^2	0.08
SO_4^{2-}	0.02	$(-2)^2$	0.08
		합계	0.18

$I = \frac{1}{2}\sum CZ^2 = \frac{1}{2} \times 0.18 = 0.09$

14. 바닷물에 0.054 M의 $MgCl_2$가 포함되어 있을 때 바닷물 250 mL에 포함되어 있는 $MgCl_2$의 양(g)은? (단, 원자량 Mg = 24.3, Cl = 35.5)
① 약 0.8
② 약 1.3
③ 약 2.6
④ 약 3.9

해설 $\dfrac{0.054\,mol}{L} \mid 0.250\,L \mid \dfrac{95.3\,g}{1\,mol}$
$= 1.286\,g$

정답 10. ③ 11. ④ 12. ① 13. ② 14. ②

15. 반응속도에 관한 설명으로 알맞지 않은 것은?

① 영차반응 : 반응물의 농도에 독립적인 속도로 진행하는 반응이다.
② 일차반응 : 반응속도가 시간에 따른 반응물의 농도변화 정도에 반비례하여 진행하는 반응이다.
③ 이차반응 : 반응속도가 한 가지 반응물 농도의 제곱에 비례하여 진행하는 반응이다.
④ 실험치에 따라 특정 반응속도의 차수를 구하기 위하여는 시간에 따른 농도변화를 그래프로 그리고 직선으로부터의 편차를 구하여 평가한다.

해설 반응속도식 $\dfrac{dC}{dt} = kC^n$

② 일차반응 : 반응속도가 시간에 따른 반응물의 농도변화 정도에 비례하여 진행하는 반응이다.

16. 방사성 물질인 스트론튬(Sr^{90})의 반감기가 29년이라면 주어진 양의 스트론튬(Sr^{90})이 99 % 감소하는 데 걸리는 시간(년)은?

① 143 ② 193 ③ 233 ④ 273

해설 $\ln\dfrac{C}{C_0} = -kt$에서,

(1) $\ln\dfrac{50}{100} = -k \times 29$
∴ $k = 0.0239/yr$

(2) $\ln\dfrac{1}{100} = -0.0239 \times t$
∴ $t = 192.67\,yr$

17. 수질모델링을 위한 절차에 해당하는 항목으로 가장 거리가 먼 것은?

① 변수추정
② 수질예측 및 평가
③ 보정
④ 감응도 분석

해설 수질모델링 절차(순서)
- 모델의 설계 및 자료수집
- 모델링 프로그램(CODE) 선택 및 운영
- 보정(calibration)
- 검증(verification)
- 감응도 분석
- 수질예측 및 평가

18. 다음과 같은 수질을 가진 농업용수의 SAR값은? (단, Na^+ = 460 mg/L, PO_4^{3-} = 1,500 mg/L, Cl^- = 108 mg/L, Ca^{2+} = 600 mg/L, Mg^{2+} = 240 mg/L, NH_3-N = 380 mg/L, 원자량 = Na : 23, P : 31, Cl : 35.5, Ca : 40, Mg : 24)

① 2 ② 4
③ 6 ④ 8

해설
- Na^+ : $\dfrac{460\,mg}{L} \times \dfrac{1\,me}{23\,mg} = 20\,me/L$
- Mg^{2+} : $\dfrac{240\,mg}{L} \times \dfrac{1\,me}{12\,mg} = 20\,me/L$
- Ca^{2+} : $\dfrac{600\,mg}{L} \times \dfrac{1\,me}{20\,mg} = 30\,me/L$

$SAR = \dfrac{Na^+}{\sqrt{\dfrac{Ca^{2+} + Mg^{2+}}{2}}} = \dfrac{20}{\sqrt{\dfrac{30+20}{2}}} = 4$

19. 다음의 기체 법칙 중 옳은 것은?

① Boyle의 법칙 : 일정한 압력에서 기체의 부피는 절대온도에 정비례한다.
② Henry의 법칙 : 기체와 관련된 화학반응에서는 반응하는 기체와 생성되는 기체의 부피 사이에 정수관계가 있다.
③ Graham의 법칙 : 기체의 확산속도(조그마한 구멍을 통한 기체의 탈출)는 기체분자량의 제곱근에 반비례한다.
④ Gay-Lussac의 결합 부피 법칙 : 혼합기체 내의 각 기체의 부분압력은 혼합물속의 기체의 양에 비례한다.

정답 15. ② 16. ② 17. ① 18. ② 19. ③

해설 기체 관련 법칙
① 샤를의 법칙, ② Gay-Lussac의 법칙, ④ 부분압력의 법칙

더 알아보기 핵심정리 2-19

20. 시료의 BOD₅가 200 mg/L이고 탈산소계수값이 0.15 day⁻¹일 때 최종 BOD(mg/L)는?

① 약 213 ② 약 223
③ 약 233 ④ 약 243

해설 $BOD_t = BOD_u(1-10^{-kt})$
$200 = BOD_u(1-10^{-0.15 \times 5})$
$\therefore BOD_u = 243.25$

제2과목 상하수도계획

21. 계획오수량에 관한 설명으로 ( )에 알맞은 내용은?

> 합류식에서 우천 시 계획오수량은 ( ) 이상으로 한다.

① 원칙적으로 계획1일최대오수량의 2배
② 원칙적으로 계획1일최대오수량의 3배
③ 원칙적으로 계획시간최대오수량의 2배
④ 원칙적으로 계획시간최대오수량의 3배

해설 합류식에서 우천 시 계획오수량은 원칙적으로 계획시간최대오수량의 3배 이상으로 한다.

더 알아보기 핵심정리 2-29

22. 하수 배제방식의 특징에 대한 설명으로 옳지 않은 것은?

① 분류식은 우천 시에 월류가 없다.
② 분류식은 강우 초기 노면 세정수가 하천 등으로 유입되지 않는다.
③ 합류식 시설의 일부를 개선 또는 개량하면 강우초기의 오염된 우수를 수용해서 처리할 수 있다.
④ 합류식은 우천 시 일정량 이상이 되면 오수가 월류한다.

해설 ② 분류식은 강우 초기 노면 세정수가 하천 등으로 유입된다.

더 알아보기 핵심정리 2-31

23. 정수처리방법인 중간염소처리에서 염소의 주입 지점으로 가장 적절한 것은?

① 혼화지와 침전지 사이
② 침전지와 여과지 사이
③ 착수정과 혼화지 사이
④ 착수정과 도수관 사이

해설
- 전염소처리 : 응집침전 이전 주입
- 중간염소처리 : 침전지와 여과지 사이
- 후염소처리 : 여과지 이후 주입(소독지)

24. 계획취수량을 확보하기 위하여 필요한 저수용량의 결정에 사용되는 계획기준년에 관한 내용으로 ( )에 적절한 것은?

> 원칙적으로 ( )에 제1위 정도의 갈수를 표준으로 한다.

① 5개년 ② 7개년
③ 10개년 ④ 15개년

해설 상수의 계획취수량을 확보하기 위하여 필요한 저수용량의 결정에 사용하는 계획기준년은 원칙적으로 10개년에 제 1위 정도의 갈수를 표준으로 한다.

25. 다음 하수관로에 관한 설명 중 옳지 않은 것은?

① 우수관로에서 계획하수량은 계획우수량으로 한다.
② 합류식 관로에서 계획하수량은 계획시간최대오수량에 계획우수량을 합한 것으로 한다.
③ 차집관로에서 계획하수량은 계획시간최대오수량으로 한다.
④ 지역의 실정에 따라 계획하수량에 여유율을 둘 수 있다.

정답 20. ④ 21. ④ 22. ② 23. ② 24. ③ 25. ③

해설 ③ 차집관로에서 계획하수량은 우천 시 계획오수량으로 한다.

(더 알아보기) 핵심정리 2-36

26. 기존의 하수처리시설에 고도처리시설을 설치하고자 할 때 검토사항으로 틀린 것은?
① 표준활성슬러지법이 설치된 기존처리장의 고도처리 개량은 개선대상 오염물질별 처리특성을 감안하여 효율적인 설계가 되어야 한다.
② 시설개량은 시설개량방식을 우선 검토하되 방류수수질기준 준수가 곤란한 경우에 한해 운전개선방식을 함께 추진하여야 한다.
③ 기본설계과정에서 처리장의 운영실태 정밀분석을 실시한 후 이를 근거로 사업추진방향 및 범위 등을 결정하여야 한다.
④ 기존시설물 및 처리공정을 최대한 활용하여야 한다.

해설 ② 시설개량은 운전개선방식을 우선 검토하되 방류수수질기준 준수가 곤란한 경우에 한해 시설개량방식을 추진하여야 한다.

(더 알아보기) 핵심정리 2-33

27. 해수담수화방식 중 상(相)변화방식인 증발법에 해당되는 것은?
① 가스수화물법   ② 다중효용법
③ 냉동법   ④ 전기투석법

해설 해수담수화 방식

상변화식	증발법	다단플래시법, 다중효용법, 증발압축법, 투과기화법
	냉동법	직접냉동법, 간접냉동법, 가스수화물법
상불변식	막여과법	역삼투, 전기투석
	기타	이온교환, 용매추출법

28. 1분당 300 m³의 물을 150 m 양정(전양정)할 때 최고효율점에 달하는 펌프가 있다. 이때의 회전수가 1500 rpm이라면, 이 펌프의 비속도(비교회전도)는?
① 약 512   ② 약 554
③ 약 606   ④ 약 658

해설 $N_s = N\dfrac{Q^{1/2}}{H^{3/4}} = 1{,}500 \times \dfrac{(300)^{1/2}}{(150)^{3/4}}$
$= 606.15$

여기서, N : 펌프의 회전수(rpm)
H : 양정(m)
Q : 양수량(m³/min)

29. 펌프의 토출량이 0.20 m³/sec, 흡입구 유속이 3 m/sec인 경우, 펌프의 흡입구경(mm)은?
① 약 198   ② 약 292
③ 약 323   ④ 약 413

해설 $Q = AV$
$Q = \dfrac{\pi D^2}{4} V$
$\dfrac{0.2\ \text{m}^3}{\text{sec}} = \dfrac{\pi D^2}{4} \left| \dfrac{3.0\ \text{m}}{\text{sec}} \right.$
∴ D = 0.2913 m = 291.3 mm

30. 다음 중 막모듈의 열화와 가장 거리가 먼 것은?
① 장기적인 압력부하에 의한 막 구조의 압밀화
② 건조되거나 수축으로 인한 막 구조의 비가역적인 변화
③ 원수 중의 고형물이나 진동에 의한 막면의 상처, 마모, 파단
④ 막의 다공질부의 흡착, 석출, 포착 등에 의한 폐색

정답 26. ② 27. ② 28. ③ 29. ② 30. ④

해설 ④ 폐색은 파울링에 관한 설명임
막의 오염
- 열화 : 막 자체의 변질로 생긴 비가역적인 막 성능의 저하
- 파울링 : 막 자체의 변질이 아닌 외적 인자(막힘, 폐색)로 생긴 막 성능의 저하

31. 상수도 계획급수량과 관련된 내용으로 잘못된 것은?
① 계획1일평균급수량 = 계획1일평균사용수량/계획유효율
② 계획1일최대급수량 = 계획1일평균급수량 × 계획첨두율
③ 일반적인 산정절차는 각 용도별 1일평균 사용수량(실적) → 각 계획용도별 1일평균 사용수량 → 계획 1일평균사용수량 → 계획 1일평균급수량 → 계획 1일최대급수량으로 한다.
④ 일반적으로 소규모 도시일수록 첨두율 값이 작다.

해설 ④ 일반적으로 소규모 도시일수록 첨두율 값이 크다.

32. 오수 이송방법은 자연유하식, 압력식, 진공식이 있다. 이 중 압력식(다중압송)에 관한 내용으로 옳지 않은 것은?
① 지형변화에 대응이 어렵다.
② 지속적인 유지관리가 필요하다.
③ 저지대가 많은 경우 시설이 복잡하다.
④ 정전 등 비상대책이 필요하다.

해설 ① 지형변화에 대응이 용이하다.

(더 알아보기) 핵심정리 2-32

33. 다음 중 도수거에 관한 설명으로 옳지 않은 것은?
① 수리학적으로 자유 수면을 갖고 중력 작용으로 경사진 수로를 흐르는 시설이다.
② 개거나 암거인 경우에는 대개 300~500 m 간격으로 시공조인트를 겸한 신축조인트를 설치한다.
③ 균일한 동수경사(통상 1/3,000~1/1,000)로 도수하는 시설이다.
④ 도수거의 평균유속의 최대한도는 3.0 m/sec로 하고 최소유속은 0.3 m/sec로 한다.

해설 ② 개거나 암거인 경우에는 대개 30~50 m 간격으로 시공조인트를 겸한 신축조인트를 설치한다.

34. 하수처리를 위한 산화구법에 관한 설명으로 틀린 것은?
① 용량은 HRT가 24~48시간이 되도록 정한다.
② 형상은 장원형무한수로로 하며 수심은 1.0~3.0 m, 수로 폭은 2.0~6.0 m 정도가 되도록 한다.
③ 저부하조건의 운전으로 SRT가 길어 질산화반응이 진행되기 때문에 무산소 조건을 적절히 만들면 70 % 정도의 질소 제거가 가능하다.
④ 산화구내의 혼합상태가 균일하여도 구내에서 MLSS, 알칼리도 농도의 구배는 크다.

해설 ④ 산화구내의 혼합상태에 따른 용존산소 농도는 흐름의 방향에 따라 농도구배가 발생하지만, 구내에서 MLSS, 알칼리도 농도는 균일하다.

35. 취수시설에서 침사지에 관한 설명으로 옳지 않은 것은?
① 지의 위치는 가능한 한 취수구에 근접하여 제내지에 설치한다.
② 지의 상단높이는 고수위보다 0.3~0.6 m의 여유고를 둔다.
③ 지의 고수위는 계획취수량이 유입될 수 있도록 취수구의 계획최저수위 이하로 정한다.
④ 지의 길이는 폭의 3~8배, 지내 평균 유속은 2~7 cm/sec를 표준으로 한다.

정답 31. ④ 32. ① 33. ② 34. ④ 35. ②

해설 ② 지의 상단높이는 고수위보다 0.6~1 m의 여유고를 둔다.
더 알아보기 핵심정리 2-24

36. 상수의 공급과정을 바르게 나타낸 것은?

① 취수 → 도수 → 정수 → 송수 → 배수 → 급수
② 취수 → 도수 → 송수 → 정수 → 배수 → 급수
③ 취수 → 송수 → 정수 → 배수 → 도수 → 급수
④ 취수 → 송수 → 배수 → 정수 → 도수 → 급수

해설 상수도 계통 : 취수→도수→정수→송수→배수→급수

37. 계획취수량이 10 m³/sec, 유입수심이 5 m, 유입속도가 0.4 m/sec인 지역에 취수구를 설치하고자 할 때 취수구의 폭(m)은? (단, 취수보 설계 기준)

① 0.5
② 1.25
③ 2.5
④ 5.0

해설 (1) $A = \dfrac{Q}{V} = \dfrac{10\,\text{m}^3}{\text{sec}} \cdot \dfrac{\text{s}}{0.4\,\text{m}} = 25\,\text{m}^2$

(2) 취수구 폭 $= \dfrac{면적}{수심} = \dfrac{25\,\text{m}^2}{5\,\text{m}} = 5\,\text{m}$

38. 정수시설 중 플록형성지에 관한 설명으로 틀린 것은?

① 기계식교반에서 플록큐레이터(flocculator)의 주변속도는 5~10 cm/sec를 표준으로 한다.
② 플록형성시간은 계획정수량에 대하여 20~40분간을 표준으로 한다.
③ 직사각형이 표준이다.
④ 혼화지와 침전지 사이에 위치하고 침전지에 붙여서 설치한다.

해설 플록형성지 설계기준
① 유속 : 기계식교반(15~80 cm/s), 우류식교반(15~30 cm/s)
더 알아보기 핵심정리 2-26 (2)

39. 다음 중 오수관거 계획 시 기준이 되는 오수량은?

① 계획시간최대오수량
② 계획1일최대오수량
③ 계획시간평균오수량
④ 계획1일평균오수량

해설 • 오수관거 계획 기준 : 계획시간최대오수량
• 처리시설 계획 기준 : 계획1일최대오수량

40. 천정호(얕은 우물)의 경우 양수량 $Q = \dfrac{\pi k (H^2 - h^2)}{2.3 \log(R/r)}$ 로 표시된다. 반경 0.5 m의 천정호 시험정에서 H = 6 m, h = 4 m, R = 50 m인 경우에 Q = 0.6 m³/sec의 양수량을 얻었다. 이 조건에서 투수계수(k, m/sec)는?

① 0.044
② 0.073
③ 0.086
④ 0.146

해설 천정호(얕은 우물)의 양수량 공식

$Q = \dfrac{\pi k (H^2 - h^2)}{2.3 \log(R/r)}$

$0.6 = \dfrac{\pi k (6^2 - 4^2)}{2.3 \log(50/0.5)}$

∴ $k = 0.0439\,\text{m/s}$

여기서, Q : 양수량(m³/s)
k : 투수계수(m/s)
H : 지하수위(m)
h : 우물의 수위(m)
R : 영향원의 반경(m)
r : 우물의 반경(m)

정답 36. ① 37. ④ 38. ① 39. ① 40. ①

제3과목 수질오염방지기술

41. 탈질소 공정에서 폐수에 탄소원 공급용으로 가해지는 약품은?
① 응집제 ② 질산
③ 소석회 ④ 메탄올

해설 탈질의 탄소공급원 : 메탄올(유기탄소)

42. MLSS의 농도가 1,500 mg/L인 슬러지를 부상법으로 농축시키고자 한다. 압축탱크의 유효전달 압력이 4기압이며 공기의 밀도가 1.3 g/L, 공기의 용해량이 18.7 mL/L일 때 A/S비는? (단, 유량 = 300 m³/day, f = 0.5, 처리수의 반송은 없다.)
① 0.008 ② 0.010
③ 0.016 ④ 0.020

해설 $A/S = \dfrac{1.3 S_a(fP-1)}{S} \cdot r$
$= \dfrac{1.3 \times 18.7(0.5 \times 4 - 1)}{1,500} = 0.0162$

43. 포기조 내의 혼합액의 SVI가 100이고, MLSS 농도를 2,200 mg/L로 유지하려면 적정한 슬러지의 반송률(%)은? (단, 유입수의 SS는 무시한다.)
① 23.6 ② 28.2 ③ 33.6 ④ 38.3

해설 (1) $X_r = \dfrac{10^6}{SVI} = \dfrac{10^6}{100} = 10,000 \, mg/L$

(2) $r = \dfrac{X}{X_r - X} = \dfrac{2,200}{10,000 - 2,200}$
$= 0.282 = 28.2\%$

44. 기계적으로 청소가 되는 바 스크린의 바(bar) 두께는 5 mm이고, 바 간의 거리는 30 mm이다. 바를 통과하는 유속이 0.90 m/sec일 때 스크린을 통과하는 수두손실(m)은? (단, $h_L = \left(\dfrac{V_B^2 - V_A^2}{2g}\right)\left(\dfrac{1}{0.7}\right)$)

① 0.0157 ② 0.0238
③ 0.0325 ④ 0.0452

해설 $A_1 V_1 = A_2 V_2$

(1) $V_1 = \dfrac{A_2}{A_1} V_2 = \dfrac{t}{(t+b)} V_2$
$= \dfrac{30}{(30+5)} \times 0.9 = 0.771 \, m/s$

(2) $h_L = \dfrac{1}{0.7} \cdot \dfrac{V_2^2 - V_1^2}{2g}$
$= \dfrac{1}{0.7} \cdot \dfrac{0.9^2 - 0.771^2}{2 \times 9.8}$
$= 0.01566 \, m$

45. 경사판 침전지에서 경사판의 효과가 아닌 것은?
① 수면적 부하율의 증가효과
② 침전지 소요면적의 저감효과
③ 고형물의 침전효율 증대효과
④ 처리효율의 증대효과

해설 경사판의 효과
 • 침전지 소요면적의 저감효과
 • 고형물의 침전효율 증대효과
 • 처리효율의 증대효과
 • 수면적 부하율의 감소효과

46. 분뇨의 생물학적 처리공법으로서 호기성 미생물이 아닌 혐기성 미생물을 이용한 혐기성처리공법을 주로 사용하는 근본적인 이유는?
① 분뇨에는 혐기성 미생물이 살고 있기 때문에
② 분뇨에 포함된 오염물질은 혐기성 미생물만이 분해할 수 있기 때문에
③ 분뇨의 유기물 농도가 너무 높아 포기에 너무 많은 비용이 들기 때문에
④ 혐기성처리공법으로 발생되는 메탄가스가 공법에 필수적이기 때문에

정답 41. ④ 42. ③ 43. ② 44. ① 45. ① 46. ③

해설 분뇨는 고농도 유기물 하수이므로, 호기성 처리를 하려면 희석을 해 유기물 농도를 낮춰야 한다. 희석을 하게 되면, 유량, 반응조 크기, 약품비, 포기비용이 엄청나게 증가하므로, 경제적인 이유로 고농도 유기물은 주로 혐기성 처리를 사용한다.

47. 크롬함유 폐수를 환원처리공법 중 수산화물침전법으로 처리하고자 할 때 침전을 위한 적정 pH 범위는? (단, $Cr^{3+} + 3OH^- \rightarrow Cr(OH)_3 \downarrow$)

① pH 4.0~4.5
② pH 5.5~6.5
③ pH 8.0~8.5
④ pH 11.0~11.5

해설 • 3가 크롬으로 환원 pH : 2~3
• 3가 크롬 침전 pH : 8~9

48. side stream을 적용하여 생물학적 방법과 화학적 방법으로 인을 제거하는 공정은?

① 수정 Bardenpho 공정
② Phostrip 공정
③ SBR 공정
④ UCT 공정

해설 Phostrip 공정 : 생물학적 인제거 공법(혐기조-호기조) + 화학적 인제거 조합 공법

49. 이온교환막 전기투석법에 관한 설명 중 옳지 않은 것은?

① 칼슘, 마그네슘 등 경도 물질의 제거효율은 높지만 인 제거율은 상대적으로 낮다.
② 콜로이드성 현탁물질 제거에 주로 적용된다.
③ 배수 중의 용존염분을 제거하여 양질의 처리수를 얻는다.
④ 소요전력은 용존염분농도에 비례하여 증가한다.

해설 ② 전기투석법은 무기염류(Cl^-, SO_4^{2-} 등) 제거에 주로 적용된다.

50. 분리막을 이용한 수처리 방법 중 추진력이 정수압차가 아닌 것은?

① 투석
② 정밀여과
③ 역삼투
④ 한외여과

해설 추진력(구동력)별 막분리 공법
• 정수압차 : 정밀여과, 한외여과, 역삼투
• 농도차 : 투석
• 전위차 : 전기투석

더알아보기 핵심정리 2-54

51. 폐수처리에 관련된 침전현상으로 입자간에 작용하는 힘에 의해 주변입자들의 침전을 방해하는 중간 정도 농도 부유액에서의 침전은?

① 제1형 침전(독립침전)
② 제2형 침전(응집침전)
③ 제3형 침전(계면침전)
④ 제4형 침전(압밀침전)

해설 제3형 침전(계면침전)
• 플록을 형성하여 침강하는 입자들이 서로 방해를 받아, 침전속도가 감소하는 침전
• 침전하는 부유물과 상등수 간에 뚜렷한 경계면이 생기는 침전
• 입자들은 서로의 상대적 위치를 변경시키려 하지 않음
• 방해 · 장애 · 집단 · 간섭침전
• 상향류식 부유식 침전지, 생물학적 2차 침전지

더알아보기 핵심정리 2-44

정답 47. ③ 48. ② 49. ② 50. ① 51. ③

52. 생물학적 원리를 이용하여 질소, 인을 제거하는 공정인 5단계 Bardenpho 공법에 관한 설명으로 옳지 않은 것은?

① 인 제거를 위해 혐기성조가 추가된다.
② 조 구성은 혐기성조, 무산소조, 호기성조, 무산소조, 호기성조 순이다.
③ 내부반송률은 유입유량 기준으로 100~200 % 정도이며 2단계 무산소조로부터 1단계 무산소조로 반송된다.
④ 마지막 호기성 단계는 폐수 내 잔류 질소가스를 제거하고 최종 침전지에서 인의 용출을 최소화하기 위하여 사용한다.

해설 ③ 내부반송률은 유입유량 기준으로 100~200 % 정도이며 2단계 호기조로부터 1단계 무산소조로 반송된다.

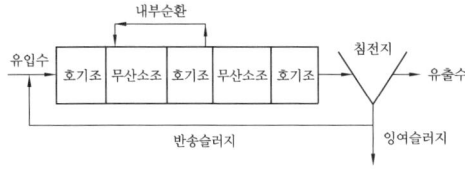

53. 회전원판법(RBC)의 장점으로 가장 거리가 먼 것은?

① 미생물에 대한 산소 공급 소요전력이 적다.
② 고정메디아로 높은 미생물 농도 및 슬러지일령을 유지할 수 있다.
③ 기온에 따른 처리효율의 영향이 적다.
④ 재순환이 필요 없다.

해설 ③ 외기기온에 민감하므로, 기온에 따른 처리효율의 영향이 크다.

54. 상향류 혐기성 슬러지상의 장점이라 볼 수 없는 것은?

① 미생물 체류시간을 적절히 조절하면 저농도 유기성 폐수의 처리도 가능하다.
② 기계적인 교반이나 여재가 필요 없기 때문에 비용이 적게 든다.
③ 고액 및 기액분리장치를 제외하면 전체적으로 구조가 간단하다.
④ 폐수 성상이 슬러지 입상화에 미치는 영향이 적어 안정된 처리가 가능하다.

해설 ④ 고형물의 농도가 높을 경우 고형물 및 미생물이 유실될 우려가 있으므로, 고농도 부유물질(SS) 폐수는 처리가 곤란하다.

55. 하수 고도처리 공법인 Phostrip 공정에 관한 설명으로 옳지 않은 것은?

① 기존 활성슬러지 처리장에 쉽게 적용 가능하다.
② 인제거 시 BOD/P비에 의하여 조절되지 않는다.
③ 최종침전지에서 인용출을 위해 용존산소를 낮춘다.
④ mainstream 화학침전에 비하여 약품사용량이 적다.

해설 ③ 최종침전지에서 용존산소를 낮추면 오히려 미생물 내의 인이 방출되어, 인 제거 효율이 떨어진다.

56. 생물학적 처리법 가운데 살수여상법에 대한 설명으로 가장 거리가 먼 것은?

① 슬러지일령은 부유성장 시스템보다 높아 100일 이상의 슬러지일령에 쉽게 도달된다.
② 총괄 관측수율은 전형적인 활성슬러지 공정의 60~80 % 정도이다.
③ 덮개 없는 여상의 재순환율을 증대시키면 실제로 여상 내의 평균온도가 높아진다.
④ 정기적으로 여상에 살충제를 살포하거나 여상을 침수토록 하여 파리문제를 해결할 수 있다.

해설 ③ 재순환율을 증대시키면 재순환수가 더 많이 공급되므로, 여상 내 온도는 내려간다.

정답 52. ③ 53. ③ 54. ④ 55. ③ 56. ③

57. 평균 유입하수량 10,000 m³/day인 도시하수처리장의 1차침전지를 설계하고자 한다. 1차침전지의 표면부하율을 50 m³/m²·day로 하여 원형침전지를 설계한다면 침전지의 직경(m)은?

① 약 14
② 약 16
③ 약 18
④ 약 20

해설 (1) $A = \dfrac{Q}{(Q/A)} = \dfrac{10,000 \, \text{m}^3/\text{d}}{50 \, \text{m}^3/\text{m}^2 \cdot \text{d}}$
$= 200 \, \text{m}^2$

(2) D
$A = \dfrac{\pi D^2}{4}$
$200 = \dfrac{\pi D^2}{4}$
∴ $D = 15.957 \, \text{m}$

58. 수온 20℃일 때, pH 6.0이면 응결에 효과적이다. pOH를 일정하게 유지하는 경우, 5℃일 때의 pH는? (단, 20℃일 때, $K_w = 0.68 \times 10^{-14}$이고, 5℃일 때, $K_w = 0.19 \times 10^{-14}$)

① 4.34
② 6.47
③ 8.31
④ 10.22

해설 (1) 20℃일 때 [OH⁻]
pH 6.0이면, $[H^+] = 10^{-pH} = 10^{-6} M$
$K_w = [H^+][OH^-]$
$0.68 \times 10^{-14} = [10^{-6}][OH^-]$
∴ $[OH^-] = 6.8 \times 10^{-9} M$

(2) 5℃일 때 pH
$K_w = [H^+][OH^-]$
$0.19 \times 10^{-14} = [H^+][6.8 \times 10^{-9}]$
∴ $[H^+] = 2.79 \times 10^{-7} M$
∴ $pH = -\log(2.79 \times 10^{-7}) = 6.55$

59. 2차 처리 유출수에 포함된 25 mg/L의 유기물을 분말 활성탄 흡착법으로 3차 처리하여 2 mg/L될 때까지 제거하고자 할 때 폐수 3 m³당 필요한 활성탄의 양(g)은? (단, Freundlich 등온식 활용, k = 0.5, n = 1)

① 69
② 76
③ 84
④ 91

해설 $\dfrac{X}{M} = K \cdot C^{1/n}$

$\dfrac{(25-2)}{M} = 0.5 \times 2^{1/1}$

∴ M = 23 mg/L

∴ $M = \dfrac{23 \, \text{mg}}{L} \bigg| \dfrac{3 \, \text{m}^3}{} \bigg| \dfrac{1,000 \, L}{1 \, \text{m}^3} \bigg| \dfrac{1 \, g}{1,000 \, \text{mg}}$
= 69 g

여기서, X : 흡착된 피흡착물의 농도
M : 주입된 흡착제의 농도
C : 흡착되고 남은 피흡착물질의 농도(평형농도)
K, n : 경험상수

60. 수온 20℃에서 평균직경 1 mm인 모래 입자의 침전속도(m/sec)는? (단, 동점성값은 1.003×10^{-6} m²/sec, 모래비중은 2.5, Stokes 법칙 이용)

① 0.414
② 0.614
③ 0.814
④ 1.014

해설 $V = \dfrac{d^2(\rho_s - \rho_w)g}{18\mu} = \dfrac{d^2(\rho_s - \rho_w)g}{18\nu\rho_w}$

$= \dfrac{(0.001 \, \text{m})^2}{} \bigg| \dfrac{(2.5-1.0)t}{\text{m}^3} \bigg| \dfrac{9.8 \, \text{m}}{\text{sec}^2} \bigg| \dfrac{\text{sec}}{18 \times (1.003 \times 10^{-6} \, \text{m}^2)} \bigg| \dfrac{\text{m}^3}{1.0 \, t}$

= 0.8142 m/sec

정답 57. ② 58. ② 59. ① 60. ③

제4과목　수질오염공정시험기준

61. 시료의 보존방법으로 틀린 것은?

① 아질산성 질소 : 4℃ 보관, H₂SO₄로 pH 2 이하
② 총질소(용존 총질소) : 4℃ 보관, H₂SO₄로 pH 2 이하
③ 화학적 산소요구량 : 4℃ 보관, H₂SO₄로 pH 2 이하
④ 암모니아성 질소 : 4℃ 보관, H₂SO₄로 pH 2 이하

해설 ① 아질산성 질소 : 4℃ 보관

더 알아보기 핵심정리 2-70 (4)

62. 원자흡수분광광도법에서 일어나는 간섭에 대한 설명으로 틀린 것은?

① 광학적 간섭 : 분석하고자 하는 원소의 흡수파장과 비슷한 다른 원소의 파장이 서로 겹쳐 비이상적으로 높게 측정되는 경우 발생
② 물리적 간섭 : 표준용액과 시료 또는 시료와 시료 간의 물리적 성질(점도, 밀도, 표면장력 등)의 차이 또는 표준물질과 시료의 매질(matrix) 차이에 의해 발생
③ 화학적 간섭 : 불꽃의 온도가 분자를 들뜬 상태로 만들기에 충분히 높지 않아서, 해당 파장을 흡수하지 못하여 발생
④ 이온화 간섭 : 불꽃온도가 너무 낮을 경우 중성원자에서 전자를 빼앗아 이온이 생성될 수 있으며 이 경우 양(+)의 오차가 발생

해설 ④ 이온화 간섭 : 불꽃온도가 너무 높을 경우 중성원자에서 전자를 빼앗아 이온이 생성될 수 있으며 이 경우 음(−)의 오차가 발생하게 된다.

63. 공장의 폐수 100 mL를 취하여 산성 100℃에서 KMnO₄에 의한 화학적산소소비량을 측정하였다. 시료의 적정에 소비된 0.025 N KMnO₄의 양이 7.5 mL였다면 이 폐수의 COD(mg/L)는? (단, 0.025 N KMnO₄ factor = 1.02, 바탕시험 적정에 소비된 0.025 N KMnO₄ = 1.00 mL)

① 13.3　② 16.7
③ 24.8　④ 32.2

해설 COD−산성과망간산칼륨법
$$COD(mg/L) = (b-a) \times f \times \frac{1000}{V} \times 0.2$$
$$= (7.5-1) \times 1.02 \times \frac{1000}{100} \times 0.2$$
$$= 13.26$$

더 알아보기 핵심정리 1-55 (1)

64. 35 % HCl(비중 1.19)을 10 % HCl으로 만들기 위한 35 % HCl과 물의 용량비는?

① 1 : 1.5　② 3 : 1
③ 1 : 3　④ 1.5 : 1

해설 35% HCl 용액(비중 1.19) 용량을 1 mL, 10 % HCl 용액(비중 1) 용량을 (1+x)mL로 가정하면,
$$M_1V_1 + M_2V_2 = M(V_1 + V_2)$$
$$\frac{35g}{100g \times \frac{1mL}{1.19g}} \times 1mL + 0 \times x[mL]$$
$$= \frac{10g}{100g \times \frac{1mL}{1g}} \times (1+x)mL$$

∴ HCl에 가한 물의 양(x) = 3.165mL
따라서, 용량비 HCl : 물 = 1 : 3.165

더 알아보기 핵심정리 1-4 (1) ①

65. 분원성 대장균군 − 막여과법에서 배양온도 유지기준은?

① 25±0.2℃　② 30±0.5℃
③ 35±0.5℃　④ 44.5±0.2℃

해설 • 총대장균군 : 35±0.5℃, 적색
• 분원성 대장균군 : 44.5±0.2℃, 청색

정답 61. ①　62. ④　63. ①　64. ③　65. ④

66. ppm을 설명한 것으로 틀린 것은?

① ppb농도의 1,000배이다.
② 백만분율이라고 한다.
③ mg/kg이다.
④ %농도의 1/1,000이다.

해설 ④ %농도의 1/10,000이다.

67. 유도결합플라스마 – 원자발광분광법에 의한 원소별 정량한계로 틀린 것은?

① Cu : 0.006 mg/L
② Pb : 0.004 mg/L
③ Ni : 0.015 mg/L
④ Mn : 0.002 mg/L

해설 ② Pb : 0.04 mg/L

68. 수질오염공정시험기준상 이온크로마토그래피법을 정량분석에 이용할 수 없는 항목은?

① 염소이온
② 아질산성 질소
③ 질산성 질소
④ 암모니아성 질소

해설 음이온류 – 이온크로마토그래피 분석 가능 이온 : F^-, Cl^-, NO_2^-, NO_3^-, PO_4^{3-}, Br^-, SO_4^{2-}

69. 자외선/가시선 분광법을 적용한 음이온 계면활성제 측정에 관한 설명으로 틀린 것은?

① 정량한계는 0.02 mg/L이다.
② 시료 중의 계면활성제를 종류별로 구분하여 측정할 수 없다.
③ 시료 속에 미생물이 있을 경우 일부의 음이온 계면활성제가 신속히 변할 가능성이 있으므로 가능한 빠른 시간 안에 분석을 하여야 한다.
④ 양이온 계면활성제가 존재할 경우 양의 오차가 발생한다.

해설 ④ 양이온 계면활성제가 존재할 경우 음의 오차가 발생한다.

음이온계면활성제 – 자외선/가시선분광법 간섭물질

• 약 1,000 mg/L 이상의 염소이온 농도에서 양의 간섭을 나타내며 따라서 염분농도가 높은 시료의 분석에는 사용할 수 없다.
• 유기 설폰산염(sulfonate), 황산염(sulfate), 카르복실산염(carboxylate), 페놀 및 그 화합물, 무기 티오시안(thiocynide)류, 질산이온 등이 존재할 경우 메틸렌블루 중 일부가 클로로폼 층으로 이동하여 양의 오차를 나타낸다.
• 양이온 계면활성제 혹은 아민과 같은 양이온 물질이 존재할 경우 음의 오차가 발생할 수 있다.
• 시료 속에 미생물이 있을 경우 일부의 음이온 계면활성제가 신속히 변할 가능성이 있으므로 가능한 빠른 시간 안에 분석을 하여야 한다.

70. 적절한 보존방법을 적용한 경우 시료 최대보존기간이 가장 긴 항목은?

① 시안
② 용존 총인
③ 질산성 질소
④ 암모니아성 질소

해설 시료 최대보존기간
① 시안 : 14일
② 용존 총인 : 28일
③ 질산성 질소 : 48시간
④ 암모니아성 질소 : 28일

더 알아보기 핵심정리 2-70 (3)

71. 용존산소(DO)측정 시 시료가 착색, 현탁된 경우에 사용하는 전처리시약은?

① 칼륨명반용액, 암모니아수
② 황산구리, 술퍼민산용액
③ 황산, 불화칼륨용액
④ 황산제이철용액, 과산화수소

정답 66. ④ 67. ② 68. ④ 69. ④ 70. ②, ④ 71. ①

해설 DO 적정법 전처리
- 시료가 착색·현탁된 경우 : 칼륨명반용액, 암모니아수
- 미생물 플록(floc)이 형성된 경우 : 황산구리 - 설파민산법
- 산화성 물질을 함유한 경우(잔류염소) : 황산은, 질산은 주입하여 바탕시험 실행
- 산화성 물질을 함유한 경우(Fe(Ⅲ)) : 황산을 첨가하기 전에 플루오린화칼륨 용액 1 mL를 가한다.

72. 수질오염공정시험기준상 총대장균군의 시험방법이 아닌 것은?

① 현미경계수법   ② 막여과법
③ 시험관법   ④ 평판집락법

해설 총대장균군 시험방법
- 막여과법
- 시험관법
- 평판집락법
- 효소이용정량법

73. 노말헥산추출물질 측정을 위한 시험방법에 관한 설명으로 ( )에 옳은 것은?

> 시료 적당량을 분액깔대기에 넣고 ( ) 변할 때까지 염산(1+1)을 넣어 pH 4 이하로 조절한다.

① 메틸오렌지용액(0.1 %) 2~3 방울을 넣고 황색이 적색으로
② 메틸오렌지용액(0.1 %) 2~3 방울을 넣고 적색이 황색으로
③ 메틸레드용액(0.5 %) 2~3 방울을 넣고 황색이 적색으로
④ 메틸레드용액(0.5 %) 2~3 방울을 넣고 적색이 황색으로

해설 노말헥산추출물질 : 시료 적당량을 분액깔대기에 넣고 메틸오렌지용액(0.1 %) 2~3 방울을 넣고 황색이 적색으로 변할 때까지 염산(1+1)을 넣어 pH 4 이하로 조절한다.

74. 전기전도도 측정에 관한 설명으로 틀린 것은?

① 용액이 전류를 운반할 수 있는 정도를 말한다.
② 온도차에 의한 영향이 적어 폭넓게 적용된다.
③ 용액에 담겨있는 2개의 전극에 일정한 전압을 가해주면 가한 전압이 전류를 흐르게 하며, 이때 흐르는 전류의 크기는 용액의 전도도에 의존한다는 사실을 이용한다.
④ 용액 중의 이온세기를 신속하게 평가할 수 있는 항목으로 국제적으로 S(Siemens) 단위가 통용되고 있다.

해설 ② 전기전도도는 온도차에 의한 영향이 커서, 온도보정이 필요하다.

75. 크롬 - 원자흡수분광광도법의 정량한계에 관한 내용으로 ( )에 옳은 것은?

> 357.9 mm에서의 산처리법은 (㉠) mg/L, 용매추출법은 (㉡) mg/L이다.

① ㉠ 0.1, ㉡ 0.01
② ㉠ 0.01, ㉡ 0.1
③ ㉠ 0.01, ㉡ 0.001
④ ㉠ 0.001, ㉡ 0.01

해설 크롬 - 원자흡수분광광도법 : 357.9 nm에서의 산처리법은 0.01 mg/L, 용매추출법은 0.001 mg/L이다.

76. 온도에 관한 내용으로 옳지 않은 것은?

① 찬 곳은 따로 규정이 없는 한 0~15℃의 곳을 뜻한다.
② 냉수는 15℃ 이하를 말한다.
③ 온수는 70~90℃를 말한다.
④ 상온은 15~25℃를 말한다.

정답 72. ① 73. ① 74. ② 75. ③ 76. ③

해설 온도
- 상온 : 15~25℃
- 실온 : 1~35℃
- 찬 곳 : 0~15℃
- 냉수 : 15℃ 이하
- 온수 : 60~70℃
- 열수 : 100℃

77. '항량으로 될 때까지 건조한다'는 정의 중 ( )에 해당하는 것은?

> 같은 조건에서 1시간 더 건조할 때 전후 무게의 차가 g당 ( )mg 이하일 때

① 0　　② 0.1
③ 0.3　　④ 0.5

해설 항량으로 될 때까지 건조한다 : 같은 조건에서 1시간 더 건조할 때 전후 무게의 차가 g당 0.3 mg 이하일 때

78. 냄새역치(TON)의 계산식으로 옳은 것은? (단, A : 시료부피(mL), B : 무취 정제수부피(mL))

① (A + B)/B　　② (A + B)/A
③ A/(A + B)　　④ B/(A + B)

해설 냄새역치
- 냄새를 감지할 수 있는 최대 희석배수
- 냄새역치(TON) = (A + B)/A

79. 취급 또는 저장하는 동안에 기체 또는 미생물이 침입하지 아니하도록 내용물을 보호하는 용기는?

① 밀봉용기　　② 밀폐용기
③ 기밀용기　　④ 차폐용기

해설
- 밀폐 : 이물질, 내용물 손실
- 기밀 : 공기, 가스
- 밀봉 : 기체, 미생물
- 차광 : 광선

80. 공장폐수 및 하수유량 – 관(pipe)내의 유량측정방법 중 오리피스에 관한 설명으로 옳지 않은 것은?

① 설치에 비용이 적게 소요되며 비교적 유량측정이 정확하다.
② 오리피스판의 두께에 따라 흐름의 수로 내외에 설치가 가능하다.
③ 오리피스 단면에 커다란 수두손실이 일어나는 단점이 있다.
④ 단면이 축소되는 목부분을 조절함으로써 유량이 조절된다.

해설 ② 오리피스는 흐름의 수로 내에 설치한다.

제5과목　수질환경관계법규

81. 물놀이 등의 행위제한 권고기준 중 대상행위가 '어패류 등 섭취'인 경우인 것은?

① 어패류 체내 총 카드뮴 : 0.3 mg/kg 이상
② 어패류 체내 총 카드뮴 : 0.03 mg/kg 이상
③ 어패류 체내 총 수은 : 0.3 mg/kg 이상
④ 어패류 체내 총 수은 : 0.03 mg/kg 이상

해설 물놀이 등의 행위제한 권고기준

대상 행위	항목	기준
수영 등 물놀이	대장균	500(개체수/100 mL) 이상
어패류 등 섭취	어패류 체내 총 수은(Hg)	0.3 mg/kg 이상

82. 기본배출부과금 산정에 필요한 지역별 부과계수로 옳은 것은?

① 청정지역 및 가 지역 : 1.5
② 청정지역 및 가 지역 : 1.2
③ 나 지역 및 특례지역 : 1.5
④ 나 지역 및 특례지역 : 1.2

정답　77. ③　78. ②　79. ①　80. ②　81. ③　82. ①

해설 지역별 부과계수 (제41조제3항 관련)

청정지역 및 가 지역	나 지역 및 특례지역
1.5	1

83. 사업장별 환경기술인의 자격기준에 관한 설명으로 옳지 않은 것은?

① 방지시설 설치면제 대상 사업장과 배출시설에서 배출되는 수질오염물질 등을 공동방지시설에서 처리하게 하는 사업장은 제3종사업장에 해당하는 환경기술인을 두어야 한다.
② 연간 90일 미만 조업하는 제1종부터 제3종까지의 사업장은 제4종·제5종사업장에 해당하는 환경기술인을 선임할 수 있다.
③ 공동방지시설에 있어서 폐수배출량이 제4종 또는 제5종사업장의 규모에 해당하면 제3종사업장에 해당하는 환경기술인을 두어야 한다.
④ 대기환경기술인으로 임명된 자가 수질환경기술인의 자격을 함께 갖춘 경우에는 수질환경기술인을 겸임할 수 있다.

해설 ① 방지시설 설치면제 대상인 사업장과 배출시설에서 배출되는 수질오염물질 등을 공동방지시설에서 처리하게 하는 사업장은 제4종사업장·제5종사업장에 해당하는 환경기술인을 둘 수 있다.

84. 폐수수탁처리업에서 사용하는 폐수운반차량에 관한 설명으로 틀린 것은?

① 청색으로 도색한다.
② 차량 양쪽 옆면과 뒷면에 폐수운반차량, 회사명, 허가번호, 전화번호 및 용량을 표시하여야 한다.
③ 차량에 표시는 흰색 바탕에 황색 글씨로 한다.
④ 운송 시 안전을 위한 보호구, 중화제 및 소화기를 갖추어 두어야 한다.

해설 ③ 폐수운반차량은 청색으로 도색하고, 양쪽 옆면과 뒷면에 가로 50센티미터, 세로 20센티미터 이상 크기의 노란색 바탕에 검은색 글씨로 폐수운반차량, 회사명, 등록번호, 전화번호 및 용량을 지워지지 아니하도록 표시하여야 한다.

85. 기술인력 등의 교육에 관한 설명으로 ( )에 들어갈 기간은?

> 환경기술인 또는 폐수처리업에 종사하는 기술요원의 최초교육은 최초로 업무에 종사한 날부터 ( ) 이내에 실시하여야 한다.

① 6개월
② 1년
③ 2년
④ 3년

해설 환경기술인 등의 교육
1. 최초교육 : 환경기술인 등이 최초로 업무에 종사한 날부터 1년 이내에 실시하는 교육
2. 보수교육 : 최초 교육 후 3년마다 실시하는 교육

86. 조치명령 또는 개선명령을 받지 아니한 사업자가 배출허용기준을 초과하여 오염물질을 배출하게 될 때 환경부장관에게 제출하는 개선계획서에 기재할 사항이 아닌 것은?

① 개선사유
② 개선내용
③ 개선기간 중의 수질오염물질 예상배출량 및 배출농도
④ 개선 후 배출시설의 오염물질 저감량 및 저감효과

정답 83. ① 84. ③ 85. ② 86. ④

해설 개선계획서 포함사항
- 개선사유
- 개선내용
- 개선기간 중의 수질오염물질 예상배출량 및 배출농도

87. 환경부장관이 배출시설을 설치·운영하는 사업자에 대하여(조업정지를 하는 경우로써) 조업정지처분에 갈음하여 과징금을 부과할 수 있는 대상 배출시설이 아닌 것은?

① 의료기관의 배출시설
② 발전소의 발전설비
③ 제조업의 배출시설
④ 기타 환경부령으로 정하는 배출시설

해설 제43조(과징금 처분)
① 환경부장관은 다음 각 호의 어느 하나에 해당하는 배출시설(폐수무방류배출시설은 제외한다.)을 설치·운영하는 사업자에 대하여 조업정지처분을 갈음하여 3억원 이하의 과징금을 부과할 수 있다.
  1. 「의료법」에 따른 의료기관의 배출시설
  2. 발전소의 발전설비
  3. 「초·중등교육법」 및 「고등교육법」에 따른 학교의 배출시설
  4. 제조업의 배출시설
  5. 그 밖에 대통령령으로 정하는 배출시설

88. 수질오염감시경보 단계 중 경계단계의 발령기준으로 ( )에 내용으로 옳은 것은?

생물감시 측정값이 생물감시 경보기준 농도를 30분 이상 지속적으로 초과하고 전기전도도, 휘발성유기화합물, 페놀, 중금속(구리, 납, 아연, 카드뮴 등) 항목 중 (㉠) 이상의 항목이 측정항목별 경보기준을 (㉡) 이상 초과하는 경우

① ㉠ 1개, ㉡ 2배
② ㉠ 1개, ㉡ 3배
③ ㉠ 2개, ㉡ 2배
④ ㉠ 2개, ㉡ 3배

해설 수질오염감시경보

경보단계	발령·해제기준
주의	• 수소이온농도, 용존산소, 총 질소, 총 인, 전기전도도, 총 유기탄소, 휘발성유기화합물, 페놀, 중금속(구리, 납, 아연, 카드뮴 등) 항목 중 2개 이상 항목이 측정항목별 경보기준을 2배 이상(수소이온농도 항목의 경우에는 5 이하 또는 11 이상을 말한다.) 초과하는 경우 • 생물감시 측정값이 생물감시 경보기준 농도를 30분 이상 지속적으로 초과하고, 수소이온농도, 총 유기탄소, 휘발성유기화합물, 페놀, 중금속(구리, 납, 아연, 카드뮴 등) 항목 중 1개 이상의 항목이 측정항목별 경보기준을 초과하는 경우와 전기전도도, 총 질소, 총 인, 클로로필-a 항목 중 1개 이상의 항목이 측정항목별 경보기준을 2배 이상 초과하는 경우
경계	생물감시 측정값이 생물감시 경보기준 농도를 30분 이상 지속적으로 초과하고, 전기전도도, 휘발성유기화합물, 페놀, 중금속(구리, 납, 아연, 카드뮴 등) 항목 중 1개 이상의 항목이 측정항목별 경보기준을 3배 이상 초과하는 경우
심각	경계경보 발령 후 수질 오염사고 전개 속도가 매우 빠르고 심각한 수준으로서 위기발생이 확실한 경우
해제	측정항목별 측정값이 관심단계 이하로 낮아진 경우

89. 낚시제한구역에서의 제한사항이 아닌 것은?

① 1명당 3대의 낚시대를 사용하는 행위
② 1개의 낚시대에 5개 이상의 낚시바늘을 떡밥과 뭉쳐서 미끼로 던지는 행위
③ 낚시바늘에 끼워서 사용하지 아니하고 물고기를 유인하기 위하여 떡밥·어분 등을 던지는 행위
④ 어선을 이용한 낚시행위 등 「낚시 관리 및 육성법」에 따른 낚시어선업을 영위하는 행위(「내수면어업법 시행령」에 따른 외줄낚시는 제외한다.)

[해설] 낚시제한구역에서의 제한사항
① 1명당 4대 이상의 낚시대를 사용하는 행위

90. 폐수처리업에 종사하는 기술요원에 대한 교육기관으로 옳은 것은?

① 국립환경인재개발원
② 국립환경과학원
③ 한국환경공단
④ 환경보전협회

[해설] 환경기술인 교육기관
1. 측정기기 관리대행업에 등록된 기술인력 : 국립환경인재개발원, 한국상하수도협회
2. 폐수처리업에 종사하는 기술요원 : 국립환경인재개발원
3. 환경기술인 : 환경보전협회

91. 공공수역에 정당한 사유없이 특정수질유해물질 등을 누출·유출시키거나 버린 자에 대한 처벌 기준은?

① 1년 이하의 징역 또는 1천만원 이하의 벌금
② 2년 이하의 징역 또는 2천만원 이하의 벌금
③ 3년 이하의 징역 또는 3천만원 이하의 벌금
④ 5년 이하의 징역 또는 5천만원 이하의 벌금

[해설] • 공공수역에 정당한 사유 없이 특정수질유해물질 등을 누출·유출시키거나 버린 자 : 3년 이하의 징역 또는 3천만원 이하의 벌금
• 업무상 과실 또는 중대한 과실로 인하여 특정수질유해물질 등을 누출·유출한 자 : 1년 이하의 징역 또는 1천만원 이하의 벌금

92. 대권역 물환경관리계획의 수립 시 포함되어야 할 사항으로 틀린 것은?

① 상수원 및 물 이용현황
② 물환경의 변화 추이 및 물환경목표기준
③ 물환경 보전조치의 추진방향
④ 물환경 관리 우선순위 및 대책

[해설] 대권역계획 수립 시 포함사항
1. 물환경의 변화 추이 및 물환경목표기준
2. 상수원 및 물 이용현황
3. 점오염원, 비점오염원 및 기타수질오염원의 분포현황
4. 점오염원, 비점오염원 및 기타수질오염원에서 배출되는 수질오염물질의 양
5. 수질오염 예방 및 저감 대책
6. 물환경 보전조치의 추진방향
7. 기후변화에 대한 적응대책
8. 그 밖에 환경부령으로 정하는 사항

93. 초과부과금 산정기준으로 적용되는 수질오염물질 1킬로그램당 부과금액이 가장 높은(많은) 것은?

① 카드뮴 및 그 화합물
② 6가크롬 화합물
③ 납 및 그 화합물
④ 수은 및 그 화합물

[해설] 수질오염물질 1킬로그램당 초과부과금액 순서 : 수은, PCB > 카드뮴 > Cr^{6+}, PCE(테트라클로로에틸렌), TCE(트리클로로에틸렌) > 페놀, 시안, 유기인, 납 > 비소 > 크롬 > 구리 > 망간, 아연 > T-P, T-N > 유기물질(TOC) > 유기물질(BOD 또는 COD), 부유물질

[더알아보기] 핵심정리 2-94

정답 89. ① 90. ① 91. ③ 92. ④ 93. ④

94. 수계영향권별 물환경 보전에 관한 설명으로 옳은 것은?

① 환경부장관은 공공수역의 물환경을 관리·보전하기 위하여 국가 물환경관리기본계획을 10년마다 수립하여야 한다.
② 유역환경청장은 수계영향권별로 오염원의 종류, 수질오염물질 발생량 등을 정기적으로 조사하여야 한다.
③ 환경부장관은 국가 물환경기본계획에 따라 중권역의 물환경관리계획을 수립하여야 한다.
④ 수생태계 복원계획의 내용 및 수립 절차 등에 필요한 사항은 환경부령으로 정한다.

해설 ② 환경부장관 및 시·도지사는 환경부령으로 정하는 바에 따라 수계영향권별로 오염원의 종류, 수질오염물질 발생량 등을 정기적으로 조사하여야 한다.
③ 환경부장관은 국가 물환경기본계획을 수립하고, 중권역은 지방환경관서의 장이 대권역계획에 따라 물환경관리계획을 수립하여야 한다.
④ 수생태계 복원계획의 내용 및 수립 절차 등에 필요한 사항은 대통령령으로 정한다.

물환경관리기본계획 수립주체 정리
- 국가 물환경관리기본계획 : 환경부장관, 10년마다 수립
- 대권역 물환경관리계획 : 유역환경청장, 10년마다 수립
- 중권역 물환경관리계획 : 지방환경관서의 장
- 소권역 물환경관리계획 : 특별자치시장·특별자치도지사·시장·군수·구청장

95. 물환경보전법에 사용하는 용어의 뜻으로 틀린 것은?

① 점오염원이란 폐수배출시설, 하수발생시설, 축사 등으로서 관로·수로 등을 통하여 일정한 지점으로 수질오염물질을 배출하는 배출원을 말한다.
② 공공수역이란 하천, 호소, 항만, 연안해역, 그 밖에 공공용으로 사용되는 대통령령으로 정하는 수역을 말한다.
③ 폐수란 물에 액체성 또는 고체성의 수질오염물질이 섞여 있어 그대로는 사용할 수 없는 물을 말한다.
④ 폐수무방류배출시설이란 폐수배출시설에서 발생하는 폐수를 해당 사업장에서 수질오염방지시설을 이용하여 처리하거나 동일 폐수배출시설에 재이용하는 등 공공수역으로 배출하지 아니하는 폐수배출시설을 말한다.

해설 ② 공공수역이란 하천, 호소, 항만, 연안해역, 그 밖에 공공용으로 사용되는 수역과 이에 접속하여 공공용으로 사용되는 환경부령으로 정하는 수로를 말한다.

96. 수질오염방지시설 중 물리적 처리시설에 해당되지 않은 것은?

① 유수분리시설
② 혼합시설
③ 침전물 개량시설
④ 응집시설

해설 수질오염방지시설
③ 화학적 처리시설

더 알아보기 핵심정리 2-95

97. 일일기준초과 배출량 산정 시 적용되는 일일유량의 산정방법은 [측정유량×일일조업시간]이다. 측정유량의 단위는?

① 초당 리터
② 분당 리터
③ 시간당 리터
④ 일당 리터

해설 일일유량 산정방법
- 일일유량의 단위는 리터(L)로 한다.
- 측정유량의 단위는 분당 리터(L/min)로 한다.
- 일일조업시간은 측정하기 전 최근 조업한 30일간의 오수 및 폐수 배출시설의 조업시간 평균치로서 분으로 표시한다.

정답 94. ① 95. ② 96. ③ 97. ②

98. 하천(생활환경기준)의 등급별 수질 및 수생태계의 상태에 대한 설명으로 다음에 해당되는 등급은?

> 수질 및 수생태계 상태 : 상당량의 오염물질로 인하여 용존산소가 소모되는 생태계로 농업용수로 사용하거나 여과, 침전, 활성탄 투입, 살균 등 고도의 정수처리 후 공업용수로 사용할 수 있음

① 보통
② 약간 나쁨
③ 나쁨
④ 매우 나쁨

해설 등급별 수질 및 수생태계 상태
- 매우 좋음 : 용존산소가 풍부하고 오염물질이 없는 청정상태의 생태계
- 좋음 : 용존산소가 많은 편이고 오염물질이 거의 없는 청정상태에 근접한 생태계
- 약간 좋음 : 약간의 오염물질은 있으나 용존산소가 많은 상태의 다소 좋은 생태계
- 보통 : 보통의 오염물질로 인하여 용존산소가 소모되는 일반 생태계
- 약간 나쁨 : 상당량의 오염물질로 인하여 용존산소가 소모되는 생태계
- 나쁨 : 다량의 오염물질로 인하여 용존산소가 소모되는 생태계
- 매우 나쁨 : 용존산소가 거의 없는 오염된 물로 물고기가 살기 어려움

더 알아보기 핵심정리 2-88 (1)

99. 공공수역의 전국적인 수질 현황을 파악하기 위해 설치할 수 있는 측정망의 종류로 틀린 것은?

① 생물 측정망
② 토질 측정망
③ 공공수역 유해물질 측정망
④ 비점오염원에서 배출되는 비점오염물질 측정망

해설 ② 퇴적물 측정망
공공수역의 전국적인 수질 현황을 파악하기 위해 설치할 수 있는 측정망의 종류
- 국립환경과학원장 등이 설치·운영하는 측정망의 종류
- 시·도지사 등이 설치·운영하는 측정망의 종류

더 알아보기 핵심정리 2-105, 2-106

100. 위임업무 보고사항 중 업무내용에 따른 보고횟수가 연 1회에 해당되는 것은?

① 기타 수질오염원 현황
② 환경기술인의 자격별·업종별 현황
③ 폐수무방류배출시설의 설치허가 현황
④ 폐수처리업에 대한 허가·지도단속실적 및 처리실적 현황

해설 위임업무 보고사항
① 연 2회
③ 수시
④ 연 2회

더 알아보기 핵심정리 2-99

수질환경기사
Part 3

CBT 실전문제

- 제1회 CBT 실전문제
- 제2회 CBT 실전문제
- 제3회 CBT 실전문제

제1회 CBT 실전문제

제1과목 수질오염개론

1. 농도가 A인 기질을 제거하기 위한 반응조를 설계하려고 한다. 요구되는 기질의 전환율이 90%일 경우에 회분식 반응조에서의 체류시간(hr)은? (단, 반응은 1차 반응 (자연대수기준)이며, 반응상수 K = 0.3/hr)

① 7.68
② 8.54
③ 13.16
④ 19.74

해설 회분식 반응조의 반응식

$\ln \dfrac{C}{C_o} = -kt$

$\ln \dfrac{10}{100} = -0.3 \times t$

$\therefore t = 7.675/hr$

2. 호수나 저수지에 수직방향의 물 운동이 없을 때 생기는 성층현상의 성층구분을 수표면에서부터 순서대로 나열한 것은?

① epilimnion → thermocline → hypolimnion → 침전물층
② epilimnion → hypolimnion → thermocline → 침전물층
③ hypolimnion → thermocline → epilimnion → 침전물층
④ hypolimnion → epilimnion → thermocline → 침전물층

해설 성층의 구분
- 순환층(표층, epilimnion)
- 수온약층(변온층, thermocline)
- 정체층(심수층, hypolimnion)

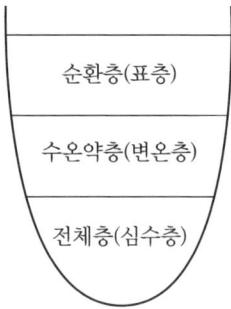

더알아보기 핵심정리 2-13

3. bacteria($C_5H_7O_2N$) 24 g의 이론적인 COD(g)는? (단, 질소는 암모니아로 분해됨을 기준)

① 약 25.5
② 약 28.8
③ 약 34.0
④ 약 37.5

해설 $C_5H_7O_2N$ 분자량 = 113 g/mol

$C_5H_7O_2N + 5O_2 \rightarrow 5CO_2 + 2H_2O + NH_3$

113 g : 5×32 g
24 g : COD[g]

$\therefore COD(g) = \dfrac{5 \times 32\,g \mid 24\,g}{113\,g} = 33.98\,g$

4. 녹조류가 가장 많이 번식하였을 때 호수 표수층의 pH는?

① 6.5
② 7.0
③ 7.5
④ 8.5

해설 표수층에서 녹조류가 많이 번식하면 녹조류는 광합성을 하므로, pH가 8~9 혹은 그 이상을 나타낼 수 있다.

정답 1. ① 2. ① 3. ③ 4. ④

5. Morrill 지수는 t_{90}/t_{10}으로 나타낸다. 이상적인 plug flow인 경우의 Morrill 지수의 값은?

① 1보다 작다. ② 1보다 크다.
③ 10이다. ④ 0이다.

해설 IPF의 모릴지수 : 1
더 알아보기 핵심정리 2-3

6. 25℃, 4 atm의 압력에 있는 메탄가스 20 kg을 저장하는 데 필요한 탱크의 부피(m^3)는? (단, 이상기체의 법칙 적용, 표준상태 기준, R = 0.082 L · atm/mol · K)

① 4.42 ② 5.73
③ 6.54 ④ 7.64

해설 $PV = nRT$

∴ $V = \dfrac{nRT}{P}$

$= \dfrac{20,000\,g}{} \cdot \dfrac{1\,mol}{16\,g} \cdot \dfrac{0.082\,atm \cdot L}{mol \cdot K} \cdot \dfrac{(273+25)K}{4\,atm} \cdot \dfrac{1\,m^3}{1,000\,L}$

$= 7.636\,m^3$

7. 미생물의 신진대사 과정 중 에너지 발생량이 가장 많은 전자(수소)수용체는?

① 산소 ② 질산이온
③ 황산이온 ④ 환원된 유기물

해설 미생물의 신진대사 과정 중 전자(수소)수용체 에너지 발생량이 많은 순서
산소(O_2) > 결합산소(질산이온, 황산이온 등) > 환원된 유기물

8. 황조류로 엽록소 a, c와 크산토필의 색소를 가지고 있고, 세포벽이 형태상 독특한 단세포 조류이며, 찬물 속에서도 잘 자라 북극지방에서나 겨울철에 번성하는 것은?

① 갈조류 ② 녹조류
③ 규조류 ④ 쌍편모조류

해설 엽록소 a, c 크산토필 색소를 가지면서, 세포벽이 독특한 단세포 조류는 규조류이다.

9. 수질오염물질 중 중금속에 관한 설명으로 틀린 것은?

① 카드뮴 : 인체 내에서 투과성이 높고 이동성이 있는 독성 메틸 유도체로 전환된다.
② 수은 : 수은 중독은 BAL, Ca_2EDTA로 치료할 수 있다.
③ 납 : 급성독성은 신장, 생식계통, 간 그리고 뇌와 중추신경계에 심각한 장애를 유발한다.
④ 비소 : 인산염 광물에 존재해서 인 화합물 형태로 환경 중에 유입된다.

해설 ① 인체 내에서 투과성이 높고 이동성이 있는 독성 메틸 유도체로 전환되는 것은 메틸수은이다.

10. 반응속도에 관한 설명으로 알맞지 않은 것은?

① 영차반응 : 반응물의 농도에 독립적인 속도로 진행하는 반응이다.
② 일차반응 : 반응속도가 시간에 따른 반응물의 농도변화 정도에 비례하여 진행하는 반응이다.
③ 이차반응 : 반응속도가 반응물 농도의 제곱에 반비례하여 진행하는 반응이다.
④ 실험치에 따라 특정 반응속도의 차수를 구하기 위하여는 시간에 따른 농도변화를 그래프로 그리고 직선으로부터의 편차를 구하여 평가한다.

해설 반응속도식 $\dfrac{dC}{dt} = kC^n$

③ 이차반응 : 반응속도가 한 가지 반응물 농도의 제곱에 비례하여 진행하는 반응이다.

정답 5. ③ 6. ④ 7. ① 8. ③ 9. ① 10. ③

11. 보통 농업용수의 수질 평가 시 SAR로 정의하는데 이에 대한 설명으로 틀린 것은?

① SAR의 계산식에 사용되는 이온의 농도는 mg/L를 사용한다.
② SAR의 값은 Na^+, Ca^{2+}, Mg^{2+} 농도와 관계가 있다.
③ 경수가 연수보다 토양에 더 좋은 영향을 미친다고 볼 수 있다.
④ SAR값이 20 정도이면 Na^+가 토양에 미치는 영향이 매우 높다.

해설 ① SAR의 계산식에 사용되는 이온의 농도는 meq/L를 사용한다.

더 알아보기 핵심정리 1-15

12. 유기물을 함유한 유체가 완전혼합연속반응조를 통과할 때 유기물의 농도가 200 mg/L에서 20 mg/L로 감소한다. 반응조 내의 반응이 일차반응이고 반응조체적이 10 m³이며 반응속도상수가 0.2 day⁻¹이라면 유체의 유량(m³/day)은?

① 0.11
② 0.22
③ 0.33
④ 0.44

해설 완전혼합반응조의 물질수지식

$$V\frac{dC}{dt} = QC_o - QC - kCV$$

정상상태이므로, $dC/dt = 0$

∴ $QC_o - QC - kCV = 0$

∴ $Q = \dfrac{kCV}{C_o - C}$

$= \dfrac{0.2}{day} \bigg| \dfrac{20\,mg/L}{(200-20)mg/L} \bigg| \dfrac{10\,m^3}{}$

$= 0.22\,m^3/day$

13. 다음 중 호기성 미생물에 의하여 발생되는 반응은?

① 포도당 → 알코올
② 포도당 → 아세트산
③ 아질산염 → 질산염
④ 아세트산 → 메탄

해설 호기성 분해
• 유기물 → $CO_2 + H_2O$
• 질산화(암모니아성 질소 → 아질산성 질소 → 질산성 질소)

14. 10^{-3} M CH_3COOH의 pH는 얼마인가? (단, CH_3COOH의 $pK_a = 4.76$)

① 3.0
② 3.9
③ 5.3
④ 5.9

해설 (1) $pK_a = 4.76$이므로 $K_a = 10^{-4.76}$
(2) $[H^+] = \sqrt{K_aC} = \sqrt{(10^{-4.76})(10^{-3})}$
$= 1.3182 \times 10^{-4} M$
(3) $pH = -\log(1.3182 \times 10^{-4}) = 3.88$

15. 하수가 유입된 하천의 자정작용을 하천 유하거리에 따라 분해지대, 활발한 분해지대, 회복지대, 정수지대의 4단계로 분류하여 나타내는 경우, 회복지대의 특성으로 틀린 것은?

① 세균수가 감소한다.
② 발생된 암모니아성 질소가 질산화 된다.
③ 용존산소의 농도가 포화될 정도로 증가한다.
④ 규조류가 사라지고 윤충류, 갑각류도 감소한다.

해설 ④ 회복지대에서는 세균수가 감소하고 윤충류, 갑각류가 증가하며, 하류로 갈수록 규조류가 증가한다.

더 알아보기 핵심정리 2-12

정답 11. ① 12. ② 13. ③ 14. ② 15. ④

16. 호수의 성층현상에 대한 설명으로 틀린 것은?

① 수심에 따른 온도변화로 인해 발생되는 물의 밀도차에 의하여 발생한다.
② thermocline(약층)은 순환층과 정체층의 중간층으로 깊이에 따른 온도변화가 크다.
③ 겨울 성층은 표층수의 냉각에 의한 성층이며 역성층이라고도 한다.
④ 여름이 되면 연직에 따른 온도경사와 용존산소 경사가 반대모양을 나타낸다.

해설 ④ 여름이 되면 연직에 따른 온도경사와 용존산소 경사가 같은 모양을 나타낸다.

더 알아보기 핵심정리 2-13

17. 호소의 부영양화에 대한 일반적 영향으로 틀린 것은?

① 부영양화가 진행된 수원을 농업용수로 사용하면 영양염류의 공급으로 농산물 수확량이 지속적으로 증가한다.
② 심수층의 용존산소량이 감소한다.
③ 부영양화 평가모델은 인(P)부하모델인 Vollenweider 모델 등이 대표적이다.
④ 조류나 미생물에 의해 생성된 용해성 유기물질이 불쾌한 맛과 냄새를 유발한다.

해설 ① 부영양화가 진행된 수원을 농업용수로 사용하면 고농도 질소 때문에 경작 장애가 발생한다.

더 알아보기 핵심정리 2-13 (3)

18. 유기화합물에 대한 설명으로 옳지 않은 것은?

① 유기화합물들은 일반적으로 녹는점과 끓는점이 낮다.
② 유기화합물들은 하나의 분자식에 대하여 여러 종류의 화합물이 존재할 수 있다.
③ 유기화합물들은 대체로 이온 반응보다는 분자반응을 하므로 반응속도가 빠르다.
④ 대부분의 유기화합물은 가연성이다.

해설

구분	유기화합물	무기화합물
가연성	가연성	비가연성
반응	분자반응	이온반응
녹는점, 끓는점	낮음	높음
반응속도	느림	빠름

19. 분뇨에 관한 설명으로 옳지 않은 것은?

① 분뇨는 다량의 유기물과 대장균을 포함하고 있다.
② 분뇨의 질소화합물은 알칼리도를 높게 유지시켜주므로 pH의 강하를 막아주는 완충작용을 한다.
③ 분과 뇨의 혼합비는 1 : 10이다.
④ 분과 뇨의 고형물비는 약 1 : 10이다.

해설 ④ 분과 뇨의 고형물비는 약 7~8 : 1이다.

더 알아보기 핵심정리 2-16

20. NBDCOD가 0일 경우 탄소(C)의 최종 BOD와 TOC 간의 비(BOD_u/TOC)는?

① 0.37
② 1.32
③ 1.83
④ 2.67

해설 NBDCOD가 0이면 BOD_u = COD

$$C + O_2 \rightarrow CO_2$$
$$12\ g \quad 32\ g$$

$$\frac{BOD_u}{TOC} = \frac{O_2}{C} = \frac{32}{12} = 2.67$$

제2과목　상하수도계획

21. 집수정에서 가정까지의 급수계통을 순서적으로 나열한 것으로 옳은 것은?
① 취수 → 도수 → 정수 → 송수 → 배수 → 급수
② 취수 → 정수 → 도수 → 배수 → 송수 → 급수
③ 취수 → 송수 → 도수 → 정수 → 배수 → 급수
④ 취수 → 송수 → 배수 → 정수 → 도수 → 급수

해설 상수도 계통도 : 취수→도수→정수→송수→배수→급수

22. 다음 중 하수도 계획에 대한 설명으로 옳은 것은?
① 하수도 계획의 목표연도는 원칙적으로 30년으로 한다.
② 하수도 계획구역은 행정상의 경계구역을 중심으로 수립한다.
③ 새로운 시가지의 개발에 따른 하수도 계획구역은 기존 시가지를 포함한 종합적인 하수도 계획의 일환으로 수립한다.
④ 하수처리구역의 경계는 자연유하에 의한 하수배제를 위해 배수구역 경계와 교차하도록 한다.

해설 ① 하수도 계획의 목표연도는 원칙적으로 20년으로 한다.
② 하수도 계획구역은 원칙적으로 관할 행정구역 전체를 대상으로 하되, 자연 및 지역조건을 충분히 고려하여 필요시에는 행정경계 이외 구역도 광역적, 종합적으로 정한다.
④ 처리구역의 경계는 자연유하에 의한 하수배제를 위해 배수구역 경계와 교차하지 않을 것을 원칙으로 하고, 처리구역 외의 배수구역으로부터의 우수 유입을 고려하여 계획한다.

23. 계획우수유출량의 산정방법으로 쓰이는 합리식 $Q = \dfrac{1}{360} C \cdot I \cdot A$에 대한 설명으로 틀린 것은? (단, 원심탈수기와 비교)
① C는 유출계수이다.
② 우수유출량 산정에 있어 가장 기본이 되는 공식이다.
③ I는 유달시간(t) 내의 평균강우강도이다.
④ A는 우수배제관거의 통수단면적이다.

해설 ④ A는 배수면적(유역면적)이다.

24. 고도정수 처리 시 해당물질의 처리방법으로 가장 거리가 먼 것은?
① pH가 낮은 경우에는 플록 형성 후에 알칼리제를 주입하여 pH를 조정한다.
② 원수 중에 불소가 과량으로 포함된 경우에는 응집처리, 활성알루미나, 골탄, 전해 등의 처리를 한다.
③ 음이온 계면활성제를 다량 함유한 경우에는 응집 또는 염소처리를 한다.
④ 색도가 높을 경우에는 응집침전처리, 활성탄처리 또는 오존처리를 한다.

해설 ③ 음이온 계면활성제를 다량 함유한 경우에는 주로 생물학적 처리나 활성탄 흡착 처리를 한다.

25. 계획오수량에 관한 설명으로 틀린 것은?
① 계획시간최대오수량은 계획1일최대오수량의 1.3~1.8배를 표준으로 한다.
② 지하수량은 1인1일최대오수량의 20% 이하로 한다.
③ 합류식에서 우천 시 계획오수량은 원칙적으로 계획1일최대오수량의 3배 이상으로 한다.
④ 계획1일평균오수량은 계획1일최대오수량의 70~80%를 표준으로 한다.

정답　21. ①　22. ③　23. ④　24. ③　25. ①

해설 ① 계획시간최대오수량은 계획1일최대오수량의 1시간당 수량의 1.3~1.8배를 표준으로 한다.

더 알아보기 핵심정리 2-29

26. 정수처리시설 중에서, 이상적인 침전지에서의 효율을 검증하고자 한다. 실험결과, 입자의 침전속도가 0.2 cm/s이고 유량이 30,000 m³/day로 나타났을 때 침전효율(제거율, %)은? (단, 침전지의 유효표면적은 100 m²이고 수심은 4 m이며 이상적 흐름상태 가정)

① 73.2 ② 63.2
③ 57.6 ④ 43.2

해설 침전 제거율 $= \dfrac{V_s}{Q/A}$

$= \dfrac{0.2\,\text{cm}}{\text{sec}} \bigg| \dfrac{\text{day}}{30{,}000\,\text{m}^3} \bigg| \dfrac{100\,\text{m}^2}{} \bigg| \dfrac{1\,\text{m}}{100\,\text{cm}} \bigg| \dfrac{86{,}400\,\text{sec}}{1\,\text{day}}$

$= 0.576 = 57.6\,\%$

27. 취수구 시설에서 스크린, 수문 또는 수위조절판(stop log)을 설치하여 일체가 되어 작동하게 되는 취수시설은?

① 취수보
② 취수탑
③ 취수문
④ 취수관거

해설 ① 취수보 : 하천을 막아 계획취수위를 확보해 안정된 취수를 가능하게 하기 위한 시설
② 취수탑 : 하천의 수심이 일정한 깊이 이상인 지점에 설치, 취수구를 상하에 설치하여 수위에 따라 좋은 수질을 선택취수 가능
③ 취수문 : 취수구 시설에서 스크린, 수문 또는 수위조절판을 설치하여 일체로 작동함
④ 취수관거 : 취수구부를 복단면 하천의 바닥호안에 설치하여 표류수를 취수하고, 관거부를 통하여 제내지로 도수하는 시설

28. 상수처리시설인 침사지의 구조 기준으로 틀린 것은?

① 표면부하율은 200~500 mm/min을 표준으로 한다.
② 지내 평균유속은 30 cm/sec를 표준으로 한다.
③ 지의 상단높이는 고수위보다 0.6~1 m의 여유고를 둔다.
④ 침사지 바닥경사는 1/200~1/100 정도의 하향경사를 둔다.

해설 ② 지내 평균유속은 2~7 cm/sec를 표준으로 한다.

더 알아보기 핵심정리 2-24

29. 관경 1,100 mm, 동수경사 2.4 ‰, 유속 1.72 m/sec, 연장 L = 30.6 m일 때 역사이펀의 손실수두(m)는? (단, 손실수두에 관한 여유 α = 0.042 m)

① 0.42 ② 0.34
③ 0.25 ④ 0.16

해설 $h = il + \beta\dfrac{V^2}{2g} + \alpha$

$= \dfrac{2.4}{1{,}000} \bigg| \dfrac{30.6}{} + \dfrac{1.5}{} \bigg| \dfrac{1.72^2}{2 \times 9.8} + 0.042$

$= 0.3418\,\text{m}$

정리 β는 문제에 값이 주어지지 않으면 1.5

30. 지하수 취수 시 적용되는 양수량 중에서 적정 양수량의 정의로 옳은 것은?

① 최대 양수량의 80 % 이하의 양수량
② 최대 양수량의 70 % 이하의 양수량
③ 한계 양수량의 80 % 이하의 양수량
④ 한계 양수량의 70 % 이하의 양수량

해설 지하수 취수의 적정 양수량 : 한계 양수량의 70 % 이하의 양수량

정답 26. ③ 27. ③ 28. ② 29. ② 30. ④

31. 상수도 시설인 도수시설의 도수노선에 관한 설명으로 틀린 것은?

① 원칙적으로 공공도로 또는 수도용지로 한다.
② 수평이나 수직방향의 급격한 굴곡을 피한다.
③ 관로상 어떤 지점도 동수경사선보다 낮게 위치하지 않도록 한다.
④ 몇 개의 노선에 대하여 건설비 등의 경제성, 유지관리의 난이도 등을 비교, 검토하고 종합적으로 판단하여 결정한다.

해설 도수노선의 선정
- 건설비 등의 경제성, 유지관리의 난이도 등을 비교·검토하여 종합적으로 판단
- 원칙적으로 공공도로 또는 수도용지로 함
- 수평이나 수직방향의 급격한 굴곡을 피하고, 어떤 경우라도 최소동수경사선 이하가 되도록 노선 선정

32. 강우강도 $I = \dfrac{3,970}{t+31}$ [mm/hr], 유역면적 3.0 km², 유입시간 180 sec, 관거길이 1 km, 유출계수 0.9, 하수관의 유속 33 m/min일 경우 우수유출량(m³/sec)은? (단, 합리식 적용)

① 약 29   ② 약 33
③ 약 40   ④ 약 57

해설 (1) 유하시간 $= \dfrac{1,000 \text{ m}}{33 \text{ m}} \cdot \dfrac{\min}{}$
$= 30.3030$분

(2) 유달시간 = 유입시간 + 유하시간
$= 3 + 30.3030 = 33.3030$분

(3) $I = \dfrac{3,970}{t+31} = \dfrac{3,970}{30.3030+31}$
$= 61.7389 \text{ mm/hr}$

(4) $Q = \dfrac{1}{3.6} CIA$
$= \dfrac{1}{3.6} \times 0.9 \times 61.7389 \times 3.0$
$= 40.30 \text{ m}^3/\text{s}$

33. 상수도 송수시설의 계획송수량 산정에 기준이 되는 수량은?

① 계획1일최대급수량
② 계획1일평균급수량
③ 계획1일시간최대급수량
④ 계획1일시간평균급수량

해설 송수시설의 계획송수량은 원칙적으로 계획 1일최대급수량을 기준으로 한다.

34. 하수관로에 관한 설명 중 옳지 않은 것은?

① 우수관로에서 계획하수량은 계획우수량으로 한다.
② 합류식 관로에서 계획하수량은 계획시간최대오수량에 계획우수량을 합한 것으로 한다.
③ 차집관로에서 계획하수량은 계획시간최대오수량으로 한다.
④ 지역의 실정에 따라 계획하수량에 여유율을 둘 수 있다.

해설 ③ 차집관로에서 계획하수량은 우천 시 계획오수량으로 한다.

더알아보기 핵심정리 2-36

35. 다음 중 하수 관거시설에 대한 설명으로 틀린 것은?

① 오수관거의 유속은 계획시간최대오수량에 대하여 최소 0.6 m/s, 최대 3.0 m/s로 한다.
② 우수관거 및 합류관거에서의 유속은 계획우수량에 대하여 최소 0.8 m/s, 최대 3.0 m/s로 한다.
③ 오수관거의 최소관경은 200 mm를 표준으로 한다.
④ 우수관거 및 합류관거의 최소관경은 350 mm를 표준으로 한다.

해설 관거별 최소관경
- 오수관거 : 200 mm
- 우수관거 및 합류관거 : 250 mm

정답 31. ③ 32. ③ 33. ① 34. ③ 35. ④

36. 원형 원심력 철근콘크리트관에 만수된 상태로 송수된다고 할 때 Manning 공식에 의한 유속(m/sec)은? (단, 조도계수 = 0.013, 동수경사 = 0.001, 관지름 = 250 mm)

① 0.12 ② 0.38
③ 0.54 ④ 0.72

해설 $v = \dfrac{1}{n} R^{2/3} \cdot I^{1/2}$
$= \dfrac{1}{0.013} \left(\dfrac{0.25}{4}\right)^{2/3} \cdot 0.001^{1/2}$
$= 0.383$

37. 상수처리를 위한 정수시설 중 착수정에 관한 내용으로 틀린 것은?

① 수위가 고수위 이상으로 올라가지 않도록 월류관이나 월류웨어를 설치한다.
② 착수정의 고수위와 주변벽체의 상단 간에는 60 cm 이상의 여유를 두어야 한다.
③ 착수정의 용량은 체류시간을 30분 이상으로 한다.
④ 부유물이나 조류 등을 제거할 필요가 있는 장소에는 스크린을 설치한다.

해설 ③ 착수정의 용량은 체류시간을 1.5분 이상으로 한다.
착수정의 설계기준
 • 체류시간 : 1.5분 이상
 • 수심 : 3~5 m
 • 여유고 : 60 cm 이상

38. 다음 중 급속여과지에 대한 설명으로 잘못된 것은?

① 여과속도는 120~150 m/day를 표준으로 한다.
② 급속여과지는 중력식과 압력식이 있으며 압력식을 표준으로 한다.
③ 여과면적은 계획정수량을 여과속도로 나누어 계산한다.
④ 여과지 1지의 여과면적은 150 m² 이하로 한다.

해설 급속여과지의 설계기준
② 급속여과지는 중력식과 압력식이 있으며 중력식을 표준으로 한다.
더알아보기 핵심정리 2-26 (5)

39. 하수관로시설의 황화수소 부식 대책으로 가장 거리가 먼 것은?

① 관거를 청소하고 미생물의 생식 장소를 제거한다.
② 환기에 의해 관내 황화수소를 희석한다.
③ 황산염환원세균의 활동을 촉진시켜 황화수소 발생을 억제한다.
④ 방식재료를 사용하여 관을 방호한다.

해설 ③ 황산염환원세균의 활동을 촉진시키면 황화수소 발생이 증가하여 부식이 촉진된다.

40. 토출량 20 m³/min, 전양정 6 m, 회전속도 1,100 rpm인 펌프의 비교회전도(비속도)는?

① 약 1,200 ② 약 1,300
③ 약 1,400 ④ 약 1,600

해설 $N_s = N \cdot \dfrac{Q^{1/2}}{H^{3/4}}$
$= 1,100 \cdot \dfrac{20^{1/2}}{6^{3/4}} = 1,283.199$

제3과목　　수질오염방지기술

41. 총 잔류염소 농도를 3.05 mg/L에서 1.00 mg/L로 탈염시키기 위해 유량 4,200 m³/day인 물에 가해주는 아황산염(SO_3^{2-})의 양(kg/day)은? (단, 원자량 : Cl = 35.5, S = 32.1)

① 약 6 ② 약 8
③ 약 10 ④ 약 12

정답 36. ② 37. ③ 38. ② 39. ③ 40. ② 41. ③

해설 (1) 제거해야 할 잔류염소량

$$\frac{(3.05-1.00)\text{mg}}{\text{L}} \times \frac{4,200\text{ m}^3}{\text{day}} \times \frac{1,000\text{ L}}{1\text{ m}^3} \times \frac{1\text{ kg}}{10^6\text{ mg}}$$

$$= 8.61\text{ kg/day}$$

(2) 아황산염 양(x)

$$Cl_2 + SO_3^{2-} + H_2O \rightarrow SO_4^{2-} + 2Cl^- + 2H^+$$

$$Cl_2 \;:\; SO_3^{2-}$$
$$71 \;:\; 80.1$$
$$8.61\text{ kg/day} \;:\; x$$

$$\therefore x = \frac{80.1}{71} \times \frac{8.61\text{ kg/day}}{1} = 9.71\text{ kg/day}$$

42. 응집제 투여량이 많으면 많을수록 응집 효과가 커지게 되는 Schulze – Hardy rule 의 크기를 옳게 나타낸 것은?

① $Al^{3+} > Ca^{2+} > K^+$
② $K^+ > Ca^{2+} > Al^{3+}$
③ $K^+ > Al^{3+} > Ca^{2+}$
④ $Ca^{2+} > K^+ > Al^{3+}$

해설 Schulze – Hardy rule : 이온의 원자가가 클수록, 전해질 이온의 응결력이 기하 급수적으로 증가함

43. 활성슬러지 공정에서 폭기조 유입 BOD 가 180 mg/L, SS가 200 mg/L, BOD-슬러지 부하가 0.6 kg BOD/kg MLSS · day일 때, MLSS 농도(mg/L)는? (단, 폭기조 수리학적 체류시간 = 6시간)

① 1,100 ② 1,200 ③ 1,300 ④ 1,400

해설 $F/M = \dfrac{BOD \cdot Q}{V \cdot X}$

$$= \frac{BOD \cdot Q}{Q \cdot t \cdot X} = \frac{BOD}{t \cdot X}$$

$$\therefore X = \frac{BOD}{t \cdot (F/M)}$$

$$= \frac{180\text{ mg}}{L} \times \frac{\text{kg day}}{0.6\text{ kg}} \times \frac{1}{6\text{ hr}} \times \frac{24\text{ hr}}{1\text{ day}}$$

$$= 1,200\text{ mg/L}$$

44. 생물학적 처리 중 호기성 처리법이 아닌 것은?

① 활성슬러지법
② 혐기성소화법
③ 산화지법
④ 회전원판법

해설 호기성 처리법

부유생물법	활성슬러지법, 활성슬러지의 변법
부착생물법 (생물막법)	살수여상법, 회전원판법, 호기성 여상법, 접촉산화법

혐기성 처리법 : 혐기성 접촉법, 혐기성 여상법, 상향류 혐기성 슬러지상(UASB), 임호프, 부패조

45. 살수여상에서 연못화(ponding) 현상의 원인으로 가장 거리가 먼 것은?

① 너무 낮은 기질부하율
② 생물막의 과도한 탈리
③ 1차 침전지에서 불충분한 고형물 제거
④ 너무 작거나 불균일한 여재

해설 연못화 : 여상표면에 물이 고이는 현상
연못화의 원인
• 여재가 너무 작거나 균일하지 못할 때
• 여재가 견고하지 못하여 부서질 때
• 미처리 고형물이 대량 유입될 때
• 탈락된 생물막이 공극을 폐쇄할 때
• 기질부하율이 너무 높을 때

46. 역삼투 장치로 하루에 500 m³의 3차 처리된 유출수를 탈염시키고자 할 때 요구되는 막면적(m²)은? (단, 25℃에서 물질전달계수 : 0.2068 L/(day · m²)(kPa), 유입수와 유출수 사이의 압력차 : 2,400 kPa, 유입수와 유출수의 삼투압차 : 310 kPa, 최저 운전온도 : 10℃, $A_{10℃} = 1.28 A_{25℃}$, A : 막면적)

① 약 1,130 ② 약 1,280
③ 약 1,330 ④ 약 1,480

정답 42. ① 43. ② 44. ② 45. ① 46. ④

해설 (1) $A_{25℃}$

$$= \frac{day \cdot m^2 \cdot kPa}{0.2068 L} \bigg| \frac{1}{(2,400-310)kPa}$$

$$\bigg| \frac{500 m^3}{day} \bigg| \frac{1,000 L}{1 m^3} = 1,156.839 m^2$$

(2) $A_{10℃} = 1.28 A_{25℃}$
$= 1.28 \times 1,156.839 = 1,480.75 m^2$

47. 생물학적 원리를 이용하여 질소, 인을 제거하는 공정인 5단계 Bardenpho 공법에 관한 설명으로 옳지 않은 것은?

① 조 구성은 혐기성조, 무산소조, 호기성조, 무산소조, 호기성조 순이다.
② 인 제거를 위해 혐기성조가 추가된다.
③ 내부반송률은 유입유량 기준으로 100 ~200 % 정도이며 2단계 무산소조로부터 1단계 무산소조로 반송된다.
④ 마지막 호기성 단계는 폐수 내 잔류 질소가스를 제거하고 최종 침전지에서 인의 용출을 최소화하기 위하여 사용한다.

해설 ③ 내부반송률은 유입유량 기준으로 100~200 % 정도이며 2단계 호기조로부터 1단계 무산소조로 반송된다.

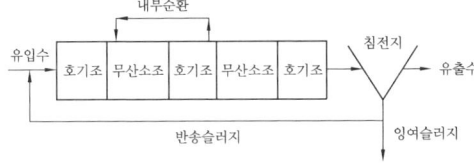

48. 급속교반 탱크에 유입되는 폐수를 6평날 터빈 임펠러로 완전 혼합하고자 한다. 임펠러의 직경은 2.0 m, 깊이 6.0 m인 탱크의 바닥으로부터 1.2 m 높이에서 설치되었다. 수온 30℃에서 임펠러의 회전속도가 30 rpm일 때 동력소비량(kW)은? (단, $p = kρn^3D^5$, 30℃ 액체의 밀도 995.7 kg/m³,

k = 6.3)

① 약 115
② 약 86
③ 약 54
④ 약 25

해설 (1) $n = \frac{30회}{min} \bigg| \frac{1 min}{60 sec} = 0.5회/s$

(2) $P = ρkn^3D^5$

$$= \frac{995.7 kg}{m^3} \bigg| \frac{6.3}{} \bigg| \frac{0.5^3}{s^3} \bigg| \frac{(2 m)^5}{} \bigg| \frac{1 kW}{1,000 kg \cdot m^2/s^3}$$

$= 25.09 kW$

여기서, P : 소요동력(W = kg·m²/s³)
ρ : 물의 밀도
k : 계수
n : 임펠러 회전속도(회/s)
D : 임펠러 직경(m)

49. 플록을 형성하여 침강하는 입자들이 서로 방해를 받으므로 침전속도는 점차 감소하게 되며 침전하는 부유물과 상등수 간에 뚜렷한 경계면이 생기는 침전형태는?

① 지역침전
② 압축침전
③ 압밀침전
④ 응집침전

해설 지역침전(Ⅲ형 침전)
• 플록을 형성하여 침강하는 입자들이 서로 방해를 받아, 침전속도가 감소하는 침전
• 침전하는 부유물과 상등수 간에 뚜렷한 경계면이 생기는 침전
• 입자들은 서로의 상대적 위치를 변경시키려 하지 않음
• 방해·장애·집단·계면·간섭침전
• 상향류식 부유식 침전지, 생물학적 2차 침전지

더알아보기 핵심정리 2-44

정답 47. ③ 48. ④ 49. ①

50. 폐수 발생원에 따른 특성에 관한 설명으로 옳지 않은 것은?

① 철강 : 코크스 공장에서는 시안, 암모니아, 페놀 등이 발생하여 그 처리가 문제된다.
② 피혁 : 낮은 BOD 및 SS, n-Hexane 그리고 독성물질인 크롬이 함유되어 있다.
③ 식품 : 고농도 유기물을 함유하고 있어 생물학적 처리가 가능하다.
④ 도금 : 특정유해물질(Cr^{6+}, CN^-, Pb, Hg 등)이 발생하므로 그 대상에 따라 처리공법을 선정해야 한다.

해설 ② 공장폐수 중 피혁 공장에서 배출되는 폐수는 BOD, 경도, 황화물, 크롬, SS의 함유도가 대단히 높다.

51. 27 mg/L의 암모늄이온(NH_4^+)을 함유하고 있는 폐수를 이온교환수지로 처리하고자 한다. 1,667 m³의 폐수를 처리하기 위해 필요한 양이온 교환수지의 용적(m³)은? (단, 양이온 교환수지 처리능력 100,000 g $CaCO_3$/m³, Ca 원자량 = 40)

① 0.60   ② 0.85
③ 1.25   ④ 1.50

해설 $\dfrac{27\ mg}{L} \Big| \dfrac{1,667\ m^3}{} \Big| \dfrac{1,000\ L}{1\ m^3} \Big| \dfrac{1\ g}{1,000\ mg}$

$\Big| \dfrac{1\ eq}{18\ mg\ NH_4^+} \Big| \dfrac{50\ g\ CaCO_3}{1\ eq} \Big| \dfrac{1\ m^3}{10^5\ g\ CaCO_3}$

$= 1.25\ m^3$

52. 분리막을 이용한 수처리 방법과 구동력의 관계로 틀린 것은?

① 역삼투 - 농도차
② 정밀여과 - 정수압차
③ 한외여과 - 정수압차
④ 전기투석 - 전위차

해설 ① 역삼투 - 정수압차
더 알아보기 핵심정리 2-54

53. 유량이 500 m³/day, SS 농도가 150 mg/L인 하수가 체류시간이 2시간인 최초침전지에서 60 %의 제거효율을 보였다. 이때 발생되는 슬러지양(m³/day)은? (단, 슬러지 비중은 1.0, 함수율은 98 %, SS만 고려함)

① 약 4.2
② 약 3.3
③ 약 2.3
④ 약 1.8

해설 (1) 발생 TS양
$= \dfrac{0.6 \times 150\ g}{m^3} \Big| \dfrac{500\ m^3}{d} \Big| \dfrac{1\ t}{10^6\ g} = 0.045\ t/d$

(2) 발생 슬러지양
$= \dfrac{0.045\ t}{d} \Big| \dfrac{100\ SL}{2\ TS} \Big| \dfrac{m^3}{1\ t} = 2.25\ m^3/d$

정리 제거 SS양 = 발생 TS양

54. Chick's law에 의하면 염소소독에 의한 미생물 사멸률은 1차 반응에 따른다. 미생물의 90 %가 0.1 mg/L 잔류염소로 2분 내에 사멸된다면 99.9 %를 사멸시키기 위해서 요구되는 접촉시간(분)은?

① 4.7
② 6.0
③ 8.7
④ 12.2

해설 $\ln \dfrac{C}{C_0} = -kt$에서,

(1) 90 % 사멸 시, k 계산

$\ln \dfrac{10}{100} = -k \times 2$

∴ k = 1.1512/min

(2) 99.9 % 사멸 시, 접촉시간(t) 계산

$\ln \dfrac{0.1}{100} = -1.1512 \times t$

∴ t = 6 min

55. 펜톤처리공정에 관한 설명으로 가장 거리가 먼 것은?

① 펜톤시약의 반응시간은 철염과 과산화수소수의 주입 농도에 따라 변화를 보인다.
② 펜톤시약을 이용하여 난분해성 유기물을 처리하는 과정은 대체로 산화반응과 함께 pH 조절, 펜톤산화, 중화 및 응집, 침전으로 크게 4단계로 나눌 수 있다.
③ 펜톤시약의 효과는 pH 7~8 범위에서 가장 강력한 것으로 알려져있다.
④ 폐수의 COD는 감소하지만 BOD는 증가할 수 있다.

해설 ③ pH 3~4.5로 조절해야 효과가 크다.
더 알아보기 핵심정리 2-55

56. 활성탄 흡착 처리 공정의 효율이 가장 낮은 것은?

① 음용수의 맛과 냄새물질 제거 공정
② 트리할로메탄, 농약, 유기 염소 화합물과 같은 미량 유기 물질 제거 공정
③ 처리된 폐수의 잔존 유기물 제거 공정
④ 고농도 산업폐수 처리

해설 활성탄 흡착은 불포화 유기물, 소수성 물질, 맛, 냄새, 색도 등의 제거에 효율적이다.

57. 포기조내 MLSS의 농도가 2,500 mg/L이고, SV_{30}이 30 %일 때 SVI(mL/g)는?

① 85 ② 120
③ 135 ④ 150

해설 $SVI = \dfrac{SV_{30}(\%)}{MLSS} \times 10{,}000$

$= \dfrac{30}{2{,}500} \times 10{,}000 = 120$

58. 염소 소독의 특징으로 틀린 것은? (단, 자외선 소독과 비교)

① 소독력 있는 잔류염소를 수송관로 내에 유지시킬 수 있다.
② 처리수의 총용존고형물이 감소한다.
③ 처리수의 잔류독성이 탈염소과정에 의해 제거되어야 한다.
④ 염소접촉조로부터 휘발성 유기물이 생성된다.

해설 ② 염소 소독으로 처리수의 총용존고형물이 증가한다.
더 알아보기 핵심정리 2-50

59. 활성슬러지 포기조 용액을 사용한 실험값으로부터 얻은 결과에 대한 설명으로 가장 거리가 먼 것은?

> MLSS 농도가 1,600 mg/L인 용액 1리터를 30분간 침강시킨 후 슬러지의 부피가 400 mL이었다.

① 최종침전지에서 슬러지의 침강성이 양호하다.
② 슬러지 밀도지수(SDI)는 0.5 이하이다.
③ 슬러지 용량지수(SVI)는 200 이상이다.
④ 실모양의 미생물이 많이 관찰된다.

해설 $SVI = \dfrac{SV_{30}}{MLSS} \times 1{,}000$

$= \dfrac{400}{1{,}600} \times 1{,}000 = 250$

SVI가 250이므로, 슬러지 벌킹이 발생하고, 슬러지 침강성이 나쁘다.
SVI와 침강성
• 50~150이면 침강성 양호
• 200 이상이면 슬러지 벌킹 발생

60. 1차 처리 결과 슬러지의 함수율이 80 %, 고형물 중 무기성고형물질이 30 %, 유기성고형물질이 70 %, 유기성고형물질의 비중 1.1, 무기성고형물질의 비중이 2.2일 때 슬러지의 비중은?

① 1.017 ② 1.023
③ 1.032 ④ 1.047

정답 55. ③ 56. ④ 57. ② 58. ② 59. ① 60. ④

해설 (1) 고형물 밀도(ρ_{TS})

$$\frac{TS}{\rho_{TS}} = \frac{VS}{\rho_{VS}} + \frac{FS}{\rho_{FS}}$$

$$\frac{100}{\rho_{TS}} = \frac{70}{1.1} + \frac{30}{2.2}$$

$$\therefore \rho_{TS} = 1.294$$

(2) 슬러지 밀도(ρ_{SL})

$$\frac{SL}{\rho_{SL}} = \frac{TS}{\rho_{TS}} + \frac{W}{\rho_W}$$

$$\frac{100}{\rho_{SL}} = \frac{20}{1.294} + \frac{80}{1}$$

$$\therefore \rho_{SL} = 1.047$$

제4과목 수질오염공정시험기준

61. "항량으로 될 때까지 건조한다."라 함은 같은 조건에서 어느 정도 더 건조시켜 전후 무게차가 g당 0.3 mg 이하일 때를 말하는가?

① 30분
② 60분
③ 120분
④ 240분

해설 "항량으로 될 때까지 건조한다."라 함은 같은 조건에서 1시간 더 건조할 때 전후 무게의 차가 g당 0.3 mg 이하일 때를 말한다.

62. 순수한 물 120 mL에 에틸알코올(비중 0.79) 80 mL를 혼합하였을 때 이 용액 중의 에틸알코올 농도(W/W %)는?

① 약 30 %
② 약 35 %
③ 약 40 %
④ 약 45 %

해설 (1) 용질(에틸알코올) = $\dfrac{0.79 \text{ g}}{1 \text{ mL}} \times 80 \text{ mL}$

$= 63.2 \text{ g}$

(2) 용매(물) = $\dfrac{120 \text{ mL}}{} \times \dfrac{1 \text{ g}}{1 \text{ mL}} = 120 \text{ g}$

(3) 농도 = $\dfrac{\text{용질 질량}}{\text{용액 질량}} = \dfrac{63.2}{120 + 63.2}$

$= 0.3449 = 34.49 \%$

63. 배출허용기준 적합여부를 판정을 위해 자동시료채취기로 시료를 채취하는 방법의 기준은?

① 4시간 이내에 30분 이상 간격으로 2회 이상 채취하여 일정량의 단일 시료로 한다.
② 4시간 이내에 1시간 이상 간격으로 2회 이상 채취하여 일정량의 단일 시료로 한다.
③ 6시간 이내에 30분 이상 간격으로 2회 이상 채취하여 일정량의 단일 시료로 한다.
④ 6시간 이내에 1시간 이상 간격으로 2회 이상 채취하여 일정량의 단일 시료로 한다.

해설
- 수동으로 시료를 채취할 경우 30분 이상 간격으로 2회 이상 채취하여 일정량의 단일 시료로 한다.
- 자동시료채취기로 시료를 채취할 경우에는 6시간 이내에 30분 이상 간격으로 2회 이상 채취하여 일정량의 단일 시료로 한다.
- 수소이온농도(pH), 수온 등 현장에서 즉시 측정하여야 하는 항목인 경우에는 30분 이상 간격으로 2회 이상 측정한 후 산술평균하여 측정값을 산출한다.

64. 수질오염공정시험기준에 의해 분석할 시료를 채수 후 측정시간이 지연될 경우 시료를 보존하기 위해 4℃에 보관하고, 염산으로 pH를 5~9 정도로 유지하여야 하는 항목은?

① 부유물질
② 망간
③ 비소
④ PCB

해설 ① 부유물질 : 4℃ 보관
③ 비소 : 1 L당 HNO₃ 1.5 mL로 pH 2 이하
④ PCB : 4℃ 보관, HCl로 pH 5~9

더 알아보기 핵심정리 2-70 (4)

65. 분원성 대장균군(시험관법) 측정에 관한 내용으로 틀린 것은?

① 분원성 대장균군 시험은 추정시험과 확정시험으로 한다.
② 최적확수시험 결과는 분원성 대장균군수/100 mL로 표시한다.
③ 확정시험에서 가스가 발생한 시료는 분원성 대장균군 양성으로 판정한다.
④ 분원성 대장균군은 온혈동물의 배설물에서 발견된 그람음성·무아포성의 간균으로서 35±0.5℃에서 락토오스를 분해하여 가스 또는 산을 생성하는 모든 호기성 또는 통기성 혐기성균을 말한다.

해설 ④ 분원성 대장균군은 온혈동물의 배설물에서 발견된 그람음성·무아포성의 간균으로서 44.5℃에서 락토오스를 분해하여 가스 또는 산을 생성하는 모든 호기성 또는 통기성 혐기성균을 말한다.

66. 적절한 보존방법을 적용한 경우 시료 최대보존기간이 가장 긴 항목은?

① 시안 ② 부유물질
③ 질산성 질소 ④ 암모니아성 질소

해설 ① 시안 : 14일
② 부유물질 : 7일
③ 질산성 질소 : 48시간
④ 암모니아성 질소 : 28일

(더 알아보기) 핵심정리 2-70 (3)

67. 퇴적물 채취기에 관한 설명으로 틀린 것은?

① 포나 그랩은 모래가 많은 지점에서도 채취가 잘되는 중력식 채취기이다.
② 에크만 그랩은 채취기를 바닥 퇴적물 위에 내린 후 메신저를 투하하면 장방형 상자의 밑판이 닫힌다.
③ 포나 그랩은 부드러운 펄층이 두꺼운 경우에는 깊이 빠져 들어가기 때문에 사용하기 어렵다.
④ 에크만 그랩은 채집면적이 좁고 조류가 센 곳에서 바닥에 안정시키기 쉽다.

해설 ④ 에크만 그랩은 채집면적이 좁고 조류가 센 곳에서는 바닥에 안정시키기 어렵지만, 가벼워 휴대가 용이하며 작은 배에서 손쉽게 사용할 수 있다.

퇴적물 채취기의 종류

- 포나 그랩(ponar grab) : 모래가 많은 지점에서도 채취가 잘되는 중력식 채취기로서, 조심스럽게 수면 아래로 내려 보내다가 채취기가 바닥에 닿아 줄의 장력이 감소하면 아래 날(jaws)이 닫히도록 되어 있다. 부드러운 펄층이 두꺼운 경우에는 깊이 빠져 들어가기 때문에 사용하기 어렵다. 원래의 모델은 무게가 무겁고 커서 윈치 등이 필요하지만 소형의 포나 그랩은 윈치 없이 내리고 올릴 수 있다.
- 에크만 그랩(ekman grab) : 물의 흐름이 거의 없는 곳에서 채취가 잘되는 채취기로서, 채취기를 바닥 퇴적물 위에 내린 후 메신저를 투하하면 장방형 상자의 밑판이 닫히도록 설계되었다. 바닥이 모래질인 곳에서는 사용하기 어렵다. 채집면적이 좁고 조류가 센 곳에서는 바닥에 안정시키기 어렵지만, 가벼워 휴대가 용이하며 작은 배에서 손쉽게 사용할 수 있다.
- 삽, 모종삽, 스쿱 : 얕은 곳에서 퇴적물을 뜨거나 시료를 혼합할 때 이용할 수 있는 도구로서, 스테인리스 재질의 모종삽(trowel), 스쿱(scoop) 등이 있다.

68. 냄새 측정 시 시료에 잔류염소가 존재하는 경우 조치 내용으로 옳은 것은?

① 티오황산나트륨 용액을 첨가하여 잔류염소를 제거
② 과망간산칼륨 용액을 첨가하여 잔류염소를 제거
③ 아세트산암모늄 용액을 첨가하여 잔류염소를 제거
④ 황산은 분말을 첨가하여 잔류염소를 제거

정답 65. ④ 66. ④ 67. ④ 68. ①

해설 잔류염소가 존재하면 티오황산나트륨 용액을 첨가하여 잔류염소를 제거한다.

69. 흡광도 측정에서 투과율이 30 %일 때 흡광도는?

① 0.37   ② 0.42
③ 0.52   ④ 0.63

해설 흡광도(A)
$$A = \log\left(\frac{1}{t}\right) = \log\left(\frac{1}{0.3}\right) = 0.522$$
여기서, t : 투과율

70. 생물화학적 산소요구량 측정방법 중 시료의 전처리에 관한 설명으로 틀린 것은?

① 시료는 시험하기 바로 전에 온도를 20±1°C로 조정한다.
② pH가 6.5~8.5의 범위를 벗어나는 시료는 염산(1 M) 또는 수산화나트륨용액(1 M)으로 시료를 중화하여 pH 7~7.2로 맞춘다.
③ 수온이 20°C 이하일 때의 용존산소가 과포화되어 있을 경우에는 수온을 23~25°C로 상승시킨 이후에 15분간 통기하고 방치하고 냉각하여 수온을 다시 20°C로 한다.
④ 잔류염소가 함유된 시료는 시료 100 mL에 아지드화나트륨 0.1 g과 요오드화칼륨 1 g을 넣고 흔들어 섞은 다음 수산화나트륨을 넣어 알칼리성으로 한다.

해설 ④ 잔류염소를 함유한 시료는 시료 100 mL에 아자이드화나트륨 0.1 g과 요오드화칼륨 1 g을 넣고 흔들어 섞은 다음 염산을 넣어 산성으로 한다(약 pH 1).

71. 불소화합물의 분석방법과 가장 거리가 먼 것은? (단, 수질오염공정시험기준 기준)

① 자외선/가시선 분광법
② 이온전극법
③ 이온크로마토그래피
④ 불꽃 원자흡수분광광도법

해설 ④ 불꽃 원자흡수분광광도법은 금속류에만 적용됨
불소화합물 분석방법
• 자외선/가시선 분광법
• 이온전극법
• 이온크로마토그래피

72. 자외선/가시선을 이용한 음이온 계면활성제 측정에 관한 내용으로 (   )에 옳은 내용은?

> 물속에 존재하는 음이온 계면활성제를 측정하기 위해 (㉠)와 반응시켜 생성된 (㉡)의 착화합물을 클로로폼으로 추출하여 흡광도를 측정하는 방법이다.

① ㉠ 메틸레드, ㉡ 적색
② ㉠ 메틸렌레드, ㉡ 적자색
③ ㉠ 메틸오렌지, ㉡ 청색
④ ㉠ 메틸렌블루, ㉡ 청색

해설 음이온 계면활성제 – 자외선/가시선 분광법 : 물속에 존재하는 음이온 계면활성제를 측정하기 위하여 메틸렌블루와 반응시켜 생성된 청색의 착화합물을 클로로폼으로 추출하여 흡광도를 650 nm에서 측정하는 방법이다.

73. 질산성 질소 분석 방법과 가장 거리가 먼 것은?

① 이온크로마토그래피법
② 자외선/가시선 분광법 – 부루신법
③ 자외선/가시선 분광법 – 활성탄흡착법
④ 연속흐름법

해설 질산성 질소 분석 방법
• 이온크로마토그래피
• 자외선/가시선 분광법(부루신법)
• 자외선/가시선 분광법(활성탄흡착법)
• 데발다합금 환원증류법

정답 69. ③ 70. ④ 71. ④ 72. ④ 73. ④

74. 자외선/가시선 분광법을 적용한 크롬 측정에 관한 내용으로 ( )에 옳은 것은?

> 3가 크롬은 (㉠)을 첨가하여 6가 크롬으로 산화시킨 후 산성 용액에서 다이페닐카바자이드와 반응하여 생성하는 (㉡) 착화합물의 흡광도를 측정한다.

① ㉠ 과망간산칼륨, ㉡ 황색
② ㉠ 과망간산칼륨, ㉡ 적자색
③ ㉠ 티오황산나트륨, ㉡ 적색
④ ㉠ 티오황산나트륨, ㉡ 황갈색

[해설] 크롬의 자외선/가시선 분광법: 3가 크롬은 과망간산칼륨을 첨가하여 6가 크롬으로 산화시킨 후, 산성 용액에서 다이페닐카바자이드와 반응하여 생성하는 적자색 착화합물의 흡광도를 540 nm에서 측정한다.

75. 윙클러 아지드 변법에 의한 DO 측정 시 시료가 착색 현탁된 경우에 시료 전처리 과정에서 첨가하는 시약으로 옳은 것은?

① 칼륨명반용액
② 플루오린화칼륨용액
③ 수산화망간용액
④ 황산은

[해설] DO 적정법 전처리

간섭물질	전처리 시약
시료가 착색 현탁된 경우	칼륨명반용액 암모니아수
미생물 플록(floc)이 형성된 경우	황산구리-설파민산
산화성 물질을 함유한 경우 (잔류염소)	• 별도의 바탕시험 시행 • 알칼리성 요오드화칼륨-아자이드화나트륨 용액 1 mL • 황산 1 mL • 황산망간용액
산화성 물질을 함유한 경우 (Fe(Ⅲ))	황산을 첨가하기 전에 플루오린화칼륨 용액 1 mL 가함

76. 수질연속자동측정기기의 설치방법 중 시료 채취지점에 관한 내용으로 ( )에 옳은 것은?

> 취수구의 위치는 수면 하 10 cm 이상, 바닥으로부터 15 cm 이상을 유지하여 동절기의 결빙을 방지하고 바다 퇴적물이 유입되지 않도록 하되, 불가피한 경우는 수면 하 ( )cm에서 채취할 수 있다.

① 5
② 15
③ 25
④ 35

[해설] 취수구의 위치는 수면 하 10 cm 이상, 바닥으로부터 15 cm 이상을 유지하여 동절기의 결빙을 방지하고 바다 최적물이 유입되지 않도록 하되, 불가피한 경우는 수면 하 5 cm에서 채취할 수 있다.

77. 자외선/가시선분광법의 이론적 기초가 되는 Lambert-Beer의 법칙을 나타낸 것은? (단, I_0: 입사광의 강도, I_t: 투사광의 강도, C: 농도, ℓ: 빛의 투과거리, ε: 흡광계수)

① $I_t = I_0 \cdot 10^{-\varepsilon C \ell}$
② $I_t = I_0 \cdot (-\varepsilon C \ell)$
③ $I_t = I_0 / -\varepsilon C \ell$
④ $I_t = I_0 / (10^{-\varepsilon C \ell})$

[해설] 흡광도(A)

$$A = \log\left(\frac{1}{t}\right) = \log\left(\frac{I_0}{I_t}\right) = \varepsilon C \ell$$

$$\therefore t = \frac{I_t}{I_0} = 10^{-\varepsilon C \ell}$$

$$\therefore I_t = I_0 \cdot 10^{-\varepsilon C \ell}$$

여기서, I_0: 입사광 강도
I_t: 투과광(투사광) 강도
t: 투과도
ε: 흡광계수
C: 흡수액 농도(M)
ℓ: 빛의 투과거리(시료셀 두께, mm)

정답 74. ② 75. ① 76. ① 77. ①

78. 금속류 – 불꽃 원자흡수분광광도법에서 일어나는 간섭 중 광학적 간섭에 관한 설명으로 맞은 것은?

① 표준용액과 시료 또는 시료와 시료 간의 물리적 성질(점도, 밀도, 표면장력 등)의 차이 또는 표준물질과 시료의 매질 차이에 의해 발생한다.
② 불꽃온도가 너무 높을 경우 중성원자에서 전자를 빼앗아 이온이 생성될 수 있으며 이 경우 음(-)의 오차가 발생하게 된다.
③ 분석하고자 하는 원소의 흡수파장과 비슷한 다른 원소의 파장이 서로 겹쳐 비이상적으로 높게 측정되는 경우이다.
④ 불꽃의 온도가 분자를 들뜬 상태로 만들기에 충분히 높지 않아서, 해당 파장을 흡수하지 못하여 발생한다.

해설 불꽃원자흡수분광광도법 간섭
- 화학적 간섭 : 불꽃의 온도가 분자를 들뜬 상태로 만들기에 충분히 높지 않아서, 해당 파장을 흡수하지 못하여 발생
- 물리적 간섭 : 표준용액과 시료 또는 시료와 시료 간의 물리적 성질(점도, 밀도, 표면장력 등)의 차이 또는 표준물질과 시료의 매질(matrix) 차이에 의해 발생
- 광학적 간섭 : 분석하고자 하는 원소의 흡수파장과 비슷한 다른 원소의 파장이 서로 겹쳐 비이상적으로 높게 측정되는 경우
- 이온화 간섭 : 불꽃온도가 너무 높을 경우 중성원자에서 전자를 빼앗아 이온이 생성될 수 있으며 이 경우 음(-)의 오차가 발생

79. 공장의 폐수 100 mL를 취하여 산성 100 ℃에서 KMnO₄에 의한 화학적산소소비량을 측정하였다. 시료의 적정에 소비된 0.025 N KMnO₄의 양이 6.5 mL였다면 이 폐수의 COD(mg/L)는? (단, 0.025 N KMnO₄ factor = 1.02, 바탕시험 적정에 소비된 0.025 N KMnO₄ = 1.00 mL)

① 11.2　② 13.3
③ 16.7　④ 24.8

해설 COD – 산성과망간산칼륨법

$$COD(mg/L) = (b-a) \times f \times \frac{1000}{V} \times 0.2$$

$$= (6.5-1) \times 1.02 \times \frac{1000}{100} \times 0.2$$

$$= 11.22$$

더 알아보기 핵심정리 1-55 (1)

80. 수질분석용 시료 채취 시 유의사항과 가장 거리가 먼 것은?

① 심부층의 지하수 채취 시에는 고속양수 펌프를 이용하여 채취시간을 최소화함으로써 수질변동을 최소화한다.
② 유류 또는 부유물질 등이 함유된 시료는 시료의 균일성이 유지될 수 있도록 채취하여야 하며 침전물 등이 부상하여 혼입되어서는 안 된다.
③ 용존가스, 환원성 물질, 휘발성 유기화합물, 냄새, 유류 및 수소이온 등을 측정하는 시료는 시료 용기에 가득 채워야 한다.
④ 시료 채취량은 보통 3~5 L 정도이어야 한다.

해설 ① 심부층의 지하수 채취 시에는 저속양수펌프를 이용하여 채취시간을 최소화함으로써 시료의 교란을 최소화한다.

제5과목　수질환경관계법규

81. 수질 및 수생태계 환경기준 중 해역의 생활환경기준 항목이 아닌 것은?

① 분원성 대장균군　② 용매 추출유분
③ 총대장균군　　　④ 수소이온농도

해설 해역 – 생활환경기준
- 수소이온농도(pH) : 6.5~8.5
- 총대장균군(총대장균군수/100 mL) : 1,000 이하
- 용매 추출유분(mg/L) : 0.01 이하

정답 78. ③　79. ①　80. ①　81. ①

82. 배출시설에 대한 일일기준초과배출량 산정 시 적용되는 일일유량의 산정 방법으로 ( )에 맞는 것은?

'일일조업시간은 측정하기 전 최근 조업한 (㉠)간의 배출시설의 조업시간의 평균치로서 (㉡)으로 표시한다.'

① ㉠ 3월, ㉡ 분   ② ㉠ 3월, ㉡ 시간
③ ㉠ 30일, ㉡ 분   ④ ㉠ 30일, ㉡ 시간

해설 일일유량의 산정 방법 : 일일조업시간은 측정하기 전 최근 조업한 30일간의 배출시설의 조업시간의 평균치로서 분으로 표시한다.

83. 기본배출부과금 산정 시 적용되는 사업장별 부과계수로 옳은 것은?

① 제1종 사업장(10,000 m^3/day 이상) : 2.0
② 제2종 사업장 : 1.4
③ 제3종 사업장 : 1.3
④ 제4종 사업장 : 1.1

해설 사업장별 부과계수
(1) 제1종 사업장(단위 : m^3/일)
 • 10,000 이상 부과계수 : 1.8
 • 8,000 이상 10,000 미만 부과계수 : 1.7
 • 6,000 이상 8,000 미만 부과계수 : 1.6
 • 4,000 이상 6,000 미만 부과계수 : 1.5
 • 2,000 이상 4,000 미만 부과계수 : 1.4
(2) 제2종 사업장 부과계수 : 1.3
(3) 제3종 사업장 부과계수 : 1.2
(4) 제4종 사업장 부과계수 : 1.1

84. 사업장별 환경기술인의 자격기준에 관한 내용으로 틀린 것은?

① 대기환경기술인으로 임명된 자가 수질환경기술인의 자격을 함께 갖춘 경우에는 수질환경기술인을 겸임할 수 있다.
② 공동방지시설에 있어서 폐수배출량이 1, 2종 사업장 규모인 경우에는 3종사업장에 해당하는 환경기술인을 선임할 수 있다.
③ 연간 90일 미만 조업하는 1, 2, 3종사업장은 4, 5종사업장에 해당하는 환경기술인을 선임할 수 있다.
④ 특정수질유해물질이 포함된 수질오염물질을 배출하는 4, 5종사업장은 3종사업장에 해당하는 환경기술인을 두어야 한다. 다만, 특정수질유해물질이 포함된 1일 10 m^3 이하의 폐수를 배출하는 사업장의 경우에는 그러하지 아니하다.

해설 ② 공동방지시설의 경우에는 폐수배출량이 제4종 또는 제5종 사업장의 규모에 해당하면 제3종 사업장에 해당하는 환경기술인을 두어야 한다.

85. 수질오염방지시설 중 물리적 처리시설에 해당되지 않는 것은?

① 혼합시설   ② 폭기시설
③ 응집시설   ④ 유수분리시설

해설 수질오염방지시설
② 생물화학적 처리시설

더 알아보기 핵심정리 2-95

86. 비점오염원으로부터 배출되는 수질오염물질을 제거하거나 감소하게 하는 비점오염저감시설을 자연형 시설과 장치형 시설로 구분할 때 바르게 나열한 것은?

① 자연형 시설 : 여과형 시설, 소용돌이형 시설
② 장치형 시설 : 스크린형 시설, 응집·침전 처리형 시설
③ 자연형 시설 : 식생형 시설, 소용돌이형 시설
④ 장치형 시설 : 저류시설, 침투시설

정답 82. ③ 83. ④ 84. ② 85. ② 86. ②

해설 비점오염저감시설

자연형 시설	장치형 시설
• 저류시설 • 인공습지 • 침투시설 • 식생형 시설	• 여과형 시설 • 소용돌이형 시설 • 스크린형 시설 • 응집·침전 처리형 시설 • 생물학적 처리형 시설

87. 가지역에서 1일 폐수배출량이 1,000 m³ 이하로 배출하는 배출시설에 적용되는 배출허용기준 중 총유기탄소량(mg/L)은?
① 30 이하
② 40 이하
③ 50 이하
④ 60 이하

해설 수질오염물질의 배출허용기준

대상규모 항목 지역구분	1일 폐수배출량 2,000 m³ 미만		
	BOD (mg/L)	TOC (mg/L)	SS (mg/L)
청정지역	40 이하	30 이하	40 이하
가지역	80 이하	50 이하	80 이하
나지역	120 이하	75 이하	120 이하
특례지역	30 이하	25 이하	30 이하

(더 알아보기) 핵심정리 2-98

88. 환경부장관은 개선명령을 받은 자가 개선명령을 이행하지 아니하거나 기간 이내에 이행은 하였으나 배출허용기준을 계속 초과할 때에는 해당 배출시설의 전부 또는 일부에 대한 조업정지를 명할 수 있다. 이에 따른 조업정지 명령을 위반한 자에 대한 벌칙기준은?
① 1년 이하의 징역 또는 1천만원 이하의 벌금
② 2년 이하의 징역 또는 2천만원 이하의 벌금
③ 3년 이하의 징역 또는 3천만원 이하의 벌금
④ 5년 이하의 징역 또는 5천만원 이하의 벌금

해설 (1) 5년 이하의 징역 또는 5천만원 이하의 벌금
  • 초과배출자에 따른 조업정지·폐쇄 명령을 이행하지 아니한 자
  • 배출시설의 조업정지 또는 폐쇄 명령을 위반한 자
  • 사용중지명령 또는 폐쇄명령을 위반한 자
(2) 1년 이하의 징역 또는 1천만원 이하의 벌금
  • 측정기기 부착 사업자 등에 대한 조업정지명령을 이행하지 아니한 자
  • 기타 수질오염원의 설치신고 규정에 따른 조업정지·폐쇄 명령을 위반한 자

89. 위엄업무 보고사항 중 보고 횟수가 연 1회에 해당되는 것은?
① 배출부과금 부과 실적
② 폐수위탁·사업장내 처리현황 및 처리실적
③ 과징금 징수 실적 및 체납처분 현황
④ 폐수처리업에 대한 허가·지도단속실적 및 처리실적 현황

해설 ① 연 4회
③ 연 2회
④ 연 2회

90. 대권역 물환경관리계획의 수립에 포함되어야 하는 사항이 아닌 것은?
① 배출허용기준 설정 계획
② 상수원 및 물 이용현황
③ 수질오염 예방 및 저감 대책
④ 점오염원, 비점오염원 및 기타수질오염원의 분포현황

정답 87. ③ 88. ④ 89. ② 90. ①

해설 대권역계획 수립 시 포함사항
1. 물환경의 변화 추이 및 물환경목표기준
2. 상수원 및 물 이용현황
3. 점오염원, 비점오염원 및 기타수질오염원의 분포현황
4. 점오염원, 비점오염원 및 기타수질오염원에서 배출되는 수질오염물질의 양
5. 수질오염 예방 및 저감 대책
6. 물환경 보전조치의 추진방향
7. 「기후위기 대응을 위한 탄소중립·녹색성장기본법」에 따른 기후변화에 대한 적응대책
8. 그 밖에 환경부령으로 정하는 사항

91. 시·도지사가 오염총량관리기본계획의 승인을 받으려는 경우, 오염총량관리기본계획안에 첨부하여 환경부장관에게 제출하여야 하는 서류가 아닌 것은?
① 유역환경의 조사·분석 자료
② 오염원의 자연증감에 관한 분석 자료
③ 오염총량관리 계획 목표에 관한 자료
④ 오염부하량의 저감계획을 수립하는 데에 사용한 자료

해설 오염총량관리기본계획안 첨부서류
1. 유역환경의 조사·분석 자료
2. 오염원의 자연증감에 관한 분석 자료
3. 지역개발에 관한 과거와 장래의 계획에 관한 자료
4. 오염부하량의 산정에 사용한 자료
5. 오염부하량의 저감계획을 수립하는 데에 사용한 자료

92. 중점관리저수지의 관리자와 그 저수지의 소재지를 관할하는 시·도지사가 수립하는 중점관리저수지의 수질오염방지 및 수질개선에 관한 대책에 포함되어야 하는 사항으로 ( )에 옳은 것은?

중점관리저수지의 경계로부터 반경 ( )의 거주인구 등 일반현황

① 500 m 이내   ② 1 km 이내
③ 2 km 이내   ④ 10 km 이내

해설 중점관리저수지 대책 포함사항
1. 중점관리저수지의 설치목적, 이용현황 및 오염현황
2. 중점관리저수지의 경계로부터 반경 2킬로미터 이내의 거주인구 등 일반현황
3. 중점관리저수지의 수질 관리목표
4. 중점관리저수지의 수질오염 예방 및 수질개선방안

93. 낚시금지구역 또는 낚시제한구역의 지정 시 고려사항이 아닌 것은?
① 용수의 목적
② 오염원 현황
③ 연도별 낚시 인구의 현황
④ 호소 인근 인구현황

해설 낚시금지구역 또는 낚시제한구역의 지정 시 고려사항
1. 용수의 목적
2. 오염원 현황
3. 수질오염도
4. 낚시터 인근에서의 쓰레기 발생 현황 및 처리 여건
5. 연도별 낚시 인구의 현황
6. 서식 어류의 종류 및 양 등 수중생태계의 현황

94. 발전소의 발전설비를 운영하는 사업자가 조업정지명령을 받을 경우 주민의 생활에 현저한 지장을 초래하여 조업정지처분에 갈음하여 부과할 수 있는 과징금의 최대액수는?
① 1억원   ② 2억원
③ 3억원   ④ 5억원

해설 • 조업정지처분 : 3억
• 영업정지처분 : 2억

정답 91. ③ 92. ③ 93. ④ 94. ③

95. 수변생태구역의 매수·조성 등에 관한 내용으로 ( )에 옳은 것은?

> 환경부장관은 하천·호소 등의 물환경 보전을 위하여 필요하다고 인정하는 때에는 (㉠)으로 정하는 기준에 해당하는 수변습지 및 수변토지를 매수하거나 (㉡)으로 정하는 바에 따라 생태계적으로 조성·관리 할 수 있다.

① ㉠ 환경부령, ㉡ 대통령령
② ㉠ 대통령령, ㉡ 환경부령
③ ㉠ 환경부령, ㉡ 국무총리령
④ ㉠ 국무총리령, ㉡ 환경부령

해설 수변생태구역의 매수·조성 : 환경부장관은 하천·호소 등의 물환경 보전을 위하여 필요하다고 인정할 때에는 대통령령으로 정하는 기준에 해당하는 수변습지 및 수변토지를 매수하거나 환경부령으로 정하는 바에 따라 생태적으로 조성·관리할 수 있다.

96. 비점오염원의 변경신고 기준으로 옳지 않은 것은?

① 상호, 대표자, 사업명 또는 업종의 변경
② 총 사업면적, 개발면적 또는 사업장 부지면적이 처음 신고면적의 100분의 20 이상 증가하는 경우
③ 비점오염저감시설의 종류, 위치, 용량이 변경되는 경우
④ 비점오염원 또는 비점오염저감시설의 전부 또는 일부를 폐쇄하는 경우

해설 비점오염원의 변경신고 기준 : 변경신고를 하여야 하는 경우는 다음 각 호의 경우를 말한다.
1. 상호·대표자·사업명 또는 업종의 변경
2. 총 사업면적·개발면적 또는 사업장 부지면적이 처음 신고면적의 100분의 15 이상 증가하는 경우
3. 비점오염저감시설의 종류, 위치, 용량이 변경되는 경우
4. 비점오염원 또는 비점오염저감시설의 전부 또는 일부를 폐쇄하는 경우

97. 폐수무방류배출시설의 세부 설치기준으로 옳지 않은 것은?

① 배출시설에서 분리·집수시설로 유입하는 폐수의 관로는 육안으로 관찰할 수 있도록 설치하여야 한다.
② 폐수무방류배출시설에서 발생된 폐수를 폐수처리장으로 유입·재처리할 수 있도록 세정식·응축식 대기오염 방지기술 등을 설치하여야 한다.
③ 폐수를 고체 상태의 폐기물로 처리하기 위하여 증발·농축·건조·탈수 또는 소각시설을 설치하여야 하며, 탈수 등 방지시설에서 발생하는 폐수가 방지시설에 재유입하도록 하여야 한다.
④ 배출시설의 처리공정도 및 폐수 배관도는 폐수처리장 내 사무실에 비치하여 내부 직원만 열람할 수 있도록 하여야 한다.

해설 ④ 배출시설의 처리공정도 및 폐수 배관도는 누구나 알아볼 수 있도록 주요 배출시설의 설치장소와 폐수처리장에 부착하여야 한다.

98. 조치명령 또는 개선명령을 받지 아니한 사업자가 배출허용기준을 초과하여 오염물질을 배출하게 될 때 환경부장관에게 제출하는 개선계획서에 기재할 사항이 아닌 것은?

① 개선사유
② 개선내용
③ 개선기간 중의 수질오염물질 예상배출량 및 배출농도
④ 개선 후 배출시설의 오염물질 저감량 및 저감효과

해설 개선계획서 포함사항
• 개선사유
• 개선내용
• 개선기간 중의 수질오염물질 예상배출량 및 배출농도

정답 95. ② 96. ② 97. ④ 98. ④

99. 초과배출부과금의 부과대상이 되는 수질오염물질이 아닌 것은?

① 유기인화합물
② 시안화합물
③ 대장균
④ 유기물질

해설 초과배출부과금 부과대상 : 수은, 폴리염화비페닐(PCB), 카드뮴, 6가 크롬(Cr^{6+}), 테트라클로로에틸렌(PCE), 트리클로로에틸렌(TCE), 페놀, 시안, 유기인, 납, 비소, 크롬, 구리, 망간, 아연, 총 인(T-P), 총 질소(T-N), 유기물질, 부유물질

더 알아보기 핵심정리 2-94

100. 다음 중 환경기술인의 교육기관으로 옳은 것은?

① 환경관리공단
② 환경보전협회
③ 국립환경인재개발원
④ 환경기술연수원

해설 환경기술인 교육기관
 1. 측정기기 관리대행업에 등록된 기술인력 : 국립환경인재개발원, 한국상하수도협회
 2. 폐수처리업에 종사하는 기술요원 : 국립환경인재개발원
 3. 환경기술인 : 환경보전협회

정답 99. ③ 100. ②

제2회 CBT 실전문제

제1과목　수질오염개론

1. 해수에 관한 설명으로 옳은 것은?
① 해수의 밀도는 담수보다 낮다.
② 염분 농도는 적도 해역보다 남·북 양 극해역에서 다소 낮다.
③ 해수의 Mg/Ca 비는 담수의 Mg/Ca 비보다 작다.
④ 해수의 밀도는 염분비 일정법칙에 따라 항상 균일하게 유지된다.

해설 ② 염분의 농도 : 무역풍대 > 적도 > 극지방
① 해수의 밀도는 담수보다 높다.
③ 해수의 Mg/Ca 비는 담수의 Mg/Ca 비보다 크다.
④ 어느 부분이든 해수의 염분비는 일정하지만, 해수의 밀도는 지역에 따라 다르다. 일정하지 않다.

2. 물의 동점성계수를 가장 알맞게 나타낸 것은?
① 전단력 τ과 점성계수 μ를 곱한 값이다.
② 점성계수 μ를 전단력 τ로 나눈 값이다.
③ 전단력 τ과 밀도 ρ를 곱한 값이다.
④ 점성계수 μ를 밀도 ρ로 나눈 값이다.

해설 동점성계수 = $\dfrac{점성계수}{밀도}$

3. 하구(estuary)의 혼합 형식 중 하상구배와 조차(潮差)가 적어서 염수와 담수의 2층의 밀도류가 발생되는 것은?
① 강혼합형　② 약혼합형
③ 중혼합형　④ 완혼합형

해설 하구밀도류의 유동형태는 담수와 염수의 혼합 강약에 따라 약·완·강혼합형의 세 가지로 분류된다. 이 중 약혼합형에서는 해수가 하도내로 쐐기형태로 침입하게 되는데 이러한 밀도류를 염수쐐기라 한다.

4. 0.01 ppb Cd 용액 1 L 중에 들어 있는 Cd의 양(g)은?
① 1×10^{-6}　② 1×10^{-7}
③ 1×10^{-8}　④ 1×10^{-9}

해설 $\dfrac{0.01 \times 10^{-3}\text{ mg}}{\text{L}} \left| \dfrac{1\text{ L}}{} \right| \dfrac{1\text{ g}}{1,000\text{ mg}}$
$= 1 \times 10^{-8}$ g

정리 1 ppb = 10^{-3} ppm = 10^{-3} mg/L

5. 다음 물질 중 이온화도가 가장 큰 것은?
① CH_3COOH　② H_2O
③ HNO_3　④ NH_3

해설 강산, 강염기일수록 이온화도가 크다.

구분	종류	특징
강산	HCl(염산) HNO_3(질산) H_2SO_4(황산)	• 이온화도 큼 • 강전해질 • 대부분 이온으로 해리됨
강염기	KOH(수산화칼륨) NaOH(수산화나트륨) $Ba(OH)_2$(수산화바륨)	
약산	CH_3COOH(아세트산) H_2CO_3(탄산)	• 이온화도 작음 • 약전해질
약염기	NH_4OH(수산화암모늄) NH_3(암모니아)	• 이온으로 거의 해리되지 않음

정답 1. ② 2. ④ 3. ② 4. ③ 5. ③

6. 길이가 500 km이고 유속이 1 m/sec인 하천에서 상류지점의 BOD_u 농도가 200 mg/L이면 이 지점부터 300 km 하류지점의 잔존 BOD 농도(mg/L)는? (단, 탈산소계수는 0.1/day, 수온 20℃, 상용대수 기준, 기타조건은 고려하지 않음)

① 약 51　　② 약 62
③ 약 90　　④ 약 138

해설 (1) 300 km 유하에 걸리는 시간

$$시간 = \frac{거리}{속도}$$

$$= \frac{300{,}000\,m}{1\,m} \cdot \frac{sec}{} \cdot \frac{1\,d}{86{,}400\,sec}$$

$$= 3.472\,d$$

(2) 300 km 유하 후 하천의 BOD
하천의 BOD농도는 잔존 BOD식을 이용한다.

$$BOD_t = BOD_u \cdot 10^{-kt}$$
$$= 200 \cdot 10^{-0.1 \times 3.472}$$
$$= 89.91\,mg/L$$

7. 우리나라 근해의 적조(red tide)현상의 발생 조건에 대한 설명으로 가장 적절한 것은?

① 햇빛이 약하고 수온이 낮을 때 이상 균류의 이상 증식으로 발생한다.
② 수괴의 연직 안정도가 적어질 때 발생된다.
③ 정체수역에서 많이 발생된다.
④ 질소, 인 등의 영양분이 부족하여 적색이나 갈색의 적조 미생물이 이상적으로 증식한다.

해설 ① 햇빛이 강하고, 수온이 높을 때 발생한다.
② 수괴의 연직 안정도가 클 때 발생된다.
④ 질소, 인 등의 영양분이 과대하여 적색이나 갈색의 적조 미생물이 이상적으로 증식한다.

더 알아보기 핵심정리 2-14

8. Streeter – Phelps 식의 기본가정이 틀린 것은?

① 오염원은 점오염원
② 하상퇴적물의 유기물분해를 고려하지 않음
③ 조류의 광합성은 무시, 유기물의 분해는 1차 반응
④ 하천의 흐름 방향 분산을 고려

해설 ④ 분산은 고려하지 않음

더 알아보기 핵심정리 2-18

9. 다음 물질 중 산화제가 아닌 것은?

① 오존　　② 염소
③ 아황산나트륨　　④ 브롬

해설 아황산나트륨은 환원제이다.

10. 자연계 내에서 질소를 고정할 수 있는 생물과 가장 거리가 먼 것은?

① Azotobacter
② Rhizobium
③ Blue green algae
④ Flagellates

해설 질소순환 관련 미생물
 • 질산화미생물 : 아질산균(Nitrosomonas), 질산균(Nitrobacter)
 • 탈질미생물 : Pseudomonas, Micrococcus, Achromobacter, Bacillus 등
 • 질소고정세균 : Azotobacter, Rhizobium, 클로스트리디움(Clostridium), 각종 광합성 세균, 남조류(Blue green algae) 등

11. 곰팡이(fungi)류의 경험적 분자식은?

① $C_{12}H_8O_5N$　　② $C_{12}H_7O_4N$
③ $C_{10}H_{17}O_6N$　　④ $C_{10}H_{18}O_4N$

해설 곰팡이(fungi)의 분자식 : $C_{10}H_{17}O_6N$

더 알아보기 핵심정리 2-7

정답　6. ③　7. ③　8. ④　9. ③　10. ④　11. ③

12. 미생물 영양원 중 유황(sulfur)에 관한 설명으로 틀린 것은?

① 황환원세균은 편성 혐기성 세균이다.
② 유황을 함유한 아미노산은 세포 단백질의 필수 구성원이다.
③ 미생물세포에서 탄소 대 유황의 비는 100 : 1 정도이다.
④ 유황고정, 유황화합물 환원, 산화 순으로 변환된다.

해설 황은 무기화 – 유황고정 – 산화 – 환원 순으로 변환된다.

13. HCHO(formaldehyde) 250 mg/L의 이론적 COD 값(mg/L)은?

① 163 ② 187
③ 213 ④ 267

해설 $CH_2O + O_2 \rightarrow CO_2 + H_2O$
30 g : 32 g
250 mg/L : COD

$\therefore COD = \dfrac{250\,mg}{L} \times \dfrac{32}{30} = 266.67\,mg/L$

14. 호수의 수질특성에 관한 설명으로 가장 거리가 먼 것은?

① 표수층에서 조류의 활발한 광합성 활동 시 호수의 pH는 8~9 혹은 그 이상을 나타낼 수 있다.
② 호수의 유기물량 측정을 위한 항목은 COD보다 BOD와 클로로필-a를 많이 이용한다.
③ 수심별 전기전도도의 차이는 수온의 효과와 용존된 오염물질의 농도차로 인한 결과이다.
④ 표수층에서 조류의 활발한 광합성 활동 시에는 무기탄소원인 HCO_3^-나 CO_3^{2-}을 흡수하고 OH^-를 내보낸다.

해설 호수 수질오염 지표 : COD, T-P, Chl-a 사용함
①, ④ 조류의 광합성으로 설명함
③ 이온 많으면, 전기전도도 높아짐

15. 호소의 부영양화 현상에 관한 설명 중 옳은 것은?

① 부영양화가 진행되면 COD와 투명도가 낮아진다.
② 생물종의 다양성은 증가하고 개체수는 감소한다.
③ 부영양화의 마지막 단계에는 청록조류가 번식한다.
④ 표수층에는 산소의 과포화가 일어나고 pH가 감소한다.

해설 ① 부영양화가 진행되면 COD는 높아지고 투명도는 낮아진다.
② 생물종의 다양성은 감소하고 개체수는 증가한다.
④ 표수층에서는 조류가 광합성을 하므로, 산소는 증가하고, 이산화탄소는 감소한다. 따라서, pH가 증가한다.

16. 바닷물 중에는 0.05 M의 $MgCl_2$가 포함되어 있다. 바닷물 250 mL에는 몇 g의 $MgCl_2$가 포함되어 있는가? (단, 원자량 : Mg = 24.3, Cl = 35.5)

① 약 0.8
② 약 1.2
③ 약 2.6
④ 약 3.8

해설 $MgCl_2$ 화학식량 = $24.3 + 35.5 \times 2$
= $95.3\,g/mol$

$\dfrac{0.05\,mol}{L} = \dfrac{x\,g}{0.250\,L} \times \dfrac{mol}{95.3\,g}$

$\therefore x = 1.191\,g$

정답 12. ④ 13. ④ 14. ② 15. ③ 16. ②

17. 1차 반응에 있어 반응 초기의 농도가 100 mg/L이고, 8시간 후에 10 mg/L로 감소되었다. 반응 2시간 후의 농도(mg/L)는?

① 17.8 ② 24.8
③ 31.6 ④ 56.2

해설 $\ln \dfrac{C}{C_o} = -Kt$

$\ln \dfrac{10}{100} = -K \cdot 8$

∴ $K = 0.2878$

$\ln \dfrac{x}{100} = -0.2878 \times 2$

∴ 2시간 후 농도(x) = 56.23 mg/L

18. 물 5 m³의 DO가 9.0 mg/L이다. 이 산소를 제거하는 데 필요한 아황산나트륨의 양(g)은?

① 256.5 ② 354.7
③ 452.6 ④ 488.8

해설 (1) 산소량

$$\dfrac{5\,m^3}{} \bigg| \dfrac{9.0\,mg}{L} \bigg| \dfrac{1{,}000\,L}{1\,m^3} \bigg| \dfrac{1\,g}{10^3\,mg} = 45\,g$$

(2) Na_2SO_3 양

$Na_2SO_3 + \dfrac{1}{2}O_2 \rightarrow Na_2SO_4$

126 g : 16 g
X(g) : 45 g

∴ $X = \dfrac{126 \times 45}{16} = 354.37\,g$

19. 시료의 BOD_5가 200 mg/L이고 탈산소 계수값이 0.15 day⁻¹일 때 최종 BOD(mg/L)는?

① 약 213 ② 약 223
③ 약 233 ④ 약 243

해설 $BOD_t = BOD_u(1 - 10^{-kt})$

$200 = BOD_u(1 - 10^{-0.15 \times 5})$

∴ $BOD_u = 243.25$

20. 지하수의 수질을 분석한 결과가 다음과 같을 때 지하수의 이온강도(I)는? (단, Ca^{2+}: 3×10^{-4} mole/L, Na^+: 5×10^{-4} mole/L, Mg^{2+}: 5×10^{-5} mole/L, CO_3^{2-}: 2×10^{-5} mole/L)

① 0.0099 ② 0.00099
③ 0.0085 ④ 0.00085

해설 $I = \dfrac{1}{2} \sum_{1}^{i} C_i Z_i^2$

$= \dfrac{1}{2}[(3 \times 10^{-4} \times 2^2) + (5 \times 10^{-4} \times 1^2) + (5 \times 10^{-5} \times 2^2) + (2 \times 10^{-5} \times 2^2)]$

$= 9.9 \times 10^{-4} = 0.00099$

제2과목　상하수도계획

21. 하수도 계획의 목표연도는 원칙적으로 몇 년 정도로 하는가?

① 10년 ② 15년
③ 20년 ④ 25년

해설 계획 목표연도
- 상수도 : 15~20년
- 하수도 : 20년

22. 정수처리 방법 중 트리할로메탄(trihalomethane)을 감소 또는 제거시킬 수 있는 방법으로 가장 거리가 먼 것은?

① 중간염소처리
② 전염소처리
③ 활성탄처리
④ 오존처리

해설 THM 처리 방법
- 오존처리
- 활성탄처리
- 응집침전
- 중간염소처리
- 클로라민처리(결합염소처리)

정답 17. ④　18. ②　19. ④　20. ②　21. ③　22. ②

23. 하수의 배제방식에 대한 설명으로 잘못된 것은?

① 하수의 배제방식에는 분류식과 합류식이 있다.
② 분류식은 우천 시에 월류가 없다.
③ 제반 여건상 분류식이 어려운 경우 합류식으로 설치할 수 있다.
④ 분류식 중 오수관로는 소구경관로로 폐쇄 염려가 있고, 청소가 어렵고, 시간이 많이 소요된다.

해설 ④ 분류식 중 오수관로는 소구경관로로 폐쇄 가능성이 크다.

더 알아보기 핵심정리 2-31

24. 하수관로 개·보수 계획 수립 시 포함되어야 할 사항이 아닌 것은?

① 불명수량 조사
② 기존관로 현황 조사
③ 개·보수공사 범위의 설정
④ 주변 인근 신설관로 현황 조사

해설 하수관로 개·보수 계획 수립 시 포함사항
- 기초자료 분석 및 조사우선순위 결정
- 불명수량 조사
- 기존관로 현황 조사
- 개·보수 우선순위의 결정
- 개·보수공사 범위의 설정
- 개·보수공법의 선정

25. 지름 2,000mm의 원심력 철근콘크리트관이 포설되어 있다. 만관으로 흐를 때의 유량(m³/s)은? (단, 조도계수 = 0.015, 동수구배 = 0.001, Manning 공식 이용)

① 4.17
② 2.45
③ 1.67
④ 0.66

해설 (1) 유속
$$v = \frac{1}{n}R^{2/3}I^{1/2} = \frac{1}{0.015}\left(\frac{2}{4}\right)^{2/3} \cdot 0.001^{1/2}$$
$$= 1.328 \, m/s$$

(2) 유량
$$Q = AV = \frac{\pi(2m)^2}{4} \times 1.328 \, m/s$$
$$= 4.172 \, m^3/s$$

26. 하수처리계획에서 계획오염부하량 및 계획유입 수질에 관한 설명으로 틀린 것은?

① 계획유입수질 : 하수의 계획유입수질은 계획오염부하량을 계획1일평균오수량으로 나눈 값으로 한다.
② 공장폐수에 의한 오염부하량 : 폐수배출부하량이 큰 공장은 업종별 오염부하량 원단위를 기초로 추정하는 것이 바람직하다.
③ 생활오수에 의한 오염부하량 : 1인 1일당 오염부하량 원단위를 기초로 하여 정한다.
④ 관광오수에 의한 오염부하량 : 당일관광과 숙박으로 나누고 각각의 원단위에서 추정한다.

해설 ② 공장폐수에 의한 오염부하량 : 폐수배출부하량이 큰 공장은 부하량을 실측하는 것이 바람직하며 실측치를 얻기 어려운 경우에 대해서는 업종별의 출하액당 오염부하량 원단위에 기초를 두고 추정한다.

더 알아보기 핵심정리 2-30

27. 막여과법을 정수처리에 적용하는 주된 선정 이유로 가장 거리가 먼 것은?

① 응집제를 사용하지 않거나 또는 적게 사용한다.
② 막의 특성에 따라 원수 중의 현탁물질, 콜로이드, 세균류, 크립토스포리디움 등 일정한 크기 이상의 불순물을 제거할 수 있다.
③ 부지면적이 종래보다 적을 뿐 아니라 시설의 건설공사기간도 짧다.
④ 막의 교환이나 세척 없이 반영구적으로 자동운전이 가능하여 유지관리 측면에서 에너지를 절약할 수 있다.

정답 23. ④ 24. ④ 25. ① 26. ② 27. ④

해설 ④ 막은 주기적으로 세척과 교환이 필요하다.

28. 하천표류수를 수원으로 할 때 하천기준수량은?
① 평수량
② 갈수량
③ 홍수량
④ 최대홍수량

해설 하천표류수를 수원으로 할 때 하천기준수량은 갈수량이다.

29. 지표수의 취수를 위해 하천수를 수원으로 하는 경우의 취수탑에 관한 설명으로 옳지 않은 것은?
① 대량 취수 시 경제적인 것이 특징이다.
② 취수보와 달리 토사유입을 방지할 수 있다.
③ 공사비는 취수보보다는 경제적이다.
④ 시공 시 가물막이 등 가설공사는 비교적 소규모로 할 수 있다.

해설 ② 취수보와 달리 어느 정도의 토사유입은 피할 수 없다.

30. 호소의 중소량 취수시설로 많이 사용되고 구조가 간단하며 시공도 비교적 용이하나 수중에 설치되므로 호소의 표면수는 취수할 수 없는 것은?
① 취수틀
② 취수보
③ 취수관거
④ 취수문

해설 (1) 취수틀
- 중소량 취수시설로 많이 사용
- 구조가 간단
- 시공도 비교적 용이
- 수중에 설치되므로 호소의 표면수는 취수할 수 없음

(2) 취수시설의 구분
- 하천수의 취수시설 : 취수보, 취수탑, 취수문, 취수관거
- 호소수(댐)의 취수시설 : 취수탑, 취수문, 취수틀

31. 취수시설에서 침사지에 관한 설명으로 틀린 것은?
① 지의 길이는 폭의 3~8배를 표준으로 한다.
② 지의 상단높이는 고수위보다 0.3~0.6 m의 여유고를 둔다.
③ 지의 고수위는 계획취수량이 유입될 수 있도록 취수구의 계획최저수위 이하로 정한다.
④ 지내 평균 유속은 2~7 cm/sec를 표준으로 한다.

해설 ② 지의 상단높이는 고수위보다 0.6~1 m의 여유고를 둔다.
더 알아보기 핵심정리 2-24

32. 복류수나 자유수면을 갖는 지하수를 취수하는 시설인 집수매거에 관한 설명으로 틀린 것은?
① 집수매거의 길이는 시험우물 등에 의한 양수시험 결과에 따라 정한다.
② 집수매거의 매설깊이는 1.0 m 이하로 한다.
③ 집수매거는 수평 또는 흐름방향으로 향하여 완경사로 하고 집수매거의 유출단에서 매거 내의 평균유속은 1.0 m/s 이하로 한다.
④ 세굴의 우려가 있는 제외지에 설치할 경우에는 철근콘크리트틀 등으로 방호한다.

해설 ② 가능한 한 직접 지표수의 영향을 받지 않도록 하기 위하여 매설깊이는 5 m 이상으로 하는 것이 바람직하다.
더 알아보기 핵심정리 2-25

정답 28. ② 29. ② 30. ① 31. ② 32. ②

33. 정수시설인 배수지에 관한 내용으로 ( )에 옳은 내용은?

> 유효용량은 시간변동조정용량과 비상대처용량을 합하여 급수구역의 계획 1일최대급수량의 ( )을 표준으로 하여야 하며 지역특성과 상수도시설의 안정성 등을 고려하여 결정한다.

① 4시간분 이상
② 8시간분 이상
③ 12시간분 이상
④ 24시간분 이상

해설 유효용량은 시간변동조정용량과 비상대처용량을 합하여 급수구역의 계획1일최대급수량의 12시간분 이상을 표준으로 하여야 하며 지역특성과 상수도시설의 안정성 등을 고려하여 결정한다.

(더 알아보기) 핵심정리 2-27

34. 정수시설인 완속여과지에 관한 내용으로 옳지 않은 것은?

① 주위벽 상단은 지반보다 60 cm 이상 높여 여과지 내로 오염수나 토사 등의 유입을 방지한다.
② 여과속도는 4~5 m/day를 표준으로 한다.
③ 모래층의 두께는 70~90 cm를 표준으로 한다.
④ 여과면적은 계획정수량을 여과속도로 나누어 구한다.

해설 완속여과지 설계기준
① 주위벽 상단은 지반보다 15 cm 이상 높여 여과지 내로 오염수나 토사 등의 유입을 방지한다.

(더 알아보기) 핵심정리 2-26 (4)

35. 해수담수화방식 중 상(相)변화방식인 증발법에 해당되는 것은?

① 가스수화물법
② 다중효용법
③ 냉동법
④ 전기투석법

해설 해수담수화 방식

상변화식	증발법	다단플래시법, 다중효용법, 증발압축법, 투과기화법
	냉동법	직접냉동법, 간접냉동법, 가스수화물법
상불변식	막여과법	역삼투, 전기투석
	기타	이온교환, 용매추출법

(더 알아보기) 핵심정리 2-61

36. 자유수면을 갖는 천정호(반경 $r_0=0.5$ m, 원지하수위 H=7.0 m)에 대한 양수시험결과 양수량이 0.03 m³/sec일 때 정호의 수심 $h_0 = 5.0$ m, 영향반경 R = 200 m에서 평형이 되었다. 이때 투수계수 k[m/sec]는?

① 4.5×10^{-4}
② 2.4×10^{-3}
③ 3.5×10^{-3}
④ 1.6×10^{-2}

해설 천정호(얕은 우물)의 양수량 공식

$$Q = \frac{\pi k(H^2 - h^2)}{2.3 \log(R/r)}$$

$$0.03 = \frac{\pi k(7^2 - 5^2)}{2.3 \log(200/0.5)}$$

∴ $k = 2.381 \times 10^{-3}$ m/s

여기서, Q : 양수량(m³/s)
k : 투수계수(m/s)
H : 지하수위(m)
h : 우물의 수위(m)
R : 영향원의 반경(m)
r : 우물의 반경(m)

정답 33. ③ 34. ① 35. ② 36. ②

37. 기존의 하수처리시설에 고도처리시설을 설치하고자 할 때 검토사항으로 틀린 것은?

① 기존시설물 및 처리공정을 최대한 활용하여야 한다.
② 시설개량은 시설개량방식을 우선 검토하되 방류수수질기준 준수가 곤란한 경우에 한해 운전개선방식을 함께 추진하여야 한다.
③ 기본설계과정에서 처리장의 운영실태 정밀분석을 실시한 후 이를 근거로 사업추진방향 및 범위 등을 결정하여야 한다.
④ 표준활성슬러지법이 설치된 기존처리장의 고도처리 개량은 개선대상 오염물질별 처리특성을 감안하여 효율적인 설계가 되어야 한다.

해설 ② 시설개량은 운전개선방식을 우선 검토하되 방류수수질기준 준수가 곤란한 경우에 한해 시설개량방식을 추진하여야 한다.

더 알아보기 핵심정리 2-33

38. 펌프의 캐비테이션 발생하는 것을 방지하기 위한 대책으로 볼 수 없는 것은?

① 펌프의 설치 위치를 가능한 한 높게 하여 펌프의 필요유효흡입수두를 작게 한다.
② 흡입 측 밸브를 완전히 개방하고 펌프를 운전한다.
③ 흡입관의 손실을 가능한 한 작게 하여 펌프의 가용유효흡입수두를 크게 한다.
④ 펌프의 회전속도를 낮게 설정하여 펌프의 필요유효흡입수두를 작게 한다.

해설 ① 펌프의 설치 위치를 가능한 한 낮게 하여 펌프의 필요유효흡입수두를 작게 한다.

39. 정수처리 시 적용되는 랑게리아 지수에 관한 내용으로 틀린 것은?

① 랑게리아 지수란 물의 실제 pH와 이론적 pH(pH$_s$: 수중의 탄산칼슘이 용해되거나 석출되지 않는 평형상태로 있을 때의 pH)와의 차이를 말한다.
② 랑게리아 지수가 양(+)의 값으로 절대치가 클수록 탄산칼슘피막 형성이 어렵다.
③ 랑게리아 지수가 음(−)의 값으로 절대치가 클수록 물의 부식성이 강하다.
④ 물의 부식성이 강한 경우 랑게리아 지수는 pH, 칼슘경도, 알칼리도를 증가시킴으로써 개선할 수 있다.

해설 ② 랑게리아 지수가 +이면, 탄산칼슘 스케일이 생성됨

더 알아보기 핵심정리 2-39

40. 경사가 1‰인 하수관거의 길이가 6,000 m일 때 상류관과 하류관의 고저차(m)는? (단, 기타 조건은 고려하지 않음)

① 3 ② 6
③ 9 ④ 12

해설 $H = \dfrac{1}{1,000} \times 6,000 \text{ m} = 6 \text{ m}$

제3과목　수질오염방지기술

41. Langmuir 등온 흡착식을 유도하기 위한 가정으로 옳지 않은 것은?

① 한정된 표면만이 흡착에 이용된다.
② 표면에 흡착된 용질물질은 그 두께가 분자 한 개 정도의 두께이다.
③ 흡착은 비가역적이다.
④ 평형상태이다.

해설 Langmuir 등온 흡착식 가정조건
- 약한 화학적 흡착
- 한정된 표면만이 흡착에 이용
- 단분자층 흡착
- 가역반응
- 평형상태

정답 37. ② 38. ① 39. ② 40. ② 41. ③

42. 200 m³/day의 도금공장 폐수 중 CN⁻이 150 mg/L 함유되어, 다음 반응식을 이용하여 처리하고자 할 때 필요한 NaClO의 양(kg)은?

$$2NaCN + 5NaClO + H_2O \rightarrow 2NaHCO_3 + N_2 + 5NaCl$$

① 180.4
② 214.9
③ 322.5
④ 344.8

해설 (1) 폐수 중 CN⁻

$$\frac{150\ mg}{L} \mid \frac{200\ m^3}{day} \mid \frac{1,000\ L}{1\ m^3} \mid \frac{1\ kg}{10^6\ mg}$$

$= 30\ kg/day$

(2) 필요한 NaClO의 양(X)
$2Na^+ + 2CN^- + 5NaClO + H_2O$
$\rightarrow 2NaHCO_3 + N_2 + 5NaCl$
　　$2CN^- : 5NaClO$
　　$2 \times 26\ g : 5 \times 74.5\ g$
　　$30\ kg/day : X[kg/day]$

$$X = \frac{30\ kg/day \mid 5 \times 74.5}{2 \times 26}$$

$= 214.9\ kg/day$

43. 폐수를 염소 처리하는 목적으로 가장 거리가 먼 것은?
① 살균
② 탁도 제거
③ 냄새 제거
④ 철·망간 제거

해설 염소 처리의 목적 : 살균(세균 제거), 철·망간 제거, 맛·냄새 제거, SS 제거, 유기물 제거 등

44. 최종침전지에서 발생하는 침전성이 양호한 슬러지의 부상(sludge rising) 원인을 가장 알맞게 설명한 것은?

① 침전조의 슬러지 압밀 작용에 의한다.
② 침전조의 탈질화 작용에 의한다.
③ 침전조의 질산화 작용에 의한다.
④ 사상균류의 출현에 의한다.

해설 슬러지 부상 원인 : 침전조의 탈질

45. MLSS의 농도가 1,500 mg/L인 슬러지를 부상법으로 농축시키고자 한다. 압축탱크의 유효전달 압력이 4기압이며 공기의 밀도가 1.3 g/L, 공기의 용해량이 18.7 mL/L일 때 A/S비는? (단, 유량 = 300 m³/day, f = 0.5, 처리수의 반송은 없다.)

① 0.008
② 0.010
③ 0.016
④ 0.020

해설 $A/S = \dfrac{1.3 S_a(fP-1)}{S} \cdot r$

$= \dfrac{1.3 \times 18.7(0.5 \times 4 - 1)}{1,500} = 0.0162$

46. 다음 중 물리·화학적 질소 제거 공정이 아닌 것은?
① air stripping
② breakpoint chlorination
③ ion exchange
④ sequencing batch reactor

해설 ④ sequencing batch reactor(SBR, 연속회분식반응조) : 생물학적 질소 및 인 동시 제거 공정

더 알아보기 핵심정리 2-56

47. 활성슬러지법과 비교하여 생물막공법의 특징이 아닌 것은?
① 2차 침전지에서 슬러지 벌킹의 문제가 없다.
② 단순한 운전이 가능하다.
③ 적은 에너지를 요구한다.
④ 충격독성부하로부터 회복이 느리다.

정답 42. ② 43. ② 44. ② 45. ③ 46. ④ 47. ④

해설 부유생물법과 부착생물법의 비교

구분	부유생물법	부착생물법 (생물막법)
속도	• 대량처리 가능 • 처리속도 빠름	• 소규모 처리 • 처리속도 느림
처리효율	• 처리효율 큼 • 상등수 수질 좋음	• 처리효율 낮음 • 상등수 수질 좋지 않음(투명도 나쁨, 미세한 SS 유출)
슬러지 벌킹	있음	없음
반송	반송 필요	반송 불필요
충격부하	충격부하에 약함	• 충격부하에 강함 • 다양한 물질 처리 가능
운전	운전 어려움	• 운전 쉬움 • 문제 발생 시 대처 곤란
동력비	비쌈	저렴

48. 경사판 침전지에서 경사판의 효과가 아닌 것은?

① 수면적 부하율의 감소효과
② 침전지 소요면적의 증대효과
③ 고형물의 침전효율 증대효과
④ 처리효율의 증대효과

해설 경사판의 효과
• 침전지 소요면적의 저감효과
• 고형물의 침전효율 증대효과
• 처리효율의 증대효과
• 수면적 부하율의 감소효과

49. 염소의 살균력에 관한 설명으로 틀린 것은?

① 살균강도는 HOCl가 OCl⁻의 80배 이상 강하다.
② chloramines은 소독 후 살균력이 약하여 살균작용이 오래 지속되지 않는다.
③ 염소의 살균력은 주입농도가 높고 pH가 낮을 때 강하다.
④ 바이러스는 염소에 대한 저항성이 커 일부 생존할 염려가 있다.

해설 ② chloramines은 살균력은 약하나, 잔류성이 있어 살균작용이 오래 지속된다.

50. 고도 정수처리 방법 중 오존처리의 설명으로 가장 거리가 먼 것은?

① HOCl보다 강력한 환원제이다.
② 오존발생장치와 오존배출시설이 필요하다.
③ 오존은 몇몇 생물학적 분해가 어려운 유기물을 생물학적 분해가 가능한 유기물로 전환시킬 수 있다.
④ 오존에 의해 처리된 처리수는 부착상 생물학적 접촉조인 입상 활성탄 속으로 통과시키는데, 활성탄에 부착된 미생물은 오존에 의해 일부 산화된 유기물을 무기물로 분해시키게 된다.

해설 ① 오존은 HOCl보다 강력한 산화제이다.

51. 하수소독 시 사용되는 이산화염소(ClO_2)에 관한 내용으로 틀린 것은?

① THMs이 생성되지 않음
② 물에 쉽게 녹고 냄새가 적음
③ 색도 제거 가능
④ pH에 의한 살균력의 영향이 큼

해설 pH에 의한 살균력의 영향이 없음

정답 48. ② 49. ② 50. ① 51. ④

52. 응집에 관한 설명으로 옳지 않은 것은?
① 응집제로 황산알루미늄은 대개 철염에 비해 가격이 저렴한 편이다.
② 황산알루미늄을 응집제로 사용할 때 수산화물 플록을 만들기 위해서는 황산알루미늄과 반응할 수 있도록 물에 충분한 알칼리도가 있어야 한다.
③ 응집제로 황산알루미늄은 철염보다 넓은 pH 범위에서 적용이 가능하다.
④ 응집제로 황산알루미늄을 사용하는 경우, 적당한 pH 범위는 대략 4.5에서 8이다.

해설 ③ 응집제로 황산알루미늄은 철염보다 pH 범위가 좁다.

53. 포기조 부피가 1,000 m³이고 MLSS 농도가 3,500 mg/L일 때, MLSS 농도를 2,500 mg/L로 운전하기 위해 추가로 폐기시켜야 할 잉여슬러지양(m³)은? (단, 반송슬러지 농도 = 8,000 mg/L)
① 65 ② 85
③ 105 ④ 125

해설 포기조 MLSS 변화량 = 추가 폐기할 잉여슬러지양

$$\frac{(3,500-2,500)\text{mg}}{\text{L}} \bigg| \frac{1,000\,\text{m}^3}{} = \frac{8,000\,\text{mg}}{\text{L}} \bigg| \frac{Q_w[\text{m}^3]}{}$$

$$\therefore Q_w = 125\,\text{m}^3$$

54. 소규모 하·폐수처리에 적합한 접촉산화법의 특징으로 틀린 것은?
① 접촉재가 조 내에 있어 부착생물량 확인이 어렵다.
② 부착 생물량을 임의로 조정할 수 없기 때문에 조작 조건의 변경에 대응하기 어렵다.
③ 반응조내 여재를 균일하게 포기 교반하는 조건 설정이 어렵다.
④ 비표면적이 큰 접촉재를 사용하여 부착 생물량을 다량으로 보유할 수 있기 때문에 유입기질의 변동에 유연히 대응할 수 있다.

해설 ② 부착 생물량을 임의로 조정할 수 있기 때문에 조작 조건의 변경에 대응하기 쉽다.

55. BOD 300 mg/L, 유량 1,000 m³/day인 폐수를 250 m³의 유효용량을 가진 포기조로 처리할 경우 BOD 용적부하(kg/m³·day)는?
① 0.2 ② 0.6
③ 1.2 ④ 1.8

해설 BOD 용적부하

$$\frac{\text{BOD} \cdot Q}{V}$$

$$= \frac{300\,\text{mg}}{\text{L}} \bigg| \frac{1,000\,\text{m}^3}{\text{day}} \bigg| \frac{1}{250\,\text{m}^3} \bigg| \frac{1\,\text{kg}}{10^6\,\text{mg}} \bigg| \frac{1,000\,\text{L}}{1\,\text{m}^3}$$

$$= 1.2\,\text{kg/m}^3 \cdot \text{day}$$

56. 원형 1차 침전지를 설계하고자 할 때 가장 적당한 침전지의 직경(m)은? (단, 평균유량 = 9,000 m³/day, 평균표면부하율 = 45 m³/m²·day, 최대유량 = 2.0평균 유량, 최대표면부하율 = 100 m³/m²·day)
① 12 ② 15
③ 16 ④ 20

해설 (1) A_1

$$\frac{Q_{평균}}{(O/A)_{평균}} = \frac{9,000\,\text{m}^3/\text{d}}{45\,\text{m}^3/\text{m}^2 \cdot \text{d}} = 200\,\text{m}^2$$

(2) A_2

$$\frac{Q_{최대}}{(O/A)_{최대}} = \frac{2.0 \times 9,000\,\text{m}^3/\text{d}}{100\,\text{m}^3/\text{m}^2 \cdot \text{d}} = 180\,\text{m}^2$$

설계면적은 (1), (2) 중 큰 값을 사용한다.

$$\therefore 설계면적 = \frac{\pi}{4}D^2 = 200\,\text{m}^2$$

$$\therefore D = 15.95\,\text{m}$$

정답 52. ③ 53. ④ 54. ② 55. ③ 56. ③

57. 1일 10,000 m³의 폐수를 급속혼화지에서 체류시간 60 sec, 평균속도경사(G) 200 sec⁻¹인 기계식 고속 교반장치를 설치하여 교반하고자 한다. 이 장치에 필요한 소요 동력(W)은? (단, 수온 10℃, 점성계수(μ) = 1.307×10⁻³ kg/m·s)

① 약 2,621
② 약 1,226
③ 약 741
④ 약 363

해설 (1) 반응조 체적(V)

$$V = \frac{10,000 \text{ m}^3}{\text{day}} \left| \frac{60 \text{ s}}{} \right| \frac{1 \text{ day}}{86,400 \text{ s}}$$

$$= 6.9444 \text{ m}^3$$

(2) 소요 동력(P)

$$P = G^2 \mu V$$

$$= \frac{(200/\text{s})^2}{} \left| \frac{1.307 \times 10^{-3} \text{ kg}}{\text{m} \cdot \text{s}} \right|$$

$$\frac{6.9444 \text{ m}^3}{} \left| \frac{1 \text{ W}}{1 \text{ kg} \cdot \text{m}^2/\text{s}^3} \right|$$

$$= 363.05 \text{ W}$$

정리 1 W = 1 N·m/s = 1 kg·m²/s³

58. 수분함량 97 %의 슬러지 14.7 m³를 수분함량 85 %로 농축하면 농축 후 슬러지 용적(m³)은? (단, 슬러지 비중 = 1.0)

① 1.92
② 2.94
③ 3.21
④ 4.43

해설 $SL_{전}(1-W_{전}) = SL_{후}(1-W_{후})$
$14.7 \times (1-0.97) = SL_{후}(1-0.85)$
$\therefore SL_{후} = 2.94 \text{ m}^3$

59. 하수 슬러지의 농축 방법별 특징으로 옳지 않은 것은?

① 중력식 : 잉여슬러지의 농축에 부적합
② 부상식 : 악취문제가 발생함
③ 원심분리식 : 악취가 적음
④ 중력벨트식 : 설치비가 큼

해설 ④ 중력벨트식 : 설치비가 적음

60. 농축 후 소화를 하는 공정이 있다. 농축조에서의 건조슬러지가 1 m³이고, 소화공정에서 VSS 60 %, 소화율 50 %, 소화 후 슬러지의 함수율이 96 %일 때 소화 후 슬러지의 부피(m³)는?

① 0.7
② 9
③ 18
④ 36

해설 (1) TS_2

• TS_1 = 농축조 건조슬러지
= 1 m³

	TS_1 =	VS_1 +	FS_1
비율	100 %	60 %	40 %
양	1 m³	0.6 m³	0.4 m³

• $VS_2 = 0.5 \times 0.6 \text{ m}^3 = 0.3 \text{ m}^3$
• 소화로 무기물은 제거되지 않으므로, $FS_1 = FS_2$
$\therefore TS_2 = VS_2 + FS_2 = 0.3 + 0.4 = 0.7 \text{ m}^3$

(2) 소화 후 슬러지(SL_2) 부피

$$\frac{0.7 \text{ m}^3 \text{ TS}_2}{} \left| \frac{100 \text{ SL}_2}{4 \text{ TS}_2} \right| = 17.5 \text{ m}^3$$

여기서, TS_1 : 소화 전 TS
VS_1 : 소화 전 VS
FS_1 : 소화 전 FS
TS_2 : 소화 후 TS
VS_2 : 소화 후 VS
FS_2 : 소화 후 FS

정답 57. ④ 58. ② 59. ④ 60. ③

제4과목　수질오염공정시험기준

61. 백분율(V/V, %)의 설명으로 옳은 것은?
① 용액 100 g 중의 성분무게(g)를 표시
② 용액 100 mL 중의 성분용량(mL)을 표시
③ 용액 100 mL 중의 성분무게(g)를 표시
④ 용액 100 g 중의 성분용량(mL)을 표시

해설　① W/W%
② V/V%
③ W/V%
④ V/W%

62. 원자흡수분광광도법에서 공존물질과 작용하여 해리하기 어려운 화합물이 생성되어 흡광에 관계하는 기저상태의 원자수가 감소하는 경우 일어나는 화학적 간섭을 피하는 방법이 아닌 것은?
① 이온교환이나 용매추출 등을 이용하여 방해물질을 제거한다.
② 과량의 간섭원소를 첨가한다.
③ 간섭을 피하는 양이온, 음이온 또는 은폐제, 킬레이트제 등을 첨가한다.
④ 표준시료와 분석시료와의 조성을 같게 한다.

해설　화학적 간섭 감소 방법
- 과량의 상대원소 첨가
- 은폐제나 킬레이트제의 첨가
- 이온교환이나 용매추출 등을 이용하여 방해물질을 제거
- 시료용액을 묽힘
- 방해이온과 선택적으로 결합하여 분석원소를 유리시키는 완화제 사용
- 분석원소와 킬레이트 착화합물들을 생성하게 하여 분석원소를 보호하는 보호제 사용
- 충분히 분해될 수 있는 고온의 원자화기를 사용

63. 폐수의 부유물질(SS)을 측정하였더니 1,322 mg/L이었다. 시료 여과 전 유리섬유여지의 무게가 1.2123 g이고, 이때 사용된 시료량이 100 mL이었다면 시료 여과 후 건조시킨 유리섬유여지의 무게(g)는?
① 1.2242　② 1.3445
③ 2.5233　④ 3.5233

해설　부유물질(mg/L) $= (b-a) \times \dfrac{1,000}{V}$

$1,322 = (b-1.2123)\text{g} \times \dfrac{1,000\,\text{mg}}{1\,\text{g}} \times \dfrac{\dfrac{1,000\,\text{mL}}{1\,\text{L}}}{100\,\text{mL}}$

∴ b = 1.3445 g

여기서, a : 시료 여과 전의 유리섬유여지 무게 (mg)
b : 시료 여과 후의 유리섬유여지 무게 (mg)
V : 시료의 양(mL)

64. 배출허용기준 적합여부 판정을 위한 시료채취 시 복수시료채취방법 적용을 제외할 수 있는 경우가 아닌 것은?
① 환경오염사고 또는 취약시간대의 환경오염감시 등 신속한 대응이 필요한 경우
② 부득이 복수시료채취방법으로 할 수 없을 경우
③ 유량이 일정하며 연속적으로 발생되는 폐수가 방류되는 경우
④ 사업장 내에서 발생하는 폐수를 회분식 등 간헐적으로 처리하여 방류하는 경우

해설　복수시료채취방법 적용을 제외할 수 있는 경우
- 환경오염사고 또는 취약시간대(일요일, 공휴일 및 평일 18 : 00~09 : 00 등)의 환경오염감시 등 신속한 대응이 필요한 경우
- 물환경보전법에 의한 비정상적인 행위를 할 경우
- 사업장 내에서 발생하는 폐수를 회분식(batch식) 등 간헐적으로 처리하여 방류하는 경우
- 기타 부득이 복수시료채취 방법으로 시료를 채취할 수 없을 경우

정답　61. ②　62. ④　63. ②　64. ③

65. 측정항목 중 H_2SO_4를 이용하여 pH를 2 이하로 한 후 4℃에서 보존하는 것이 아닌 것은?

① 화학적 산소요구량
② 아질산성 질소
③ 암모니아성 질소
④ 총 질소

해설 ② 아질산성 질소 : 4℃ 보관

더알아보기 핵심정리 2-70 (4)

66. 시료의 전처리 방법(산분해법) 중 유기물 등을 많이 함유하고 있는 대부분의 시료에 적용하는 것은?

① 질산법
② 질산 – 염산법
③ 질산 – 황산법
④ 질산 – 과염소산법

해설 질산 – 황산법
• 유기물 등을 많이 함유하고 있는 대부분의 시료에 적용
• 칼슘, 바륨, 납 등을 다량 함유한 시료는 난용성의 황산염을 생성하여 다른 금속성분을 흡착하므로 주의

더알아보기 핵심정리 2-72

67. 최대유속과 최소유속의 비가 가장 큰 유량계는?

① 피토우(pitot)관
② 오리피스(orifice)
③ 벤투리미터(venturi meter)
④ 자기식 유량측정기(magnetic flow meter)

해설

유량계	범위(최대유량 : 최소유량)
피토우관	3 : 1
벤투리미터 유량측정용 노즐 오리피스	4 : 1
자기식 유량측정기	10 : 1

68. 개수로 유량측정에 관한 설명으로 틀린 것은? (단, 수로의 구성, 재질, 단면의 형상, 기울기 등이 일정하지 않은 개수로의 경우)

① 수로는 될수록 직선적이며, 수면이 물결치지 않는 곳을 고른다.
② 10 m를 측정구간으로 하여 2 m마다 유수의 횡단면적을 측정하고, 산출 평균 값을 구하여 유수의 평균 단면적으로 한다.
③ 유속의 측정은 부표를 사용하여 20 m 구간을 흐르는 데 걸리는 시간을 스톱워치로 재며 이때 실측 유속을 표면 최대유속으로 한다.
④ 총 평균 유속(m/s)은 [0.75×표면 최대유속(m/s)]으로 계산된다.

해설 ③ 유속의 측정은 부표를 사용하여 10 m 구간을 흐르는 데 걸리는 시간을 스톱워치로 재며 이때 실측 유속을 표면 최대유속으로 한다.

69. n-헥산추출물질시험법에서 염산(1+1)으로 산성화할 때 넣어주는 지시약과 pH의 연결이 알맞은 것은?

① 메틸레드지시액 – pH 4.0 이하
② 메틸오렌지지시액 – pH 4.0 이하
③ 메틸레드지시액 – pH 4.5 이하
④ 메틸렌블루지시액 – pH 4.5 이하

해설 n-헥산추출물질시험법 : 시료적당량을 분별깔때기에 넣고 메틸오렌지용액(0.1%) 2방울~3방울을 넣고 황색이 적색으로 변할 때까지 염산(1+1)을 넣어 시료의 pH를 4 이하로 조절한다.

70. pH 표준액의 조제 시 보통 산성 표준액과 염기성 표준액의 각각 사용기간은?

① 1개월 이내, 3개월 이내
② 2개월 이내, 2개월 이내
③ 3개월 이내, 1개월 이내
④ 3개월 이내, 2개월 이내

정답 65. ② 66. ③ 67. ④ 68. ③ 69. ② 70. ③

해설 수소이온농도 - 표준용액
- 산성 표준용액 : 3개월 이내
- 염기성 표준용액 : 산화칼슘 흡수관을 부착하여 1개월 이내에 사용한다.

71. 클로로필 a(chlorophyll-a) 측정에 관한 내용 중 옳지 않은 것은?
① 클로로필 색소는 사염화탄소 적당량으로 추출한다.
② 시료 적당량(100~2,000 mL)을 유리섬유 여과지(GF/F, 47 mm)로 여과한다.
③ 663 nm, 645 nm, 630 nm의 흡광도 측정은 클로로필 a, b 및 c를 결정하기 위한 측정이다.
④ 750 nm는 시료 중의 현탁물질에 의한 탁도 정도에 대한 흡광도이다.

해설 ① 클로로필 색소는 아세톤 용액으로 추출한다.

72. 다음 중 투명도 측정에 관한 내용으로 틀린 것은?
① 투명도판(백색원판)의 지름은 30 cm이다.
② 투명도판에 뚫린 구멍의 지름은 5 cm이다.
③ 강우 시에는 정확한 투명도를 얻을 수 없으므로 투명도를 측정하지 않는 것이 좋다.
④ 투명도판의 무게는 약 2 kg이다.

해설 ④ 투명도판의 무게는 약 3 kg이다.

73. 온도에 관한 내용으로 옳지 않은 것은?
① 찬 곳은 따로 규정이 없는 한 0~15℃의 곳을 뜻한다.
② 냉수는 15℃ 이하를 말한다.
③ 온수는 60~70℃를 말한다.
④ 실온은 15~25℃를 말한다.

해설 온도
- 상온 : 15~25℃
- 실온 : 1~35℃
- 찬 곳 : 0~15℃
- 냉수 : 15℃ 이하
- 온수 : 60~70℃
- 열수 : 100℃

74. 수질오염공정시험기준에서 아질산성 질소를 자외선/가시선 분광법으로 측정하는 흡광도 파장(nm)은?
① 540 ② 620
③ 650 ④ 690

해설 흡광도 - 분석물질
① 540 nm : 아질산성 질소, 크롬, 6가 크롬
② 620 nm : 불소, 시안, 아연
③ 650 nm : 음이온계면활성제
④ 690 nm : 인산염인(이염화주석환원법)

75. 메틸렌블루에 의해 발색시킨 후 자외선/가시선 분광법으로 측정할 수 있는 항목은?
① 음이온 계면활성제
② 휘발성 탄화수소류
③ 알킬수은
④ 비소

해설 ① 자외선/가시선 분광법(메틸렌블루법) - 음이온 계면활성제

76. 측정하고자 하는 금속물질이 바륨인 경우의 시험방법과 가장 거리가 먼 것은?
① 자외선/가시선 분광법
② 원자흡수분광광도법
③ 유도결합플라스마 질량분석법
④ 유도결합플라스마 원자발광분광법

해설 자외선/가시선 분광법이 적용되지 않는 금속 : Ba, Se, Sn, Sb

정답 71. ① 72. ④ 73. ④ 74. ① 75. ① 76. ①

77. 이온전극법에서 격막형 전극을 이용하여 측정하는 이온이 아닌 것은?

① Cl^- ② CN^-
③ NH_4^+ ④ NO_2^-

해설 이온전극법 – 전극 종류별 측정이온

전극의 종류	측정이온
유리막 전극	Na^+, K^+, NH_4^+
고체막 전극	F^-, Cl^-, CN^-, Pb^{2+}, Cd^{2+}, Cu^{2+}, NO_3^-, Cl^-, NH_4^+
격막형 전극	NH_4^+, NO_2^-, CN^-

78. 기체크로마토그래피법으로 유기인계 농약 성분인 다이아지논을 측정할 때 사용되는 검출기는?

① 전자포획형 검출기
② 불꽃이온화 검출기
③ 불꽃광도형 검출기
④ 열전도도 검출기

해설 기체크로마토그래피의 검출기와 검출물질
- 불꽃이온화 검출기(수소염 이온화 검출기, FID) : 불소(F)를 많이 함유하는 화합물이나 이황화탄소를 제외한 거의 모든 유기화합물
- 불꽃광도형 검출기(FPD) : 인, 유기인, 유황 화합물
- 불꽃열이온화 검출기(알칼리열이온화 검출기, FTD) : 유기질소화합물 및 유기염소화합물
- 전자포착형 검출기(ECD)
  - 할로겐, 인, 니트로기 및 황산 에스테르 등을 포함한 화합물
  - 알킬수은, 유기할로겐, PCB, 니트로 화합물, 유기금속화합물
- 질소인 검출기(NPD) : 인화합물이나 질소 화합물

79. 하천의 수심이 0.5 m일 때 유속을 측정하기 위해 각 수심의 유속을 측정한 결과, 수심 20 % 지점 1.6 m/sec, 수심 40 % 지점 1.5 m/sec, 60 % 지점 1.3 m/sec, 80 % 지점 1.1 m/sec이었다. 평균 유속(m/sec, 소구간 단면기준)은?

① 1.15 ② 1.25
③ 1.35 ④ 1.45

해설 수심이 0.4 m 이상이므로,
$V_m = (V_{0.2} + V_{0.8}) \times 1/2$
$= (1.6 + 1.1) \times 1/2 = 1.35$

정리 소구간 단면에 있어서 평균 유속(V_m)의 계산
- 수심이 0.4 m 미만일 때
  $V_m = V_{0.6}$
- 수심이 0.4 m 이상일 때
  $V_m = (V_{0.2} + V_{0.8}) \times 1/2$
  여기서, $V_{0.2}$, $V_{0.6}$, $V_{0.8}$: 각각 수면으로부터 전 수심의 20 %, 60 % 및 80 %인 점의 유속

80. 폐수의 BOD를 측정하기 위하여 다음과 같은 자료를 얻었다. 이 폐수의 BOD(mg/L)는? (단, F = 1.0)

BOD병의 부피는 300 mL이고 BOD병에 주입된 폐수량 5 mL, 희석된 식종액의 배양 전 및 배양 후의 DO는 각각 7.6 mg/L, 7.0 mg/L, 희석한 시료용액을 15분간 방치한 후 DO 및 5일간 배양한 다음의 희석한 시료용액의 DO는 각각 7.6 mg/L, 3.0 mg/L이었다.

① 180 ② 216
③ 240 ④ 270

해설 BOD 공식 – 식종희석수를 사용한 시료
BOD(mg/L)
$= [(D_1 - D_2) - (B_1 - B_2) \times f] \times P$
$= [(7.6 - 3.0) - (7.6 - 7.0) \times 1] \times \dfrac{300}{5}$
$= 240$

더 알아보기 핵심정리 1-53 (2)

정답 77. ① 78. ③ 79. ③ 80. ③

제5과목 수질환경관계법규

81. 수질 및 수생태계 중 하천의 생활환경 기준으로 틀린 것은?(단, 등급: 약간 좋음, 단위: mg/L)

① TOC : 2 이하
② BOD : 3 이하
③ SS : 25 이하
④ DO : 5.0 이상

해설 ① TOC : 4 이하

더 알아보기 핵심정리 2-88 (1)

82. 수질환경기준(하천) 중 사람의 건강보호를 위한 전수역에서 각 성분별 환경기준으로 맞는 것은?

① 비소(As) : 0.1 mg/L 이하
② 납(Pb) : 0.01 mg/L 이하
③ 6가 크롬(Cr^{6+}) : 0.05 mg/L 이하
④ 카드뮴 : 0.01 mg/L 이하

해설 하천 – 사람의 건강보호 기준
  ① 비소(As) : 0.05 mg/L 이하
  ② 납(Pb) : 0.05 mg/L 이하
  ④ 카드뮴 : 0.005 mg/L 이하

더 알아보기 핵심정리 2-88 (2)

83. 물환경보전법상 호소 및 해당 지역에 관한 설명으로 틀린 것은?

① 제방(사방사업법의 사방시설 포함)을 쌓아 하천에 흐르는 물을 가두어 놓은 곳
② 하천에 흐르는 물이 자연적으로 가두어진 곳
③ 화산활동 등으로 인하여 함몰된 지역에 물이 가두어진 곳
④ 댐·보를 쌓아 하천에 흐르는 물을 가두어 놓은 곳

해설 호소 : 아래 어느 하나에 해당하는 지역으로서 만수위(댐의 경우에는 계획홍수위) 구역 안의 물과 토지
- 댐·보 또는 둑(「사방사업법」에 따른 사방시설은 제외) 등을 쌓아 하천 또는 계곡에 흐르는 물을 가두어 놓은 곳
- 하천에 흐르는 물이 자연적으로 가두어진 곳
- 화산활동 등으로 인하여 함몰된 지역에 물이 가두어진 곳

84. 수질오염경보의 종류별·경보단계별 조치사항 중 상수원 구간에서 조류경보의 [관심] 단계일 때 유역, 지방 환경청장의 조치사항인 것은?

① 관심경보 발령
② 대중매체를 통한 홍보
③ 조류 제거 조치 실시
④ 친수활동, 어패류 어획·식용, 가축 방목 등의 금지 및 이에 대한 공지

해설 수질오염경보의 종류별·경보단계별 조치사항 – 상수원 구간 – 유역, 지방 환경청장 조치사항

관심	• 관심경보 발령 • 주변오염원에 대한 지도·단속
경계	• 경계경보 발령 및 대중매체를 통한 홍보 • 주변오염원에 대한 단속 강화 • 낚시·수상스키·수영 등 친수활동, 어패류 어획·식용, 가축 방목 등의 자제 권고 및 이에 대한 공지(현수막 설치 등)
조류 대발생	• 조류대발생경보 발령 및 대중매체를 통한 홍보 • 주변오염원에 대한 지속적인 단속 강화 • 낚시·수상스키·수영 등 친수활동, 어패류 어획·식용, 가축 방목 등의 금지 및 이에 대한 공지(현수막 설치 등)

정답 81. ① 82. ③ 83. ① 84. ①

85. 1일 폐수배출량이 700 m³인 사업장의 분류기준에 해당하는 것은? (단, 기타 조건은 고려하지 않음)
① 제2종 사업장   ② 제3종 사업장
③ 제4종 사업장   ④ 제5종 사업장

해설 사업장의 규모별 구분

종류	배출규모
제1종 사업장	1일 폐수배출량이 2,000 m³ 이상인 사업장
제2종 사업장	1일 폐수배출량이 700 m³ 이상, 2,000 m³ 미만인 사업장
제3종 사업장	1일 폐수배출량이 200 m³ 이상, 700 m³ 미만인 사업장
제4종 사업장	1일 폐수배출량이 50 m³ 이상, 200 m³ 미만인 사업장
제5종 사업장	위 제1종부터 제4종까지의 사업장에 해당하지 아니하는 배출시설

86. 비점오염저감시설 중 장치형 시설이 아닌 것은?
① 침투형 시설
② 소용돌이형 시설
③ 여과형 시설
④ 생물학적 처리형 시설

해설 비점오염저감시설

자연형 시설	장치형 시설
• 저류시설 • 인공습지 • 침투시설 • 식생형 시설	• 여과형 시설 • 소용돌이(와류)형 • 스크린형 시설 • 응집·침전 처리형 시설 • 생물학적 처리형 시설

더 알아보기 핵심정리 2-96

87. 공공폐수처리시설의 방류수 수질기준으로 틀린 것은? (단, I 지역, 2020년 1월 1일 이후 기준, ( )는 농공단지 공공폐수처리시설의 방류수 수질기준임)
① BOD : 10(10)mg/L 이하
② TOC : 20(30)mg/L 이하
③ 총질소(T-N) : 20(20)mg/L 이하
④ 생태독성(TU) : 1(1) 이하

해설 공공폐수처리시설의 방류수 수질기준
② TOC : 15(25)mg/L 이하

더 알아보기 핵심정리 2-97

88. 청정지역에서 1일 폐수배출량이 2,000 m³ 미만으로 배출되는 배출시설에 적용되는 생물화학적 산소요구량(mg/L)의 기준은?
① 30 이하   ② 40 이하
③ 50 이하   ④ 60 이하

해설 수질오염물질 배출허용기준

대상규모 항목 지역구분	1일 폐수배출량 2,000 m³ 미만		
	BOD (mg/L)	TOC (mg/L)	SS (mg/L)
청정지역	40 이하	30 이하	40 이하
가지역	80 이하	50 이하	80 이하
나지역	120 이하	75 이하	120 이하
특례지역	30 이하	25 이하	30 이하

더 알아보기 핵심정리 2-98

89. 시·도지사 등이 환경부장관에게 보고할 사항 중 보고 횟수가 연 1회에 해당되는 것은? (단, 위임업무 보고사항)
① 폐수무방류배출시설의 설치허가(변경허가) 현황
② 폐수위탁·사업장 내 처리현황 및 처리실적
③ 골프장 맹·고독성 농약 사용 여부 확인 결과
④ 비점오염원의 설치신고 및 현황

정답 85. ①   86. ①   87. ②   88. ②   89. ②

해설 위임업무 보고사항
① 수시
③ 연 2회
④ 연 4회
더 알아보기 핵심정리 2-99

90. 5년 이하의 징역 또는 5천만원 이하의 벌금형에 처하는 경우가 아닌 것은?
① 공공수역에 특정수질 유해물질 등을 누출·유출시키거나 버린 자
② 배출시설에서 배출되는 수질오염물질을 방지시설에 유입하지 않고 배출한 자
③ 배출시설의 조업정지 또는 폐쇄명령을 위반한 자
④ 신고를 하지 아니하거나 거짓으로 신고를 하고 배출시설을 설치하거나 그 배출시설을 이용하여 조업한 자

해설
- 정당한 사유없이 공공수역에 특정수질유해물질 등을 누출·유출하거나 버린 자: 3년 이하의 징역 또는 3천만원 이하의 벌금
- 업무상 과실 또는 중대한 과실로 인하여 특정수질유해물질 등을 누출·유출한 자: 1년 이하의 징역 또는 1천만원 이하의 벌금

91. 환경기술인 등에 관한 교육을 설명한 것으로 옳지 않은 것은?
① 보수교육: 최초 교육 후 3년마다 실시하는 교육
② 최초교육: 최초로 업무에 종사한 날부터 1년 이내에 실시하는 교육
③ 교육과정의 교육기간: 7일 이내
④ 교육기관: 환경기술인은 환경보전협회, 폐수처리업에 종사하는 기술요원은 국립환경재력개발원

해설 ③ 교육과정의 교육기간: 4일 이내
환경기술인 등의 교육
(1) 환경기술인을 고용한 자는 다음 구분에 따른 교육을 받게 하여야 한다.
 1. 최초교육: 환경기술인 등이 최초로 업무에 종사한 날부터 1년 이내에 실시하는 교육
 2. 보수교육: 최초 교육 후 3년마다 실시하는 교육
(2) 교육기관
 1. 측정기기 관리대행업에 등록된 기술인력: 국립환경인재개발원, 한국상하수도협회
 2. 폐수처리업에 종사하는 기술요원: 국립환경인재개발원
 3. 환경기술인: 환경보전협회
(3) 교육과정
 1. 측정기기 관리대행업에 등록된 기술인력: 측정기기 관리대행 기술인력과정
 2. 환경기술인: 환경기술인과정
 3. 폐수처리업에 종사하는 기술요원: 폐수처리기술요원과정
※ 교육기간은 4일 이내로 한다. 다만, 정보통신매체를 이용하여 원격교육을 실시하는 경우에는 환경부장관이 인정하는 기간으로 한다.

92. 공공폐수처리시설의 유지·관리기준에 따라 처리시설의 관리·운영자가 실시하여야 하는 방류수 수질검사의 횟수 기준은? (단, 시설의 규모는 1,500 m³/day, 처리시설의 적정 운영을 확인하기 위한 검사이다.)
① 2월 1회 이상 ② 월 1회 이상
③ 월 2회 이상 ④ 주 1회 이상

해설 방류수 수질검사
- 방류수 수질검사: 월 2회 이상 실시(단, 2000 m³/day 이상인 시설: 주 1회 이상)
- 생태독성(TU) 검사: 월 1회 이상 실시

93. 초과배출부과금 부과대상 수질오염물질의 종류로 맞는 것은?
① 총질소, 총인, BOD
② 유기물질, 부유물질, 유기인화합물
③ 6가 크롬, 페놀류, 다이옥신
④ 매립지 침출수, 유기물질, 시안화합물

정답 90. ① 91. ③ 92. ③ 93. ②

해설 초과배출부과금 부과대상 : 수은, 폴리염화비페닐(PCB), 카드뮴, 6가 크롬(Cr^{6+}), 테트라클로로에틸렌(PCE), 트리클로로에틸렌(TCE), 페놀, 시안, 유기인, 납, 비소, 크롬, 구리, 망간, 아연, 총 인(T-P), 총 질소(T-N), 유기물질, 부유물질

94. 시·도지사는 공공수역의 수질보전을 위하여 환경부령이 정하는 해발고도 이상에 위치한 농경지 중 환경부령이 정하는 경사도 이상의 농경지를 경작하는 자에 대하여 경작방식의 변경, 농약·비료의 사용량 저감, 휴경 등을 권고할 수 있다. 위에서 언급한 환경부령이 정하는 해발고도와 경사도 기준은?

① 400미터, 15퍼센트
② 400미터, 25퍼센트
③ 600미터, 15퍼센트
④ 600미터, 25퍼센트

해설 휴경 등 권고대상 농경지의 해발고도 및 경사도
• 해발고도 : 해발 400 m
• 경사도 : 15 %

95. 폐수배출시설의 운영일지 보존기간은?

① 최종 기록일로부터 6월
② 최종 기록일로부터 1년
③ 최종 기록일로부터 3년
④ 최종 기록일로부터 5년

해설 폐수배출시설 및 수질오염방지시설의 운영기록 보존
(1) 사업자 또는 수질오염방지시설을 운영하는 자(공동방지시설의 대표자를 포함한다. 이하 같다)는 폐수배출시설 및 수질오염방지시설의 가동시간, 폐수배출량, 약품투입량, 시설관리 및 운영자, 그 밖에 시설운영에 관한 중요사항을 운영일지(이하 "운영일지"라 한다)에 매일 기록하고, 최종 기록일부터 1년간 보존하여야 한다. 다만, 폐수무방류배출시설의 경우에는 운영일지를 3년간 보존하여야 한다.

96. 폐수수탁처리업에서 사용하는 폐수운반차량에 관한 설명으로 틀린 것은?

① 청색으로 도색한다.
② 차량 양쪽 옆면과 뒷면에 폐수운반차량, 회사명, 허가번호, 전화번호 및 용량을 표시하여야 한다.
③ 차량에 표시는 흰색 바탕에 황색 글씨로 한다.
④ 운송 시 안전을 위한 보호구, 중화제 및 소화기를 갖추어 두어야 한다.

해설 폐수운반차량은 청색으로 도색하고, 양쪽 옆면과 뒷면에 가로 50센티미터, 세로 20센티미터 이상 크기의 노란색 바탕에 검은색 글씨로 폐수운반차량, 회사명, 등록번호, 전화번호 및 용량을 지워지지 아니하도록 표시하여야 한다.

97. 다음 설명에 해당하는 환경부령이 정하는 비점오염 관련 관계전문기관으로 옳은 것은?

> 환경부장관은 비점오염저감계획을 검토하거나 비점오염저감시설을 설치하지 아니하여도 되는 사업장을 인정하려는 때에는 그 적정성에 관하여 환경부령이 정하는 관계전문기관의 의견을 들을 수 있다.

① 국립환경과학원
② 한국환경정책·평가연구원
③ 한국환경기술개발원
④ 한국건설기술개발원

해설 비점오염원 관련 관계전문기관
1. 한국환경공단
2. 한국환경정책·평가연구원

98. 폐수의 원래 상태로는 처리가 어려워 희석하여야만 오염물질의 처리가 가능하다고 인정을 받고자 할 때 첨부하여야 하는 자료가 아닌 것은?

① 처리하려는 폐수농도
② 희석처리 불가피성
③ 희석량
④ 희석방법

해설 수질오염물질 희석처리의 인정을 받으려는 자가 제출할 자료
1. 처리하려는 폐수의 농도 및 특성
2. 희석처리의 불가피성
3. 희석배율 및 희석량

99. 비점오염원의 변경신고를 하여야 하는 경우에 대한 기준으로 ( )에 옳은 것은?

> 총 사업면적, 개발면적 또는 사업장 부지면적이 처음 신고면적의 100분의 ( ) 이상 증가하는 경우

① 10 ② 15
③ 20 ④ 30

해설 비점오염원의 변경신고 기준
1. 상호·대표자·사업명 또는 업종의 변경
2. 총 사업면적·개발면적 또는 사업장 부지면적이 처음 신고면적의 100분의 15 이상 증가하는 경우
3. 비점오염저감시설의 종류, 위치, 용량이 변경되는 경우
4. 비점오염원 또는 비점오염저감시설의 전부 또는 일부를 폐쇄하는 경우

100. 폐수배출시설 및 수질오염방지시설의 운영일지 보존기간은? (단, 폐수무방류배출시설 제외)

① 최종 기록일로부터 6개월
② 최종 기록일로부터 1년
③ 최종 기록일로부터 2년
④ 최종 기록일로부터 3년

해설 운영일지 보존기간
- 폐수배출시설 및 수질오염방지시설 : 최종 기록일부터 1년간 보존
- 폐수무방류배출시설 : 최종 기록일로부터 3년간 보존

정답 98. ④ 99. ② 100. ②

제3회 CBT 실전문제

제1과목 수질오염개론

1. BOD₅가 270 mg/L이고, COD가 420 mg/L인 경우, 탈산소계수(K_1)의 값이 0.1/day일 때, 생물학적으로 분해 불가능한 COD(mg/L)는? (단, BDCOD = BOD_u, 상용대수 기준)

① 약 25
② 약 55
③ 약 75
④ 약 85

해설 (1) BDCOD

$$BDCOD = BOD_u = \frac{BOD_5}{1 - 10^{-5k}}$$

$$= \frac{270}{1 - 10^{-5 \times 0.1}} = 394.868 \, mg/L$$

(2) NBDCOD
COD = BDCOD + NBCOD
420 = 394.868 + NBDCOD
∴ NBDCOD = 25.13 mg/L

더 알아보기 핵심정리 1-11

2. 호소수의 전도현상(turnover)이 호소수 수질환경에 미치는 영향을 설명한 내용 중 바르지 않은 것은?

① 수괴의 수직운동 촉진으로 호소 내 환경용량이 제한되어 물의 자정능력이 감소된다.
② 조류의 다량 번식으로 물의 탁도가 증가되고 여과지가 폐색되는 등의 문제가 발생한다.
③ 심층부의 영양염이 상승하게 됨에 따라 표층부에 규조류가 번성하게 되어 부영양화가 촉진된다.
④ 심층부까지 조류의 혼합이 촉진되어 상수원의 취수 심도에 영향을 끼치게 되므로 수도의 수질이 악화된다.

해설 ① 환경용량은 변하지 않는다.

3. 다음의 기체 법칙 중 옳은 것은?

① Boyle의 법칙 : 일정한 온도에서 기체의 부피는 압력에 비례한다.
② Henry의 법칙 : 기체와 관련된 화학반응에서는 반응하는 기체와 생성되는 기체의 부피 사이에 정수관계가 있다.
③ Graham의 법칙 : 기체의 확산속도(조그마한 구멍을 통한 기체의 탈출)는 기체 분자량의 제곱근에 반비례한다.
④ Gay-Lussac의 결합 부피 법칙 : 혼합 기체 내의 각 기체의 부분압력은 혼합물 속의 기체의 양에 비례한다.

해설 ① Boyle의 법칙 : 일정한 온도에서 기체의 부피는 압력에 반비례한다.
② Gay-Lussac의 법칙 : 기체와 관련된 화학반응에서 반응하는 기체와 생성되는 기체의 부피 사이에 정수관계가 있다.
④ 부분압력의 법칙 : 혼합 기체 내의 각 기체의 부분압력은 혼합물 속의 기체의 양에 비례한다.

더 알아보기 핵심정리 2-19

4. 이상적 plug flow에 관한 내용으로 옳은 것은?

① 분산 = 0, 분산수 = 0
② 분산 = 0, 분산수 = 1
③ 분산 = 1, 분산수 = 0
④ 분산 = 1, 분산수 = 1

정답 1. ① 2. ① 3. ③ 4. ①

해설
- 이상적 plug flow(IPF) : 분산 = 0, 분산수 = 0
- 이상적 완전혼합반응(ICM) : 분산 = 1, 분산수 = ∞

더 알아보기 핵심정리 2-3

5. 소수성 콜로이드의 특성으로 틀린 것은?
① 물속에서 에멀션으로 존재함
② 물에 반발하는 성질이 있음
③ 염에 아주 민감함
④ 소량의 염을 첨가하여도 응결 침전됨

해설 소수성 콜로이드는 물속에서 현탁상태(서스펜션)로 존재함

더 알아보기 핵심정리 2-5

6. 미생물의 종류를 분류할 때, 탄소 공급원에 따른 분류는?
① Aerobic, Anaerobic
② Thermophilic, Psychrophilic
③ Phytosynthetic, Chemosynthetic
④ Autotrophic, Heterotrophic

해설
① 산소이용에 따른 분류 : 호기성 미생물(Aerobic), 혐기성 미생물(Anaerobic)
② 온도에 따른 분류 : 고온성 미생물(Thermo-philic), 중온성 미생물(mesophilic), 저온성 미생물(Psychrophilic)
③ 에너지에 따른 분류 : 광합성 미생물(Phyto-synthetic), 화학합성 미생물(Chemo-synthetic)
④ 영양관계(탄소 공급원)에 따른 분류 : 독립영양미생물(Autotrophic), 종속영양미생물(Heterotrophic)

더 알아보기 핵심정리 2-6

7. 수중의 질소순환과정인 질산화 및 탈질 순서를 옳게 나타낸 것은?
① $NH_3 \to NO_2^- \to NO_3^- \to NO_2^- \to N_2$
② $N_2 \to NH_3 \to NO_3^- \to NO_2^-$
③ $NO_3^- \to NO_2^- \to N_2 \to NH_3 \to NO_2^-$
④ $NO_3^- \to NO_2^- \to NH_3 \to NO_2^- \to N_2$

해설
- 질산화 : $NH_3 \to NO_2^- \to NO_3^-$
- 탈질 : $NO_3^- \to NO_2^- \to N_2$

8. 수질분석결과 Na^+ = 20 mg/L, Ca^{2+} = 20 mg/L, Mg^{2+} = 24 mg/L, Sr^{2+} = 2.2 mg/L일 때 총경도(mg/L as $CaCO_3$)는? (단, 원자량 : Na = 23, Ca = 40, Mg = 24, Sr = 87.6)
① 112.5
② 132.5
③ 152.5
④ 172.5

해설
- Ca^{2+} : $\dfrac{20\ mg}{L} \Big| \dfrac{1\ eq}{20\ mg} \Big| \dfrac{50\ mg\ CaCO_3}{1\ me}$
 = 50 mg/L as $CaCO_3$
- Sr^{2+} : $\dfrac{2.2\ mg}{L} \Big| \dfrac{2\ eq}{87.6\ mg} \Big| \dfrac{50\ mg\ CaCO_3}{1\ me}$
 = 2.5114 mg/L as $CaCO_3$
- Mg^{2+} : $\dfrac{24\ mg}{L} \Big| \dfrac{1\ eq}{12\ mg} \Big| \dfrac{50\ mg\ CaCO_3}{1\ me}$
 = 100 mg/L as $CaCO_3$
- 총경도 = 50 + 2.5114 + 100
 = 152.5114 mg/L as $CaCO_3$

9. 식물과 조류세포의 엽록체에서 광합성의 명반응과 암반응을 담당하는 곳은?
① 틸라코이드와 스트로마
② 스트로마와 그라나
③ 그라나와 내막
④ 내막과 외막

해설
- 틸라코이드 : 빛에너지를 흡수하여 화학에너지로 전환하는 명반응이 일어난다.
- 스트로마 : 이산화탄소를 흡수하여 포도당을 합성하는 암반응이 일어난다.

정답 5. ① 6. ④ 7. ① 8. ③ 9. ①

10. 산소전달의 환경인자에 관한 설명으로 옳은 것은?

① 수온이 높을수록 증가한다.
② 압력이 낮을수록 산소의 용해율은 증가한다.
③ 염분농도가 높을수록 산소의 용해율은 증가한다.
④ 현존의 수중 DO 농도가 낮을수록 산소의 용해율은 증가한다.

해설 산소전달의 환경인자
① 수온이 낮을수록
② 압력이 높을수록
③ 염분농도가 낮을수록
④ 산소 부족량이 클수록, 현존의 수중 DO 농도가 낮을수록
→ 산소의 용해율은 증가함

11. 자연계에서 발생하는 질소의 순환에 관한 설명으로 옳지 않은 것은?

① 공기 중 질소를 고정하는 미생물은 박테리아와 곰팡이로 나누어진다.
② 아질산성 질소는 혐기성 조건하에서 탈질균의 활동에 의해 질소로 변환된다.
③ 탈질균은 화학합성을 하는 독립영양미생물이다.
④ 질산화과정 중 암모니아성 질소에서 아질산성 질소로 전환되는 것보다 아질산성 질소에서 질산성 질소로 전환되는 것이 적은 양의 산소가 필요하다.

해설 ③ 탈질균은 화학합성을 하는 종속영양 미생물이다.

12. 광합성에 대한 설명으로 틀린 것은?

① 호기성광합성(녹색식물의 광합성)은 진조류와 청녹조류를 위시하여 고등식물에서 발견된다.
② 녹색식물의 광합성은 탄산가스와 물로부터 산소와 포도당(또는 포도당 유도산물)을 생성하는 것이 특징이다.
③ 세균활동에 의한 광합성은 탄산가스의 산화를 위하여 물 이외의 화합물질이 수소원자를 공여, 유리산소를 형성한다.
④ 녹색식물의 광합성 시 광은 에너지를 그리고 물은 환원반응에 수소를 공급해준다.

해설 ③ 광합성에서 수소원자 공여체는 물이다.

13. 운동기관이 없으며, 먹이를 흡수에 의해 섭식하는 원생동물 종류는?

① 포자충류 ② 섬모충류
③ 편모충류 ④ 육질충류

해설 운동기관에 따른 원생동물의 분류

분류	운동기관	종류
편모충류	편모	유글레나
섬모충류	섬모	짚신벌레, 종벌레, 나팔벌레
육질충류 (위족류)	위족	아메바, 방산충
포자충류	운동기관 없음	말라리아원충

14. 0.01 M-KMnO$_4$ 400 mL를 조제하려면 KMnO$_4$ 약 몇 g을 취해야 하는가? (단, 원자량 K = 39, Mn = 55)

① 약 0.32 ② 약 0.63
③ 약 0.84 ④ 약 0.98

해설 KMnO$_4$ 158 g/mol

$$\frac{0.01 \text{ mol KMnO}_4}{\text{L}} \times \frac{400 \text{ mL}}{1} \times \frac{1 \text{ L}}{1,000 \text{ mL}} \times \frac{158 \text{ g}}{1 \text{ mol}}$$

= 0.632 g

15. 금속수산화물 $M(OH)_2$의 용해도적(K_{SP})이 4.0×10^{-9}이면 $M(OH)_2$의 용해도(g/L)는? (단, M은 2가, $M(OH)_2$의 분자량 = 80)

① 0.04　② 0.08
③ 0.12　④ 0.16

해설 (1) 몰용해도(S)
$$M(OH)_2 \rightarrow M_2^+ + 2OH^-$$
$$\qquad\qquad S \qquad 2S$$
$$K_{sp} = [M^{2+}][OH^-]^2$$
$$= S \cdot (2S)^2 = 4S^3 = 4.0 \times 10^{-9}$$
$$\therefore S = 1.0 \times 10^{-3} \, mol/L$$

(2) 용해도
$$\frac{1.0 \times 10^{-3} \, mol}{L} \Big| \frac{80 \, g}{1 \, mol} = 0.08 \, g/L$$

16. 방사성 물질인 스트론튬(Sr^{90})의 반감기가 29년이라면 주어진 양의 스트론튬(Sr^{90})이 99 % 감소하는 데 걸리는 시간(년)은?

① 143　② 193
③ 233　④ 273

해설 $\ln \dfrac{C}{C_0} = -kt$에서,

(1) $\ln \dfrac{50}{100} = -k \times 29$
$\therefore k = 0.0239/yr$

(2) $\ln \dfrac{1}{100} = -0.0239 \times t$
$\therefore t = 192.67 \, yr$

17. 유기물의 감소반응이 2차반응($V_c = -KC^2$)이라 할 때 반응 후 초기농도($C_o = 1$)에 대하여 유출농도($C_e = 0.2$)가 80 % 감소되도록 하는 데 필요한 CFSTR(완전혼합반응기)과 PFR(플러그흐름반응기)의 부피비는? (단, CFSTR의 물질수지식 : $0 = QC_o - QC_e - VKC_e^2$(정상 상태), PFR은 정상 상태에서 $V = \dfrac{Q}{K}\left(\dfrac{1}{C_e} - \dfrac{1}{C_o}\right)$의 식으로 표현)

① CFSTR : PFR = 5 : 1
② CFSTR : PFR = 7 : 1
③ CFSTR : PFR = 10 : 1
④ CFSTR : PFR = 15 : 1

해설 (1) CFSTR의 부피
$$0 = QC_o - QC_e - VKC_e^2$$
$$Q(C_o - C_e) = VKC_e^2$$
$$\therefore V = \frac{(C_o - C_e)Q}{KC_e^2} = \frac{(1 - 0.2)Q}{K(0.2)^2}$$
$$= 20 \, Q/K$$

(2) PFR의 부피
$$V = \frac{Q}{K}\left(\frac{1}{C_e} - \frac{1}{C_o}\right) = \frac{Q}{K}\left(\frac{1}{0.2} - \frac{1}{1}\right)$$
$$= 4 \, Q/K$$
$\therefore$ CFSTR : PFR = 5 : 1

18. 탈산소계수가 $0.1 \, day^{-1}$인 오염물질의 BOD_5가 800 mg/L이라면 3일 BOD(mg/L)는? (단, 상용대수 적용)

① 584　② 685　③ 704　④ 732

해설 (1) BOD_u
$$BOD_5 = BOD_u(1 - 10^{-0.1 \times 5})$$
$$\therefore BOD_u = \frac{800}{(1 - 10^{-0.1 \times 5})}$$
$$= 1,169.98 \, mg/L$$

(2) BOD_3
$$BOD_3 = 1,169.98(1 - 10^{-0.1 \times 3})$$
$$= 583.60 \, mg/L$$

19. 적조 발생지역과 가장 거리가 먼 것은?
① 정체 수역
② upwelling 현상이 있는 수역
③ 질소, 인 등의 영양염류가 풍부한 수역
④ 갈수기 시 수온, 염분이 급격히 높아진 수역

정답 15. ②　16. ②　17. ①　18. ①　19. ④

해설 ④ 풍수기 시, 수온은 높고, 염분이 낮을 때 적조 잘 발생함

더 알아보기 핵심정리 2-14

20. BOD 농도가 1,500 mg/L이고 폐수배출량이 1,000 m³/day인 산업폐수를 BOD 부하량이 500 kg/day로 될 때까지 감소시키기 위해 필요한 BOD 제거효율(%)은?

① 42　② 67　③ 75　④ 84

해설 (1) 처리 후 BOD 농도

$$\frac{500\,kg}{day} \cdot \frac{day}{1,000\,m^3} \cdot \frac{10^6\,mg}{1\,kg} \cdot \frac{1\,m^3}{1,000\,L} = 500\,mg/L$$

(2) BOD 제거율

$$\eta = \frac{1,500 - 500}{1,500} = 0.667 = 66.7\%$$

제2과목　상하수도계획

21. 하수도계획 수립 시 포함되어야 하는 사항과 가장 거리가 먼 것은?

① 침수방지계획
② 수질보전계획
③ 물관리 및 재이용계획
④ 하수도 구축지역 계획

해설 하수도계획의 종류
- 침수방지계획
- 수질보전계획
- 물관리 및 재이용계획
- 슬러지 처리 및 자원화 계획

22. 정수시설 중 약품침전지에 대한 설명으로 틀린 것은?

① 각 지마다 독립하여 사용 가능한 구조로 하여야 한다.
② 침전지 바닥에는 슬러지 배제에 편리하도록 배수구를 향하여 경사지게 한다.
③ 지의 형상은 직사각형으로 하고 길이는 폭의 3~8배 이상으로 한다.
④ 유효수심은 2~2.5 m로 하고 슬러지 퇴적심도는 50 cm 이하를 고려하되 구조상 합리적으로 조정할 수 있다.

해설 약품침전지 설계기준
④ 유효수심은 3~5.5 m로 하고 슬러지 퇴적심도는 30 cm 이상을 고려하되 구조상 합리적으로 조정할 수 있다.

더 알아보기 핵심정리 2-26 (3)

23. 계획우수량을 정할 때 고려하여야 할 사항 중 틀린 것은?

① 하수관거의 확률년수는 원칙적으로 10~30년으로 한다.
② 유하시간은 최상류관거의 끝으로부터 하류관거의 어떤 지점까지의 거리를 계획유량에 대응한 유속으로 나누어 구하는 것을 원칙으로 한다.
③ 유출계수는 지형도를 기초로 답사를 통하여 충분히 조사하고 장래 개발계획을 고려하여 구한다.
④ 유입시간은 최소단위배수구의 지표면특성을 고려하여 구한다.

해설 ③ 유출계수는 토지이용도별 기초유출계수로부터 총괄유출계수를 선정한다.

24. 수질 성분이 부식에 미치는 영향으로 틀린 것은?

① 높은 알칼리도는 구리와 납의 부식을 증가시킨다.
② 암모니아는 착화물 형성을 통해 구리, 납 등의 금속용해도를 증가시킬 수 있다.
③ 잔류염소는 Ca와 반응하여 금속의 부식을 감소시킨다.
④ 구리는 갈바닉 전지를 이룬 배관상에 흠집(구멍)을 야기한다.

해설 ③ 잔류염소는 금속의 부식을 촉진시킨다.

25. 계획오수량에 관한 설명으로 틀린 것은?

① 지하수량은 1인1일최대오수량의 20 % 이하로 한다.
② 계획시간최대오수량은 계획1일최대오수량의 1시간당 수량의 1.3~1.8배를 표준으로 한다.
③ 합류식에서 우천 시 계획오수량은 원칙적으로 계획시간최대오수량의 3배 이상으로 한다.
④ 계획1일평균오수량은 계획1일최대오수량의 50~60 %를 표준으로 한다.

해설 ④ 계획1일평균오수량은 계획1일최대오수량의 70~80 %를 표준으로 한다.

더 알아보기 핵심정리 2-29

26. 펌프의 토출량이 0.20 m³/sec, 흡입구 유속이 3 m/sec인 경우, 펌프의 흡입구경(mm)은?

① 약 198
② 약 292
③ 약 323
④ 약 413

해설 $Q = AV$

$Q = \dfrac{\pi D^2}{4} V$

$\dfrac{0.2 \text{ m}^3}{\text{sec}} = \dfrac{\pi D^2}{4} \bigg| \dfrac{3.0 \text{ m}}{\text{sec}}$

∴ $D = 0.2913 \text{ m} = 291.3 \text{ mm}$

27. 하수처리수 재이용 처리시설에 대한 계획으로 적합하지 않은 것은?

① 처리시설의 위치는 공공하수처리시설 부지내에 설치하는 것을 원칙으로 한다.
② 재이용수 저장시설 및 펌프장은 일최대공급유량을 기준으로 한다.
③ 처리시설에서 발생되는 농축수는 공공하수처리시설로 반류하지 않도록 한다.
④ 재이용수 공급관로는 계획시간최대유량을 기준으로 계획한다.

해설 ③ 처리시설에서 발생되는 농축수(역세척수, R/O농축수 등)는 해당 처리장의 영향을 고려하여 반류시킨다.

28. 상수의 취수시설에 관한 설명 중 틀린 것은?

① 취수탑의 취수구 단면형상은 장방형 또는 원형으로 한다.
② 취수보의 취수구의 유입 유속은 1 m/sec 이상이 표준이다.
③ 취수탑은 탑의 설치 위치에서 갈수 수심이 최소 2 m 이상이어야 한다.
④ 취수문을 통한 유입속도가 0.8 m/sec 이하가 되도록 취수문의 크기를 정한다.

해설 ② 취수보의 취수구의 유입 유속은 0.4~0.8 m/sec이 표준이다.

더 알아보기 핵심정리 2-23

29. 정수시설인 배수관의 수압에 관한 내용으로 옳은 것은?

① 급수관을 분기하는 지점에서 배수관 내의 최대정수압은 150 kPa(약 1.6 kgf/cm²)를 초과하지 않아야 한다.
② 급수관을 분기하는 지점에서 배수관 내의 최대정수압은 250 kPa(약 2.6 kgf/cm²)를 초과하지 않아야 한다.
③ 급수관을 분기하는 지점에서 배수관 내의 최대정수압은 450 kPa(약 4.6 kgf/cm²)를 초과하지 않아야 한다.
④ 급수관을 분기하는 지점에서 배수관 내의 최대정수압은 700 kPa(약 7.1 kgf/cm²)를 초과하지 않아야 한다.

해설
- 배수관 내의 최소동수압 : 150 kPa(약 1.53 kgf/cm²) 이상
- 배수관 내의 최대정수압 : 700 kPa(약 7.1 kgf/cm²) 이하

정답 25. ④ 26. ② 27. ③ 28. ② 29. ④

30. 오수 이송방법은 자연유하식, 압력식, 진공식이 있다. 이 중 압력식(다중압송)에 관한 내용으로 옳지 않은 것은?

① 지형변화에 대응이 어렵다.
② 지속적인 유지관리가 필요하다.
③ 정전 등 비상대책이 필요하다.
④ 저지대가 많은 경우 시설이 복잡하다.

해설 ① 지형변화에 대응이 용이하다.
더 알아보기 핵심정리 2-32

31. 다음 중 오수관거 계획 시 기준이 되는 오수량은?

① 계획시간최대오수량
② 계획1일최대오수량
③ 계획시간평균오수량
④ 계획1일평균오수량

해설
- 오수관거 계획 기준 : 계획시간최대오수량
- 처리시설 계획 기준 : 계획1일최대오수량

32. 오수관로의 유속 범위로 알맞은 것은? (단, 계획시간최대오수량 기준)

① 최소 0.2 m/sec, 최대 2.0 m/sec
② 최소 0.3 m/sec, 최대 2.0 m/sec
③ 최소 0.6 m/sec, 최대 3.0 m/sec
④ 최소 0.8 m/sec, 최대 3.0 m/sec

해설 관거의 유속
- 상수관(도수관) : 0.3~3.0 m/s
- 오수관 : 0.6~3.0 m/s
- 우수관 : 0.8~3.0 m/s

33. 유역면적이 100 ha이고 유입시간(time of inlet)이 8분, 유출계수(C)가 0.42일 때 최대계획우수유출량(m³/sec)은? (단, 하수관거의 길이(L) = 400 m, 관유속 = 1.2 m/sec로 되도록 설계, $I = \dfrac{655}{\sqrt{t}+0.09}$ [mm/hr], 합리식 적용)

① 약 18
② 약 20
③ 약 36
④ 약 42

해설 (1) 유달시간
유달시간 = 유입시간 + 유하시간
$= 8 + \dfrac{sec}{1.2\,m} \times \dfrac{400\,m}{} \times \dfrac{1\,min}{60\,sec}$
$= 13.55$분

(2) 강우강도(I)
$I = \dfrac{655}{\sqrt{13.55}+0.09} = 173.65\,mm/h$
$= 173.65\,mm/h$

(3) 우수유출량(Q)
$Q = \dfrac{1}{360}CIA$
$= \dfrac{1}{360} \times 0.42 \times 173.65 \times 100$
$= 20.259\,m^3/s$

34. 하수관로의 접합방법을 정할 때의 고려사항으로 ( )에 가장 적합한 것은?

> 2개의 관로가 합류하는 경우의 중심교각은 되도록 (㉠) 이하로 하고, 곡선을 갖고 합류하는 경우의 곡률반경은 내경의 (㉡) 이상으로 한다.

① ㉠ 60°, ㉡ 5배
② ㉠ 60°, ㉡ 3배
③ ㉠ 30~45°, ㉡ 5배
④ ㉠ 30~45°, ㉡ 3배

해설 2개의 관로가 합류하는 경우의 중심교각은 되도록 30~45°로 하고 장애물 등이 있을 경우에는 60° 이하로 한다. 대구경관에 합류하는 소구경관이 대구경관 지름의 1/2 이하이고 수면접합 또는 관정접합으로 붙이는 경우의 중심교각은 90° 이내로 할 수 있으며, 곡선을 갖고 합류하는 경우의 곡률반경은 내경의 5배 이상으로 한다.

정답 30. ① 31. ① 32. ③ 33. ② 34. ①

35. 펌프의 규정회전수는 10회/sec, 규정 토출량은 0.3 m³/sec, 펌프의 규정양정이 5 m일 때 비교회전도는?

① 642　　② 761
③ 836　　④ 935

해설 (1) 회전수(N)
$$N = \frac{10회}{sec} \cdot \frac{60 sec}{1 min} = 600 \text{ rpm}$$
(2) 유량(Q)
$$Q = \frac{0.3 \text{ m}^3}{sec} \cdot \frac{60 sec}{1 min} = 18 \text{ m}^3/min$$
(3) 비교회전도(N_s)
$$N_s = N\frac{Q^{1/2}}{H^{3/4}} = 600 \times \frac{18^{1/2}}{5^{3/4}} = 761.30$$

36. 상수의 도수관로의 자연부식 중 매크로셀 부식에 해당되지 않는 것은?

① 산소농담(통기차)　② 간섭
③ 이종금속　　　　　④ 콘크리트·토양

해설 자연부식
- 매크로셀 부식 : 콘크리트 부식, 산소농담차, 이종금속
- 미크로셀 부식 : 일반토양 부식, 특수토양 부식, 박테리아 부식
- 전식 : 전철의 미주전류, 간섭

37. 정수시설의 시설능력에 관한 내용으로 ( )에 옳은 내용은?

> 소비자에게 고품질의 수도 서비스를 중단 없이 제공하기 위하여 정수시설은 유지보수, 사고대비, 시설 개량 및 확장 등에 대비하여 적절한 예비용량을 갖춤으로써 수도시스템으로서의 안정성을 높여야 한다. 이를 위하여 예비용량을 감안한 정수시설의 가동률은 ( ) 내외가 적당하다.

① 55 %　　② 65 %
③ 75 %　　④ 85 %

해설 정수시설의 시설능력 : 정수시설의 가동률은 75 % 내외가 적당하다.

38. 정수시설인 착수정의 용량기준으로 적절한 것은?

① 체류시간 : 0.5분 이상, 수심 : 2~4 m 정도
② 체류시간 : 1.0분 이상, 수심 : 2~4 m 정도
③ 체류시간 : 1.5분 이상, 수심 : 3~5 m 정도
④ 체류시간 : 1.5분 이상, 수심 : 4~6 m 정도

해설 착수정의 설계기준
- 체류시간 : 1.5분 이상
- 수심 : 3~5 m
- 여유고 : 60 cm 이상

39. 정수처리를 위한 막여과설비에서 적절한 막여과의 유속 설정 시 고려사항으로 틀린 것은?

① 막의 종류
② 막공급의 수질과 최고 수온
③ 전처리설비의 유무와 방법
④ 입지조건과 설치공간

해설 막여과의 유속 설정 시 고려사항
- 막의 종류
- 전처리설비의 유무와 방법
- 입지조건과 설치공간

40. 길이가 500 m이고 안지름 50 cm인 관을 안지름 30 cm인 등치관으로 바꾸면 길이(m)는? (단, Williams – Hazen식 적용)

① 35.45　　② 41.55
③ 43.55　　④ 45.45

정답 35. ②　36. ②　37. ③　38. ③　39. ②　40. ②

해설 등치관 길이
$$L_2 = L_1 \left(\frac{D_2}{D_1}\right)^{4.87} = 500\,\text{m} \times \left(\frac{30}{50}\right)^{4.87}$$
$$= 41.549\,\text{m}$$

제3과목 수질오염방지기술

41. 폐수의 용존성 유기물질을 제거하기 위한 방법으로 가장 거리가 먼 것은?

① 호기성 생물학적 공법
② SBR
③ 모래 여과법
④ 활성탄 흡착법

해설 여과는 주로 SS를 제거하는 방법으로 이용된다.

42. 살수여상 공정으로부터 유출되는 유출수의 부유물질을 제거하고자 한다. 유출수의 평균유량은 12,300 m³/day, 여과지의 여과속도는 25 L/m²·min이고 4개의 여과지(병렬기준)를 설계하고자 할 때 여과지 하나의 면적(m²)은?

① 약 85
② 약 100
③ 약 125
④ 약 150

해설 $Q = A_{전체} V = nA_1 V$

$$12{,}300\,\text{m}^3/\text{day} = \frac{4A_1}{1} \times \frac{25\,\text{L}}{\text{m}^2\cdot\text{min}} \times \frac{1\,\text{m}^3}{1{,}000\,\text{L}} \times \frac{1{,}440\,\text{min}}{1\,\text{day}}$$

∴ $A_1 = 85.416\,\text{m}^2$

43. 표준활성슬러지법의 일반적 설계범위에 관한 설명으로 옳지 않은 것은?

① HRT는 4~6시간을 표준으로 한다.
② MLSS는 1,500~2,500 mg/L를 표준으로 한다.
③ 포기조(표준식)의 유효수심은 4~6 m를 표준으로 한다.
④ 포기방식은 전면포기식, 선회류식, 미세기포 분사식, 수중 교반식 등이 있다.

해설 표준활성슬러지 설계기준
- HRT : 6~8시간
- SRT : 3~6일
- MLSS : 1,500~2,500 mg/L
- F/M비 : 0.2~0.4 kg/kg·day

44. 하수의 3차 처리공법인 A/O 공정에서 포기조의 주된 역할을 가장 적합하게 설명한 것은?

① 질소의 탈기
② 인의 방출
③ 인의 과잉섭취
④ 탈질

해설 A/O 공정에서 반응조의 역할
- 포기조(호기조) : 인 과잉섭취, 유기물 제거 (BOD, SS 제거)
- 혐기조 : 인 방출, 유기물 제거(BOD, SS 제거)

45. 상향류 혐기성 슬러지상(UASB) 공법에 대한 설명으로 틀린 것은?

① BOD 및 SS 농도가 높은 폐수의 처리가 가능하다.
② HRT가 작아 반응조 용량을 작게 할 수 있다.
③ 기계적인 교반이나 여재가 불필요하다.
④ 온도변화, 충격부하, 독성, 저해물질의 존재 등에 강하다.

해설 ① 고농도 부유물질(SS) 폐수는 처리가 곤란하다.

정답 41. ③ 42. ① 43. ① 44. ③ 45. ①

46. 연속회분식(SBR)의 운전단계에 관한 설명으로 틀린 것은?

① 주입 : 주입단계 운전의 목적은 기질(원폐수 또는 1차 유출수)을 반응조에 주입하는 것이다.
② 주입 : 주입단계는 총 cycle 시간의 약 25 % 정도이다.
③ 반응 : 반응단계는 총 cycle 시간의 약 60 % 정도이다.
④ 침전 : 연속 흐름식 공정에 비하여 일반적으로 더 효율적이다.

해설 ③ 반응 : 반응단계는 총 cycle 시간의 약 35 % 정도이다.
SBR 운전단계별 운전시간 비율 : 주입(25 %) → 반응(35 %) → 침전(20 %) → 처리수 배출(15 %) → 슬러지 배출(5 %)

47. 활성슬러지 포기조의 유효용적 1,000 m³, MLSS 농도 3,000 mg/L, MLVSS는 MLSS 농도의 75 %, 유입 하수 유량 4,000 m³/day, 합성계수(Y) 0.63 mg MLVSS/mg BODremoved, 내생분해계수(k) 0.05 day⁻¹, 1차 침전조 유출수의 BOD 200 mg/L, 포기조 유출수의 BOD 20 mg/L일 때, 슬러지 생성량(kg/day)은?

① 301 ② 321 ③ 341 ④ 361

해설 슬러지 생성량(잉여슬러지양)

$Q_w X_r = Y(BOD_0 - BOD)Q - K_d VX$

$$= \frac{0.63(200-20)\text{mg}}{L} \left| \frac{4,000\text{m}^3}{d} \right| \frac{1\text{kg}}{10^6\text{mg}} \left| \frac{1,000\text{L}}{1\text{m}^3} \right.$$

$$- \frac{0.05}{d} \left| \frac{1,000\text{m}^3}{} \right| \frac{0.75 \times 3,000\text{mg}}{L}$$

$$\left| \frac{1\text{kg}}{10^6\text{mg}} \right| \frac{1,000\text{L}}{1\text{m}^3} = 341.1\text{kg/d}$$

48. 2.5 mg/L의 6가 크롬이 함유되어 있는 폐수를 황산제일철(FeSO₄)로 환원처리 하고자 한다. 이론적으로 필요한 황산제일철의 농도(mg/L)는? (단, 산화환원 반응 : $Na_2Cr_2O_7 + 6FeSO_4 + 7H_2SO_4 \to Cr_2(SO_4)_3 + 3Fe_2(SO_4)_3 + 7H_2O + Na_2SO_4$, 원자량 : S = 32, Fe = 56, Cr = 52)

① 11.0 ② 16.4
③ 21.9 ④ 43.8

해설
$2Cr^{6+}$: $6FeSO_4$
$2 \times 52\text{ g}$: $6 \times 152\text{ g}$
2.5 mg/L : $X\text{[mg/L]}$

$$\therefore X = \frac{6 \times 152\text{ g}}{2 \times 52\text{ g}} \left| \frac{2.5\text{ mg/L}}{} \right.$$

$= 21.92\text{ mg/L}$

49. 물리, 화학적 질소제거 공정 중 이온교환에 관한 설명으로 틀린 것은?

① 생물학적 처리 유출수 내의 유기물이 수지의 접착을 야기한다.
② 고농도의 기타 양이온이 암모니아 제거 능력을 증가시킨다.
③ 재사용 가능한 물질(암모니아 용액)이 생산된다.
④ 부유물질 축적에 의한 과다한 수두손실을 방지하기 위하여 여과에 의한 전처리가 일반적으로 필요하다.

해설 ② 이온교환은 보통 저농도의 이온성분을 제거하는 데 이용된다.

50. 인이 4 mg/L 들어 있는 하수의 인 침전(인을 침전시키는 실험에서 인 1몰당 알루미늄 1.5몰이 필요)을 위해 필요한 액체 명반($Al_2(SO_4)_3 \cdot 18H_2O$)의 양(L/day)은? (단, 액체 명반의 순도 = 48 %, 단위중량 = 1,281 kg/m³, 명반 분자량 = 666.7, 알루미늄 원자량 = 26.98, 인 원자량 = 31, 유량 = 10,000 m³/day)

① 약 1,050 ② 약 1,800
③ 약 2,400 ④ 약 3,700

정답 46. ③ 47. ③ 48. ③ 49. ② 50. ①

해설 (1) 하수 중 인(kg/day)

$$\frac{4\ g}{m^3} \cdot \frac{10,000\ m^3}{day} \cdot \frac{1\ kg}{1,000\ g}$$

$= 40\ kg/day$

(2) 명반($Al_2(SO_4)_3 \cdot 18H_2O$) 양(L/day)

$$\frac{40\ kg\ P}{day} \cdot \frac{1.5 \times 26.98\ kg\ Al}{31\ kg\ P} \cdot \frac{666.7\ 명반}{2 \times 26.98\ Al}$$

$$\cdot \frac{m^3}{0.48\ |\ 1,281\ kg} \cdot \frac{1,000\ L}{1\ m^3}$$

$= 1,049.29\ L/day$

51. 농도와 흡착량과의 관계를 나타내는 그림 중 고농도에서 흡착량이 커지는 반면에 저농도에서 흡착량이 현저히 적어지는 것은? (단, Freundlich 등온흡착식으로 plot 한 것임)

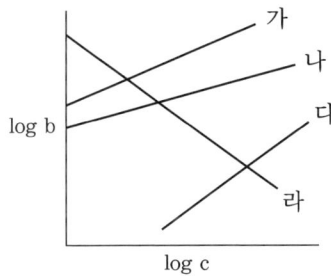

① 가 ② 나
③ 다 ④ 라

해설 Freundlich 등온흡착식

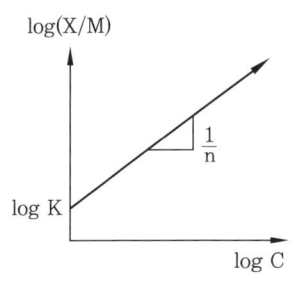

$\log \frac{X}{M} = \frac{1}{n} \log C + \log K$ 식에서,

- 저농도(logC 값이 작을 때)일 때 흡착량이 현저히 작으므로, logK가 아주 작다.
- 고농도(logC 값이 클 때)일 때 흡착량이 크므로, logK가 크다.
- 따라서, 농도가 커지면서 흡착량이 차이가 많이 나므로, 그래프의 기울기가 가장 큰 "다"가 정답이 된다.

더 알아보기 핵심정리 1-33

52. 염소살균에 관한 설명으로 가장 거리가 먼 것은?

① 염소살균강도는 HOCl > OCl⁻ > chlora-mines 순이다.
② 염소살균력은 온도가 낮고, 반응시간이 길며, pH가 높을 때 강하다.
③ 염소요구량은 물에 가한 일정량의 염소와 일정한 기간이 지난 후에 남아 있는 유리 및 결합잔류염소와의 차이다.
④ 염소살균 시 소독부산물이 발생한다.

해설 ② 염소살균력은 온도가 높고, 반응시간이 길며, pH가 낮을 때 강하다.

53. 1차 처리된 분뇨의 2차 처리를 위해 폭기조, 2차 침전지로 구성된 표준활성슬러지를 운영하고 있다. 운영조건이 다음과 같을 때 고형물 체류시간(SRT, day)은? (단, 유입유량 = 1,000 m³/day, 폭기조 수리학적 체류시간 = 6시간, MLSS 농도 = 3,000 mg/L, 잉여슬러지 배출량 = 30 m³/day, 잉여슬러지 SS농도 = 10,000 mg/L, 2차 침전지 유출수 SS농도 = 5 mg/L)

① 약 2 ② 약 2.5
③ 약 3 ④ 약 3.5

정답 51. ③ 52. ② 53. ②

해설 $SRT = \dfrac{VX}{X_r Q_w + (Q - Q_w)X_e}$

$= \dfrac{1,000 \mid 6\,hr \mid day \mid 3,000}{\mid 24\,hr \mid 10,000 \times 30 + (1,000-30) \times 5}$

$= 2.54\,d$

54. 하수처리과정에서 소독 방법 중 염소와 자외선 소독의 장·단점을 비교할 때 염소 소독의 장·단점으로 틀린 것은?

① 암모니아의 첨가에 의해 결합잔류염소가 형성된다.
② 염소접촉조로부터 휘발성유기물이 생성된다.
③ 처리수의 총용존고형물이 감소한다.
④ 처리수의 잔류독성이 탈염소과정에 의해 제거되어야 한다.

해설 ③ 처리수의 총용존고형물이 증가한다.

더 알아보기 핵심정리 2-50

55. 생물학적 질소제거공정에서 질산화로 생성된 $NO_3^- - N$ 40 mg/L가 탈질되어 질소로 환원될 때 필요한 이론적인 메탄올(CH_3OH)의 양(mg/L)은?

① 17.2
② 36.6
③ 58.4
④ 76.2

해설 질산성 질소와 메탄올의 반응비는
$6NO_3^- - N : 5CH_3OH$ 이므로,
$6 \times 14 : 5 \times 32$
$40\,mg/L : x$

$\therefore x = \dfrac{40 \mid 5 \times 32}{\mid 6 \times 14} = 76.2\,mg/L$

56. 생물학적 처리법 가운데 살수여상법에 대한 설명으로 가장 거리가 먼 것은?

① 슬러지일령은 부유성장 시스템보다 높아 100일 이상의 슬러지일령에 쉽게 도달된다.
② 총괄 관측수율은 전형적인 활성슬러지 공정의 60~80 % 정도이다.
③ 덮개 없는 여상의 재순환율을 증대시키면 실제로 여상 내의 평균온도가 높아진다.
④ 정기적으로 여상에 살충제를 살포하거나 여상을 침수토록 하여 파리문제를 해결할 수 있다.

해설 ③ 재순환율을 증대시키면 재순환수가 더 많이 공급되므로, 여상 내 온도는 내려간다.

57. 유해물질인 시안(CN)처리 방법에 관한 설명으로 틀린 것은?

① 오존산화법 : 오존은 알칼리성 영역에서 시안화합물을 N_2로 분해시켜 무해화한다.
② 충격법 : 시안을 pH 3 이하의 강산성 영역에서 강하게 폭기하여 산화하는 방법이다.
③ 전해법 : 유가(有價) 금속류를 회수할 수 있는 장점이 있다.
④ 감청법 : 알칼리성 영역에서 과잉의 황산알루미늄을 가하여 공침시켜 제거하는 방법이다.

해설 • 시안 제거법 : 알칼리 염소처리법, 전해 산화법, 오존산화법, 생물학적 처리법, 감청법, 이온교환법 등
• 시안 감청법 : 시안 폐수에 황산 제일철을 가하여, 생성된 페로 시안화물을 침전 분리하는 방법

정답 54. ③ 55. ④ 56. ③ 57. ④

58. 미생물을 회분식 배양하는 경우의 일반적인 성장상태를 그림으로 나타낸 것이다. ㉮, ㉯의 ( ) 안에 미생물의 적합한 성장단계 및 ㉰, ㉱, ㉲ 안에 활성슬러지공법 중 재래식, 고율, 장기폭기의 운전 범위를 맞게 나타낸 것은?

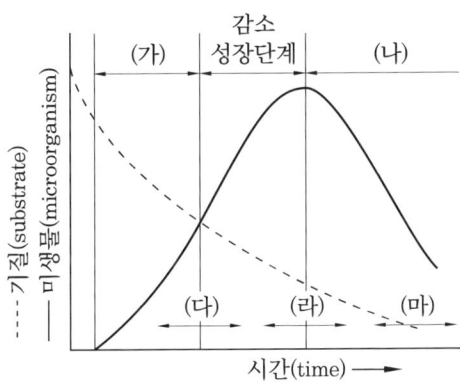

① ㉮ 대수성장단계, ㉯ 내생성장단계, ㉰ 재래식, ㉱ 고율, ㉲ 장기폭기
② ㉮ 내생성장단계, ㉯ 대수성장단계, ㉰ 재래식, ㉱ 고율, ㉲ 장기폭기
③ ㉮ 대수성장단계, ㉯ 내생성장단계, ㉰ 재래식, ㉱ 장기폭기, ㉲ 고율
④ ㉮ 대수성장단계, ㉯ 내생성장단계, ㉰ 고율, ㉱ 재래식, ㉲ 장기폭기

해설 활성슬러지 공법별 미생물 성장단계
- 고율 및 순산소 활성슬러지법 : 대수성장단계~감소성장단계
- 표준(재래식) 활성슬러지법 : 감소성장단계~내생성장단계
- 장기폭기법 : 내생성장단계

59. 무기물이 0.30 g/g VSS로 구성된 생물성 VSS를 나타내는 폐수의 경우, 혼합액 중의 TSS와 VSS 농도가 각각 2,000 mg/L, 1,480 mg/L라 하면 유입수로부터 기인된 불활성 고형물에 대한 혼합액 중의 농도(mg/L)는? (단, 유입된 불활성 부유 고형물질의 용해는 전혀 없다고 가정)

① 76
② 86
③ 96
④ 116

해설 (1) 혼합액 FSS
= 혼합액 TSS − 혼합액 VSS
= 2,000 − 1,480 = 520 mg/L
(2) 생물성 FSS
$= \dfrac{0.3\,g}{g\,VSS} \Big| \dfrac{1,480\,mg/L\,VSS}{}$
= 444 mg/L
(3) 유입수 기인 FSS
= 혼합액 FSS − 생물성 FSS
= 520 − 444 = 76 mg/L

60. 농축조 설치를 위한 회분침강농축시험의 결과가 아래와 같을 때 슬러지의 초기농도가 20 g/L면 3시간 정치 후의 슬러지의 평균농도(g/L)는? (단, 슬러지농도 : 계면 아래의 슬러지의 농도를 말함)

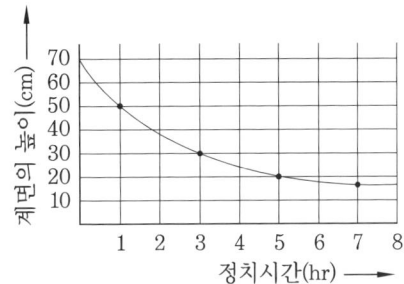

① 50
② 60
③ 70
④ 80

해설 3시간 후 계면의 높이는 30 cm이므로,
20 g/L × 70 cm = x [g/L] × 30 cm
∴ x = 46.66 g/L

정답 58. ④ 59. ① 60. ①

제4과목   수질오염공정시험기준

61. 공장폐수의 BOD를 측정하기 위해 검수에 희석을 가하여 50배로 희석하여 20℃, 5일 배양하였다. 희석 후 초기 DO를 측정하기 위해 소모된 0.025 N-Na₂S₂O₃의 양은 4.0 mL였으며 5일 배양 후 DO를 측정하는데 0.025 N-Na₂S₂O₃ 2.0 mL 소모되었을 때 공장폐수의 BOD(mg/L)는? (단, BOD병 = 285 mL, 적정에 사용된 액량 = 100 mL, BOD병에 가한 시약은 황산망간과 아지드나트륨 용액 = 총 2 mL, 적정시액의 factor = 1)

① 201.5
② 211.5
③ 221.5
④ 231.5

해설 BOD 공식 – 식종하지 않은 시료
(1) 용존산소

$$D_1 = a \times f \times \frac{V_1}{V_2} \times \frac{1{,}000}{V_1 - R} \times 0.2$$

$$= 4 \times 1 \times \frac{285}{100} \times \frac{1{,}000}{285 - 2} \times 0.2$$

$$= 8.0565$$

$$D_2 = a \times f \times \frac{V_1}{V_2} \times \frac{1{,}000}{V_1 - R} \times 0.2$$

$$= 2 \times 1 \times \frac{285}{100} \times \frac{1{,}000}{285 - 2} \times 0.2$$

$$= 4.0282$$

(2) 식종하지 않은 시료의 BOD(mg/L)
$= (D_1 - D_2) \times P = (8.0565 - 4.0282) \times 50$
$= 201.415 \, \text{mg/L}$

(더 알아보기) 핵심정리 1-53 (1), 1-54 (1)

62. "정확히 취하여"라고 하는 것은 규정한 양의 액체를 무엇으로 눈금까지 취하는 것을 말하는가?

① 메스실린더
② 뷰렛
③ 부피피펫
④ 눈금 비커

해설 "정확히 취하여"라고 하는 것은 규정한 양의 액체를 부피피펫으로 눈금까지 취하는 것을 말한다.

63. 총질소 실험방법과 가장 거리가 먼 것은? (단, 수질오염공정시험기준 적용)

① 연속흐름법
② 자외선/가시선 분광법 – 활성탄흡착법
③ 자외선/가시선 분광법 – 카드뮴·구리 환원법
④ 자외선/가시선 분광법 – 환원증류·킬달법

해설 총질소 실험방법
- 자외선/가시선 분광법(산화법)
- 자외선/가시선 분광법(카드뮴·구리 환원법)
- 자외선/가시선 분광법(환원증류·킬달법)
- 연속흐름법

64. 시료 채취 시 유의사항으로 틀린 것은?

① 시료 채취 용기는 시료를 채우기 전에 정제수로 3회 이상 씻은 다음 사용한다.
② 유류 또는 부유물질 등이 함유된 시료는 균질성이 유지될 수 있도록 채취해야 하며, 침전물이 부상하여 혼입되어서는 안 된다.
③ 심부층의 지하수 채취 시에는 저속양수펌프를 이용하여 채취시간을 최소화함으로써 시료의 교란을 최소화한다.
④ 용존가스, 환원성 물질, 휘발성유기화합물, 냄새, 유류 및 수소이온 등을 측정하기 위한 시료를 채취할 때는 운반 중 공기와의 접촉이 없도록 시료 용기에 가득 채운 후 빠르게 뚜껑을 닫는다.

해설 ① 시료 채취 용기는 시료를 채우기 전에 시료로 3회 이상 씻은 다음 사용한다.

65. 수질오염공정시험기준에서 시료보존 방법이 지정되어 있지 않은 측정항목은?
① 용존산소(윙클러법)
② 브롬이온
③ 색도
④ 부유물질

해설 보관 방법이 없는 측정항목: pH, 온도, DO전극법, 염소이온, 불소, 브롬이온, 투명도

더 알아보기 핵심정리 2-70 (4)

66. 공장폐수 및 하수유량 - 관(pipe) 내의 유량 측정 방법 중 오리피스에 관한 설명으로 옳지 않은 것은?
① 설치에 비용이 적게 소요되며 비교적 유량측정이 정확하다.
② 오리피스판의 두께에 따라 흐름의 수로 내외에 설치가 가능하다.
③ 단면이 축소되는 목부분을 조절함으로써 유량이 조절된다.
④ 오리피스 단면에 커다란 수두손실이 일어나는 단점이 있다.

해설 ② 오리피스는 흐름의 수로 내에 설치한다.

67. 반드시 유리 시료 용기를 사용하여 시료를 보관해야 하는 항목은?
① 염소이온
② 총인
③ 시안
④ 노말헥산추출물질

해설 시료 용기별 정리

용기	항목
P	불소
G	냄새, 노말헥산추출물질, PCB, VOC, 페놀류, 유기인,
G (갈색)	잔류염소, 다이에틸헥실프탈레이트, 1,4-다이옥산, 석유계총탄화수소, 염화비닐, 아크릴로니트릴, 브로모폼
BOD 병	용존산소 적정법, 용존산소 전극법
PP	과불화화합물
P, G	나머지
용기기준 없는 것	투명도

여기서, P : 폴리에틸렌(polyethylene)
G : 유리(glass)
PP : 폴리프로필렌

68. 부유물질 측정 시 간섭물질에 관한 설명으로 틀린 것은?
① 증발잔류물이 100 mg/L 이상인 경우의 해수, 공장폐수 등은 특별히 취급하지 않을 경우, 높은 부유물질 값을 나타낼 수 있다.
② 2 mm 금속망을 통과시킨 큰 입자들은 부유물질 측정에 방해를 주지 않는다.
③ 철 또는 칼슘이 높은 시료는 금속 침전이 발생하며 부유물질 측정에 영향을 줄 수 있다.
④ 유지 및 혼합되지 않는 유기물도 여과지에 남아 부유물질 측정값을 높게 할 수 있다.

정답 65. ② 66. ② 67. ④ 68. ①

[해설] ① 증발잔류물이 1,000 mg/L 이상인 경우의 해수, 공장폐수 등은 특별히 취급하지 않을 경우, 높은 부유물질 값을 나타낼 수 있다.
부유물질의 간섭물질
- 나무 조각, 큰 모래 입자 등과 같은 큰 입자들은 부유물질 측정에 방해를 주며, 이 경우 직경 2 mm 금속망에 먼저 통과시킨 후 분석을 실시함
- 증발잔류물이 1,000 mg/L 이상인 경우의 해수, 공장폐수 등은 특별히 취급하지 않을 경우, 높은 부유물질 값을 나타낼 수 있음. 이 경우 여과지를 여러 번 세척함
- 철 또는 칼슘이 높은 시료는 금속 침전이 발생하며 부유물질 측정에 영향을 줄 수 있음
- 유지(oil) 및 혼합되지 않는 유기물도 여과지에 남아 부유물질 측정값을 높게 할 수 있음

69. 0.1 M $KMnO_4$ 용액을 용액층의 두께가 10 mm 되도록 용기에 넣고 5,400 Å의 빛을 비추었을 때 그 30 %가 투과되었다. 같은 조건하에서 40 %의 빛을 흡수하는 $KMnO_4$ 용액 농도(M)는?

① 0.02 ② 0.03
③ 0.04 ④ 0.05

[해설] (1) ε 계산
30 %가 투과되었을 때, 투과도(t) = 0.3이다.
$$A = \log\left(\frac{1}{t}\right) = \varepsilon C \ell$$
$$\log\left(\frac{1}{0.3}\right) = \varepsilon \times 0.1 \times 10$$
$$\therefore \varepsilon = 0.5228$$
(2) 같은 조건하에서 40 %의 빛을 흡수하므로, 투과도(t) = 0.6이다.
$$A = \log\left(\frac{1}{t}\right) = \varepsilon C \ell$$
$$\log\left(\frac{1}{0.6}\right) = 0.5228 \times C \times 10$$
$$\therefore C = 0.042$$

70. 자외선/가시선 분광법에 의한 페놀류 시험 방법에 대한 설명으로 틀린 것은?
① 정량한계는 클로로폼 추출법일 때 0.005 mg/L, 직접측정법일 때 0.05 mg/L이다.
② 완충액을 시료에 가하여 pH 10으로 조절한다.
③ 붉은색의 안티피린계 색소의 흡광도를 측정한다.
④ 흡광도를 측정하는 방법으로 수용액에서는 460 nm, 클로로폼 용액에서는 510 nm에서 측정한다.

[해설] ④ 흡광도를 측정하는 방법으로 수용액에서는 510nm, 클로로폼 용액에서는 460nm에서 측정한다.

71. 자외선/가시선 분광법으로 분석할 때 측정 파장이 가장 긴 것은?
① 구리
② 인산염인(이염화주석환원법)
③ 카드뮴
④ 크롬

[해설] ① 구리 : 440 nm(황갈색)
② 인산염인(이염화주석환원법) : 880 nm
③ 카드뮴 : 530 nm(적색)
④ 크롬 : 540 nm(적자색)

72. 기체크로마토그래피에 의한 알킬수은의 분석방법으로 ( )에 알맞은 것은?

알킬수은화합물을 (㉠)으로 추출하여 (㉡)에 선택적으로 역추출하고 다시 (㉠)으로 추출하여 기체크로마토그래프로 측정하는 방법이다.

① ㉠ 헥산, ㉡ 염화메틸수은용액
② ㉠ 헥산, ㉡ 크로모졸브용액
③ ㉠ 벤젠, ㉡ 펜토에이트용액
④ ㉠ 벤젠, ㉡ L-시스테인용액

정답 69. ③ 70. ④ 71. ② 72. ④

해설 알킬수은-기체크로마토그래피 : 이 시험기준은 물속에 존재하는 알킬수은 화합물을 기체크로마토그래피에 따라 정량하는 방법이다. 알킬수은화합물을 벤젠으로 추출하여 L-시스테인용액에 선택적으로 역추출하고 다시 벤젠으로 추출하여 기체크로마토그래프로 측정하는 방법이다.

73. 수질오염공정시험기준상 총대장균군의 시험방법이 아닌 것은?
① 다람시험법
② 막여과법
③ 시험관법
④ 평판집락법

해설 총대장균군 시험방법
• 막여과법
• 시험관법
• 평판집락법

74. 수질오염공정시험기준의 관련 용어 정의가 잘못된 것은?
① '감압 또는 진공'이라 함은 따로 규정이 없는 한 15 mmH$_2$O 이하를 뜻한다.
② 시험조작 중 '즉시'란 30초 이내에 표시된 조작을 하는 것을 뜻한다.
③ '약'이라 함은 기재된 양에 대하여 ±10 % 이상의 차가 있어서는 안 된다.
④ '냄새가 없다'라고 기재한 것은 냄새가 없거나, 또는 거의 없는 것을 표시하는 것이다.

해설 ① '감압 또는 진공'이라 함은 따로 규정이 없는 한 15 mmHg 이하를 뜻한다.

75. 식물성 플랑크톤 시험방법으로 옳은 것은? (단, 수질오염공정시험기준 기준)
① 현미경계수법
② 최적확수법
③ 평판집락계수법
④ 시험관정량법

해설 식물성 플랑크톤 시험방법 : 현미경계수법

76. 유도결합플라스마 원자발광분광법으로 금속류를 측정할 때 간섭에 관한 내용으로 옳지 않은 것은?
① 물리적 간섭 : 시료 도입부의 분무과정에서 시료의 비중, 점성도, 표면장력의 차이에 의해 발생한다.
② 분광 간섭 : 측정원소의 방출선에 대해 플라스마의 기체성분이나 공존 물질에서 유래하는 분광학적 요인에 의해 원래의 방출선의 세기 변동 및 다른 원자 혹은 이온의 방출선과의 겹침 현상이 발생할 수 있다.
③ 이온화 간섭 : 이온화 에너지가 큰 나트륨 또는 칼륨 등 알칼리 금속이 공존원소로 시료에 존재 시 플라스마의 전자밀도를 감소시킨다.
④ 물리적 간섭 : 시료의 종류에 따라 분무기의 종류를 바꾸거나 시료의 희석, 매질일치법, 내부표준법, 농축분리법을 사용하여 간섭을 최소화한다.

해설 ③ 이온화 간섭 : 이온화 에너지가 작은 나트륨 또는 칼륨 등 알칼리 금속이 공존원소로 시료에 존재 시 플라스마의 전자밀도를 증가시킨다.

77. 원자흡수분광광도법은 원자의 어느 상태일 때 특유 파장의 빛을 흡수하는 현상을 이용한 것인가?
① 들뜬상태
② 이온상태
③ 바닥상태
④ 분자상태

해설 원자흡수분광광도법 : 물속에 존재하는 중금속을 정량하기 위하여 시료를 2,000~3,000 K의 불꽃 속으로 주입하였을 때 생성된 바닥상태의 중성원자가 고유 파장의 빛을 흡수하는 현상을 이용

정답 73. ① 74. ① 75. ① 76. ③ 77. ③

78. 기체크로마토그래피에 사용되는 운반기체 중 분리도가 큰 순서대로 나타낸 것은?

① $N_2 > He > H_2$
② $N_2 > H_2 > He$
③ $He > H_2 > N_2$
④ $H_2 > He > N_2$

해설 기체크로마토그래피 운반기체의 분리도(감도) : $H_2 > He > N_2$

79. 물 1 L에 NaOH 1.6 g이 용해되었을 때의 농도(몰)는?

① 0.2
② 0.4
③ 0.02
④ 0.04

해설 $\dfrac{1.6\,g}{L} \times \dfrac{1\,mol}{40\,g} = 0.04\,M$

80. 웨어의 수두가 0.25 m, 수로의 폭이 0.8 m, 수로의 밑면에서 절단 하부점까지의 높이가 0.7 m인 직각 3각 웨어의 유량(m³/min)은? (단, 유량계수 $k = 81.2 + \dfrac{0.24}{h} + \left(8.4 + \dfrac{12}{\sqrt{D}}\right) \times \left(\dfrac{h}{B} - 0.09\right)^2$)

① 1.4
② 2.1
③ 2.6
④ 2.9

해설 (1) 유량계수(k)
$k = 81.2 + \dfrac{0.24}{0.25} + \left(8.4 + \dfrac{12}{\sqrt{0.7}}\right) \times \left(\dfrac{0.25}{0.8} - 0.09\right)^2 = 83.285$

(2) 유량(Q)
$Q = k \cdot h^{5/2} = 83.285 \times (0.25)^{5/2} = 2.60\,m^3/min$

더 알아보기 핵심정리 1-51

제5과목 수질환경관계법규

81. 환경정책기본법령에서 수질 및 수생태계 환경기준으로 하천에서 사람의 건강보호기준이 다른 수질오염물질은?

① 납
② 비소
③ 시안
④ 6가 크롬

해설 하천 – 사람의 건강보호기준
① 납, ② 비소, ④ 6가 크롬 : 0.05 mg/L
③ 시안 : 검출되어서는 안 됨(검출한계 0.01 mg/L)

더 알아보기 핵심정리 2-88 (2)

82. 환경정책기본법에서 야생동식물의 남획(濫獲) 및 그 서식지의 파괴, 생태계질서의 교란, 자연경관의 훼손, 표토(表土)의 유실 등으로 자연환경의 본래적 기능에 중대한 손상을 주는 상태를 의미하는 것은?

① 환경오염
② 환경용량
③ 환경훼손
④ 자연환경

해설 환경정책기본법의 용어(정의)
- "환경"이란 자연환경과 생활환경을 말한다.
- "자연환경"이란 지하·지표(해양을 포함한다.) 및 지상의 모든 생물과 이들을 둘러싸고 있는 비생물적인 것을 포함한 자연의 상태(생태계 및 자연경관을 포함한다.)를 말한다.
- "생활환경"이란 대기, 물, 토양, 폐기물, 소음·진동, 악취, 일조, 인공조명 등 사람의 일상생활과 관계되는 환경을 말한다.
- "환경오염"이란 사업활동 및 그 밖의 사람의 활동에 의하여 발생하는 대기오염, 수질오염, 토양오염, 해양오염, 방사능오염, 소음·진동, 악취, 일조 방해, 인공조명에 의한 빛 공해 등으로서 사람의 건강이나 환경에 피해를 주는 상태를 말한다.
- "환경훼손"이란 야생동식물의 남획 및 그 서식지의 파괴, 생태계질서의 교란, 자연경관의 훼손, 표토의 유실 등으로 자연환경의 본래적 기능에 중대한 손상을 주는 상태를 말한다.

정답 78. ④   79. ④   80. ③   81. ③   82. ③

- "환경보전"이란 환경오염 및 환경훼손으로부터 환경을 보호하고 오염되거나 훼손된 환경을 개선함과 동시에 쾌적한 환경 상태를 유지·조성하기 위한 행위를 말한다.
- "환경용량"이란 일정한 지역에서 환경오염 또는 환경훼손에 대하여 환경이 스스로 수용, 정화 및 복원하여 환경의 질을 유지할 수 있는 한계를 말한다.
- "환경기준"이란 국민의 건강을 보호하고 쾌적한 환경을 조성하기 위하여 국가가 달성하고 유지하는 것이 바람직한 환경상의 조건 또는 질적인 수준을 말한다.

83. 용어 정의 중 잘못 기술된 것은?

① '폐수'란 물에 액체성 또는 고체성의 수질오염물질이 섞여 있어 그대로는 사용할 수 없는 물을 말한다.
② '강우유출수'란 비점오염원의 수질오염물질이 섞여 유출되는 빗물 또는 눈 녹은 물 등을 말한다.
③ '기타수질오염원'이란 점오염원 및 비점오염원으로 관리되지 아니하는 수질오염물질을 배출하는 시설 또는 장소로서 환경부령이 정하는 것을 말한다.
④ '수질오염방지시설'이란 공공수역으로 배출되는 수질오염물질을 제거하거나 감소시키는 시설로서 환경부령으로 정하는 것을 말한다.

해설 ④ "수질오염방지시설"이란 점오염원, 비점오염원 및 기타수질오염원으로부터 배출되는 수질오염물질을 제거하거나 감소하게 하는 시설로서 환경부령으로 정하는 것을 말한다.

84. 수질오염경보의 종류별·경보단계별 조치사항 중 상수원 구간에서 조류경보 '경계' 단계 발령 시 조치사항이 아닌 것은?

① 정수의 독소분석 실시
② 황토 등 흡착제 살포 등을 이용한 조류 제거조치 실시
③ 주변오염원에 대한 단속 강화
④ 어패류 어획·식용, 가축 방목 등의 자제 권고

해설 ② 조류대발생 단계 조치사항임
조류경보 - 상수원 구간 - 경계단계 조치사항
(1) 4대강 물환경연구소장(시·도 보건환경연구원장 또는 수면관리자)
- 주 2회 이상 시료 채취 및 분석(남조류 세포수, 클로로필-a, 냄새물질, 독소)
- 시험분석 결과를 발령기관으로 신속하게 통보
(2) 수면관리자 : 취수구와 조류가 심한 지역에 대한 차단막 설치 등 조류제거 조치 실시
(3) 취수장·정수장 관리자
- 조류증식 수심 이하로 취수구 이동
- 정수처리 강화(활성탄처리, 오존처리)
- 정수의 독소분석 실시
(4) 유역·지방환경청장(시·도지사)
- 경계경보 발령 및 대중매체를 통한 홍보
- 주변오염원에 대한 단속 강화
- 낚시·수상스키·수영 등 친수 활동, 어패류 어획·식용, 가축 방목 등의 자제 권고 및 이에 대한 공지(현수막 설치 등)
(5) 홍수통제소장, 한국수자원공사사장 : 기상 상황, 하천수문 등을 고려한 방류량 산정
(6) 한국환경공단이사장
- 환경기초시설 및 폐수배출사업장 관계기관 합동점검 시 지원
- 하천구간 조류제거에 관한 사항 지원
- 환경기초시설 수질자동측정자료 모니터링 강화

85. 초과부과금 산정 시 적용되는 위반횟수별 부과계수에 관한 내용으로 (　)에 맞는 것은? (단, 폐수무방류배출시설의 경우)

> 처음 위반한 경우 (㉠)로 하고, 다음 위반부터는 그 위반직전의 부과계수에 (㉡)를 곱한 것으로 한다.

① ㉠ 1.5, ㉡ 1.3　② ㉠ 1.5, ㉡ 1.5
③ ㉠ 1.8, ㉡ 1.3　④ ㉠ 1.8, ㉡ 1.5

정답 83. ④　84. ②　85. ④

해설 처음 위반한 경우 1.8로 하고, 다음 위반부터는 그 위반직전의 부과계수에 1.5를 곱한 것으로 한다.

86. 사업장별 환경기술인의 자격기준 중 제2종 사업장에 해당하는 환경기술인의 기준은?
① 수질환경기사 1명 이상
② 수질환경산업기사 1명 이상
③ 환경기능사 1명 이상
④ 2년 이상 수질 분야에 근무한 자 1명 이상

해설 사업장별 환경기술인의 자격기준

구분	환경기술인
제1종 사업장	수질환경기사 1명 이상
제2종 사업장	수질환경산업기사 1명 이상
제3종 사업장	수질환경산업기사, 환경기능사 또는 3년 이상 수질분야 환경관련 업무에 직접 종사한 자 1명 이상
제4종 사업장 · 제5종 사업장	배출시설 설치허가를 받거나 배출시설 설치신고가 수리된 사업자 또는 배출시설 설치허가를 받거나 배출시설 설치신고가 수리된 사업자가 그 사업장의 배출시설 및 방지시설업무에 종사하는 피고용인 중에서 임명하는 자 1명 이상

87. 특정수질유해물질이 아닌 것은?
① 시안화합물
② 구리 및 그 화합물
③ 불소화합물
④ 트리클로로에틸렌

해설 ③ 불소화합물은 수질오염물질이다.

특정수질유해물질
1. 구리와 그 화합물
2. 납과 그 화합물
3. 비소와 그 화합물
4. 수은과 그 화합물
5. 시안화합물
6. 유기인 화합물
7. 6가 크롬 화합물
8. 카드뮴과 그 화합물
9. 테트라클로로에틸렌
10. 트리클로로에틸렌
11. 삭제 〈2016. 5. 20.〉
12. 폴리클로리네이티드바이페닐
13. 셀레늄과 그 화합물
14. 벤젠
15. 사염화탄소
16. 디클로로메탄
17. 1, 1-디클로로에틸렌
18. 1, 2-디클로로에탄
19. 클로로포름
20. 1,4-다이옥산
21. 디에틸헥실프탈레이트(DEHP)
22. 염화비닐
23. 아크릴로니트릴
24. 브로모포름
25. 아크릴아미드
26. 나프탈렌
27. 폼알데하이드
28. 에피클로로하이드린
29. 페놀
30. 펜타클로로페놀

88. 공공폐수처리시설의 방류수 수질기준 중 총인의 배출허용기준으로 적절한 것은? (단, 2013년 1월 1일 이후 적용, II지역 기준)
① 0.2 mg/L 이하 ② 0.3 mg/L 이하
③ 0.5 mg/L 이하 ④ 10 mg/L 이하

해설 공공폐수처리시설의 방류수 수질기준(II지역)
• T-P : 0.3 mg/L 이하

더 알아보기 핵심정리 2-97

정답 86. ② 87. ③ 88. ②

89. 낚시제한구역에서의 제한사항에 관한 내용으로 틀린 것은? (단, 안내판 내용 기준)

① 고기를 잡기 위하여 폭발물·배터리·어망 등을 이용하는 행위
② 낚시바늘에 끼워서 사용하지 아니하고 고기를 유인하기 위하여 떡밥·어분 등을 던지는 행위
③ 1명당 3대 이상의 낚시대를 사용하는 행위
④ 1개의 낚시대에 5개 이상의 낚시바늘을 떡밥과 뭉쳐서 미끼로 던지는 행위

해설 낚시제한구역에서의 제한사항
③ 1명당 4대 이상의 낚시대를 사용하는 행위

90. 국립환경과학원장이 설치·운영하는 측정망의 종류에 해당하지 않는 것은?

① 생물 측정망
② 도심하천 측정망
③ 퇴적물 측정망
④ 비점오염원에서 배출되는 비점오염물질 측정망

해설 ② 시·도지사가 설치·운영하는 측정망
더 알아보기 핵심정리 2-105, 2-106

91. 폐수처리업자의 준수사항에 관한 설명으로 ( )에 옳은 것은?

'수탁한 폐수는 정당한 사유 없이 (㉠) 보관할 수 없으며, 보관폐수의 전체량이 저장시설 저장능력의 (㉡) 이상 되게 보관하여서는 아니 된다.'

① ㉠ 10일 이상, ㉡ 80 %
② ㉠ 10일 이상, ㉡ 90 %
③ ㉠ 30일 이상, ㉡ 80 %
④ ㉠ 30일 이상, ㉡ 90 %

해설 폐수처리업자의 준수사항 : 수탁한 폐수는 정당한 사유 없이 10일 이상 보관할 수 없으며, 보관폐수의 전체량이 저장시설 저장능력의 90퍼센트 이상 되게 보관하여서는 아니 된다.

92. 오염총량관리기본계획 수립 시 포함되어야 하는 사항으로 틀린 것은?

① 해당 지역 개발계획의 내용
② 해당 지역 개발계획에 따른 오염부하량의 할당계획
③ 지방자치단체별·수계구간별 오염부하량의 할당
④ 관할 지역에서 배출되는 오염부하량의 총량 및 저감계획

해설 오염총량관리기본계획 수립 시 포함사항
1. 해당 지역 개발계획의 내용
2. 지방자치단체별·수계구간별 오염부하량의 할당
3. 관할 지역에서 배출되는 오염부하량의 총량 및 저감계획
4. 해당 지역 개발계획으로 인하여 추가로 배출되는 오염부하량 및 그 저감계획

93. 오염물질이 배출허용기준을 초과한 경우에 오염물질 배출량과 배출농도 등에 따라 부과하는 금액은?

① 기본부과금   ② 종별부과금
③ 배출부과금   ④ 초과배출부과금

해설 ① 기본부과금 : 기본적으로 내는 요금
② 종별부과금 : 몇 종 사업장인지에 따라 내는 것
③ 배출부과금 : 공공폐수배출시설 및 공공폐수처리시설에서 배출되는 폐수 중 오염물질이 배출허용기준 이하라도 공공폐수처리시설의 방류수수질기준을 초과하는 경우의 오염물질에 대해 부과하는 것
④ 초과배출부과금 : 배출허용기준을 초과하여 오염물질을 배출하는 경우 부과하는 것

정답 89. ③   90. ②   91. ②   92. ②   93. ④

94. 공공수역의 물환경 보전을 위하여 특정 농작물의 경작 권고를 할 수 있는 자는?

① 대통령
② 유역·지방환경청장
③ 환경부장관
④ 시·도지사

해설 특정 농작물의 경작 권고
(1) 시·도지사는 공공수역의 물환경 보전을 위하여 필요하다고 인정하는 경우에는 하천·호소 구역에서 농작물을 경작하는 사람에게 경작대상 농작물의 종류 및 경작방식의 변경과 휴경 등을 권고할 수 있다.
(2) 시·도지사는 제1항에 따른 권고에 따라 농작물을 경작하거나 휴경함으로 인하여 경작자가 입은 손실에 대해서는 대통령령으로 정하는 바에 따라 보상할 수 있다.

95. 폐수처리업의 등록기준 중 폐수재이용업의 기술능력 기준으로 옳은 것은?

① 수질환경산업기사, 화공산업기사 중 1명 이상
② 수질환경산업기사, 대기환경산업기사, 화공산업기사 중 1명 이상
③ 수질환경기사, 대기환경기사 중 1명 이상
④ 수질환경산업기사, 대기환경기사 중 1명 이상

해설 폐수처리업의 등록기준 – 기술능력 기준
1. 폐수수탁처리업
  가. 수질환경산업기사 1명 이상
  나. 수질환경산업기사, 대기환경산업기사 또는 화공산업기사 1명 이상
2. 폐수재이용업
  가. 수질환경산업기사, 화공산업기사 중 1명 이상

96. 방지시설을 반드시 설치해야 하는 경우에 해당하더라도 대통령령이 정하는 기준에 해당되면 방지시설의 설치가 면제된다. 방지시설 설치의 면제기준에 해당되지 않은 것은?

① 배출시설의 기능 및 공정상 수질오염물질이 항상 배출허용기준 이하로 배출되는 경우
② 폐수처리업의 등록을 한 자 또는 환경부장관이 인정하여 고시하는 관계 전문기관에 환경부령으로 정하는 폐수를 전량 위탁처리하는 경우
③ 폐수배출량이 신고 당시보다 100분의 10 이상 감소하는 경우
④ 폐수를 전량 재이용하는 등 방지시설을 설치하지 아니하고도 수질오염물질을 적정하게 처리할 수 있는 경우로서 환경부령으로 정하는 경우

해설 방지시설 설치 면제기준
• 수질오염물질이 항상 배출허용기준 이하로 배출되는 경우
• 폐수를 전량 위탁처리하는 경우
• 폐수를 전량 재이용하는 등 방지시설을 설치하지 아니하고도 수질오염물질을 적정하게 처리할 수 있는 경우

97. 폐수처리방법이 생물화학적 처리방법인 경우 시운전기간 기준은? (단, 가동시작일은 2월 3일이다.)

① 가동시작일부터 50일로 한다.
② 가동시작일부터 60일로 한다.
③ 가동시작일부터 70일로 한다.
④ 가동시작일부터 90일로 한다.

해설 시운전기간
• 생물화학적 처리방법 : 가동시작일부터 50일(단, 가동시작일이 11.1~1.31인 경우 70일)
• 물리적 또는 화학적 처리방법 : 가동시작일부터 30일

정답 94. ④ 95. ① 96. ③ 97. ①

98. 환경부령으로 정하는 폐수무방류배출시설의 설치가 가능한 특정수질유해물질이 아닌 것은?

① 디클로로메탄
② 구리 및 그 화합물
③ 크롬 및 그 화합물
④ 1, 1-디클로로에틸렌

해설 폐수무방류배출시설의 설치가 가능한 특정 수질유해물질
1. 구리 및 그 화합물
2. 디클로로메탄
3. 1, 1-디클로로에틸렌

99. 초과부과금 산정 시 적용되는 수질오염물질 1킬로그램당 부과금액이 가장 낮은 것은?

① 구리 및 그 화합물
② 유기인화합물
③ 시안화합물
④ 비소 및 그 화합물

해설 초과부과금의 산정기준 순서 : 수은, PCB > 카드뮴 > Cr^{6+}, PCE(테트라클로로에틸렌), TCE(트리클로로에틸렌) > 페놀, 시안, 유기인, 납 > 비소 > 크롬 > 구리 > 망간, 아연 > T-P, T-N > 유기물질(TOC) > 유기물질(BOD 또는 COD), 부유물질

더 알아보기 핵심정리 2-94

100. 수질오염방지시설 중 화학적 처리시설인 것은?

① 혼합시설
② 폭기시설
③ 응집시설
④ 살균시설

해설 수질오염방지시설
① 혼합시설 : 물리적 처리시설
② 폭기시설 : 생물화학적 처리시설
③ 응집시설 : 물리적 처리시설

더 알아보기 핵심정리 2-95

정답 98. ③ 99. ① 100. ④

수질환경기사 필기
과년도 출제문제

2024년 4월 20일 인쇄
2024년 4월 25일 발행

저　자 : 고경미
펴낸이 : 이정일

펴낸곳 : 도서출판 **일진사**
　　　　www.iljinsa.com
(우) 04317 서울시 용산구 효창원로 64길 6
전　화 : 704-1616 / 팩스 : 715-3536
이메일 : webmaster@iljinsa.com
등　록 : 제1979-000009호 (1979.4.2)

값 26,000원

ISBN : 978-89-429-1940-6

● **불법복사는 지적재산을 훔치는 범죄행위입니다.**
　저작권법 제97조의 5(권리의 침해죄)에 따라 위반자는 5년 이하의 징역 또는 5천만 원 이하의 벌금에 처하거나 이를 병과할 수 있습니다.